西安气象现代化建设和气象服务

罗　慧等　著

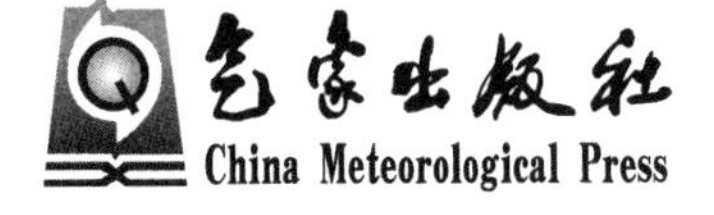

内 容 简 介

在全球气候变暖和城市化背景下，极端天气气候事件呈明显上升趋势，给经济社会、生态环境、人类健康乃至国家安全带来了显著影响。

西安市气象局秉承“融入式发展、开放式合作”理念，持续推进西安气象＋＋“海棠图”机制，既重视西安气象科技创新“智造”，持续建设现代化业务体系和西安智慧气象业务服务平台，又注重科学普及、建设学习型组织，打造“西安气象大讲堂”品牌。西安气象的“智慧”来自于西安经济社会方方面面的“跨界融合”，先后与50余家部门和单位开展多元化、常态化的务实合作，探索出一条城市气象服务和气象防灾减灾发展的有效途径。

本书以西安市气象现代化建设和气象服务发展为主线，全面系统总结了西安市气象局服务大城市安全和经济社会发展、服务城市生态文明建设、服务国家“一带一路”建设，拓展民生气象等内容，着力提升业务科技支撑力等工作，既有理论技术总结，也有实践经验凝练。在全社会大力提倡创新的今天，本书尤其值得一读，特别值得从事气象服务和管理的领导、工作人员阅读参考。

图书在版编目(CIP)数据

西安气象现代化建设与气象服务 / 罗慧等著. — 北京：气象出版社，2018.4

ISBN 978-7-5029-6754-3

Ⅰ.①西… Ⅱ.①罗… Ⅲ.①气象服务-概况-西安 Ⅳ.①P451

中国版本图书馆 CIP 数据核字(2018)第 063857 号

出版发行：气象出版社

地　　址：北京市海淀区中关村南大街46号　　**邮政编码**：100081

电　　话：010-68407112(总编室)　010-68408042(发行部)

网　　址：http://www.qxcbs.com　　**E-mail**：qxcbs@cma.gov.cn

责任编辑：吴庭芳　　**终　　审**：吴晓鹏

责任校对：王丽梅　　**责任技编**：赵相宁

封面设计：黎　川　黄　怡　李翔宇

印　　刷：北京中科印刷有限公司

开　　本：787 mm×1092 mm　1/16　　**印　　张**：22

字　　数：540千字　　**插　　页**：2

版　　次：2018年4月第1版　　**印　　次**：2018年4月第1次印刷

定　　价：100.00元

西安气象现代化建设和气象服务

作　　者

撰著：罗　慧

参著：毕　旭　徐军昶　张雅斌　鲁渊平

石明生　赵　荣　刘　宇　王　丽

序　言

20 世纪 90 年代以来，在全球气候变暖和城市化的背景下，气象致灾因子的强度、频率以及承灾体暴露性也随之发生了变化，气象灾害呈明显上升趋势，对经济社会发展的影响日益加剧，给国家安全、经济社会、生态环境以及人类健康带来了严重威胁。党的十九大报告指出，当前“气候变化等非传统安全威胁持续蔓延，人类面临许多共同挑战。”近年来，中国气象局大力推动以智慧气象为重要标志的气象现代化建设，其根本目的和意义就在于利用先进的科学技术和高效的应对机制，为经济社会发展和人民安全福祉提供更精准、更优质的智慧化气象服务，力争实现气象防灾减灾救灾效益的最大化。七年多来，西安市气象局以气象现代化建设为抓手，坚持走“创新驱动、开放式合作、融入式发展”的路子，持续推进跨部门、多元化、常态化的务实合作；紧跟科技前沿，积极应用互联网、大数据、云计算等新技术于气象业务体系，实现了西安气象与多领域的深度合作，推进西安气象十十“海棠图”机制，探索城市气象服务和气象防灾减灾发展的有效途径。

九层之台，起于垒土；千里之行，始于足下。西安市气象局从 2011 年起，已连续七年编撰“西安气象现代化建设与气象服务”系列白皮书。一件事情能七年如一日地坚持做下来，实难可贵！从书的字里行间，我看到了西安气象坚持国家需求问题导向，聚焦科技创新，围绕西安气象业务和服务现代化所做出的诸多努力。强化安全气象，积极应对极端天气气候风险，服务大城市安全运行，保障重大国事和社会活动顺利开展；注重气象“智造”，建立西安智慧气象市—区(县)一体化智能网格预报平台和行业服务平台，推出智慧气象 APP，提升西安气象业务科技支撑力；发展生态气象，大力发展人工影响天气、雷达、卫星遥感、数值天气预报应用，服务大西安城市生态文明建设，搭建市—区(县)空气质量预报预警系统，建言献策为铁腕治霾提供科学依据；创新丝路气象，服务“一带一路”建设系列工程，探索跨区域气象服务模式；拓展民生气象，开发健康气象服务系统，气象科技助力乡村振兴精准脱贫，提升城乡气象服务均等化水平。七年多的时光里，不断强化科学普及工作，连续举办八十多期“气象大讲堂”，所邀专家涉及诸多领域，对建设学习型组织和学习型个人，建设好精准的气象监测预报预警服务系统，推动西安气象事业更好融入地方经济社会起到了十分积极的作用。

中国特色社会主义进入了新时代，人民日益增长的美好生活需求对气象服务工作提出了更高的要求。面对新形势新要求，我们的气象工作如何适应信息技术的不断发展，气象服务如何在经济社会发展与保障国家安全中发挥更大作用，如何满足不同用户群体的需求？西安气象做了有益积极的探索。《西安气象现代化建设与气象服务》能着眼未来、正视己身，找差距、补短板，从“西安气象智造”、重大气象服务、“一带一路”西安气象服务、西安人工影响天气、生态文明建设、公共气象服务、气象文化建设等多元化、多方面进行了动态评估。正是这种冷静、客观的动态评估，促使西安气象能够不断刷新向上的目标，始终保持进取的劲头。

瞩目远方，未来，任重道远。阔步向前，奋斗，时不我待。我相信该书的相关成果不仅对大西安，而且对其他一些兄弟单位更好地推进气象现代化建设，都具有重要的理论借鉴和实践参考价值。

李泽椿

2018年3月23日

前　言

过去五年，党和国家事业发生历史性变革，取得了历史性成就，中国特色社会主义进入新时代。进入新时代，是党的十九大从党和国家事业发展的全局视野、从改革开放近40年历程以及十八大以来取得的历史性成就和历史性变革的方位上，做出的科学判断。过去五年，在以习近平同志为核心的党中央的关怀和指导下，我国气象工作取得了重要成绩。与此同步，西安市气象局各项工作也取得了可喜成绩，在党委政府主导下和陕西省气象局党组领导下，率先基本实现气象现代化。西安气象＋＋"海棠图"机制深入推进，"融入式发展、开放式合作""跨界融合"结出硕果，气象监测预报预警、气象防灾减灾和重大活动气象保障成绩突出，党政主导、部门主体、社会参与、媒体助力、覆盖城乡的多元化气象灾害防御和气象服务新机制逐步建立健全，市一区（县）两级气象灾害应急指挥部职能深耕到基层，西安气象"放管服"改革有序推进。习近平总书记在"科技三会"上强调科技创新、科学普及是实现创新发展的两翼，要把科学普及放在与科技创新同等重要的位置。西安市气象局通过科技创新显著提升了监测、预报、预警、应急和服务能力，也同样重视和推进科学普及工作，通过80多期气象大讲堂强力打造学习型组织，两相呼应，不断提升骨干人才和干部队伍的科学素养，引领西安气象精神文明和气象文化建设，科学管理强化西安气象部门软实力，党的建设全面强化，"忠诚、干净、担当"的西安"气象铁军"队伍正在快速成长。

2011年至2017年，我坚持每年牵头编撰"西安气象现代化建设和气象服务白皮书"系列报告。这项工作既是对该年度气象现代化推进和技术进步的总结，也是对当年公共气象服务和深化改革进展的凝练，更是向西安党政部门和老百姓呈交的一份"成绩清单"。此次撰著《西安气象现代化建设与气象服务》始于2017年9月，彼时我在陕西省委党校市厅级进修班研习，每晚学习结束后，坐在电脑前，细细翻阅7年来"西安气象现代化建设和气象服务白皮书"系列报告，在累计近100万(96.3万字，其中2011年22.7万字，2012年8.7万字，2013年7.9万字，2014年14.1万字，2015年11.4万字，2016年15.0万字，2017年16.5万字)的文字中，学十九大精神，重新捋顺架构，筛选保留原创技术分析，结合实际撰写心得，动态修订补充更新……"为者常成、行者常至"，半年多来，我常常深夜忍困不眠、不亦乐乎，学文件、深思考、构框架、布分工、做研究……直至今日本书得以正式出版。中国气象局、陕西省气象局和西安市委市政府各级领导长期以来的深切关怀与有力支持皆在心头，西安"气象铁军"队伍的艰辛努力、不懈进取历历在目，追赶超越令人倍感紧迫，点滴成长让人倍感自豪。

党的十九大报告指出：世界面临的不稳定性、不确定性突出，气候变化等非传统安全威胁持续蔓延，人类面临许多共同挑战。随着全球气候变化和经济社会快速发展，极端天气气候作为潜在的、自然—社会—环境—生态等多重属性的风险源，防范其不利影响不容忽视。因此，本书结合了近几年西安气象现代化建设与气象服务的探索和实践，以安全气象、智慧气象、丝路气象、生态气象、民生气象和公共气象等分“篇”后再分“章”，从“西安气象智造”、重大气象服务、西安气象助力“一带一路”建设、西安人工影响天气、生态文明建设西安气象贡献、公众气象服务、学习型组织建设等，多元化、多角度地进行了动态评估（见框架图），以期肯定成绩、梳理不足、凝练经验，防范风险、弥补短板、强基固本，提出新思路、拼搏新征途，助力大西安追赶超越。

经过认真梳理，我们认识到西安气象依然存在“短板”，主要表现在：特色不够明确、核心技术亟待提高，基层台站建设仍不平衡，防灾减灾救灾体系仍不完善，参与大西安建设、经济转型升级和适应气候变化的工作力度仍需加大。我们也认识到，未来几年，西安气象将经历一环扣一环的“大考”：2019 年，“一带一路”国际合作高峰论坛将在西安举办，我们重大活动气象服务保障能力将再迎“大考”；2020 年，是《国务院关于加快气象事业发展的若干意见》（国发〔2006〕3 号）文件实施完成的节点，也是我们实现西安市政府加快推进西安气象现代化目标（市政发〔2012〕99 号）的节点；2021 年，第十四届全国运动会将在陕西举办，西安承办赛事密集，又会迎来新一轮考验。

对照新时代和新矛盾的要求，西安气象人更应不忘初心、奋发有为，面向大西安大发展需求，实施追赶超越、补齐短板、强本固基，讲好“西安气象故事”，打造好具有大西安特色、经得起考验，让党政决策、生产经营和老百姓都更加满意的西安气象现代化，更加积极发展安全气象、智慧气象、生态气象、资源气象，沿着努力发展公共气象、做好民生气象大文章的路子，认真践行西安气象人“揽风云变化、护天人长安”的承诺。雄关漫路、砥砺前行，大道致远、筑梦不息，开启新征程、撸袖加油干！

本书各章节分工和主要贡献具体如下：前言，罗慧。第一章，罗慧。第二章，罗慧、鲁渊平、石明生、刘宇、高晓斌、秦佩，等。第三章，张雅斌、毕旭、罗慧、徐军昶、赵荣、乔娟、乔丽，等。第四章，罗慧、徐军昶、毕旭、赵荣、杨晓春、刘杰。第五章，鲁渊平、罗慧、毕旭、王海波、黄少鹏、张雅斌、曹梅、唐智亿。第六章，罗慧、徐军昶、金丽娜、王钊、王丽、刘璐。第七章，罗慧、徐军昶、徐丽娜、乔丽、秦佩。第八章，罗慧、徐军昶、唐世浩，等。第九章，罗慧、徐军昶、刘杰。第十章，罗慧、陈征、唐智亿，等。第十一章，罗慧、秦佩，等。参考文献汇总，王丽。后记，罗慧。封面设计，黎川、黄怡、李翔宇。大纲策划，罗慧、黄廷林、王贵荣，等。编辑校审，吴庭芳，等。罗慧负责全书的把关审定。在此向所有参撰者和所有贡献者致谢！

本书部分工作得到科技部科技基础性工作专项“典型城市人居环境质量综合调查与城市气候环境图集编制”（2013FY112500），中国气象局山洪地质灾害防治气象保障工程 2016 年建设项目“城市暴雨内涝风险预警业务建设（141027007001160100）”，以及“西安市发展和改革委员会 2016 年丝绸之路经济带新起点建设研究（XCZX2016-0202-2）”，以及西安市科技计划项目“西安城市治理体系和治理能力研究——气象防灾减灾保障西安大城市安全运行”（社发引导-软科学 SF1506-4）等支持，在此一并致谢！

由于时间仓促、水平有限，书中不足之处在所难免，敬请大家批评指正！

罗　慧

2018 年 3 月 23 日

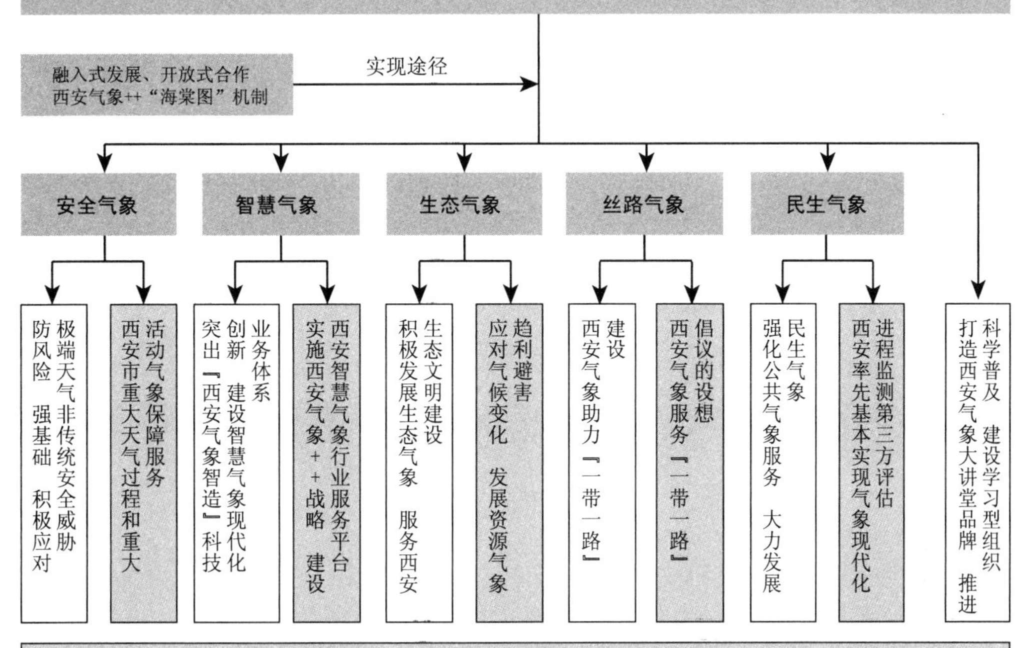

西安气象现代化建设和气象服务
融入式发展、开放式合作
西安气象++"海棠图"机制
实现途径
安全气象
智慧气象
生态气象
丝路气象
民生气象
防风险 强基础 积极应对极端天气非传统安全威胁
西安市重大天气过程和重大活动气象保障服务
突出『西安气象智造』科技创新 建设智慧气象现代化业务体系
实施西安气象++战略 建设西安智慧气象行业服务平台
积极发展生态气象 服务西安生态文明建设
应对气候变化 发展资源气象趋利避害
西安气象助力『一带一路』建设
西安气象服务『一带一路』倡议的设想
强化公共气象服务 大力发展民生气象
西安率先基本实现气象现代化进程监测第三方评估
打造西安气象大讲堂品牌 推进科学普及 建设学习型组织
面向大西安大发展时代要求，实施追赶超越、补齐短板、强本固基，打造好具有大西安特色、经得起考验的，让党政决策、生产经营和老百姓都更加满意的西安气象现代化。
认真践行西安气象人"揽风云变化、护天人长安"的承诺，助力大西安追赶超越。

目　　录

第一篇　安全气象

第二篇　智慧气象

第三篇 生态气象

第四篇 丝路气象

第五篇　民生气象

第一篇

安全气象

第 1 章　防风险　强基础　积极应对极端天气非传统安全威胁

习近平总书记在十九大报告中提出，坚决打好防范化解重大风险、精准脱贫、污染防治的攻坚战，指出世界面临的不稳定、不确定性突出，气候变化等非传统安全威胁持续蔓延，人类面临许多共同挑战。随着全球气候变化和经济社会快速发展，极端天气气候作为潜在的、自然属性的风险源，防范其不利影响不容忽视。2017 年，西安市出现了 45 个 35 ℃以上高温日，其中，≥40 ℃高温出现了 12 天，连续≥40 ℃高温日数、年 40 ℃以上高温日数等连创有气象记录以来历史新高——此即一次极端天气气候事件(罗慧，2017)。

全球变暖大背景下极端天气气候事件频发(旱涝灾、高温酷热、极端强降水、大风等)，易引起次生、衍生灾害(地质灾害、山洪、城市内涝等)频发重发，易造成灾害链式连锁反应，易引发社会各界共识和舆情共鸣，暴露出经济社会安全等治理层面上的脆弱性和短板。努力发展好安全气象、资源气象、智慧气象、科技气象和民生气象工作，同防风险、补短板、稳增长、调结构、惠民生工作结合起来，扎实推进经济社会持续健康发展、扎实推进农业现代化建设、扎实做好扶贫和民生工作①。

1.1　极端天气气候对经济社会安全运行带来诸多风险

(1)给人民生命财产造成严重损失。2005 年飓风“卡特里娜”重创美国南部，造成数千人死亡、百万人流离失所、经济损失 1000 多亿美元，为美国史上最严重损失。2012 年北京“7·21”特大暴雨造成 190 万人受灾、79 人遇难，直接经济损失超百亿元。1983 年 7 月 27 日至 8 月 1 日，陕西汉江全流域降大到暴雨，各河洪水暴涨、洪水水位高出安康城堤 1.5 m、城区被淹；安康地区受灾人口 53.6 万，因灾死亡 1409 人、损失 11 亿元(《陕西历史自然灾害简要纪实》编委会，2002)。极端天气的发生造成部分铁路、公路、民航交通运输中断、航班延误，大量旅客滞留站场港埠，大量车辆熄火在严重积水路段。全球气候变暖和快速城市化产生的“热岛效应”共同导致夏季高温热浪，引发与热害相关疾病发生和死亡，造成更大损失。

(2)影响电力能源、交通和城市水资源安全。2017 年夏季高温热浪持续，西安电网最大负荷创新高，达到 800 多万千瓦(较 2016 年增幅超 10%)，其中空调负荷等生活耗电占一半，最

① 习近平总书记 2015 年来陕西视察工作，看望干部群众，所作的重要讲话，是当前和今后一段时期陕西各项工作的行动指南。所要求的“五个扎实”指标：扎实推进经济持续健康发展；扎实推进农业现代化建设；扎实加强文化建设；扎实做好保障和改善民生工作；扎实落实全面从严治党。

大日用水量超 170 万吨，再创新高。2012 年北京“7・21”特大暴雨，造成首都机场 21 日全天取消航班 571 架次，延误航班 701 架次，最高峰时有近 8 万人滞留机场。2012 年美国“桑迪”飓风造成纽约市的机场、公交车、地铁和铁路等公共交通系统关闭，有着 108 年历史的纽约地铁系统遭遇最严重的破坏。1995 年陕西发生冬春夏秋四季连旱，为 65 年来特大干旱年。年降水量全省大部分地区偏少 4～6 成，当年 6—8 月西安持续干旱缺水 80 余天，日供水量仅 50 万吨，最严重时断水人口约 50 万，为保障居民用水，停止了 50 余家大中型企业用水。占西北电网 42%的水电发电量，比 1994 年每天减少 2200 万千瓦时，全年缺电 80 亿千瓦时，全省上千家工业企业因缺电缺水停产或半停产，造成全省经济损失 66.75 亿元(李士高，1999)。2016 年西安“7・24”暴雨之后，大量车辆在严重积水路段熄火，25 日陕西省接到车险报案 3000 多起，估计损失 3000 多万元，其中 80%～90%为西安地区车主报案。

(3)影响现代农业生产和生态环境建设。一是极端天气气候影响农业生产。影响陕西农业生产的气象灾害主要包括旱灾、洪灾、风雹灾、低温灾害等，损毁农业生产基础设施，造成农作物减产乃至“绝收”，导致农业病虫草害的发生区域扩大、危害时间延长，作物受害程度加重。二是引起农作物和种植业生产能力的变化。中国气候学家张家诚(1982)研究指出，气温变化 1 ℃，大体相当于农作物变化一个熟级。每变化一个熟级，产量变化 10%，即气温上升或下降 1 ℃，粮食产量均具有增产或减产 10%的潜力。三是气候变化和人类活动对陕西的“天然生态屏障”——秦岭地区生态环境产生了显著影响。1987—2015 年卫星遥感监测表明：秦岭地区植被覆盖度整体呈上升趋势；秦岭高山林线向高海拔地区移动；林线波动会引起生物多样性改变；秦岭森林生长开始时间有所提前、森林生长期有所延长。

(4)影响经济可持续发展。中国每年由气象灾害所造成的经济损失约 2000 亿～3000 亿元人民币，约占国民生产总值(GDP)的 1%～3%。美国气象经济学家们认为，农业生产区气温比 20 世纪 70 年代平均气温每下降 1℃，就会缩短农业约一周的生长季，造成棉花、水稻等减产。2005 年“卡特里娜”飓风造成美国当年第四季度经济增长预期从 3.5%跌至 2.5%，其带来的物质和精神双重损失抑制美国 2006 年的经济增长，并对全球经济产生严重影响。2012 年飓风“桑迪”造成纽约证券交易所交易大厅罕见地关闭了两天，成为自 1985 年 9 月以来 27 年来首次停止运营，随着灾情持续，证券市场引发金融市场动荡。1997—2006 年，陕西省气象灾害所造成的直接经济损失占全省生产总值比重平均为 3.16%，高于全国平均水平(2.7%)。随着防灾、减灾意识和能力的增强，气象灾害损失占国内生产总值的百分比呈下降的趋势(《陕西灾害性天气气候图集》编委会，2009)。2017 年 7 月 25—27 日陕北发生特大暴雨引发严重洪涝，大降水中心位于榆林中南部和延安中部，子洲(218.7 mm)、米脂(140.3 mm)日降水量突破历史极值，无定河干流和支流 3 站超警戒水位。子洲、绥德两县城区严重进水，地下管网严重损毁，供水、供电、供气和交通、电力、通信全部中断，城区道路严重损毁、积水严重，街道淤泥厚度 0.5～1 m，农作物受灾、房屋倒塌及受损严重，直接经济损失约 40 亿元。

(5)在脱贫攻坚战工作中，应对和适应极端天气气候成为新挑战。习近平总书记指出脱贫攻坚从结构上看，现有贫困大都是自然条件差、经济基础弱、贫困程度深的地区和群众。陕西深度贫困山区的农村和人口容易受到极端天气气候的威胁，“十年致富，一灾返贫”；深度贫困村产业项目结构单一、抗风险能力不足，应对极端天气气候的财政、金融、技术等能力弱。干旱半干旱地区农业和生活依赖于自然降水，“雨养农业”的年景取决于天气气候的优劣，且过度依赖开发地下水资源，加剧了当地的贫困问题，“气候贫困”对当前脱贫攻坚工作提出了新挑战。

1.2　西安2011—2017年主要气象灾害

西安属暖温带半湿润大陆性季风气候，冷暖干湿四季分明。西安市（107°40′～109°49′E、33°39′～34°45′N）地处渭河流域中部关中盆地，北临渭河和黄土高原，南邻秦岭，东至零河和灞源山地，西达太白山地及青化黄土地台塬，总面积10096 km^2，市区面积3866 km^2，人口超过880万（数据来源于《2017西安统计年鉴》）。冬季寒冷、风小、多雾、少雨雪；春季温暖、干燥、多风、气候多变；夏季炎热多雨，伏旱突出，多雷雨大风；秋季凉爽，气温速降，秋淋明显。主要气象灾害有干旱、高温、低温冻害、暴雨、连阴雨、大雾、霾、沙尘、道路结冰、雷电、大风、冰雹等。2011—2017年，这些气象灾害都不同程度有所发生（详见表1-1）。逐年的主要气象灾害是：2011年连阴雨。2012年干旱、暴雨和冰雹。2013年干旱、低温、暴雨、霾（霾195天458站次，有5天全市平均空气质量指数（AQI）"爆表"）和沙尘。2014年干旱（1977年以来最严重的气象干旱，全市秋粮受旱面积达96.9万亩[①]，供水十分紧张，电网最大负荷和日用电量均创历史新高）、秋淋和大风。2015年高温、暴雨（临潼区气象站8月3日大暴雨日最大降水量达116.1 mm）、霾和大风。2016年干旱、夏季高温、暴雨（2016年全市共出现暴雨日8天11站次，暴雨日数为1961年以来最多）、冬季低温和霾。2017年干旱、极端高温（2017年全市共出现45个高温日，40 ℃以上高温出现12天，年内日极端最高气温42.3 ℃，出现在7月25日鄠邑区）以及暴雨等，给西安市生产、生活造成了严重的影响。

表1-1　西安2011—2017年主要气象灾害和极端天气气候事件一览表

年份	干旱	高温、低温冻害	暴雨(雪)、连阴雨	大雾、霾、沙尘天气	雷电、大风、冰雹
2011	2010年12月26日至2011年2月25日，无明显降水过程，各地旱情较严重。4月中下旬，气温持续上升，土壤失墒明显加快，出现旱情。	1月冷空气活动频繁，气温异常偏低；4月上旬全市气温偏低0.3～1.7 ℃，影响果树花期推迟。 2011年共出现26个高温日，其中7月25日高陵区日最高气温达40.4 ℃（排1970年有记录以来同期第三位）。8月15日市区、高陵区、蓝田县日最高气温均超过38.0 ℃，14—15日相对湿度较大，出现"桑拿天"。	2011年出现10个暴雨日和5次连阴雨过程。7月31日暴雨造成周至县板房子房屋、道路桥梁被毁，交通、电力中断。9月4—20日连阴雨过程出现5个暴雨日，历史罕见，市区累计降水量达282.8 mm（有记录以来同期第一位）。全市多处农田被淹、房屋进水，人员被迫转移。灞桥区发生滑坡，造成重大人员伤亡。	2011年共出现大雾15天，其中，11月22日大雾尤为严重，部分地区能见度不足100 m，西安—咸阳国际机场进出港航班全部延误，上千辆车被堵。 3月13—14日和18日，出现沙尘天气。 4月29—30日，出现浮尘天气。	6月6日18时14分，西安市区东北部出现大风天气，极大风速达21.0 m/s。 7月17日，高陵区发生雷雨阵风天气，极大风速15.1 m/s，造成多处房屋及设施农业大棚受损，电杆折断，经济损失严重。8月15—16日、25—26日、28日全市共出现雷暴17站次。 8月25日16时33分，蓝田县出现大风天气，极大风速19.8 m/s。

① 1亩≈666.7 m^2。

续表

年份	干旱	高温、低温冻害	暴雨(雪)、连阴雨	大雾、霾、沙尘天气	雷电、大风、冰雹
2012	2012年6月上中旬西安地区出现旱情，高陵县、户县、周至县较为严重，影响玉米出苗生长，猕猴桃出现日烧现象。	2012年全年共出现21个高温日(120站次)。	2012年全市共出现3个暴雨日(8月13日户县77.3 mm)。8月30日至9月1日降水，是当年西安入汛以来最强的一次过程，周至县、户县、长安区均不同程度受灾，大量房屋、基础设施倒塌、受损，农作物受损严重。	2012年共出现大雾12天(37站次)。 最小能见度出现在1月1日，高陵(20 m)。 2012年共出现霾23天(19站次)。	2012年共出现雷暴天气19天，出现8次大风天气(3月21日蓝田县风速达19.2 m/s)。6月19日蓝田县出现局地短时暴雨和冰雹。6月21日，户县石井镇出现强雷暴和冰雹(最大直径1～2 cm)，猕猴桃和葡萄损失严重。7月30—31日临潼区斜口街道暴雨，局部冰雹。
2013	2012年11月下旬至2013年2月上旬、2013年3月至5月上旬、6月、8月13—27日以及秋季全市均出现不同程度旱情。	2013年1月上旬全市气温异常偏低，平均气温－2.9 ℃，较常年同期低2.6 ℃，日极端最低气温－11.6 ℃(1月4日蓝田)。 4月上旬连续发生两次较强寒潮天气过程，周至县猕猴桃幼苗受冻严重。 2013年共出现41个高温日(193站次)，出现37 ℃以上区域性高温日3个。	2013年共出现3个暴雨日8站次。5月25—26日降水量为50.1～105.4 mm(除蓝田外)，为1961年以来5月首次区域性暴雨，最大降水量出现在周至县。 2013年7月10—13日蓝田县出现连阴雨天气过程，过程雨量46.3 mm。	2013年共出现大雾20天40站次，霾195天458站次。2月10日、3月9日、3月12—13日、12月19日均出现全市平均空气质量指数(AQI)达到500而"爆表"。3月9—10日，全市出现沙尘，9日泾河出现沙尘暴，最小能见度为800 m。沙尘天气使空气质量恶化，西安12个监测点空气质量指数超过500。	2013年5月22—23日，全市共发生闪电112次，局地出现冰雹。6—9月出现雷暴日17个50站次。 8月1日00—03时，全市共发生闪电282次，蓝田县、周至县、长安区测站出现大风，风速分别为27.4 m/s、18.9 m/s、18.7 m/s。 8月7日西安城区出现冰雹天气。
2014	2013年11月25日—2014年2月3日全市连续71天无有效降水。入夏后各区县出现中—重度旱情(为1977年以来最严重的气象干旱)，全市秋粮受旱面积96万多亩。	2014年全市共出现35个高温日(211站次)。其中，西安、高陵区、临潼区、户县40 ℃以上高温持续2天(7月21—22日)。 2014年2月上中旬全市平均气温偏低1.7～3.5 ℃。	2014年共出现2个暴雨日。9月7—18日全市出现秋淋天气，各区县持续降雨日数11—12天不等，过程降水量143.9～214.0 mm，周至县、户县、长安区和临潼区过程降水量均超过200 mm。	2014年全市共出现大雾81天167站次，霾250天631站次。10月23日临潼区最小能见度达30 m。 2014年5月出现2天3站次扬沙天气。	2014年3月26日，全市共发生闪电25次。2月4日(蓝田县)、4月25日(周至县、户县)、5月9日(临潼区)和7月2日、22日(蓝田县、高陵县)测站出现大风，极大风速分别为17.3 m/s、19.3 m/s、17.2 m/s和30.8 m/s。

续表

年份	干旱	高温、低温冻害	暴雨(雪)、连阴雨	大雾、霾、沙尘天气	雷电、大风、冰雹
2015	2015年初春干旱严重。7月全市大部分地区出现中—重度旱情,总体气象条件对夏播作物、经济林果生长及城市安全运行造成不利影响。	2015年全市出现35℃以上高温18天100站次,37℃以上高温11天57站次,38℃以上高温天气7天34站次。日极端最高气温39.8℃(8月2日出现在长安)。 4月10—12日,全市大部分地区气温下降明显,导致果树、蔬菜等作物遭受低温冻害。	2015年全市共出现2个暴雨日2站次。其中,临潼区气象站8月3日出现大暴雨,日最大降水量为116.1 mm,破历史纪录。 1—11月全市共出现5次连阴雨过程。	2015年全市共出现大雾72天127站次,霾162天449站次。全年共出现沙尘天气7天。10—12月,全市出现持续雾/霾,空气质量指数严重超标。11月29—30日雾/霾,大部分区、县能见度不足50 m,航班延误,多条高速路段封闭。	2015年全市共出现大风天气10天11站次(7月20日西安城区最大风速24.8 m/s)。7月大风天气造成部分田块玉米倒伏。 5月7日10时45分,西安城南出现持续5分钟左右的冰雹,直径约5 mm;7月20日傍晚至21日凌晨,全市出现雷阵雨天气,蓝田县、市区等局地出现冰雹。
2016	2016年7月28日—8月24日高温少雨天气导致伏旱持续28天,伏旱强度达到强伏旱等级,对夏播作物生长、经济林果及城市安全运行造成不利影响。	2016年全市出现35℃以上高温45天100站次,37℃以上高温22天92站次。 2016年1月22—25日降温天气过程使日最低气温达−17.4～−11.5℃(25日),长安区、蓝田县最低气温逼近历史极值;各区县最低气温除周至县外其余均跌破1995年以来最低值。	2016年共出现暴雨日数8天(为1961年以来最多)。7月24日城区突发性极端强对流天气,城区小寨2小时降雨量达115.6 mm,突破西安城区1951年以来24小时最大降雨量记录,造成城区城市内涝严重。 11月22—23日,普降大雪,局地暴雪,积雪深度达13 cm(蓝田)～16 cm(长安)。	2016年全市共出现大雾64天157站次,霾170天543站次,沙尘天气2天2站次。 3月5日西安市区出现浮尘天气,5月2日蓝田县出现扬沙天气。 11月—12月全市出现持续霾天气,空气质量指数严重超标。	2016年全市共出现大风天气6天7站次。
2017	2017年7月13—27日全市出现高温伏旱,持续时间长(持续15天),伏旱强度为强伏旱等级,农作物不同程度受灾。	2017年全市共出现45个高温日,40℃以上高温出现12天60站日。年内日极端最高气温42.3℃(鄠邑7月25日)。市区、临潼、长安、鄠邑区①、周至县分别创建站有气象记录以来本地7月历史新高(≥40℃高温持续5～8天不等),40℃以上连续日数突破同期历史记录。	2017年全市共出现暴雨日5天8站次。 2017年秋淋天气具有以下特征:开始早(8月25日)、结束晚(10月18日结束)、持续时间长(秋雨期54天)、秋雨量大(秋雨量321.9 mm)、综合强度强(综合强度指数显著偏强)。	2017年全市共出现大雾53天101站次,霾126天406站次。 2月20日市区出现扬沙天气,周至县、长安区、临潼区、市区出现浮尘天气。5月5—6日西安市区出现扬沙、浮尘天气。	2017年全市共出现大风天气12天15站次(最大风速为鄠邑区7月27日22.0 m/s)。 6月8日、10日阎良区出现大风冰雹天气,造成明显灾情。6月29日蓝田县局地出现冰雹。

备注:致谢西安市气象台金丽娜、曲静等为一览表汇总提供相关素材。

① 2014年12月经国务院批准西安市高陵县升格为高陵区。2016年12月经国务院批准西安市户县升格为鄠邑区。

1.3 发展安全气象 资源气象 民生气象 助力追赶超越

预见风险、防范风险、应对和适应极端天气气候，趋利避害，实施有效风险防控和管理。影响大西安的主要气象灾害包括干旱、高温、低温冻害、暴雨、连阴雨、大雾、霾、沙尘、道路结冰、雷电、大风、冰雹等，近 7 年这些气象灾害都不同程度地发生，给西安经济社会发展、老百姓日常生活和生产经营造成了不小影响。在应对和适应极端天气气候中，把防风险、强基础、补短板、去产能、去库存、惠民生工作结合起来，扎实推进经济社会持续健康发展，扎实推进农业现代化建设，扎实做好扶贫和民生工作。努力发展好安全气象、资源气象、智慧气象、科技气象和民生气象，并作为未来 5～10 年重要战略加以重视和投入，使之成为提升安全、民生、生产、发展等综合治理体系现代化、助力追赶超越的保障手段。

1.3.1 在应对和适应极端天气气候中防风险、强基础、补短板

一是强基础发展安全气象。2017 年陕西省第十三次党代会报告中指出：统筹规划和建设交通、空间、信息、气象等基础设施，增强军民一体化的基础保障和协同应急能力。二是建立完善极端天气气候灾害风险防控和风险管理机制，发展社会气象。结合各种社会、人文、经济、生态环境等有关因素，构建形成党委领导、政府主导、部门主体、社会参与、媒体助力、覆盖城乡的多元化防灾、减灾机制，共同降低区(县)域承灾体的脆弱性，增强减缓和抵抗自然灾害的能力。三是强弱项、补短板发展资源气象。开展覆盖城镇气象灾害风险普查及评估，加强城镇规划和建设项目的气候可行性论证，提高交通旅游和能源运输等体系防抗气象灾害风险管理能力；提高城市排水防涝等基础设施防灾标准和能力建设，同时加强地下人行道、地铁、地下停车场、地下商场以及人防设施等城市地下空间与设施的管理。

1.3.2 在应对和适应极端天气气候中去产能、去库存，扎实推进经济社会持续健康发展

一是发展智慧气象。充分结合人工智能、数据挖掘、移动互联网、云计算等科技大变革时代要素，鼓励企业将灾害风险管理作为商业投资战略的一个核心组成部分，进一步发挥天气信息在农业、交通、能源、服务业、商品零售等领域的市场价值。如 2017 年西安夏季平均气温较历年同期偏高 1.4 ℃，激发人们“消暑”消费热，空调、电风扇、纸扇、冷饮、啤酒、外卖、网购等销售旺盛，据此可提前科学调度、去产能、去库存化。二是积极探索利用市场化手段，如创新天气金融产品，在减缓极端天气气候不利影响方面，引入并本地化天气保险与天气衍生品，抓住关键天气灾害因子，开发天气保险指数或期货指数，以减缓极端天气的不利影响。三是鼓励以自然降低产能，比如用人企事业单位在高温热浪酷暑时，室外露天作业时间不得超过相关规定，采取换班轮休、鼓励公休假等方式，实行弹性工作制，保护劳动者健康。孟德斯鸠是最早调查天气对社会影响的人之一(根据 1748 年其著作《论法的精神》)，他曾对人类性格和政府以及影响它们的气候之间的关系进行比较，认为生活在寒冷国家的人对细微的体验或细腻的情感并不敏感，而生活在较温暖气候区的人情感更加外露和多变。孟德斯鸠的观察可能太笼统，不过社会学家、考古学家、精神病学家以及医生都在继续探索气候与人类社会之间的关系以及天气如何影响日常生活。

1.3.3 科技创新支撑现代农业生产和生态环境保护，扎实推进农业现代化建设

一是发展科技气象。加强极端天气气候影响农业经济生产的科学技术创新支撑，既要加强防洪堤、防震应急避难场所、水利、管网等工程性措施，又要加强极端天气气候灾害监测、预估预测预报预警、应急预案等非工程性措施建设，注重硬、软实力并重发展，后者往往事半而功倍且见效快。二是提高气象预测预估的精准度、发布气象预警的及时性，帮助农业经济生产降低成本、防抗风险、提高收益。极端天气气候在农产品生产、播种、收获、加工和运输等诸多环节增加了自然环境的变动性，预警提前、预防为先、能做到事半而功倍。三是发展资源气象。在开发利用气候资源、保护生态环境中重视新型科技创新手段应用，如人工影响天气作业作为有高科技支撑的、军民融合发展的复杂系统工作，随着常态化组织实施，在水源地蓄水、清洁空气、抗旱减灾、生态涵养乃至国家安全等方面发展潜力巨大。

1.3.4 加大对天气气候风险的管控，扎实做好保障民生工作，助力打赢脱贫攻坚战

一是发展民生气象。气象服务保障作为一项前瞻性、预测性强的基础性、普惠型工作，小到老百姓的日常穿衣出行，大到工农业生产的灾害预防、科学调度，都是不可或缺的保障服务民生的工作。2018年2月，时值春节假日返程高峰期，海南岛部分陆地和琼州海峡连续7天出现大雾天气，对海峡通航、航空运输和公路交通造成影响，特别是大雾锁航、造成琼州海峡过海车辆严重滞留(据央视新闻、中国天气网海南站)。二是极端天气气候发生时，加强社会救助、基层医疗卫生、应急避难所建设等工作，日常重在公众参与、预防为主、增强风险防范避险意识，实现社会经济环境效益的最大化。三是在因地制宜的情况下，在原有的扶贫政策中，加大对极端天气气候风险的管控。对居住在自然条件特别恶劣地区的群众加大易地扶贫搬迁力度；针对降水稀少造成环境退化，干旱频发“十年九旱”，要有弹性的应对措施；适度超前发展，突出改善深度贫困地区基础设施建设，注重提升自身应对气候变化和自然灾害的能力；生态保护项目要提高贫困人口参与度和受益水平，提高贫困群众、劳务输出人员的防御自然灾害的风险意识和避灾能力。

1.4 实施西安气象++的战略 推进大西安城市生态文明和公共服务建设

2017年全国两会上，习近平总书记在参加上海代表团全团审议时，提出了“城市管理应该像绣花一样精细”的总体要求。实现城市管理精细化，成为全国各大中型城市政府的一项重要任务。2018年元月国务院颁布的《关中平原城市群发展规划》，蕴含着党和国家对大西安建设的厚重期望，大西安跃入了国家中心城市行列，获得千载难逢的重大发展机遇。

1.4.1 坚持开放合作+共赢共享，跨部门、多元化、常态化务实合作，建设西安气象++“海棠图”机制

西安市气象局紧抓难得机遇，秉持“融入式发展、开放式合作”的气象++发展战略和路径，积极探索建设西安市气象++“海棠图”机制，即党委领导、政府主导、部门主体、社会参与、媒体助力、覆盖城乡的多元化西安气象灾害防御和气象服务新机制。随着实施西安气象++战略越来越深入人心，所合作的部门、院所和社团等不断拓展，用“图”“说话”中的“花瓣”不断

扩大，最终形成的图形酷似一朵盛开的“海棠花”，故取名西安气象＋＋“海棠图”机制（详见后记附图）。

在建立完善西安气象＋＋“海棠图”机制的过程中，充分发挥了党委政府的主导作用，积极推进气象现代化建设，科学划分管理职责，出台政策文件支持，将气象现代化和气象防灾减灾救灾等纳入政府考核目标，成立市—区县两级气象灾害应急指挥部，以气象防灾减灾救灾的部门联动为核心，坚持开放合作＋共赢共享，建立了各部门共同承担、分工协作的防灾减灾救灾工作机制，逐步凝聚形成西安气象＋＋防灾减灾救灾合力。通过与各部门、院所和社团之间的资源共享、常态化合作和项目带动，拓展视野、提升能力，锻炼了一批西安气象铁军队伍，培养了科技、预报、人工影响天气、应急、服务和管理等骨干人才；通过联合联动、多元资源共享、大数据深度挖掘等，搭建了气象服务共建共享共用平台，不断提高“西安气象智造”水平和气象科技创新手段；通过互通有无、互惠互利，“借船出海”、新辟途径，解决了西安气象事业发展中的政策、资源、科技、人才、设备等诸多难题，也促进了我们为大西安大发展提供更优质的气象保障服务。

1.4.2 实施西安气象＋＋的战略 气象智慧来自于“跨界融合”

2012年起，西安市气象局稳步实施西安气象＋＋的战略，源于对气象部门核心价值的认知——其核心价值在于重视气象服务所取得的经济效益、环境效益和社会价值，把气象看作是经济社会发展中的一个重要因素，强调气象为改善人类生态环境、保护生命财产安全、服务社会稳定发展、服务城市安全运行等方面的价值，这些价值具体体现在气象与各个行业的结合。简言之，西安气象的“智慧”来自与西安经济社会发展方方面面的“跨界融合”。先后与市应急办、水务局、环境保护局、农林委、市政公用局、国土资源局、工信委、民政局、建委、城市管理局、交通运输局、统计局、政策研究室、市委组织部、社会治安综合治理委员会办公室、新华社陕西分社、广播电视台、西安日报、西部网及陕西省测绘局等40余家政府部门和主流媒体，与西安交通大学、北京师范大学、南京信息工程大学、西北农林科技大学、中科院地环所、省地质调查院等多所高校院所，与空军西安指挥所、陕西中天火箭技术股份有限公司、阎良航空基地、民航等军民技术合作单位，与市总工会、各大通信运营商、陕西省动漫产业平台、陕西蓝天救援队、众创平台等社团企业……不断深化常态化、日常业务化合作，探索军民融合发展，不断拓展西安气象业务工作，实现了社会—生态—经济—环境效益共赢。

近年来，建立了气象＋应急＋水文，与市应急办、市水务局开展汛期24小时不间断天气会商和研判，将国家突发事件预警信息发布系统接入市政府外网。与市水务局联合在西安水源地共建多座人工增雨碘化银燃烧炉；与水务集团公司合作，连年为水源地生态涵养和水库蓄水做出贡献。建立了气象＋环保＋应急，建立重污染天气预警应急联动机制，与市环保局合作打造空气质量预报系统CMAQ升级版，联合开展$PM_{2.5}$等国控要素监测共享与空气质量等级预报预警；积极申请省环保厅项目投资，在西安—北（阎良）—南（长安）建立了空气质量监测站，开展秦岭北麓西安段生态环境（气象）综合监测研究。建立了气象＋市政＋规划，与市市政公用局和市规划局升级打造大城市内涝预警系统，并获得2017年市政府科技二等奖（为西安市气象局首次获此殊荣）。建立了气象＋军队技术合作，与空军西安指挥所、陕西中天火箭技术股份有限公司等单位，在空域管理和人影作业装备供应、培训和维护等方面开展常态化业务合作。建立了气象＋农业＋林业，与市农林委联合开展都市农业气象服务和森林火险等级预报预警。建立了气象＋保险，与市金融办、市财政局、市农林委开展政策性农业保险工作；与市政府金融办、人民财产保险有限公司合作加强“三农”保险气象服务和灾害防御体系建设。建立了气象＋国土＋地质灾害气象预警研究，与市国土局升级基于智能网格气象预报和GIS的地质灾害预报预警系统；与陕西省地质调查院战略合作，共同开展降雨型地质灾害成因机理及预测预报技术方法、效果检验和精细化预报预警技术研究。建立了气象＋交通＋旅游，与省交通厅等联合建设咸阳国际机场专用高速公路气象灾害监测应急服务系统；与市建委开展大风、雷暴等高影响天气预警服务；与市旅游局合作共建西安市全域旅游气象服务系统；与市交警支队开展城市“缓堵保畅”气象服务。建立了气象＋安监，与市安监局联合强化雷电灾害防御工作、开展防雷安全监察。建立了气象＋大数据，与市工信委合作支持西安市智慧城市云服务实验室，支持通信网络和智能网格预报系统升级，西安智慧气象APP、微信投入运行。建立了气象＋统计＋政策研究，与市统计局、市政策研究室连续5年开展社情民意调查和气象现代化进程第三方监测评价。建立了气象＋媒体，与西安市电视台合作打造《“一带一路”天气预报》，累计2000余期；与陕西动漫产业平台联合推出“唐妞报天气”、“秦风小子图说节气”等全新民生气象预报服务栏目。建立了气象＋科研院校，与北京师范大学、中国气象科学研究院、清华大学、西安交通大学等开展空气质量数值预报研究；与西安交通大学合作建设地下深层510 m科学钻孔的地温测量和气候变化分析；与南京信息工程大学、西北农林科技大学等联合开展人才培养、科学研究等；与市勘察测绘院合作共享GPS/MET监测站，为预报和服务提供数据支撑。气象＋党建，与市委组织部联合举办党的十九大精神专题培训班；与市民政局、地震局等联合开展综合减灾示范社区创建工作；与曲江大明宫、汉长安城等合作开展国家遗址保护的气象监测工作(图1-1)。总结经验、继往开来，开放式合作、融入式发展，跨界融合、务实合作浇灌西安气象＋＋“海棠花”继续美丽绽放。

1.4.3 努力方向：气象＋趋利避害＋防灾减灾救灾＋大数据云计算＋，助力生态文明和智慧城市建设

一是气候资源是生态环境资源的根本，随着“一带一路”倡议深入人心，建设步伐不断加快，涉及国家众多，各国各地气候具有明显的区域性特征，科学开发与合理利用风能、太阳能、空中云水等气候资源，是有效趋利避害、缓解资源约束趋紧的重要途径。气象具有涉及社会经济领域多、区域空间大、国际合作交流多等特点。随着遥感探测技术的发展和风云系列卫星工程建设的推进，卫星遥感探测将成为弥补气象观测不足的关键手段。做好风云三号、风云四号及中高分辨率气象卫星数据的应用研发，可以在区域的粮食安全、森林植被、土壤水体、空气质量、气候变化监测等方面，以及在跨区域的森林防火监测、灾害监测、作物长势监测、农业病虫害监测、气溶胶监测等方面发挥作用。

二是气象防灾减灾救灾是生态文明建设的重要组成部分，以气象灾害为主的自然灾害具有种类多、影响广、危害多的特点，建设党政主导、部门主体、社会参与、媒体助力、覆盖城乡的多元化气象灾害防御体系，是保障生态安全、有效防范环境风险的第一道防线。精细化、分区县暴雨洪涝灾害风险普查，摸清暴雨诱发中小河流洪水和山洪地质灾害的气象风险基本情况及主要隐患点信息，确定出不同等级致灾临界雨量，提高暴雨洪涝灾害预警业务服务能力。做好城市居民休闲观光气象服务，促进全域旅游产业发展。开展暴雨公式应用、预报预警服务、中小河流洪水、山洪地质灾害和城市内涝气象服务、交通旅游气象服务等，分析影响城市内涝

西安气象

XI'AN METEOROLOGY

政府制定经济社会发展规划中有气象

西安市政府及各区县政府相继出台推进气象现代化文件和基层综改文件。

2017年4月，市政府正式印发《西安市气象事业发展“十三五”规划》，明确提出要构建并完善与大西安城市建设、丝绸之路新起点城市功能发挥相适应的城市气象防灾减灾体系。其中“丝路新起点西安气象预警应急与防灾减灾工程”等六大重点工程纳入西安市十三五规划和西安市重点专项规划目录。

西安气象工作列入党政部门法定职能

2012年以来，西安市政府先后出台《关于加快推进我市率先基本实现气象现代化的意见》、《西安市雷电灾害风险评估管理办法》和《西安市气象灾害监测预警办法》等。2018年1月西安市委印发《关于高举习近平新时代中国特色社会主义思想伟大旗帜　加快建设服务“一带一路”亚欧合作交流国际化大都市的决定》，明确将积极与“一带一路”沿线国家在基于中高分气象卫星遥感的基础应用等领域联合开展学术交流和技术攻关，制作中、英、俄多语种“一带一路”天气预报等品牌节目等三项气象工作列入其中。

政府履行基本公共服务和社会管理职能中有气象

先后与50多个政府部门、高校院所、媒体等“开放式”合作，建立跨部门协调机制。西安气象“智慧”来自与西安经济社会方方面面的“跨界融合”。地方气象事业发展得到市委市政府大力支持，2012年至今，市-区县两级的气象灾害应急指挥部、人工影响天气办公室、气象防灾减灾中心和突发事件预警信息发布中心等陆续成立，实现市区县两级全覆盖。政府推进重大工程、重大经济社会活动有气象参与和气象贡献。

政府开展绩效管理和督查督办中有气象

2013-2018年，气象工作连续写入西安市政府、区县政府年度工作报告。2013以来，连续5年政府权威发布西安市气象现代化建设进程监测报告。所有区县政府均将气象防灾减灾工作和气象现代化建设纳入政府目标考核。2014年起，气象现代化工作、气象防灾减灾、人工影响天气等工作，纳入西安市目标考核。

突出“西安气象智造”科技创新取得新突破　奋力追赶超越

以气象现代化建设为主线，突出“西安气象智造”科技创新，学习北上广深等地先进经验和做法，开放、合作、创新，建设西安市气象现代化建设（Ⅱ期）平台、西安大城市智慧气象预报预警服务一体化平台（XA-WFIS.新丝路）、西安市精细化气象格点预报业务应用平台、空气质量数值预报预警系统（XAWRF-CMAQ2.0）和西安短临预报预警系统（XA-NEWS）等。　2014年以来，获西安市政府科学技术奖励7项，取得历史性突破。

西安气象++"海棠图"机制

西安气象现代化建设进展图（2012-2018）

面向西安社区和乡村全覆盖的气象预报预警信息和为农气象服务信息

2011年以来，实现了气象+党建+基层防灾减灾，连续7年与陕西省委组织部、西安市委组织部农村党员干部远程教育平台合作，搭载“陕西农村党员干部现代远程教育平台”，建设“西安气象”板块，西安气象服务信息、气象科普信息等得以广泛传播，有效解决了“最后一公里”问题，减轻气象灾害危害、保障农村群众生命财产安全等方面发挥了明显作用。

提升防汛抗旱减灾能力

2012年6月联合发文，实现雨情、水情、旱情、灾情等资料实时共享，联合申报“西安大都市防汛抗旱支撑系统建设”项目。2012-2017年汛期，主动服务，24小时视频连线、加密会商、研判天气。

提升西安大城市应对极端天气防灾减灾能力

2012年4月签署合作协议，6年多来，共享103个“全球眼”监控点24小时监控信息（立交桥57，人形天桥16，下穿通道16，道路积水点14）。编制西安市暴雨强度公式并应用于市政规划建设。气象列入《西安市户外广告设置管理条例》、《西安市燃气管理条例》。2014年起，与市政局、西安城防办一起联合发布城市内涝风险预警。

全国副省级城市首播“一带一路”天气预报节目

2012年7月，建立气象灾害信息发布流程，西安电视台1-5频道和教育台第一时间游飞字幕插播，加挂预警信号图标。2015年5月12日，在中、省气象局大力支持下，全国副省级城市首播“一带一路”天气预报节目，每日制作2期分5次在西安广播电视台丝路频道播出，同步在中国气象局新气象网站、西安气象官微、西安网络电视台、搜狐视频、今日头条、腾讯视频等新媒体播出。截至2018年3月已经播出超2000期。

联合开展西安市环境空气质量预测预报和大气污染治理工作

2012年3月联合发文，联合开展西安环境空气质量、气象条件监测、预测预报、预警信息发布，拓宽发布渠道；加强科普宣传；联合开展科学研究。2014年10月起，　发布关中五地市空气质量预报。

联合强化PM2.5监测防控、数据共享机制、信息联合发布、城市空气净化和联防联控科研

2013年3月联合发文，进入市政府规划，凝练并联合申报项目，成立西安大气污染现状和防治对策研究及大气污染预报预测工作领导机构，建立重污染天气预警应急联动机制，合作打造空气质量预报系统CMAQ升级版，联合开展PM2.5等国控要素监测共享与空气质量等级预报预警。

联合开展重污染天气预警信息发布工作

2014年2月联合发文，连续3年多，贯彻西安市政府关于开展“治污减霾”工作要求，联合开展重污染天气预警信息发布工作。积极申请省环保厅支持，在西安一北（阎良）一南（长安）建立了空气质量监测站，开展秦岭北麓西安段生态环境（气象）综合监测研究。

连续开展气象现代化动态第三方监测评价工作

2013年3月联合发文，2013-2017年连续5年联合开展实现气象现代化进程监测评价，采用综合加权评分和百分制的监测方法对西安市和所属区（县）实现气象现代化程度进行监测评价，在《统计调查研究》《西安统计信息》等发布。

实现资源共享合作共赢

2016年8月签战略合作协议，双方实现资料共享，开设宣传专题，共同提高气象预报预警等信息覆盖面，实现合作共赢。

建立气象+军民融合合作常态化机制

2017年，与空军西安指挥所、阎良航空基地、陕西中天火箭技术股份有限公司、民航等开展军民技术合作，建立了气象+军队融合合作常态化机制。与空军西安指挥所（空域管理）、陕西中天火箭技术股份有限公司（人影作业装备供应、培训和维护）常态化业务。

精准扶贫，气象服务政策性农业保险工作

2012年，与市政府金融办、人保西安分公司三部门联合下发了《关于进一步加强“三农”保险气象服务和灾害防御体系建设工作的通知》，在涉农区县依托三农保险办公室成立了乡镇气象工作站，设立了气象协理员，开展三农保险气象服务。2014年，与市金融办、财政局、农林委联合发文，开展政策性农业保险工作，先后开展了小麦、玉米大田作物保险以及高陵、阎良设施蔬菜和蓝田核桃、周至猕猴桃、户县葡萄、临潼石榴等经济林果政策性农业保险工作。

陕西省委组织部 西安市委组织部 → 市水务局 市水文局 → 市政设施管理局 → 市广播电视台 市广电局等 → 市环保局 → 市统计局 政策研究室 发展研究中心 → 西部网 → 空军西安指挥所 阎良航空基地/民航等 → 市金融办 市财政局 市农林委等

提升地质灾害监测预警和群测群防能力

2012年6月联合发文以来，国土部门投资建设国土-气象会商系统，联合发布地质灾害预警信息。连续多年逐年动态订正全市地质灾害隐患点资料。基于智能网格预报建立西安市地质灾害气象等级预报系统。2017年，与陕西省地质调查研究院合作，开展降雨型地质灾害成因机理及预测预报技术方法研究，探索地质灾害气象风险预警预报模型和指标体系，提高地质灾害气象预警预报精细化水平。

共建旅游气象示范点，联合提升全域旅游气象保障服务能力

2012年11月与市旅游局联合发文，进行气象观测系统建设、旅游气象信息共享平台建设和技术等方面的合作；2017年10月，与市旅发委共建西安旅游气象服务示范点。

加强气象防灾减灾救灾工作，气象防灾减灾融入社区网格化管理

2012年11月联合发文，建立联席会议制度，信息共享、联合会商制度。2015年7月，签订合作协议，联合创建防灾减灾示范社区，加强灾害信息员队伍建设，共同开展备灾技术合作。

加强全市综合减灾示范社区创建工作

2014年5月联合发文以来，合作提升城乡综合防灾减灾能力，夯实社区防灾减灾工作基础，最大限度减轻自然灾害损失。

推进基础观测能力建设，实现地理信息数据资源共享

2015年4月签署战略协议以来，建立和共享辖区基础地理信息，联合建设“天地图·西安气象频道”，推进城市社区气象示范站的建设。

加强城市规划与气象工作协作

2013年4月联合发文开展合作，加强城市规划气象成果应用和城市规划气象保障服务，积极推动规划项目气候可行性论证，加强气象设施和探测环境保护，合作开展西安城区暴雨强度公式编制和应用。

资料共享广泛合作保障城市生命线

2014年11月开始开展合作，加强气象灾害对交通路况影响、气象科技与交通管理科技以及治污减霾等合作。实现了气象信息和交通视频监控信息资料共享等。

局校合作开展科学研究

2012年3月签署合作协议，西安交大投资建成国内首个500米深层地温气象探测系统；与西安交通大学和中国科学院地环所结为战略伙伴，开展全球气候变化与城市热环境产学研基地建设和研究，6年来，持续观测，开展科研合作。

气象+动漫IP合作共赢

2017年7月开始，与陕西动漫产业平台展开合作，西安气象微博微信携手漫画家推出“唐妞报天气”和“秦风小子图说节气”，西安民生气象特色、个性、有颜值。

建立“绿色通道”和全网发布机制

2012年6月市政府出台政府纪要以来，各大通信运营商建立气象灾害监测预警信息发布“绿色通道”，提高气象信息发布时效性和覆盖面。已经规范统一发送代码、形成常态工作流程、建立长效工作机制。

联合市总工会举办西安市气象行业技能竞赛

2014年9月联合发文至今，深入贯彻落实中国气象局党组全面推进县级气象机构综合改革的决策部署，以提升干部职工业务技能为目的，举办两届西安市气象行业技能竞赛。

搭建西安气象服务标准化体系

2017年8月，西安市人民政府印发西安市标准化+行动计划，其中重大活动气象服务、公共气象服务、人工影响天气、专业专项气象服务等4项气象标准列入。

开展果品气候品质等级认证和面向新型农业经营性主体直通式气象服务

2012年11月联合发文，联合开展猕猴桃、户县葡萄等果品气候品质等级认证工作。2013年1月联合发文，构建气象林业信息共享、森林火险气象预报预警信息发布、森林火灾监测信息互通、森林火灾扑救应急联动、林业气象科研合作等工作机制。2014年6月联合发文，进一步强化气象为农服务工作，提升科技支撑能力。

加强灾害性天气安全生产管理

2012年8月联合发文。连续近6年，持续加强建筑工地施工安全，灾害性天气预警信息发布与传播，“早预警、早准备、早防范”。重点抓好隐患排查、灾害预警、灾情抢险、灾后复查四个环节。

基于智能网格预报，构建西安交通气象灾害监测预警服务综合平台

2012年11月以来，建设“西安交通气象灾害监测预警应急服务系统”。2016年基于“智能网格预报”对系统升级，自动制作服务产品，服务精细化。

西安咸阳国际机场专用高速分公司 ← 市建委 ← 市农林委 ← 市质量技术监督局 ← 市总工会 ← 各大通信运营商 ← 陕西动漫产业平台创业孵化中心 ← 西安交通大学 中科院地环所 ← 市交警支队 ← 市规划局 ← 陕西省测绘与地理信息局 ← 市民政局 市财政局 市国土资源局 市地震局 ← 市民政局 ← 市旅游发展委员会 ← 陕西省地质调查研究院 市国土资源局

成立周至县气象防灾减灾服务中心，战略合作推进气象现代化建设

2016年12月签订战略合作协议，从气象灾害防御体系、都市农业气象服务、旅游气象服务、气候资源开发、气象台站基础设施改善、气象社会管理水平提升等六个方面推进气象现代化建设。2013年9月发文，成立周至县气象防灾减灾服务中心，加挂周至县人工影响天气办公室、周至县猕猴桃气象台共3块牌子。2017年，成立突发事件预警信息发布中心。

共同推进鄠邑区气象防灾减灾体系建设，提升气象防灾减灾能力

2012年6月签订战略合作协议。实施气象灾害防御体系、气象为农服务“两个体系”、人工影响天气全覆盖、探测环境保护和台站综合改造等工程建设。其中综合改造工程争取到地方政府无偿划拨土地和办公用地等。2015年7月，新办公场所启用。2017年，成立突发事件预警信息发布中心。

成立蓝田县气象防灾减灾服务中心，战略合作推进气象现代化建设

2016年12月签订战略合作协议，从气象防灾减灾体系建设、现代农业气象服务能力建设、环境气象监测体系建设、气候资源开发利用、应对气候变化、一流气象台站建设、气象社会管理等七个方面推进气象现代化建设。2013年12月发文，设立蓝田县气象防灾减灾服务中心（人工影响天气办公室）。2014年2月，出台《蓝田县人民政府办公室关于加快推进气象现代化建设的意见》。2017年，成立突发事件预警信息发布中心。

共建阎良区气象局（气象防灾减灾管理局），推进航空气象业务服务发展

2013年1月签署战略合作协议，2013年2月，经中国气象局批准，阎良区气象局正式成立。完成事业单位法人登记。市机构编制委员会批复设立阎良区气象防灾减灾服务中心、人工影响天气办公室。实现了对中国飞行试验研究院气象台自1959年以来完整的地面观测资料的共享，填补气象部门在阎良区历史气象资料的空白，将阎良地区气象数据序列向前延长了55年。2017年，成立突发事件预警信息发布中心。

成立高陵区气象防灾减灾机构探索打造气象业务现代化示范点

2016年12月签署战略合作协议，从气象防灾减灾体系建设、现代农业气象服务能力建设、气候资源开发、一流气象台站建设、气象社会管理等五个方面推进气象现代化建设。2012年12月政府办公厅发文，市机构编制委员会批复设立高陵气象防灾减灾服务中心、人工影响天气办公室，同时成立乡镇气象工作站。2017年，成立突发事件预警信息发布中心。

战略共建灞桥区气象局（气象防灾减灾管理局），推进卫星遥感监测技术应用

2012年12月签署战略合作协议，灞桥区气象局已经完成事业单位的法人登记。市机构编制委员会批复设立灞桥区气象防灾减灾服务中心、人工影响天气办公室。实施“三大工程”（气象灾害及地质灾害气象监测预报预警工程、农业气象服务体系和农村气象灾害防御体系、生态气象服务工程）。2015年4月，风云三号气象卫星数据接收系统省级直收站建成并通过验收，2017年，成立突发事件预警信息发布中心，2017年12月，建成风云四号气象卫星数据接收系统省级直收站。

成立临潼区气象防灾减灾服务中心战略推进气象现代化建设

2016年12月签署战略合作协议，从气象灾害防御体系建设、生态农业气象服务能力建设、旅游气象服务能力建设、气候资源开发利用、一流气象台站建设、气象社会管理等六个方面推进气象现代化建设。2013年11月发文，设立临潼区气象防灾减灾服务中心（区人工影响天气办公室）。2013年8月，区政府办印发区气象综改方案。2014年4月，出台《临潼区人民政府办公室关于加快推进气象现代化建设的意见》，2017年，成立突发事件预警信息发布中心。

成立长安区气象防灾减灾服务中心，推进气象综改，战略推进气象现代化建设

2016年12月签署战略合作协议，从气象防灾减灾体系建设、现代农业气象服务能力建设、环境气象监测体系建设、气候资源开发利用、应对气候变化、一流气象台站建设、气象社会管理等七个方面推进气象现代化建设。2013年12月发文，成立长安区气象防灾减灾服务中心（人工影响天气办公室）。2017年，成立突发事件预警信息发布中心。

周至县人民政府 → 鄠邑区人民政府 → 蓝田县人民政府 → 阎良区人民政府 → 高陵区人民政府 → 灞桥区人民政府 → 临潼区人民政府 → 长安区人民政府

图 1-1　西安气象＋＋　气象智慧源于“跨界融合”　共同推进大西安城市生态文明和公共服务建设

致灾临界雨量阈值，结合城市内涝致灾临界雨量阈值和城市内涝淹没模型，基于智能网格预报和 GIS 模拟，明显提升气象服务西安城市安全运行的水平。

三是随着大西安硬科技之都建设的加快，以数字化、网络化、智能化为特征的智慧城市建设正在成为衡量一座国家中心城市的国际竞争力和城市软实力的强大支撑和重要标志。西安气象将努力面向需求、应用为先，以气象信息化为基础，主动融入智慧旅游、智慧交通、智慧健康、智慧社区、智慧生活等正在逐步开展的智慧城市方方面面，推进西安智慧气象众创平台和智慧城市气象云服务实验室建设，加强与腾讯、移动运营商等合作，推广西安气象官方微信、微博、APP 影响力，向全社会宣传防灾减灾、救灾避险和生态文明建设的科普知识，面向新时代大西安城市安全运行、经济社会发展和市民安居乐业对气象保障服务的需求，努力为政府、老百姓和企业提供更加贴身、快捷、普惠的气象服务，为“城市管理应该像绣花一样精细”的精细化管理提供有效有力的服务保障。

第2章　西安市重大天气过程和重大活动气象保障服务

2.1　西安2011—2017年天气气候特征

2011—2017年西安市年平均气温为13.7～15.4 ℃(图2-1),与常年(1981—2010年气候平均态)同期(13.8 ℃)相比,2011年低0.1 ℃,2012年持平,2014年、2015年高0.6 ℃;2017年平均气温14.7 ℃,较常年均值高0.9 ℃,为1961年以来第4偏高年份;2016年平均气温14.8 ℃,较常年均值高1.0 ℃,为1961年以来第3偏高年份;2013年平均气温15.4 ℃,较常年均值高1.6 ℃,为1961年以来最高值。7年平均气温为14.5 ℃,较常年同期高0.7 ℃,2011—2017年全市年平均气温以0.1444 ℃/a的趋势递增。其中,临潼区升温最快,升温速度0.1893 ℃/a,其次为西安市区(0.1786 ℃/a),其后依次为周至县(0.1679 ℃/a)、蓝田县(0.1321 ℃/a)、长安区(0.125 ℃/a)、高陵区(0.083 ℃/a)、鄠邑区(0.0036 ℃/a)。

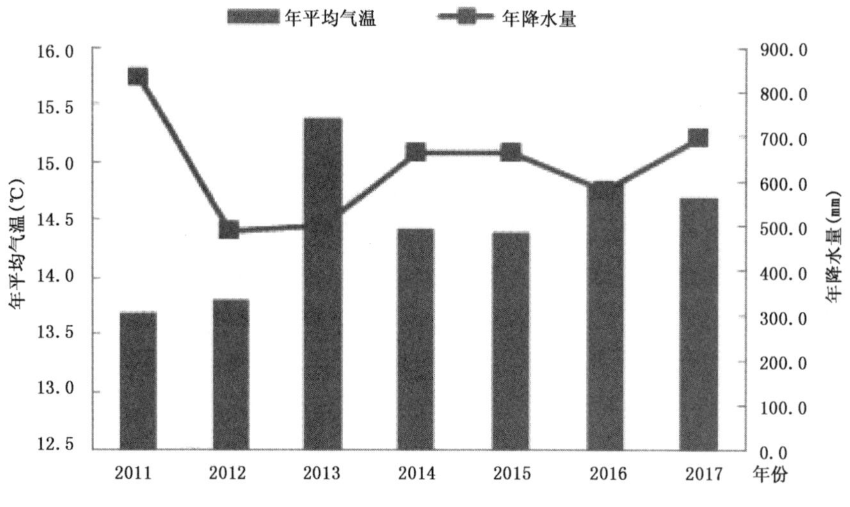

图2-1　西安市2011—2017年逐年平均气温与平均降水量

2011—2017年西安市年平均降水量为488.1～830.3 mm,与常年(1981—2010年)同期(619.6 mm)相比,2011年多3成多,2017年多1成多,2014年、2015年多近1成,2016年少近1成,2012年、2013年少2成左右(表2-1)。7年平均降水量为632.0 mm,与常年同期基本持平。其中,蓝田县、长安区降水量变化呈现波动增加趋势,其余区县呈现波动减少趋势。

表 2-1　西安市 2011—2017 年逐年平均气温与降水量表

	2011 年	2012 年	2013 年	2014 年	2015 年	2016 年	2017 年	1981—2010 年均值
平均气温(℃)	13.7	13.8	15.4	14.4	14.4	14.8	14.7	13.8
气温距平(℃)	−0.1	0	1.6	0.6	0.6	1.0	0.9	/
平均降水量(mm)	830.3	488.1	500.0	664.9	662.9	579.8	697.7	619.6
降水距平百分比(%)	34	−21	−19	7	7	−6	13	/

2.2　2011 年西安世界园艺博览会气象保障服务

2011 年西安世界园艺博览会(以下简称“世园”或“世园会”)于 4 月 28 日—10 月 22 日在西安浐灞生态区举行。本次博览会是展示我国西部地区生态建设的一次重要盛会,会期时间跨度长,先后经历了暴雨、雷电、高温、大风、连阴雨等天气过程。面对复杂多变的天气形势,气象部门密切联系 2011 西安世界园艺博览会组委会及执委会等有关部门,精心组织,周密部署,为西安世界园艺博览会的顺利举行提供了全方位的保障服务。

2.2.1　发挥优势资源,构建国家级、省级、市级世园三级保障体制,打造区域气象保障模式

围绕世园气象保障,中国气象局成立了以副局长矫梅燕为组长的西安世园会气象服务工作协调指导小组。国家气象中心、卫星气象中心等单位为世园气象服务提供了高分辨率 8～10 天数值预报产品、集合预报产品、中尺度集合预报以及天气气候会商支持。自 4 月 24 日起,国家卫星气象中心启动风云二号 D/E 世园开园期间的双星加密观测,甘肃、宁夏、山西三省(区)215 个国家级自动站进行 30 分钟地面加密观测。在中国气象局支持下,陕西省气象局“举全省之力、集八方之智”,以西安市气象局为预报服务主体,集合省内外各类资源,打造了 36 支世园气象服务和支撑专家团队,从预报、预警、服务、联动、应急、监测、科普、培训等每一个环节、每一处关键点,齐心协力为世园会气象保障提供充分的技术和组织保障。西安世园执委会将气象保障作为一项重要措施,时任西安市市长、世园会执委会主任陈宝根在新闻发布会上亲自向海内外宣布:成立世园气象台,制定全市环境质量保障方案和气象应急预案,引入空气质量和天气预测预报系统,为世园安全运行提供充分的保障。

2.2.2　依靠科技,通过天基、地基、空基全方位监测,构造环关中区、关键敏感区和世园园区三层嵌套的天气监测网,全面提升区域气象协作能力

通过流程设计和技术安排,世园区域气象协作能力得到全面检验和提升。其中环关中中小尺度观测网范围以世园会园区为中心的四周约 300 km 的区域,涉及西安、宝鸡、咸阳、渭南、商洛等地,包括地面自动气象站 1080 个、探空站 4 个、天气雷达站 7 个、闪电定位站 8 个、卫星遥感监测站 1 个、卫星云图接收站 9 个、自动土壤水分观测站 57 个等,形成全面综合的环关中中小尺度气象观测网。关键敏感区观测网范围以世园会园区为中心的四周约 50 km 的区域,包括既有的自动站 138 个、GPS/Met 7 套;在敏感区内,新建大气电场仪 5 套、能见度监测仪 5 套、风廓线仪 1 套、电离层测高仪 1 套,组成敏感区大气电场监测网、雾/霾自动监测网、

GPS/Met 水汽监测网。世园园区观测网范围以世园会园区为中心的四周约 15 km 区域,包括既有自动气象站 15 个(含在敏感区观测网)、大气成分和沙尘暴站各 1 个,在园区内建设 1 个世园气象站,在园区周围新建 9 个六要素自动气象站,组成世园会园区观测网。

2.2.3　加强保障,西安大城市精细化预报服务能力明显提高

中国气象局把本次世园气象保障作为北京奥运、上海世博气象保障服务的重要经验和技术成果的一次推广应用,通过引进和本地化开发,形成了以 HIWFS 系统为核心的世园精细化预报服务系统和综合预报预警平台,以及基于中尺度预报模式的西安市 72 小时逐时预报和乡镇精细化预报服务系统。针对世园会特点,研发西安世园气象服务系统和世园观赏植物气象服务系统。通过区域带动,特别是西安地区区域气象精细化预报服务辐射和带动作用,促进西安周边及关中—天水经济区气象工作的发展。陕西省气象局组织全省主要业务骨干对世园各重点气象业务系统进行轮训并直接参与世园保障服务,甘肃、宁夏、山西、内蒙古等地气象局到西安进行学习。西安与北京、上海、广州、深圳一起作为我国首批大城市精细化预报服务试点城市,共同为我国大城市精细化预报服务的科学发展积极探索有效途径。

2.2.4　多角度、全方位、连续跟进式的气象保障,园区未受气象灾害影响,运行顺利

(1)开园仪式气象服务保障圆满成功。围绕开园天气,中央气象台、国家气候中心、国家卫星气象中心、西北区域气象中心气象台、陕西省气象台、西安市气象台进行联合天气气候会商,先后提供开园天气服务材料 10 余份,特别制作世园天气气候背景分析材料提供相关部门。并及时组织新闻发布会,第一时间发布世园会开园以及开园期间天气,根据开园气象专报,园区合理安排各项开幕活动,取得良好效果。

(2)世园气象服务人员 4 月起进驻世园运营指挥大厅,靠前、贴心、常态化服务。每日面向园区运营指挥层、相关部门开展气象保障服务,并在世园运营指挥监控大屏上滚动插播各类气象信息,包括园区天气实况、实时卫星云图、天气预报、短时预警、高影响天气服务提示等。其他部门席位工作人员密切关注气象信息,为应急响应期间部门有效联动打下基础。

(3)积极开展世园突发事件应急联动机制建设,强化气象风险管理,及时开展气象灾害风险源排查。"五一"前后,新华社陕西分社智库围绕世园会可能产生负面舆情的风险源进行深入研究分析,陕西省委和西安市委、市政府高度重视,批示各部门分头准备汇报材料,水务、防汛抗旱、交通、市政、电力、公安、气象等部门据此及时商讨应对极端天气。6 月 11—17 日,省、市气象专家在园区开展为期一周的雷电等气象"风险源"隐患排查,提交雷灾风险评估报告,园区管理部门修订完成《西安世园园区雷电灾害应急专项预案》,在园区布设"雷雨天气避险指南"等警示牌 110 个,提醒游客注意防雷避险。

(4)依据气象高温热浪预警,管理决策层第一时间启动园区高温Ⅱ级应急响应,贴心、精细化的服务受高度赞赏。6 月 7 日,西安市区最高气温达到 40.3 ℃,达开园以来最高气温极值。世园气象台打破常规服务模式,提前 24 小时发布"高温热浪预警"和"高温橙色预警信号"服务专报。园区第一时间启动突发事件二级响应和高温应急一级响应。6 月 29 日开始,世园气象台连续三天发布高温橙色预警信号,世园管理层据此调整了多场户外演出时段。

(5)部门联动,4 次强降水过程园区应对安全有序。进入 7 月后,园区及西安周边出现多次重大天气过程:7 月 5—7 日,陕南入汛最强降水天气过程影响西安,陕西省气象局启动重大

气象灾害Ⅱ级应急响应，世园气象台启动Ⅲ级应急响应，园区轮值总指挥启动园区暴雨Ⅲ级应急响应，部署关闭灞河流入园区闸门，增加园区安全巡查，增派世园专线公交车数量等措施，防止游客离园滞留，并通过园区广播系统、电子信息亭对园区游客进行正确引导和疏导。7月28日再次启动世园气象服务Ⅲ级应急响应，发布“强降水消息”重要天气报告及“暴雨蓝色预警”，西安市委、市政府主要领导亲自指挥园区应急工作。8月25日世园园区及西安周边出现入汛最强雷暴和最强降水，世园气象台提前半小时发布预警，园区紧急部署，未发生因强降水而导致游客滞留。

(6)多措并举、面向公众发布各类气象预警信息。气象预警信息通过中国气象频道，陕西省、西安市级电视、广播以及电子显示屏、网站、报刊等多渠道发布，在世园天气预报节目、园区信息亭、园区小广播及公交移动屏节目增加天气提示或天气实况图，使游客和市民及时掌握天气信息，合理安排出行和游园。“07·05暴雨”，中国气象频道插播游飞字幕播出预警信息、预警信号、地质灾害预警以及最新天气预报信息2500余次，并在频道节目右上角加挂了气象预警信号图标。陕西省气象局、西安市气象局分别开通气象微博，与网友展开世园天气互动，合理引导游客。“09·06暴雨”，世园气象服务中心第一时间通过气象信息短信平台面向141名世园志愿者，以及66名世园安保气象志愿服务者“小蜜蜂”(昵称)、花卉大使发送暴雨蓝色预警短信，提醒志愿者注意防御暴雨及时上报灾情。同时开展400热线预警“点对点”外呼，提醒“小蜜蜂”们注意向游客传递预警信息，注意疏导游客。

(7)加强西安世园气象服务国际交流和海峡两岸合作，深化世园气象服务科技创新，进一步提升世园气象保障服务能力。6月中旬，葡萄牙、中国、中国澳门在西安举办第六次气象技术国际会议。重点讨论气象前沿科技成果、研究动向等。会议达成深化合作意向，葡萄牙气象局将提供葡语版Meteoglobal志愿者服务技术支撑系统，澳门地球物理暨气象局将其翻译转化成中文版本，本地化后应用于世园气象志愿者服务管理中。9月4日，2011年海峡两岸气象科学技术研讨会台湾气象参访团到达西安，就2010年台湾花卉博览会气象服务和2011年西安世园气象服务技术进行深度交流，并对世园气象服务进行高度评价。

(8)气象部门、共青团西安市委和西安市文明办联合共建气象志愿者服务队伍，西安世园气象志愿者队伍不断壮大。西安市气象局、共青团西安市委和西安市文明办联合出台《西安市气象志愿者队伍建设实施意见》(西气发〔2011〕28号)，在高校、社团、区(县)成立专业气象志愿者服务队伍。联合共青团西安市委、世园执委会相关职能部门，通过现场培训、讲座、发放《世园志愿者知识读本》、世园志愿者徽章、宣传画册等多种途径，完成约6千名世园志愿者的梯次世园气象服务培训，借此为游客在园区突发高影响天气时防灾避险提供有效帮助。及时通过气象信息短信平台向3000名世园气象志愿者发送了各类预警短信，并开展400免费热线“点对点”外呼。

2.2.5 西安世园会气象保障服务经验与启示

(1)高度重视、靠前指挥是做好世园气象服务的保证

中国气象局以世园会在陕西省西安市召开为契机，积极推动我国西部地区气象工作，加大科技、资金投入和技术指导，时任中国气象局局长郑国光，以及中国气象局副局长许小峰、王守荣、沈晓农、矫梅燕等先后到西安进行检查指导。时任中国气象局局长郑国光应陕西省政府邀请向陕西省政府机关干部进行“应对气候变化”的讲座，提出“城市发展与气候变化”的协调与

发展问题，在世园主会场“场外”进行了一次高层次的“世园气象保障”服务延伸，加深了地方政府领导对绿色世园、生态城市建设以及应对气候变化的理解与支持。

(2)超前组织、周密筹备是做好世园会气象服务的前提

围绕世园气象保障，在4月28日开园前，中国气象局先后在北京、西安召开多次局长办公会，中国气象局领导班子成员分别从不同方面对世园气象服务进行指导。协调指导小组组长、中国气象局副局长矫梅燕带领各职能司针对世园气象保障各个细节逐一过问，逐一落实。陕西省、西安市气象部门打破上下级模式，省市同城、前后支撑，互相协作，对探索省市同城的气象保障模式进行了有益的尝试。

(3)依靠科技是做好世园会气象服务的基础

以世园气象保障为契机，陕西省、西安市气象部门大力推进中小尺度数值预报模式发展，研究本地预报方法，取得了很好的实效。

(4)准确预报、优质服务是做好世园气象服务的关键

以2011年6月7日的大风天气为例，大风天气从发生到结束仅1个小时，形成快，消失也快。对此类短时、小尺度的天气系统准确预报难度非常大。在雷达信息准确捕捉，预报员准确判断的情况下，本次世园气象保障成功抓住了过程，准确预报，及时提醒园区收起遮阳伞，提醒游人远离易倒物，避免了不必要的损失。由于气象服务准确、及时，时任陕西省省长赵正永、副省长祝列克以及西安市委市政府主要领导对世园气象保障均给予了充分的肯定。

2.3　2015年5月14日“习莫会”重大国事活动气象保障服务

2015年5月14日，“习近平、莫迪会晤”(以下简称“习莫会”)是一次重大国事活动，“习莫会”已成为“家乡外交”的一个新样本①。当时西安恰逢降雨天气过程，西安气象部门有力地保障了重大国事活动顺利举行，得到省委、省政府及西安市委、市政府高度肯定与表彰。陕西省委、省政府专文表彰指出：陕西省气象局、西安市气象局及时提供监测预报服务，人工影响天气效果明显。时任西安市委副书记、市长董军在批示中写到：“市气象局在05号任务中做出了突出的贡献，望继续努力，为西安的经济、社会发展做出更大的贡献。”

2.3.1　强化组织领导，周密安排部署重大活动气象保障服务

西安市气象局接到重大活动气象保障服务任务后，及时请求中央气象台对西安地区精细化预报给予技术支持并获得同意。时任陕西省气象局局长李良序率省局机关业务处室、省气象台、省人工影响天气办公室相关专家，赴西安市气象局安排部署气象保障服务工作。成立了以西安市气象局局长为组长的气象保障服务领导小组和人工消减雨作业领导小组，编制了《5月8—15日专项气象服务方案》《重大活动气象保障人工消减雨作业实施方案》，对重大活动气象保障服务工作做出了周密部署。气象保障服务期间，各级主要领导靠前指挥，确保气象保障服务万无一失。

① 2015年05月14日，中国新闻网以“习莫会：‘家乡外交’新样本”报道了此次重大国事活动。

2.3.2　中央—省—市气象台联合会商研判，天气预报服务保障及时精准

5 月 8 日 17 时，西安市气象台制作《重大活动气象服务专报》，准确预报 13 日晚上到 14 日西安地区有一次降水过程。5 月 9 日成立由陕西省、西安市气象台首席预报员组成的预报专家组，每天两次与中央气象台、陕西省气象台进行天气会商，滚动制作精细化重大活动气象服务专报，向西安市委、市政府报送 2 小时精细化天气预报。5 月 14 日发布逐时精细化天气预报，预报结论与天气实况基本一致。

2.3.3　成功实施拦截式人工影响天气消减雨作业

(1)提前做好拦截式人工影响天气消减雨作业各项准备

根据地方党政领导开展人工消减雨作业要求，将人工影响天气作业区分为外围作业区和重点作业区，外围作业区实施飞机人工影响天气增雨作业，主要分布在甘肃省天水市、平凉市和陕西省宝鸡市，重点作业区实施地面人工影响天气作业配合，主要分布在宝鸡市、咸阳市、西安市、汉中市、铜川市。5 月 9 日，两架人工影响天气飞机携带作业催化剂待命，西安、宝鸡、咸阳等市 21 个区县集结火箭发射架 25 副、高炮 15 门，储备火箭弹 1000 枚、炮弹 3000 发，全力以赴待命。

(2)飞机、火箭、高炮、燃烧炉等立体人工消减雨作业力度空前

5 月 14 日，驻咸阳机场的人工影响天气飞机开始作业，飞行时间 2 小时 40 分钟，作业区域重点在天水市、平凉市和宝鸡市。根据人工影响天气作业条件，宝鸡市、咸阳市、西安市 3 市 15 个区县 31 个作业点分别实施地面拦截式人工影响天气作业，两个多小时里共发射高炮增雨弹 456 发，增雨火箭 96 枚，燃烧碘化银烟条 160 根。

(3)拦截式人工消减雨作业效果明显

上游和外围拦截式人工影响消减雨作业的效果明显(图 2-2)。14 日 13 时到 21 时，宝鸡市 39 个观测站降水超过 5 mm，凤翔县彪角站最大 15.5 mm；咸阳市 27 个观测站降雨量 0.5～1.7 mm；西安市周至县、户县、临潼区等区县 12 个观测站降雨 0.5～5.2 mm，活动举办地附近的钟楼降雨量 0.1 mm。至此，圆满完成了本次重大国事活动的气象保障任务。

2.4　2015 年 8 月 2—4 日极端强降雨气象服务

2015 年 8 月 2—4 日西安出现了历史上罕见的极端强降雨天气过程，降雨来势迅猛，强度大，雨势急。强降雨落区主要位于长安区、临潼区、灞桥区、高陵区、蓝田县、周至县等区县和西安市主城区。主要有 2 个强降雨时段，分别出现在 8 月 2 日 19—21 时、8 月 3 日 16—20 时。强降雨天气过程中 1 小时最大降雨量达 86.3 mm，是一次典型的极端强降雨天气事件。

针对此次强降雨天气过程，西安各级气象部门高度重视，提前做出了准确的预报、预警，与市防汛办、城防办、市地质环境监测站等单位保持视频连线会商，与水务、市政、国土、交通、农业等多部门以及各大新闻媒体、三大通信运营商协作联动，共同防范应对极端强降雨天气。及时召开全市气象部门汛期服务工作电视电话会议，8 月 3 日 16 时 30 分启动重大气象灾害(暴雨)Ⅳ级应急响应，全市气象部门干部职工进入应急工作状态。

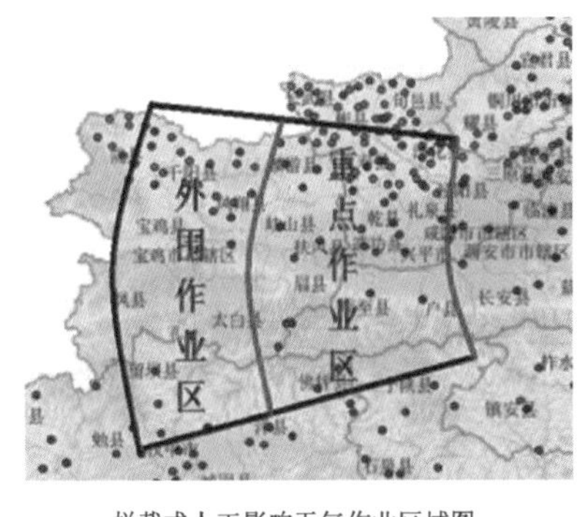

拦截式人工影响天气作业区域图

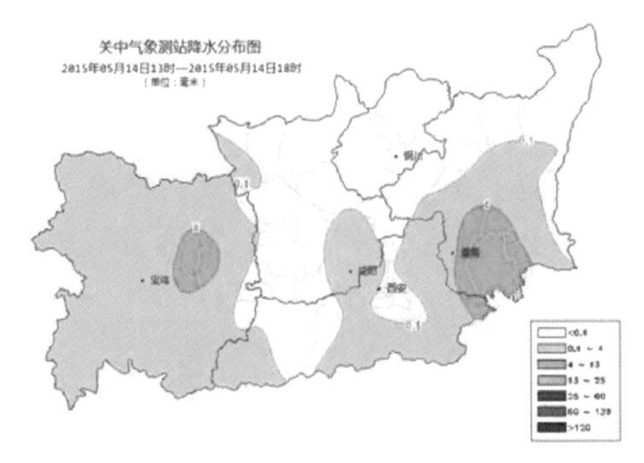

拦截式人工消（减）雨作业后关中降雨量

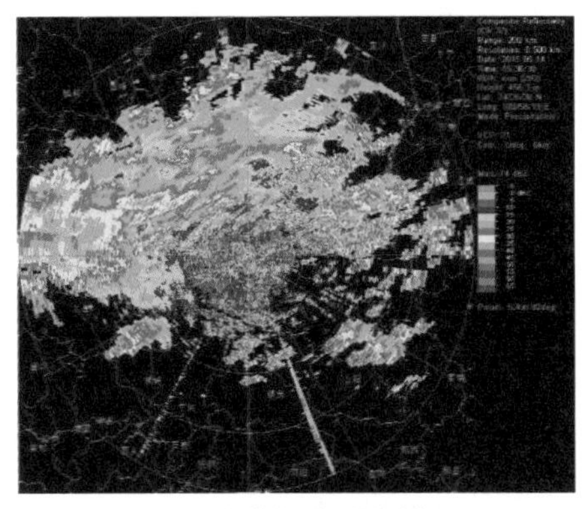

15:36多普勒天气雷达回波

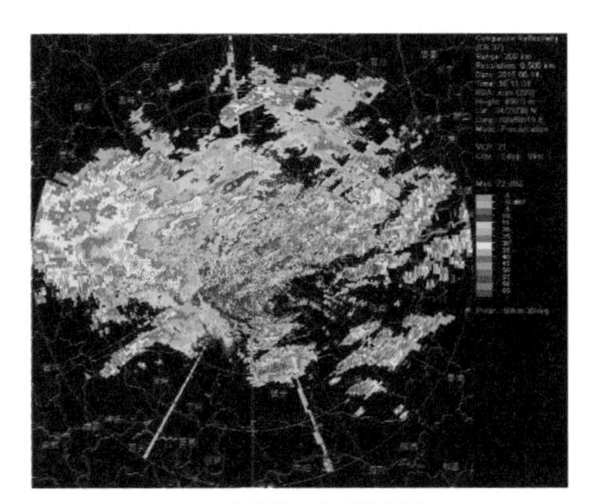

16:11多普勒天气雷达回波

图 2-2　2015 年 5 月 14 日“习莫会”重大活动人工影响拦截式消(减)雨作业区及效果

2.4.1　8 月 2—4 日极端强降雨天气的主要特点

与西安市近年来暴雨天气过程相比，8 月 2—4 日的极端强降雨天气具有以下几个显著特征。

(1)日降水量为 35 年来最大。8 月 3 日 07 时至 4 日 07 时，位于长安区引镇街道办的大峪水库管理站降水量 148.6 mm、位于长安区王莽街道小峪口村(以下简称王莽小峪)降水量为 147.9 mm，均超过长安区气象站 1981 年以来日降雨量极值(长安区日降雨量极值 122.7 mm，出现在 2004 年)。此次强降雨天气有效解除西安市前期的持续旱情和持续 11 天的高温酷暑。

(2)降雨强度大，雨势急，致灾性强，造成了严重的次生、衍生灾害。8 月 2—3 日强降雨集中在 2 小时、6 小时内出现了暴雨或大暴雨。其中 8 月 2 日 19—21 时，西安市 16 个气象观测站 2 小时降雨量超过 50 mm，西安中学等 8 个观测站 1 小时降雨量超过 50 mm。8 月 3 日长安区 1 小时最大降雨量达 86.3 mm，16—22 时长安区王莽街办 6 小时降雨量达 145.7 mm，超过长安区日降雨量极值。特别是王莽小峪突发山洪，致使多名群众被洪水冲走。

(3)过程降雨量大，分布不均。8 月 2—4 日过程累计降雨量，西安主城区、高陵区、临潼区，以及蓝田县、周至县、长安区的部分地区降雨量 50～100 mm，高陵区东部、临潼区西部、长安区南部山区累计降雨量 100～162 mm(图 2-3)。户县、周至县西部、长安区西部等地区降水量 10～40 mm。

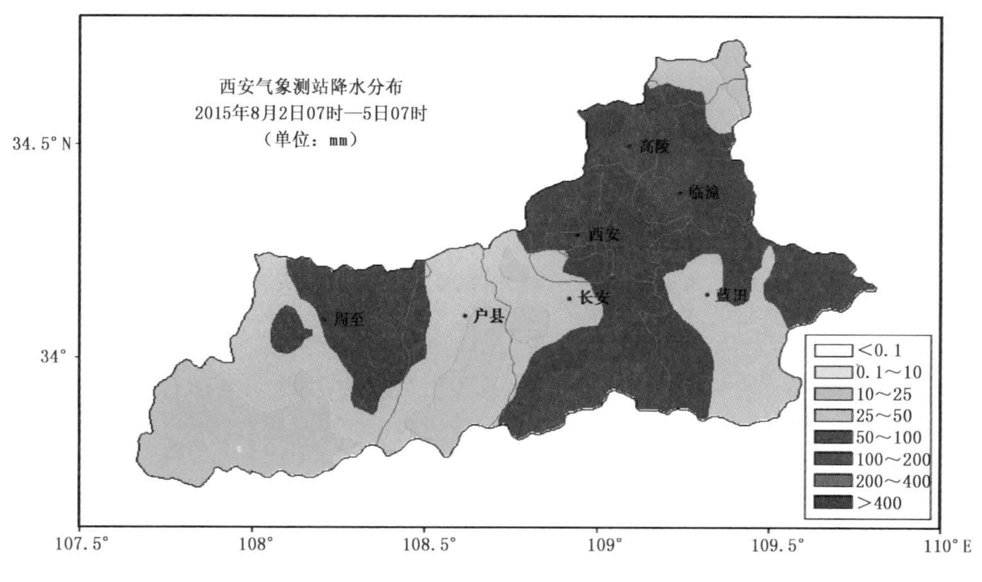

图 2-3　2015 年 8 月 2—4 日西安极端强降雨总量分布

2.4.2　预报预警准确，气象服务及时

（1）提前发布强降雨预报，及时发布暴雨预警。8 月 2 日 10 时 30 分西安市气象台准确预报并发布了强降水消息。8 月 2 日 13 时 45 分发布雷电黄色预警信号，预报将出现雷电和短时强降雨。8 月 2 日 18 时继续发布雷电黄色预警信号。8 月 2 日 19 时发布暴雨蓝色预警信号，19 时 35 分升级发布暴雨橙色预警信号。8 月 3 日 15 时发布强降雨短时临近预报，16 时 20 分发布暴雨黄色预警信号，19 时 10 分升级发布暴雨橙色预警信号。

（2）按照西安市委市政府和市防汛抗旱总指挥部要求，高度重视强降雨天气预报服务工作。8 月 3 日 14 时召开全市气象部门汛期服务工作电视电话会议，对强降雨天气预报服务工作再强调、再安排、再部署。8 月 3 日 16 时 30 分启动重大气象灾害（暴雨）Ⅳ级应急响应，全市气象部门干部职工进入应急工作状态，密切监视天气变化，积极主动开展强降雨天气监测预报、预警应急服务工作。

（3）强化面向各级政府、部门的预报预警和实况监测服务。强降雨预报预警信息在第一时间通过国家突发事件预警信息发布平台、手机短信、安装在各乡镇（街办）的电子显示屏、传真、应急值班报送系统以及微信、微博等多种方式向各级政府、各部门以及相关责任人发送。西安市气象局局长第一时间将天气预警信息向西安市政府主要领导和分管领导、相关部门领导、相关区县政府领导发送。西安市—区县两级气象灾害应急指挥部各成员单位密切配合，有效防御极端暴雨灾害。气象、水务、防汛保持 24 小时视频连线，随时会商通报天气形势、雨情、汛情等信息；气象、国土部门 5 次联合会商，联合发布了地质灾害三级预警，有针对性地防范地质灾害；气象、市政联合会商，及时分析强降雨对城市积涝影响，迅速排除城市积水。8 月 2—4 日西安市、区县两级气象部门共制作发布各类重要天气报告、预警信息等材料 79 期，向各级政府和部门相关责任人发送预报预警短信 99310 人次。

(4)充分利用多元化手段向社会公众广泛传播预报预警信息。通过国家突发事件预警信息发布平台、手机短信、电视、广播、LED 电子显示屏、微博、微信、网站、预警大喇叭等各种方式将预警信息及时向社会公众广泛传播。电子显示屏发布预警 1986 屏次，气象预警大喇叭发布 3214 次；市、区县两级在国家突发事件预警信息发布平台发布暴雨预警信号 27 次；“西安气象”官方微博、微信发布暴雨预警信息及相关科普知识 36 条，受众 294475 人。通过广播每半小时播出一次最新预报和天气实况，随时插播预警信息。8 月 2—3 日暴雨高等级预警信号通过三大运营商“绿色通道”免费向全网手机用户发送，累计发送 2300 万人次。

2.4.3　8 月 3 日王莽小峪上游区域的天气雷达降水反演和山洪灾害数值模拟

由于王莽小峪上游山区为位于秦岭北麓深山区的降水监测盲区，根据新一代多普勒天气雷达反射率实况资料，结合西安市雷达降水反演 *Z-R* 估计关系，进行科学推算估计，8 月 3 日 16—19 时，长安区王莽小峪上游山区 3 小时降水量达到 155 mm 左右。

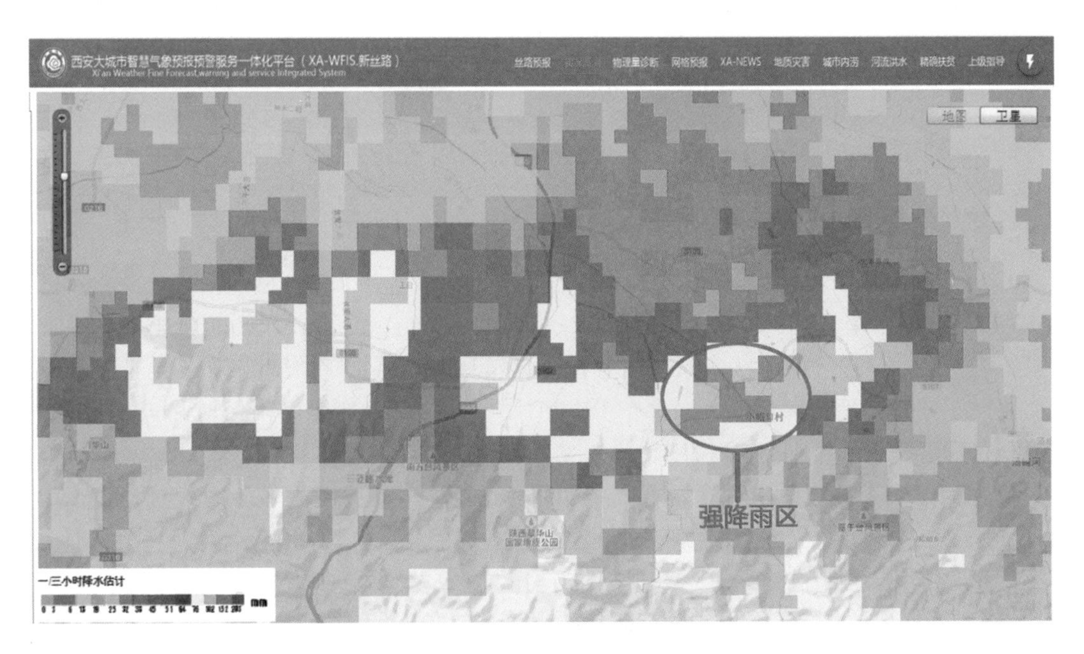

图 2-4　8 月 3 日王莽小峪上游区域的多普勒天气雷达降水反演图

对于 8 月 3 日发生在王莽小峪的山洪灾害，西安理工大学侯精明教授课题组在所收集的气象、水文和地形等资料的基础上，利用自主研发的 GAST 模型(显卡加速的地表水流及伴生输移过程模型)对流域成洪过程进行了数值模拟。研究发现短历时强降雨在流域内迅速产流并形成地表径流，在沟道中汇集形成山洪后快速向下游演进，在不到一分钟时间，洪水便从沟口上游 200 m 处演进至沟口事故发生处，演进过程如图 2-5 所示。模拟最高洪水位与实测洪痕吻合，可见，精确暴雨预报预警资料＋水利水文资料＋地质灾害隐患资料＋先进数值模拟方法，多源数据融合挖掘，有望对强降水引发山洪、滑坡、泥石流等次生、衍生灾害进行更为可靠的预报。

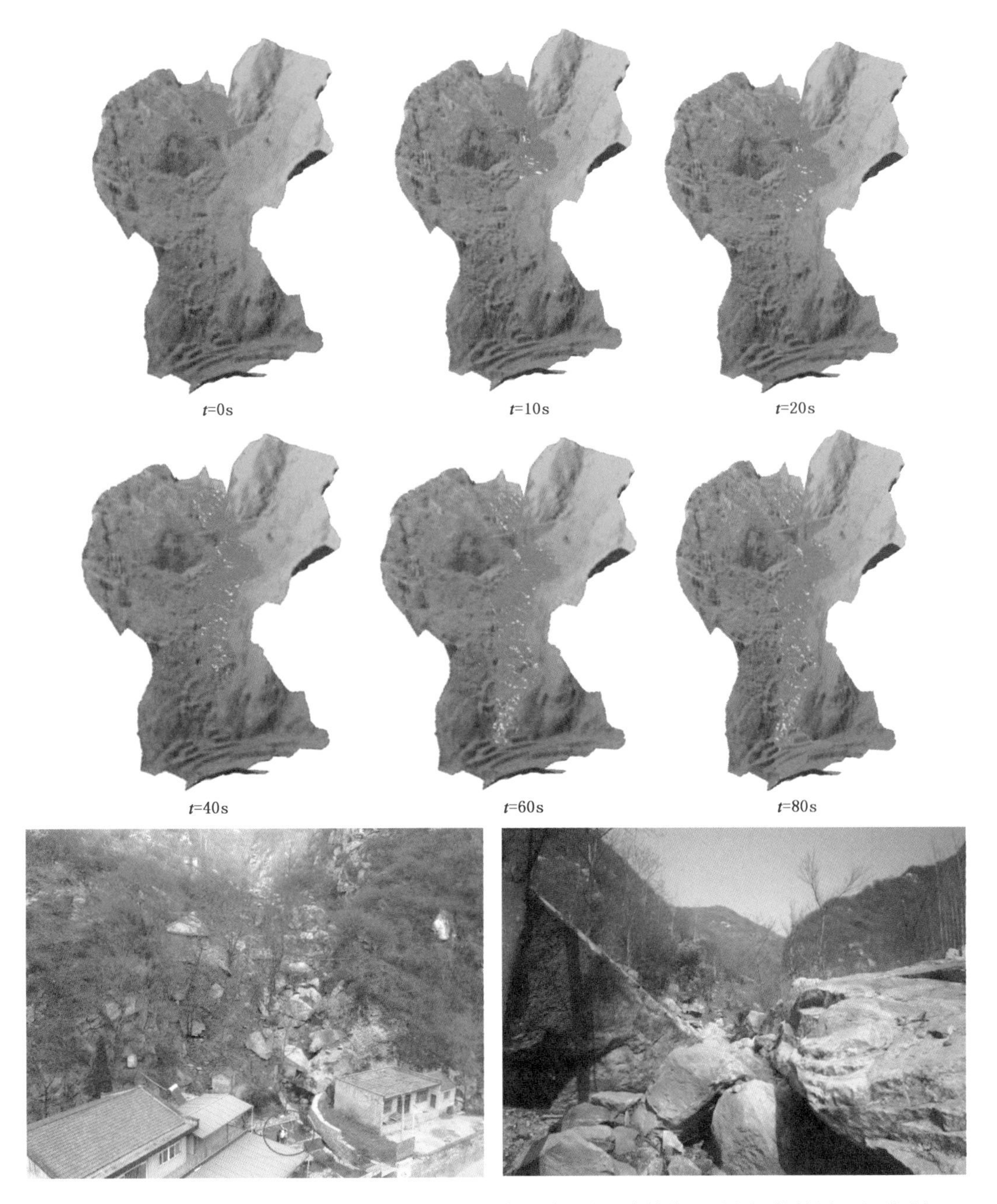

图2-5　洪水演进过程数值模拟(上6幅图)和成洪沟道及发生事故位置(圈处)航拍图(下两幅图)

2.5　2016年7月24日突发性极端短时暴雨气象服务

2016年7月24日晚,西安市出现突发性极端短时暴雨(简称西安“0724”暴雨),强降雨中心位于西安主城区,7月24日18时至25日08时全市有29个气象观测点降雨量大于50 mm,有3个观测点降雨量大于100 mm,其中西安城区小寨降雨量123.0 mm,电子科技大学

121.3 mm,永阳公园 111.6 mm,最强降雨时段为 24 日 19—22 时。由于此次暴雨天气突发性强、降雨强度大,城区小寨 2 小时降雨量高达 115.6 mm,突破了西安城区 1951 年以来 24 小时最大降雨量记录(1991 年 7 月 28 日西安城区 24 小时降雨量 110.7 mm),造成城区内涝严重。

针对“0724”暴雨,西安市气象台 7 月 24 日 17 时 20 分发布雷电黄色预警信号,对强对流天气提前预警,严密监视天气过程变化,实时跟踪研判强对流天气系统发展演变情况,于 24 日 19 时 58 分发布暴雨蓝色预警信号,24 日 20 时 20 分将暴雨预警信号升级为橙色,24 日 20 时 54 分再次将暴雨预警信号升级为红色。西安市气象局及时启动了重大气象灾害(暴雨)Ⅲ级应急响应。西安市各级政府和相关部门对此次强对流天气应对及时,防范措施到位,将极端强对流天气影响降低到最低程度。

2.5.1　西安“0724”暴雨突发性强、降雨强度大、过程雨量大、致灾性强

(1)突发性强。受超强厄尔尼诺事件影响,2016 年西安市天气系统复杂多变。7 月下旬副热带高压调整变化快,不确定性增强,加之温度高、湿度大,热力不稳定层结明显,多突发性、局地性的强对流天气。

(2)过程雨量大。此次极端强对流天气暴雨中心位于西安主城区,7 月 24 日 18 时至 25 日 08 时全市有 29 个气象观测点降雨量大于 50 mm,有 3 个观测点降雨量大于 100 mm,其中西安城区小寨降雨量 123.0 mm,电子科技大学 121.3 mm,永阳公园 111.6 mm,小寨、电子科技大学、永阳公园降雨量均突破城区 1951 年以来 24 小时最大降雨量记录(如图 2-6)。

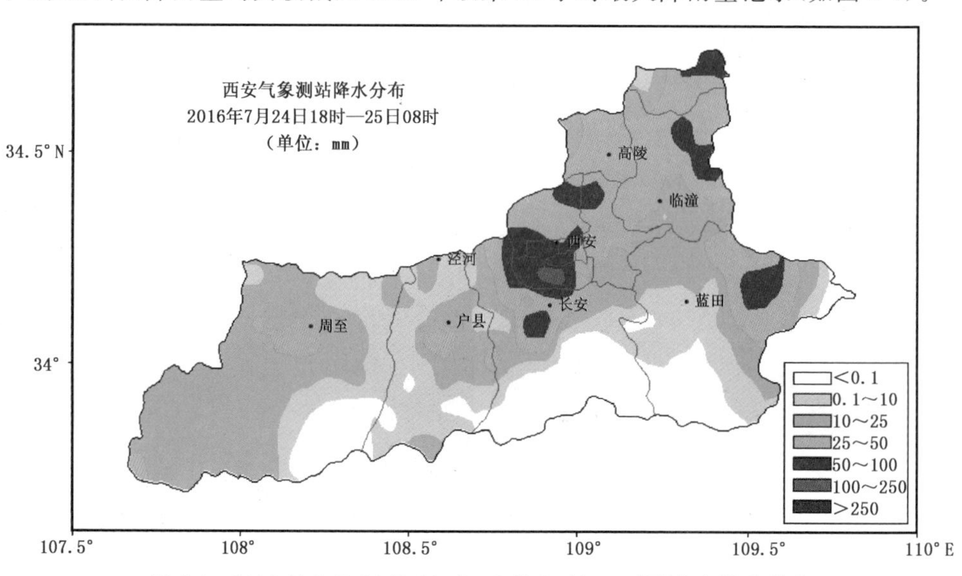

图 2-6　2016 年 7 月 24 日 18 时—7 月 25 日 08 时西安市降水分布

(3)降雨强度大。此次极端强对流天气过程中,最强降雨时段为 24 日 19—22 时。19—20 时,西安主城区小寨 1 小时降雨量 56.8 mm,永阳公园 58.6 mm;20—21 时,小寨降雨量 58.8 mm,电子科技大学 66.6 mm,大雁塔 55.5 mm,丰庆路 55.2 mm,钟楼 51.1 mm;21—22 时;临潼区交口降雨量 62.0 mm,零河镇 53.6 mm;蓝田县玉山 51.4 mm。西安城区小寨 2 小时降雨量高达 115.6 mm,突破了西安城区 1951 年以来 24 小时最大降雨量记录(1991 年 7 月 28 日西安城区 24 小时降雨量 110.7 mm)。

(4)致灾性强。由于此次强对流天气降雨强度大，主城区强降雨落区集中，强降雨集中在2～3个小时内出现，导致城区出现了严重的城市内涝。

2.5.2　西安"0724"暴雨引发西安严重城市积涝，积涝风险预警系统表现良好

"0724"极端短时暴雨导致19:00—23:00城区出现了严重的城市积涝，西安南郊小寨十字地铁站进水，积水深0.5～1 m。"西安市城市暴雨积涝风险预警系统"表现良好(系统详见4.4小节)。系统将预报雨量代入积涝淹没模型，进行了积涝模拟预警(见图2-7)，结果显示西安城区出现了大范围的积涝淹没区域，西安南郊小寨十字区域出现了大范围0.5～1.0 m深度的积水(图中椭圆中为小寨区域，小寨地铁站在此区域内)，蓝色色斑块覆盖区域为积涝积水淹没区域，蓝色越深代表积涝越深。

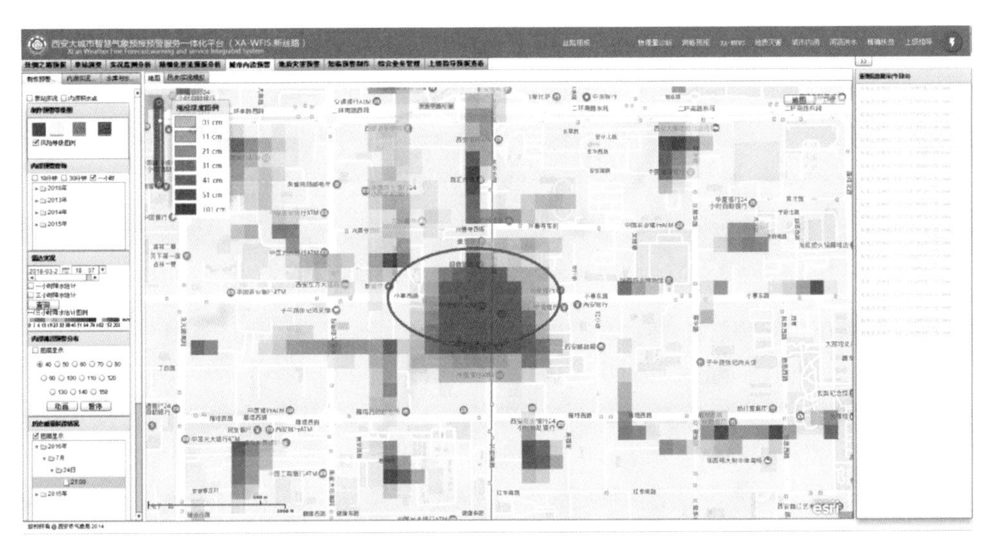

图2-7　西安"0724"暴雨积涝风险预警淹没模型运算结果
(蓝色深浅变化代表积涝积水的深度变化)

"西安市城市暴雨积涝风险预警系统"对基于易积涝点的暴雨风险预警产品显示如图2-8，图中不同颜色实心圆代表系统预警该易积涝点将有对应颜色等级的积涝风险，这与当日西安城区出现的60多处严重积水地段较为接近。

2.5.3　西安"0724"暴雨预报、预警服务和预警信息发布传播

针对"0724"突发性极端短时暴雨，西安市气象局从24日17时20分开始相继发布雷电黄色预警信号和暴雨蓝色、橙色、红色预警信号。此次超强降水天气过程前期征兆不明显，西安市气象台在上级指导下，加强高分辨率资料分析研判，密切跟踪分析天气变化，果断升级发布暴雨红色预警信号。西安市委市政府主要领导根据市气象局提供的预报预警信息，及时对极端强对流天气的防御做出批示，要求全市各级政府和相关部门周密安排部署，此次强对流天气应对及时，防范措施到位，极端强对流天气影响降低到了最低程度。

西安市气象台发布预警后，第一时间通过短信、传真等方式向西安市政府及相关部门发送。西安市气象局局长立即向西安市政府有关领导报告，向市级相关部门和相关区县主要负责人通报。同时通过多种渠道向社会公众传播气象预警信息，通过西安电视台、西安教育电视台以游飞字幕方

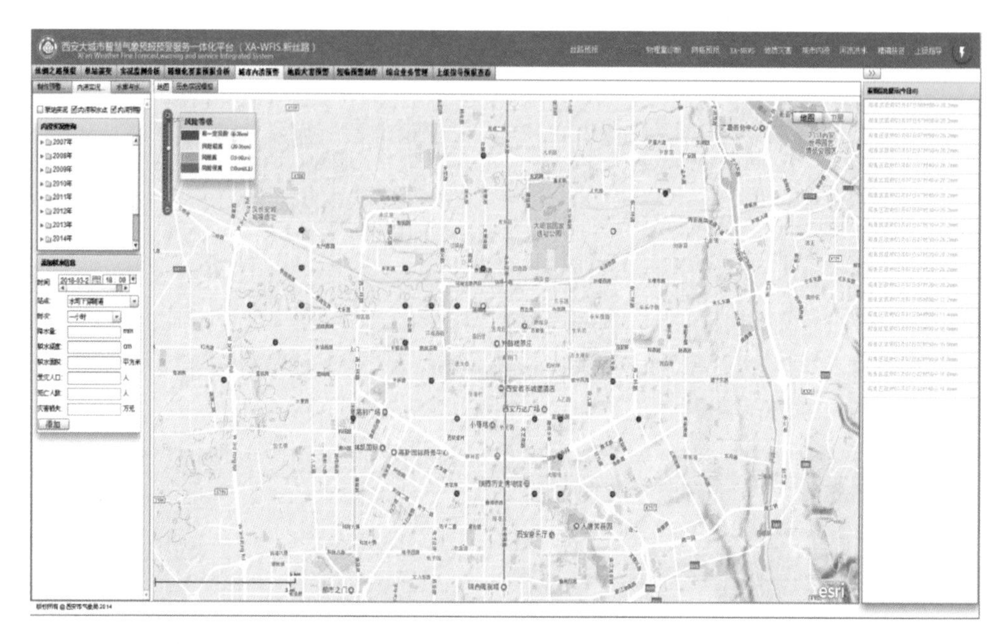

图 2-8 西安“0724”暴雨中易积涝点风险预警等级产品(当日 20:40)
(图中不同颜色实心圆代表系统预警该易积涝点将有对应颜色等级的积涝风险)

式向社会公众传播气象预警信息;通过西安交通旅游广播电台、西安资讯广播 106.1 新气象插播预警信息;通过手机短信向政府相关部门决策用户、气象信息员、气象志愿者等发送气象预警手机短信 6873 条;通过“西安气象”新浪、腾讯、人民网、新华网官方微博发布预警信息 13 条,受众合计 52.1 万;通过“西安气象”微信发布信息 5 条;以“强对流天气防御”为主题的科普信息在微博上置顶,阅读量 4.4 万,在微博发布暴雨预警及防御措施 6 条、实况 3 条、科普 1 条。各区县气象局在第一时间将预报预警信息向当地区县政府汇报,利用国家突发事件预警信息发布平台、手机短信、电子显示屏、气象预警大喇叭、网站、气象信息员 QQ 群等多种途径发布气象监测预报预警信息。

2.6 2016 年中央电视台中秋晚会气象保障服务

2016 年 9 月 15 日,2016 中央电视台中秋晚会(以下简称央视秋晚)在西安曲江大唐芙蓉园举办,晚会面向全世界 94 个国家和地区的华人直播。西安市气象局在中国气象局、陕西省气象局的大力指导和支持下,精心组织,周密部署,气象监测预报服务及时准确,人工影响天气效果显著,圆满完成了晚会演出和央视直播的气象保障服务任务,得到了西安市委市政府和中央电视台的肯定。

2.6.1 央视秋晚气象保障服务工作情况

(1)主动对接了解需求,精细组织,细化责任分工。早在 7—8 月,西安市气象局多次邀请负责筹备晚会的西安市委宣传部、西安曲江管委会等单位领导带队到气象局调研,不断对接需求、共同研讨气象保障服务工作。8—9 月,西安市气象局及时向西安市委、市政府汇报天气及气象保障服务准备情况。同时,不断对接组委会要求,修订完善气象服务方案、应急预案。精心组织,编制《气象保障服务工作方案》和《气象保障人工消减雨作业实施方案》,先后四次召开气象保障服务领导小组全体会议，全面落实责任分工，确保气象保障服务任务落实到岗、到人。

(2)部门通力协作，组建央视秋晚气象监测网。按照央视导演组的要求和气象保障服务的实际需要，经西安市曲江管委会协调，9月5—13日紧急部署安装加密气象监测站，形成了晚会现场(紫云楼)、移动气象台、大明宫、钟楼、南门、大雁塔、小寨、陕西宾馆等8个自动气象站组成的央视秋晚地面加密监测网。西安新一代天气雷达和移动应急雷达实现双备份组网运行，保持24小时不间断加密观测，并及时提供央视秋晚地面加密监测网逐10分钟的气象监测资料。

(3)开展中央—省—市气象台联合会商，天气预报技术支撑有力。西安市委、市政府领导高度关注晚会彩排、直播期间天气，明确指示要加强天气会商，提供精准天气预报。中国气象局副局长矫梅燕关怀指导央视秋晚气象服务工作，要求西安市气象局注意加强与省气象台沟通，协同保障服务，形成合力。陕西省气象局党组高度重视，陕西省气象局局长丁传群等局领导亲临晚会服务现场指导，并多次进行专题安排部署。西安市委常委、宣传部部长吴健亲临移动气象台指导气象保障服务工作。从9月12日开始，陕西省、西安市气象台每天上午定时开展晚会专题会商。9月13日，在全国天气预报会商中专门就中秋晚会天气进行会商，中央气象台首席预报员对晚会气象预报进行技术指导，为晚会精准的天气预报提供了有力支撑。

(4)气象预报服务主动精准，气象保障融入活动全过程。一是提前预测，建议做好应急方案。在晚会活动筹办初期，分别于6月上旬、8月上旬制作《西安历年9月天气气候特征及2016年9月气候预测》分析报告，根据西安9月降雨概率大的气候背景，建议组委会做好降雨天气应急方案准备。二是精细化预报准确。从9月5日开始每天制作晚会气象专题预报，共计15期。9月12日制作精细化专题预报，其中9月14日带妆彩排和9月15日直播期间制作逐时晚会现场气象实时监测和天气预报。精细化预报与现场天气实况相符合。三是充分应用新媒体技术，气象服务信息传输快捷。在发送服务专报、短信的基础上，建立“央视秋晚西安工作组气象服务群”和“西安天气央视秋晚导演核心群”两个微信群开展服务，共计推送专题气象服务信息26条。陕西省、西安市气象局门户网站开通“央视秋晚气象服务”专题页面，实时提供晚会现场等八个重要活动场地的逐时气象实况等信息。

(5)拓展公共服务渠道，确保公众及时掌握天气资讯，强化媒体宣传与舆论引导，传递正能量。9月13日，与陕西省气象局影视宣传中心联合召开中秋专题预报及央视秋晚气象服务新闻发布会，接受媒体采访。在《陕西日报》《西安日报》《西安晚报》《中国气象报》等社会媒体刊登气象类宣传稿30余篇，被搜狐、腾讯、陕西传媒网、中国气象局网站等网络媒体转载。在省市气象局门户网站等第一时间以文字、图片、视频等形式展现晚会举办地的气象实况监测数据和天气预报信息，并通过陕西气象微博、西安气象微博、微信群、微信朋友圈等新媒体“发声”，节约了时间、人力、物力成本，且传播时效快、突破时间和空间限制，大大提高了气象服务效率。截至当年9月15日微博粉丝数55.5万。

2.6.2　科学开展人工影响天气作业，效果明显

(1)陕西省、西安市政府领导大力协调，部署实施人工消减雨作业。9月9日，在陕西省政府、西安市政府、陕西省气象局等大力协调下，建立中秋晚会人工影响天气跨区域协同联防作业机制，西安市气象局积极对接和协调相关工作。9月13日，西安市委、市政府召开协调工作会，安排部署人工消减雨作业，重点保障14—15日连续两晚的重要户外活动。

(2)跨省市人工影响天气作业为9月14—15日连续两晚的重要户外活动创造了良好的天气条件。在陕西省人影办统一指挥下,14日沿咸阳—宝鸡—泾川—眉县—庆阳—凤翔—泾川—眉县—庆阳—咸阳的第一道防线开展飞机作业5小时20分。15日(2016年中秋节)沿咸阳—山阳—旬阳—镇安—商州—柞水—咸阳开展飞机作业2小时12分,同时宝鸡、咸阳、西安、汉中等5市12县22个作业点于13—15日开展地面火箭、高炮作业,共发射火箭弹89枚,高炮40发,全省累计260多人参与人工影响天气作业。降雨量统计显示,陕南和关中西部普降小到中雨,局地大雨,西安的周至县、户县部分地方出现中雨,既有效缓解了上述区域的旱情,又最大限度减轻了降雨对央视秋晚现场活动的不利影响。9月14—15日,活动现场累计降雨量仅为0.3 mm,而西安上游区域普遍出现10～50 mm的降雨(图2-9)。

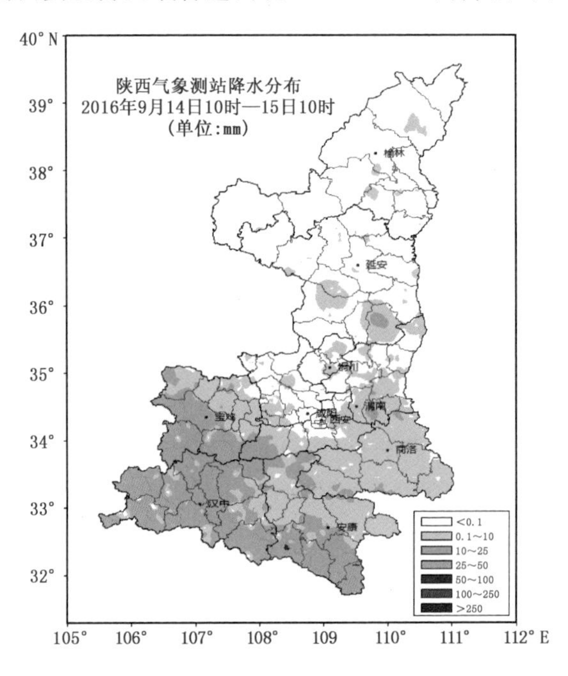

图2-9　2016年9月14—15日全省降水量分布

15日晚会直播期间明月高照,晚会演出及直播效果极佳。中央电视台秋晚总导演发来了热情洋溢的感谢短信:“向西安气象团队致敬!最终的月朗风清超越我们的期待,难忘西安一片月!”

2.7　2018年1月持续极端降雪天气气象服务

2018年1月,西安先后3次遭受了大到暴雪天气袭击,降雪强度大、发生频次高、影响程度大,为历史上罕见的极端强降雪月份。特别是1月28日西安城区南部和长安区出现暴雪,具有突发性强、时空分布严重不均(钟楼以南大雪纷飞,钟楼以北零星小雪)、范围小、小时降雪强度大等特点。面对严峻的天气形势,西安市气象局密切监视天气变化,提前准确发布降雪降温消息,及时发布暴雪和道路结冰预警信号及天气监测实况,为各级政府和相关部门提供决策建议。西安市各级政府和相关部门提前周密安排部署,“以雪为令”,“雪不停、干不停”,协同努力打赢除雪除冰攻坚战,达到了保通畅、保安全、保民生的效果。

2.7.1　2018 年 1 月西安出现 3 次强降雪天气过程，持续时间长，降雪强度大，历史同期罕见

2018 年 1 月 2—7 日、24—26 日、28 日西安先后出现 3 次大到暴雪天气过程，降雪持续时间长，强度大、发生频次高、影响程度大，西安泾河观测站累计降水量 22 mm，与常年同期相比偏多 2.7 倍，与过去 66 年(1951—2017)同期相比较，位居第 2 位，仅次于 1989 年(31 mm)。长安累计降水量 30.4 mm，仅次于 2008 年(33.7 mm)。

1 月 2—7 日西安出现大到暴雪天气，降雪主要出现在 1 月 2—4 日和 6—7 日。1 月 2—7 日各区县累计降水量 10～25 mm(表 2-2)。其中 1 月 3 日 07 时至 4 日 07 时，西安普降大雪，部分地方暴雪，各区县 24 小时降水量达 7～17 mm，最大积雪深度 20 cm(表 2-3)。

表 2-2　2018 年 1 月 2—7 日西安累计降水量和累积雪深

	西安城区	临潼区	高陵区	蓝田县	鄠邑区	周至县	长安区	灞桥区	阎良区
累计降水量(mm)	17.4	13.8	14.2	16.5	13.4	10.1	16.3	24.8	13.8
雪深(cm)	16	11	10	14	9	11	8	11	16

表 2-3　2018 年 1 月 3 日 07 时至 4 日 07 时西安部分站点降水量及雪深

区县	观测点	降水量(mm)	雪深(cm)	区县	观测点	降水量(mm)	雪深(cm)
周至县	周至	7.3	13	蓝田县	蓝田	9.9	12
	田峪关	9.0	9		华胥	14.5	14
	陈河镇	6.9	10		灞源	10.0	12
鄠邑区	鄠邑	8.8	10	临潼区	临潼	8.9	11.6
	粟峪口	6.6	8		新市	12.6	13.5
	朱雀	16.9	20	高陵区	高陵	10.4	10
长安区	长安	10.4	11		湾子	10.0	9.6
	高冠	8.8	10	灞桥区	气象局	14.5	13
	喂子坪	6.9	9	西安城区	泾河	11.1	16

1 月 24—27 日西安再次出现中到大雪，截至 27 日 16 时累计降水量 4.1～10.6 mm，其中周至县 10.6 mm，鄠邑区 8.6 mm，长安区 7.4 mm，阎良区 7.0 mm，临潼区 6.8 mm，蓝田县 6.8 mm，灞桥区6.7 mm，高陵区 6.3 mm，西安区 4.8 mm，泾河 4.1 mm。

28 日 07—18 时西安部分地方突发强降雪，长安区和高新区出现暴雪，鄠邑区中雪。本次降雪具有突发性强(受局地偏东风和偏西风的辐合影响)，范围小(集中出现在城区南部和长安)，小时降雪强度大等特征(长安区 13—14 时降水量达 2 mm)。28 日累计降水量：高新区永阳公园站 6.3 mm，长安区 7.0 mm，鄠邑区 2.4 mm，周至县 1.4 mm，蓝田县 0.5 mm。

2018 年 1 月连续三次降雪天气过程中，大部分时段气温低于 0 ℃，自然状态下积雪融化缓慢，造成道路积雪结冰严重。

2.7.2　提前准确发布雨雪降温消息，预报精准、服务及时

(1)1 月 2—7 日降雪降温天气过程

2017 年 12 月 31 日 16 时西安市气象台发布雨雪降温消息，准确预报 1 月 2—7 日雨雪降温天气过程，预报强降雪主要出现在 2 日晚上到 4 日上午，其中 1 月 3 日中雪转大雪，秦岭山区局地暴雪。1 月 5 日 11 时西安市气象台再次发布降雪、降温消息，预报 1 月 5 日晚上至 9 日西安市有降雪、降温天气过程，主要降雪出现在 6 日，全市有小到中雪。1 月 8 日 10 时西安市气象台发布低温持续消息。1 月 3—8 日，西安市气象台共发布预警信号 14 期，其中道路结冰黄色预警信号 12 期，暴雪黄色预警信号 1 期，大雾黄色预警信号 1 期。各区县气象局也及时发布了降雪降温消息和道路结冰、暴雪等黄色预警信号(表 2-4)。

表 2-4　2018 年 1 月 3—8 日西安市气象台及西安市下辖区县气象局发布暴雪、道路结冰预警信号统计表

日期	西安市	周至县	鄠邑区	长安区	蓝田县	临潼区	灞桥区	高陵区	阎良区
1 月 3 日	06:10 道路结冰 黄色预警	06:40 道路结冰 黄色预警	06:20 道路结冰 黄色预警	06:30 道路结冰 黄色预警	06:30 道路结冰 黄色预警	09:30 道路结冰 黄色预警	06:30 道路结冰 黄色预警	08:05 道路结冰 黄色预警	06:30 道路结冰 黄色预警
	17:30 道路结冰 黄色预警	18:40 道路结冰 黄色预警	18:20 道路结冰 黄色预警	17:50 道路结冰 黄色预警	17:50 道路结冰 黄色预警	17:50 道路结冰 黄色预警	18:00 道路结冰 黄色预警	18:10 道路结冰 黄色预警	20:55 道路结冰 黄色预警
1 月 4 日	01:50 暴雪 黄色预警	02:50 暴雪 黄色预警	02:10 暴雪 黄色预警	02:05 暴雪 黄色预警	01:50 暴雪 黄色预警	02:10 暴雪 黄色预警	02:07 暴雪 黄色预警	01:50 暴雪 黄色预警	02:10 暴雪 黄色预警
	05:30 道路结冰 黄色预警	05:40 道路结冰 黄色预警	06:20 道路结冰 黄色预警	05:35 道路结冰 黄色预警	05:30 道路结冰 黄色预警	05:50 道路结冰 黄色预警	05:40 道路结冰 黄色预警	06:05 道路结冰 黄色预警	06:30 道路结冰 黄色预警
	17:30 道路结冰 黄色预警	16:20 道路结冰 黄色预警	16:00 道路结冰 黄色预警	16:25 道路结冰 黄色预警	16:30 道路结冰 黄色预警	16:20 道路结冰 黄色预警	16:10 道路结冰 黄色预警	16:30 道路结冰 黄色预警	16:20 道路结冰 黄色预警
1 月 5 日	05:30 道路结冰 黄色预警	06:00 道路结冰 黄色预警	05:50 道路结冰 黄色预警	05:40 道路结冰 黄色预警	05:40 道路结冰 黄色预警	05:40 道路结冰 黄色预警	05:40 道路结冰 黄色预警	06:05 道路结冰 黄色预警	08:40 道路结冰 黄色预警
	17:30 道路结冰 黄色预警	18:00 道路结冰 黄色预警	17:30 道路结冰 黄色预警	17:40 道路结冰 黄色预警	17:30 道路结冰 黄色预警	17:40 道路结冰 黄色预警	17:30 道路结冰 黄色预警	17:35 道路结冰 黄色预警	20:40 道路结冰 黄色预警
1 月 6 日	05:30 道路结冰 黄色预警	06:00 道路结冰 黄色预警	05:10 道路结冰 黄色预警	05:40 道路结冰 黄色预警	05:40 道路结冰 黄色预警	05:40 道路结冰 黄色预警	05:30 道路结冰 黄色预警	05:40 道路结冰 黄色预警	08:40 道路结冰 黄色预警
	17:30 道路结冰 黄色预警	18:00 道路结冰 黄色预警	17:10 道路结冰 黄色预警	17:40 道路结冰 黄色预警	17:40 道路结冰 黄色预警	17:35 道路结冰 黄色预警	17:30 道路结冰 黄色预警	17:30 道路结冰 黄色预警	20:40 道路结冰 黄色预警
	21:30 大雾 黄色预警	21:30 大雾 黄色预警	20:45 大雾 黄色预警	21:40 大雾 黄色预警	21:40 大雾 黄色预警	21:45 大雾 黄色预警	21:30 大雾 黄色预警	21:30 大雾 黄色预警	21:45 大雾 黄色预警

续表

日期	西安市	周至县	鄠邑区	长安区	蓝田县	临潼区	灞桥区	高陵区	阎良区
1月7日	05:30 道路结冰黄色预警	06:00 道路结冰黄色预警	05:35 道路结冰黄色预警	05:40 道路结冰黄色预警	05:40 道路结冰黄色预警	05:35 道路结冰黄色预警	05:30 道路结冰黄色预警	05:30 道路结冰黄色预警	08:40 道路结冰黄色预警
	17:30 道路结冰黄色预警	18:00 道路结冰黄色预警	17:35 道路结冰黄色预警	17:40 道路结冰黄色预警	17:00 道路结冰黄色预警	17:35 道路结冰黄色预警	17:30 道路结冰黄色预警	17:35 道路结冰黄色预警	20:40 道路结冰黄色预警
1月8日	05:30 道路结冰黄色预警	07:00 道路结冰黄色预警	05:35 道路结冰黄色预警	05:37 道路结冰黄色预警	05:30 道路结冰黄色预警	05:35 道路结冰黄色预警	05:30 道路结冰黄色预警	05:40 道路结冰黄色预警	08:40 道路结冰黄色预警
	17:30 道路结冰黄色预警	18:00 道路结冰黄色预警	17:35 道路结冰黄色预警	17:30 道路结冰黄色预警	17:30 道路结冰黄色预警	17:35 道路结冰黄色预警	17:30 道路结冰黄色预警	17:30 道路结冰黄色预警	20:40 道路结冰黄色预警

西安市气象局自 2017 年 12 月 31 日起，及时将雨雪降温预报预警信息通过短信和西安市委“奔跑吧 西安”微信工作群向党政相关领导汇报，并以传真、短信、微信工作群等各种方式，每日向西安市委、市政府及相关部门发布降雪降温预报、预警信息。同时通过各种信息渠道，及时将雨雪降温预报、预警信息向社会公众发布。西安市气象局于 2018 年 1 月 2 日 12 时启动重大气象灾害（暴雪）Ⅲ级应急响应。通过“西安气象”官方微博（新浪网、腾讯网、人民网）、“西安气象”官方微信（西安气象、西安微天气）发布预报预警信息共 188 条。截止 2018 年元月，“西安气象”官方微博粉丝人数 77.6 万人，“西安气象”官微关注人数 9839 人。通过“西安发布”微博（粉丝 113 万）和 APP（用户 15 万）发布雨情通报、天气预报、预警信号等 18 次。国家突发事件预警信息发布平台发布、审核发布各区县预警信息 148 次。通过手机 APP 发布预警信息 16 次。通过手机短信发布预警信息 16 条，共 53312 人次。通过西安电视台、西安教育台等节目发布预警信号 24 条。此外，通过微博、电视天气预报栏目宣传西安市政府向全市发出的“同心协力、全员参与、共御冰雪”倡议和西安市气象部门进行除雪保畅通保安全的情况。

2017 年 12 月 31 日西安市气象灾害应急指挥部办公室向西安各区县政府、开发区管委会、气象灾害应急指挥部成员单位发出《关于做好雨雪降温天气防御工作的通知》，要求各相关单位高度重视此次雨雪降温天气的应对工作。2018 年 1 月 3 日，西安市气象灾害应急指挥部办公室转发陕西省气象灾害应急指挥部《关于做好 2—6 日暴雪天气防御工作的紧急通知》，要求各级各部门按照通知要求做好相关防御工作。1 月 5 日西安市气象灾害应急指挥部办公室再次发出通知，要求做好 1 月 5—9 日降雪低温冰冻灾害防御工作。

（2）1 月 24—27 日降雪天气过程

1 月 22 日，西安市气象台提前两天准确发布新一轮降雪降温消息。1 月 22 日 17 时 30 分西安市气象局启动重大气象灾害暴雪应急响应。累计发布暴雪蓝色预警信号 2 期，道路结冰黄色预警信号 9 期，降雪降温重要天气报告 1 期，天气快报 3 期，专题天气预报 25 期，实况监测预报等 45 期，通过电话向公安交警等相关部门服务 30 余次（表 2-5）。

表 2-5　1 月 24—28 日西安市气象台及西安市下辖区县气象局发布暴雪、道路结冰预警信号统计一览表

日期	西安市	周至县	鄠邑区	长安区	蓝田县	临潼区	灞桥区	高陵区	阎良区
1月24日	11:00 暴雪 蓝色预警	11:20 暴雪 蓝色预警	11:30 暴雪 蓝色预警	11:20 暴雪 蓝色预警	11:10 暴雪 蓝色预警	11:30 暴雪 蓝色预警	11:00 暴雪 蓝色预警	11:10 暴雪 蓝色预警	11:30 暴雪 蓝色预警
	17:30 道路结冰 黄色预警	18:00 道路结冰 黄色预警	18:20 道路结冰 黄色预警	17:50 道路结冰 黄色预警	18:20 道路结冰 黄色预警	17:55 道路结冰 黄色预警	18:00 道路结冰 黄色预警	17:40 道路结冰 黄色预警	18:00 道路结冰 黄色预警
	23:30 暴雪 蓝色预警					23:55 暴雪 蓝色预警		23:30 暴雪 蓝色预警	
1月25日		00:20 暴雪 蓝色预警	00:05 暴雪 蓝色预警	00:10 暴雪 蓝色预警	00:10 暴雪 蓝色预警		00:15 暴雪 蓝色预警		00:20 暴雪 蓝色预警
	08:30 道路结冰 黄色预警	06:00 道路结冰 黄色预警	06:00 道路结冰 黄色预警	08:40 道路结冰 黄色预警	08:50 道路结冰 黄色预警	08:45 道路结冰 黄色预警	08:40 道路结冰 黄色预警	08:30 道路结冰 黄色预警	06:00 道路结冰 黄色预警
	16:30 暴雪 蓝色解除	16:45 暴雪 蓝色解除	17:00 暴雪 蓝色解除	17:17 暴雪 蓝色解除	17:20 暴雪 蓝色解除	17:00 暴雪 蓝色解除	17:00 暴雪 蓝色解除	17:20 暴雪 蓝色解除	17:22 暴雪 蓝色解除
	20:30 道路结冰 黄色预警	18:00 道路结冰 黄色预警	18:00 道路结冰 黄色预警	20:35 道路结冰 黄色预警	20:30 道路结冰 黄色预警	20:35 道路结冰 黄色预警	20:30 道路结冰 黄色预警	20:30 道路结冰 黄色预警	18:20 道路结冰 黄色预警
1月26日	08:30 道路结冰 黄色预警	06:00 道路结冰 黄色预警	06:30 道路结冰 黄色预警	08:50 道路结冰 黄色预警	10:50 道路结冰 黄色预警	10:50 道路结冰 黄色预警	09:20 道路结冰 黄色预警	07:30 道路结冰 黄色预警	05:58 道路结冰 黄色预警
	20:30 道路结冰 黄色预警	18:00 道路结冰 黄色预警	18:30 道路结冰 黄色预警	20:35 道路结冰 黄色预警	20:30 道路结冰 黄色预警	20:35 道路结冰 黄色预警	20:30 道路结冰 黄色预警	20:40 道路结冰 黄色预警	17:57 道路结冰 黄色预警
1月27日	08:30 道路结冰 黄色预警	06:00 道路结冰 黄色预警	06:30 道路结冰 黄色预警	08:50 道路结冰 黄色预警	09:00 道路结冰 黄色预警	08:35 道路结冰 黄色预警	08:40 道路结冰 黄色预警	09:30 道路结冰 黄色预警	05:59 道路结冰 黄色预警
	20:30 道路结冰 黄色预警	18:30 道路结冰 黄色预警	18:30 道路结冰 黄色预警	20:35 道路结冰 黄色预警	20:35 道路结冰 黄色预警	20:35 道路结冰 黄色预警	20:30 道路结冰 黄色预警	20:40 道路结冰 黄色预警	18:12 道路结冰 黄色预警
1月28日	08:30 道路结冰 黄色预警	06:30 道路结冰 黄色预警	06:30 道路结冰 黄色预警	08:40 道路结冰 黄色预警	08:35 道路结冰 黄色预警	08:35 道路结冰 黄色预警	08:30 道路结冰 黄色预警	08:30 道路结冰 黄色预警	06:46 道路结冰 黄色预警
	20:30 道路结冰 黄色预警	18:30 道路结冰 黄色预警	18:30 道路结冰 黄色预警	20:35 道路结冰 黄色预警	20:30 道路结冰 黄色预警	20:35 道路结冰 黄色预警	20:30 道路结冰 黄色预警	20:35 道路结冰 黄色预警	18:00 道路结冰 黄色预警

2018 年 1 月 22 日，西安市气象灾害应急指挥部办公室再次向各区县政府、开发区管委会、气象灾害应急指挥部成员单位发出《关于做好 1 月 24—27 日雨雪、降温天气防御工作的通知》，要求各级各部门做好此次雨雪降温天气的应对工作。本轮降雪天气期间，西安市气象台接受媒体采访 12 次。通过传统手段、融媒体、自媒体等多措并举，广泛传播天气预报预警信息，共发布气象预警手机短信 39514 条；通过“西安气象”官方微博、“西安气象”官方微信发布天气预报、天气实况、暴雪相关科普知识及防御指南等 103 条；通过“西安发布”微博、“西安发布”APP 及时发布天气预报预警、天气实况、科普暴雪、暴雪预警信号等常识 24 条，通过西安广播电视台官方微博、西安网发布气象预报预警和实况等信息 7 条。通过国家突发事件预警信息发布平台发布、审核市级及各区县预警信息 99 次(解除 9 次)。

(3)1 月 28 日局地暴雪天气过程

针对 1 月 28 日突发性强降雪天气，西安市气象局紧急组织陕西省、西安市首席预报专家加密会商，对天气形势进行分析研判，并邀请陕西省气象台的国家级首席预报员两次到西安市气象台现场指导。1 月 28 日上午起，西安市气象局局长在西安市气象台会商中心指挥全市降雪天气预报服务，并及时向西安市委、市政府领导和相关部门汇报气象信息。为了弥补冬季固态降水监测能力不足，当天上午紧急派出技术小分队前往天气雷达回波最强的西安市南部，开展加密固态降雪人工监测。通过手机短信发布预报、预警和实况等 6055 条；通过“西安气象”微博微信、“西安发布”微博等各发布 13 条。

2.7.3　提前周密部署降雪天气应对工作，各级各部门协同努力打赢除雪除冰攻坚战

(1)1 月 2—7 日强降雪天气应对工作

西安市委、市政府领导接到气象预警后高度重视暴雪灾害防御工作，多次对雨雪降温天气防御应对作出批示。1 月 2 日，西安市人民政府办公厅下发《关于做好暴雪灾害防御工作的紧急通知》。1 月 4 日，中共西安市委办公厅下发《关于做好雨雪恶劣天气应对工作的紧急通知》。1 月 5 日，西安市政府召开应对雨雪极端天气专题会，对雨雪应对工作进行安排部署。1 月 6 日，西安市人民政府向全市发出“同心协力 全员参与 共御冰雪”倡议书。市城市管理局 1 月 2 日发出《关于做好雨雪降温天气防御工作的紧急通知》，1 月 3 日要求各区城市管理部门立即启动除冰雪预案；3—4 日，市公安局启动应急勤务二级响应，增加部署警力 1003 人；市政局 3 日 17 时、22 时，4 日 4 时三次集中进行了融雪除冰工作；市交通局投入清雪人员 515 人次，除雪机械设备车辆 35 台(辆)；市民政局深入大街小巷巡查，救助生活无着流浪乞讨人员；国家电网西安供电公司加强输变配电设备的特巡及设备测温工作，落实防雨雪冰冻、防覆冰、防潮、防凝露措施；市地铁办启动《扫雪除冰应急预案》，做好恶劣天气下的地铁运输组织、设备保障和客流引导工作；市公交总公司 1 月 3 日启动冰雪天气道路安全行车应急预案；市商务局向全市 28 个市场投放政府储备蔬菜。

(2)1 月 24—28 日强降雪天气应对工作

1 月 22 日，中共西安市委办公厅、西安市政府办公厅发出《关于做好降温降雪天气应对工作的紧急通知》，要求各级各部门要提高政治站位，高度重视降温降雪应对工作，切实做好各项应对处置工作。当日，西安市市长上官吉庆在市应急委员会全体会议上对此次降雪降温天气应对工作进行了安排部署，要求市政府办公厅组织相关部门召开专题会议，研究部署，确保雨雪天气应对工作有效开展。1 月 23 日，西安市政府召开专题会，安排部署即将到来的雨雪天

气应工作。1 月 24 日,陕西省委常委、西安市委书记王永康要求各部门都要早早地动起来,立即安排清雪。西安市市长上官吉庆再次要求市级各相关部门和各区县政府、各开发区管委会,按照市应急委全体会议和市政府专题会议安排部署,“以雪为令,边下边清,边清边运,雪停路净”,确保交通顺畅,市民出行方便,城市运行正常。降雪期间,西安市各区县、开发区管委会和市级部门认真落实雨雪天气应对各项部署,组织各方力量开展清雪除冰工作。

第二篇

智慧气象

第3章　突出“西安气象智造”科技创新 建设智慧气象现代化业务体系

3.1　西安大城市智慧气象预报预警服务一体化平台(XA-WFIS.新丝路)

西安大城市智慧气象预报预警服务一体化平台(XA-WFIS,Xi′an Weather Fine Forecast, Warning and Service Integration System)于2012年开始建设,坚持“一张蓝图绘到底”,持续需求牵引、动态增加功能模块,通过“火车头计划”项目XH2012—5、XH2013—7、XH2014—02不断修改升级完善。2013年,该平台投入业务试运行。2014年,经过一年运行和检验,升级形成了“西安大城市精细化预报预警服务一体化平台XA-WFIS2.0”。2015年,西安市气象局积极响应“一带一路”倡议,基于国家气象中心指导产品与数值模式资料解释应用,增加了“一带一路”重要节点城市天气预报分析产品,为“一带一路”电视天气预报节目制作提供技术支撑,升级为“大城市精细化预报预警服务一体化平台XA-WFIS.新丝路”(图3-1)。2016年,及时增加了基于中国气象局和陕西省气象局的智能网格预报指导产品及业务流程,建成基于地图定位的格点要素预报模块,更名为“西安大城市智慧气象预报预警服务一体化平台”,同年获得西安市政府科技奖三等奖。2017年以来,持续培训、检验和优化市—区县两级的应用。

XA-WFIS.新丝路采用B/S构架,后台布设于西安市气象局云服务器,基于中国气象局和陕西省气象局智能网格要素预报指导产品、CIMISS本地高分辨观测数据、短时临近预报预警系统和细网格数值预报资料本地化解释应用,结合“气象+国土”、“气象+水文”、“气象+城防”等大数据,共享西安市防汛水文、国土等部门最新灾情普查资料,应用陕西省科技厅《水文气象精细化评估预测方法指标研究2013K13—04—04》等课题最新研究成果,实现了天气实况分析、智能网格要素预报、强对流天气监测和气象次生灾害风险等级预报、预警与应急响应产品制作发布。XA-WFIS.新丝路前台主要包括丝路预报、实况监测、物理量诊断、智能网格预报、XA-NEWS(短时临近预警)、地质灾害、城市内涝、河流洪水和上级指导预报9个功能模块。作为西安市气象现代化建设(Ⅱ期)平台核心部分,XA-WFIS.新丝路着眼于观测资料分析自动化、预报预警服务市区县集约化和信息处理智能化,即保持模块功能稳定,便于基层应用,又不断适应数据环境变化优化升级,最大程度满足西安大城市智慧气象预报、预警与防灾、减灾决策服务需求。

XA-WFIS.新丝路在西安市局统一维护管理,下辖区县局不需要升级安装软硬件,减少了基层在预报预警服务期间海量资料接收处理、中尺度分析等方面工作量,时效性强,减轻了软硬件存储计算资源负载,提高了预报分析效率、精细化和时效。以细网格数值资料上级指导产

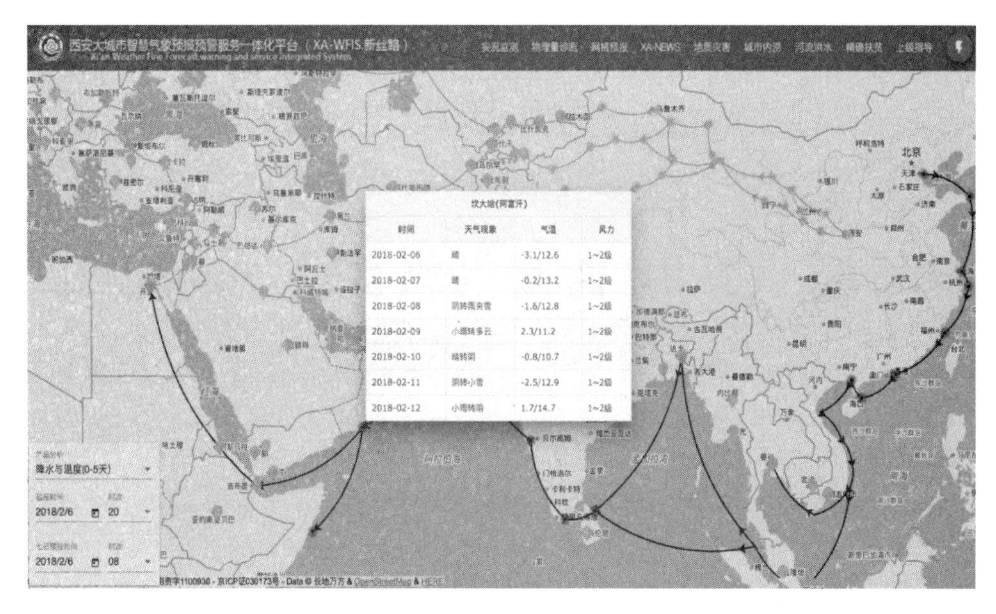

图 3-1　西安丝路沿线节点城市天气预报

品应用为例，后台读取各区县相关预报资料、通过信息融合和自动绘图处理等过程，第一时间形成精细至县区乡镇的图形化预报分析产品，通过 WebGIS 网页实时更新共享。单站预报要素分析效率比直接通过 MICAPS 3 平台调用全球或区域资料要高两个数量级，即：时次×层次×展示要素种类 24×4×2(3)＝192(288)。

XA-WFIS.新丝路应用以来，显著提升了西安市区县基层预报业务的自动化、集约化和精细化水平，在常规要素预报、灾害性天气预警和重大活动服务保障中发挥了防灾减灾救灾“消息树”重要作用，取得显著社会经济效益。基于丝路预报模块，西安市气象局与西安市广播电视台合作，完成了副省级城市首档“一带一路”天气预报节目制作。2015 年“习莫会”、2016 央视春晚西安分会场和央视中秋晚会等户外重大活动服务保障中，XA-WFIS.新丝路进入移动气象台，为活动现场气象服务保障提供精细化实况与预报信息。2015 年 8 月 3 日西安极端短时大暴雨预报预警服务中，多普勒雷达降雨反演产品科学推算出灾害点监测盲区的降雨量，为政府决策服务提供了定量依据。XA-WFIS.新丝路一体化平台主要功能产品包括：

(1)自动站观测要素实时分析

显示、分析全市气象自动站和区域站观测要素(图 3-2)。双击左侧各列后，分区域按照不同要素大小升序或者降序排序，单击感兴趣站点之后快速定位至地图。进行某一时段累计雨量、大风等信息查询排序之后，双击站点可绘制演变曲线，可直接将统计结果导出至决策服务材料。

(2)多普勒雷达产品实时分析与自动预警

基于 WebGIS 实时显示、动画每 6 分钟更新的西安多普勒天气雷达探测数据产品，包括：各个仰角基本反射率、组合反射率、径向速度、垂直液态水含量、1 小时降水估计和 3 小时降水估计等(图 3-3)。

完成了 BJ-ANC 本地化移植(接入西安周边 3 部雷达、优化风暴识别参数与 Z-R 关系等)，形成了短时临近预报预警系统 XA-NEWS(Xi'an Nowcast and Early Warning System)，

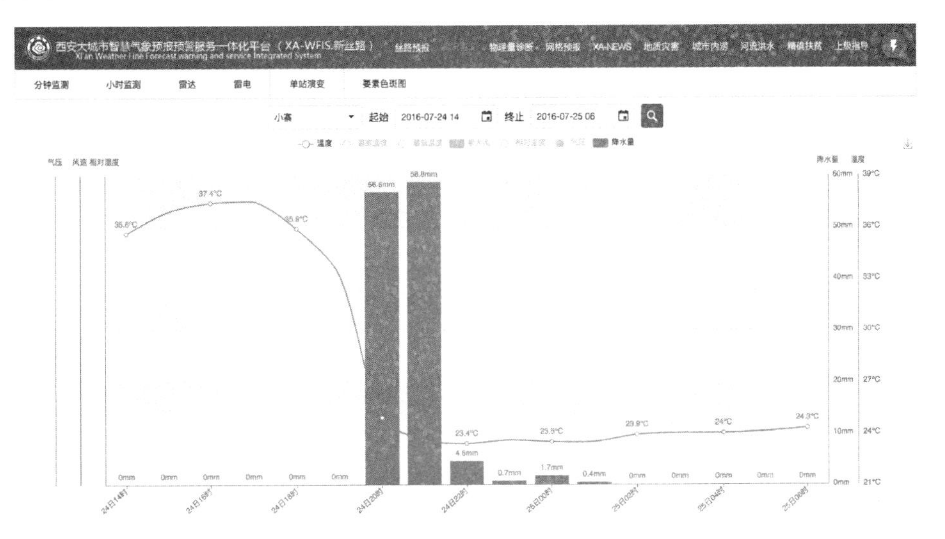

图 3-2 西安区域气象站气象要素实时分析

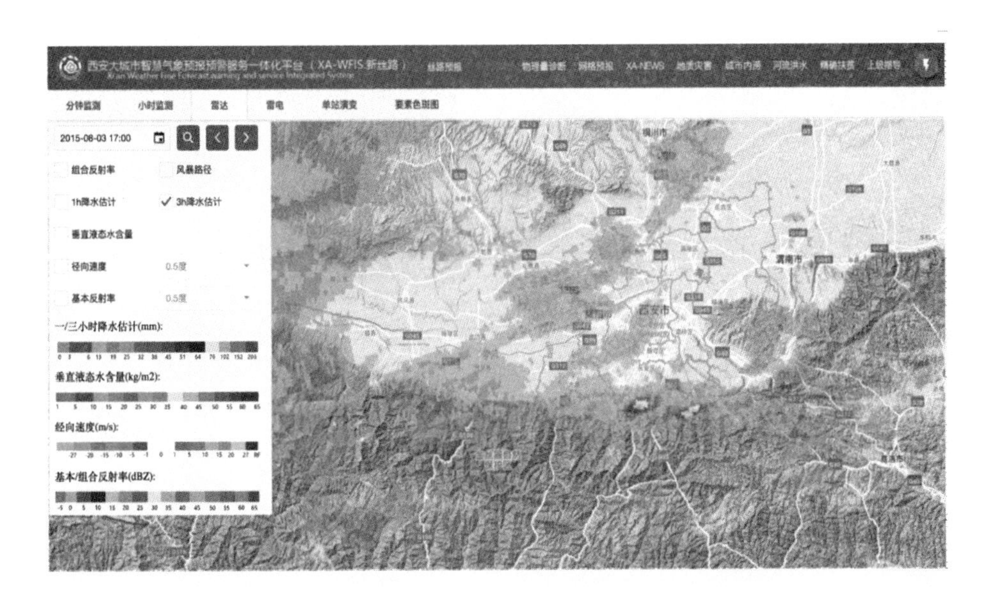

图 3-3 西安C波段多普勒雷达产品实时分析

研发了风暴路径产品WXML转化格式，实现了预警信息WebGIS实时更新发布与强对流“三圈预警”(图3-4)：不同颜色对应35 dBZ雷暴单体未来半小时、未来1小时、未来2小时不同时刻的预测位置，数字包含雷暴详细信息(速度、回波顶高、含水量和发展趋势：“+”、“−”分别表示未来加强、减弱)。

(3)雷电路径实时显示分析

调取毫秒级分辨率的云地闪活动记录，实时分析西安周边雷电地闪活动路径，进行快速统计。圆圈表示云地闪位置，内标“+”“−”表示正负电荷，半径表示强度，发生时间与圆圈色调冷暖相对应(图3-5)。

(4)智能网格预报与高分辨数值产品本地释用

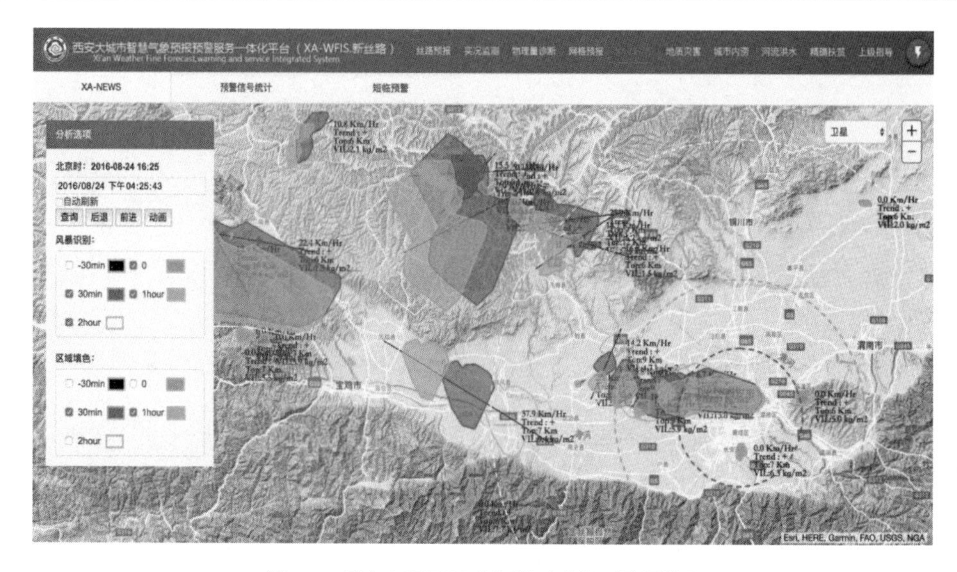

图 3-4　XA-NEWS 西安强对流“三圈预警”

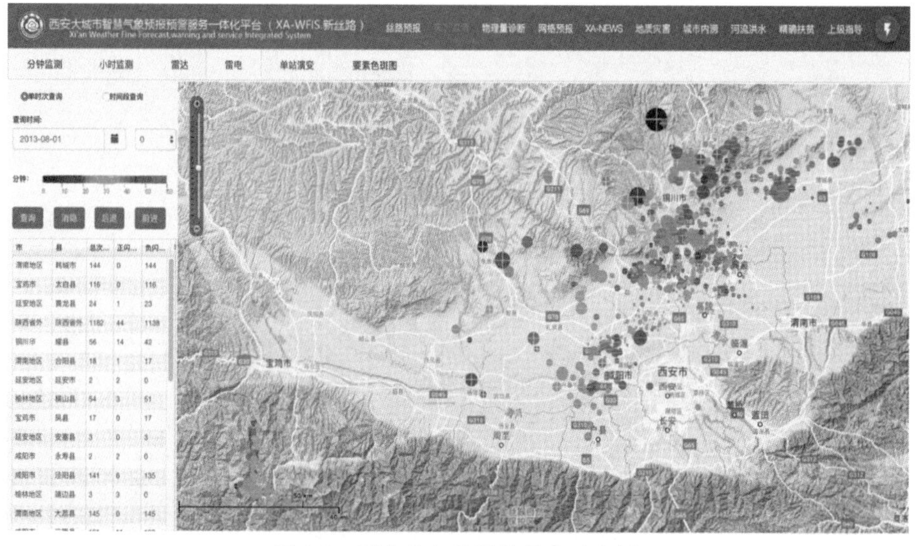

图 3-5　西安雷电地闪路径实时分析

基于 WebGIS 实现陕西省智能网格预报指导产品市区县应用(图 3-6)。针对“定点、定时、定量”预报与天气会商需求，提取、融合 GRAPES、EC_thin 等高分辨模式本地预报信息，由 GRADS 绘图形成精细至各县区街办的未来 240 小时逐 3～6 小时温度、湿度、风场要素及强对流指标分析产品，预报人员直接通过平台调用(图 3-7、图 3-8)。

基于时间滑动检验，形成降水、温度要素的模式最优集成分析产品。滑动检验方法如下：针对每日 20 时(08 时)起报的多家细网格数值模式，12 小时之后分别进行 3 小时间隔的检验，实况取自西安、延安探空站 500 hPa、700 hPa、850 hPa 高空上风场和温度，西安周边地面的降水和温度。高空上，模式风场与实况方向相近(二者夹角小于 45°)、模式风场与实况反方向相近相反(二者夹角小于 45°)和其他情况分别得分 1、−1、0，模式温度与实况差异 2 ℃以内、4 ℃以内和其他情况下分别得分 1、0、−1。地面上，温度评判标准和高空一样；降水以 6 小时为间

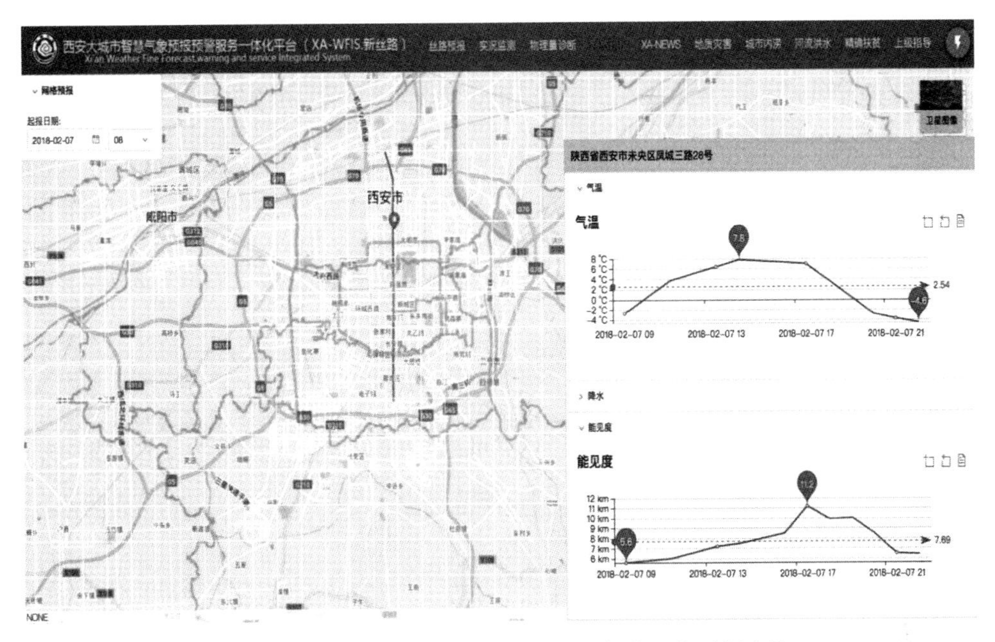

图 3-6　基于 WebGIS 地图定位的西安智能网格预报产品

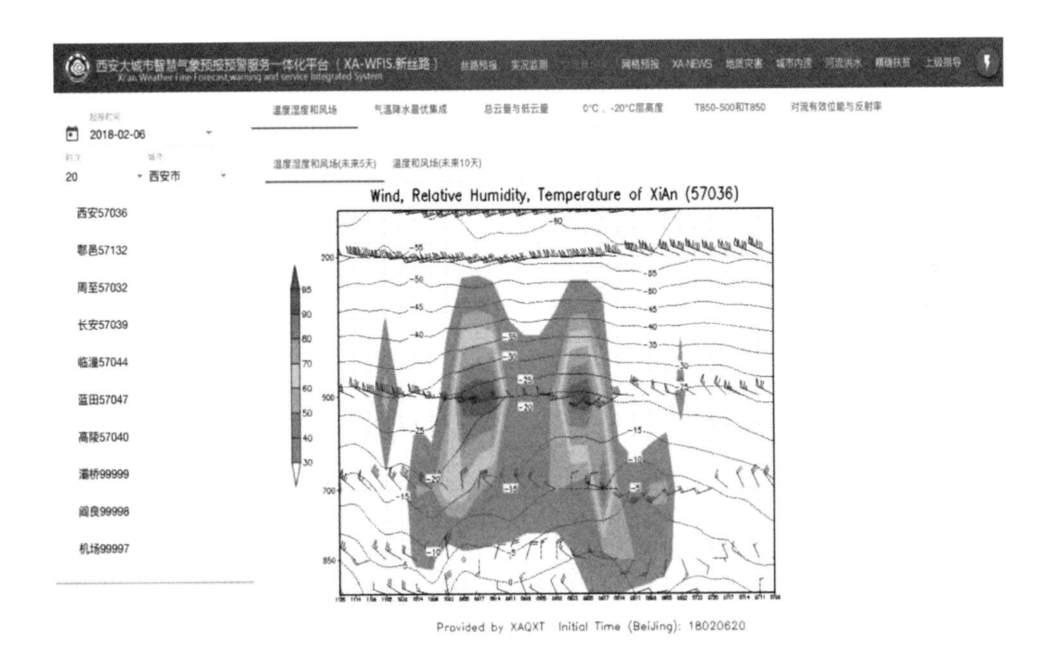

图 3-7　西安单站多层气象要素预报时间序列分析

隔检验，实况选周边 4～5 站平均，模式和实况同性（二者都有或都无）得分为 1，误差在实况 50%以内得分为 2，其他情况得分为 0。

(5)短时临近预警产品制作发布

基于精细化预报产品和多源资料智能网格监测分析，通过平台快速圈围制作发布强降水、冰雹、大风和雷电等强对流天气临近预警。西安市气象台发布产品到区县级，各区县气象台发

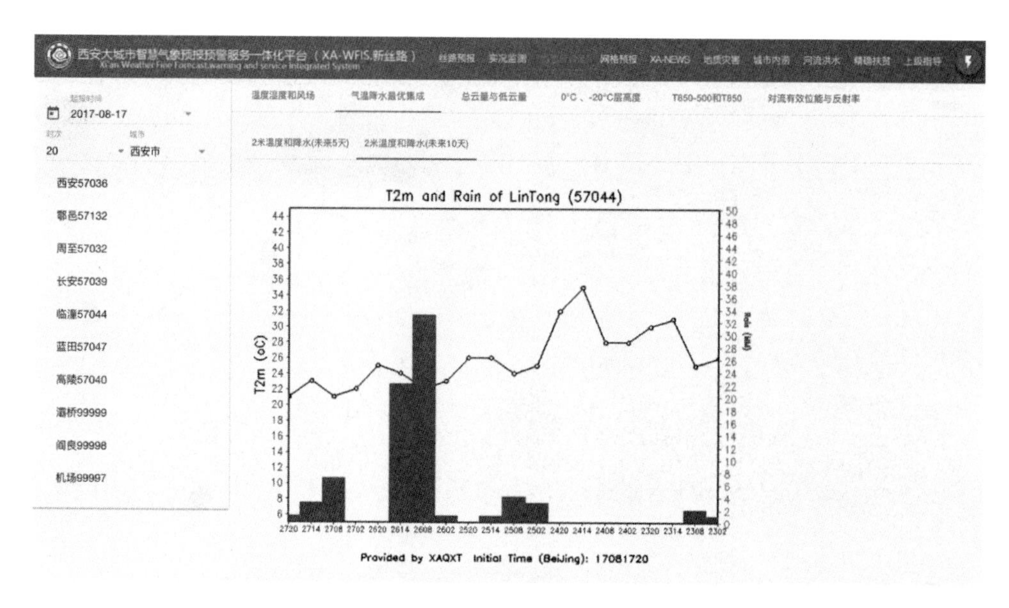

图 3-8　西安降水与温度动态最优集成预报分析

布产品到乡镇街办，制作产品后相关信息录入后台数据库，同时发布至文件服务器形成对外服务产品(图 3-9)。实现西安市预警信号发布实时动态跟踪、快速统计与“留痕”管理(图 3-10)。

图 3-9　西安强对流短时临近预警产品快速制作

(6)中小河流洪水、山洪和城市内涝气象风险预警分析

加强“气象＋水文”大数据应用，实现了西安地区所有中小河流和水库对应水文站逐时流量和水位监测信息的综合分析，应用陕西省科技厅《水文气象精细化评估预测方法指标研究2013K13—04—04》课题最新研究成果，研发了基于雨量联合估计与降水动态权重集成预报的秦岭北麓洪水风险预警产品(图 3-11)。基于主客观预报、灾害风险区划、灾害易发点要情查询分析，实现了气象风险预警制作、关联责任人信息员查询和预警信息一键式发布。

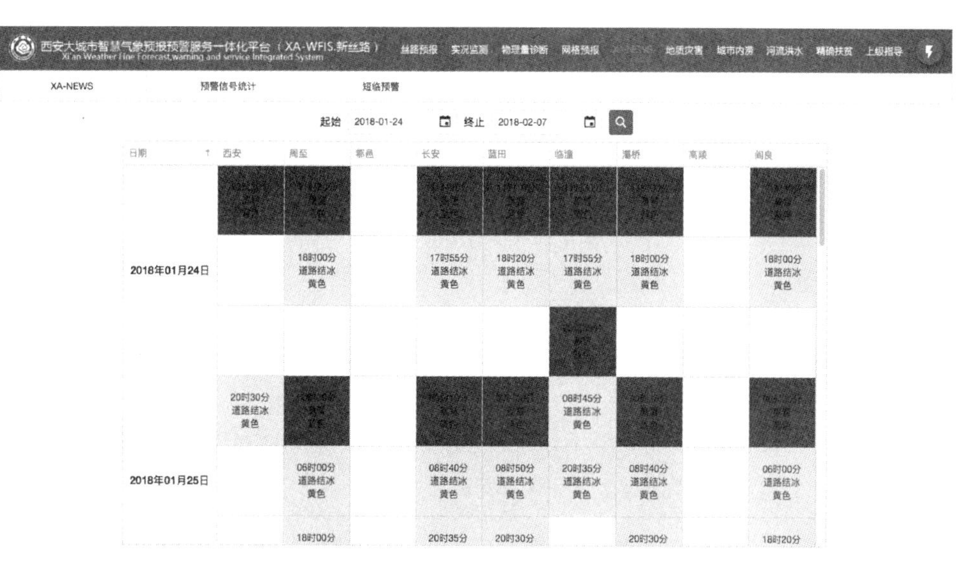

图 3-10　西安市预警信号实时跟踪与快速统计

图 3-11　西安中小河流与水库洪水气象风险预警分析

加强“气象＋市政＋规划”大数据应用，基于西安城市数字高程、最新积涝点和地下管网信息，通过内涝灾害普查统计完善致灾阈值，结合智能网格降水预报建立精细化淹没模型，实现暴雨内涝风险的精细化预报、预警分析（图 3-12）。

（7）地质灾害气象风险预警分析

加强“气象＋国土”大数据应用，共享灾害风险区划调查信息，包括地质灾害隐患点位置与高风险区边界、影响人口、潜在危害和地质环境条件等，结合 GIS 信息和历史灾害风险分析确定降水影响系数，建立地质灾害风险模型与致灾阈值，实现了灾害风险等级智能网格的实况监测和预报预警产品的自动生成（图 3-13、图 3-14）。

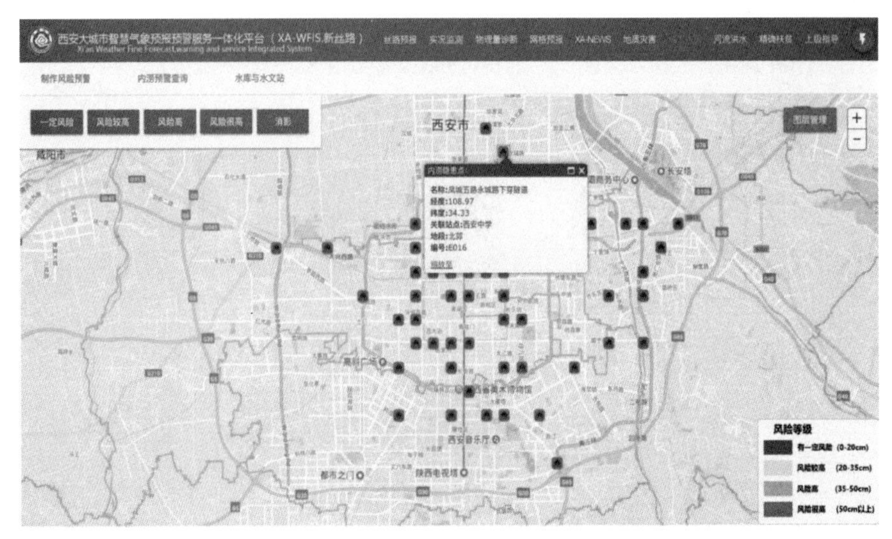

图 3-12　西安城市内涝气象风险预警分析

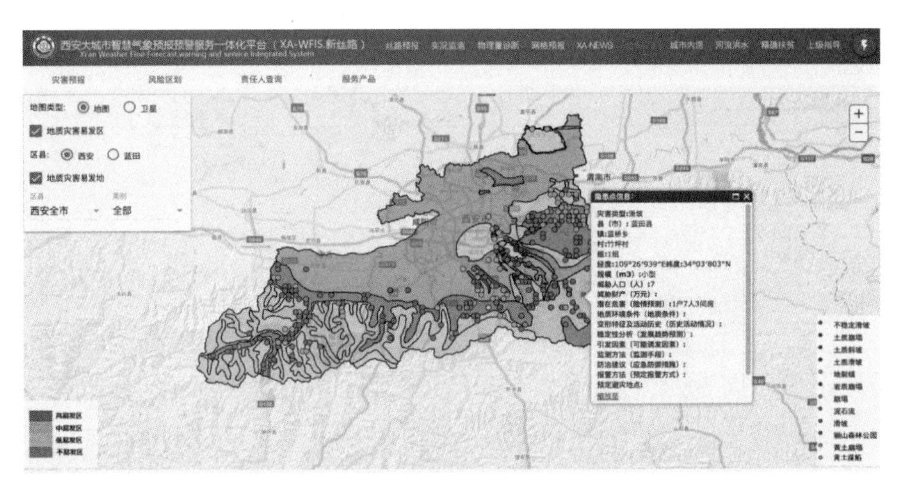

图 3-13　西安地质灾害易发区分布图

图 3-14　西安地质灾害气象风险预警信息一键式发布

3.2　西安短时临近预报预警系统(XA-NEWS)

西安短时临近预报预警系统基于西安市、宝鸡市和商洛市3部C波段多普勒天气雷达实时资料，实现了北京短时临近预报系统BJ-ANC(成功服务于北京奥运会、上海世博会、深圳大运会和天津全运会)的本地化应用。技术研发主要包括：优化了西安雷达降水估计 *Z*-*R* 关系和风暴自动识别参数，研发了WXML格式风暴预警产品，增加了精确到乡镇街道的地理信息，改进了与PUP系统一致的显示方式，结合监测资料实现了灾害性天气和风暴强对流三圈预警。近2年汛期预报服务检验表明，XA-NEWS(Xi'an Nowcast and Early Warning System)明显提高了局地强对流天气预警精准度，强对流灾害性天气预警时间平均提前18分钟。

XA-NEWS主要功能与操作流程包括：

(1)启动系统。当机器重新启动时，XA-NEWS将自动运行，屏幕上自动出现图3-15所示界面。

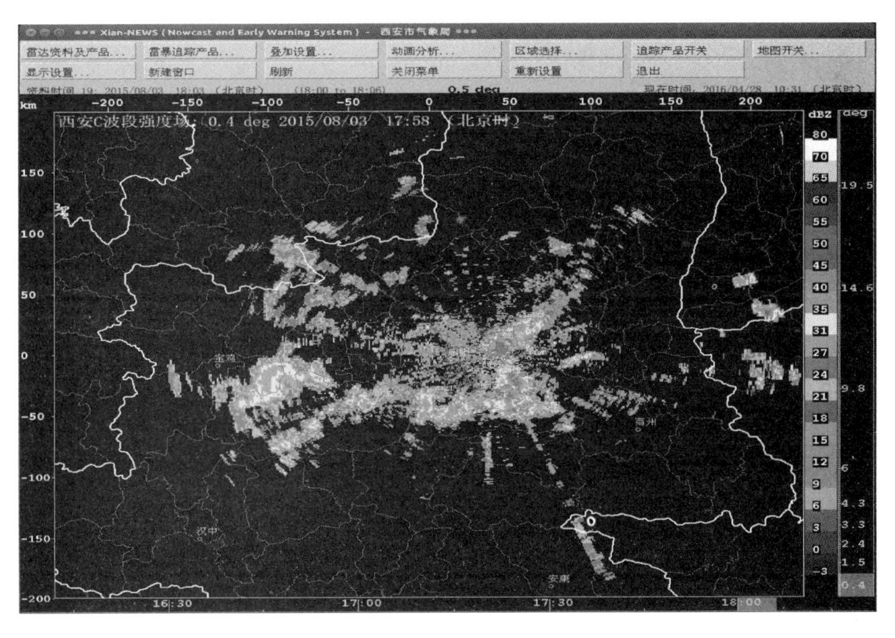

图3-15　XA-NEWS系统默认初始界面

界面上方显示了XA-NEWS的所有功能(如图3-16)，每个按钮对应不同界面功能，也可以同时按下多个按钮实现几个功能的叠加显示，例如，降水估计和雷暴追踪功能的叠加。

图3-16　XA-NEWS系统的主功能界面

(2)雷达资料及业务产品。按下功能界面下的雷达资料及产品按钮，系统弹出其功能下的子界面，子界面下显示功能通过点击按钮实现相应功能打开和关闭。

(3)雷达速度/强度图。图 3-17 所示为西安 C 波段雷达反射率回波强度,图中颜色为右列色标上相应的数值,点选最右侧数值更改雷达仰角,点选底侧时间栏进行前后翻动。宝鸡市 C 波段雷达回波强度、商洛市 C 波段雷达回波强度、宝鸡市 C 波段雷达径向速度、雷达组合强度拼图、雷达强度立体拼图的使用方法同上。西安市区县预报员可选择不同关注区域,拖动右键实现任意多点的垂直剖面显示,进而有效判断本地风暴中心抬高、降低和风暴发展或减弱趋势。

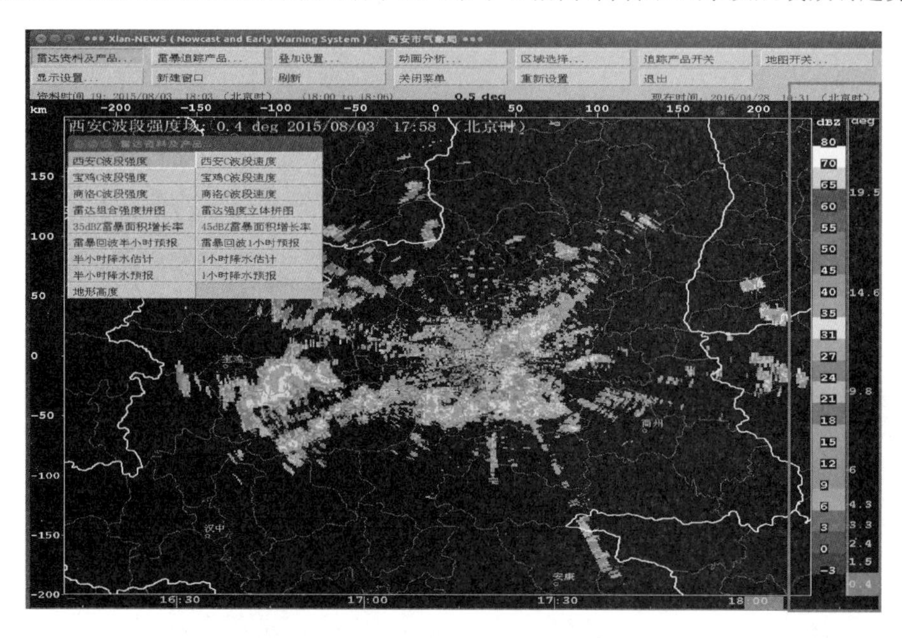

图 3-17　西安 C 波段雷达探测资料及业务产品

(4)地形高度图。如图 3-18 所示,色标对应海拔高度有助于监视、跟踪秦岭北麓沿山区县(周至县、鄠邑区、长安区、蓝田县和临潼区)紧邻山地杂波快速发展的局地强对流演变,提高预警时效。

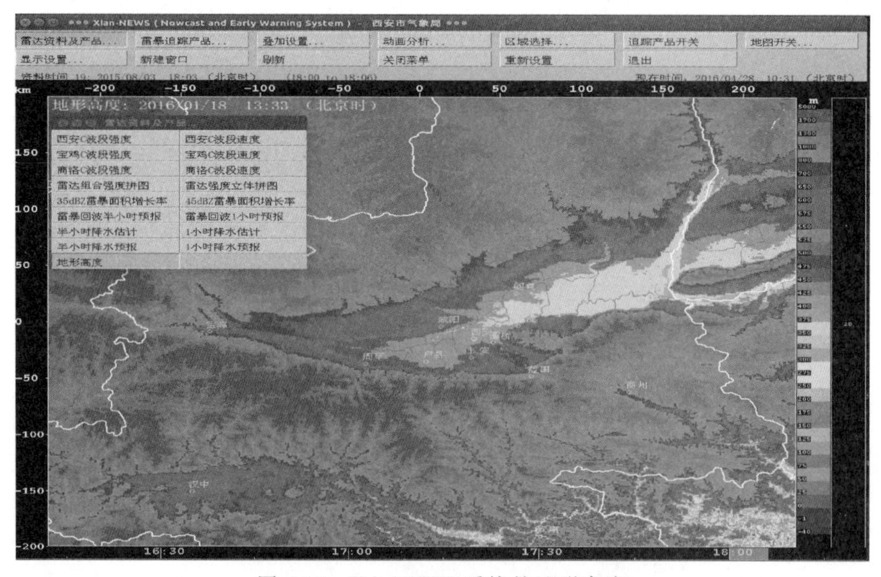

图 3-18　XA-NEWS 系统的地形高度

(5)降水估计(QPE)和预报(QPF)。基于优化的西安市雷达降水估计 Z-R 关系与风暴识别参数,实现 QPE 与 QPF 的逐 6 分钟更新。图 3-19 为 2015 年 8 月 3 日西安暴雨过程 18 时 09 分的半小时降水估计与 1 小时降水预报。

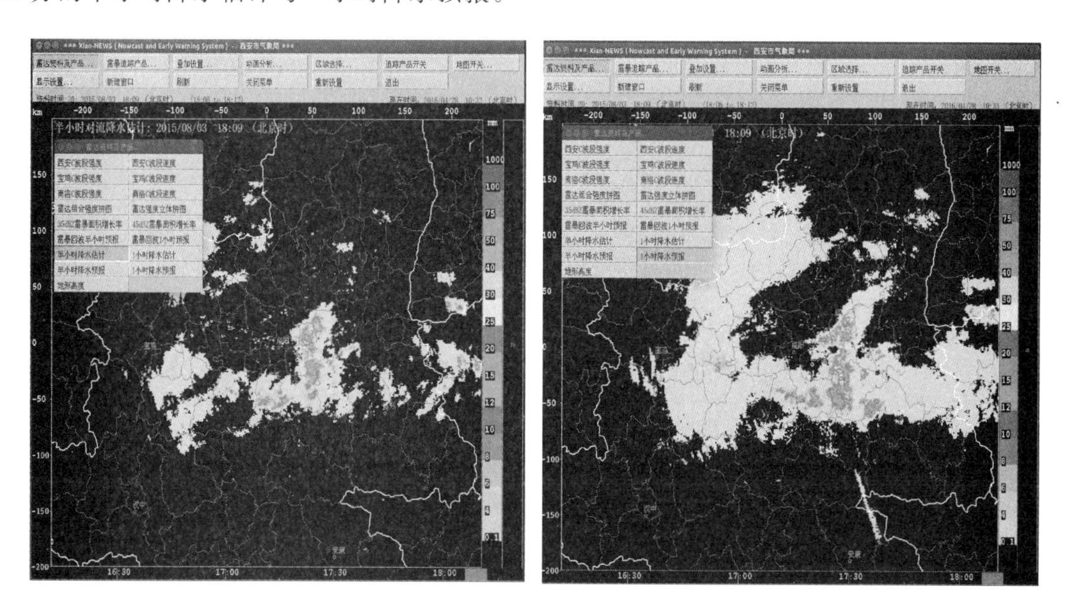

图 3-19　XA-NEWS 系统的半小时降水估计(左)和 1 小时降水预报(右)

(6)区域选择。西安市区县级预报员可以设定默认关注区域,不同区域匹配不同分辨率的地理信息(图 3-20、图 3-21)。

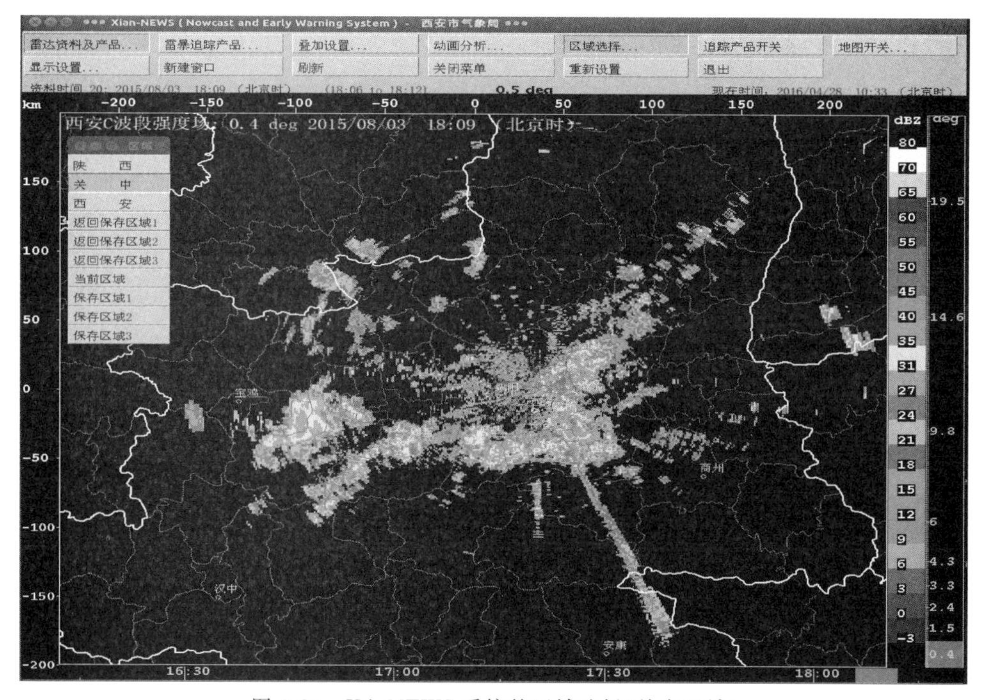

图 3-20　XA-NEWS 系统的区域选择(关中区域)

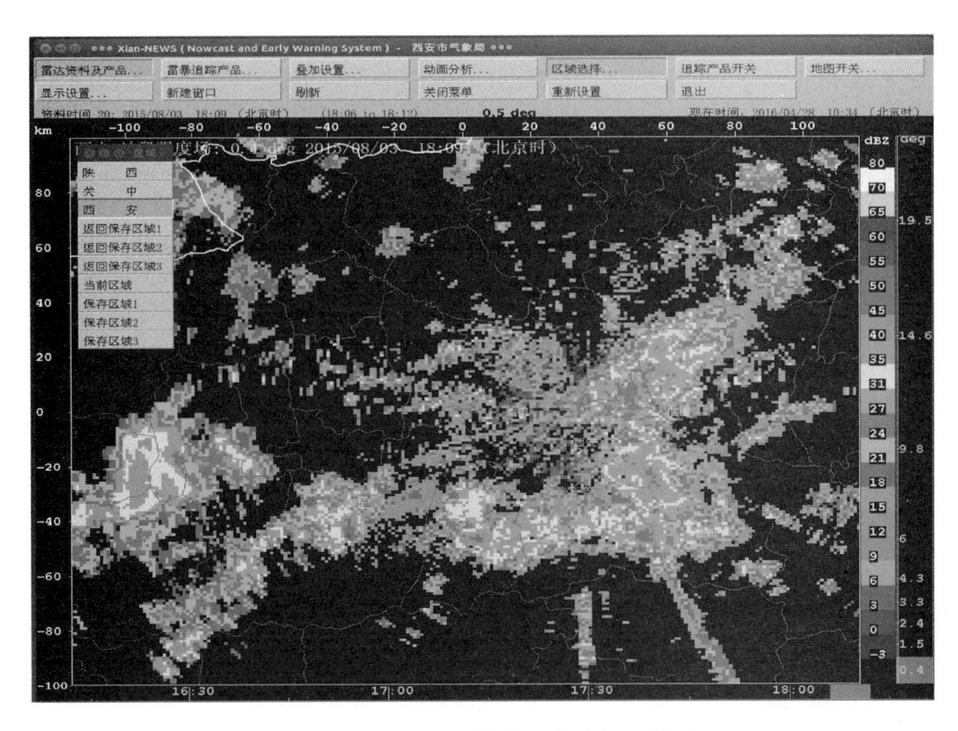

图 3-21　XA-NEWS 系统的区域选择(西安市)

(7)雷暴追踪预报产品。按下 35 dBZ 以上雷暴单体识别按钮(变灰)和追踪产品开关(变灰),红色、青色和白色线分别对应 35 dBZ 雷暴单体未来半小时、1 小时、2 小时追踪预报。如图 3-22,可以看到预报时效范围内雷暴单体移动路径和发展趋势。

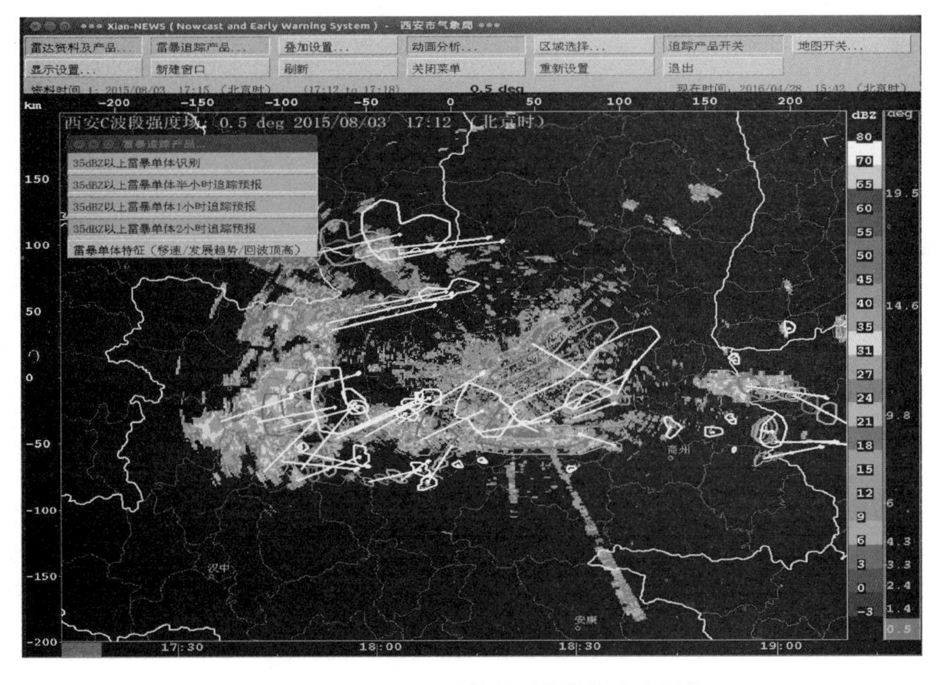

图 3-22　XA-NEWS 系统的雷暴单体追踪预报

按下35 dBZ以上雷暴单体识别按钮，显示35 dBZ以上雷暴单体，按下雷暴单体特征按钮(图3-23)，显示雷暴单体特性信息(速度、回波顶高和发展趋势："+"表示未来加强、"-"表示未来减弱)。

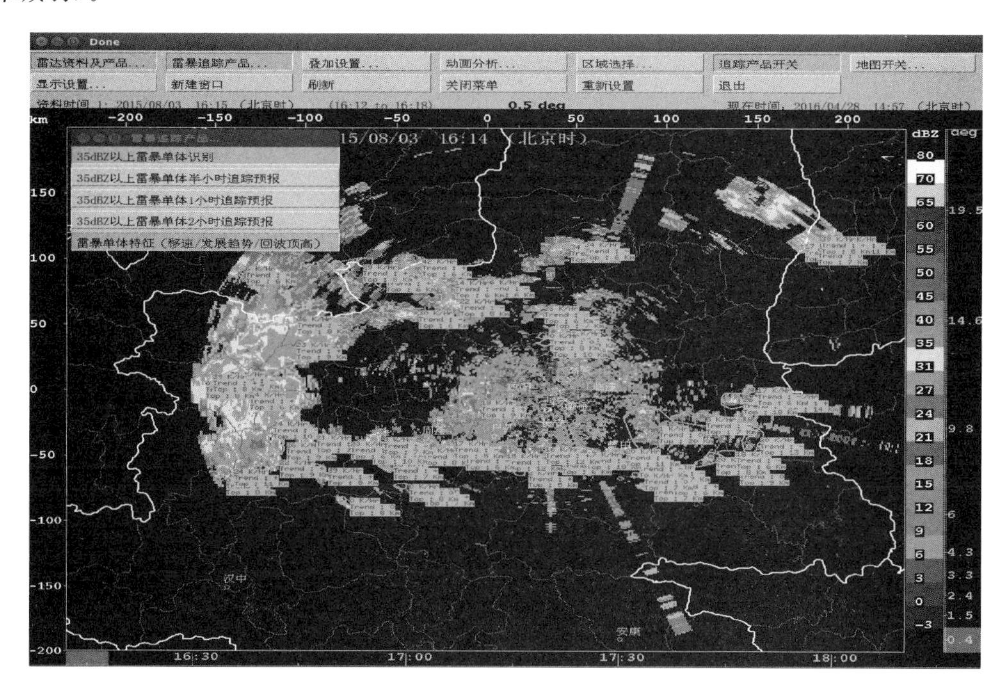

图3-23　XA-NEWS系统的雷暴单体特征

(8)地图开关。地图开关按钮下为所有可选择的地图显示选项(图3-24)。

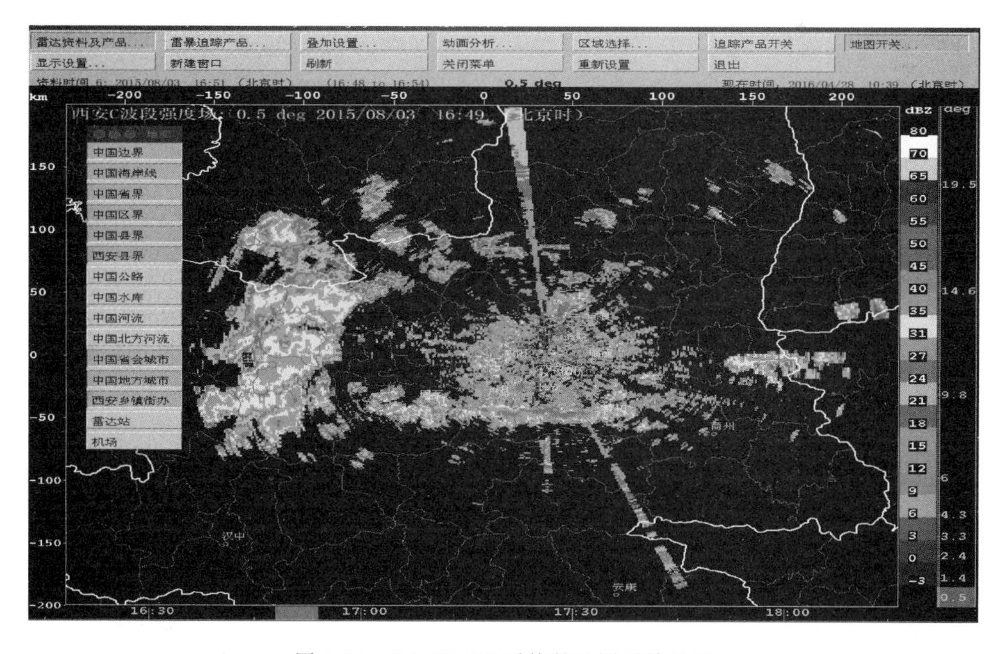

图3-24　XA-NEWS系统的地图开关界面

(9)叠加设置开关。叠加设置按钮下功能显示(图 3-25),可以对回波叠加风场判断中尺度系统整体移动趋势。

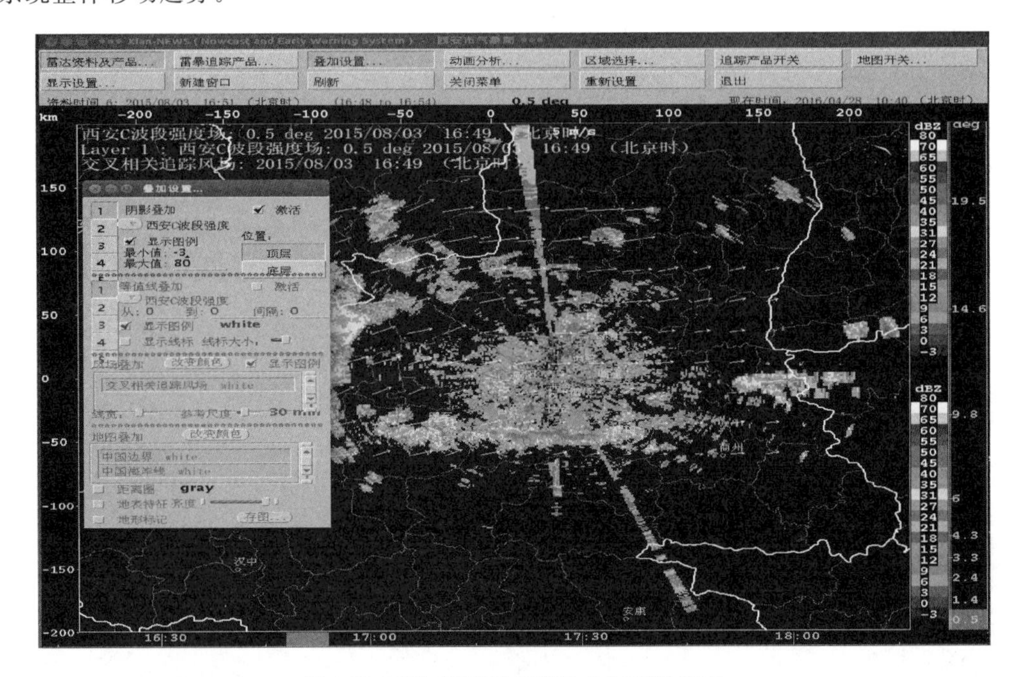

图 3-25　XA-NEWS 系统的叠加配置界面

(10)动画分析设置。动画分析按钮下功能显示(图 3-26),可以利用滚动条回放历史数据或更改动画开始时间,同时也可以设置图片的动画播放方式,选择界面最下方数字查看分析过去两小时的数据。

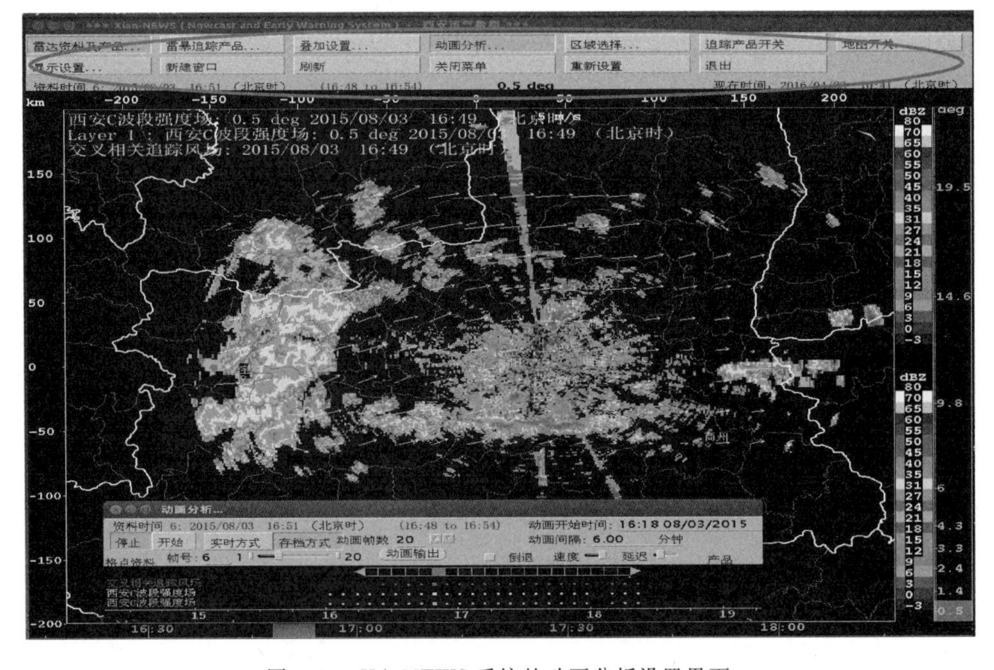

图 3-26　XA-NEWS 系统的动画分析设置界面

(11)显示设置开关。显示设置按钮下功能显示(图 3-27),可以设置不同的功能组合。

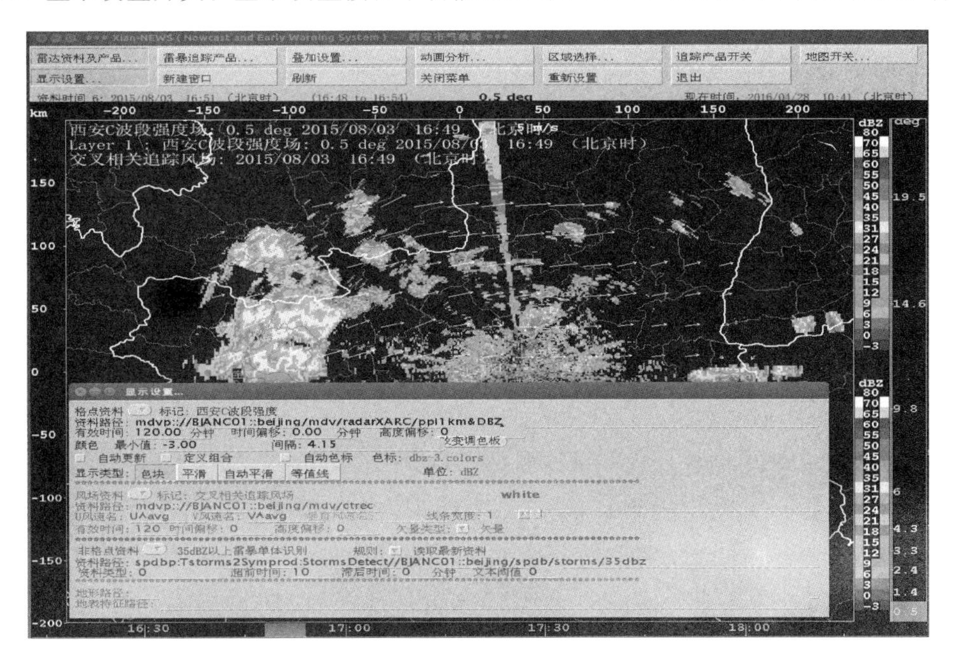

图 3-27 XA-NEWS 系统的显示设置界面

3.3 西安气象智能网格格点预报业务系统

西安气象智能网格格点预报业务系统,是基于陕西省秦智智能网格气象预报系统(SIGMA)产品与业务流程,结合西安中尺度模式等产品,面向市区县预报员的西安范围内气象要素显示、分析、检验、交互订正的预报制作平台,并对预报结果进行实时页面展示和更新。该系统主要分为基础数据准备、要素预报交互制作、预报产品显示 3 个子系统。系统的主要功能是集合显示多家数值模式的预报结果,为预报员提供时间、空间分辨率一致的背景场数据。预报员根据主观研判,利用系统提供的交互式格点编辑工具对背景场进行修订,生成西安地区 3 km 分辨率的格点预报结果。同时,系统还提供了模式检验结果显示,帮助预报员快捷选择背景场。预报结果实时通过网页显示更新,方便用户查看。

3.3.1 基础数据准备子系统

主要在后台运行,其主要功能是将接入系统的国家局格点预报指导产品、省局格点预报指导产品、T639 数值预报、EC 细网格预报以及 XI'AN-WRF 数值预报在统一空间时间分辨率后接入系统,同时对缺失数据进行插值补齐。另外,该子系统还通过读入本地实况数据与各个数值模式的预报数据进行站点的比对和检验。

3.3.2 要素预报交互制作子系统

要素预报交互制作子系统是平台的主要模块,其主要功能是显示、分析及交互式订正背景场数据。该子系统提供了多种订正工具及订正方法,便于预报员产品编辑使用。

要素预报交互制作子系统的打开页面如图 3-28 所示。第一行为工具栏。第二行左侧为模式和时间的选择，中间为要素状态显示，右侧为交互式编辑工具。

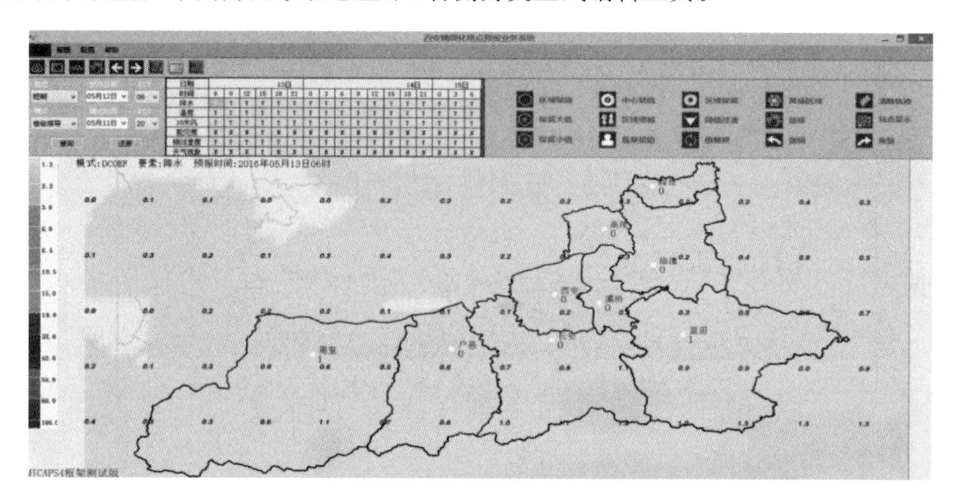

图 3-28　西安气象智能网格格点预报业务系统要素预报交互制作子系统

其中，在主页面工具栏中选择岗位、制作时间、时次、数据模式类型、模式时间、时次后，数据列表区域显示数据状态(包括：Y 未编辑，N 无数据，S 已编辑)。右侧为工具箱区域，针对格点场的数据进行操作的工具：

1)区域赋值工具。选择该工具之后，通过弹出框可设置需要赋值的数据大小，在格点场圈选区域之后会根据设置的数据将区域全部赋值成对应数值，如图 3-29 所示。

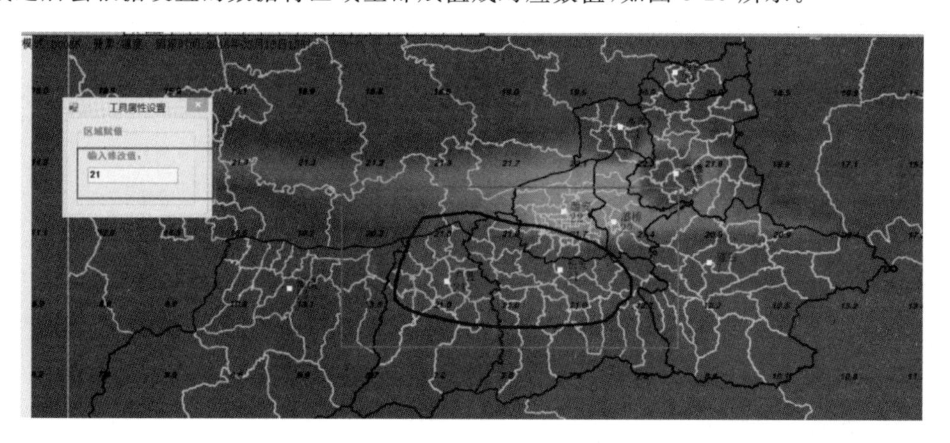

图 3-29　西安气象智能网格格点预报业务系统区域赋值功能模块

2)保留大(小)值工具。选择该工具之后，通过弹出框可设置需要赋值的数据大小，然后在格点场选择区域，选择区域范围内的数值如果大(小)于设置数值则不变，小(大)于设置数值则赋值成设置数值。

3)中心赋值工具。选择该工具之后，通过弹出框可选择增加或减少，然后设置对应的调整幅度，按住鼠标左键控制圆圈半径大小，根据设置的调整大小由圆圈中心点到边缘进行相应权重的调整。

4)区域增减工具。选择该工具之后，通过弹出框可选择增加或减少，然后设置对应的调整幅度数值,在地图上通过鼠标左键圈选区域,选择区域之后,区域范围内的左右数值进行相同幅度数据的增减。

5)阈值过滤工具。设置需要过滤全场数据还是手绘的部分数据,选择之后会将对应区域范围内的数据中符合条件的进行保留,如图3-30所示:

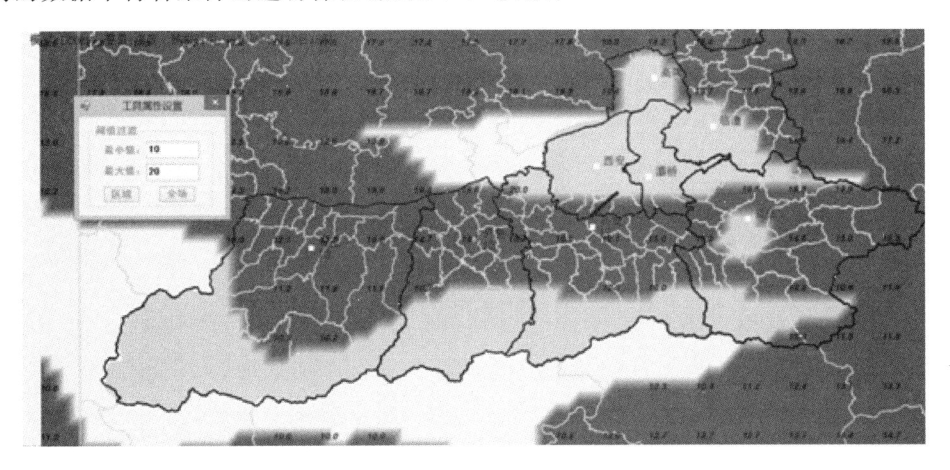

图3-30　西安气象智能网格格点预报业务系统阈值过滤功能模块

6)时间序列编辑工具。点击之后弹出对应显示框,如图3-31所示:其中左侧编辑方式分为单站点、多站点、区域,编辑方式分别如下:

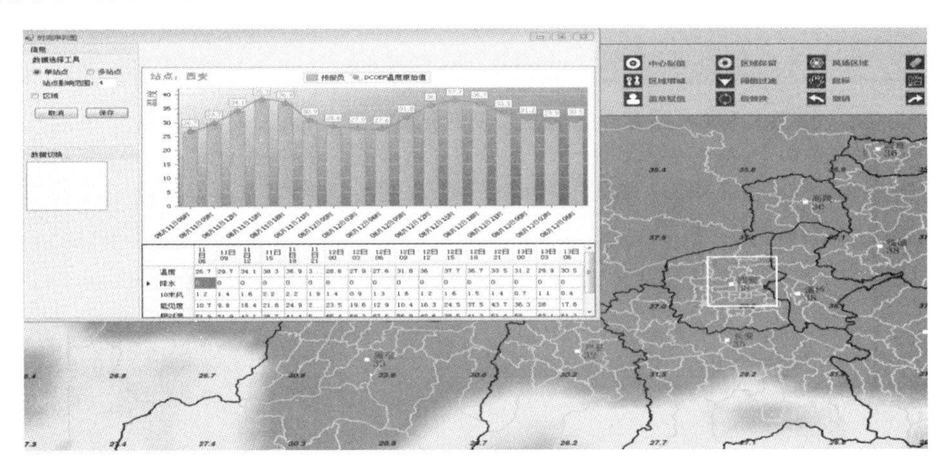

图3-31　西安气象智能网格格点预报业务系统时间序列编辑模块

单站点编辑:即在地图上点击对应站点,则时间序列图显示为当前站点数据,以点击鼠标左键拖动的方式或者点击鼠标右键在弹出框数据两种方式进行数据修改,修改完成之后点击左侧保存按钮,则根据设置的站点影响范围反馈到平面格点场。

多站点编辑:即在地图上进行站点圈选,选择一个范围之后,将选择范围之内的所有站点进行显示,显示在左侧数据切换中,然后右侧显示对应的站点数据,调整一个站点之后,左侧之前选择的所有站点全部修改成统一数据。

区域:即在地图上进行区域圈选,选择之后显示区域范围内的均值,同样单站点编辑方式调整时间序列之后反馈到区域数据。

菜单中 按钮为模式检验功能，在弹出框中显示模式数据偏差的时间序列图，将多种模式数据进行显示，根据不同日期时间和要素信息进行显示，可根据时间要素站点进行选择切换。目前检验功能提供 7 个站点降水和气温的偏差检验。

3.3.3　预报产品显示子系统

可显示陕西省、西安市气象局格点预报及 XA-WRF 数据。打开之后默认加载最新数据信息，如图 3-32、图 3-33 所示：

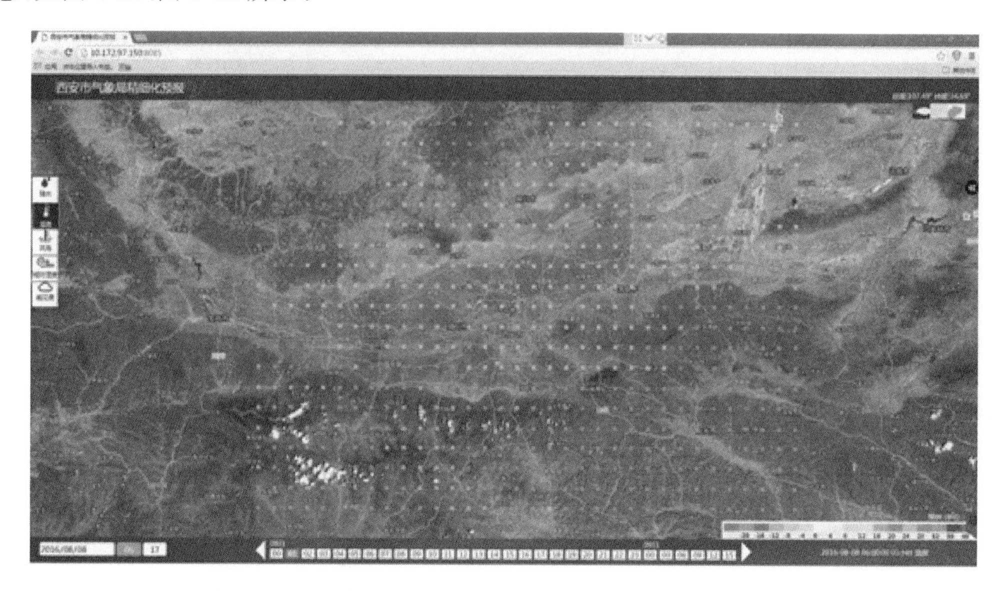

图 3-32　西安气象智能网格格点预报业务系统产品显示之一

显示气象要素有：气温、降水、风场、相对湿度、能见度。网页可选择三种不同背景地理信息数据。在西安地区范围内，点击任意点可以生成未来 7 天的天气预报。

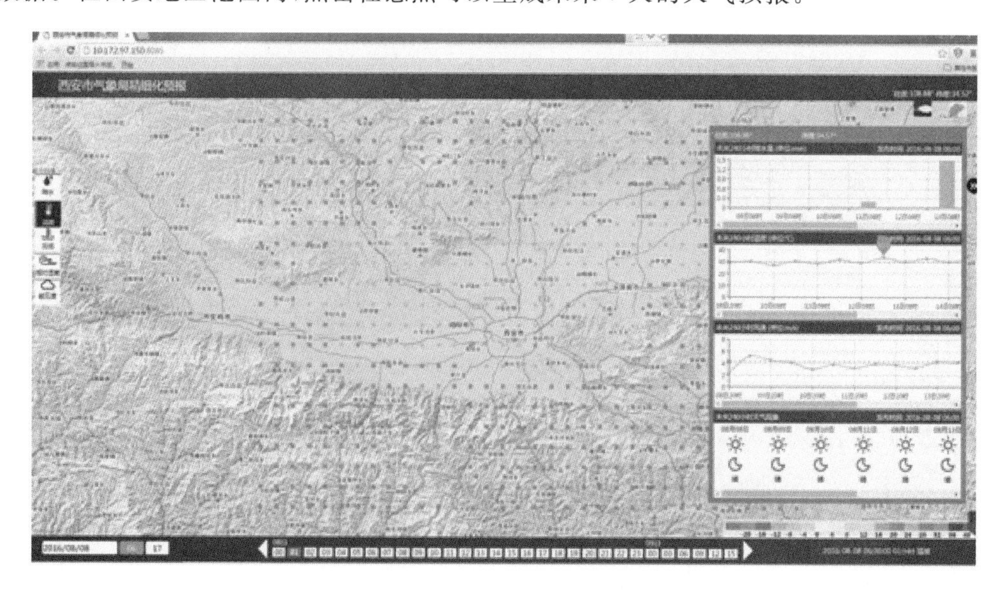

图 3-33　西安气象智能网格格点预报业务系统产品显示之二

3.4　西安市气象现代化建设(Ⅱ期)平台

气象现代化建设要不断适应新时代新需求，充分运用现代科技最新进展提升气象业务现代化水平。西安市气象局先后在 2012 和 2013 年立项“西安市气象现代化建设(Ⅰ期)平台”和“西安市气象现代化建设(Ⅱ期)平台”(简称Ⅱ期平台)建设(图 3-34)。以此为重要支撑，7 年来边建设边实践、边修改边应用，不断集约、动态集成每年最新的预报预测、公共服务、应急、决策和管理的最新成果。为了不断检验和提升气象现代化系统的应用效果，每年对Ⅱ期平台进行培训应用，并先后组织多支技术小分队深入各个基层气象部门，深入介绍各个模块的功能等，确保Ⅱ期平台切实发挥其在日常业务中的作用。

图 3-34　西安市气象现代化建设(Ⅱ期)平台页面

平台采用框架结构，图标展示，主要分为六个模块：气象预报预警与应急管理，公共气象服务与人工影响天气，气象监测与支撑系统，决策、气候变化与“生态美”建设，深化改革文件政策和决策、专业气象服务产品及西安气象现代化建设最近进展。

3.4.1 气象预报预警与应急管理模块

涉及气象预报预警及应急管理方面的多个软件、平台。包括陕西省关中地区环境气象数值预报平台 XaWRF-CMAQ2.0,西安大城市智慧气象预报预警服务一体化平台(XA-WFIS.新丝路),数值预报释用系统、西安突发事件预警信息发布系统,西安市气象灾害预警应急减灾综合服务系统,西安防汛监测预警平台等(图 3-35)。

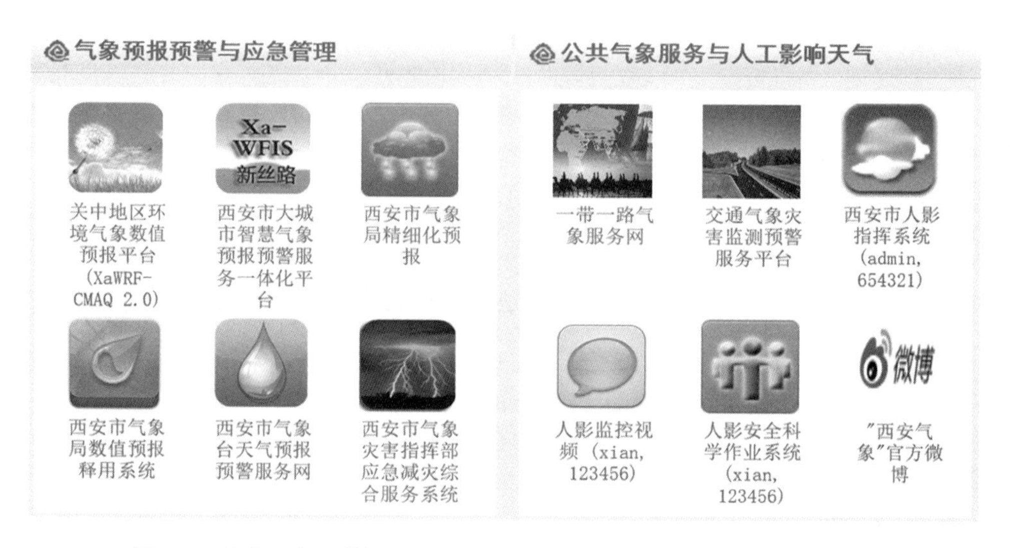

图 3-35 气象预报预警与应急管理(左)公共气象服务与人工影响天气(右)

3.4.2 公共气象服务与人工影响天气模块

涉及公共气象服务、专业气象服务领域近些年来开发的系统,以及完成的服务等。主要包括了"一带一路"气象服务网、交通气象灾害监测预警服务平台、西安城市用电量预测业务系统、西安市人影指挥系统、人影监控视频等(图 3-35)。

3.4.3 气象监测与支撑系统模块

涉及多个预报预警、气象服务网站,作为技术支撑与指导产品供预报、服务人员参考。主要包括了西安市县一体化探测设备管理及数据应用平台、西安气象预警信息显示屏在线监控平台、西安气象资料质量监控平台、秦岭大气探测基地电离层测高、陕西省多普勒雷达风暴识别追踪、陕西省气象数据分析平台、陕西省数据共享网、中央气象台—气象业务数据共享平台、铜川市 X 波段雷达等多个系统(图 3-36)。

3.4.4 决策、气候变化与"生态美"建设模块

涉及决策、气候变化与"生态美"建设方面多个系统和平台、成果等。主要包括了西安市综合探测资料数据库资料查询服务系统、秦岭大气科学实验基地气溶胶综合观测平台、西安交大地温-气温气象监测系统、科技文献共享服务平台。

图3-36 气象监测与支撑系统(左)决策、气候变化与“生态美”建设(右)

3.4.5 政策模块及西安气象现代化建设最近进展模块

政策文件模块主要包括了西安市气象局在气象现代化和“火车头”计划的文件、项目、政策等。专业气象服务产品主要包含了西安市气象局决策服务及专业气象服务所做的《政府送阅件》、《气象信息快报》、《西安森林火险等级预报》、《短期气候预测》、《重大气象服务专报》、《西安市生态气候旬报》、《气候评价》等服务产品，提供PDF下载。

3.5 基于位置的“西安智慧气象”APP和“西安微天气”微站

3.5.1 基于位置的“西安智慧气象”APP

近年来，西安地区灾害性天气频发，暴露出市民、决策用户无法第一时间收到天气预警信息、获取翔实天气实况的弊端，针对这些刚性需求，2016年以来，西安市气象局研发了“西安智慧气象”APP(图3-37)，分安卓和IOS两个版本。“西安智慧气象”APP的建设，是西安基本实现气象现代化的重要一环，是助推西安智慧城市建设的重要内容。

(1)“西安智慧气象”APP展示内容

基于智能网格预报和手机定位功能，实现了气象预警信息的推送，提供15天以内的中长期预报以及基于位置的未来24小时逐小时智能网格天气预报，接入中国气象局分钟级降水预报产品，提供用户任意位置分钟级降水预报产品。获取陕西省内任意位置的气象信息和国内任意位置的气象实况监测信息。预警信息接中国气象局国家突发事件平台预警信息数据库，用户可以第一时间获取最新本地各类突发预警信息。

“西安智慧气象”APP信息展示内容和手段丰富，天气实况数据包括了全市所有区县观测站(自动站和区域站)，整点气温、日最高气温、日最低气温、整点风力、日最大风力、日极大风力、降水量、相对湿度等要素，时间间隔上采取1小时、3小时、6小时、12小时、24小时、48小时、72小时、08—08时等几个时间段，区域上分全市和区县，展示方式上分色斑图和表格展示。

图 3-37　“西安智慧气象”APP 界面

除了常规的气象服务信息，“西安智慧气象”APP中还包括环境气象、交通气象、水文气象等专业专项气象服务信息。

(2)“西安智慧气象”APP解决的关键技术问题

基于智能网格预报、实现手机定位、预警信息的推送功能，是西安智慧气象APP的最大特点和解决的关键技术问题，也是西安智慧气象APP的创新点。

基于智能网格预报，可以提供15天以内的中长期预报以及基于位置的未来24小时逐小时智能网格天气预报。根据手机定位功能，“西安智慧气象”APP接入中国气象局分钟级降水预报产品，提供用户任意位置分钟级降水预报产品。打开软件时，系统会先定位用户位置，然后告知“未来一小时内不会下雨，所以你就放心出门吧！”等温馨提示信息，用户不仅可以查询到自己所处位置的天气预报，也可以通过定位系统，获取省内任意位置的气象信息。同时接入了全国3219个市县的详尽地理数据以及省外2156个气象自动站，可提供国内任意位置的气象实况监测信息。通过自动定位技术，基于用户的位置信息，返回用户最近自动站资料的天气实况数据、空气质量数据、风场示意图等，在首页均能一键获取。

“西安智慧气象”APP实现了预警信息的推送功能。预警信息接入中国气象局国家突发公共事件平台预警信息数据库，用户可以第一时间获取最新本地各类突发预警信息。

此外，“西安智慧气象”APP中还包括环境气象、交通气象、水文气象等专业专项气象服务信息。其中，在“环境气象”模块，基于西安市气象局XaWRF-CMAQ2.0系统的成果，提供了SO_2、NO_2、O_3、CO、PM_{10}、$PM_{2.5}$等大气污染物未来72小时的空间分布演变，提供了关中地区所有环境监测站AQI、SO_2、NO_2、O_3、CO、PM_{10}、$PM_{2.5}$的实况数据。在“水文气象”模块，提供了西安地区所有水库实况水位信息。在“地质灾害气象”模块，提供了西安市地质灾害易发区和隐患点资料，以及地质灾害气象服务专报材料等，这些都有一定的创新性。

(3)“西安智慧气象”APP应用价值

该系统以气象自动站、天气雷达、气象卫星以及数值预报等数据为基础，利用数字地图进行信息叠加。系统纵向已经与国家突发公共事件预警平台对接，实时发布突发公共事件预警信息；横向将来可与市政府智慧城市管理系统，各部门信息实现共享互动。系统专业专项服务能力强，通过“西安智慧气象”APP的雨区色斑图，实况排名等，可为防汛部门科学指挥、精准调度提供支持；交警部门掌握交通气象监测数据，融入高速防撞系统，有效降低事故发生率；国土资源部门可通过系统及时与气象部门沟通、会商地质灾害气象风险等。

3.5.2 “西安微天气”微信服务号建设

随着智能手机的普及，现代人平均每6分钟就要看一次手机，根据国家工信部数据，我国微信用户已近10亿，微信未来国内用户数量有望覆盖全部14亿人口[①]。

西安市有千万人口，为这千万人提供基于微站的气象服务，在西安市气象服务手段上是一大创举。微信对气象预报预警信息的传播能力不可小觑。因此，在西安气象信息化建设过程中，将继续加强优化基于微站的气象服务。

微信公众号作为气象信息的重要传输途径之一，需根据服务对象的不同，分别建成面向公众和面向专业用户、提供差异化服务满足多样化需求的两个微站，具备不同功能，更好地适应

① 据太平洋电脑网2017年09月05日报道，微信未来国内用户数量有望覆盖全部14亿人口。

图 3-38　“西安微天气”微信公众号界面

和满足移动客户端对气象信息获取的浏览体验和交互性能需求。2016 年底，西安市气象局规划建设“西安微天气”微信公众号，微站具体目标是：能兼容 IOS、Android、WP 等各大操作系统；实现交互功能，具备在线问卷调查、图片上传、在线问答等功能，加强用户和气象部门的良性交互；实现预警自动推送，预警信息发送不受条数和时间限制；以往订阅号每天只能主动推送一次信息，而新系统每天可以推动多条信息，不受时间限制；以地图形式显示格点预报结果，点击某一点可弹出该格点的天气实况和预报。提供定位智能网格气象服务、分区预警服务、精细化预报服务及多种气象实况资料查阅，主要包括降水量和气温，实现色斑图、表格显示。降水量包括 10 分钟、1、3、6、12、24、48、72 小时的降雨量，及任意时段降雨量查询，实现分区县查阅功能。气温包括整点、最高、最低气温(图 3-38)。

2017 年 11 月，基于微信平台的“西安微天气”服务号验收通过，实现了智能网格预报的应用，提供了基于定位的智能网格气象预报服务、分区预警服务及多种气象实况资料查阅，实现了气象预警信息的推送、与用户的交互。系统界面友好、内容丰富，达到了预期建设目标。

3.6　西安强降水和高温天气预报指标

3.6.1　短时强降水定义及时空分布特征

短时强降水是指短时间内降水量达到或超过某一量值的天气现象，常常引发城市内涝等次生灾害。结合西安地区实际和成灾可能性，短时强降水定义为：1 小时降水量≥10 mm。统计中规定满足标准的记为一个个例，一天中有两个或以上的按一个强降水日统计。

(1)年际变化特征

分析 2006—2012 年常规观测资料和自动气象站降水观测资料，西安共有 63 天强降水日(158 站次出现短时强降水)，年平均为 9 天。其中 2008、2010 和 2012 年日数最多，2011 年日数最少(图 3-39)。

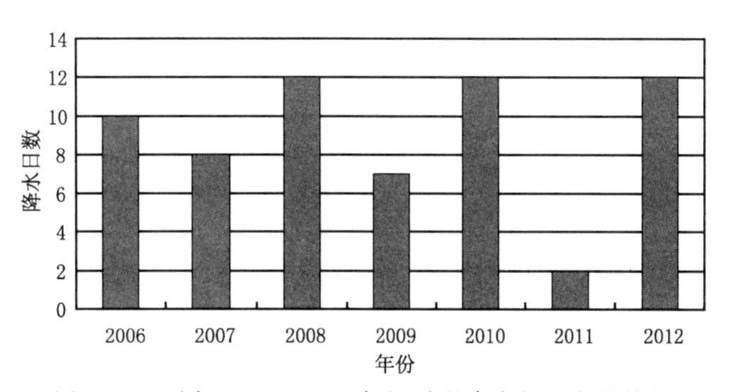

图 3-39　西安 2006—2012 年短时强降水年际变化特征

(2)月变化特征

一年之中，最早的短时强降水日出现在 4 月 21 日(2008 年西安泾河)，最迟的短时强降水出现在 10 月 22 日(2008 年西安城区)。强降水主要集中在 6—9 月，占全年总次数的 96%，8 月短时强降水次数最多，占总数的 37%；其次是 7 月，占总数的 33%，11 月—次年 3 月没有短时强降水发生(图 3-40)。

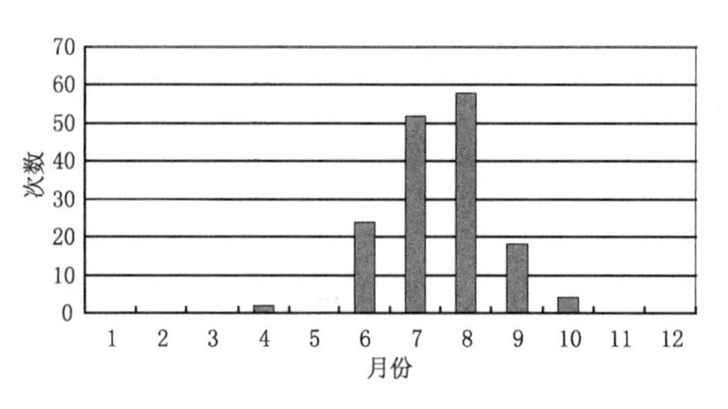

图 3-40　西安短时强降水月变化特征

旬分布上，短时强降水主要集中在7月上旬到8月下旬(图3-41)，与副热带高压“七上八下”活动气候特征一致，副热带高压在7月上旬西伸北进、8月下旬东退时，处于副热带高压西北侧区域的西安易发生短时强降水。

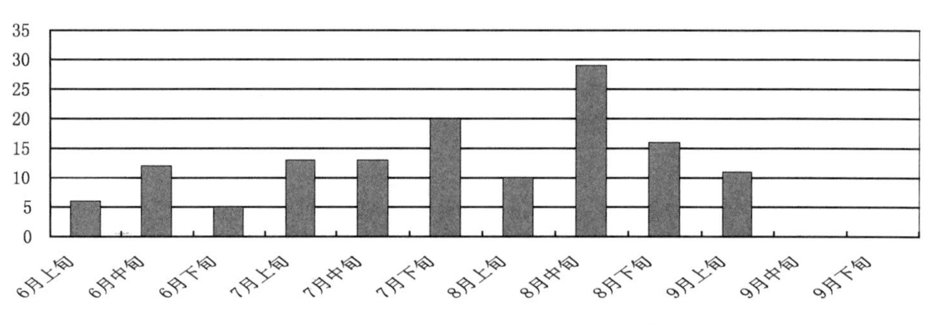

图 3-41　西安短时强降水6—9月旬变化特征

(3)日变化特征

日变化上，短时强降水在02—07时连续出现的概率较大，但24小时内有多个峰值时段，其中，出现次数最多为22时，其次是11和16时，出现次数最少的是19时，其次是08—09时(图3-42)。

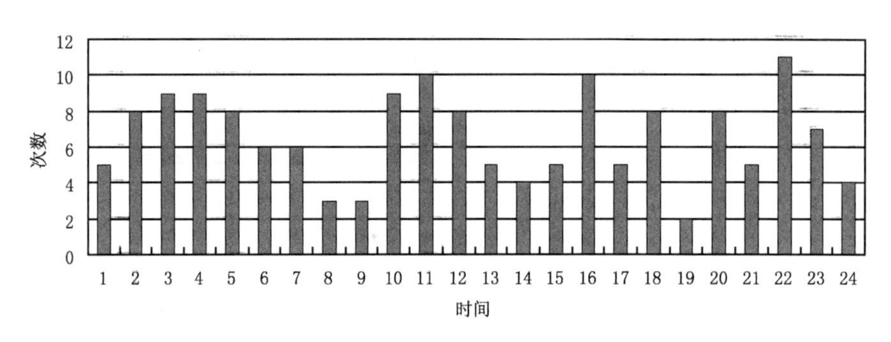

图 3-42　西安短时强降水日变化特征

(4)强度与时空分布特征

分析2006—2012年各站出现短时强降水的强度：2006年1小时最大降雨量出现在8月15日01时周至县34.2 mm；2007年1小时最大降雨量出现在8月9日04时高陵区92.1

mm;2008 年 1 小时最大降雨量出现在 8 月 9 日 10 时临潼区 56.7 mm;2009 年 1 小时最大降雨量出现在 8 月 16 日 21 时西安 43.4 mm;2010 年 1 小时最大降雨量出现在 8 月 1 日 19 时周至县 47.9 mm;2011 年 1 小时最大降雨量出现在 8 月 16 日 04 时蓝田县 46.1 mm;2012 年 1 小时最大降雨量出现在 8 月 13 日 12 时鄠邑区 76.5 mm。以上分析可见,西安短时强降水极值均出现在 8 月份上中旬,该时期是引发次生地质灾害和城市内涝的高风险时段。

短时强降水发生频次总体上从南部山区向北部县区逐渐减少(图 3-43a)。有 2 个活跃县区:最活跃县区为蓝田,累计发生频次 13 次,次活跃县区为鄠邑区,累计发生频次 11 次。不活跃县区为高陵,累计发生频次仅 2 次;其余县区为 5～7 次。对应每个站点 1 小时最大降水量分布(图 3-43b),最活跃县区 1 小时最大降水量 78.7 mm,次活跃县区 1 小时最大降水量 53.8 mm,值得关注的是,不活跃的高陵是 1 小时降水极值最大的县区,为 92.1 mm。该地极端强降水与关中地区喇叭口地形有紧密关系,低层气流进入喇叭口后被迫辐合抬升,历时短、降水量大的强降水容易在喇叭口收缩区形成,而西安正好位于喇叭口地形的收缩区。

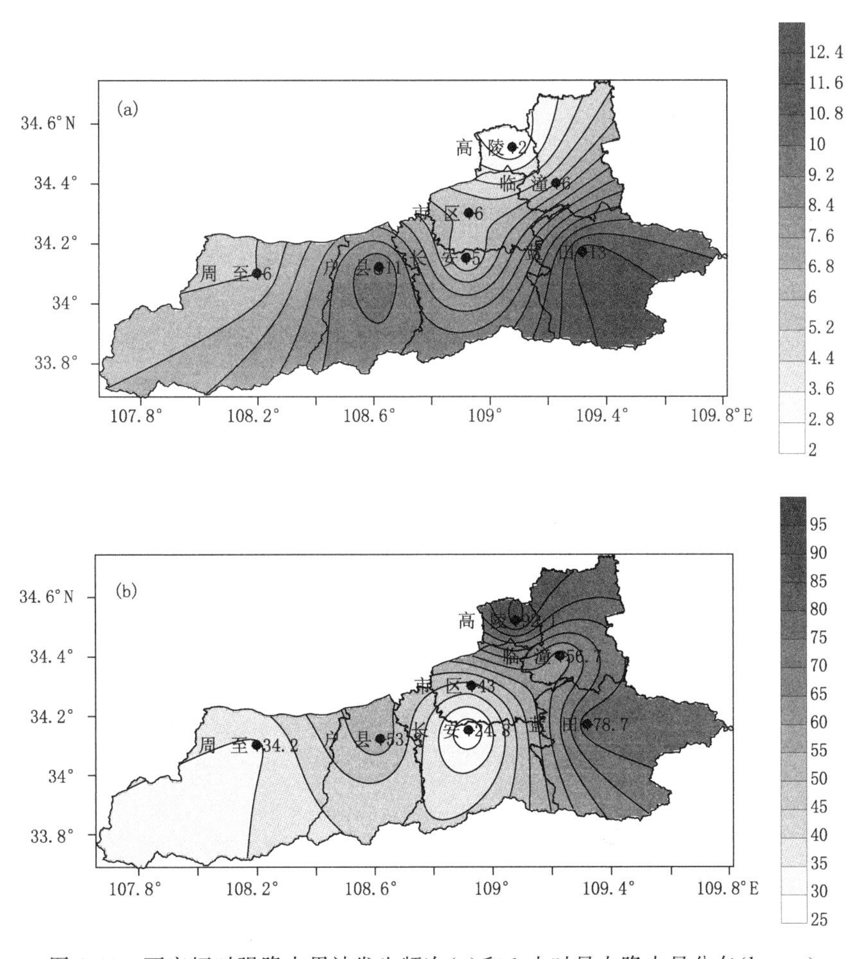

图 3-43　西安短时强降水累计发生频次(a)和 1 小时最大降水量分布(b,mm)

3.6.2 短时强降水预报分型

(1)形势场分析

根据我国大陆高空形势场将西安短时强降水分为:低槽东移、副热带高压南退、高空冷涡、高暖低冷、暖区降水、西北气流共6种类型。其中低槽东移出现比例最多,其次为副热带高压南退;而高暖低冷和暖区降水出现比例最小。

200 hPa 形势。见表3-1,低槽东移和西北气流型中出现短时强降水天气时,200 hPa的高空急流占较大比例,南亚高压在副热带高压南退和暖区降水中所占比重大,高空冷涡则主要出现在高空冷涡降水中,说明冷涡深厚。

表 3-1 我国大陆 200 hPa 形势

	出现比例	200 hPa 急流	200 hPa 南亚高压	200 hPa 冷涡
低槽东移	53%	37%	30%	0%
副热带高压南退	20%	10%	80%	0%
高空冷涡	12%	17%	0%	67%
高暖低冷	4%	0%	50%	0%
暖区降水	4%	0%	100%	0%
西北气流	7%	50%	25%	25%

500 hPa 形势。见表3-2,500 hPa 副热带高压的摆动对副热带高压南退和暖区降水起到最重要的作用,500 hPa 的槽出现在低槽东移型中,西北气流型在500 hPa 主要表现为西北气流,高空冷涡型在500 hPa 仍为冷性涡旋。

表 3-2 我国大陆 500 hPa 形势

	500 hPa 副热带高压	500 hPa 低压槽	500 hPa 西北气流	500 hPa 冷涡
低槽东移	0%	100%	0%	0%
副热带高压南退	100%	0%	0%	0%
高空冷涡	0%	0%	0%	100%
高暖低冷	0%	0%	0%	0%
暖区降水	100%	0%	0%	0%
西北气流	0%	25%	75%	0%

700 hPa 形势。见表3-3,700 hPa 急流和切变线对各种类型的降水都有重要的作用。700 hPa 低涡主要出现在低槽东移和西北气流中。可以得出,低层暖湿水汽输送、气流辐合在短时强降水中作用较为明显。

表 3-3 我国大陆 700 hPa 形势

	700 hPa 西北气流	700 hPa 急流	700 hPa 切变	700 hPa 低涡
低槽东移	0%	30%	70%	22%
副热带高压南退	10%	20%	90%	0%
高空冷涡	17%	0%	33%	0%
高暖低冷	0%	100%	0%	0%
暖区降水	0%	0%	50%	0%
西北气流	25%	0%	25%	25%

850 hPa 形势。见表3-4,850 hPa 切变线对除高空冷涡和高暖低冷两种类型之外的降水都有重要的作用。850 hPa的急流则主要出现在低槽东移中。

表 3-4　我国大陆 850 hPa 形势

	850 hPa 急流	850 hPa 切变	850 hPa 低涡
低槽东移	19%	63%	19%
副热带高压南退	0%	50%	10%
高空冷涡	0%	0%	0%
高暖低冷	0%	0%	0%
暖区降水	0%	100%	0%
西北气流	0%	25%	0%

(2)短时强降水中尺度分析概念模型(图 3-44、图 3-45)

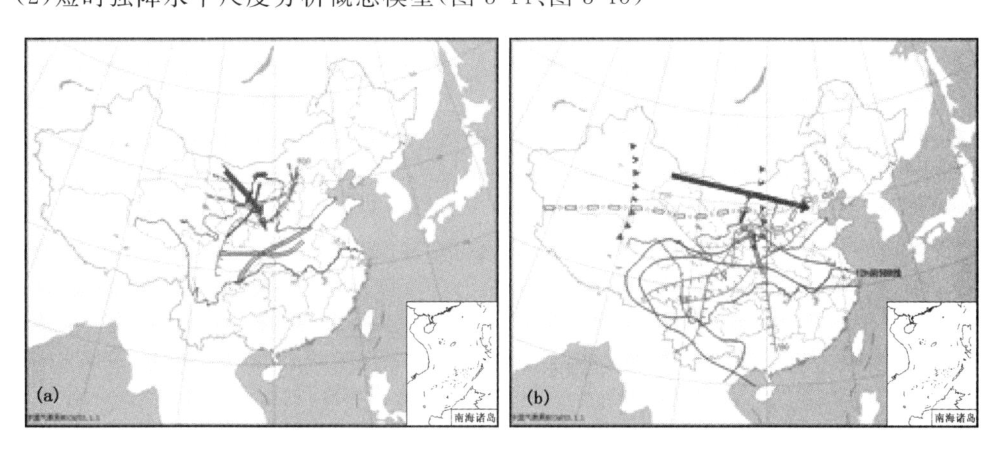

图 3-44　低槽东移型(a)副热带高压南退型(b)

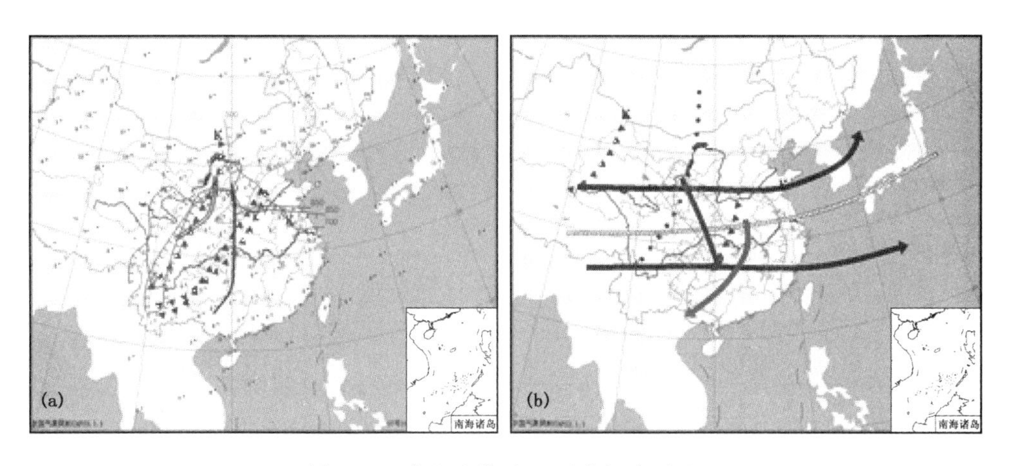

图 3-45　高空冷涡型(a)西北气流型(b)

3.6.3　短时强降水物理量指标

(1)K 指数

物理意义:K 指数又称气团指标,通常用于测站处在单一气团条件下的天气预报,它对气团的潮湿度、稳定度有一定的判别能力(寿绍文等,2012)。K 指数值越大,表示大气越温暖,水汽越充分,层结越不稳定。$K=(t_{850}-t_{500})+t_{d_{850}}-(t_{700}-t_{d_{700}})$,其中,$t_{850}$ 为 850 hPa 温度,

t_{500} 为 500 hPa 温度，t_{700} 为 700 hPa 温度，$t_{d_{700}}$ 为 700 hPa 露点，$t_{d_{850}}$ 为 850 hPa 露点，$(t_{850}-t_{500})$ 为温度递减率，$(t_{700}-t_{d_{700}})$ 为中层饱和程度。

指标特征：4—9 月强降水个例中，K 指数范围为 21～44 ℃。其中，6、7、8 月的 K 指数值均大于 35 ℃，4 月 K 指数的平均值 25.5 ℃，为最小，9 月平均 31.5 ℃，为次小值(图 3-46)。

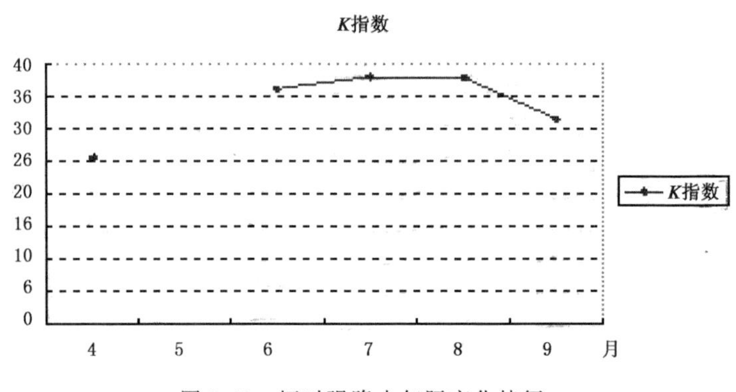

图 3-46　短时强降水年际变化特征

(2)SI 指数

物理意义：SI 指数反映大气稳定状况，它定义为 850 hPa 等压面上的湿空气团沿干绝热线上升，到达凝结高度后再沿湿绝热线上升至 500 hPa 时所具有的气团温度 $T_{s_{850}}$ 与 500 hPa 等压面上的环境温度 T_{500} 的差值，记为 $SI=T_{500}-T_{s_{850}}$。当 $SI<0$ 时，大气层结不稳定，负值越小，不稳定程度越大，反之，则表示气层稳定。

指标特征：4—9 月的强降水的 SI 指数范围为 −5.3～5.7 ℃。22 次过程中，有 14 次 SI 指数小于 0 ℃；7、8 月强降水过程的 SI 指数均值均小于 0 ℃。4 月 SI 指数的平均值最大。6—9 月 $SI<3$ ℃(图 3-47)。

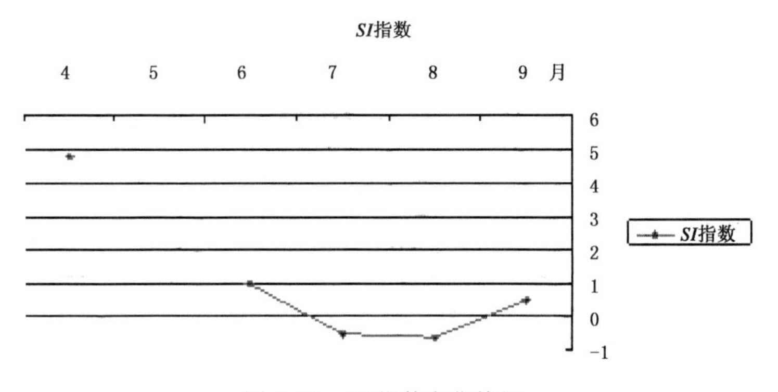

图 3-47　SI 指数变化特征

(3)$\Delta\theta_{se(500-850)}$ 指数

物理意义：850 hPa 与 500 hPa 假相当位温之差 $\Delta\theta_{se(500-850)}$ 是判断层结不稳定和对流天气能否发生的一个重要指标。

指标特征：$\Delta\theta_{se(500-850)}<0$，为层结不稳定。见表 3-5，强降水基本出现在层结不稳定条件下，7 月层结最不稳定。

表 3-5　西安 4—9 月 $\Delta\theta_{se(500-850)}$ 变化情况

4 月	5 月	6 月	7 月	8 月	9 月
2.69		2.47	−0.82	23.27	9.36
1.03		−3.48	−0.82	−15.06	−2.63
			−23.66	−9.02	−15.06
			−23.66	−18.37	
			−8.16	2.8	
			−29.37	−17.39	
			−29.37	−6.09	
			−17.8	8.79	
			−20.01		
			0.53		
平均 1.86		−0.505	−15.31	−3.88	−2.78

(4)对流有效位能(CAPE)

物理意义:对流有效位能是指可能转换为动能的位能,表示在自由对流高度与平衡高度之间,当气块的重力与浮力不相等且浮力大于重力时,一部分位能可以释放,气块可从正浮力做功而获得能量,因这部分能量对大气有着积极作用,并有可能转化成气块的动能。对流有效位能是一个能定量反映大气环境中是否可能发生深厚对流的热力变量。在平衡高度处,环境对气块的浮力加速度为 0,在此高度之上,对流将因为环境的负浮力作用而受到削弱。CAPE 就表示在自由对流高度之上,气块可从正浮力做功而获得的能量。

温度和露点温度对 CAPE 的订正作用。下表可以看出,近地面层温度和湿度的改变对对流有效位能改变有明显影响。2006 年 7 月 20 日 19—20 时,西安小时降水量达 19.6 mm,按照常规探测资料来看,20 日 08 时的 CAPE 只有 26 J/kg,20 时为 887 J/kg,但经过近地层温度和温度露点的订正后,在降水发生前 1 小时,CAPE 高达 1078 J/kg。从这次过程也可以看出对流有效位能变化特征,强降水过程之前能量渐增,过程中能量快速释放。

表 3-6　西安 3 次过程中对流有效位能的变化情况

探空站	年	月	日	时	小时雨量(mm)	时次	温度(℃)	露点温度(℃)	CAPE(J/kg)
57036	2006	7	20	20	19.6	2006.7.20　08 时			26.0
						2006.7.20　19 时	30.0	24.4	1078.0
						2006.7.20　20 时			887.0
57131	2007	7	27	1	30.2	2007.7.26　20 时			750.0
						2007.7.26　24 时	20.6	18.8	750.0
57036	2006	8	13	24	12.2	2006.8.12　20 时			1618.0
						2006.8.12　23 时	30.8	23.9	

(5)抬升凝结高度(LCL)

物理意义:未饱和湿空气微团被抬升时,随着空气微团抬升、温度按干绝热直减率降低,与温度对应的饱和水汽压也随之减小。这样，必然会找到一个(且只有一个)高度，在此高度处饱和水汽压等于空气微团的水汽压，于是水汽开始凝结，人们把这一高度称为抬升凝结高度(简称凝结高度)。

指标特征：抬升凝结高度的范围在 801～965 m，一般情况下，7—8 月的抬升凝结高度较低，在 900 m 以下，其他月份在 900 m 以上。

(6)对流凝结高度(CCL)

物理意义：由于地面加热作用，地面气块沿干绝热上升，水汽达到饱和产生凝结。层结曲线与地面比湿值所对应的等饱和比湿线相交点的高度，为对流凝结高度。

指标特征：对流凝结高度，普遍较抬升凝结高度低，范围为 750～937 m，7 月高度平均在 800 m 以下，8 月的高度在 900 m 以下，普遍低于其他月份。

3.6.4　短时强降水雷达指标

西安短时强降水主要集中在 6—9 月，占全年总次数的 96%，其中 8 月降水次数最多，占总数的 37%；其次是 7 月，占总数的 33%。挑选个例时，为排除雷达静锥区干扰，主要选取 2008—2011 年 7、8 月份，距离雷达站在一定范围的观测站点，共 9 个个例。分析指标包括反射率因子、组合反射率因子、垂直累积液态含水量、回波顶高、1 小时累积降水量等(表中"/"表示未观测到有效数据)。

表 3-7　西安 9 个强降水过程雷达指标分析

日期	小时降水实况(mm)	不同仰角反射率因子高度(km)									组合反射率因子(dBZ)	最大反射率因子高度(km)	垂直累积液态水含量(kg/m²)	回波顶高(km)	1 小时累积降水量(mm)
		0.5°	1.5°	2.4°	3.4°	4.3°	6.0°	9.9°	14.6°	19.5°					
2011.08.25	10.6	1.0	1.7	2.3	3.0	3.7	4.8	/	/	/	50	3.7	35	10.4	0.5
2010.07.15	12.1	0.8	1.3	1.8	2.3	2.8	3.4	5.6	7.8	/	35	5.6	45	7.0	0.5
2010.08.01	28.7	1.2	2.3	3.2	4.2	5.2	6.8	/	/	/	59	3.2	35	8.9	11.6
2010.08.13	10.3	2.3	4.2	5.7	7.4	8.8	/	/	/	/	50	5.7	25	9.0	3.6
2010.08.19	10.6	1.9	3.6	5.0	6.5	/	/	/	/	/	36	5.0	10	6.3	2.6
2009.07.21	20.3	0.8	1.4	1.9	2.4	3.1	3.5	/	/	/	53	1.4	50	8.7	24.0
2009.07.26	13.9	0.8	1.3	1.8	2.3	2.7	3.6	5.5	7.9	/	53	0.8	40	5.7	3.1
2008.07.21	13.4	1.1	2.1	2.9	3.8	4.6	6.2	/	/	/	47	2.1	30	6.7	0.0
2008.08.20	12.0	0.8	1.5	2.6	2.7	3.2	4.3	6.5	/	/	45	1.5	10	5.4	0.0

一般来说，反射率因子越大，雨强就越大。分析上表可见，当组合反射率因子 $CR\geqslant$ 40 dBZ 时，西安地区较易产生短时强降水。结合相关文献(俞小鼎等，2006)分析可知，在大陆性强对流过程中 Z-R 关系为：$Z=300R^{1.4}$(Z 为反射率因子，R 为平均降水率)。当 $CR\geqslant50$ dBZ 且满足最大反射率因子在中低层，即 1.5～3.0 km 时，降水效率大，最易发生短时暴雨(图 3-48)。

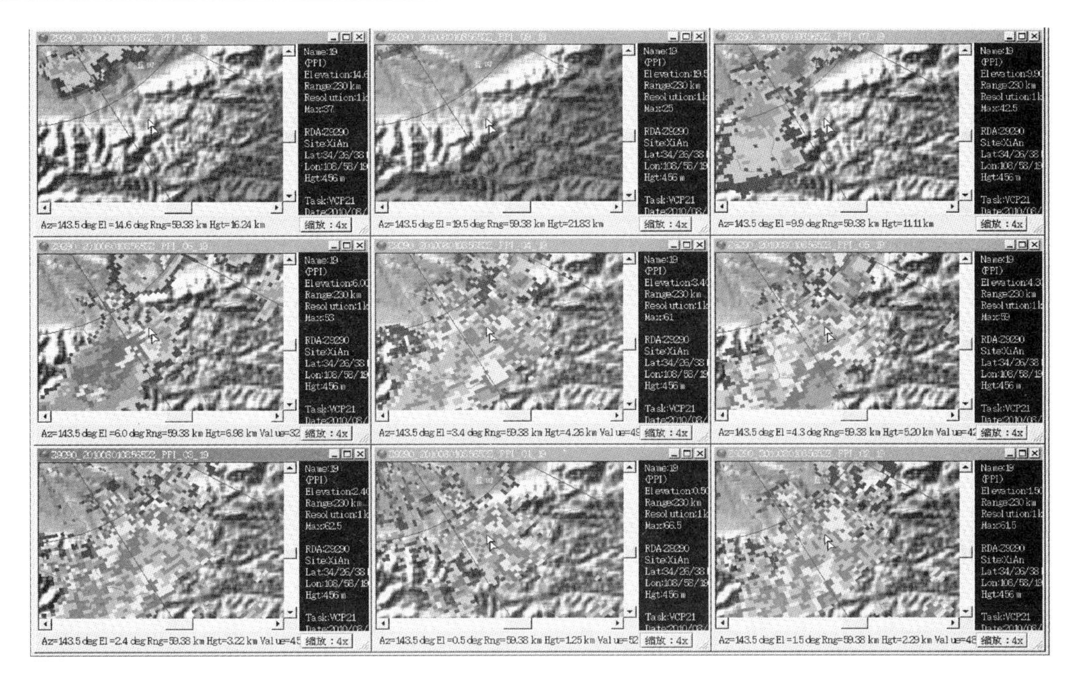

图 3-48　2010 年 8 月 1 日 16:56 西安蓝田县不同仰角反射率因子

垂直累积液态水含量(VIL)表示将反射率因子数据转换成等价的液态水值，并且假定反射率因子是完全由液态水反射得到。当 VIL≥15.0 kg/m² 时，西安地区极易产生短时强降水，当 VIL≥25.0 kg/m² 时，极易产生短时暴雨(图 3-49)。

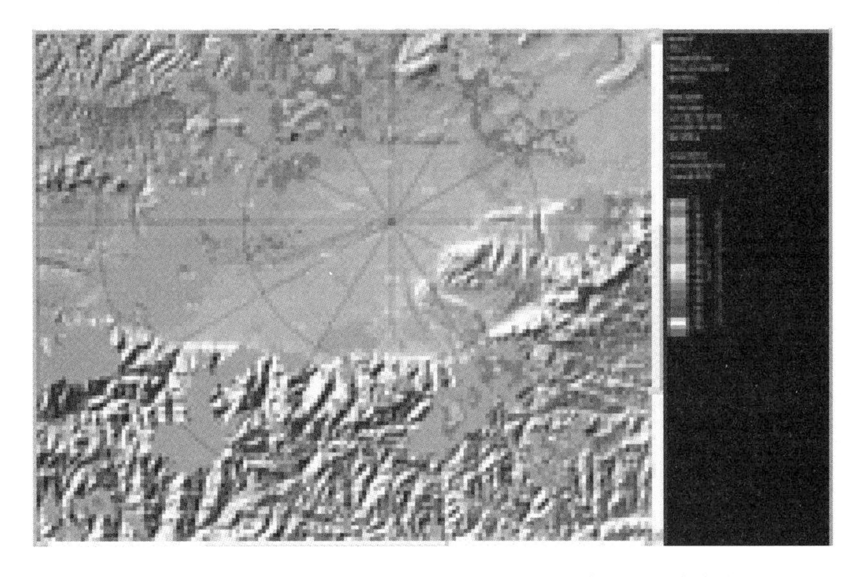

图 3-49　2010 年 8 月 1 日 16:56 西安蓝田县垂直累积液态水含量

当出现短时强降水时，对流发展旺盛，强回波可以发展到较高高度，在西安地区，当回波顶高(ET)≥6.0 km 时，易发生短时强降水(图 3-50)。

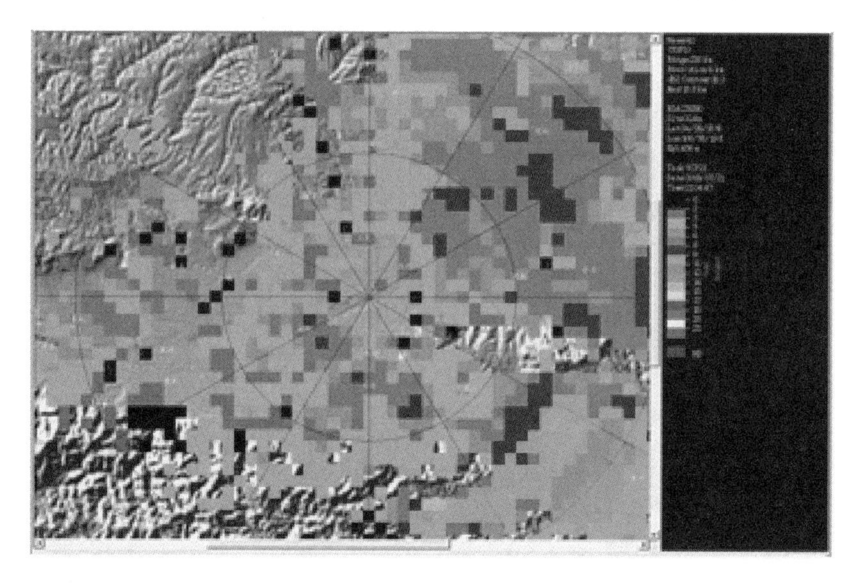

图 3-50　2009 年 7 月 21 日 21:04 西安临潼区回波顶高

综上分析,西安地区短时强降水雷达产品指标如下:

表 3-8　西安地区短时强降水雷达综合指标

	组合反射率因子	最大反射率因子高度	垂直累积液态水含量	回波顶高
短时强降水	≥40 dBZ	/	15～25 kg/m^2	≥6.0 km
短时暴雨	≥50 dBZ	1.5～3.0 km	≥18 kg/m^2	/

3.6.5　西安近 10 年暴雨分布特征

西安暴雨大多发生在相对多雨时段,因此具有阶段性和集中期特点,通常将降雨阶段划分为 6 个自然阶段:春雨(4 月上旬至 5 月下旬)、春末初夏少雨(5 月底至 6 月上中旬)、盛夏前期雨段(6 月下旬到 7 月上中旬)、伏期少雨(7 月下旬到 8 月上旬)、盛夏后期雨段(8 月中下旬到 9 月初)、秋雨(9 月上旬到 10 月初)。根据分析,西安市暴雨集中出现在 3 个时段:①前汛期,6 月底到 7 月初,雨强为全年之最,约有 80%的大暴雨集中出现在这个时段;②盛夏汛期,7 月底到 8 月初,仅次于前汛期;③秋汛期,8 月下旬到 9 月上旬。

从 2004—2013 年西安市 7 个县区地面站报表 A 文件中获取各站逐日降水量,分析西安市暴雨日时空分布特征,并提取暴雨日的逐小时降水资料,分析短时强降水时空分布特征。

(1)暴雨日

西安暴雨季节较长,多出现在 5 月下旬—10 月上旬,最早出现在 5 月 25 日(2013 年,周至县、市区、临潼区),最晚出现在 10 月 1 日(2005 年,周至县、鄠邑区、长安区),且 9 月上旬出现最多,其次为 7 月中旬、8 月上旬和 9 月中旬。西安市西部、南部、东部区县暴雨日发生频数较高,近 10 年暴雨日均出现 11 次以上,北部高陵区最少,仅出现 3 次,西安市区居中(8 次)。暴雨日最大降水为 96.3 mm(2011 年 9 月 18 日,周至县)。平均近 10 年西安市各县区的暴雨日降水量发现,从大到小依次为高陵区(83.6 mm)、周至县(68.0 mm)、鄠邑区(65.8 mm)、蓝田县(64.4 mm)、市区(63.4 mm)、长安区(62.2 mm)、临潼区(57.5 mm),仅长安区在 2004 年 6

月29日、高陵区在2007年8月9日出现大暴雨日,降水量分别为122.7和138.9 mm。

(2)极端降水强度和频数时空分布

通过线性倾向估计方法,计算西安市7个气象站夏季极端降水平均强度和频数的趋势系数和线性倾向率,均已经过了显著性检验,图3-51为7个县区极端降水平均强度和频数的趋势倾向分布。可以看出,只有长安区极端降水平均强度呈下降趋势,减少趋势较大,每10 a减少3.8 mm。其余6个县区极端降水平均强度呈增大趋势,增大最多的为西部的周至县,每10 a增加2.8 mm。极端降水频数趋势倾向的空间分布与强度趋势分布不一致,北部的高陵区和东南部的蓝田县呈减少趋势,分别每10 a减少0.15 d和0.11 d;其余区县为增加趋势,市区频数增加趋势最大,每10 a增加0.27 d。整体看来,西部的鄠邑区、周至县,市区及邻近的临潼区近43a夏季极端降水强度和频数有所增加。

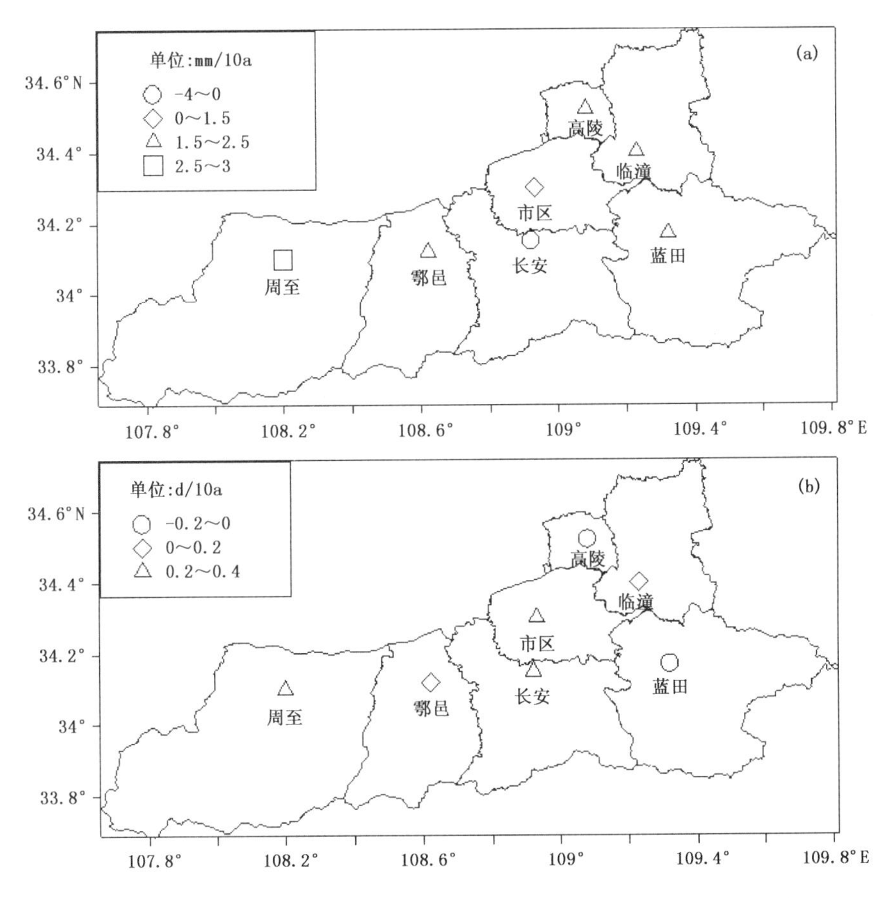

图3-51 西安夏季极端降水平均强度(a)和降水频数(b)趋势变化分布
(注:圆圈表示增加趋势,其余符号表示减少趋势)

(3)短时强降水月际分布特征

西安短时强降水7—8月最为活跃,其次为6月和9月,5月最不活跃。10 mm≤1小时降水量<20 mm的短时强降水,7月比8月更为活跃;20 mm≤1小时降水量<30 mm的短时强降水,7月与8月持平;30 mm≤1小时降水量<50 mm的短时强降水,8月发生频数略多于7月,而1小时降水量≥50 mm的短时强降水主要发生在8月,1小时最大降水量和1小时降水

量≥30 mm 的短时强降水平均降水量同样是 8 月大于 7 月。

从西安短时强降水月际分布演变来看(图略),5 月西安只有零星的短时强降水发生,最不活跃;6 月短时强降水主要发生在市区、蓝田县和长安区;7 月东部的蓝田县和西部的鄠邑区(2017 年由原来的户县改为鄠邑区)较多;8 月短时强降水逐渐向西扩展,周至县开始出现;9 月发生区域迅速减少。空间分布呈现出随时间自中部向东西扩展,9 月迅速收缩。

(4)短时强降水昼夜特征

西安短时强降水具有明显的昼夜特征(韩宁和苗春生,2012)。近 10 年间,全市 7 个县区共发生 1 小时降水量≥10 mm 的短时暴雨 49 次,其中有 41 次是在夜间(20 时—次日 08 时),且主要发生在后半夜到凌晨,上午到中午往往雨势减弱,表现为明显的夜雨型。

西安降水夜间多发性可能与低空急流常在夜间加强有关(刘勇和薛春芳,2007;朱乾根等,2007)。西安位于青藏高原东北侧,地势高的青藏高原夜间降温快,冷空气下沉并与西北地区东部的暖湿上升气流交汇形成强降水。

3.6.6 高温天气时、空分布特征

(1)高温定义

将日最高气温≥35 ℃定义为一个高温日,如果一日内多个观测站日最高气温≥35 ℃仍定义为一个高温日。

(2)空间分布特征

由图 3-52 可见,1987—2016 年≥35 ℃和≥37 ℃高温城区出现最多,其次是毗邻城区的长安区和蓝田县,≥40 ℃高温日城区明显多于其他区县。初步分析,城区和长安区近年来城市化进程快,下垫面改变,城市热岛效应明显,易出现高温(高红燕等,2015);蓝田县四面环山,

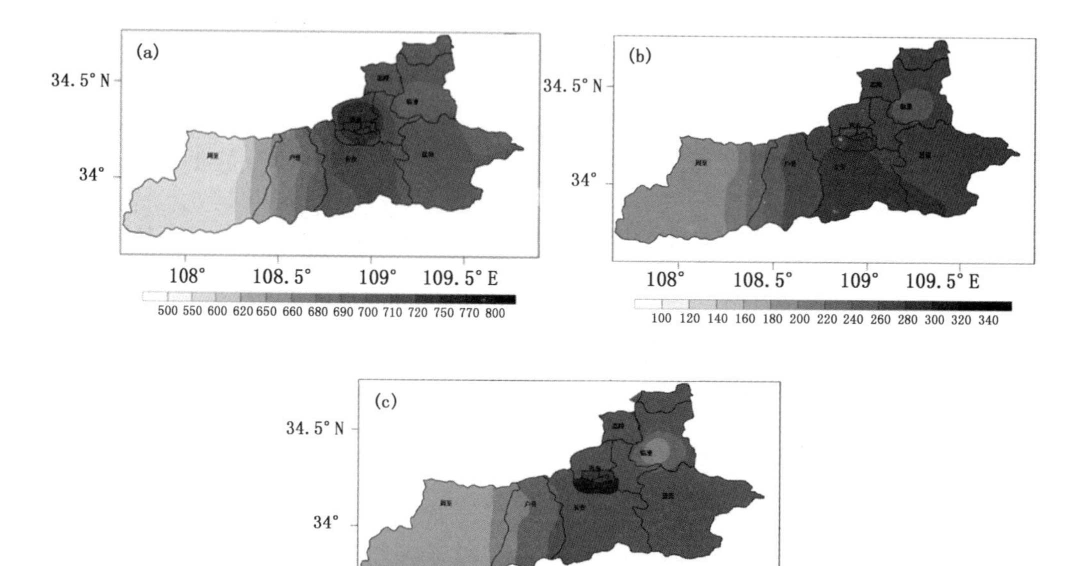

图 3-52　西安地区 1987—2016 年≥35 ℃(a)、≥37 ℃(b)和≥40 ℃(c)累计高温日空间分布(单位:天)

海拔较低，形成局地小气候，同时夏季地面热低压多发，易造成地面增温。高温日数最少的周至县，位于秦岭北麓深山区，海拔高，地理位置开阔，高温天气发生较少。

(3)年际变化特征

由图3-53可见，近30年西安地区≥35 ℃、≥37 ℃和≥40 ℃高温日数呈波动变化，整体为增加趋势，高温日线性倾向率分别为3.3天/10年、3.0天/10年和0.2天/10年。≥35 ℃高温日1997年最多，达到68天，1987和1993年最少，仅有13天。从年代分布来看，21世纪后，高温日普遍增多，有9年高于年平均值(31.58天)，之前仅有4年高于年平均值，如图3-53a所示。

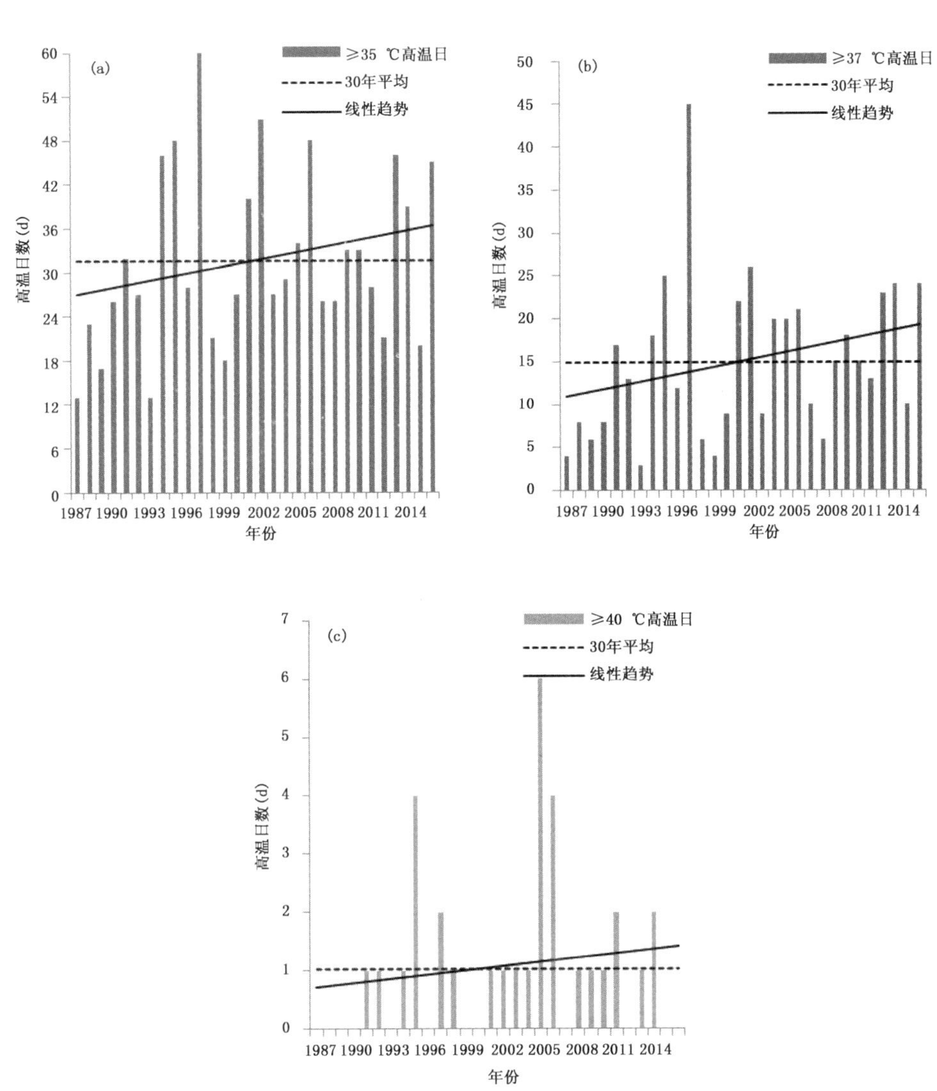

图3-53　西安地区≥35 ℃(a)、≥37 ℃(b)和≥40 ℃(c)累计高温日年际变化

≥37 ℃高温年际变化特征类似于≥35 ℃，1997年出现最多，为45天，1993年出现最少，仅有3天。2001年为≥37 ℃高温日增多的分界岭，2001年以前仅有4年高于年平均值(14.93 d)，2001年以后高于年平均值的年份超过10年，高温日显著增加，如图3-53b所示。

≥40 ℃高温年际分布与≥35 ℃和≥37 ℃不同，没有明显的变化特征。近 30 年，仅有 6 年高温日数超过年平均值(1.03 d)。2005 年出现最多，为 6 天，其余年份里有 12 年没有出现≥40 ℃高温天气，如图 3-53c 所示。

(4)月际变化特征

图 3-54 可见，近 30 年，≥35 ℃、≥37 ℃和≥40 ℃高温主要出现在 6—7 月，分别占各自高温总日数的 76.0%、81.4%和 93.8%。≥35 ℃和≥37 ℃高温日数 7 月出现最多，≥40 ℃高温日 6 月出现最多。初步分析，6 月西安上空多为西北气流控制，晴空辐射强导致白天温度上升快，易出现高温极值；7 月西安日照时数长，多受西太平洋副热带高压(简称副高)影响，湿度大，云量多，最低温度高，导致白天容易出现≥35 ℃和≥37 ℃高温，但较多云量又影响白天升温，造成温度不易升至 40 ℃以上，所以西安地区 7 月高温日数多，但≥40 ℃高温日却比 6 月少。

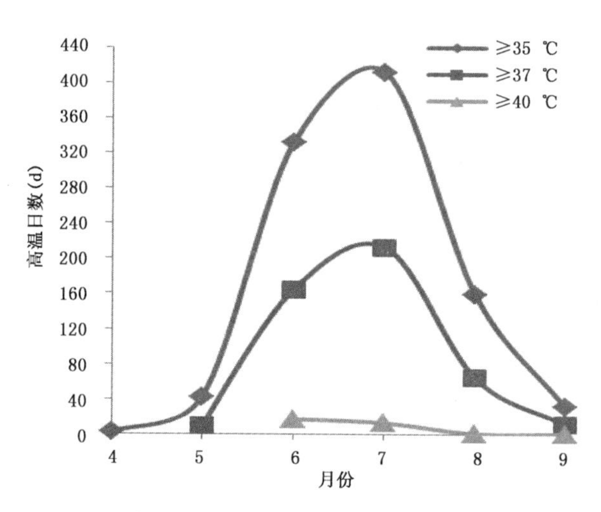

图 3-54 西安地区 1987—2016 年≥35 ℃、≥37 ℃和≥40 ℃累计高温日月际变化

3.6.7 高温类型及大气环流形势

(1)高温类型及分布特征

按照 500 hPa 大气环流形势，西安地区的高温天气主要分为三种类型：①西北气流型(占高温日数 53.3%)，西安处于高压脊前，以西北或西北西气流为主。②西太平洋副热带高压型(以下简称副高型)，可细分为副高影响型(占高温日数 13.1%)，西安位于副高 588 dagpm 线附近；副高控制型(占高温日数 17.0%)，西安处于副高 588 dagpm 线控制之内。③大陆暖高型(占高温日数 16.6%)，青藏高原地区出现中心气压值为 588 dagpm，甚至 592 dagpm 的暖高压。

三种高温类型在 4—9 月的具体分布百分比见表 3-9。春末夏初(4—6 月)和夏末(9 月)，西北气流型为高温天气的主导类型，副高型从 7 月开始发挥重要作用，是 8 月西安高温天气的主要影响类型，大陆暖高型则为 7—8 月高温天气的重要环流形势。

表 3-9　1987—2016 年 4—9 月西安高温类型分布百分比

时间	4 月	5 月	6 月	7 月	8 月	9 月
西北气流型	100%	100%	92.0%	27.0%	0	100%
副高影响型	0	0	0.9%	23.0%	26.0%	0
副高控制型	0	0	1.8%	19.0%	54.0%	0
大陆暖高型	0	0	5.3%	31.0%	20.0%	0

分析不同高温天气过程发现，西安地区长时间持续的高温天气多是由两种不同天气类型共同作用形成的，称为混合影响型。混合影响型主要包括西北气流＋副高型、大陆暖高＋副高影响型、大陆暖高＋西北气流型三类。

表 3-10 可以看出，西北气流型是造成西安 1～3 天短时间高温天气的主要类型，而≥4 天长时间高温天气过程中，副高是重要影响因子，据统计，副高型和混合影响型中的西北气流＋副高压型是导致西安地区长时间持续高温的主要天气形势。大陆暖高压多造成 3 天以下短时间高温天气。

表 3-10　1987—2016 年西安高温类型持续时间分布百分比

持续时间	4 d 及以上	3 d	2 d	1 d
西北气流型	23.3%	52.6%	68.4%	64.2%
副高影响型	10.0%	5.3%	5.3%	20.5%
副高控制型	20.0%	10.5%	15.8%	5.1%
大陆暖高型	0	15.8%	0	10.2%
混合影响型	46.7%	15.8%	10.5%	0

(2)高温天气环流形势

①西北气流型

500 hPa 中高纬度环流形势为两槽一脊型，乌拉尔山地区、我国东北至大陆东岸地区为冷槽，青藏高原北部至贝加尔湖以北为高压脊，西安地区受暖脊前西北气流或脊内西北西气流控制，晴空辐射强(图 3-55)。此类型高温环流形势主要出现在初夏或夏末，多形成 3 天及以下较

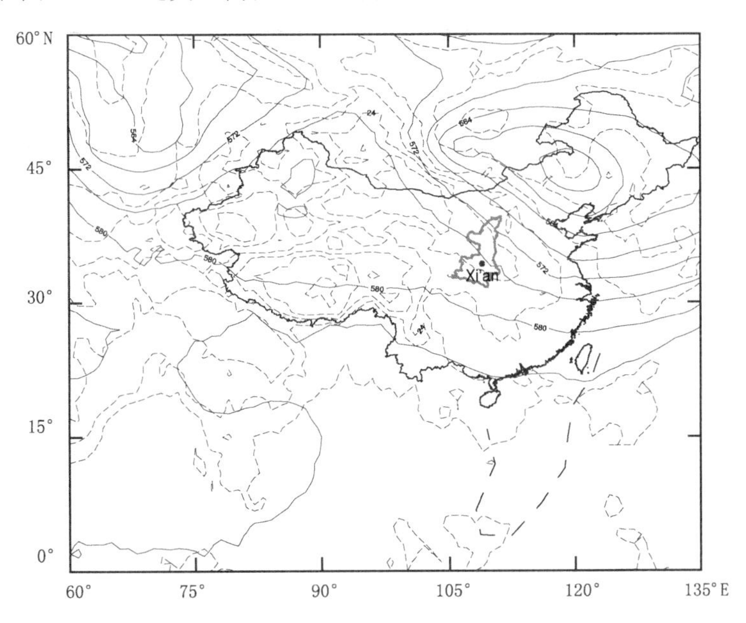

图 3-55　西安西北气流型高温 500 hPa 高度场(实线)和温度场(虚线)

短时间的晴热天气。

②副高型

副高影响型。40°～50°N 多为平直西风环流，阻挡冷空气南下。副高 588 dagpm 线北抬至 35°N 附近，西伸至 105°E 附近，控制着长江中下游大部分地区(图 3-56)。此类高温多出现在 7 月中下旬至 8 月上中旬，空气湿度较大，且易发展为副高控制型高温。

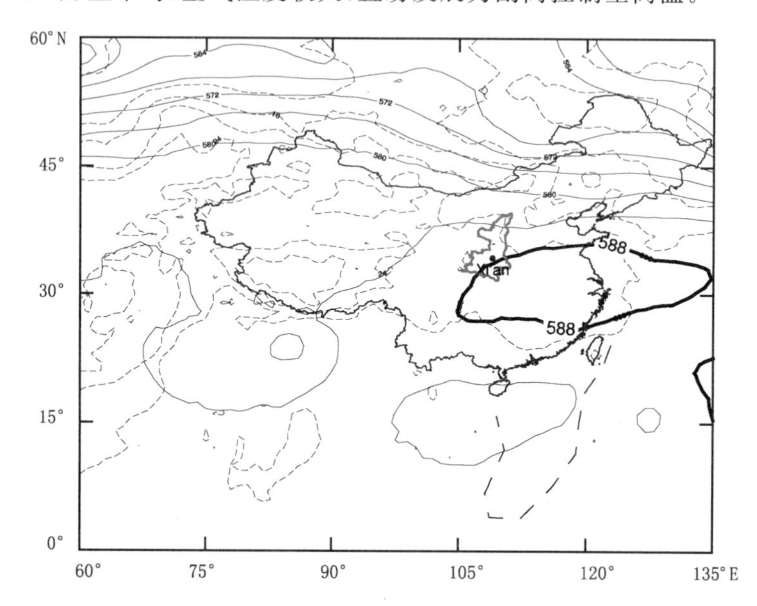

图 3-56　西安副高影响型高温 500 hPa 高度场(实线)和温度场(虚线)

副高控制型。按照此类型高温形成前 500 hPa 形势场分为两类：第一类是在(30°～40°N，92°～102°E)区域内存在暖中心，同时副高 588 dagpm 线最西端伸至 120°E 附近，高压迅速发展，大陆暖高压与副高打通，588 dagpm 线北端可越过 40°N，西端最远可伸至 75°E 附近，形成副高控制型高温(图略)，造成我国大范围高温天气。第二类是由副高影响型发展而来，此类型高温形成前，高原地区没有形成暖高压，形势场上先表现为副高影响型，副高继续西伸北抬，发展为副高控制型，但影响范围远没有第一类大，588 dagpm 线北脊点在 40°N 附近，西伸点在 95°～105°E 范围。此类高温多出现在 7 月中下旬至 8 月上中旬，由于副高形势稳定，多造成持续 4 天以上高温闷热天气，见图 3-57。

③大陆暖高型

主要表现为：500 hPa 暖高压控制 43°N 以南，105°E 以西的高原区域(图 3-58)，大陆高压发展旺盛时在高原中部可形成闭合的暖中心。此类型高温多出现在盛夏，容易演变为副高控制型高温，多形成 3 天以下的“干热”天气。

3.6.8　西安地区 6—8 月高温逐月预报指标

以 1474 个高温日为样本，对 6—8 月高温发生前一日 08 时 850 hPa 和地面温度进行统计分析，最终在(32°—40°N，105°—115°E)范围内选取银川、崆峒、延安、郑州、太原 5 站作为指标站，并进一步分析高温发生前一日 08 时三种(4 类)高温类型的高空、地面、ECWMF 数值预报和指标站资料，分别总结出≥35 ℃、≥37 ℃和≥40 ℃高温天气预报指标(见表 3-11～表 3-13)

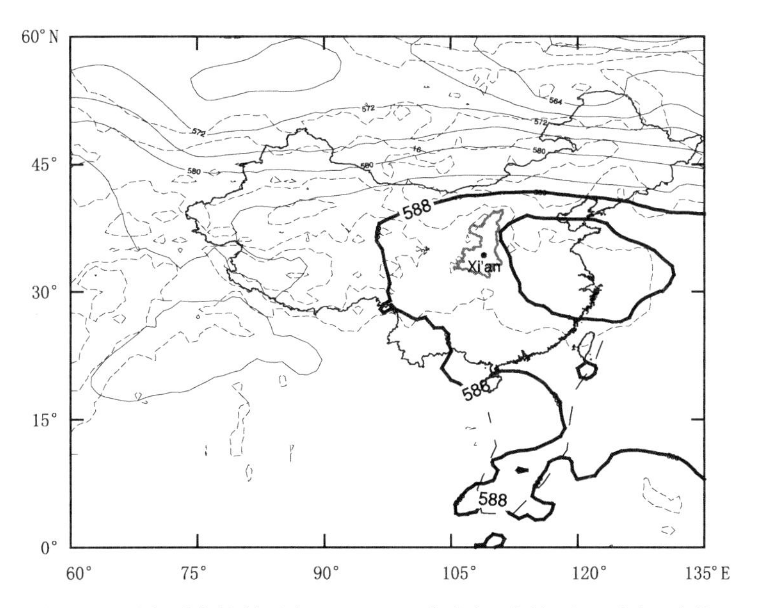

图 3-57 西安副高控制型高温 500 hPa 高度场(实线)和温度场(虚线)

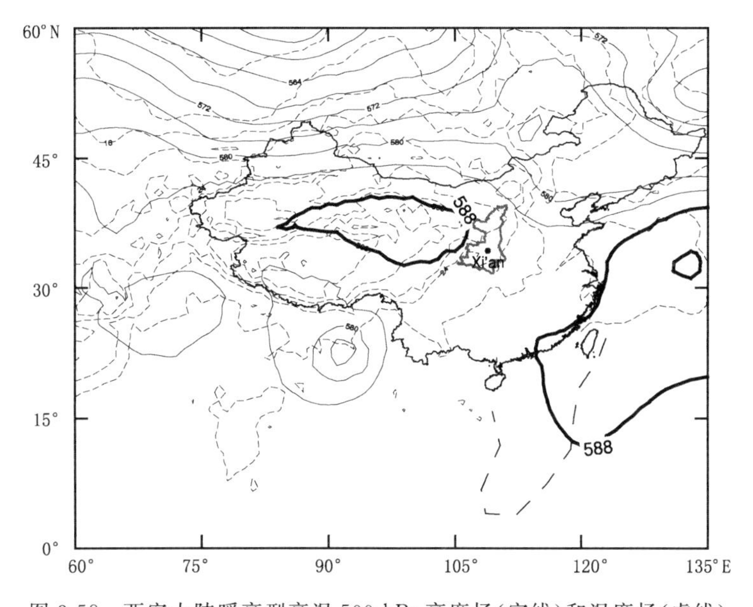

图 3-58 西安大陆暖高型高温 500 hPa 高度场(实线)和温度场(虚线)

(注:预报次日无冷空气影响,无明显降水发生才能套用预报指标)。

表 3-11 西安地区 6 月高温天气预报指标

高温环流分型			西北气流型	副高影响型	大陆暖高型	副高控制型
高空预报指标	850 hPa	≥35 ℃	16～20 ℃	17～20 ℃	17～19 ℃	17～19 ℃
		≥37 ℃	18～22 ℃	20～22 ℃	20～22 ℃	20～23 ℃
		≥40 ℃	21～23 ℃	20～22 ℃	/	/

续表

高温环流分型			西北气流型	副高影响型	大陆暖高型	副高控制型
高空预报指标	500 hPa暖中心	≥35 ℃	80°～105°E，20°～35°N，有－2～1 ℃暖中心	85°～100°E，30°～40°N，有0～1 ℃暖中心	无暖中心	90°～110°E，30°～40°N，有0～3 ℃暖中心
		≥37 ℃	同上	同上	80°～90°E，25°～35°N，有－1～0 ℃暖中心	同上
		≥40 ℃	同上	同上	/	
	850 hPa暖中心	≥35 ℃	70°～90°E，30°N－50°N 有24～30 ℃暖中心 70%个例95°～110°E，25°～40°N， 有14～17 ℃冷中心	95°～100°E，35°～45°N，有24～25 ℃暖中心 60%个例100°～110°E，30°～40°N， 有17～18 ℃冷中心	85°～95°E，35°～45°N， 有23～26 ℃暖中心	105°～120°E，25°～40°N，有21～23 ℃暖中心
		≥37 ℃	75°～100°E，35°～50°N， 有26～31 ℃暖中心	95°～100°E，35°～45°N，有24～25 ℃暖中心	80°～105°E，30°～45°N，有25～30 ℃暖中心	同上
		≥40 ℃	90°～100°E，40°～50°N， 有25～31 ℃暖中心，同时 105°～120°E，30°～40°N，有21～25 ℃暖中心	同上	/	/
地面预报指标	海平面气压	≥35 ℃	1005～1010 hPa	1002～1005 hPa	1002～1010 hPa	1000～1005 hPa
		≥37 ℃	1000～1008 hPa	1000～1005 hPa	1002～1005 hPa	995～1002 hPa
		≥40 ℃	997～1003 hPa	997～1002 hPa	/	/
	24 h变压	≥35 ℃	－2～1 hPa	－2～2 hPa	－2～2 hPa	－2～1 hPa
		≥37 ℃	－3～0 hPa	－1～1 hPa	－1～3 hPa	－4～－1 hPa
		≥40 ℃	－8～－3 hPa	－3～1 hPa	/	/
	气温	≥35 ℃	≥24 ℃，云量≤3成	≥24 ℃，云量≤2成	≥24 ℃，云量≤2成	≥24 ℃，云量≤1成
		≥37 ℃	≥26 ℃，云量≤3成	≥27 ℃，云量≤5成	≥26 ℃，云量≤2成	≥26 ℃，云量≤1成
		≥40 ℃	≥29 ℃，云量≤1成	≥29 ℃，云量≤1成	/	/
ECWMF数值预报指标	850 hPa温度	≥35 ℃	23～25 ℃	22～25 ℃	21～24 ℃	23～25 ℃
		≥37 ℃	25～27 ℃	24～27 ℃	23～27 ℃	25～27 ℃
		≥40 ℃	25～28 ℃	25～28 ℃	/	

续表

高温环流分型			西北气流型	副高影响型	大陆暖高型	副高控制型
ECWMF数值预报指标	海平面气压场	≥35 ℃	1000～1006 hPa	1001～1004 hPa	1000～1006 hPa	998～1002 hPa
		≥37 ℃	998～1004 hPa	998～1001 hPa	995～1002 hPa	995～999 hPa
		≥40 ℃	994～1000 hPa	995～999 hPa	/	/
参照站指标	850 hPa温度	≥35 ℃	任 3 站≥18 ℃	任 3 站≥19 ℃	任 3 站≥18 ℃	任 3 站≥18 ℃
		≥37 ℃	任 3 站≥20 ℃	任 3 站≥21 ℃	任 3 站≥20 ℃	任 3 站≥20 ℃
		≥40 ℃	任 3 站≥24 ℃	任 3 站≥24 ℃	/	
	地面温度	≥35 ℃	任 3 站≥20 ℃	任 3 站≥20 ℃	任 3 站≥20 ℃	任 3 站≥18 ℃
		≥37 ℃	任 3 站≥22 ℃	任 3 站≥22 ℃	任 3 站≥21 ℃	任 3 站≥21 ℃
		≥40 ℃	任 3 站≥23 ℃	任 3 站≥24 ℃	/	

表 3-12　西安地区 7 月高温天气预报指标

高温环流分型			西北气流型	副高影响型	大陆暖高型	副高控制型
高空预报指标	850 hPa温度	≥35 ℃	18～20 ℃	18～21 ℃	19～22 ℃	20～22 ℃
		≥37 ℃	19～23 ℃	20～23 ℃	20～23 ℃	21～23 ℃
		≥40 ℃	20～23 ℃	21～25 ℃	/	22～25 ℃
	500 hPa暖中心	≥35 ℃	100°～115°E，30°～40°N，有－1～0 ℃暖中心	100°～110°E，35°～45°N，有 0～3 ℃暖中心，20%个例无暖中心	95°～110°E，30°～38°N，有 0～2 ℃暖中心	85°～100°E，30°～37°N，有－1～0 ℃暖中心
		≥37 ℃	90°～100°E，28°～35°N，有 0～2 ℃暖中心	90°～105°E，35°～40°N，有 1～4 ℃暖中心	85°～92°E，30°～35°N，有 0 ℃暖中心	85°～100°E，30°～40°N，有 0～2 ℃暖中心
		≥40 ℃	同上	95°～105°E，30°～40°N，有 2～4 ℃暖中心	/	90°～100°E，30°～40°N，有 0～3 ℃暖中心
	850 hPa暖中心	≥35 ℃	95°～105°E，35°～45°N，有 26～29 ℃暖中心	95°～110°E，35°～45°N，有 23～29 ℃暖中心，25%个例 103°～110°E，30°～36°N，有 16～17 ℃冷中心	80°～90°E，35°～42°N 有 25～32 ℃暖中心 30%个例同时在 100°～110°E，32°～40°N，有 24～26 ℃暖中心	95°～105°E，30°～45°N，有 22～25 ℃暖中心

续表

高温环流分型			西北气流型	副高影响型	大陆暖高型	副高控制型
高空预报指标	850 hPa暖中心	≥37 ℃	85°～90°E，35°～40°N，有25～30 ℃暖中心，35%个例同时在97°～110°E，32°～45°N，有27～30 ℃暖中心	95°～110°E，35°～45°N，有27～30 ℃暖中心	80°～95°E，35°～42°N，有29～32 ℃暖中心	95°～110°E，35°～42°N，有25～29 ℃暖中心
		≥40 ℃	85°～92°E，30°～45°N，有27～32 ℃暖中心	100°～110°E，30°～40°N，有28～32 ℃暖中心	/	100°～110°E，35°～42°N，有25～32 ℃暖中心 40%个例在78°～90°E，35°～40°N，有24～26 ℃暖中心
地面预报指标	海平面气压	≥35 ℃	1000～1008 hPa	1002～1007 hPa	1002～1007 hPa	1002～1007 hPa
		≥37 ℃	997～1005 hPa	1000～1005 hPa	1000～1005 hPa	1000～1005 hPa
		≥40 ℃	997～1003 hPa	997～1003 hPa	/	998～1002 hPa
	24 h变压	≥35 ℃	−2～1 hPa	−2～2 hPa	−1～0 hPa	−2～0 hPa
		≥37 ℃	−4～0 hPa	−1～1 hPa	−3～0 hPa	−3～0 hPa
		≥40 ℃	−5～−3 hPa	−3～1 hPa	/	−4～−1 hPa
	气温	≥35 ℃	≥24 ℃，云量≤1成	≥25 ℃，云量≤2成	≥25 ℃，云量≤3成	≥25 ℃，云量≤1成
		≥37 ℃	≥27 ℃，云量≤3成	≥28 ℃，云量≤4成	≥28 ℃，云量≤1成	≥27 ℃，云量≤1成
		≥40 ℃	≥30 ℃，云量≤3成	≥30 ℃，云量≤4成	/	≥29 ℃，云量≤1成
ECWMF数值预报指标	850 hPa温度	≥35 ℃	23～27 ℃	22～25 ℃	23～26 ℃	23～26 ℃
		≥37 ℃	24～28 ℃	24～27 ℃	24～28 ℃	25～28 ℃
		≥40 ℃	25～29 ℃	25～28 ℃	/	26～29 ℃
	海平面气压场	≥35 ℃	999～1004 hPa	1001～1004 hPa	1000～1006 hPa	1000～1004 hPa
		≥37 ℃	996～1003 hPa	998～1001 hPa	996～1003 hPa	997～1003 hPa
		≥40 ℃	994～1000 hPa	995～1000 hPa	/	998～1002 hPa
参照站指标	850 hPa温度	≥35 ℃	5站≥18 ℃	任3站≥19 ℃	任4站≥19 ℃	任4站≥19 ℃
		≥37 ℃	任4站≥20 ℃	任3站≥21 ℃	任4站≥20 ℃	任4站≥21 ℃
		≥40 ℃	任4站≥24 ℃	任3站≥24 ℃	/	任4站≥23 ℃

续表

高温环流分型			西北气流型	副高影响型	大陆暖高型	副高控制型
参照站指标	地面温度	≥35 ℃	任4站≥21 ℃	任3站≥20 ℃	任3站≥21 ℃	任4站≥20 ℃
		≥37 ℃	任4站≥23 ℃	任3站≥22 ℃	任3站≥22 ℃	5站≥21 ℃
		≥40 ℃	任4站≥25 ℃	任3站≥24 ℃	/	任3站≥24 ℃

表3-13　西安地区8月高温天气预报指标

高温环流分型			副高影响型	大陆暖高型	副高控制型
高空预报指标	850 hPa温度	≥35 ℃	20～22 ℃	19～22 ℃	20～22 ℃
		≥37 ℃	22～24 ℃	20～23 ℃	21～23 ℃
		≥40 ℃	23～25 ℃	/	/
	500 hPa暖中心	≥35 ℃	90°～110°E,30°～40°N,有0～1 ℃暖中心	90°～100°E,33°～40°N,有1～2 ℃暖中心	85°～95°E,30°～38°N,有−2～0 ℃暖中心
		≥37 ℃	95°～110°E,30°～40°N,有0～2 ℃暖中心	90°～100°E,33°～40°N,有2～4 ℃暖中心	95°～110°E,30°～38°N,有−1～1 ℃暖中心
		≥40 ℃	100°～110°E,30°～40°N,有1～2 ℃暖中心	/	/
	850 hPa暖中心	≥35 ℃	100°～110°E,28°～35°N,有23～26 ℃暖中心	85°～100°E,35°～42°N,有26～30 ℃暖中心	85°～100°E,35°～42°N,有25～28 ℃暖中心
		≥37 ℃	105°～115°E,30°～40°N,有25～28 ℃暖中心	95°～105°E,32°～38°N,有28～32 ℃暖中心	85°～100°E,35°～40°N有29～32 ℃暖中心
		≥40 ℃	105°～1150°E,30°～37°N,有28～32 ℃暖中心	/	/
地面预报指标	海平面气压	≥35 ℃	1002～1007 hPa	1002～1008 hPa	1002～1008 hPa
		≥37 ℃	999～1005 hPa	1000～1005 hPa	1000～1005 hPa
		≥40 ℃	997～1002 hPa	/	/
	24 h变压	≥35 ℃	−1～2 hPa	−1～1 hPa	−2～2 hPa
		≥37 ℃	−2～1 hPa	−2～0 hPa	−4～0 hPa
		≥40 ℃	−3～0 hPa	/	/
	气温	≥35 ℃	≥25 ℃,云量≤5成	≥26 ℃,云量≤3成	≥25 ℃,云量≤3成
		≥37 ℃	≥27 ℃,云量≤3成	≥28 ℃,云量≤2成	≥27 ℃,云量≤3成
		≥40 ℃	≥29 ℃,云量≤3成	/	/
ECWMF数值预报指标	850 hPa温度	≥35 ℃	22～26 ℃	23～26 ℃	21～22 ℃
		≥37 ℃	24～27 ℃	25～28 ℃	23～27 ℃
		≥40 ℃	26～29 ℃	/	/
	海平面气压场	≥35 ℃	1000～1006 hPa	1000～1007 hPa	1002～1007 hPa
		≥37 ℃	999～1002 hPa	999～1002 hPa	1002～1004 hPa
		≥40 ℃	995～998 hPa	/	/

续表

高温环流分型			副高影响型	大陆暖高型	副高控制型
参照站指标	850 hPa 温度	≥35 ℃	5 站≥19 ℃	5 站≥19 ℃	5 站≥19 ℃
		≥37 ℃	任 3 站≥21 ℃	任 3 站≥22 ℃	任 3 站≥21 ℃
		≥40 ℃	任 3 站≥24 ℃	/	/
	地面温度	≥35 ℃	任 4 站≥21 ℃	任 3 站≥22 ℃	5 站≥20 ℃
		≥37 ℃	任 4 站≥23 ℃	任 3 站≥23 ℃	任 4 站≥23 ℃
		≥40 ℃	任 4 站≥24 ℃	/	/

3.6.9 西安高温天气的社会、经济影响及对策

西安地区属典型的雨热同季气候，20 世纪 90 年代以来，全球气候变暖和快速城市化产生的“热岛效应”共同导致西安市夏季极端高温天气明显增多，高温持续时间延长。高温热浪已经成为西安市比较严重的城市气象灾害之一，会引发与热有关的疾病和导致死亡率增大，尤其是温度较高、相对湿度较低的“干热”天气更容易导致死亡率升高。西安近年来高温日数持续时间延长、月份跨度增大，高温热浪也呈较早出现趋势，城市“热岛效应”日益严重，这对西安地区人群的健康有着严重的影响。不仅会使西安地区的夏季易发病持续时间延长，如中暑、肠道感染、呼吸道感染、心血管疾病等，而且可能引起新的疾病的发生，如过量食用冷饮会增加胃肠疾病患病率；过度使用空调导致的各种疼痛疾病；老年人及婴幼儿的耐受性较低增大死亡率。

夏季干热型高温天气对人体健康甚至生命活动的影响最大，应重点防范应对。一般来说，女性不能耐受温度较高、相对湿度很小的干热天气，男性最不能耐受温度较高、相对湿度较大的湿热天气，老年人对于干热和湿热天气的耐受力要弱，更加适宜气压较高、温度和相对湿度适中的天气。因此，在制订相关政策和风险应急时，应充分考虑到性别、年龄差异带来的脆弱性风险。为预防高温及热浪对人体健康的影响，建议措施有：第一，专业气象及医务人员创立适合本地区高温天气、脆弱人群特点的规范、科学的医疗气象等级提示，以提醒人们及时做好各项防御措施。如心血管病、中暑等疾病的气象因素等级提示。第二，气象与医疗机构合作，重点防范高温中暑及与热有关的疾病，并普及自我救助知识。第三，本地区人群应加强对高温的适应性和耐热锻炼，尤其是在高温季节，遵循气象医疗专业人员建议，选择适宜的锻炼及生活起居方式。第四，减缓西安城市热岛效应，缓解高温热浪，主要通过做好城市规划与建设布局，增加城市绿化，减少人为散热，开发利用清洁新能源。

3.7 西安致灾短时暴雨环境条件及中尺度特征

西安位于关中中部、秦岭北麓，辖区地形坡度大、峪口与中小河流众多，是滑坡泥石流、河流洪水和城市内涝等气象衍生灾害的高风险区（杜继稳，2010），周边近年来极端降水频次和强度呈增加趋势，突发性明显（韩宁和苗春生，2012；张雅斌等，2016）。随着国家“一带一路”倡议实施与国家中心城市建设，短时暴雨及其衍生灾害对西安城市安全运行潜在风险增大。例如，2015 年 8 月 3 日，西安南部发生短时大暴雨过程，造成重大人员伤亡，三个县区强降水突破历史极值（张雅斌等，2016），引发河流洪水，造成辖区多处基础设施严重破坏，陇海铁路西安段连

续两天因泥石流漫道发生中断，对交通不利影响历史罕见。2016 年 7 月 24 日，西安城区傍晚前后出现日降雨量破历史纪录的暴雨，导致严重内涝与经济损失，积水路段地铁停运。气象工作者对关中暴雨进行了大量研究。慕建利等(2014)利用 WRF 模式从三维细微结构分析了一次强暴雨中尺度动力热力特征；武麦凤等(2015)对西北涡与登陆台风相互作用暴雨过程进行了诊断分析；梁生俊和马晓华(2012)对陕西两次典型大暴雨对比分析表明，过程均有干冷空气侵入，位涡大值出现与强降水发生一致。西安突发性大暴雨特征分析表明(张弘等，2006；刘勇和薛春芳，2007)，受台风北侧东风急流与西风带低值系统共同作用，对流云系具有独特规律。同时，针对台风活动与关中暴雨相关特征(武麦凤等，2013；侯建忠等，2006)，秦岭大巴山地形对陕西强降水影响(毕宝贵等，2006；刘冀彦等，2013)以及短时强降水时空分布特征(韩宁和苗春生，2012)等进行了详细研究。

多普勒天气雷达、地面自动气象站、气象卫星等高分辨率探测资料，为深入分析短时强降水特征及成因提供了有力支持(牛淑贞等，2016；孙继松等，2014；高守亭等，2015)，中尺度数值模式产品也为暴雨预报预警提供了有效手段(郑为忠等，1999；薛纪善，2006)，同化雷达资料可不同程度提升中尺度模式的短时预报能力，为暴雨中尺度对流系统及其云微物理特征分析等提供新的途径。使用高分辨观测与中尺度同化资料，分析了 2014 年“0812”、2015 年“0803”、2016 年“0724”引发西安地区严重山洪、城市内涝的 3 次暴雨过程中尺度特征，以期加深灾害性天气发生规律认识，进一步提高对暴雨的预警服务水平。

3.7.1　西安“0812”短时暴雨过程

3.7.1.1　天气实况与模拟分析

2014 年 8 月 12 日 08—20 时，关中、陕南东部地区出现突发性暴雨，降水从 08 时开始，18 时前后结束，强降水集中在上午至午后，落区相对孤立，局地性强，暴雨中心分别位于咸阳市和西安市商洛市北部(图 3-59)。期间，咸阳市礼泉县、西安市区 12 小时累计雨量分别达 71.1、73.7 mm，多地出现雨强＞20 mm/h 的短时暴雨。以西安市为例，突发性暴雨造成主城区 12 处路段积水，多处道路交通瘫痪。气温实况表明，暴雨发生前周内西安周边逐日最高气温均在

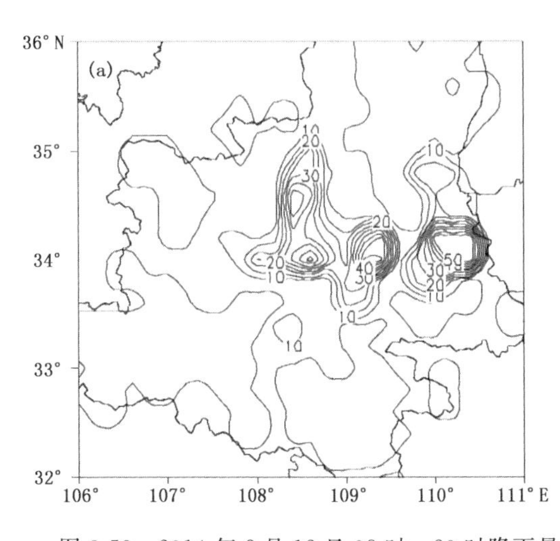

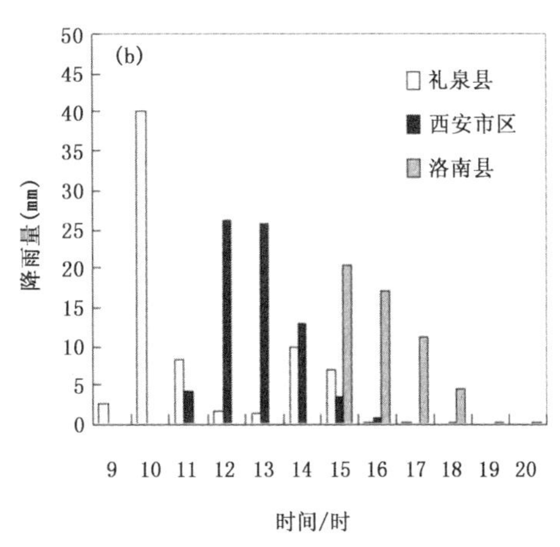

图 3-59　2014 年 8 月 12 日 08 时—20 时降雨量(单位：mm)(a)，暴雨中心逐时雨量变化(b)

32 ℃以下，前 72 小时内关中地区气温整体不高、呈平稳上升趋势，11 日西安市区最高气温仅 31 ℃。

引入西安 C 波段多普勒雷达基本反射率和径向速度代入 WRF 模式进行同化预报，具体方法详见有关文献(李平等，2013；Maiello et al，2014)。WRF 模式采用两重双向嵌套，中心位于(108°E，35°N)，分辨率 12 km、3 km，垂直方向 27 层。主要物理参数化方案包括：YSU 边界层方案，RRTM 长波辐射方案，Dudhia 短波辐射方案，Noah 陆面过程方案，WSM 6 类方案，Kain-Fritsch(new Eta)积云参数化方案。背景资料为 NCEP 逐 6 小时的 1°×1°再分析资料。模式采用间歇性同化方法进行预报，即从 2014 年 8 月 12 日 07 时开始，逐 6 分钟同化雷达体扫资料至 09 时，然后直接积分至 12 日 20 时。对比实况、不同化雷达(图略)与同化雷达资料(图 3-60)预测结果可见：同化雷达资料后 WRF 模式对关中暴雨开始时间、落区预报效果明显提高，预报结果基本真实地再现了本次过程：10 时咸阳礼泉县附近出现强降水中心，11—13 时西安出现强降水，雨量分布与实况基本一致。与只同化基本反射率或径向速度比较：只同化反射率后降雨预报也有明显改进，与同时同化反射率和径向速度预报结果差异不大；只同化径向速度降雨预报改进有限，与其他方案差异很大。

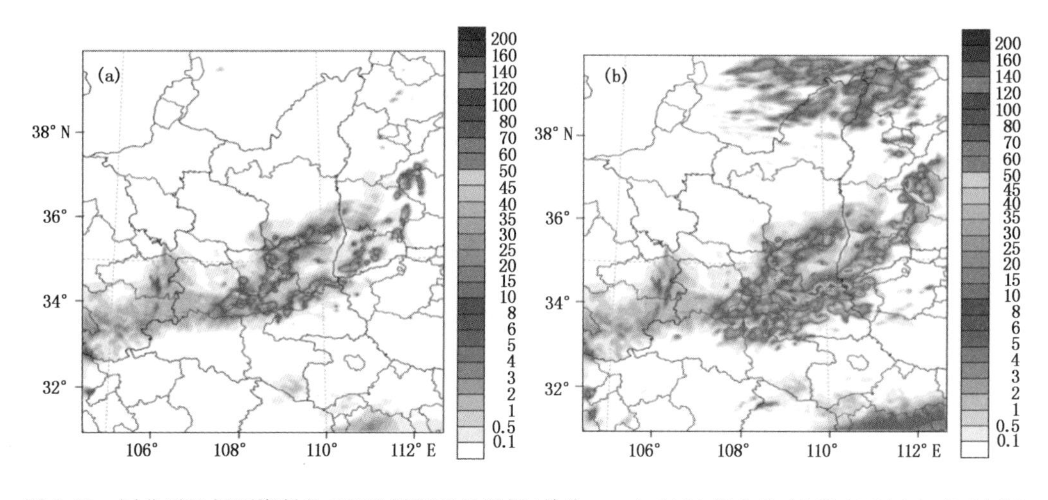

图 3-60　同化雷达探测资料的 WRF 累积雨量预报(单位：mm)，2014 年 8 月 12 日 10 时(a)，20 时(b)

3.7.1.2　环流形势

2014 年 8 月 11 日 20 时，200 hPa 上，甘肃、内蒙古到陕西及以东地区为大范围西风急流区，西安上空风速 34 m/s；500 hPa 上，欧亚大陆中高纬度为两槽一脊型，乌拉尔山和日本海附近分别为低槽区，西太平洋副高位于日本以东洋面，584 dagpm 沿 30°N 附近横穿我国东西部，云贵地区有短波槽发展东移，陕西及上游河西一带为脊前一致西北气流；700 hPa 上甘肃、陕西与四川受高压东侧大范围东北风控制，西安站温度露点差 9 ℃，比湿 5 g/kg；850 hPa 上，陕西周边环流形势、风场与 700 hPa 相似，西安站温度露点差 17 ℃，比湿 6 g/kg，关中本地水汽条件差，陕西南部无明显偏东、偏南气流发展。12 日 08 时，200 hPa 上，西风急流位置变化不大，陕西境内风速增大 2～8 m/s，西安上空达 42 m/s。500 hPa 上(图 3-61a)，内蒙古中部有天气尺度横槽发展，陇东至四川中部一带短波槽前西南气流加强，关中至陕南转为 6～8 m/s 西南风。700 hPa 上，稳定维持的江淮切变线北侧偏东风明显加强，陕西东南部安康站东风达到

14 m/s,与四川东部经向切变线在陕西西南部交汇,形成人字形切变;关中上游陇东南地区出现西北风异常增大,风速达 12 m/s,关中水汽明显增大,西安站温度露点差降至 2 ℃,比湿增至 8 g/kg。850 hPa 上,陕西上游环流形势 12 h 内变化不大,但江淮切变线以北河南、安徽至陕西一带由北风转为一致东风,关中低层水汽达到饱和,西安站温度露点差降至 1 ℃,比湿增大至 13 g/kg。12 日 20 时(图 3-61b),内蒙古中部横槽显著东移南压,500～700 hPa 高原东部转为横槽底部附近显著偏北气流影响,陕西境内降水结束。2014 年 8 月 11 日 20 时—12 日 08 时,贝湖以南至新疆以北地区受弱的冷高压影响,冷空气前沿偏北一路东移至内蒙古中部,偏南一路南压至川北地区。随后,冷空气继续东移南压。12 日 20 时,新疆地区高压中心明显减弱,高原东北侧陕西周边受均压场控制。

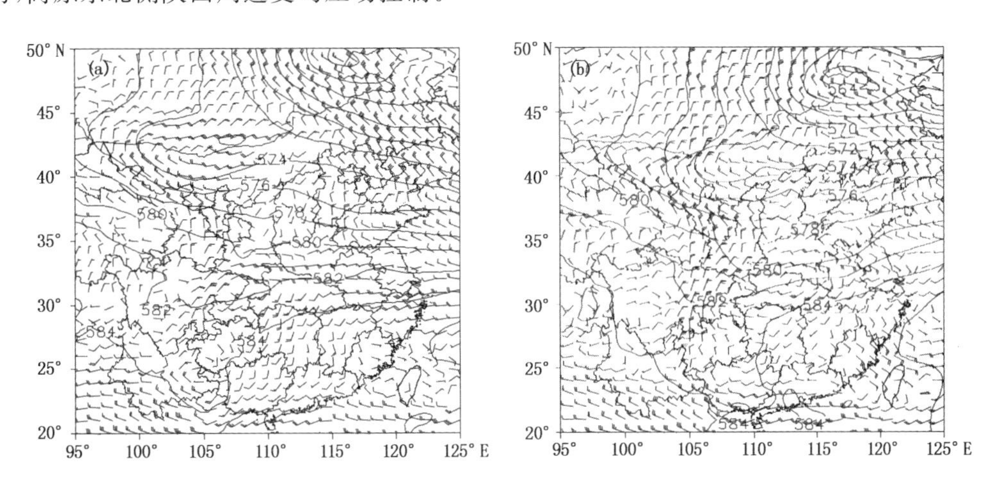

图 3-61　500 hPa 高度(实线,单位:dagpm)和 700 hPa 风场(风杆,单位:m/s).
2014 年 8 月 12 日 08 时(a),20 时(b)

3.7.1.3　中尺度特征

图 3-62 为 WRF 同化雷达资料预报分析的 700 hPa 风场和组合反射率。12 日 08 时(图 3-62a),对应 500 hPa 内蒙古中部一带横槽东南方向,陕北东部低层有显著低涡发展,陕北南

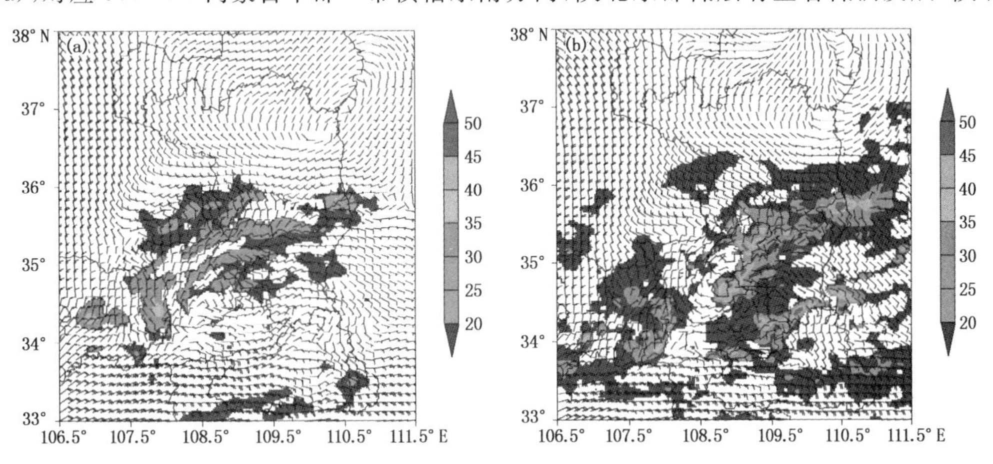

图 3-62　2014 年 8 月 12 日 08 时(a), 10 时(b)700 hPa 风场(风杆,单位:m/s)
和组合反射率(阴影,单位:dBZ)

部局地、关中北部部分地方出现＞30 dBZ 的窄带回波，但结构松散、强度小，主要分布在偏北和偏东风之间的辐合区，西安偏西、偏北方向的铜川、咸阳一带出现切变线，关中南部至陕南为偏东风。09 时，陇东到关中西北一带西北风显著增大，与山西至关中东部一带偏东风辐合进一步加强，关中北部铜川至西安北部一带出现了西北风与东北风形成的冷式切变区，30 dBZ 以上回波呈东北—西南走向、范围迅速扩大至关中大部分地区和陕南西部，关中地区 40 dBZ 以上小尺度对流降水回波迅速增多。10 时（图 3-62b），强降水开始后，30 dBZ 以上回波继续东移，切变线偏东南一侧强回波及其水平梯度明显增大。11—12 时，关中北部强降水回波减弱，结构逐渐松散，主体东移南压至西安以东地区，商洛局地有对流回波开始发展。16 时前后，关中以北转为一致西北气流，降水回波移至商洛北部。

红外云顶亮温（TBB）形状、强度变化和降水系统演变密切相关（陈渭民，2012）。11 日 20 时—12 日 08 时，200 hPa 高空急流和 500 hPa 横槽南侧、宁夏至陕北北部一带有东西走向 α 中尺度带状云系向东南方向移动发展，云系北界光滑、略有北凸。对应 700 hPa 关中中部地区有冷式切变发展，西安上游地区带状云系范围不断增大，TBB 逐渐下降。08 时（图 3-63a），陕北 TBB 中心降至－35 ℃，位于榆林西部；关中地区 TBB 中心约－30 ℃，位于咸阳北部附近，关中中部西安周边为 *TBB*＞－20 ℃的低云、无云区。09 时，云系继续东移，关中地区 TBB 中心维持约－30 ℃，并东移至铜川上空，关中西部 TBB 为－25～－20 ℃，低云高度略有发展。10—12 时（图 3-63b），咸阳、西安部分地方出现强降水，关中低云略有东移，整体强度和发展高度变化不大，*TBB*＞－25 ℃维持。同期，陕南西部、四川交界处有 *TBB*＜－45 ℃的中尺度对流云团向东北方向快速发展进入陕南汉中市。随后，关中降水云团东移，14—15 时，对流云团 *TBB*＜－40 ℃区域影响陕南商洛市、安康市，商洛市北部出现 TBB 大梯度区，洛南县出现 20 mm/h的短时暴雨。18 时，陕南对流云团明显消散，关中、陕南降水结束。可以看出，“0812” 暴雨位于大范围冷锋云系东南侧的带状云系附近，暴雨区周边 *TBB*＞－30 ℃，云体发展高度相比常见的盛夏暴雨对流云团明显偏低。

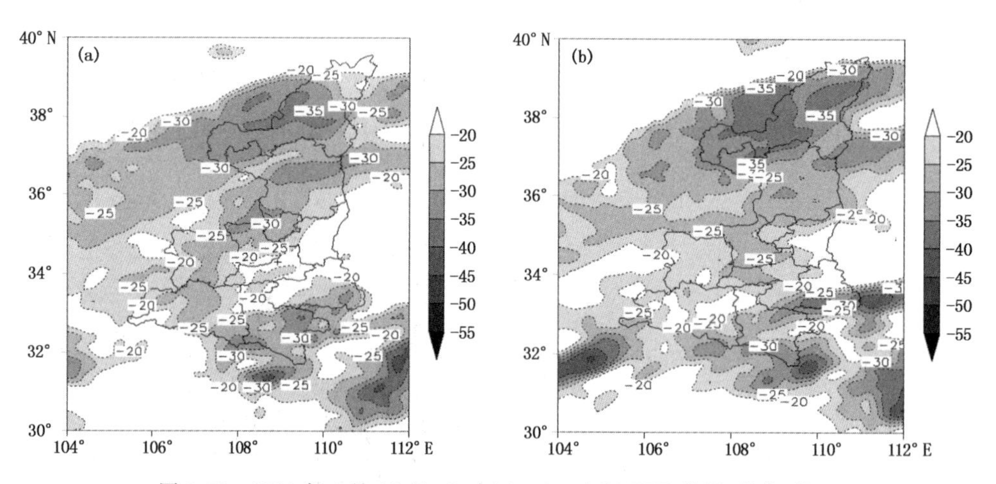

图 3-63　2014 年 8 月 12 日 08 时(a)，10 时(b)TBB 分析(单位：℃)

3.7.1.4　环境条件分析

(1)热力、水汽条件

2014年8月12日08时,850 hPa假相当位温场上(图3-64a),陕西周边存在较明显的Ω型次天气尺度系统,其东北—西南走向的高能舌从四川北部经关中中东部伸向山西南部;700 hPa上,“Ω”型次天气尺度系统西侧、河西走廊至四川南部存在明显的近南北向的位温低值区。相比11日20时,关中地区垂直位温差变化不大,但高能舌西侧与东侧低位温对应的干冷空气明显南压、西伸,伸入陕西中南部暖湿地区,形成了能量锋区。垂直分布上,一般由500 hPa和850 hPa假相当位温之差参数判断,陕西大部为正值,关中地区约4～10 ℃,属于“稳定性层结”,与远距离台风影响下的暴雨天气不同。进一步分析“稳定性层结”区域发现,700 hPa以上为相对深厚的位温随高度逐渐增大的稳定性层结,但700～850 hPa为相对浅薄的位温随高度显著减小的不稳定性层结。11日08时—12日20时逐12小时的K指数分别为20、22、36、32 ℃,SI分别为6.6、7.3、−0.02、1.3 ℃。12日08时降水开始时(图3-64b),300 hPa以下温度露点差<4 ℃、为饱和湿空气,以上为干空气,对流有效位能195 J/kg。比较可见,降水开始前,西安低层湿度增大明显,尤其是850 hPa比湿成倍突增,很大程度导致SI指数明显减小、K指数和对流有效位能明显增大,暴雨区潜在不稳定趋势增加。

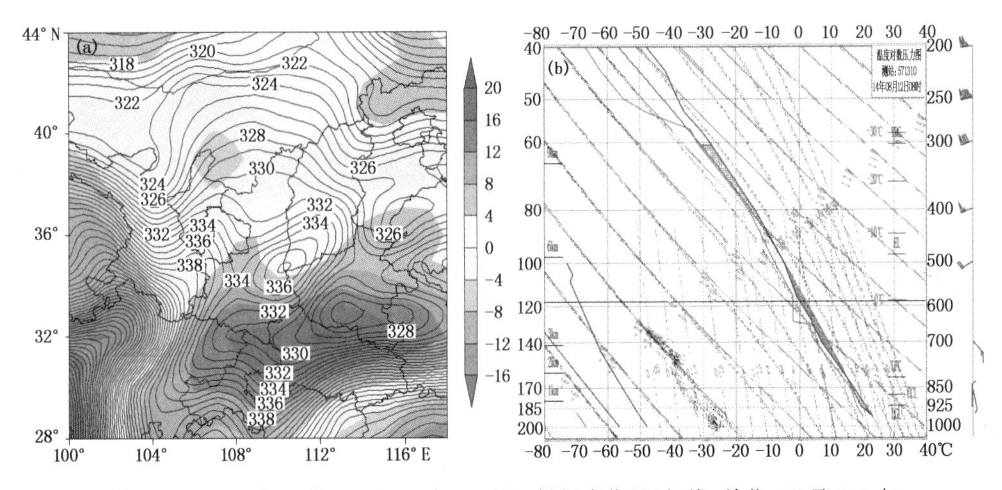

图3-64　2014年8月12日08时850 hPa假相当位温(细线,单位:K)及500与850 hPa位温差(阴影,单位:K)(a),西安T-ln$p$图(b)

分析NCEP资料关中中西部咸阳市、西安市周边(34°～35°N,108°～110°E)范围平均水汽通量和通量散度变化,700 hPa以下为偏东北路水汽输送,500 hPa以上为偏西路水汽输送,强降水发生时段低层辐合超过-0.8×10^{-7} g/(cm^2 · hPa · s),15时之后关中强降水结束,水汽辐合强度明显减弱,20时整层转为辐散。以850 hPa为例,12日08时陕西全省为弱的水汽辐合区,关中水汽通量2～4 g/(cm · hPa · s),关中西部和东部分别存在明显的偏北、偏东路水汽输送,未出现盛夏暴雨期间常见的偏南方向水汽输送。10时暴雨开始后(图3-65a),来自陇东的西北路水汽和来自陕北黄河沿线、关中东部的偏东路水汽分别在铜川至西安北部、渭南南部至西安东部交汇形成了1.0×10^{-7} g/(cm^2 · hPa · s)以上水汽辐合高值区。11时强降水持续时段,西北路和偏东路水汽输送维持,关中水汽辐合略有减弱。图3-65a矩形区域平均水汽通量及其散度变化可见(图3-65b),12日9—15时强降水期间,500 hPa以上维持西南方向水汽输送，700 hPa 以下维持偏北方向水汽输送，高低层同时出现最大水汽辐合，中心强度分别超过-1.6×10^{-7}、-0.6×10^{-7} g/(cm² · hPa · s)，同时，中层 450～600 hPa 附近形成了相对湿度＞95%的饱和湿层。对比西太平洋副热带高压西北边缘或台风远距离暴雨（郭大梅等，2008；韩宁和苗春生，2012；慕建利等，2014），低纬地区水汽输送和辐合偏弱，周边低层出现了明显的偏北路水汽输送，与内蒙古中部地区天气尺度横槽东移南压密切相关。

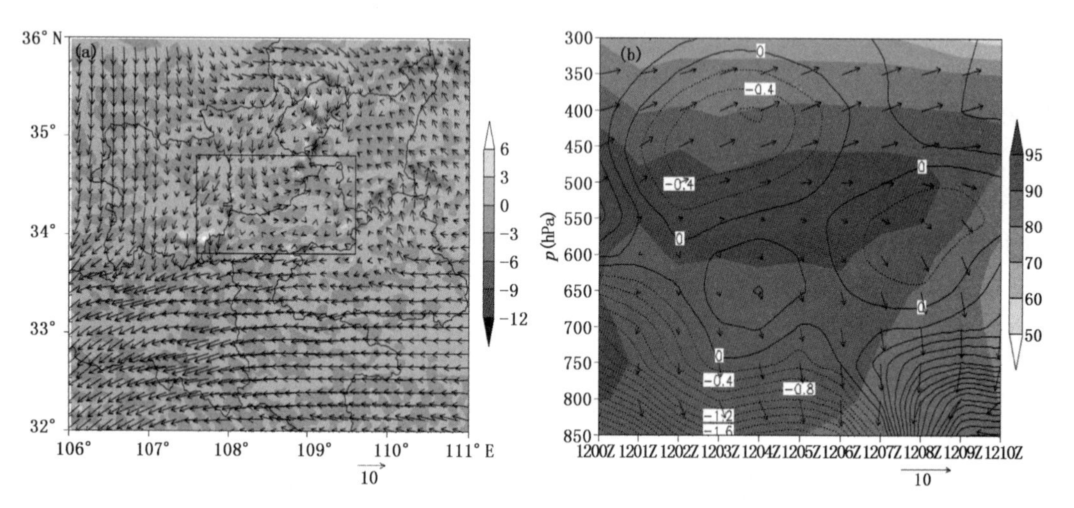

图 3-65　(a)2014 年 8 月 12 日 10 时 850 hPa 水汽通量（矢量，单位：g/(cm · hPa · s)和水汽通量散度（阴影，单位：10^{-7}g/(cm² · hPa · s)，(b)区域平均水汽通量（矢量，单位：g/(cm · hPa · s)、水汽通量散度（细线，单位：10^{-7} g/(cm² · hPa · s) 及相对湿度（阴影，单位：%）时间（世界时）—高度剖面

（2）动力条件

2014 年 8 月 12 日 08 时，西安周边上空无明显上升运动，涡度和散度也未出现有利于降水的垂直配置，北部中下层开始出现＞0.2 g/kg 的雨水含量相对大值区。09 时，34.1°～34.5°N 附近对流层中下层 400 hPa 以下，涡度和散度发生明显变化。散度场上，自北向南出现正负中心相间分布的波列结构，大致以 600 hPa 为界，垂直方向正负波列中心呈反相位叠置；涡度场上，700 hPa 以下波动区域基本为$(0\sim20)\times10^{-5}\,s^{-1}$的正涡度区，500～600 hPa 基本为$(-30\sim-20)\times10^{-5}\,s^{-1}$的负涡度区，正、负涡度垂直叠置有利于中尺度对流系统上升发展。同时，垂直上升运动强度、高度明显增大，沿经向出现了自北向南下沉、上升、下沉和上升的空间分布，上升中心区位于 34.3°～34.4°N 附近，最大达 3.9 m/s，对应 1.5～2.0 g/kg 的雨水含量高值区。10 时（图 3-66），散度场波列结构进一步清晰，中心强度增大、波动范围扩大至 34.0°～34.6°N；涡度场上波动区域高低层正负中心强度显著增大，高层负中心小于$-50\times10^{-5}\,s^{-1}$，低层正中心突增至$100\times10^{-5}\,s^{-1}$以上，与辐散中心对应，高低层均出现经向波列结构，700 hPa 以下尤为明显；垂直上升中心和雨水含量大值区继续向南发展、高度和强度进一步增大，34.2°N 附近 600 hPa 以下出现超过 2.7 g/kg 的过程雨水含量最大值，最大上升速度也由 1.5 m/s 增至 2.1 m/s。11—12 时，散度、涡度、雨水含量和上升中心区快速移至 34°N 以南，西安以北地区中尺度波动明显减弱，经向波列结构消散。

对流层上层正位涡向下伸展时，分裂的高值扰动促使中低层气旋涡度发展，常导致强降水发生（陶祖钰等，2012；高守亭等，2015）。12 日 08 时（图 3-67b），36°N 以北陕北地区中高层正

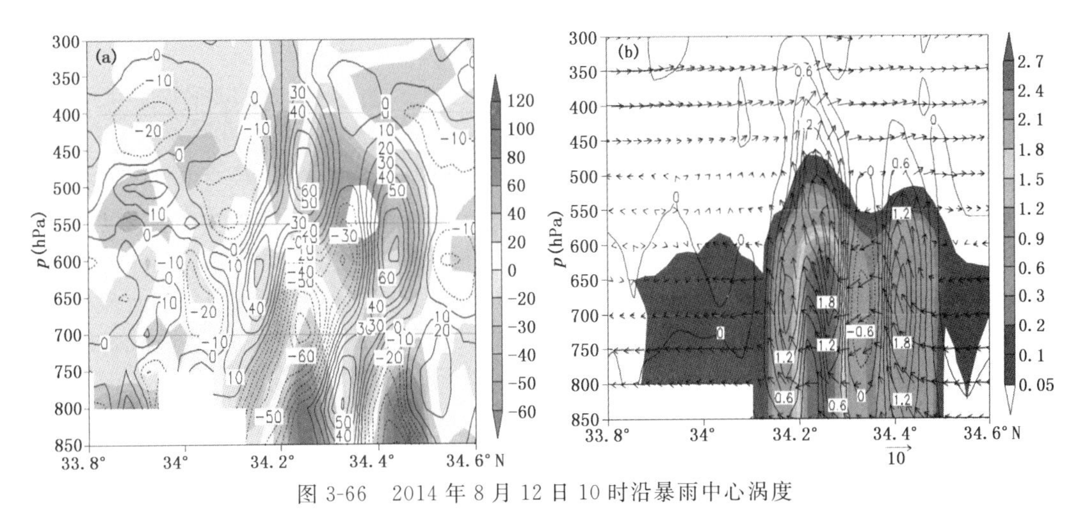

图 3-66　2014 年 8 月 12 日 10 时沿暴雨中心涡度（阴影，单位：$10^{-5}\ s^{-1}$）和散度（细线，单位：$10^{-5}\ s^{-1}$）(a)，风场（v，$5\times w$ 合成）、垂直速度（细线，单位：m/s）和雨水含量（阴影，单位：g/kg）(b) 的纬度-高度剖面

湿位涡范围、强度相比 11 日 20 时（图 3-67a）明显增大，并倾斜下滑至 34°N 以南，暴雨中心及以北关中上空近地层出现了显著的正负湿位涡形成的垂直梯度大值区，与低层向南明显伸展的位温冷舌前沿位置一致。700～850 hPa 正湿位涡区附近偏东、偏北风加强，300～500 hPa 暴雨区附近一致西北风转为西南风。同时，暴雨中心低层出现了正湿位涡和垂直梯度异常增大。相比典型盛夏暴雨，中低层湿位涡偏小，强度约 0.6 PVU① 左右，负湿位涡偏小尤为明显，对应暖湿空气活动较弱。类似于强降水时段涡度、散度和垂直速度中尺度波列结构，33°～37°N范围湿位涡沿准水平和准垂直方向均出现了正（高）、负（低）中心呈反位相交错分布的波列结构特征，为中尺度重力波动发展提供了有利的环境条件。上节位温空间变化分析可见，暴雨发生前周边 700 hPa 以下为不稳定层结，700 hPa 以上为深厚的稳定性层结，垂直层结环境有利于低层中小尺度重力波发展、传播。

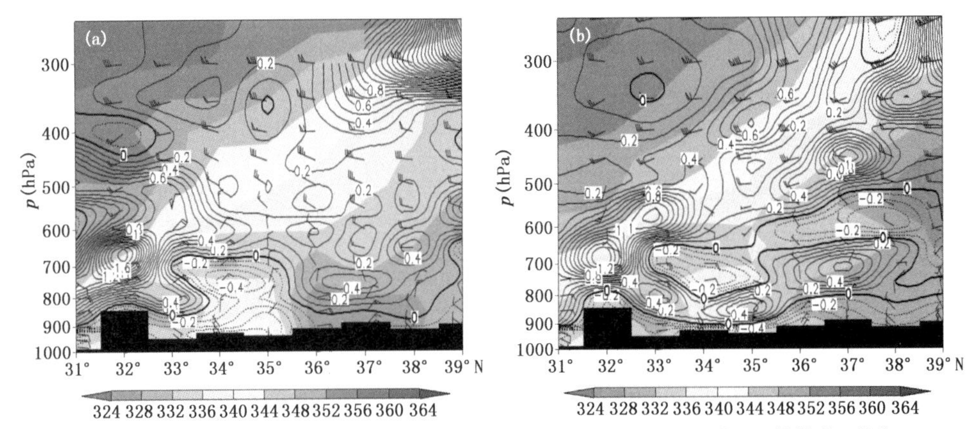

图 3-67　2014 年 8 月 11 日 20 时(a)和 12 日 08 时(b)沿暴雨中心的湿位涡（等值线，单位：PVU）、假相当位温（彩色区，单位：K）和风场（风杆，单位：m/s）的纬度-高度剖面

① 1 PVU＝$1.0\times10^{-6}\ m^2\cdot K/(s\cdot kg)$。

3.7.1.5　近地层加密资料分析

图 3-68 为西安市南部长安区风廓线雷达 0～2 km 水平风场逐 6 分钟时间变化。2014 年 8 月 12 日 08 时之前，1.5 km 以下为≤8 m/s 偏西风，以上为≤4 m/s 偏东风；08—09 时，2.0 km 以下西北分量明显增大，1.0 km 以下出现>12 m/s 的西北风。09 时 56 分—10 时 02 分，0.7 km 高度附近出现>12 m/s 的西南风和西北风形成的显著切变，对应中小尺度低值系统影响长安区；同时，0.1 km 附近出现>20 m/s 的东南风，0.5 km 附近出现>20 m/s 的西北风。不同高度显著大风的出现，使得 0.5 km 以下风向随高度明显顺转，0.5～2.0 km 风向随高度逆转，对应上冷、下暖平流趋势突增，低层不稳定层结增强。10—11 时，风场垂直结构变化不大，不稳定层结趋势维持。上述分析可见，08 时之后降水开始时，近地层偏北风分量整层增大，对应暴雨区北侧铜川市附近地面出现一致偏北风和冷空气东移南压，在北风南端、关中中部西安市附近形成了明显的东西向切变；10 时左右强降水时段，0.1 和 0.5 km 高度附近出现>20 m/s的东南风和西北风，近地层垂直切变和不稳定扰动突增，有利于触发中尺度对流发展。

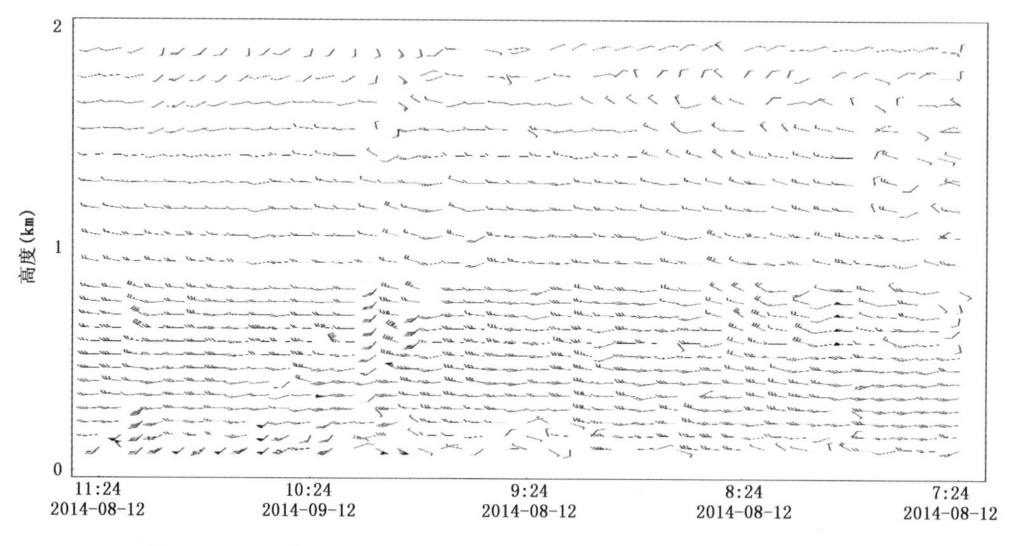

图 3-68　2014 年 8 月 12 日 07 时 30 分—11 时 30 分长安风廓线雷达风羽图

进一步分析加密气象自动站地面要素变化特征。05—11 时，陇东南至陕西中南部为西高东低的海平面气压场形势，兰州与西安之间气压差维持约 2.0 hPa。08 时(图 3-69a)，宜君县、铜川市一致北风加强，出现 3 ℃以上的 24 小时负变温，咸阳市礼泉县、西安市北部至渭南西南部一带在东北、西南风之间出现长约 200 km 的东西向切变线(粗实线)，关中、陕南为一致的 3 小时正变压区，中心位于宝鸡市中部、强度约 2.2 hPa。11 时(图 3-69b)，关中中东部切变线稳定少动，3 小时正变压中心东移至西安市附近，强度约 2.0 hPa，强降水主要位于切变线西段、正变压中心偏北侧附近。14 时，关中切变线消失，除西安市中部维持弱的正变压外，其余地区转为负变压，强降水位于正变压区北侧。连续分析 08—11 时逐 3 小时变压分布，如图 3-69 粗虚线所示，沿西北—东南走向经过咸阳、西安中南部至商洛西北部约 200～300 km 范围、地面切变线西端，变压呈低、高、低的反位相起伏变化，波动特征明显，伴随地面切变维持、变压场波动发展，强降水落区不断靠近 3 小时正变压中心，主要位于正变压中心区西北部边缘附近。

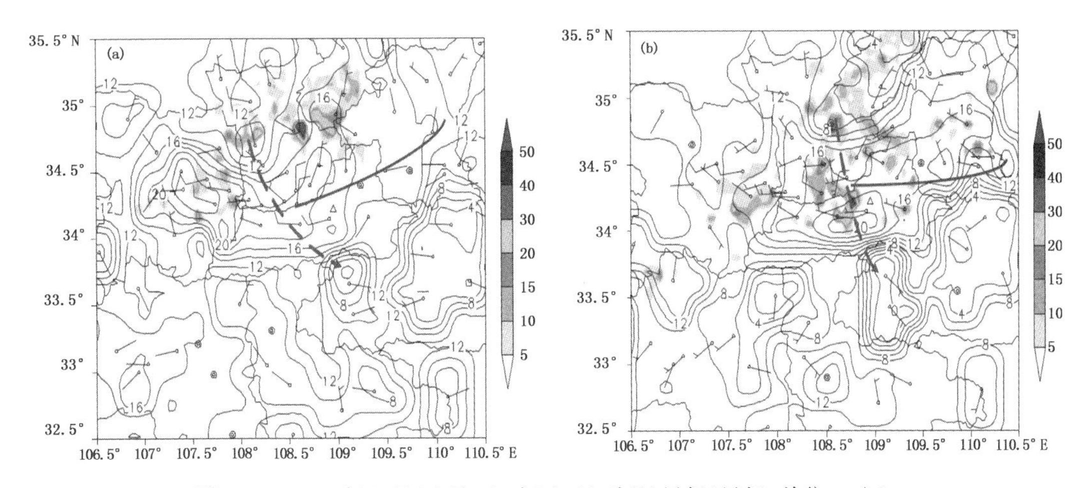

图 3-69　2014 年 8 月 12 日 08 时(a),11 时(b)风场(风杆,单位:m/s)、3 小时雨量(阴影,单位:mm/h)与 3 小时变压(细线,单位:10^{-1} hPa)

3.7.1.6　重力波特征分析

"0812"暴雨出现了快速发展的中尺度重力波。重力波不仅是暴雨触发机制,还可能是传播机制,波动周期一般 1～4 小时,水平波长 50～500 km(王文等,2011)。垂直风切变是重力波的能源区,风切变较大即里查森数(Ri)<0.25 时,扰动随时间指数增长,重力波将从基本气流获得能量而发生不稳定增长(寿绍文等,2012)。取 500、850 hPa 上下层,由西安探空资料计算得到 08 时、20 时对应 Ri 分别为 0.05、0.73。结果表明:西安周边显著垂直风切变场有利于重力波发生和强降水出现;垂直风切变与波动环境场迅速减弱后强降水结束。急流附近一般具有很强的垂直风切变,有利于平均气流转化为扰动动能,常是波动的能量源(郭虎等,2006;孙继松等,2012)。图 3-70 为 200 hPa 与 850 hPa 之间水平风场垂直切变和其增量。12 日 8 时降水开始时(图 3-70a),200 hPa 急流偏南地区陕西周边垂直风切变相比前 12 小时明显增大,关中和陕南增量超过 7 m/s,10 m/s 以上增量中心区位于关中和陕南的西部,陕北北部、宁夏到陇东一带切变大于 45 m/s,关中地区切变大于 40 m/s。关中暴雨区上游垂直风切变显著

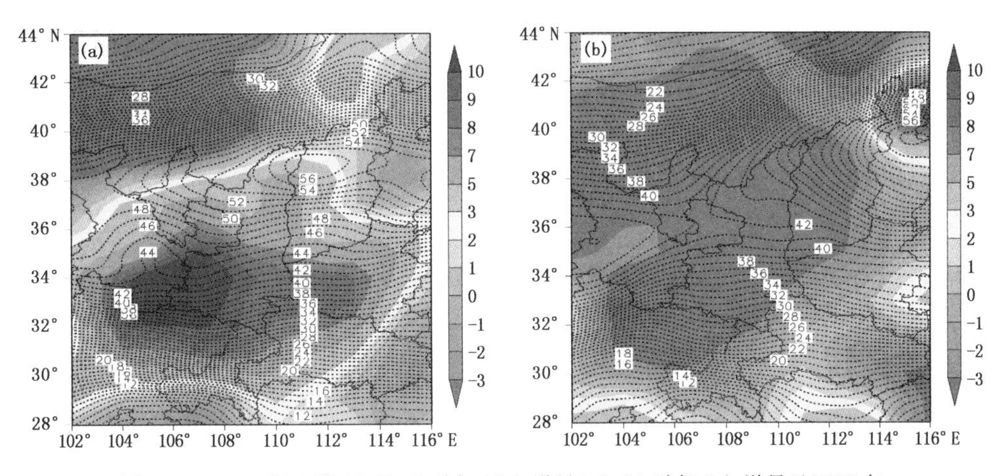

图 3-70　2014 年 8 月 12 日 08 时与 12 h 增量(a),14 时与 6 h 增量(b)200 与 850 hPa 风切变(等值线,单位:m/s)及增量(阴影,单位:m/s)

增大及其大值区东移南压，为重力波发展、传播提供了能量。12 日 14 时关中暴雨结束后（图 3-70b），西安周边垂直风切变相比前 6 小时迅速减小，关中降至 40 m/s 以下。

通过 WRF 逐时物理量进一步分析中尺度重力波演变特征。08 时，关中周边中低层散度、涡度场无明显波动发展。10 时（图 3-71a），500～700 hPa，西安以北咸阳地区正负散度、涡度大值异常区和南北向起伏波动显著发展，同时，西安以东、地面切变线附近出现长约 200 km的相邻正负中心形成的涡度、散度东西向明显波动结构。11—12 时（图 3-71b），中低层西安以北南北向、西安以东东西向的波动结构、强度稳定维持。14 时，中尺度波列明显断裂，水平尺度减小至 100 km 以下。16 时之后，关中地区中尺度波动完全消散。西安多普勒天气雷达可以监测到此次过程中尺度波动变化。08 时，西安及东南地区无降水回波，西北方向咸阳地区为 30 dBZ 以上层状降水回波，礼泉北部淳化周边有 45 dBZ 以上对流回波向南发展。伴随北部强对流回波移动发展，西安南部户县（鄠邑区）、临潼周边有 45 dBZ 以上局地团状回波快速形成。09 时，西安以北 45 dBZ 以上强回波主要位于淳化、礼泉和富平一带，带状强回波区呈不连续的波动排列；同时，户县（鄠邑区）、临潼周边团状回波加强，渭南潼关有新生对流回波发展，对流回波近似呈等间距直线分布。10—11 时，西安以北和东南方向回波发展合并，45 dBZ 以上强回波区域与中尺度波动分布走向基本一致。12 时，45 dBZ 以上强回波主体位于西安周边及东南 50 km 范围，礼泉、富平附近强回波减弱，中尺度对流和波动东移南压。13—14 时，西安东南至渭南大部 45 dBZ 以上相间分布形成的长约 200 km 的显著回波带东南移动发展，位置与上述散度、涡度波列区域基本一致，陕南中北部对流回波开始发展。15—16 时，关中东部回波带与商洛地区发展北抬的对流回波不断合并，洛南出现暴雨。

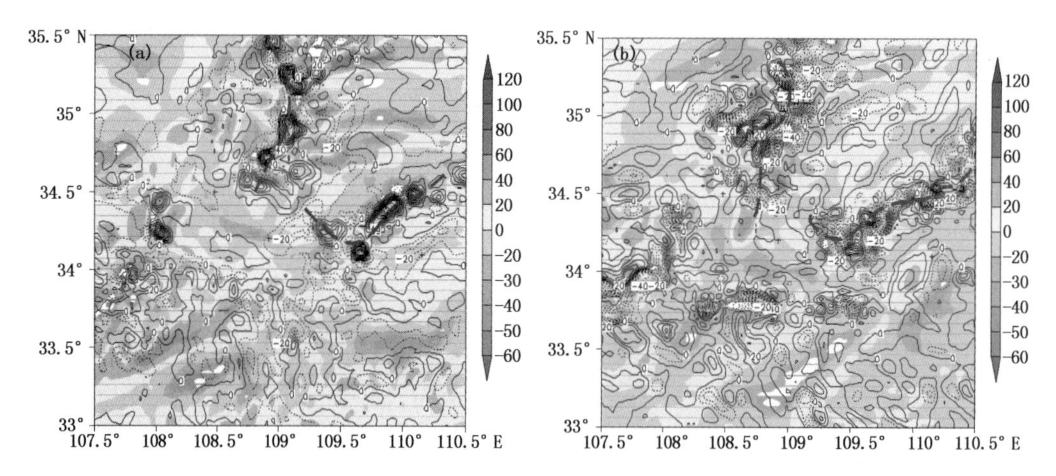

图 3-71　2014 年 8 月 12 日 10 时 500 hPa(a)，11 时 700 hPa(b)涡度（阴影，单位：$10^{-5}s^{-1}$）和散度（细线，单位：$10^{-5}s^{-1}$）.

综合以上各节分析可见：(1)"0812"暴雨区存在持续约 4 小时、波长约 60 km 的中尺度重力波。受中高层北部冷空气侵入和低层冷式切变南压影响，关中北部、关中东部地面切变辐合线附近先后出现南北向和东西向的中尺度重力波动，散度、涡度和垂直速度正负中心出现清晰波列结构特征，垂直方向呈反位相叠置。暴雨发生前，波动区垂直上升速度、雨水含量中心强度和发展高度迅速增至最大。(2)200 hPa 急流区南侧，关中西部垂直风切变显著增大及其东移南压为中尺度波动发展、传播提供了能量；500 hPa 内蒙古中部天气尺度横槽发展东移、引导中低层偏北路冷空气南压，是暴雨直接影响系统；850 hPa 比湿成倍增大为暴雨提供了水汽、热力条件。近地层显著东南风、不稳定扰动突增和地面切变线是暴雨有利动力、触发条件。(3)陕北中高层有显著正湿位涡向关中地区下滑，暴雨中心上空出现正湿位涡及其垂直梯度异常增大。正负湿位涡中心形成的呈反位相分布的显著波列结构为中尺度重力波动发展提供了有利的环境条件。地面切变线西端附近，3 小时变压场呈现明显波动特征，暴雨主要出现在正变压中心西北边缘。(4)“0812”暴雨与典型盛夏暴雨差异明显：环流形势上，西太副高远离大陆、东南沿海无台风活动；层结条件上，强降水发生于上层深厚的位势稳定环境，有利于低层不稳定层结内重力波动发展、传播。暴雨云团中心 TBB＞－30 ℃，＞40 dBZ 对流性雷达降水回波主要位于低层西北风和东北风之间的冷式切变区。低层负位涡明显偏小，暖湿空气活动较弱，对流强度和中尺度云团发展明显偏低(张雅斌等，2017)。

3.7.2　西安“0803”短时暴雨过程

3.7.2.1　天气实况与模拟分析

2015 年 7 月 24 日至 8 月 2 日，西安连续 10 d 全市最高气温大于 37 ℃，7 月 30 日、8 月 2 日城区最高气温超过 40 ℃，8 月 3 日 19:00—20:00 城区出现雨强大于 50 mm/h 短时暴雨，引发内涝。3 日上午，西安周边为多云间阴天气，傍晚前后长安区、蓝田县和临潼区等东南部区县先后出现短时大暴雨天气(图 3-72)。“0803”暴雨前期持续性高温天气背景类似西安“6・29”突发性大暴雨(张弘等，2006；刘勇和薛春芳，2007)。全省范围来看，此次过程大雨以上连片强降水主要分布在关中中部西安市的东部、南部，大暴雨仅发生在西安市，集中出现在 16:00—20:00，之后时段周边地区仍有降水，但雨强小于 5 mm/h，强降水持续时间不超过 4 小时。过程期间，17:00—18:00，西安南部长安区引镇大峪区域站雨强 86.3 mm/h，日降雨量 148.6 mm，突破建站历史记录。强降水引发附近小峪口山洪、导致 9 人死亡。18:00—19:00，东部临潼区本站雨强 76.1 mm/h，日降雨量 116.1 mm，突破建站历史记录；19:00—20:00，该区偏南方向骊山军区疗养院、兵马俑区域站雨强分别达 77.7 和 73.5 mm/h。17:00—20:00，东南部蓝田县史家寨区域站 3 小时雨量超过 75 mm，强降水引发局地山洪、导致 4 人死亡。综上分析可见，“0803”暴雨具有雨强大、突发性强、落区集中、次生灾害严重的特点。

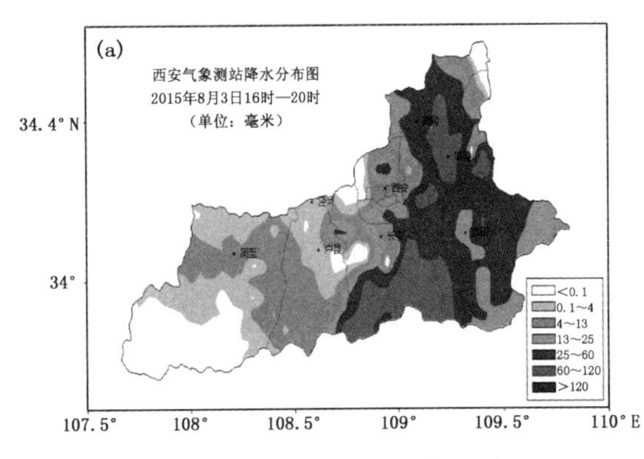

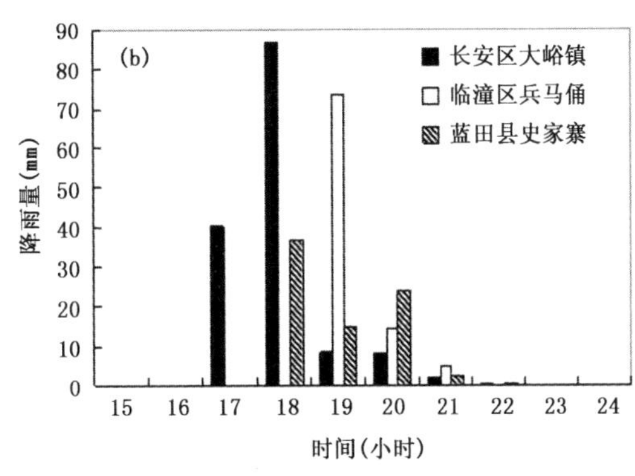

图 3-72　2015 年 8 月 3 日 16:00—20:00 西安市累积降雨量分布
(a，单位：mm)与强降水中心逐时雨量变化(b，单位：mm)

图 3-73 为 2015 年 8 月 3 日 08:00 陕西中尺度模式 SXMB-WARMS(Shaanxi Meteorology Bureau-WRF ADAS Real-time Modeling System,下文简称"WARMS")起报的不同时刻陕西周边累积降雨量。WARMS 基于 ADAS-WRF 建立,ADAS 基于 GFS 分析预报,同化本地探空资料之后得到模式初始场,侧边界条件由 ADAS 生成。WARMS 采用两重双向嵌套,中心位于(108°E,35°N),分辨率分别为 15 和 5 km,垂直方向 27 层。主要物理参数化方案包括:YSU 边界层方案,RRTM 长波辐射方案,Dudhia 短波辐射方案,Noah 陆面过程方案,WSM 6 类方案,15 km 区域采用浅对流 Kain-Fritsch(new Eta)积云参数化方案,5 km 区域不使用积云参数化方案。对比实况可见,WARMS 成功预测了西安 17:00—20:00 短时暴雨,南部地区 3 小时累计雨量超过 70 mm,降水落区、强度预报与实况基本一致。

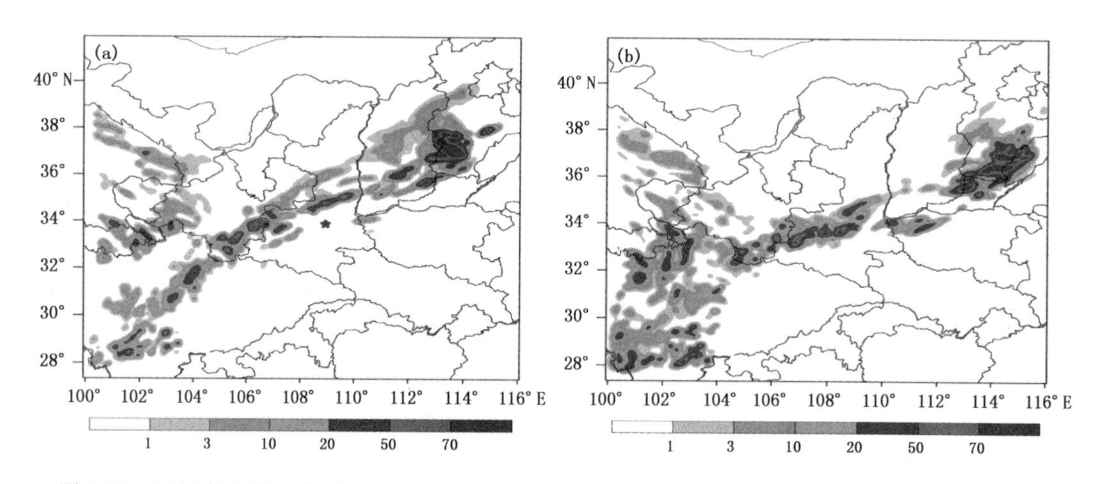

图 3-73　2015 年 8 月 3 日 08:00—17:00(a),08:00—20:00(b)WARMS 累积雨量预报(单位:mm)

3.7.2.2　环境条件

(1)大尺度环流背景

"0803"暴雨时期,西太平洋副热带高压位于我国大陆东部并略有东退,东南沿海无台风活动。2015 年 8 月 3 日 08:00,200 hPa,贝加尔湖东南方向至黑龙江西部一带有冷涡发展,乌拉尔山至我国东北受西风急流控制。500 hPa 上,大陆中低纬度 30°N 附近纬向分布的高压坝在四川出现断裂,588 dagpm 西脊点位于(30°N,110°E),宁夏、陇东至四川北部有宽广的低槽东移,陕西处于低槽底部、副高西北侧一致西南气流中。700 hPa 上,河北、山西至陇南一带受显著切变线影响,切变线西南端北侧银川为 16 m/s 东北风,南侧西安为 4 m/s 西西南风、比湿 9 g/kg。850 hPa 上,切变线位于榆林南部至陇东一带,西安为 4 m/s 东南风、比湿 16 g/kg。14:00(图 3-74a),中低层切变线南移至关中北部,南北两侧西南风、东北风增大,后者增幅尤为显著,冷式切变特征明显维持。17:00(图 3-74b),切变线南移至关中东南部,受其影响西安、渭南先后出现短时大暴雨天气。20:00,副高略有东退,中纬度低槽移至山东河南一带;200 hPa上,陕西转为一致北风,风场与等高线接近垂直、冷平流输送特征明显。

海平面上,8 月 3 日 08:00—14:00,四川、山西至河南一带为低压区,河套至陇东为高压区。傍晚之前,高压加强、低压发展,二者之间东北—西南走向弱冷锋经过关中。地面风场上,14:00 东北与西南风形成的大范围显著切变区主要位于山东北部至河南北部一带,20:00 上述切变辐合区进一步发展加强、东南移至渤海湾—济南—郑州以南一带,水平尺度超过

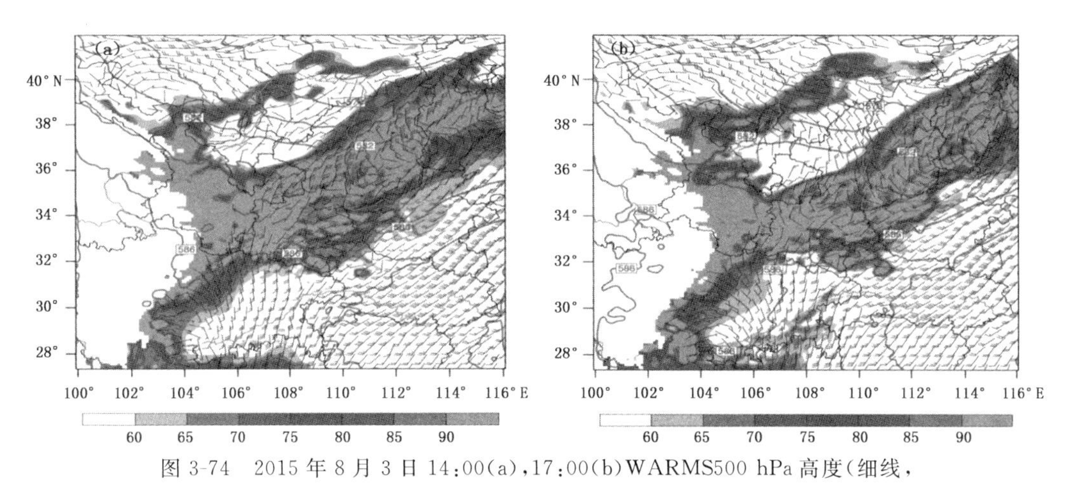

图3-74 2015年8月3日14:00(a),17:00(b)WARMS500 hPa高度(细线,单位:dagpm)和700 hPa相对湿度(阴影,单位:%)和850 hPa风场(风杆,单位:m/s)

1500 km。对应大范围强降水位于切变线周围偏北一侧,暴雨区集中在切变线中段,中心位于济南西南一带。14:00—20:00,关中地区地面风场切变和辐合相比大陆东部地区明显偏弱。

(2)水汽与不稳定条件

2015年8月3日08:00暴雨发生之前,700 hPa上关中西部、陕南西部为中心达8 g/(cm·hPa·s)的水汽通量输送显著区,关中西部出现-14×10^{-7} g/(cm^2·hPa·s)水汽辐合中心区;850 hPa上,关中、陕南水汽输送相比700 hPa明显偏弱、偏东,辐合位置基本一致、强度偏弱。700 hPa水汽输送和辐合明显大于850 hPa,与南部秦巴山地对近地层西南方向水汽阻挡作用有关。图3-75为西安暴雨区(33.7°—34.7°N,108°—110°E)范围平均水汽通量和通量散度时间—高度剖面。3日15:00之前,700 hPa附近为中心强度约-2×10^{-7} g/(cm^2·hPa·s)的水汽辐合,850 hPa附近为水汽辐散;16:00—17:00降水开始,700 hPa附近转为3×10^{-7} g/(cm^2·hPa·s)左右的水汽辐散,850 hPa附近转为水汽辐合,垂直上升运动与对

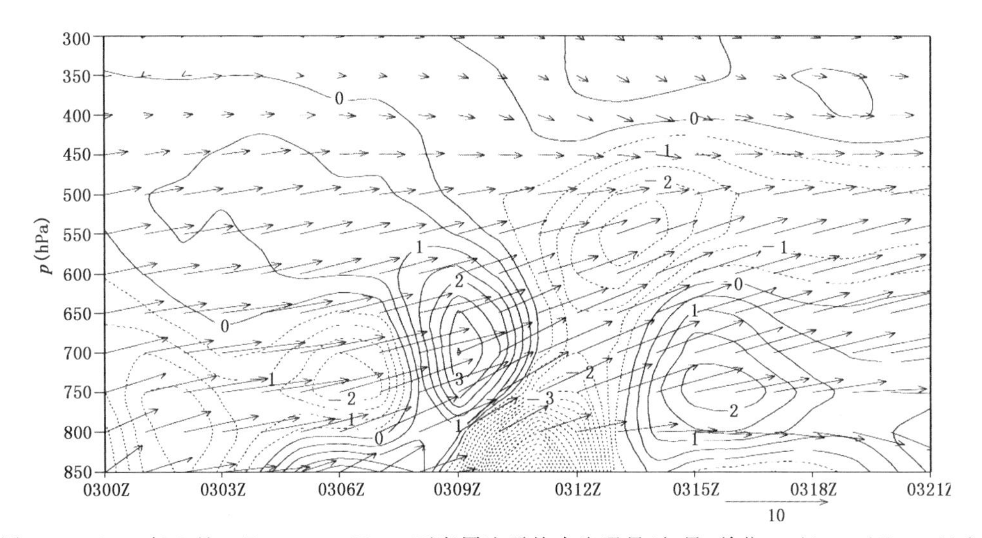

图3-75 2015年8月3日00:00—21:00西安周边平均水汽通量(矢量,单位:g/(cm·hPa·s))和水汽通量散度(细线,单位:10^{-7} g/(cm^2·hPa·s))时间—高度剖面(横坐标为世界时)

流发展高度低；17:00—20:00 短时大暴雨时段，中层以下转为水汽辐合，近地层辐合中心超过 -12×10^{-7} g/(cm^2 · hPa · s)，出现过程最大值，垂直上升运动和对流发展至最强阶段。21:00之后强降水结束，水汽辐合明显减弱，低层迅速转为辐散。长安站地基微波辐射计 0～5 km 逐分钟水汽监测分析表明，暴雨发生前 6 小时，2.0 km 以下近地层比湿超过 18.0 g/kg，暴雨发生前 1 小时，比湿中心快速增至最大、超过 20.0 g/kg，显著湿层增厚约 0.5 km。20:00 之后，比湿逐渐降至强降雨之前水平。

8 月 3 日 08:00—14:00，西安上空温湿层结曲线呈“喇叭口”形状，“上干冷下暖湿”特征明显，850 hPa 附近逆温层持续存在，比夏季对流天气近地层逆温明显偏高、厚度薄，有利于逆温层之下暖湿空气与中高层干冷空气分隔，下层空气通过平流与地面加热更加暖湿，有利于位势不稳定发展加强。同时，暖云层厚(0 ℃层高度约 5 km，抬升凝结高度约 0.9 km)，0～6 km 垂直风切变较弱(由 5 m/s 增至 10 m/s)，有利于提高降水率。08:00(图 3-76a)，湿层由近地层达 400 hPa，整层为风向随高度顺时针旋转的暖平流，K、SI 指数和 CAPE 对流有效位能分别为 39 ℃、−2.5 ℃、566 J/kg，存在对流抑制能量。14:00(图 3-76b)，300～400 hPa 出现风向随高度逆转的冷平流，高层干冷空气侵入下滑明显；*K*、*SI* 指数和 CAPE 分别变为 43 ℃、−2.8 ℃、807 J/kg，不稳定能量增大，对流抑制能量消失。受前期持续性高温和午后地面辐射加热作用，抬升凝结高度从逆温层下部、逆温层上部至 700 hPa，层结曲线与干绝热线基本平行，700 hPa 以下西安周边大气处于超绝热状态。在上述有利层结环境下，受高层干冷空气侵入、局地热力对流和垂直运动发展触发，一旦逆温层破坏，低层不稳定能量将剧烈释放、暴雨中尺度系统将快速发展。比较来看，“0803”过程相比关中区域性暴雨过程上部干层明显，相比北方雷暴强对流过程(孙继松等，2014)下部饱和湿层深厚。

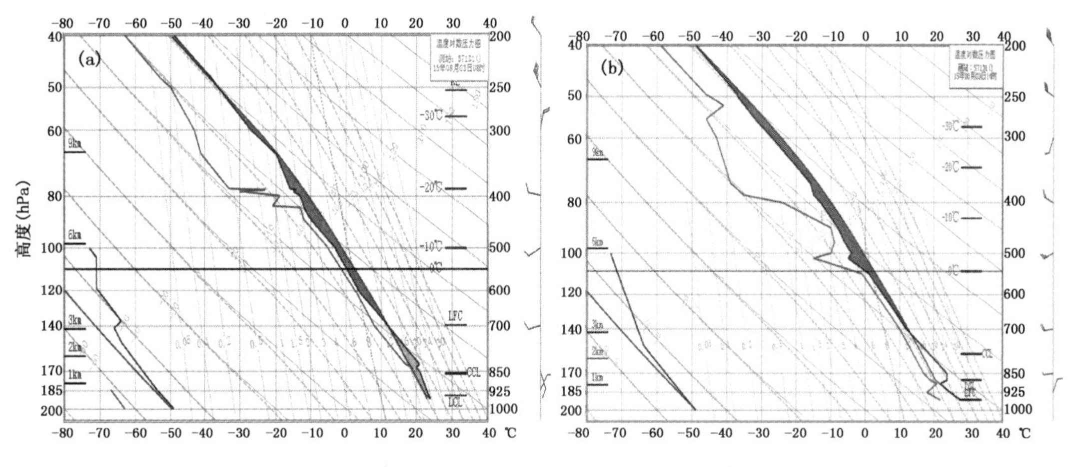

图 3-76　2015 年 8 月 3 日 08:00(a)，14:00(b)西安 *T*-ln*p* 图

分析过暴雨中心长安站假相当位温、相对湿度的纬度-高度剖面演变。8 月 3 日 08:00，中低层槽线、切变线位置附近，陕北南部存在随高度向北倾斜的位温梯度大值区和能量锋。14:00(图 3-77a)，关中位温整体上升，西安周边低层显著升至过程最大，5 km 以下垂直梯度增大，下暖湿、上干冷的位势不稳定层结明显；向北倾斜的能量锋区位于关中北部，其后部中下层干冷空气呈楔形南侵、下滑(图中箭头处)。20:00(图 3-77b)，北部能量锋区移至关中，中低层干冷空气继续南侵、下滑至暴雨区，同时，高层有干冷空气下沉、南侵，二者共同作用触发不稳定

能量剧烈释放。由于聚集能量剧烈释放，暴雨中心中下层等位温线转为陡立密集分布形态，位势不稳定减弱为近中性层结。位势不稳定减小导致绝对涡度增大，垂直涡度与辐合上升运动加强，为短时大暴雨提供了有利的热力、动力条件。

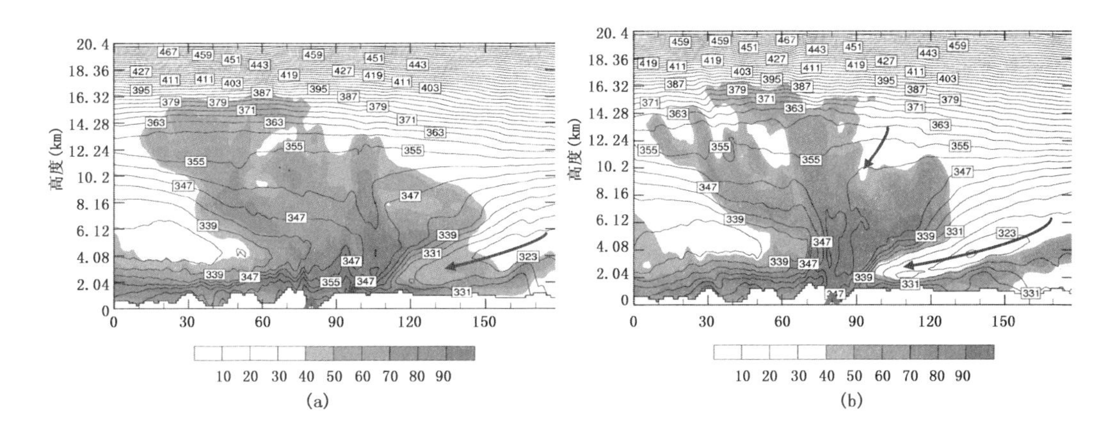

图 3-77　2015 年 8 月 3 日 14:00(a)，20:00(b)过暴雨中心(黑三角处)假相当位温(细线，单位:K)和相对湿度(阴影，单位:%)纬向-高度剖面

(3)动力条件

2015 年 8 月 3 日 16:00，关中北部 35°N、700 hPa 附近出现约 0.9 m/s 的上升速度中心，最大雨水含量约 1.0 g/kg，400 hPa 以下以 700 hPa 为界下部辐合、上部辐散，中小尺度对流系统开始发展；暴雨区 34°N 附近、600 hPa 以下低层辐合、高层辐散，风场出现小幅度波动。17:00，关中北部 35°N 以南附近形成水平尺度约 50 km、中心速度约 1.2 m/s 的倾斜上升运动区，散度、涡度、雨水含量中心及发展高度比前 1 小时明显增大，散度、涡度正负区随高度向北倾斜，对流系统垂直方向略微后倾；暴雨区 34°N 附近、600 hPa 以下低层辐合、高层辐散强度和垂直上升波动略有加强。相比散度变化，高层正涡度、低层负涡度中心强度、范围增大明显。18:00(图 3-78)，关中北部中尺度对流系统强烈发展、南移约 80 km，暴雨中心 34°N 附近整层垂直上升运动强烈发展，600 hPa 附近出现 4.2 m/s 以上的过程最大上升速度。同时，500 hPa 以上辐散中心突增至 $190\times10^{-5}\,s^{-1}$ 以上，与负涡度中心区接近，600 hPa 以下辐合中心降至 $-120\times10^{-5}\,s^{-1}$ 以下，与北侧正涡度中心区接近。整层涡度、散度中心与垂直梯度达到过程最大，低层出现 2.4 g/kg 以上的过程最大水汽含量。散度、涡度正负区域随高度向南倾斜、呈前倾结构，对流系统强烈发展，长安出现过程最大雨强。19:00，上述物理量显著中心区北移至 34.2°N 附近，上升运动中心速度、低层辐合、高层辐散强度及垂直梯度成倍下降，雨水含量中心明显减小，并与上升运动中心明显分离，对流减弱、北抬，长安区雨强降至 10 mm/h 以下。20:00，中尺度对流系统进一步减弱，上升区与雨水含量大值区范围向北扩大，强降水落区东移。

长安站风廓线雷达 0～2 km 高度逐 30 分钟水平风场变化分析表明：3 日 15:30 之前，1.0 km以下近地层以偏东风为主，1.0 km 以上为一致偏西风；15:30—17:00 风场明显变化，2.0 km 以下自下而上快速转为偏北偏西风，16:30 之后偏北风强度进一步加大，层次增多。对应地面冷锋后部北风向南到达秦岭北麓，受局地热力及地形抬升动力作用，对流系统初生发展。傍晚前后，关中上空高层偏北风和冷平流加强，触发位势不稳定能量剧烈释放，形成短时大暴雨。

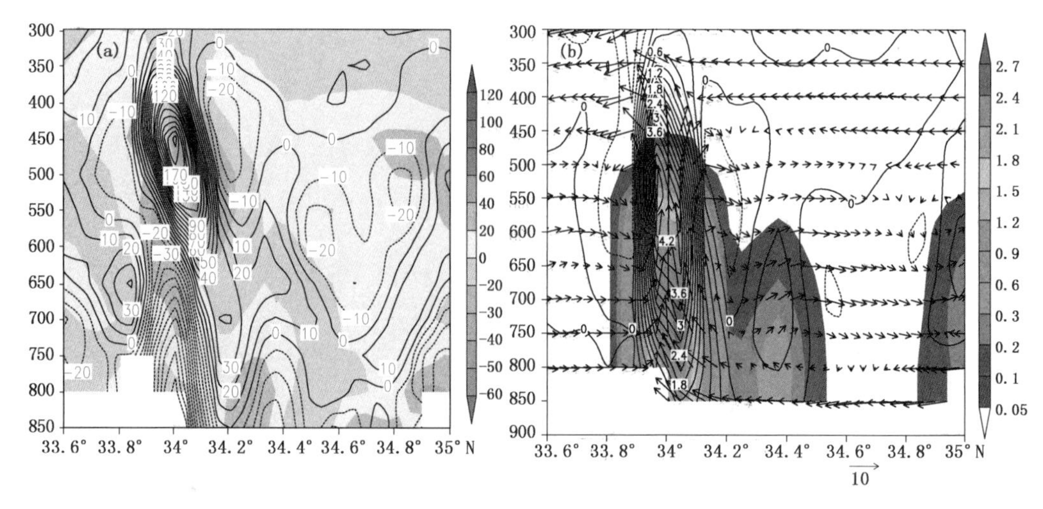

图 3-78　2015 年 8 月 3 日 18:00 暴雨中心 WARMS 涡度(阴影,单位:$10^{-5}s^{-1}$)和散度(细线,单位:$10^{-5}s^{-1}$)(a),风场(v,5×w 合成)、垂直速度(细线,单位:m/s)和雨水含量(阴影,单位:g/kg)(b) 纬度-高度剖面

通过不同时刻过暴雨中心经向风场纬度-高度剖面进一步分析暴雨中尺度系统演变过程(图 3-79)。3 日 09:00,对应河套地区中低层冷式切变线向南发展,37°N 以北、陕北中北部 700 hPa以上有上升运动和中尺度波动发展;11:00,低层切变线北侧偏北气流呈楔形向南显著伸展,整层倾斜上升运动趋势增大;14:00,风场显著波动区继续向南扩大,500 hPa 以上出现偏北气流,中低层一致上升运动加强;16:00,500 hPa 以上偏北气流加强并下沉发展,对应高层偏北冷空气侵入、不稳定能量迅速增大并剧烈释放,中低层上升运动进一步加强,秦岭北麓初生对流单体迅速发展为暴雨中尺度系统。18:00—20:00, 34°～35°N 区域附近中尺度系统风场沿水平方向呈现显著的上升、下降交替分布,对流组织性明显,上升运动强度、范围和降雨强度达到过程最大。

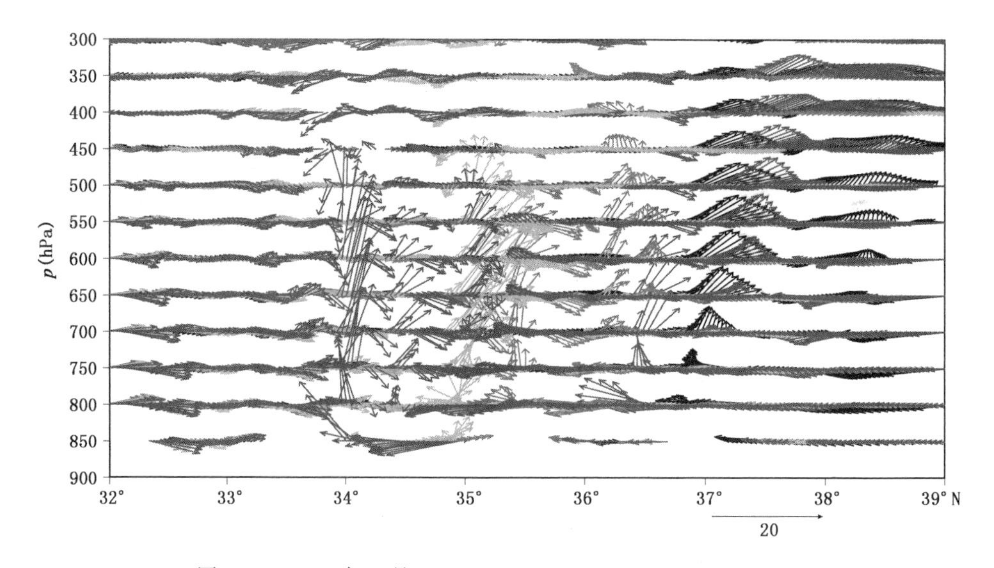

图 3-79　2015 年 8 月 3 日 09:00,11:00,14:00,16:00,18:00 过西安的风场纬度-高度剖面

3.7.2.3　中尺度成因分析

(1)地面中尺度扰动对强降水的作用

“0803”暴雨前后，关中周边沿西北—东南方向海平面气压场呈逐渐下降分布，关中地区风场切变与辐合明显弱于东部地区。8月3日16:00—17:00(图3-80a)，关中西部有显著正变压区向东南方向移至西安中西部，降水零散分布于正变压区附近。18:00—19:00(图3-80b)，正变压中心强度快速增至4 hPa以上，降水中心加强、范围更为集中，暴雨位于正变压中心并靠近梯度大值区附近。进一步分析地面自动站风场变化特征。14:00—16:00强降水发生前，西安中北部为西北风、东北风形成的辐合区；17:00—18:00强降水期间，西安北部对应西北路、东北路冷空气和偏南暖湿气流之间出现长约150 km的“人”字形切变线，强降水中心主要在切变线交汇点偏南侧。19:00西安、咸阳地区形成了明显的气旋性风场，Δp_3正值区稳定维持，中心位于切变线和气旋性风场东南部。20:00之后，强降水明显减弱，陕西全境转为正Δp_3。

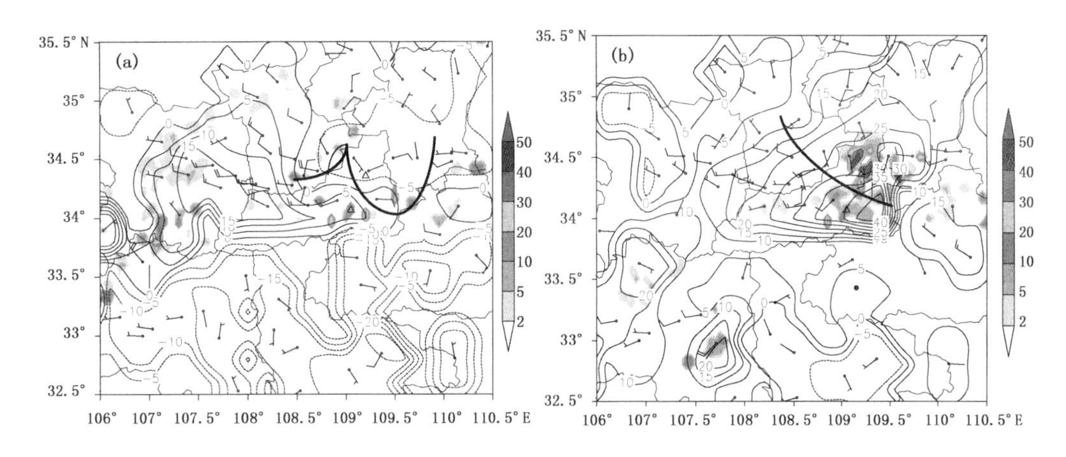

图3-80　2015年8月3日17:00(a)、19:00(b)自动站风场(风杆，m/s)、雨强(阴影，mm/h)与3 h变压(细线，10^{-1}hPa)

(2)中尺度对流系统演变与强降水的关系

8月3日15:30，关中西部、陕南西部出现东北—西南走向长约400 km、宽约200 km的α中尺度对流云团A，偏北地区宝鸡麟游县境内TBB中心<−50 ℃，对应关中西部3 h正变压区；陕南东部商州至西安东部蓝田县之间有水平尺度<100 km、TBB中心<−50 ℃的近圆形中β尺度对流云团B快速发展，对应陕南东北部3 h负变压区。16:30(图3-81a)，云团A发展东移，*TBB*<−50 ℃中心位于西安西南边界，在云团A主体东侧、地面切变线南侧有小尺度对流云团发展，南部长安区开始出现降水；同时，对流云团B向北快速发展、增高，TBB中心<−60 ℃。17:30(图3-81b)，云团A主体东移至关中中部，西安南部长安区、蓝田县境内分别出现86.3 mm/h、36.6 mm/h的最大雨强；陕南对流云团B快速发展为β中尺度对流系统，冷云罩面积扩大1倍以上，呈螺旋状，开口位于东北侧，对应干区和冷空气侵入明显，*TBB*<−60 ℃冷云罩北抬区与人字形切变线交汇点以南呈南北走向的变压梯度显著区一致。18:30—19:30(图3-81c、图3-82d)，云团A逐渐减弱、东移至关中中部，东部对流云团B强烈发展的冷云罩扩大至关中东部大部分地区，影响区域内临潼出现73.5 mm/h的最大雨强，蓝田县强降水持续。随后，中尺度对流云团继续东移，强降水维持，21:00之后云团明显减弱，强降水结束。

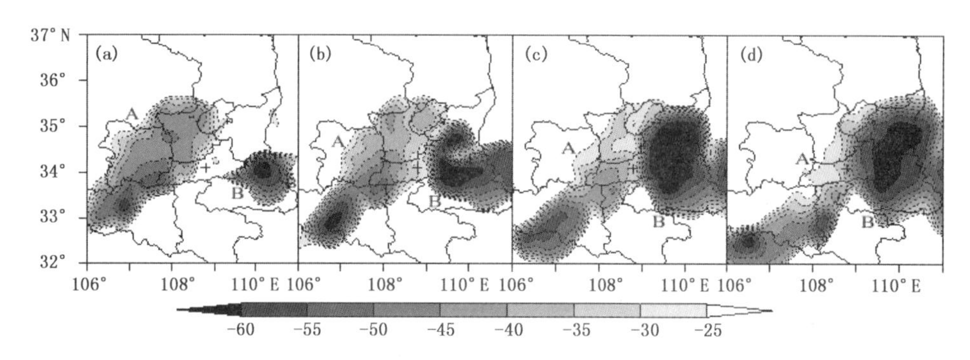

图 3-81　2015 年 8 月 3 日 16:30—19:30 逐小时 TBB 分析(阴影区,单位:℃,“+”处为西安)

(3)强降水雷达回波特征分析

8 月 3 日午后至 15:30 之前,咸阳市和铜川市一带、低层切变线附近多普勒雷达上有带状降水回波东移南压,蓝田县、商州地区一带有局地块状对流回波发展,西、东回波区对应发展靠近的中尺度对流云团。西安南部长安区一带为秦岭北麓山脉杂波,无降水回波出现。15:45 前后(图3-82a),西北方向带状回波维持,秦岭北麓、长安区南部沿山一带出现 50 dBZ 以上、零散分布的小尺度强对流泡。之后 1 小时(图 3-82b),对应地面“人”字形切变线交汇点南侧附近,小尺度对流泡快速发展、扩大,形成中心强度＞60 dBZ、东西方向尺度＞100 km 的 β 中尺度强对流回波带,对应区域开始出现了短时大暴雨。沿图 3-82b 白线位置分析基本反射率和径向速度垂直剖面(图 3-82c)可见:45 dBZ 以上强回波范围、高度明显增大,呈垂直塔状,回波质心低于 5 km,属于热带性降水回波;5 km 以下低层北风向南运动至秦岭北麓后,局地对流发展;10 km以上高层北部冷空气向南侵入,有利于整层位势不稳定层结加强和能量释放,形成短时暴雨天气。

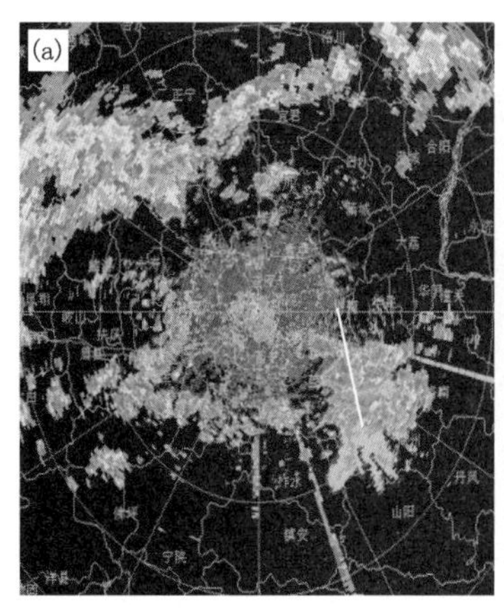

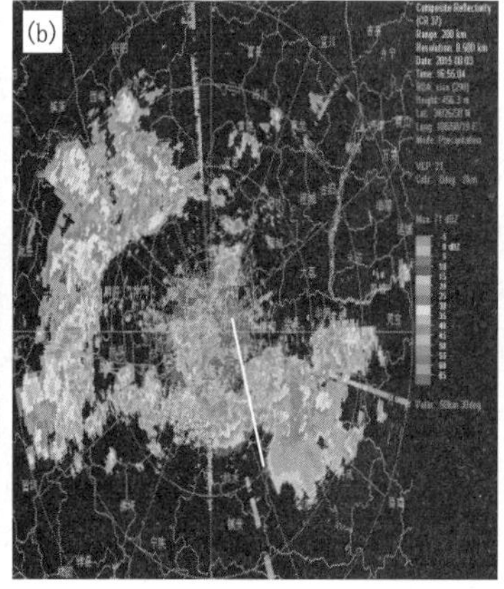

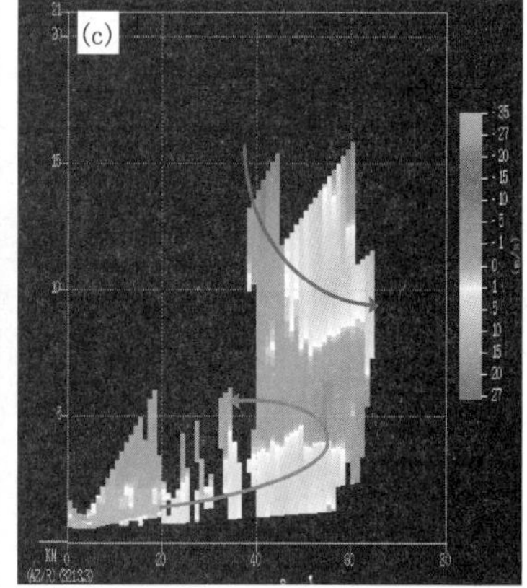

图 3-82　2015 年 8 月 3 日 15:45(a),16:55(b)雷达组合反射率
(单位:dBZ)与 16:55 径向速度(c)(单位:m/s)

综合以上分析可见:(1)“0803”暴雨期间,副高略有减弱东退,低层快速东移南压的冷式切变线与地面冷锋是其主要影响系统。暴雨发生前 6 小时,2.0 km 以下比湿快速增至 20.0 g/kg 以上。前期中下层偏南水汽输送和辐合总体不强,地面切变辐合比大陆东部明显偏弱。(2)“上干下湿”层结,逆温层较高,午后对流抑制能消失、低层大气处于超绝热状态,极有利于不稳定

能量积累与释放。地面冷锋后部偏北风遇秦岭北麓地形作用形成初始对流，高层北路冷空气侵入导致不稳定能量增大，二者共同作用触发不稳定能量剧烈释放，形成β中尺度对流系统。地面显著正变压和“人”字形切变线有利于中小尺度扰动发展，切变线附近出现了在秦岭南北两侧发展、靠近但未合并的中尺度对流云团。暴雨主要位于对流云团之间TBB梯度大值区，对应3 h显著正变压中心梯度大值区、切变线交汇点南侧附近。相比本地区域性暴雨，“8.3”暴雨云系偏南，关中以北未出现对应高空急流南侧强辐散区的斜压叶状云系，云团范围小，强降水集中。(3)低层辐合、高层辐散叠置与中心强度增大有利于上升运动发展和水汽聚集，散度、涡度中心呈前倾结构，比本地区域性暴雨大一个数量级，最大上升速度偏强约1倍。上升运动区呈直立结构，南北跨度小、持续时间短，无区域性暴雨附近常见的次级环流，降水拖曳作用形成导致强对流自毁机制明显，暴雨历时短、落区集中。暴雨雷达强回波区呈垂直塔状，质心低，属热带海洋型降水回波。(4)前期持续性极端高温天气增加了不稳定能量积累，不稳定层结尤其是低层超绝热状态下，加强多普勒天气雷达资料研判，可提前发布秦岭北麓暴雨预警。秦岭北麓沿山一带局地有快速发展、分散孤立的紧邻地物杂波的单体，中心像素点反射率超过60 dBZ，以上特征可作为当地暴雨短临预警参考指标。

3.7.3　西安“0724”短时暴雨过程

3.7.3.1　天气实况与模拟说明

全省累计雨量(图3-83a)和暴雨中心逐时雨量变化(图3-83b)可见：“0724”暴雨过程当日2016年7月24日，西安午后大部分地区出现37 ℃以上高温天气，傍晚前后城区突降暴雨，多地2小时雨量超过100 mm，小寨站19:00—21:00雨量达115.6 mm，过程雨量123.0 mm，突破城区日雨量记录。暴雨过程直接引发严重城市内涝，导致附近地铁停运，交通瘫痪。总体来看，短时暴雨出现在前期高温天气背景下，西安地区多地日雨量突破历史记录，具有雨强大、突发性强、落区集中和衍生灾害严重的特点。

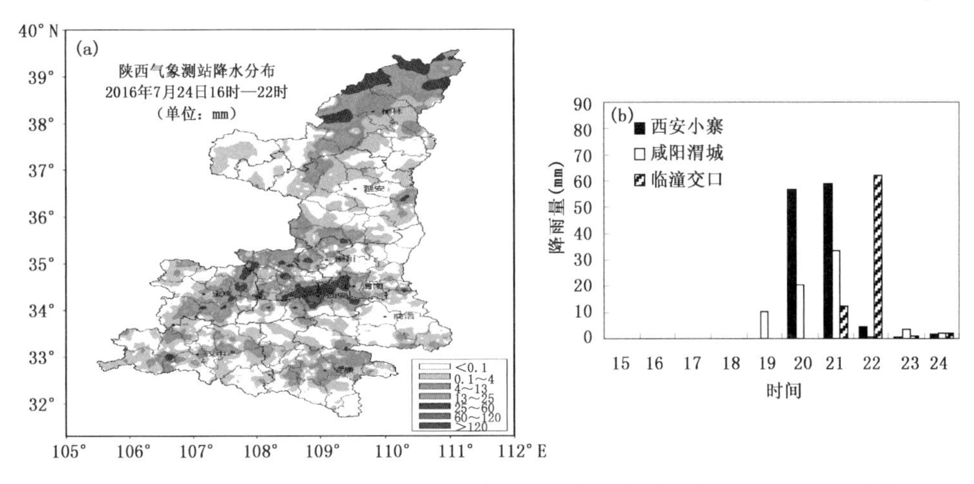

图3-83　2016年7月24日16:00—22:00降雨量分布(a)与暴雨中心逐小时雨量变化(b)

使用西安、延安、宝鸡3部C波段新一代多普勒天气雷达资料进行WRF中尺度模式同化预报，同化方案同“0812”过程。模式采用间歇性同化方法进行预报，从当日14:00开始逐6分钟同化雷达资料至 16:00,再直接积分 10 h。观测实况与模拟预报对比表明(图 3-84),未同化雷达资料的 WRF 对短时暴雨过程出现明显漏报,包括降水 100 mm 以上内涝灾害发生区和西安中北部在内的关中大部地区的预测累计降水<1 mm,局地最大仅 10 mm 左右。不同方案比较表明:同时同化基本反射率、径向速度的预报效果最好,强降水时段、落区与实况基本一致;同化基本反射率的预报效果改进明显,与同时同化基本反射率和径向速度的预报效果差异不大;只同化径向速度的预报效果改进有限。

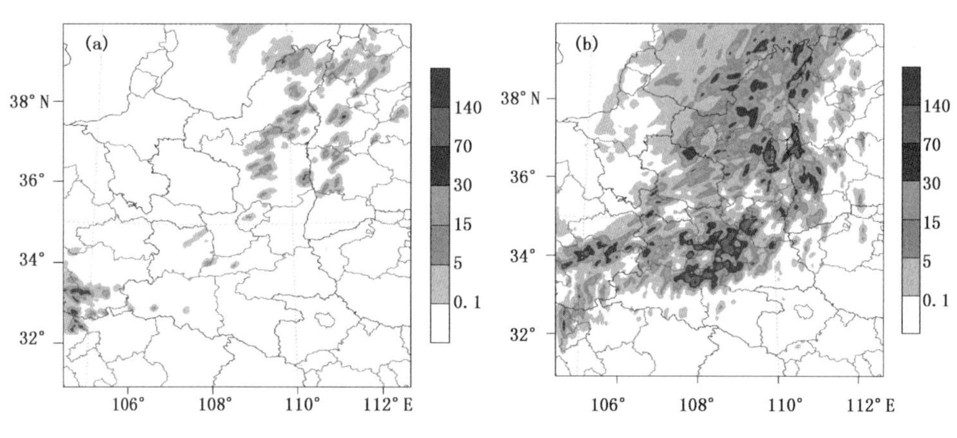

图 3-84　2016 年 7 月 24 日 16:00—22:00 未同化(a)和同化(b)雷达探测资料的 WRF 预测雨量(单位: mm)

3.7.3.2　环境条件

(1)环流背景

暴雨过程当日 08:00,200 hPa 上,贝加尔湖东南部至黑龙江西部一带冷涡发展,乌拉尔山至我国东北受西风急流控制;500 hPa 上,西太平洋副热带高压控制大陆东部,588 dagpm 西脊点在(30°N,110°E)附近,东北冷涡底部、内蒙古中部至陇东为低槽区,宁夏、甘肃有西风槽发展、东移,关中处于副热带高压西北侧显著西南气流之中;700 hPa 上,关中上游河套至陇南一带受显著切变线影响,西安比湿 8~9 g/kg;850 hPa 上,切变线位于榆林南部至陇东南一带,西安为 4 ~8 m/s 偏南风,比湿 15~16 g/kg。20:00(图 3-85a),河套以北高空西风急流变化不大,呈东北冷涡东移,副热带高压略有加强、西伸,宁夏一带西风槽东移至内蒙古中部。海平面上,暴雨发生前 6 小时,陕西周边受大范围热低压控制,傍晚前后四川盆地低压中心略有加强,山西南部、陕西东南至四川一带受弱的切变线影响。综上分析可见,暴雨过程发生在前期高温天气背景下,西太平洋副热带高压深入山东、河南至湖北一带,陕西中南部处于北部高空急流南侧与西太平洋副热带高压之间的偏西南气流之中,河套以西地区中低层有西风槽、切变线发展东移。

(2)水汽与热力不稳定条件

暴雨区域(33.9°~34.8°N,108.7°~109.2°E)平均的 WRF 水汽通量与水汽通量散度的时间-垂直剖面分析可见(图 3-85b):“0724”过程中低层均出现明显水汽辐合,最大中心位于 850 hPa,分别达 -12×10^{-7} g/(cm^2 · hPa · s)、-24×10^{-7} g/(cm^2 · hPa · s);伴随上升运动与水汽垂直输送加强,水汽辐合区域扩展至 350 hPa 附近,650 hPa 附近水汽辐合明显,辐合最大时刻出现最大雨强;之后,近地层750 hPa以下迅速转为弱的水汽辐散、整层水汽辐合减小,降水明显减弱。自下而上快速发展加深的水汽输送、辐合为中尺度系统提供了有利水汽条件。暴雨开始之后约2小时,偏南水汽输送迅速减弱、近地层由水汽显著辐合迅速转为弱辐散,强降水持续时间较短。

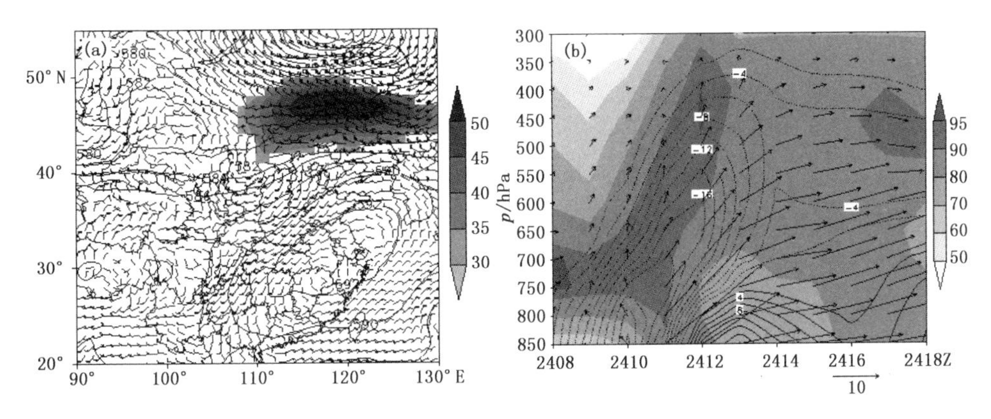

图3-85 2016年7月24日20时200 hPa急流(阴影,>30 m/s)、500 hPa高度(等值线,单位:dagpm)和700 hPa风场(m/s)(a),暴雨区平均水汽通量(矢量,单位:g/(cm·hPa·s))、水汽通量散度(等值线,单位:10^{-7} g/(cm^2·hPa·s))和相对湿度(阴影,单位:%)时间-垂直剖面(b)(横坐标为世界时)

7月24日08:00西安站状态层结曲线呈上干下湿“喇叭口”形状,850 hPa以下存在逆温层,对流有效位能(CAPE)大于550 J/kg,K指数大于36 ℃,沙氏指数(SI)小于0 ℃,对流抑制能量(CIN)大于100 J/kg,暴雨发生前期本地存在明显的对流有效位能,低层逆温现象与对流抑制能量有利于能量聚集加强。14:00(图3-86a),对流有效位能至3054 J/kg,对流抑制能量均完全消失。受前期高温干旱和午后地面加热等因素作用,西安近地层大气处于极有利于对流发展的超绝热状态,700 hPa以下大部分层次层结曲线与干绝热线基本平行。在上述有利的热力、层结条件下,受中尺度扰动、地形抬升触发等因素影响,逆温层与对流抑制能量减弱消失,对流有效位能强烈释放,形成短时暴雨天气。相比关中一般区域性暴雨过程(张弘等,2006;刘勇和薛春芳,2007),“0724”过程上部干层更为明显,相比北方常见的雷暴强对流天气,近地层饱和湿层更为深厚,层结条件有利于短时大暴雨出现。

湿位涡是综合表征大气动力、热力及水汽性质的物理量,主要包括绝对涡度和假相当位温垂直梯度乘积对应的正压项,其正值一般对应干冷空气,负值对应暖湿空气,正负位涡过渡大梯度区对应冷暖气流交汇区。经过暴雨中心的湿位涡正压项、假相当位温和水平风场纬度-高度剖面可见(图3-86b),过程前后高纬地区无明显正湿位涡和冷舌向南下滑,对流层中下层陕西境内始终维持上干冷、下暖湿的位势不稳定层结,关中周边无湿位涡、位温的经向梯度与能量锋区,湿位涡绝对值小于0.8 PVU,对应冷空气弱,过程前后湿位涡和位温的空间、时间变化不大。

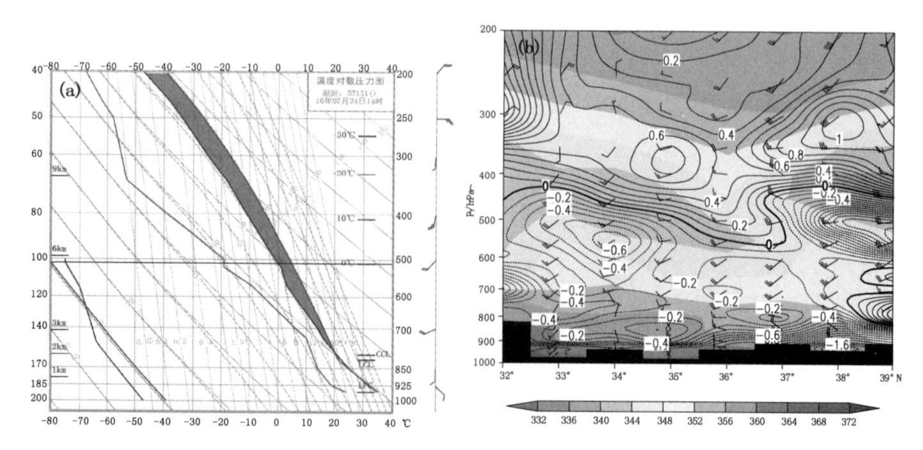

图 3-86　2016 年 7 月 24 日 14:00 西安探空站 T-ln$p$ (a)，暴雨中心的湿位涡（等值线，单位：PVU①），位温（阴影，单位：K）和水平风场（风杆，单位：m/s）的经向—垂直剖面(b)

3.7.3.3　中尺度特征分析

(1)雷达回波与垂直动力结构

图 3-87 为“0724”过程中尺度对流系统强盛阶段 WRF 输出的 700 hPa 风场和雷达组合反射率。结合过程前后逐小时模拟结果分析表明，在 500 hPa 上河套以西上游地区西风槽引导下，700 hPa 上切变线东移南压发展影响关中中部，切变线附近风场显著辐合区域回波快速发展、加强，强回波中心主要位于切变线东南侧的西南气流中，最大超过 55 dBZ，持续 3～4 小时。过程低层西南气流整体强盛，水平尺度超过 50 km、55 dBZ 以上强降水回波中心整体偏北，集中分布在西安市北部至渭南市西部交界区域，35 dBZ 以上降水回波呈东北—西南走向位于陕北南部至关中大部、南北跨度大，19:00—22:00 暴雨时段关中东部至陕南东部出现大范围 14～16 m/s的低空西南急流带，西安东部局地西南风达 20 m/s。

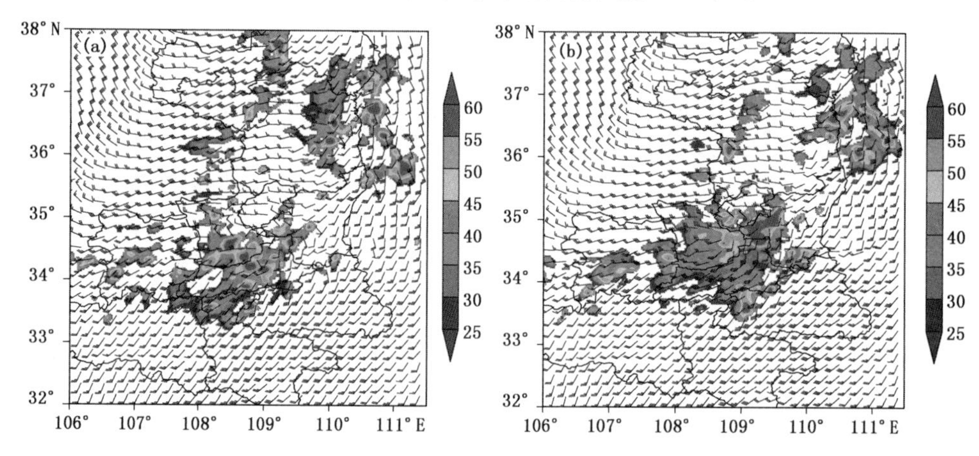

图 3-87　2016 年 7 月 24 日 19:00(a)，20:00(b) 700 hPa 风场（风杆，单位：m/s）和组合反射率（阴影，单位：dBZ）

① 1 PVU=1.0×10^{-6}m^{2} · K/(s · kg)

通过暴雨中心散度、涡度垂直结构演变进一步分析暴雨中尺度系统动力特征。“0724”过程午后开始，西安南部部分地方中低层散度、涡度扰动发展；19:00(图 3-88a)散度、涡度显著区向北扩展，水平方向波动加强，34.0°～34.5°N 雨区附近低层辐合、正涡度，高层辐散、负涡度趋势显著增大，34.2°N 附近 100 hPa、650 hPa 分别出现 $400\times10^{-5}\ s^{-1}$、$-200\times10^{-5}\ s^{-1}$ 左右的散度中心，高层出现过程最大上升运动；20:00(图 3-88b)散度、涡度显著区范围达到过程最大，显著区北移至 35.0°N 附近，高层强辐散区向下发展，中层辐散中心突增至 $200\times10^{-5}\ s^{-1}$ 以上、达到过程最大，强烈上升运动维持，西安城区出现最大雨强；22:00 散度、涡度发展区继续北移，暴雨中心移至东部临潼区。

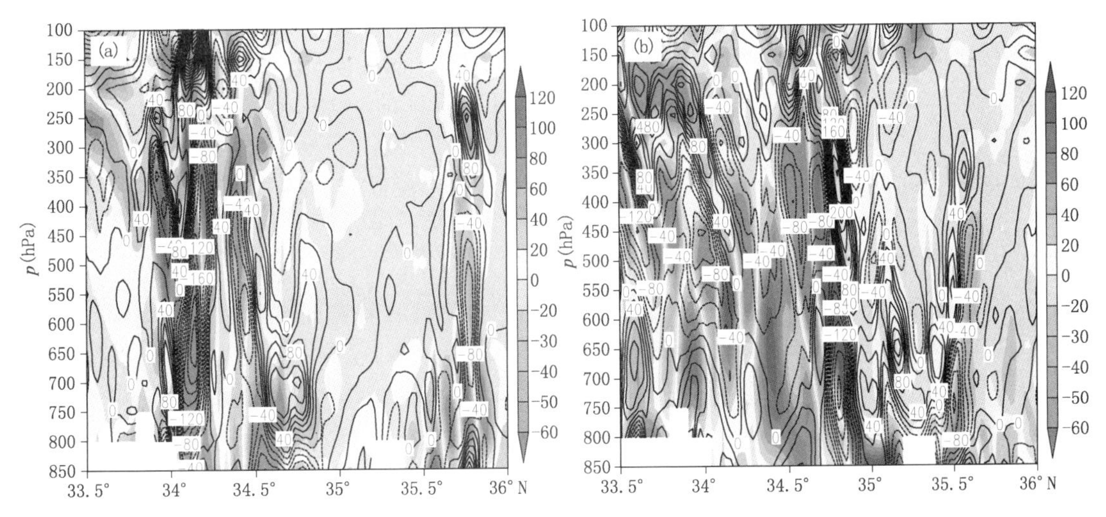

图 3-88　2016 年 7 月 24 日 19:00(a)，20:00(b)过 109°E 的散度（细线，单位：$10^{-5}\ s^{-1}$）、涡度（阴影，单位：$10^{-5}\ s^{-1}$）经向垂直剖面

(2)对流云团结构演变

2016 年 7 月 24 日午后(图 3-89)，陕北至关中西北部一带有长约 500 km、宽约 200 km 的相对松散的 α 中尺度对流云团向东发展加强，延安市中南部 TBB 中心达－60 ℃；同时，陕南南部汉中市、安康市局地出现长约 100 km、TBB 中心＞－50 ℃的 β 中度尺对流云团。17:00，北部云团原地发展，南部云团增高、水平尺度显著增大，TBB 中心降至－50 ℃以下。18:00，北

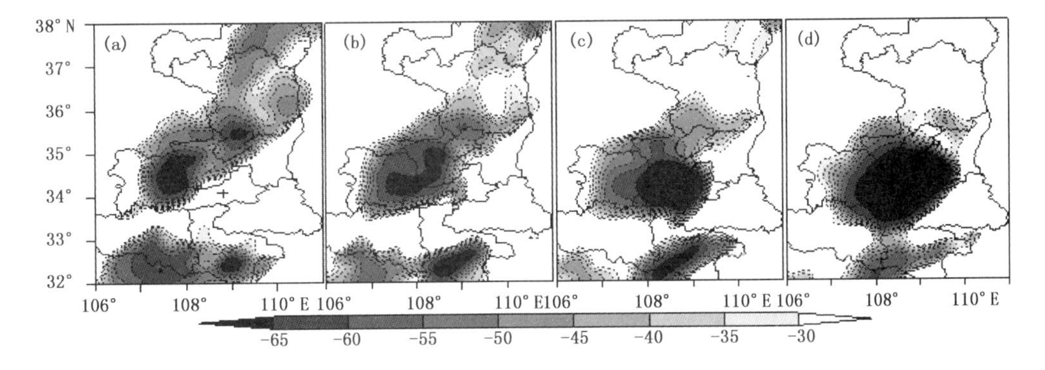

图 3-89　2016 年 7 月 24 日不同时刻(a. 18:00，b. 19:00，c. 20:00，d. 21:00)
FY-2F 卫星 TBB(阴影，单位：℃)(“＋”为西安)

部云团南侧迅速发展，整体呈弓形凸向东南方向，最大云顶分布在云团东南侧，关中西部 TBB 中心达－65 ℃，西安及以东地区对流云团尚未明显发展。19:00，北部云团进一步发展东移、影响关中中西部，*TBB*＜－65 ℃区域扩大，西安中西部地区对流云团快速发展、TBB 突降至－40 ℃左右，周边开始出现强降水。20:00—21:00，北部云团东移南压、演变为近椭圆形，TBB 中心下降至－70 ℃，与南部云团部分连接，位于 TBB 中心附近的西安城区出现 56.8 和 58.8 mm/h 的过程最大雨强。22:00—23:00，南北对流云团完全合并，西部云顶高度逐渐下降，东部对流云团继续维持发展，*TBB*＜－70 ℃中心区域移至西安东部局地，临潼区出现 62.0 mm/h 的过程最大雨强。

(3)短时暴雨云微物理特征

云微物理过程伴随的相变潜热与对流运动的正反馈机制是促进暴雨维持、发展的重要热力因子，不同相态云粒子的发展转化是短时大暴雨不可或缺的动力机制(鞠永茂等，2008)。暴雨中心附近(33.9°～34.8°N，108.7°～109.2°E)区域平均的雨水、霰、雪、垂直速度、水平风场和雨强的高度-时间剖面分析可见(图 3-90)：雨水位于 0 ℃层以下，霰粒子位于 150～600 hPa、－60～5 ℃之间，中心在 400 hPa、－10 ℃层附近，雪粒子位于－60～－10 ℃、150～500 hPa 之间，最大垂直上升速度在霰粒子中心上方 250 hPa、－30 ℃附近，接近雪粒子中心，一定程度说明冰相粒子快速聚集增长伴随的凝结潜热释放对上升运动加强有明显的正反馈作用；显著上升运动持续约 6 小时，中高层明显强于低层，最大雨强之后，受降雨拖曳作用低层迅速转为弱的下沉气流。值得注意的是：中上层霰粒子增长最为明显，质量混合比大于同期雨水粒子，雨水、霰粒子、上升速度最大中心出现时间与 20 mm/h 以上短时暴雨开始时间一致，雪粒子含量突增至过程最大时刻出现最大雨强。过程期间雨水、霰、雪粒子质量混合比、上升速度中心和最大雨强分别为 2.0 g/kg、2.4 g/kg、0.24 g/kg、1.2 m/s、23 mm/h。暴雨中心附近云粒子整层的平均质量混合比逐时变化可见：中尺度对流云团不同相态粒子含量明显增大之后，降水开始，伴随雨水、霰和雪粒子质量混合比突增 5 倍以上，暴雨发生，雪粒子开始增多时段偏晚雨水、霰粒子约 1 小时，冰粒子比其他粒子明显偏少一个量级以上。

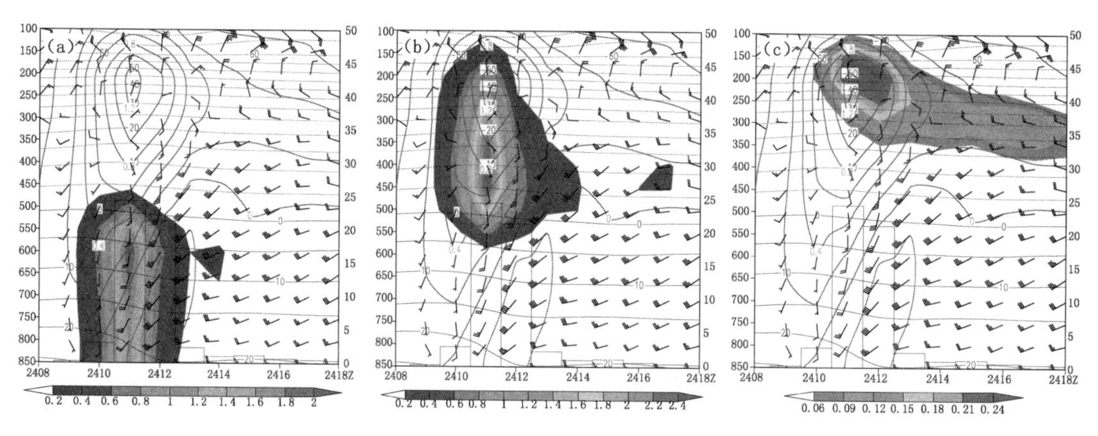

图 3-90 暴雨区(33.9°～34.8°N，108.7°～109.2°E)区域平均的雨水(a)、霰(b)、雪(c)粒子质量混合比(阴影，单位：g/kg)、垂直速度(红细线，单位：m/s)、水平风场(风杆，单位：m/s)和雨强(柱体，单位：mm/h)的时间-垂直剖面

综上分析可见：(1)“0724”过程发生于高温天气背景下，陕西中南部处于高空急流南侧、深入内陆的西太平洋副热带高压之间的偏西南气流之中，河套以西中低层有西风槽和切变线发展东移，影响关中地区。暴雨发生12小时内，西安上空层结曲线维持上干下湿的“喇叭口”形状，高温天气有利于对流不稳定能量持续增强，对流抑制能量与低层逆温有利于不稳定能量积累，午后低层大气处于超绝热状态。(2)自下而上快速发展加深的显著水汽辐合为暴雨提供了水汽条件，对流层整层近乎垂直略微南倾的散度、涡度快速发展和显著上升运动为暴雨提供了动力条件，散度、涡度中心强度比本地区域性暴雨大一个量级以上，最大上升速度中心强约一倍。高层显著辐散叠加在低层辐合之上，近似呈直立结构，南北跨度小于150 km、持续时间小于6小时，无倾斜发展的次级环流，降水对上升气流拖曳作用明显，暴雨开始后约2小时，偏南水汽输送迅速减弱、近地层显著水汽辐合转为弱辐散，中尺度特征导致过程雨量大、历时短、落区集中。(3)伴随上游地区中低层切变线发展东移，关中、陕南午后有中尺度对流云团快速发展、加强，最大雨强阶段TBB中心降至−65 ℃以下，暴雨中心位于TBB中心附近。不同于长历时区域性暴雨，短时暴雨中尺度对流云团距离河套以北高空急流区相对较远，强盛阶段云团北部附近无北凸的斜压叶状云系，对应区域高空辐散区范围、对流云团南北跨度相对较小，暴雨集中在关中中南部。对流云团中，霰粒子含量最大，冰粒子偏少其他粒子一个量级以上，最强上升运动中心位于霰粒子中心正上方−30 ℃温度层附近、接近雪粒子中心。伴随中尺度对流云团整层雨水、霰和雪粒子含量5倍以上突增，暴雨发生，雪粒子开始增多时段偏晚雨水、霰粒子约1小时，其过程最大值与最大雨强同步出现。

3.7.4　西安致灾短时暴雨中尺度特征与预警指标

基于有效同化C波段雷达探测资料的中尺度模式预报、NCEP再分析资料、云图和本地加密观测等资料，通过分析引发严重次生灾害的“0803”、“0812”、“0724”过程，分析总结西安短时暴雨中尺度特征与预报预警指标。主要结论如下：

前期持续高温天气有利于不稳定能量持续增大，为暴雨中尺度对流系统触发和不稳定能量强烈释放提供了有利的热力环境条件。西安上空层结曲线呈上干下湿的“喇叭口”形状，午后低层大气处于超绝热状态，对流有效位能超过800 J/kg。相比区域性暴雨，短时暴雨对流云团主体距离北部高空急流较远，云团北部无斜压叶状云系，高空辐散区范围、云团南北跨度相对较小，强盛阶段TBB中心小于−65 ℃。

“0812”暴雨期间，关中北部地区和东部地面切变辐合线附近先后出现了南北向和东西向的中尺度重力波，波动持续约4小时、波长约60 km。暴雨发生前，波动区垂直上升速度、雨水含量中心强度和发展高度迅速达到最大，陕北地区对流层中上部正湿位涡显著向南下至关中上空，出现了有利于中尺度波动发展的湿位涡波列结构，西安近地层正湿位涡和垂直梯度异常增大。200 hPa高空急流区南侧、关中西部垂直风切变显著增大及其东移南压为中尺度波动快速发展传播提供了能量。500 hPa内蒙古中部天气尺度横槽发展东移、引导中低层偏北路冷空气南压，是暴雨直接影响系统；850 hPa比湿突增为暴雨提供了热力、水汽条件；近地层显著东南风、不稳定扰动增大和地面切变线是有利动力、触发条件；地面切变线西端附近，3小时变压场出现了显著的中尺度波动特征。“0812”暴雨与典型盛夏暴雨差异明显：西太平洋副热带高压远离大陆、东南沿海无台风活动，关中低层出现西北路水汽输送，强降雨区周边700 hPa以上深厚位势稳定层结、近地层不稳定层结垂直叠置有利于重力波动发展传播，中尺度对流云团高度低，雷达强降水回波主要位于低层西北风和东北风之间的冷式切变区。

“0803”暴雨期间，陕西处于西太平洋副热带高压西北侧、宽广西风槽的底部，中低层快速东移南压的冷式切变线和地面冷锋是其主要影响系统，地面切变辐合偏弱、整层偏南水汽输送及其辐合不明显是大暴雨持续时间短、范围小的重要原因；地面冷锋后部偏北风遇秦岭北麓地形作用形成初始对流，高层北路冷空气侵入导致不稳定能量增大，二者共同作用触发对流与能量强烈释放，形成 β 中尺度对流系统，产生大暴雨；低层辐合、高层辐散和垂直上升运动中心偏强而无次级环流，造成暴雨范围小、持续时间短；暴雨区主要位于对流云团 TBB 梯度大值区，与 3 小时显著正变压中心梯度大值区和切变线交汇点南侧对应；雷达强回波区呈垂直塔状，质心低，属热带海洋型降水回波。在不稳定层结尤其是低层超绝热状态下，加强雷达资料分析研判，跟踪紧邻山地杂波的、孤立的、中心像素点反射率超过 60 dBZ 的小尺度对流单体发展，可提前发布秦岭北麓暴雨预警。

“0724”暴雨期间，关中处于稳定少动的西太平洋副热带高压西北边缘，西风槽与切变线是直接影响系统。低层快速发展加深的水汽辐合，散度、涡度和上升运动为短时暴雨提供了水汽、动力条件；散度、涡度中心强度比区域性暴雨大一个量级以上，最大上升运动中心强约一倍；高层显著辐散叠加在低层辐合之上、近似呈直立结构，南北尺度小于 150 km，无倾斜发展的次级环流，降雨拖曳作用明显；偏南水汽输送与低层显著辐合持续时间短。上述特征导致过程雨量大、历时短、落区集中。对流云团中上层霰粒子增长最为明显，最强上升运动中心位于霰粒子中心正上方－30 ℃温度层附近、接近雪粒子中心。伴随对流云团不同相态云粒子整层含量 5 倍以上突增，暴雨发生，雪粒子含量最大值与最大雨强同步出现。

第4章 实施西安气象++战略 建设西安智慧气象行业服务平台

4.1 气象+环保 市—区县空气质量数值预报预警系统(XaWRF-CMAQ2.0)

4.1.1 系统介绍

西安市—区县空气质量数值预报预警系统(XaWRF-CMAQ2.0)自2013年建立至今已经过4年的发展,扩充到包含有一个气象模式(WRF)、一个排放处理模式(SMOKE)和两个大气化学传输模式(CMAQ和CAMx)的多模式集合业务化运行的空气质量预报系统。系统中WRF模型用来提供气象预报场数据,SMOKE模型可以将收集到的排放背景场数据和本地排放面源、点源数据处理为模式需要的格点化逐时数据。CMAQ和CAMx模型均可用来预报污染物浓度,同时CAMx中的PSAT模块还提供了逐时$PM_{2.5}$区域来源预报产品。目前,系统业务化产品服务的范围主要包括陕西关中五地市、陕南汉中市和山西省临汾市。

表4-1为该系统从2013年至2017年的发展历程和主要进展。

表4-1 XaWRF-CMAQ2.0业务系统发展进程

	2013年	2014年	2015年	2016年	2017年
模型	WRF;SMOKE;CMAQ	WRF;SMOKE;CMAQ	WRF;SMOKE;CMAQ	WRF;SMOKE;CMAQ;CAMx(PSAT)	WRF;SMOKE;CMAQ;CAMx(PSAT)
排放数据来源	TRACE—P、INTEX—B、全国第一次污染源普查数据、本地点源	TRACE—P、INTEX—B、全国第一次污染源普查数据、本地点源	TRACE—P、INTEX—B、全国第一次污染源普查数据、本地点源、临汾排放数据	TRACE—P、INTEX—B、全国第一次污染源普查数据、本地点源、临汾排放数据、汉中排放数据	TRACE—P、INTEX—B、全国第一次污染源普查数据、本地点源、临汾排放数据、汉中排放数据、收集到全市多行业的排放数据
分辨率	5 km	5 km	3 km	3 km	3 km

续表

	2013年	2014年	2015年	2016年	2017年
产品	污染物空间分布、站点时间序列	污染物空间分布、站点时间序列、VIS5D产品	污染物空间分布、站点时间序列、VIS5D产品、空气质量指数产品	污染物空间分布、站点时间序列、VIS5D产品、空气质量指数产品、污染源解析产品	污染物空间分布、站点时间序列、VIS5D产品、AQI指数产品、污染源解析产品
服务区域	西安	关中区域	关中区域、临汾市	关中区域、临汾市、汉中市	关中区域、临汾市、汉中市

XaWRF-CMAQ2.0业务系统中采用气象模式WRF提供气象场，排放模型SMOKE处理排放源数据，空气质量CMAQ模拟预报污染物浓度，以及后处理模块分析并制作业务产品。具体系统流程如图4-1所示。

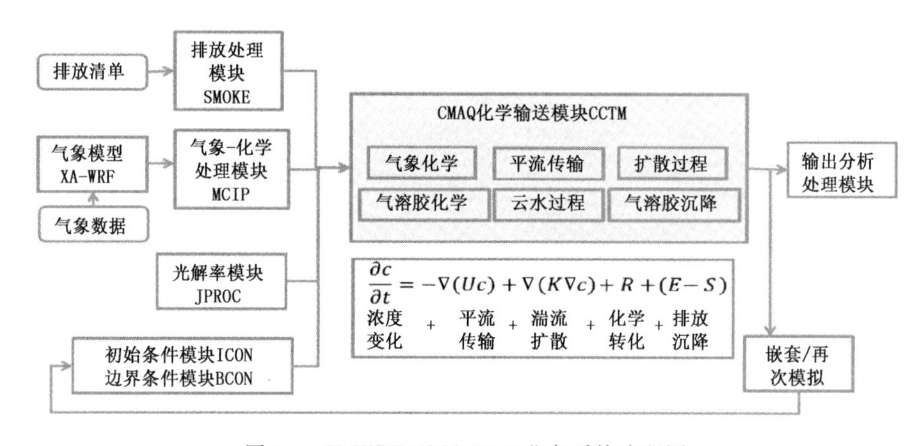

图4-1 XaWRF-CMAQ2.0业务系统流程图

4.1.2 预报产品

该系统的后处理模块由SHELL脚本结合GrADS软件组成，每日在北京时间10时前完成所有预报产品的分析计算和图片绘制。目前系统提供的产品包括：大气污染物(SO_2、NO_2、O_3、CO、PM_{10}、$PM_{2.5}$)空间分布、多站点的时间变化、能见度消减空间分布以及污染源解析预报，具体预报产品实例如图4-2所示。大气污染物空间分布为上述气态和颗粒物未来72小时内逐小时的浓度分布。能见度消减空间分布图是根据经验参数重构消光系数反推而得，图中的数据为大气污染所造成的能见度消减程度，即颜色越深表示能见度越差，单位为千米。站点时间变化图是根据模拟结果的格点插值而得到各个站点大气污染物浓度时间序列。来源解析为PSAT模块的预报结果，明确显示不同站点的$PM_{2.5}$区域来源。

4.1.3 性能检验

预报精度对于业务系统的应用是至关重要的。图4-3显示了近三年(2014、2015和2016年)冬季西安市一区县空气质量数值预报预警系统XaWRF-CMAQ2.0的$PM_{2.5}$的预报与实

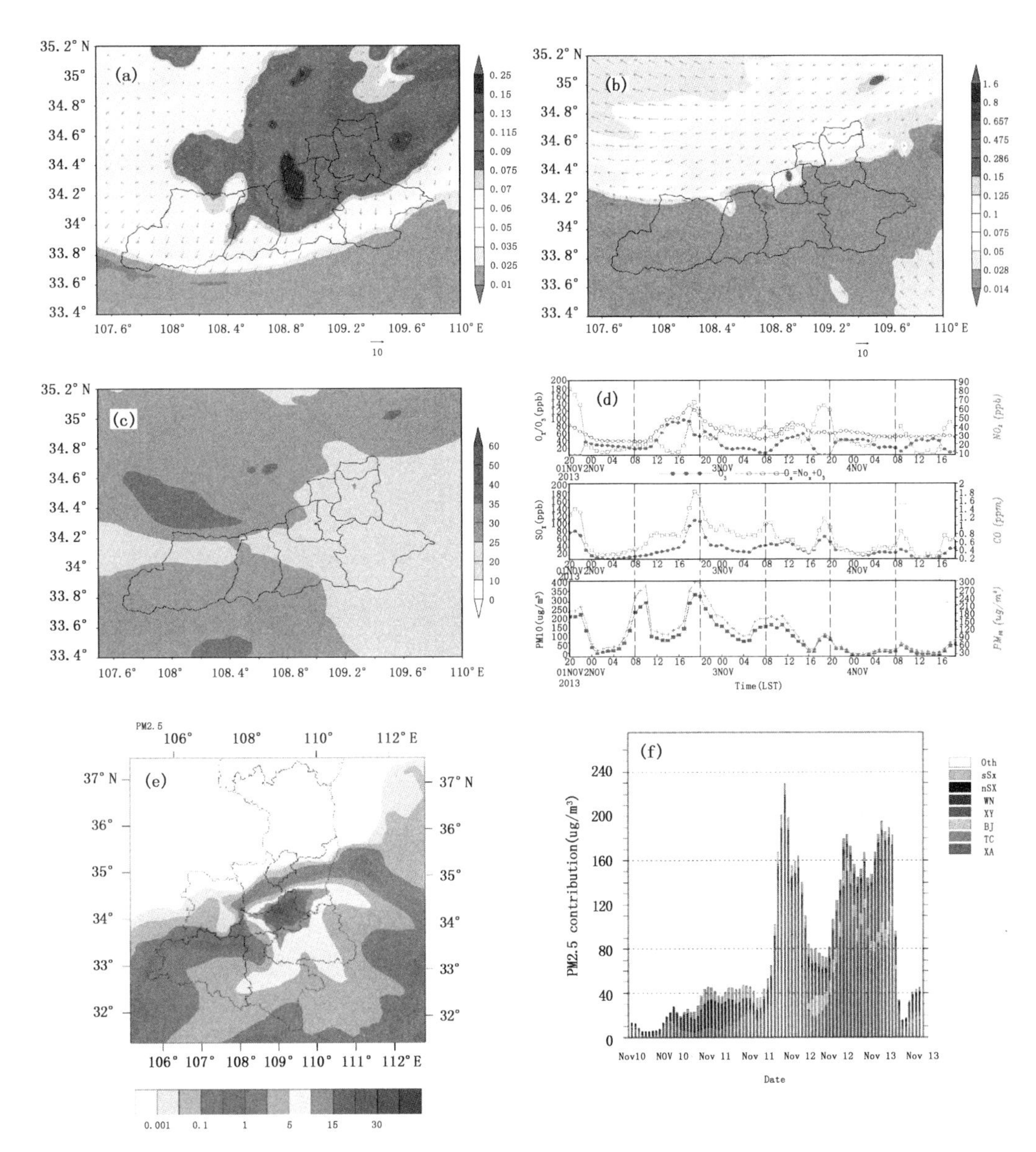

图 4-2　XaWRF-CMAQ2.0 预报产品示意图

（a. $PM_{2.5}$浓度空间分布图；b. SO_2 浓度空间分布图；c. 能见度消减分布图；d. 污染物浓度时间变化站点图（高压厂站）；e. 污染源影响范围；f. 站点 $PM_{2.5}$来源解析）

况对比情况。图中实线为观测数据，虚线为 24 小时预报数据，对每年冬季近两个月的逐日站点平均数据进行对比。可以看出来，通过对系统不断的发展改进，近三年来的模式的预报精度在不断的提升，2014 年的相关系数为 0.54，2015 年的相关系数为 0.7，2016 年已经达到 0.82。这说明模式已经完全可以预报污染过程的发生、发展和结束。

4.1.4　预报产品在西安市气象现代化建设（Ⅱ期）平台展示

西安市—区县空气质量数值预报预警系统（XaWRF-CMAQ2.0）自动生成的产品图，每日

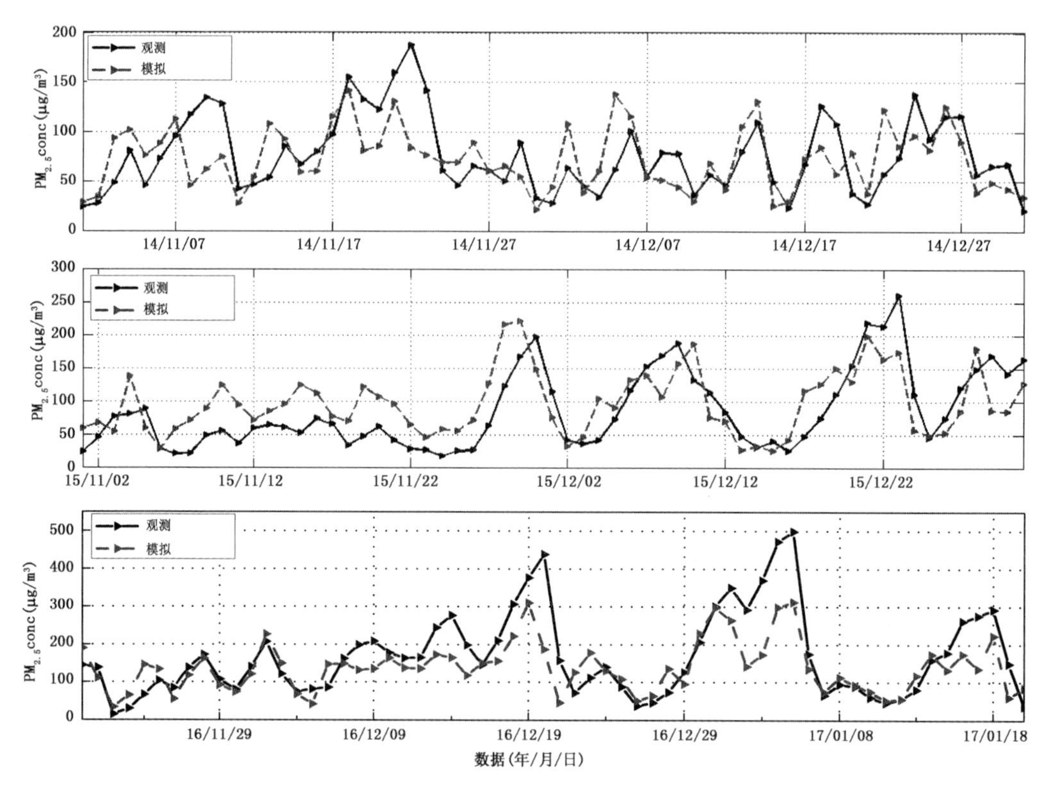

图 4-3　西安市—区县空气质量数值预报预警系统近三年冬季的模拟与观测对比

10 时前定时向西安市气象现代化建设(Ⅱ期)平台上发送定时更新显示(图 4-4),其中 GUANZHONG 是关中的全拼图,即指陕西关中区域。

图 4-4　XaWRF-CMAQ2.0 空气质量预报产品在西安市气象现代化建设(Ⅱ)期平台显示界面

针对关中城市群的模拟结果展示如下：

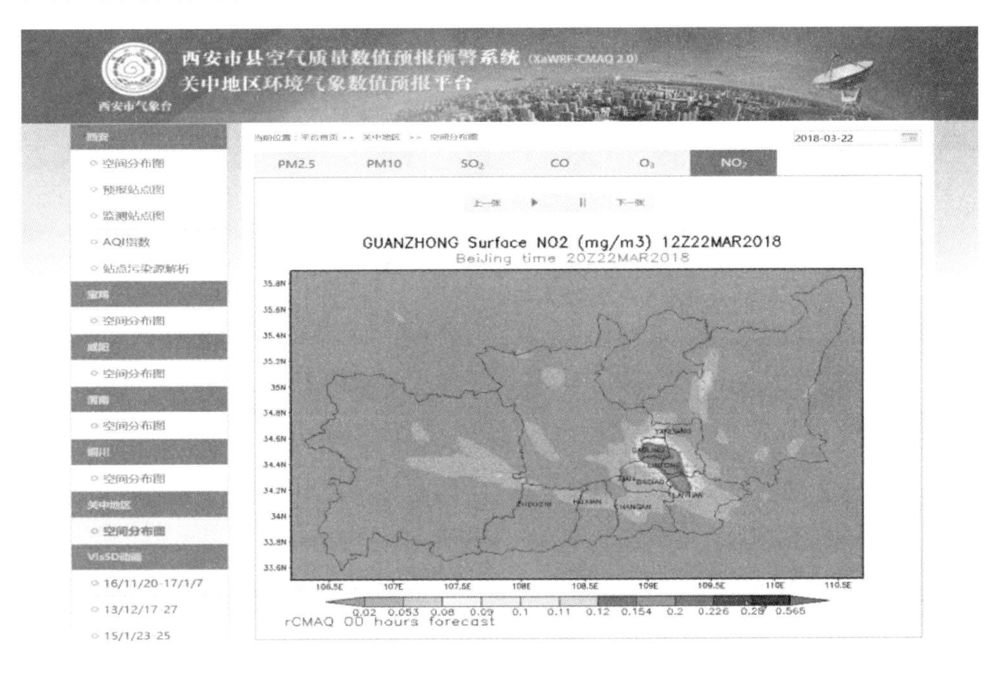

图 4-5 陕西关中区域环境气象数值预报平台

4.1.5 2017 年最新进展

为了落实好西安市 2017 年“铁腕治霾·保卫蓝天”工作中重污染天气气象扩散条件及预警等相关任务，落实好西安市气象事业发展“十三五”规划“西安大城市精细化预报工程”任务，在西安市铁腕治霾办公室组织协调下，获取了多家单位的排放相关数据，其中包括，交警支队的不同型号机动车的保有量、不同道路的车速、车流量监测数据(24 小时内车流量变化数据、一周内车流量变化数据)；市建委的建筑工地地点与范围的数据；市商务局的加油站地点及销售额数据；市城管局的餐饮业地址数据，以及环保局现有的排放统计数据。以上数据均是构建详细排放清单的必备数据。

上述数据来源复杂，在建立排放清单前需要做质量控制。基于目前系统对于 PM_{10} 的明显低估，已对全市的建筑工地位置和面积进行校准，并对建筑工地的颗粒物排放进行了估算，在模拟测试后，如果改进效果明显，可加入业务系统应用。

4.1.6 陕西省环保厅监测设备落户在长安区和阎良区

为全面客观反映空气质量状况，了解区域间大气污染传输规律，市气象局和省环保厅开展合作，在秦岭大气科学试验基地共同建设环境监测站，采用美国热电公司研制的环境监测仪器设备，监测项目包括 SO_2、NO_2、CO、O_3、$PM_{2.5}$、PM_{10} 六要素浓度。监测数据共享，与省环境监测总站联合开展技术研究。秦岭大气科学试验基地位于关中—天水经济区中心地带西安市长安区，北距西安市中心 15 km，南距秦岭 12 km，108°53′E，34°05′N。

空气质量监测站，简称空气站。空气站的功能是对存在于大气、空气中的污染物质进行定点、连续或者定时的采样、测量和分析。为了对空气进行监测，一般在一个环保重点城市设立若干个空气站，站内安装多参数自动监测仪器作连续自动监测，将监测结果实时存储并加以分析后得到相关的数据。空气质量监测站是空气质量控制和对空气质量进行合理评估的基础平台，是一个城市空气环境保护的基础监测设施。

空气站配置的仪器设备包括4种反应性气体(SO_2、NO_2、O_3、CO)监测仪、气体质控设备、两种颗粒物(PM_{10}、$PM_{2.5}$)监测仪、能见度监测仪、环境摄影仪、数据采集仪、中控电脑、配套采样系统、稳压电源(图4-6)。

图4-6　空气质量监测站

PM_{10}分析仪

图4-7　MP101M型PM_{10}分析仪

MP101M型PM_{10}分析仪(图4-7)采用β射线吸收原理，β射线是一种高速电子流，当它穿过颗粒物时，部分能量被颗粒物吸收，导致强度衰减。低能量β射线的衰减量大小，仅与吸收物质的质量浓度有关，而与吸收物质的其他物理特性(如颗粒物分散度、颜色、光泽、形状等)无关，因此通过测量β射线的衰减量大小，来计算大气中颗粒物的质量浓度。

SO_2分析仪

图4-8　SO_2分析仪

采用紫外荧光法对环境空气中SO_2浓度进行自动分析。AF22M型SO_2分析仪(图4-8)采用紫外荧光法，在Zn灯(214 nm)的照射下，SO_2分子接收紫外线能量成为激发态的SO_2分子，

在激发态的 SO_2 分子返回基态时，发射出特征荧光，由光电倍增管将荧光强度信号转换成电信号，通过测量电信号得到空气中的 SO_2 浓度。

NO_2 分析仪

图 4-9　AC32M 型 NO_2 分析仪

AC32M 型 NO_2 分析仪（图 4-9）采用化学发光法，即 NO 与 O_3 反应生成激发态的 NO_2，激发态的 NO_2 回到基态时释放波长在 600～1200 nm 的光能，通过检测释放光子的能量，利用朗伯-比尔（Beer-Lambert）定律，求出 NO_2 的浓度，而空气中原有的 NO_2 则是通过 NOx 与 NO 之差求得。

$PM_{2.5}$ 监测仪

图 4-10　MP101M 型 $PM_{2.5}$ 监测仪

MP101M 型 $PM_{2.5}$ 监测仪（图 4-10）基于 β 射线的吸收原理，通过沉积在纸带上颗粒物对 β 射线吸收的测量计算颗粒物的浓度。低能量的 β 射线被碰撞的电子吸收，电子的数量跟质量密度相关。因此 β 射线的吸收剂量与颗粒物质量成正相关。同时颗粒物的浓度不受其物理化学性质的影响。

O_3 分析仪

图 4-11　O342M 型 O_3 分析仪

O342M 型 O_3 分析仪（图 4-11）采用紫外吸收法，利用 O_3 分子对 253.7 nm 紫外光的特征吸收，用光电检测器检测被吸收光的强度，利用朗伯-比尔（Beer-Lambert）定律，求出 O_3 的浓度。

CO 分析仪

图 4-12　CO12M 型 CO 分析仪

CO12M 型 CO 分析仪（图 4-12）采用气体滤波相关红外吸收法，通过 CO 对 4.67 μm 红外吸收的特性，用光电检测器检测被吸收光的强度，利用朗伯-比尔（Beer-Lambert）定律，求出 CO 的浓度。

质控设备

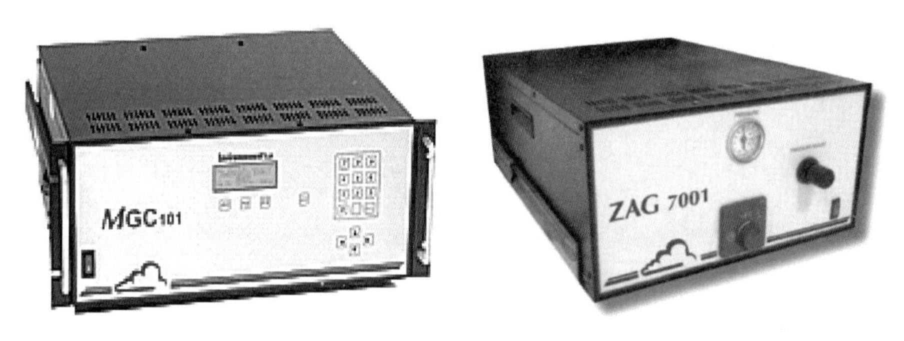

图 4-13　MGC101 气体校准仪（左）零气生成器 ZAG7001（右）

零气生成器（图 4-13）提供纯净的空气用于检查大气或发射源分析仪的零点，给稀释器和 MGC101 校准仪提供空气。

数据传输与网络化质控平台（VPN、工控机和计算机）

与中国环境监测总站整体开发的数据传输与网络化质控平台相匹配的子站端、城市站、省级站的硬件和必要驱动软件，完全兼容现有省、市级空气监测网数据传输与网络化质控平台，并与现有省、市级平台实现数据传输的无缝衔接。

4.2　气象+交通　基于智能网格预报的西安交通气象灾害监测预警服务平台

基于“智能网格预报”，优化升级“西安交通气象灾害监测预警服务平台”（图 4-14），实现自动化制作交通气象服务产品，服务精细化水平得到了很大提升，取得了良好的效果。并且与市交警支队进行合作，在“西安交通气象灾害监测预警服务平台”中增加了交通路况实景、路况信息。

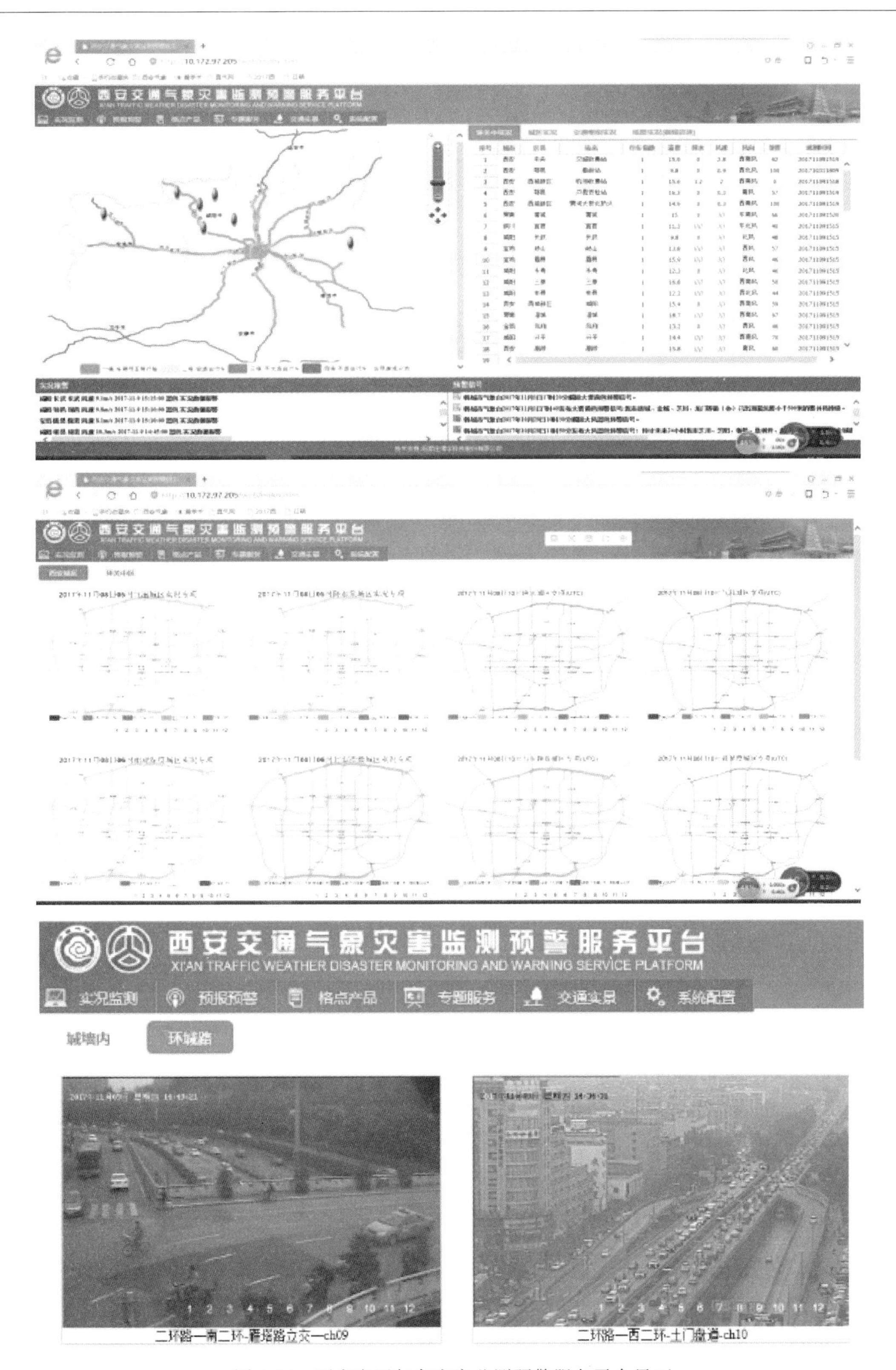

图 4-14　西安交通气象灾害监测预警服务平台界面

关键技术:为提高模块的性能与扩展能力,各业务应用模块在技术架构上采用 c# 技术,基于应用服务器和 Oracle 数据库进行构建。平台采用 B/S 的系统访问方式,用户主要使用浏览器来访问平台,降低用户的使用难度,客户端不需要安装特殊软件,提高了平台的易用性。

对采集下来的 Grad 格点实况数据、MICAPS 格点预报数据、FTP 数据、数据库映射数据等进行加工和分析,通过对实况监测、灾害预警、行车指数等进行阈值设置,由平台自动对采集数据进行甄别,确定发生报警的区域。

功能技术图:

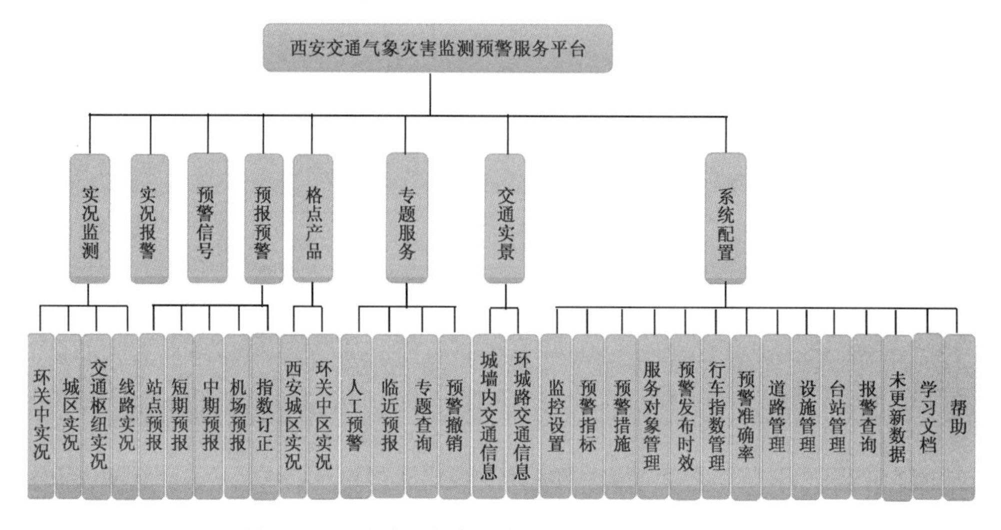

图 4-15　西安交通气象灾害监测预警服务平台功能

西安交通气象灾害监测预警服务平台为高速公路沿线提供气象灾害实时监测、预警服务、预报服务、格点数据服务。通过全方位的交通气象保障服务,有利于提高不良天气条件下公路运输质量和通行能力,减少或避免因气象灾害导致的重大交通事故的发生,有效提升高速公路运营管理的整体服务水平。

4.3　气象+国土　基于智能网格预报的地质灾害气象服务系统

4.3.1　基于智能网格预报,建设西安地质灾害气象等级预报预警系统

基于智能网格气象预报,建设了西安地质灾害气象等级预报预警系统(图 4-16)。加挂在 XA-WFIS. 新丝路上,实现了预报、预警的自动出图,地质灾害易发区、责任人和历史服务材料的查询。

主要实现了以下功能(图 4-16):

地质灾害气象实况监测。1)点展示:地图上显示的各隐患点的实况等级,分别用不同颜色表示。2)面展示:全市及各区县地质灾害气象等级实况监测图。

地质灾害气象等级预报。1)点展示:地图上显示的各隐患点 6、12、24 小时地质灾害气象等级预报,分别用不同颜色标注等级。2)面展示:实现全市及各区县地质灾害气象等级预报预警图的自动化制作(6、12、24 小时地质灾害气象等级预报图)。

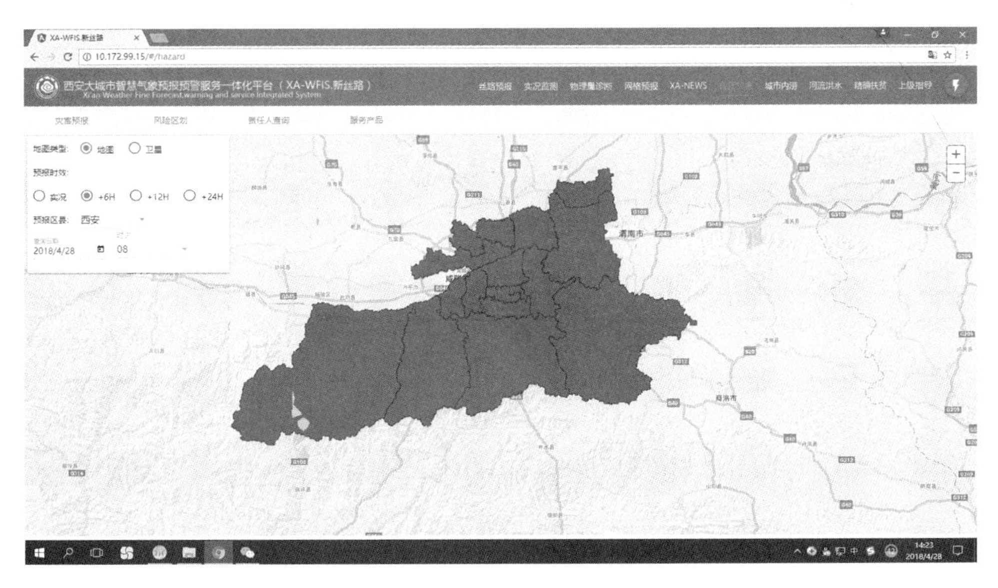

图 4-16　西安地质灾害气象等级预报预警系统界面

地质灾害隐患点的信息查询。实现了分区县、分类别、单个隐患点查询以及综合高级查询。隐患点和气象站点可在地图中标注，以三种形式（卫星遥感图、路网分布图、地形地貌图）的底图显示（图 4-17）。

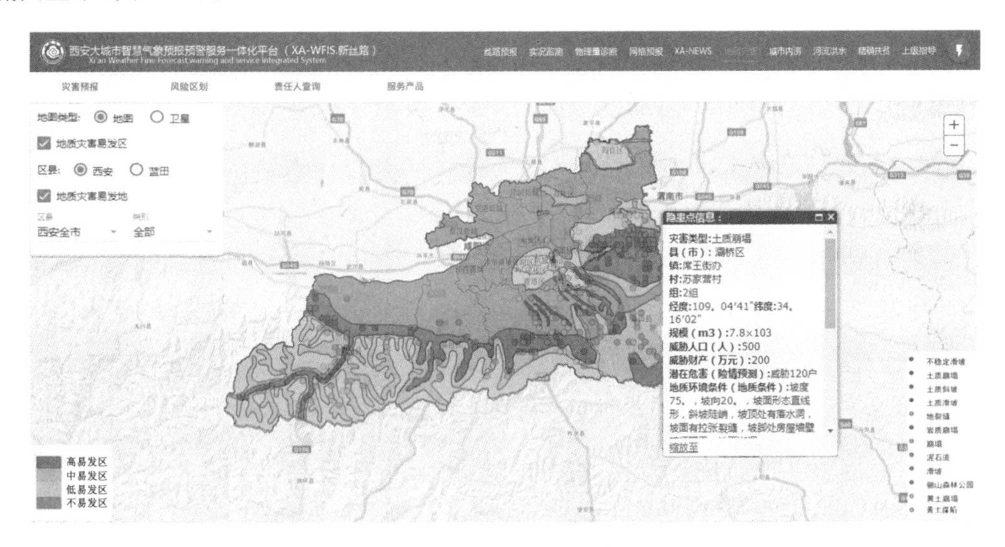

图 4-17　西安地质灾害隐患点的信息查询界面

地质灾害隐患点责任人的查询。实现通过鼠标圈围区域查询地质灾害隐患点责任人，并可给选定责任人发短信（图 4-18）。

实现历史个例和服务情况查询。查询的内容为经过气象、国土部门会商最终发布的产品，实现按日期进行排列查询。查询内容为图、文档形式。

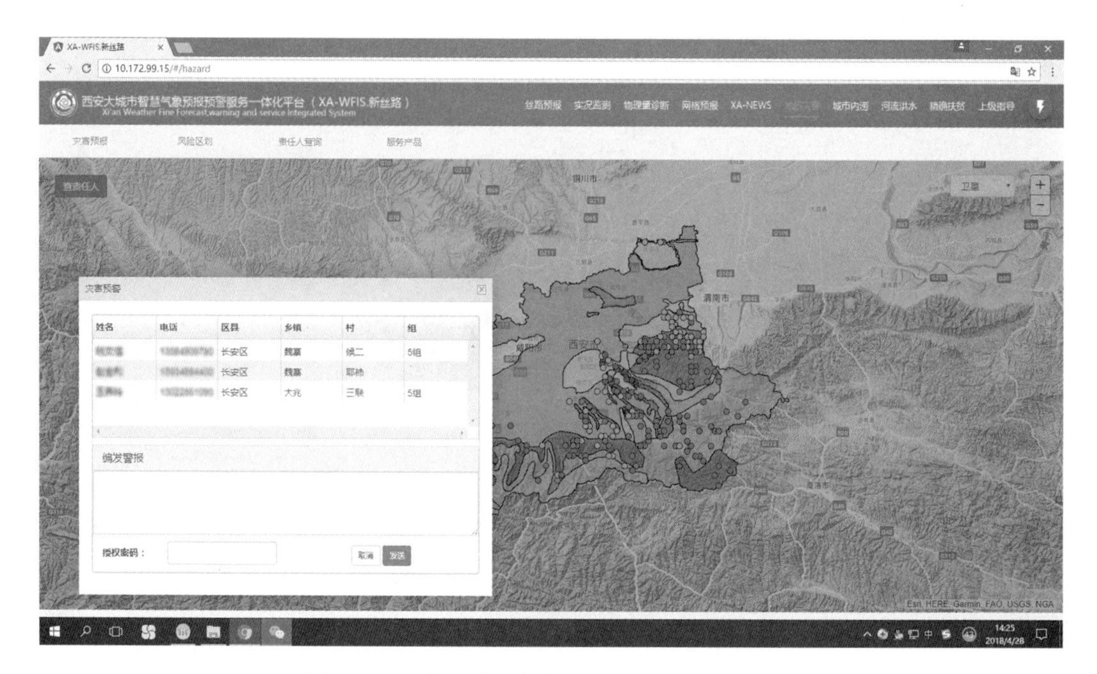

图 4-18　西安地质灾害隐患点责任人的查询界面

4.3.2　2017 年西安市地质灾害隐患点分布特征一览表

表 4-2　2017 年西安市地质灾害隐患点分布特征一览表

区 域	地质灾害点数						灾点数量排序	受威胁人数（人）	受威胁房屋（间）
	滑坡	崩塌	泥石流	地裂缝	地面塌陷	总计			
雁塔区		2		1		3	11	506	1033
灞桥区	16	23		2	1	42	5	1933	451
临潼区	27	46	0		2	75	4	1826	1898
长安区	53	35	6	2		96	2	3812	4136
高陵区		4				4	10	838	969
蓝田县	95	28	4			127	1	5549	4650
周至县	64	13	1	1		79	3	1210	1076
鄠邑区	22	3	8			33	6	1328	1140
曲江新区	10	1				11	7	2912	527
浐灞生态区		5		1	1	7	8	156	329
航天基地	1	5				6	9	1204	212
国际港务区		1				1	12	77	72
合 计	288	166	19	7	4	484		21351	16493

注：14 条地裂缝及 5 个地面沉降中心因跨区域，因此不含在列。

4.4 气象+市政+规划　西安市城市暴雨内涝风险预警系统

随着城市的发展，城市内涝问题日渐凸显，国内一些城市和地区的专家学者，就城市内涝预报、预警等技术开展相关研究工作。杨辰等(2017)采用概化方法，针对上海外环中心城区构建暴雨内涝评估模型(SUM)，通过对接逐时次降雨量，实现了对城市内涝逐时模拟。尹志聪等(2015)围绕城市地表、河道、沟渠、排水管网等城市主要水文动力学物理过程，模拟积水深度变化情况。骆丽楠等(2012)在引进暴雨内涝仿真模型基础上，基于GIS，集合湖州市城市地理、河道地形、工程设施、气象监测、防洪调度等基础空间信息，构建了完整的湖州市暴雨内涝数学模型，以城区气象自动站资料、数值预报产品、雷达估测降水、主观降水预报等作为实况和预报用降雨边界条件，建立了湖州城市暴雨内涝预警预报系统。

以大城市气象服务防灾减灾为目标，借鉴国内城市内涝预报预警一些技术经验，结合本地实际，西安市气象局近年持续推进城市内涝预报、预警能力和防御城市内涝能力建设，主要做了城市内涝风险普查、城市暴雨内涝风险区划、城市暴雨内涝风险预报预警系统建设等几方面的工作，特别是2014—2017年，逐步融合了市政、规划大数据，打造气象+市政+规划大城市内涝系统，推进开展城市易内涝点和管网信息共享，开展内涝灾害普查，建立了淹没模型，这些成果边建设边应用，边实践边动态修订，已经连续4年运用于西安城市气象预报预警服务和防灾减灾工作中。

4.4.1 西安城市内涝风险普查

(1)西安历史内涝点普查

西安积水点信息来源：通过水务、市政、城管、交通等部门提供，网络、电视、报纸等媒体报道、实地考察以及市民电话反馈等方式，收集了2007—2017年西安市历次强降水过程中中心城区的内涝积水信息，数据信息包括积水点地点名称、经纬度、所在区、海拔高度、下垫面、周边高影响地区概况等。

与西安市市政公用局合作，通过市政公用局城区防汛办收集城市内涝点，积水点。筛选确定原则：一是易内涝点，选取的历次较强降水过程中，出现次数较多的积水点。如西影路(阳光小区)、半引路半坡博物馆等；二是影响较大的积水点。立交桥下、涵洞、隧道等地以及人员活动密集的广场、交通要道等易内涝点，如凤城八路红旗专用线下穿通道、小寨商业区；三是工程施工期间不容易消除的积水点；四是正在建设或新建社区，由于排水设施尚未建设或者正在建设中，而旧的排水设施由于建设损毁，从而出现内涝重灾区；五是地势低洼或者老旧城区，由于排水管网设计排水能力较低，还没有进行排水管网的改造。经分析整理，最终筛选确定了西影路(阳光小区)、半引路半坡博物馆、小寨等62处易内涝点为研究对象(图4-19)。

(2)西安内涝成因普查收集

通过水务、市政、交通以及城管部门提供的信息，结合实地考察和媒体报道、网络搜索等方式，收集各内涝点历次内涝成因(如：地势低洼汇水积水、施工致内涝、管网淤堵内涝等)和特征信息(含积水深度、积水面积、积水持续时间、对市民生活和交通影响、排涝时间等)(表4-3)。

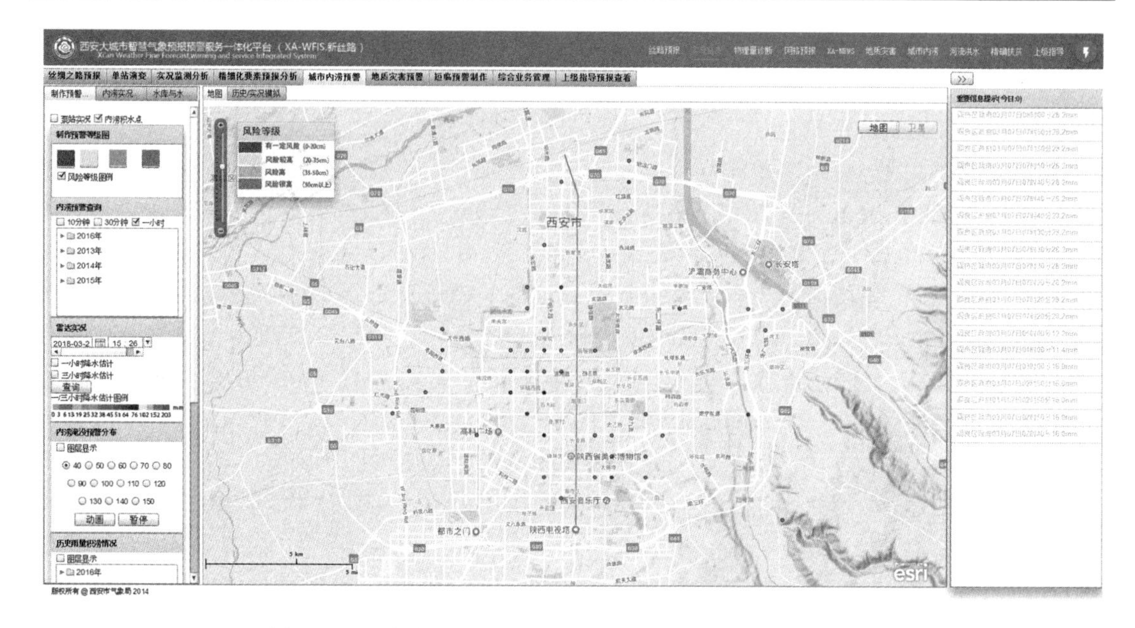

图 4-19　西安城市易内涝点分布图(图中实心圆为易内涝点)

表 4-3　西安城市内涝成因统计表(来源:西安市市政公用局)

7月24日积水统计表(1) [兼容模式] - Microsoft Excel

	A	B	C	D	E	F	G	H	I	J
49		15	太乙路立交桥下	30cm	300平米	24日20点	24日23点			
50		16	交大东南门前	20cm	200平米	24日20点	24日23点			
51		17	友谊路太乙路十字	20cm	150平米	24日20点	24日23点			
52		18	建东街	15cm	150平米	24日20点	24日23点			
53		19	友谊路兴庆路转盘	20cm	150平米	24日20点	24日23点			
54		20	经九路南段	20cm	200平米	24日20点	24日23点			
55		21	兴庆路仁厚南路西口	30-50cm	180平米	24日20点	24日23点45分			
56		22	咸宁西路西段工行门前	10cm	40平米	24日20点	24日21点30分			
57		23	家巷口虎卫烤肉门前	10cm	30平米	24日20点	周边无下水井口，未退水，平时靠保洁推水			
58		24	咸宁西路下穿隧道	10cm	15平米	24日20点	24日21点30分			
59	沣东新城	十						42	200	
60		1	建章路北皂河积水	60cm	4000平米	24日19点	25日2点			
		2	建章路望城一路	40cm	500平米	24日19点	24日零点			

(3)西安内涝点的气象水文资料普查收集

收集整理2007—2017年西安主城区内涝过程记录,收集上述时段主城区运行的区域气象站降水量资料,收集部分泵站水文(水位、雨量、排水能力等)资料。按照距离最近原则,选取离内涝点位置最近的区域自动气象站作为内涝点降水资料代表站,收集整理每个城市内涝灾害过程中相关区域气象站逐小时的降雨量数据。结合上述资料,分析内涝点发生内涝的频次,以内涝点降雨量确定内涝点发生内涝的可能性大小,分析内涝发生的潜在风险。

(4)西安内涝点承灾体信息普查收集

收集整理西安历次内涝灾害中各内涝点所在行政区划、地表特性、交通和基础设施状况、水利设施(堤防、沟渠、湖泊和水流走势等)以及附近有无学校、停车场、企业、仓库、商场、地铁、码头、桥梁以及社区等信息。完成城市社区、土地利用率、道路、水体、受影响企业、学校、停车场、路桥、隧道等的普查录入工作。

(5)西安主城区基础地理信息普查

普查收集西安主城区高程(图 4-20)、主城区排水规划能力(图 4-21)、主城区土地利用率、建筑物分布等基础地理信息数据资料。

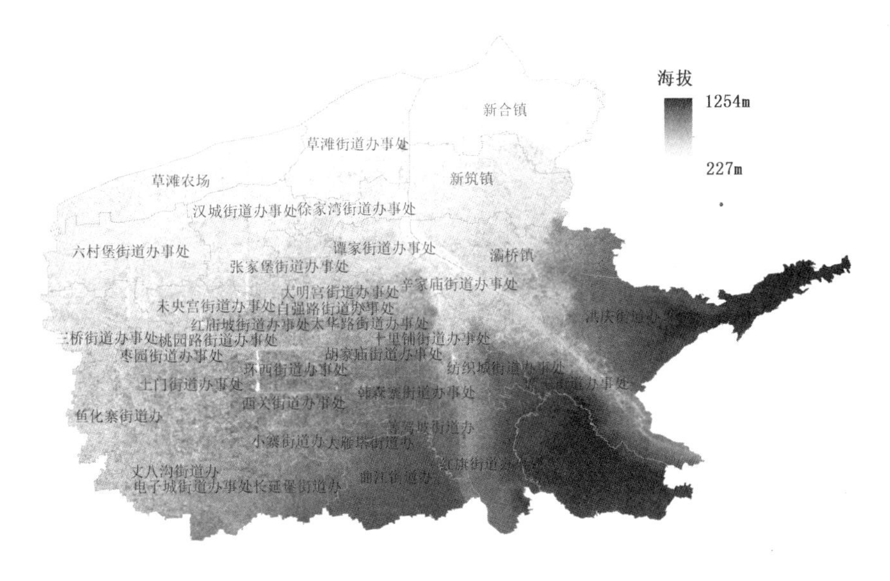

图 4-20　西安城区 DEM 高程分布图(单位:m)

据西安市政部门资料,西安市城市排涝系统建设改造欠账多,部分地区雨水管网暴雨设计重现期为 0.5～1 年左右(图 4-21),并多为雨污合流管道;新建改造的雨水管网暴雨设计重现期普遍为 1～3 年,只能应对中等强度的降雨。

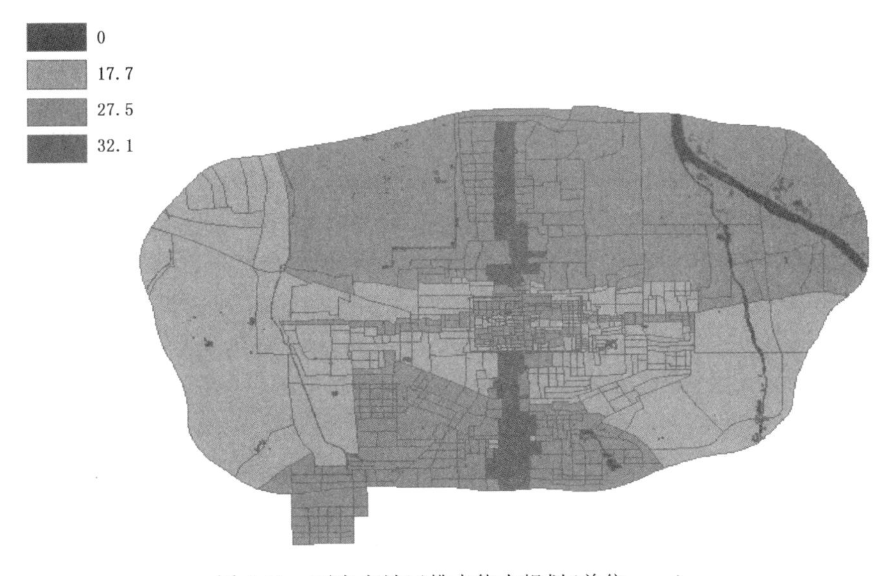

图 4-21　西安主城区排水能力规划(单位:mm)

(6)西安易内涝点街办信息

针对西安城区 62 个易内涝点所在社区(街道)进行了走访,获取相关资料,同时对 62 个易内涝点通过实地勘察、网络查询、遥感查询等方法进行了调查。

4.4.2 西安城市内涝风险区划

(1)影响西安城市内涝致灾临界雨量阈值的分析

内涝灾害诱发因子诸多,其危险性主要取决于天气和地表下垫面因子的作用。因而,从气象角度出发,对诱发内涝灾害的降水条件进行分析,找出与灾情发生有重要关联的降水因子及地表下垫面因子。基于国内外研究成果和气象资料统计分析,导致城市内涝的天气因子主要是一日降水量和小时降水强度,进而分析城市内涝发生的主要时节。下垫面因子包括地形、地貌、下垫面属性、江、河、湖泊及沟渠分布和汇水面积等,其中西安中心城区以地形及河网、江、河、湖泊和水库的分布以及下垫面属性危险性最大。

城市强降水导致的内涝灾害与降水强度密切相关。内涝致灾临界雨量的确定随着内涝点位置、地形、地势、下垫面、排水设施等均有较大差异,临界雨量局地性强,而且,随着城市建设、排水管网布局调整、排水治理等变化,致灾临界雨量也会发生变化。

因此,在确定内涝点内涝致灾临界雨量过程中,逐个分类进行研究。将所研究的内涝点分类:地势低洼类(立交桥、下穿隧道等)的汇水点、开阔地段高影响类(学校、车站、商业中心等)的易涝点、河湖沟渠高水位顶托类(沿河、湖、沟渠建成的社区)和施工工地类(阶段性内涝,不确定因素大)。地势低洼的立交桥下、下穿隧道等易汇水处,致灾雨量阈值起点高、雨量级差小;开阔地段易涝点,致灾雨量阈值起点低,但由于地形地势开阔,雨量级差较大,易涝但高风险内涝概率低;河湖沟渠高水位顶托类与前期降水量、底水水位以及承水面雨量相关;施工工地类由于人为因素多,不确定性大,需要分类逐个进行研究。

对每个内涝点对应的地面特征和所受到的排水影响进行参数化设置。主要考虑降水因子和地面特征。其中降水因子以内涝点最近的自动站雨量实况为准,地面特征以海拔高度落差为基准,分析不同下垫面(植被、土地、水泥地面等)赋予不同的排水能力参数,并且参考固定排水泵站的影响。

利用多元线性相关方程,建立积水深度与各个影响因子的雨洪关系。分等级、分降雨历时(10 分钟、30 分钟、1 小时、3 小时)确定各内涝点不同降雨历时不同内涝等级的临界降水量阈值。

综合利用多元线性相关方程确定的临界降水量阈值,最终确定不同易内涝点不同内涝风险等级的降雨量阈值,应用于城市内涝风险预报预警业务中。

(2)建立内涝淹没模型

城市内涝是由于强降水或连续性降水形成的地表径流超过城市管网排水能力导致城市产生积水灾害的现象。雨水到达地面后形成两个主要分量,一是地面下渗、蒸发、植物截留和填洼;二是地表径流,由于城市下垫面的特殊性,形成地表径流的分量一般较大。形成的地表径流一般由城市排水管网抽排和消纳,当单位时间、面积内的径流超过汇流管网的抽排和消纳能力时,剩余径流就会在城市地表依重力势能在低洼地区形成内涝。

径流系数是指单位时间内一定汇水面积地表径流量与面降雨量的比值,径流系数说明在降水量中有多少水变成了地表径流,系数越高,表明降水形成径流越多。根据汇水流域管网抽排能力、汇水面积及平均径流系数及《室外排水设计规范》(2014)推荐的恒定均匀流雨水设计流量算式,可计算汇水流域临界致灾面雨量。

开发研究城市内涝淹没模型。系统综合西安城区DEM数据、排水能力区划、土地利用率、建筑物分布等信息。分析计算区域径流系数、汇水情况,结合该区域排水能力,在不同降雨强度、不同降雨历时情况下,计算出西安城区内涝积水淹没情况。

建立西安城区淹没模型后,以不同的小时降雨强度代入模型运算出淹没情况(图4-22),当预报有某个等级雨强时,即以相应等级雨强的模拟结果做出城区淹没预报预警。以实际降水量代入模型,根据城市防汛部门内涝监测实况对模型运算结果进行检验分析,并对城市内涝淹没模型进行检验改进,提高内涝淹没预报、预警的准确率。

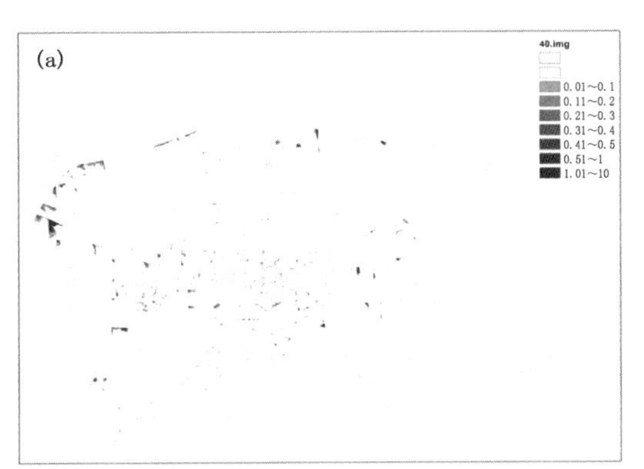

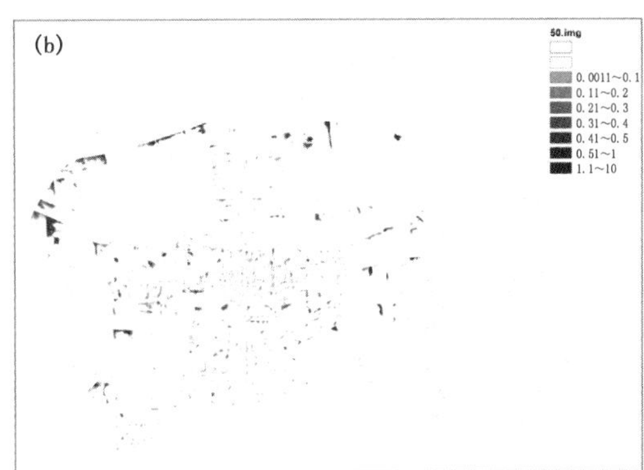

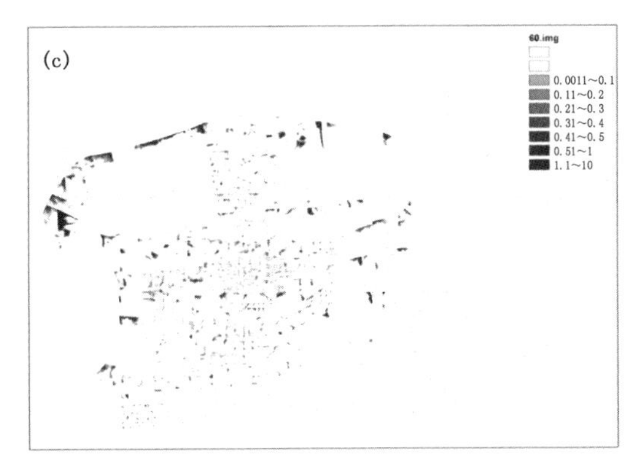

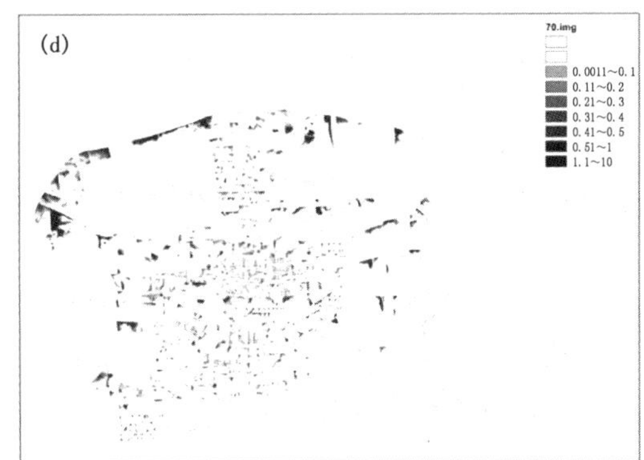

图4-22　不同雨强西安城市暴雨内涝淹没分布

(图中(a)为40 mm/h雨强下内涝淹没情况;(b)为50 mm/h雨强下内涝淹没情况;(c)为60 mm/h雨强下内涝淹没情况;(d)为70 mm/h雨强下内涝淹没情况)

4.4.3　西安城市暴雨内涝风险预报预警系统

在城市内涝风险普查和城市内涝风险区划的基础上,建立西安城市内涝预报、预警系统。该系统基于"西安大城市智慧气象预报预警服务一体化平台(XA-WFIS.新丝路)",其主要功能包括西安城区和易内涝点的基础地理信息查询显示、内涝点内涝风险等级预警、内涝预报预警产品制作、降雨量资料的检索和雷达产品检索查询、内涝点信息管理、不同内涝过程实况降雨量内涝淹没情况模拟、内涝过程内涝实况查询、用户登录和管理等功能。

(1)西安城区基础地理信息

西安城区地理信息是整个城市内涝模块的基础。易内涝点地理信息，自动站、区域站观测的降水量资料，西安多普勒雷达反演的1小时、3小时等降水量资料以及城市内涝预报预警产品都是基于西安城区的地理信息制作发布的。

西安城区易产生内涝地点的地理信息(表4-4)，发布的城市内涝预报预警信息都是基于易内涝点发布的。

表4-4　西安城市易内涝点与关联雨量观测站

地点名称	经度(°E)	纬度(°N)	关联雨量观测点	地段
水司下穿隧道	108.92	34.25	V8801	市区
朝阳门下穿隧道、朝阳门加油站	108.97	34.27	V8803	市区
新城广场皇城西路口	108.95	34.26	V8806	市区
星火路立交桥	108.92	34.28	V8862	市区
太乙路下穿隧道	108.97	34.24	V8803	市区
太华路立交桥	108.97	34.28	V8803	市区
西门下穿隧道	108.93	34.26	V8801	市区
火车站下穿隧道	108.96	34.27	V8806	市区
莲湖路(工会对面)	108.93	34.27	V8806	市区
小北门下穿隧道	108.94	34.28	V8862	市区
玉祥门下穿隧道	108.93	34.27	V8862	市区
文景路(邮政中心门口)	108.93	34.31	V8862	北郊
二马路	108.96	34.28	V8862	北郊
振华路	108.93	34.28	V8862	北郊
文景路(北二环下穿)	108.93	34.31	V8862	北郊
文景路(二十九街口)	108.93	34.3	V8862	北郊
辛家庙立交桥、米秦路	108.9	34.31	V8862	北郊
北三环与太华路延伸线十字南	108.97	34.37	V8862	北郊
凤新路	108.96	34.34	V8862	北郊
未央路(六公司门口)	108.94	34.31	V8806	北郊
自强西路	108.94	34.28	V8806	北郊
东元西路	108.99	34.29	V8805	北郊
北二环(红旗桥下)	108.98	34.36	V8858	北郊
永城路下穿	108.98	34.33	V8862	北郊
明珠巷北口	108.93	34.28	V8862	北郊
明光路	108.93	34.33	57036	北郊
北三环(西辅通道)	108.94	34.36	V8858	北郊
红旗东路	108.98	34.36	V8858	北郊

续表

地点名称	经度(°E)	纬度(°N)	关联雨量观测点	地段
幸福南路(建大门前)	109.02	34.24	V8803	东郊
西影路(阳光小区)	109	34.24	V8803	东郊
陇海线下穿隧道	109.01	34.29	V8805	东郊
长十路	109.03	34.27	V8805	东郊
三环曲江立交桥下	109	34.2	V8808	东郊
经二路	109	34.25	V8808	东郊
长安路全段	108.94	34.21	V8852	南郊
南三环西万路口	108.89	34.19	V8804	南郊
电子二路电子西街口	108.91	34.21	V8854	南郊
电子正街电子一路口	108.92	34.22	V8854	南郊
友谊东路(交大门前金海岸)	108.99	34.24	V8803	南郊
三兆路十字	108.99	34.22	V8852	南郊
大雁塔灯具城门前	108.97	34.22	V8852	南郊
翠华路兴善寺东街口	108.95	34.23	V8852	南郊
崇业路含光路口	108.93	34.23	V8807	南郊
含光路丁白路口	108.93	34.22	V8854	南郊
友谊西路(边西街口)	108.93	34.24	V8801	南郊
后村西路雁塔路口	108.96	34.23	V8852	南郊
南二环(长安立交桥)	108.94	34.23	V8802	南郊
南二环(雁塔立交)	108.96	34.23	V8802	南郊
西关正街(西稍门十字)	108.91	34.26	V8801	西郊
丰庆路(劳动南路以东)	108.91	34.25	V8801	西郊
大庆路(潘家村)	108.92	34.27	V8801	西郊
大庆路(桃园路以西)	108.9	34.27	V8801	西郊
南二环(群贤庄口)	108.89	34.24	V8801	西郊
汉城北路下穿	108.87	34.28	V8801	西郊
西三环枣园路立交桥下	108.87	34.27	V8801	西郊
电厂西路家属院门前	109.05	34.28	V8808	纺织城
新寺路唐都医院门口	109.06	34.29	V8921	纺织城
纺南路坊西街口	109.05	34.25	V8921	纺织城
半坡路博物馆门前	109.07	34.2	V8808	纺织城
华清路三环桥东侧	109.05	34.3	V8851	纺织城

(2)自动气象站、区域气象站雨量资料

实时获取自动气象站、区域气象站逐时雨量观测值,以便内涝预报、预警时或者雨量决策服务时查询使用。当 10 分钟、30 分钟、1 小时雨量超过规定的阈值时自动报警提示。

(3)雷达产品显示

根据时段及雷达产品类型属性等,可检索显示雷达反射率因子、组合反射率因子、1 小时降雨量、3 小时降雨量等产品。自动叠加在基础地理信息上显示。并基于雷达产品形成易内涝点内涝预报预警信息。

(4)天气预报服务产品的查询显示

可以查询显示短期和短时临近的城市内涝预报预警信息。

(5)共享西安市政部门"全天眼"监控客户端

通过共享协议,链接西安市市政公用局"全天眼"监控客户端模块,当遇有降水天气时,可实时通过"全天眼"监控客户端查看西安城市易内涝点降雨和内涝情况(图 4-23),结合其他监控情况,修订城市内涝预报、预警信息。

图 4-23　共享的西安城区"全天眼"视频监控内涝截图

(6)城市内涝风险等级划分

根据西安城市内涝对道路、商业区、居民社区、地下通道、地下车库和交通工具等承灾体的影响,将城市内涝按照积水深度和可能导致的危害结合,将西安城市内涝风险等级划分为 4 个等级,见表 4-5。

表 4-5　西安城市内涝灾害风险等级分析

内涝等级		交通要道		商业、居民社区		地上(地下)车库	
		积水深度(cm)	灾害影响	积水深度(cm)	灾害影响	积水深度(cm)	灾害影响
4	低风险	5～20	机动车尚可行驶,但行车缓慢,影响道路交通畅通。	5～20	影响居民生活,可能造成财产损失。	5～25	对部分排气管较低的车型可能有影响。
3	中风险	20～35	人员无法通行,机动车尚可行驶,但行车缓慢,影响道路交通畅通。	20～35	影响居民生活,造成部分财产损失。	20～35	对部分排气管较低的车型可能有影响。

续表

内涝等级		交通要道		商业、居民社区		地上(地下)车库	
		积水深度(cm)	灾害影响	积水深度(cm)	灾害影响	积水深度(cm)	灾害影响
2	较高风险	35～50	交通部分阻断，小车无法通行。	35～50	影响居民生活，造成较重财产损失。	35～50	水浸超过排气管高度，对发动机可能有影响，车厢内可能进水
1	高风险	＞50	交通完全阻断。	＞50	严重影响居民生活，造成较严重财产损失。	＞50	水浸高度超过进气口，发动机进水，车厢浸泡。

(7)城市内涝产品制作

根据预报降雨量，模拟生成城市易内涝点内涝等级，基于内涝预报、预警产品制作模块，编辑制作城市内涝预报、预警产品(图 4-24)。

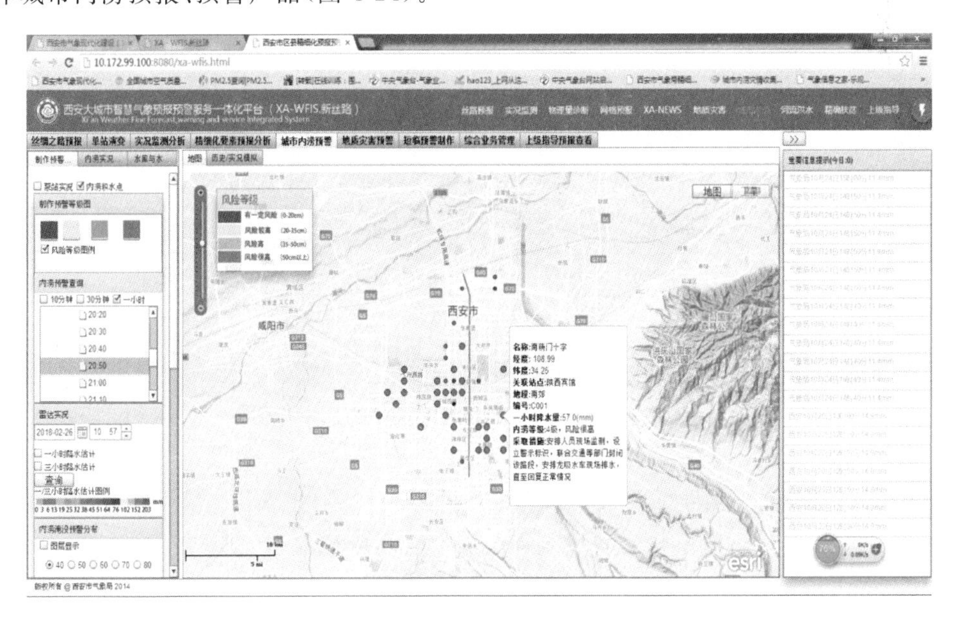

图 4-24　西安城市易内涝点内涝预警产品(圆点颜色对应色标所示内涝风险等级预警)

24 小时雨量预报制作：根据天气形势，当预计有大雨(≥25 mm)以上，预计西安城区易内涝点可能会有内涝产生时制作。

6 小时内涝潜势产品制作：结合自动气象站、区域气象站雨量监测和未来 6 小时降雨量的预测，制作未来 6 小时城区易内涝点可能会产生的内涝等级。

3 小时内涝潜势产品制作：结合自动气象站、区域气象站雨量监测和未来 3 小时降雨量的预测，制作未来 3 小时城区易内涝点可能会产生的内涝等级。

2 小时内涝潜势产品制作：结合自动气象站、区域气象站雨量监测和未来 2 小时降雨量的预测，制作未来 2 小时城区易内涝点可能会产生的内涝等级。

1 小时内涝风险预警产品制作：结合自动气象站、区域气象站雨量监测和未来 1 小时降雨量的预测，制作未来 1 小时城区易内涝点可能会产生的内涝等级。

30 分钟内涝风险预警产品制作：结合自动气象站、区域气象站雨量监测和未来 30 分钟降雨量的预测，制作未来 30 分钟城区易内涝点可能会产生的内涝风险等级。

10 分钟内涝风险预警产品制作：结合自动气象站、区域气象站雨量监测和未来 10 分钟降雨量的预测，制作未来 10 分钟城区易内涝点可能会产生的内涝风险等级。

(8)城市内涝实况模拟研究

对形成内涝个例进行模拟研究。将实际监测降雨量经 Cressman 方法差值，转化为格点降雨量后，代入城市内涝淹没模型，对内涝淹没模型进行订正研究(见图 4-25)，提高城市内涝风险预报、预警准确率。

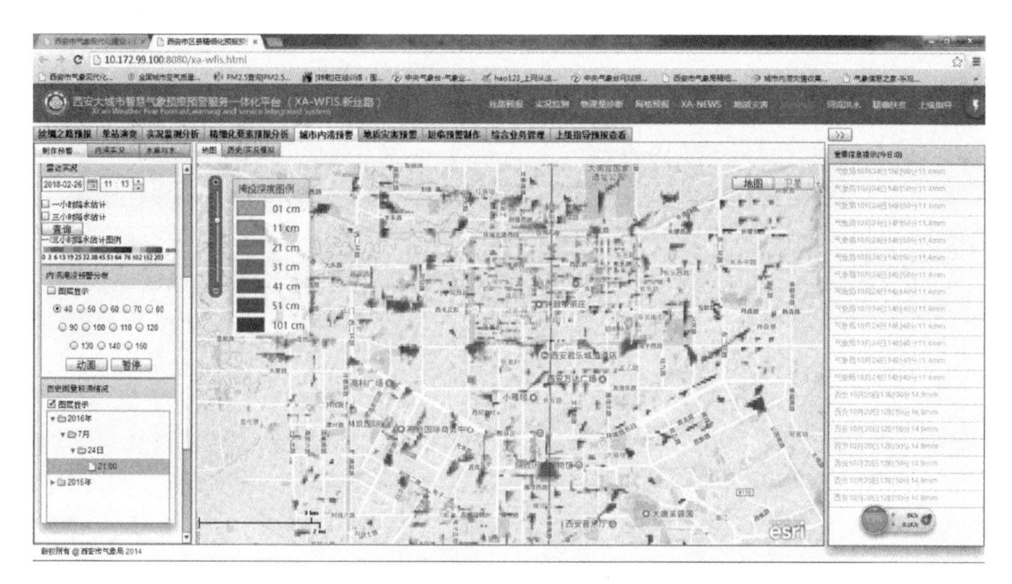

图 4-25　2016 年 7 月 24 日实况降雨量模拟西安城区内涝淹没情况

(9)城市内涝预报、预警信息制作发布

将雨量预报结果与易内涝点不同风险等级的雨量阈值比较，达到某级风险，即形成内涝风险预报、预警产品。

将预报雨量代入淹没模型，当有积水产生时，即生成内涝预报、预警产品。

综合上述两种内涝风险预报、预警产品，以最高内涝风险等级发布内涝风险预报、预警产品。

(10)预报预警产品效果检验

对出现城市内涝的过程进行内涝实况和内涝预警产品的对比检验，对产生内涝的天气过程预报准确率超过了 70%，但是针对易内涝点风险预警产品准确率较低，需要继续加以改进。自 2015 年开始，该系统在西安市气象局与西安市市政公用管理局和西安市防汛办共同防御城市内涝工作应用的基础上，根据 2016—2017 年的运行效果，正在进行升级改造。

《西安城市暴雨内涝风险预报预警系统》获 2017 年度西安市科学技术进步奖二等奖。

4.5 气象+卫星遥感监测及其应用

西安市气象局注重卫星遥感资料的应用，通过气象+遥感，服务农业、生态、雾、霾、植被、水体、城市热岛、高温等监测分析。

4.5.1 卫星监测夜景显示：西安周边城镇化发展进程最快

利用美国的国防气象卫星可以探测到城市灯光甚至小规模居民地、车流等发出的低强度灯光，对灯光的位置和强度进行监测，可以表征城镇化建设的空间分布，表征人口城市化水平、经济城市化水平和土地城市化水平。

1992年西安周边灯光主要呈现点状分布，密集区主要集中在以西安为中心的关中中部；1995—2000年，夜间灯光面积开始增大，到1998年西安灯光面积数量增大至1992年的1.32倍，并呈现出由点状分布向面状分布增长的趋势。表明20世纪90年代后期，城镇化有一定发展，以西安为中心的关中城市群开始逐渐形成。

2000年以来西安周边灯光面积呈现出迅猛增大的趋势。2010年关中城市群的点状灯光区已经连接成线并以西安为中心呈现面状发展的趋势。同时出现了新的点状灯光，并呈现出向线状发展的趋势。进一步分析表明：关中地区以西安为中心的城市群落已经形成，并呈现扩张的趋势，交通干线已经连接陕北、陕南和关中的主要城市，新兴城市和城镇开始大面积出现，并开始呈现出扩张的趋势(图4-26)。

4.5.2 卫星遥感监测分析生态水域和绿地面积

利用2000年6月29日的美国陆地卫星Landsat ETM和2014年7月14日的Landsat8遥感图像，对2000年和2014年西安市浐灞生态区的生态环境进行监测对比分析，结果表明浐灞生态区生态水域和绿地面积均大幅度增长(图4-27)。

浐灞生态区城市建成区快速扩张，建筑用地面积增长近一倍。2000年浐灞生态区内建筑用地面积为27.3 km^2，占生态区总面积的21.2%，主要以村落为主。2014年生态区内建筑用地面积54.1 km^2，占生态区总面积的42.1%，增长了近一倍，未央湖以南，浐灞交汇处和世园会址周边增加比较明显。

浐灞生态区生态水域面积增长67.9%。2000年浐河、灞河两岸鱼塘密布，非法挖沙现象在灞河漫滩尤为严重。2000年，鱼塘面积4498亩，占所有水域面积的36.6%，河流与湖泊水面面积7777亩，占所有水域面积的63.4%，裸露的河漫滩面积10147亩。2014年，鱼塘全部清退，河漫滩全部被植被覆盖，生态水域面积13055亩，增加了67.9%。

浐灞生态区城市建成区绿地覆盖高于西安市建成区平均水平。2014年，浐灞生态区城市建成区面积已达107 km^2，除灞河东岸部分地区仍为农田村庄外，大部分区域已经开发建成。根据西安市市容园林局公布的2013年园林绿化数据，西安市建成区绿地覆盖面积为17893万m^2，卫星监测结果显示2014年浐灞生态区绿地覆盖面积为6564万m^2，占2013年全西安市绿地覆盖面积的36.7%，绿化覆盖水平高于西安市平均水平。

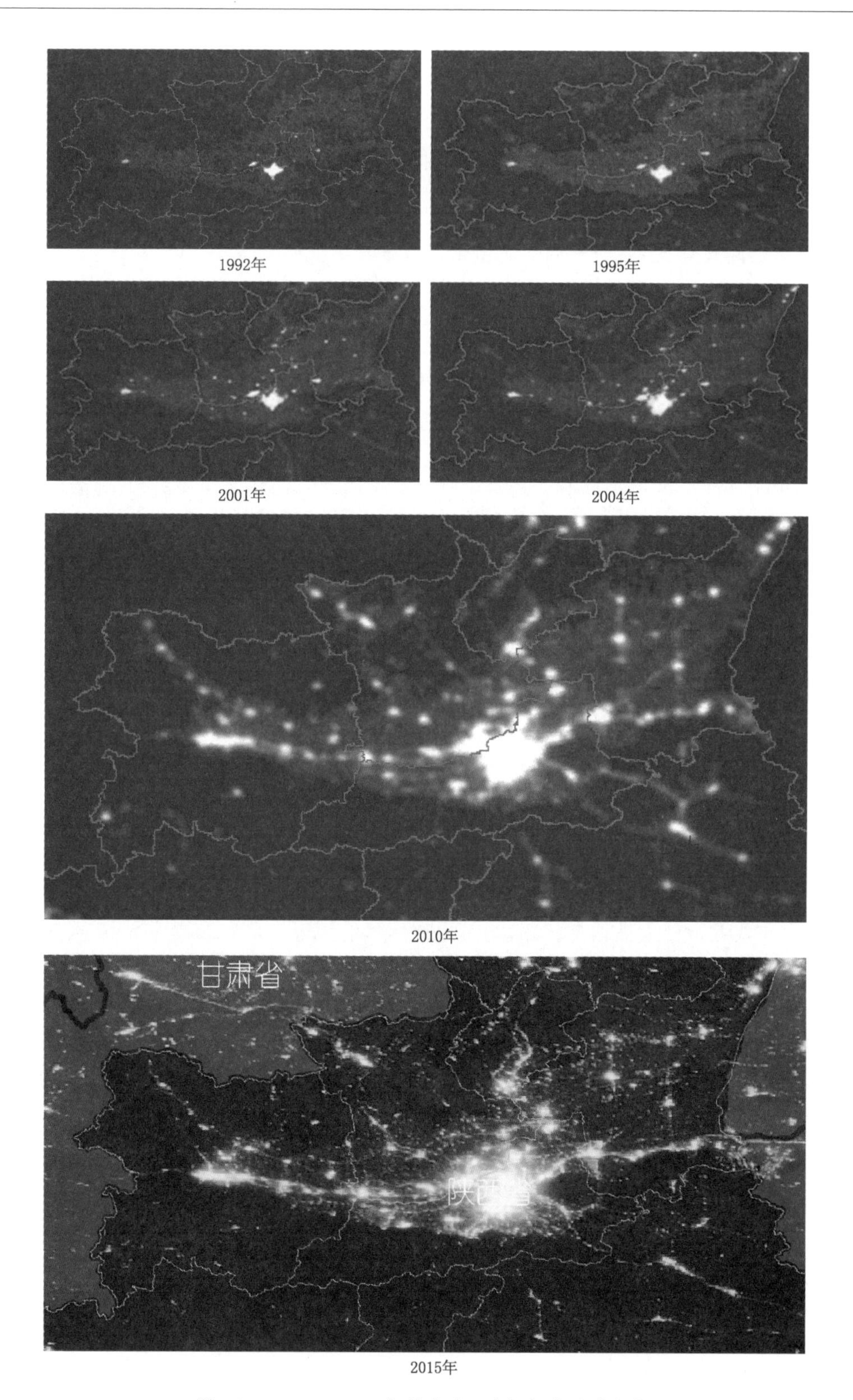

图 4-26　1992—2015 年关中地区夜间灯光遥感变化

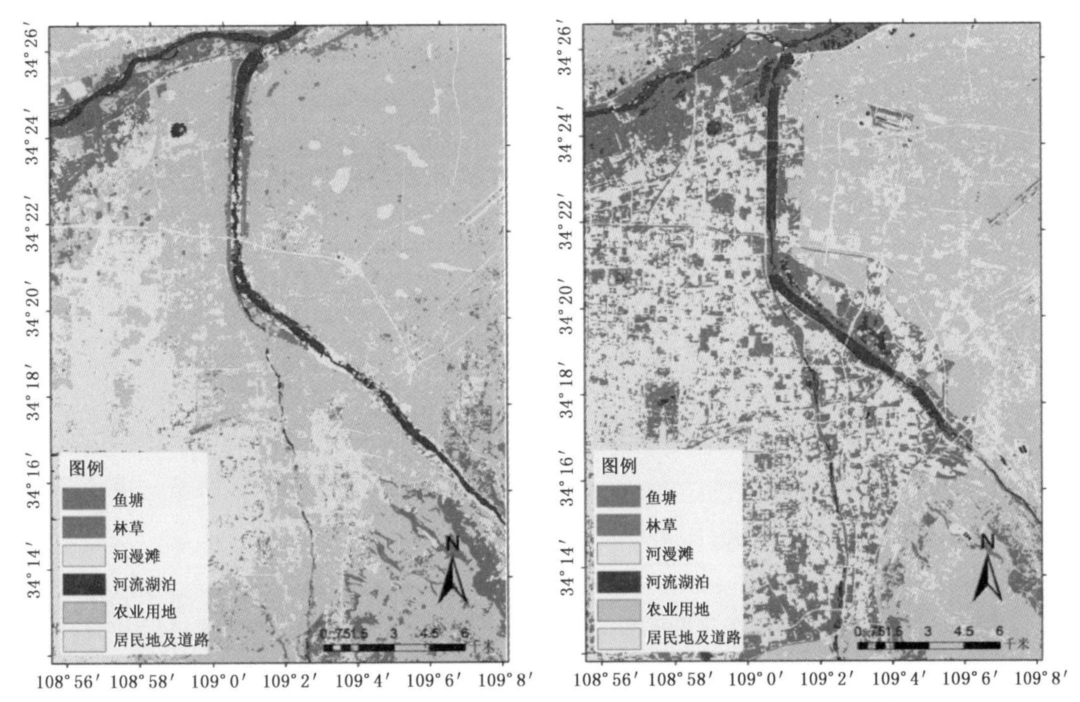

图4-27 西安市浐灞生态区2000年(左)、2014年(右)卫星遥感生态监测图

4.5.3 西安市灞桥区风云三号气象卫星数据接收站及其应用

西安气象服务常用的卫星资料包括FY-3A极轨气象卫星数据、MODIS卫星数据(Terra&Aqua)、NOAA卫星数据、HJ减灾卫星数据等,在生态环境监测、为农服务、决策气象服务等方面得到了广泛的应用。风云三号气象卫星是为了满足中国天气预报、气候预测和环境监测等方面的迫切需求建设的第二代极轨气象卫星,由三颗卫星组成,分别为FY-3A、FY-3B、FY-3C。

随着气象事业的不断向前推进和快速发展,对卫星遥感资料的需求越来越高,气象卫星作为天基探测的主要手段,在气象观测、防灾减灾及天气预报中发挥着越来越突出的作用。目前陕西省及西安市FY-3极轨气象卫星资料通过国家气象信息中心CMACast系统推送,包括FY-3A VIRR和MERSI数据,开展的应用陆地产品包括:植被长势监测、干旱监测、地表温度、水体监测、火情监测、沙尘天气监测、大雾监测、积雪监测、黄河凌汛监测、气溶胶光学厚度等产品。在林火监测、雾和霾监测、沙尘暴监测等方面(图4-28),由于目前数据分辨率较低,卫星资料在上述领域已经越来越难以满足业务工作的需求,需要对现有系统进行升级。

中国气象局国家卫星气象中心、陕西省气象局在全省进行遴选,通过电磁环境测试,审慎论证后,最后确定在西安市灞桥区气象局院内(灞桥区白鹿原107°7′7″E,34°13′49″N)建立风云三号气象卫星数据接收省级直收站,属全国首个建成,为陕西省唯一的风云三号气象卫星地面接收站。

风云三号卫星地面应用系统建成后,对丰富我国遥感信息源,提高卫星遥感监测时效,提升全国卫星遥感业务能力具有重要作用,不但能完成中省的资源、防灾减灾战略任务,而且对西安市、土地、农业、林业、水资源的详查,快速起报森林火点及生态建设规划等方面起到重要

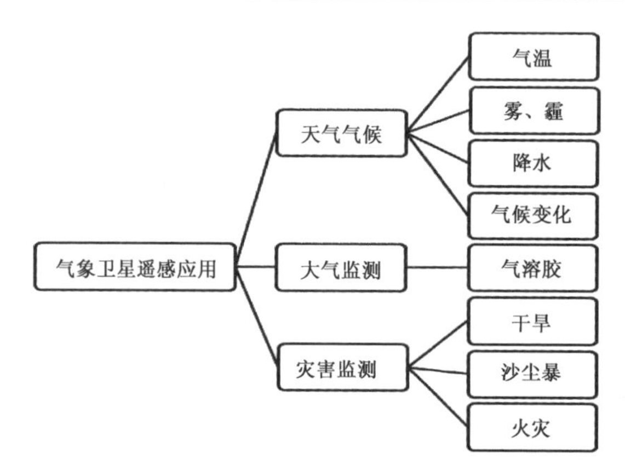

图 4-28　西安气象卫星遥感应用领域

作用，同时该直收站已成为白鹿原上新的地理标志。风云三号气象卫星的主要应用领域包括天气气候、大气监测和灾害监测（图 4-29）。

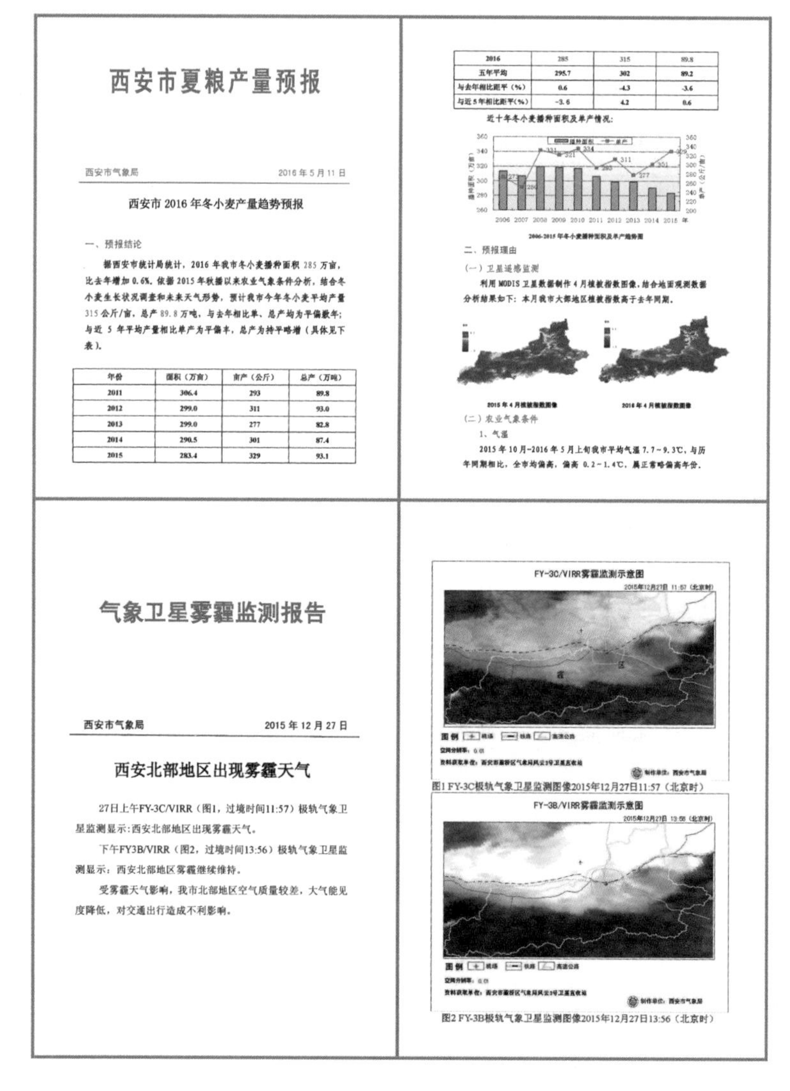

西安市夏粮产量预报

西安市气象局　　2016 年 5 月 11 日

西安市 2016 年冬小麦产量趋势预报

一、预报结论

据西安市统计局统计，2016 年我市冬小麦播种面积 285 万亩，比去年增加 0.6%。依据 2015 年秋播以来农业气象条件分析，结合冬小麦生长状况调查和未来天气形势，预计我市今年冬小麦平均产量 315 公斤/亩，总产 89.8 万吨，与去年相比单、总产均为平偏歉年；与近 5 年平均产量相比单产为平偏丰，总产为持平略增（具体见下表）。

年份	面积（万亩）	亩产（公斤）	总产（万吨）
2011	306.4	293	89.8
2012	299.0	311	93.0
2013	299.0	277	82.8
2014	290.5	301	87.4
2015	283.4	329	93.1
2016	285	315	89.8
五年平均	295.7	302	89.2
与去年相比距平（%）	0.6	-4.3	-3.6
与近 5 年相比距平(%)	-3.6	4.2	0.6

近十年冬小麦播种面积及单产情况：

2006-2015 年冬小麦播种面积及单产趋势图

二、预报理由

（一）卫星遥感监测

利用 MODIS 卫星数据制作 4 月植被指数图像，结合地面观测数据分析结果如下：本月我市大部地区植被指数高于去年同期。

2015 年 4 月植被指数图像　　2016 年 4 月植被指数图像

（二）农业气象条件

1、气温

2015 年 10 月-2016 年 5 月上旬我市平均气温 7.7～9.3℃，与历年同期相比，全市均偏高，偏高 0.2～1.4℃，属正常略偏高年份。

气象卫星雾霾监测报告

西安市气象局　　2015 年 12 月 27 日

西安北部地区出现雾霾天气

27日上午FY-3C/VIRR（图1，过境时间11:57）极轨气象卫星监测显示：西安北部地区出现雾霾天气。

下午FY3B/VIRR（图2，过境时间13:56）极轨气象卫星监测显示：西安北部地区雾霾继续维持。

受雾霾天气影响，我市北部地区空气质量较差，大气能见度降低，对交通出行造成不利影响。

图1 FY-3C极轨气象卫星监测图像2015年12月27日11:57（北京时）

图2 FY-3B极轨气象卫星监测图像2015年12月27日13:56（北京时）

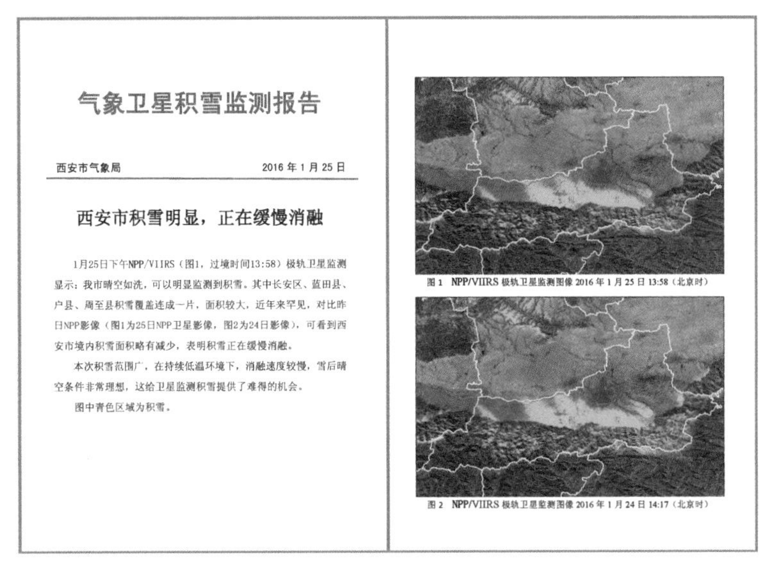

气象卫星积雪监测报告

西安市气象局　　2016 年 1 月 25 日

西安市积雪明显，正在缓慢消融

1月25日下午NPP/VIIRS（图1，过境时间13:58）极轨卫星监测显示：我市晴空如洗，可以明显监测到积雪。其中长安区、蓝田县、户县、周至县积雪覆盖连成一片，面积较大，近年来罕见，对比昨日NPP影像（图1为25日NPP卫星影像，图2为24日影像），可看到西安市境内积雪面积略有减少，表明积雪正在缓慢消融。

本次积雪范围广，在持续低温环境下，消融速度较慢，雪后晴空条件非常理想，这给卫星监测积雪提供了难得的机会。

图中青色区域为积雪。

图 1　NPP/VIIRS 极轨卫星监测图像 2016 年 1 月 25 日 13:58（北京时）

图 2　NPP/VIIRS 极轨卫星监测图像 2016 年 1 月 24 日 14:17（北京时）

图 4-29　FY-3 卫星遥感监测服务产品

西安市气象局为加强遥感技术在西安市县两级的应用，进一步提升卫星遥感资料应用服务的质量和效益，利用 Smart（卫星监测分析与遥感应用系统）开展雾、霾、积雪、植被指数方面的监测，为空气质量监测、农作物产量预报等方面提供了科学依据。

（1）气温、降水

用红外探测器可以计算各地晴空大气温度和湿度的铅直分布以及空中云水资源的水平分布。微波辐射仪，可以探测云上和云下的大气温度及湿度的分布，以及云中总含水量和雨强的分布（图 4-30）。

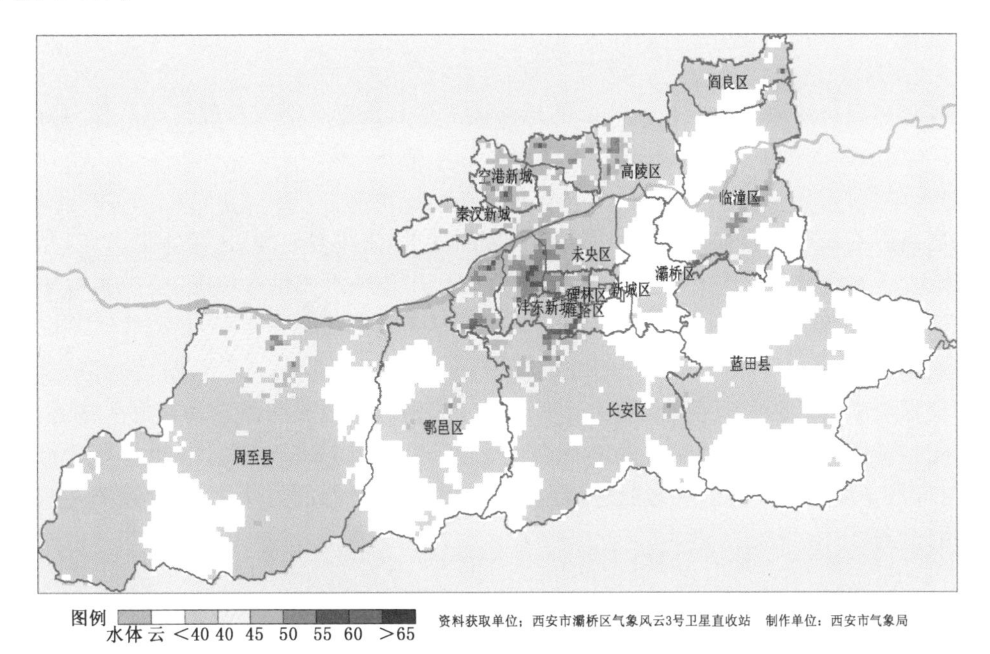

图 4-30　FY-3B/VIRR 地表高温监测（2017 年 8 月 15 日）

(2)雾和霾

遥感对雾、霾监测及时、有效,通过卫星遥感资料,实时监测各地雾和霾的变化,其图像纹理信息反映了灰度性质及其空间关系(图 4-31),可以据此分析、研判、预警和应急决策。

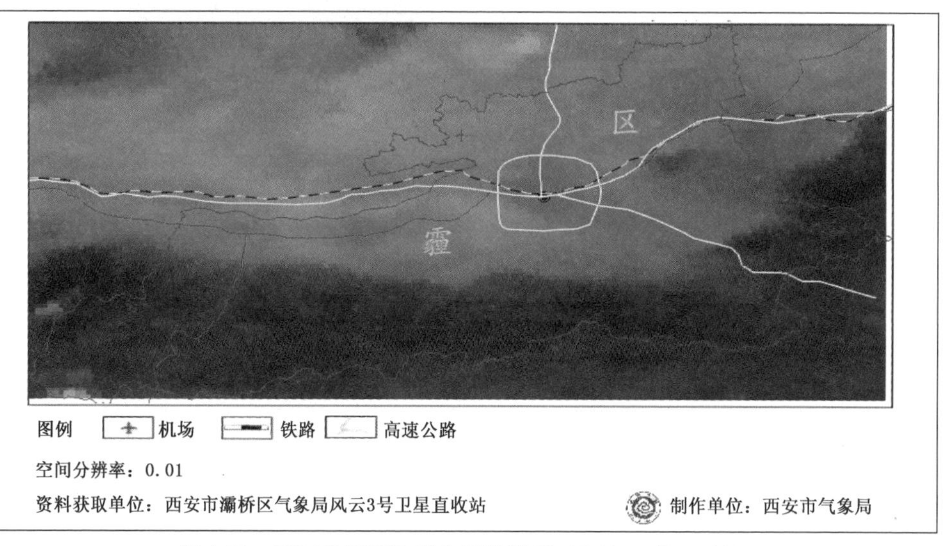

图 4-31 FY-3B/VIRR 雾和霾监测(2017 年 10 月 27 日)

(3)气候变化

利用遥感技术可以对气候变化因子进行有效监测,对大范围区域进行气候异常的监测,利用热红外探测器收集、记录地物辐射的热红外辐射信息,并利用这种热红外信息来识别地物和反演地表参数(如温度、发射率、湿度、热惯量等)。实现季节到年际气候预测——提高短期气候异常变化的时间和空间预报准确率。

(4)气溶胶

气溶胶是液态或固态微粒在空气中的悬浮体卫星。遥感可对气溶胶监测从而对气候做出分析,监测气溶胶的厚度、浓度、成分、属性等信息。

(5)干旱

通过遥感手段可以获取地表蒸发量、作物表面温度、土壤热容量、土壤水分含量、植物水分胁迫及叶片含水量等,对作物生长的土壤含水状况、作物缺水或供水状况、植被指数等指标所反映的作物生长状况的分析,间接或直接地对作物旱情进行研究。

(6)沙尘暴

沙尘暴与某些低云亮温接近,但反射率不同。某些裸露地表与沙尘暴反射率接近,但其亮温却不同。所以,沙尘暴的监测就是利用其与云系、地表反射率及辐射率的差异进行的。目前,利用可见光和红外光谱卫星多通道信息是判别沙尘暴较好的方法之一,而夜间还难以进行沙尘暴的监测。

(7)火灾

地面物体都通过电磁波向外放射辐射能,不同波长的辐射率是不同的,通常,温度升高时,辐射峰值波长移向短波方向。从气象卫星监测到的火灾发生前后来看,当地表处于常温时,辐射峰值在传感器通道的波长范围一致,当地面出现火点等高温目标时,其峰值使通道的辐射率增大数百倍，利用这一原理，通过连续不断地观测，就可以及时发现火点。当火灾发生后，可以通过卫星接收到的彩色图像获取火灾现场情况和过火面积，以便客观、准确评估火灾损失，组织救灾。

4.6 气象＋微纳卫星 “翱翔系列微小卫星”团队及微小卫星气象需求调研

为了解西北工业大学“翱翔系列微小卫星”团队建设的立方星（微纳卫星）运营情况及在气象方面的可能应用，在市科技局的协调下，西安市气象局对立方星（微纳卫星）、“翱翔系列微小卫星”团队及其在气象方面的可能应用进行了调研。

4.6.1 立方星（微纳卫星）及国内微纳卫星应用

立方星是目前国际上广泛用于开展航天科学研究与教育的一种微纳卫星，其设计的理念为“载荷服从总体”。设计和制造都实行标准化，包括外形设计、内部构造以及配件接口、卡槽等均采用国际通用标准。标准的立方星采用1U架构，即体积为10 cm×10 cm×10 cm。在此基础上，立方星可根据需求进行升级、扩增为“2U”“3U”甚至更大。具有成本低、功能密度大、研制周期短、入轨快的特点，通过组网形成星座，可实现对海洋、大气环境、船舶、航空飞行器等的监测。立方星最大的优势在于设计制造标准的统一，更有利于卫星在国际上的流通与合作使用。由于立方星的发射与制作成本一般在数百万元人民币以内，和动辄数亿乃至数十亿元的大卫星相比成本低得多。

国内对于微纳卫星的应用目前发展较为迅猛。2017年6月，“珠海一号”遥感微纳卫星星座首批两颗卫星OVS-1A和OVS-1B搭乘CZ-4B/Y31运载火箭，在酒泉卫星发射中心成功发射。“珠海一号”是我国第一个由民营上市企业投资并运营的遥感微纳卫星星座，是国家发展和改革委员会专项基金重点支持的军民融合项目。“珠海一号”是由多颗视频微纳卫星、高光谱卫星和雷达卫星组合而成的“遥感微纳卫星星座”，预计将在未来2～3年内发射部署完成。建成后的“珠海一号”卫星星座将搭载高光谱相机、可见光相机、雷达等三个类型的传感器载荷，通过获取高光谱数据、可见光影像数据、可见光视频数据和雷达成像数据，实现全天时、全天候、无障碍地获取遥感数据，实现全方位精准遥感。2017年6月，中科遥感微小型卫星SAR新型卫星星座“深圳一号”项目启动仪式在深圳举行。“深圳一号”SAR小卫星星座将由8颗卫星组网而成，具有聚束模式、条带模式、扫描模式三种成像模式，重访周期短，分辨率高达0.5 m，可应用于城市安全及重大工程动态监测、地质灾害动态监测、交通设施养护动态监测、城市三维建模、地理国情监测等多个领域。

4.6.2 西北工业大学陕西省微小卫星工程实验室、“翱翔系列微小卫星”团队

西北工业大学陕西省微小卫星工程实验室成立于2009年，是以微小卫星的总体设计和系统集成、测试和应用为主要研究方向的省部级重点实验室。在立方星研制方面，西北工业大学陕西省微小卫星工程实验室已经形成了2U、3U、6U、12U等系列化的立方星及其组件产品，部分组件已经应用于国外立方星。制定了立方星总体设计、系统集成和总装测试的研制规范，可以在3～6个月内完成1颗立方星的研制，具备了年生产10～20颗2U～12U立方星的能

力。“翱翔系列微小卫星”团队是西北工业大学一支具有强大的研究与实验保障能力的团队，航天经验丰富，参与了我国神舟系列飞船、风云系列卫星、载人登月等国家重大项目。2016 年第二届中国“互联网＋”大学生创新创业大赛中，西北工业大学的“翱翔系列微小卫星”项目获得冠军。

2016 年以来，该团队研发的微小卫星已经发射了 3 颗。2016 年 6 月 25 日，由西北工业大学团队研制的第一颗微小卫星“翱翔之星”，作为世界上首颗 12U 立方星，搭乘“长征七号”新型运载火箭在海南文昌发射成功。其主要任务是开展地球大气层外光学偏振模式测量，为偏振导航技术的研究提供数据支撑，未来“翱翔”系列卫星还可应用于伴飞巡视、对地遥感、数据中继等领域。“翱翔之星” 是世界首次开展在轨自然偏振光导航技术验证，该技术从偏振导航信息获取的角度出发，开展大气层外偏振模式测量，这在国际上具有“开创意义”。2017 年 1 月，“行云一号” 2U 立方星在酒泉发射。“行云”系统是中国航天科工集团推出的商业航天系列重大工程之一的“天基物联网”工程，旨在建立我国首个低轨窄带卫星通信系统，实现全球范围内物联网信息的无缝获取、传输与共享，可广泛应用于包括野外数据采集、物流运输、安全检测、救灾应急等领域。“行云试验一号”卫星是“行云”系统的第一颗试验验证星。2017 年 4 月 18 日，“翱翔一号”立方星作为欧盟 QB50 计划首批发射入轨的 28 颗卫星之一，搭乘宇宙神 5 运载火箭及天鹅座货运飞船(Cygnus)在美国佛罗里达州的卡纳维拉尔角空军基地成功发射升空。“翱翔一号”是首次利用国际空间站释放的中国卫星。该卫星重约 2.2 kg，其搭载的是离子与中性粒子质谱仪，用于开展低热层大气成分探测。

4.6.3 气象＋微纳卫星的应用前景

陕西省发改委拟建设陕西一号星座工程，计划发射 36～72 颗小卫星，并组网应用于国土资源、气象、环保、农业、地质、林业等领域。西北工业大学基于标准化的设计，可实现卫星搭载各个领域的应用传感器，实现或者通过组网实现业务运行。但搭载什么用途的传感器，需要联合其他企业、部门等再研发。

西安市在这些领域对小卫星有强烈的应用需求，体现在对宽幅、广域的卫星遥感图像、短回归周期图像资料、多光谱遥感图像的需求。气象部门在以下几个方面有具体需求：1)大气物理量的观测，例如垂直方向风场。2)气象灾害的监测，例如降水、道路结冰、泥石流、滑坡等。3)空气质量的监测，包括中高层 CO_2、沙尘暴等。4)农业气象灾害监测等。气象部门在卫星资料接收、处理、应用等方面有着丰富的经验。一是气象部门有着国家级的气象卫星应用经验，有着全球卫星资料处理能力和反演能力。二是有地面接收硬件和软件资源，目前在西安市灞桥区气象局建设有国家级气象卫星直收站，支持接收和处理包括风云三号、四号卫星在内的大部分气象卫星资料，可以将小卫星的接收、处理合并在灞桥区气象局气象卫星直收站进行。

第三篇

生态气象

第 5 章　积极发展生态气象
服务西安生态文明建设

5.1　西安市人工影响天气生态—环境—社会综合效益评估

党的十八大以来，以习近平同志为核心的党中央协调推进“五位一体”总体布局和“四个全面”战略布局，把生态文明建设摆上更加重要的战略位置。党的十九大报告首次提出建设“富强 民主 文明 和谐 美丽”的社会主义现代化强国的目标，提出“绿水青山就是金山银山”的发展理念。近年来西安市气象部门认真学习贯彻落实党的十八大、十九大精神和陕西省委省政府“建设美丽陕西”要求，紧紧围绕市委市政府的工作部署，以满足西安经济社会发展和生态文明建设需求为目标，强化人工增雨(雪)作业能力建设，积极实施常态化人工增雨(雪)作业，在水源地生态涵养、水库蓄水、治污减霾、森林防火和抗旱减灾等方面发挥积极作用。同时，成功组织实施人工影响天气消减雨作业，保障了西安重大国事外事活动(详见本书 2.3 和 2.6 小节)。

西安属资源性缺水城市，人均占有水资源量仅 278 m^3，仅相当于全国平均水平的 13.25%，远低于国际公认的人均年水资源量 500 m^3 的严重缺水线，是全国乃至全球最缺水的地区之一。在气候方面，西安属半干旱大陆性季风气候区，降水变率大，且降水资源时、空分布不均，年最大降水量 903.2 mm，年最小降水量 312.2 mm，一年中，6—9 月是降雨最集中的时段，通常占到年降水量的 60%以上，降水时间分布上的巨大差异，加剧了水资源供需矛盾。近年来，西安市城市建设速度加快，城市供水总量持续增加；与此同时，随着大城市快速发展，夏季西安市高温伏旱明显，水库蓄水不足，秋冬季空气污染形势严峻。按照西安市政府的安排，西安气象部门每年积极作为，开展常态化作业，捕捉每次“天机”开展人工影响天气作业，并主动与省人工影响天气办公室对接，组织实施立体化人工增雨(雪)作业，助力于西安水源地水库蓄水和清洁空气，所取得的社会—经济—环境—生态等综合效益十分显著。

5.1.1　政府主导下推进生态修复型人工影响天气现代化

西安市市委市政府高度重视人工影响天气工作，2013—2014 年市编办正式批复成立市人工影响天气办公室和 8 个区县人工影响天气办公室，把常态化人工增雨(雪)作为保障西安城市水资源安全、减少空气污染物浓度、降低森林火险等级、减轻干旱等气象灾害损失以及保护生态环境的有效措施之一。为了保障西安经济社会发展和生态型国际化大都市对水资源的需求，从 2013 年开始，西安市气象部门开始实施常态化、生态修复型人工增雨(雪)作业体系建设，经过近 5 年的努力，西安人工影响天气综合能力得到显著提升，2013—2017 年人工影响天气作业规模、作业次数、作业强度均创历史最高水平，在西安水源地水库蓄水、治污减霾、农业抗旱减灾、降低森林火险等级以及保护生态环境等方面发挥了重要作用，得到了西安市、区县政府充分肯定。

人工影响天气增雨(雪)是通过向降水云系中撒播催化剂(盐粉、干冰或碘化银等)，增加云中冰晶浓度，加速雨滴生长过程，从而达到增加降水的目的。1946 年 9 月，美国科学家兰茂尔和谢佛等人用飞机在海洋上空开展了云中播散干冰试验，30 分钟后出现了降雨，成功实现了人类历史上第一次人工增雨实践。目前全世界每年有 30 多个国家开展此项工作，世界气象组织指出，应把人工影响天气作为云水资源综合管理战略的一部分。

黑河金盆水库是西安市城市供水最重要的水源地，近年黑河金盆水库水域面积呈现出明显下降的趋势，对西安市水资源安全供应构成威胁。特别是 2017 年夏季西安市持续高温少雨，出现了严重的伏旱；10 月下旬以来，铁腕治霾形势严峻。面对前期严重的高温干旱、水库蓄水不足，以及后期改善空气质量的压力，按照市政府的安排，根据西安市水务集团的需求和铁腕治霾办的要求，西安气象部门积极与省人工影响天气办公室对接，在西安水源地专门开辟了飞机人工增雨(雪)作业航线，并结合地面火箭和碘化银燃烧炉，组织实施立体化人工增雨(雪)作业，为改善西安市空气质量做出不懈努力(图 5-1)。

图 5-1　西安人工影响天气火箭作业场景

5.1.2　西安市人工影响天气现代化综合能力不断提升

(1)实现西安市—区县两级人工影响天气工作机构全覆盖

2013 年 2 月，西安市机构编制委员会发函，同意成立西安市人工影响天气办公室，为市气象局所属全额拨款事业单位，机构规格相当于县处级，核定编制 8 人，负责西安市人工影响天气管理和实施工作。2013 年 4 月，西安市气象局正式组建人工影响天气办公室，人员已到位 6 人。2013 年 5 月，市编办发函，同意设立阎良区、灞桥区、高陵区气象防灾减灾服务中心(人工影响天气办公室)，为财政全额拨款事业单位，核定事业编制各 5 名；2014 年 6 月，市编办发函，同意设立鄠邑区、临潼区、长安区、蓝田县气象防灾减灾服务中心(人工影响天气办公室)，为财政全额拨款事业单位，核定事业编制共23人，6月市编办发函同意设立周至县气象灾害应急指挥中心（人工影响天气办公室、猕猴桃气象台），核定事业编制3人。西安市市级、区县实现了人工影响天气工作机构全覆盖，西安市人工影响天气机构共有编制49人，初步建立了西安市气象局人工影响天气专职管理和技术队伍。

(2)西安人工影响天气基础设施水平显著提高

2009年，西安市财政投资实施《西安市常年开展人工增雨作业实施方案》建设项目，2012年开展《西安市人工影响天气全覆盖》一期启动建设项目。2014年启动《西安市人工影响天气全覆盖一期后续建设》。2014—2015年与市水务局合作，联合在秦岭水源地建设10座地面碘化银燃烧炉。2016年启动《西安市城市水源地人工增雨(雪)及生态涵养提升工程一期》项目。通过项目建设，人工影响天气作业能力显著提高，人工影响天气作业点由11个(2008年)增加到52个(2017年)，人工影响天气作业影响面积占西安市总面积的55%左右。其中已建成标准化火箭作业点15个，流动火箭作业点22个，建成地面碘化银燃烧炉15个。根据《陕西省县级人工影响天气综合能力评价办法》和《陕西省人工影响天气固定作业点安全等级评定办法》，2013年陕西省人影领导小组组织开展了“县级人工影响天气综合能力评价”和“人工影响天气固定作业点安全等级评定”工作。在陕西省86个开展人工影响天气工作的区县中，西安(开展人影作业有6个区县)有5个区县人工影响天气综合能力位于陕西省前列，其中长安区位列第一，鄠邑区第七，周至县、高陵区、蓝田县分别为11、11(并列)和16位。这均得益于市委市政府对西安人工影响天气工作的大力支持。

(3)西安人工影响天气作业科学指挥能力显著提升

近年来，通过项目带动和火车头计划，着力解决人工影响天气技术瓶颈，提高人工影响天气科技水平和管理能力，先后开发或推广应用西安市人工影响天气作业指挥系统、空域申请批复系统、作业信息采集系统、视频监控系统等，2015年1月，西安市常态化人工增雨(雪)作业体系建设与应用项目获西安市科学技术三等奖。

充分应用大气物理先进技术，科学指挥人工影响天气作业。综合应用GRAPES-CAMS云物理数值模式云宏观场、云微观场、云垂直结构和降水预估产品及MM5-CAMS云物理数值模式云宏观场、云微观场等数值预报产品，应用新一代天气雷达回波资料、风云二号卫星监测的云特征资料以及气象自动观测资料，建立西安市人工影响天气作业指挥系统。客观分析判断人工影响天气作业时机，科学指挥人工影响天气作业，提高人工影响天气作业效益。

充分利用网络技术实现人工影响天气对空作业空域的快速申请、批复，确保对空射击空域安全。传统空域申请采用电话申请，实施人工影响天气作业前向空域管理部门提出电话申请，管理人员接到空域申请电话后，在手工标绘的地图上核实防雹增雨点的具体位置，再到雷达显示器前查看人工影响天气作业点周围的空域情况，判断对空作业对正在空中飞行的飞机是否有影响后，再通过电话做出批准或不批准作业的回复。电话申请空域存在耗费时间长、效率低，空域管理工作量大，由于口音和时间同步等问题给空域管理带来风险等缺陷。使用空域申请批复系统申请空域，申请信息通过系统传输，可直接显示到空管显示器上，空域管理人员可实时分析后作出批复，提高了空域申请效率。

利用无线通信、数字罗盘等技术实现人工影响天气作业信息的自动采集与实时传输，强化人工影响天气作业管理。通过集成化设计，将三维数字罗盘仪、加速度计、蓝牙、激光、电源等模块进行有机结合，制作增雨火箭作业信息采集器，实现火箭作业方位角、仰角和数量实时自动采集，并通过蓝牙通信模块实时传送到手持终端，手持终端通过无线网络将人工影响天气作业信息传输到人工影响天气作业指挥平台。

利用网络视频监控技术，实现人工影响天气作业点全天候监控。通过有线或无线网络，在每个标准化作业点建立视频监控系统，实时将监控信息传输到市、区县人工影响天气指挥中心，实现对人工影响天气作业点全天候监控，确保人工影响天气作业点安全。

(4)西安人工影响天气业务管理逐步规范

认真贯彻落实《人工影响天气管理条例》《陕西省人工影响天气管理办法》《西安市人工影响天气管理办法》等法规，完善人工影响天气业务规章制度，统一印制人工影响天气规章制度。建立了人工影响天气装备年检制度，统一组织装备年检，建立人工影响天气装备档案。建立人工影响天气作业、指挥人员业务技能培训制度和管理档案，每年对作业、指挥人员进行培训，考核合格后注册上岗。先后给各区县弹药库和人工影响天气作业点配置火箭弹专用储存保险柜。人工影响天气弹药统一采购运输，避免各区县自行运输带来的安全隐患。每年编制《西安市人工影响天气常年作业项目实施方案》，对人工影响天气培训、安全检查管理等工作进行安排。2016 年先后组织 3 次人工影响天气安全检查，按照中国气象局《人工影响天气安全生产风险防控一览表》对各区县人工影响天气风险隐患点进行拉网式排查，确保人工影响天气作业安全。

(5)西安人工影响天气组织保障水平显著增强

人工影响天气工作全面纳入西安市政府、各区县政府绩效目标考核，2005 年 8 月，颁布《西安市人工影响天气管理办法》(西安市人民政府令 58 号)，明确了人工影响天气工作管理体制、经费投入机制、人员资格管理和设备年检等安全制度。2013 年 3 月，下发了《西安市人民政府办公厅关于进一步加强西安市人工影响天气工作的实施意见》，明确提出了人工影响天气作业重点服务领域、重点建设内容和保障措施。2010 年 12 月，西安市人大常委会第二十五次会议对人工影响天气工作进行专题审议，对人工影响天气基础设施建设、财政投入和队伍建设提出了新的要求。市政府针对人大审议意见，召开专题会议，对人工影响天气工作进行了安排部署。2016 年市人大常委会组织部分委员对人工影响天气工作进行视察，对人工增雨工作给予充分肯定。

5.1.3 开发利用云水资源，主动服务于西安生态文明建设的综合效益显著

(1)连年开展常态化增雨(雪)作业、作业强度创历史最高

2013 年西安共组织实施人工增雨(雪)作业 24 次，发射火箭弹 1460 枚，燃烧碘化银烟条 1392 根。2014 年共组织实施人影作业 28 次，作业累计消耗增雨火箭弹 1416 枚，消耗碘化银燃烧烟条 1533 根。2015 年共组织实施人影作业 27 次，作业累计消耗增雨火箭弹 981 枚，消耗碘化银燃烧烟条 2856 根。2016 年共组织人工增雨(雪)作业 24 次，消耗增雨火箭弹 411 枚，消耗碘化银燃烧烟条 2028 根。2017 年全年共组织增雨(雪)作业 23 次，消耗增雨火箭弹 412 枚，消耗碘化银燃烧烟条 2505 根。2013—2017 年共组织实施人工增雨(雪)作业 126 次，共发射增雨火箭 4680 枚，燃烧增雨碘化银烟条根 10314 根，在生态保护、水库蓄水、治污减霾、抗旱减灾、森林防火等方面发挥积极作用，得到了市委市政府和社会各界高度肯定。2013 年以来人工增雨(雪)作业次数、作业强度均创西安人工影响天气历史记录。

(2)西安人工增雨(雪)保障水源地水库蓄水

黑河金盆水库位于西安市最西端周至县境内黑河峪口，总库容 2 亿 m^3，有效库容 1.77 亿 m^3，水库主要功能以城市供水为主，兼顾灌溉，结合发电和防洪。2010—2013 年春季，黑河金盆水库水域面积呈现出明显的下降趋势，对西安市水资源安全供应构成威胁。根据每年 4 月卫星影像监测分析，2010 年 4 月黑河金盆库区水域面积为 2.80 km^2，2011 年为 2.06 km^2，2012 年为 1.95 km^2，2013 年为 1.36 km^2，2013 年比 2010 年减少 51.3%。

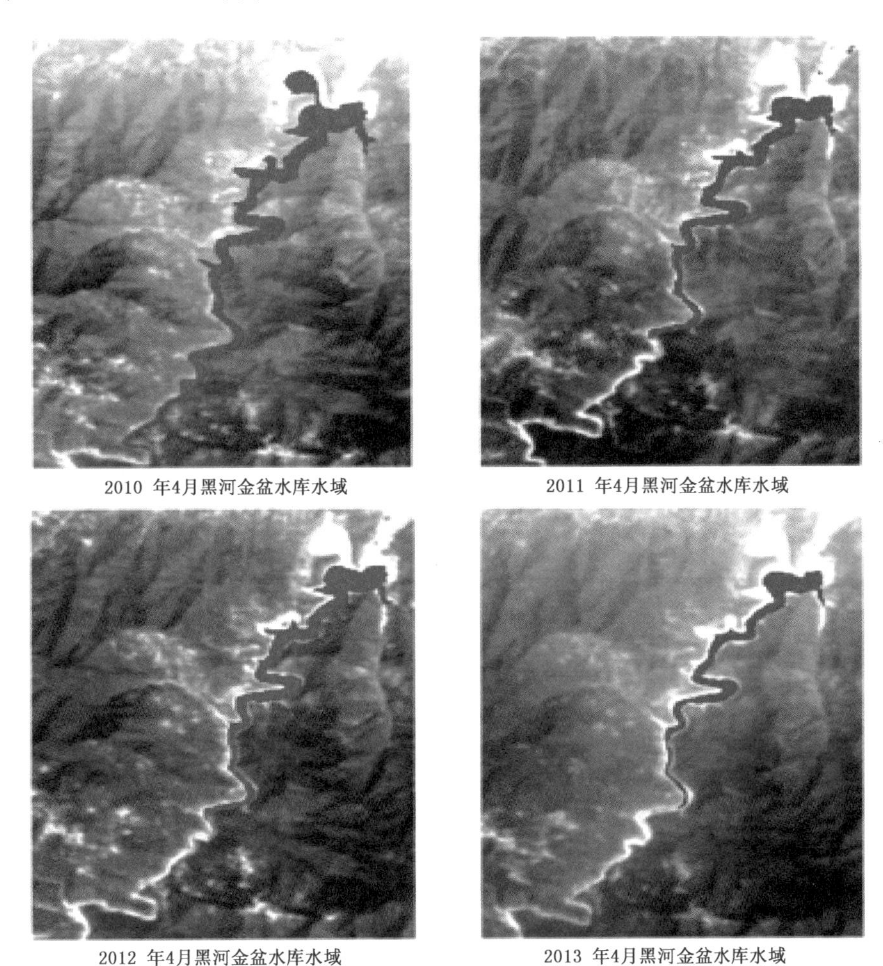

图 5-2 卫星遥感监测 2010—2013 年 4 月黑河金盆水库水域面积

2013 年以来，在黑河金盆水库上游新建火箭作业点 4 个，新建地面碘化银燃烧炉 5 座，强化黑河水源地人工增雨(雪)作业能力。2015 年以来，根据市水务集团的要求，气象部门在水库蓄水季节强化水库上游区域人工增雨(雪)作业力度，开展飞机、地面相结合的立体化人工增雨(雪)作业，增加降水资源，保障水库蓄水。如 2016 年 9 月下旬至 11 月上旬，根据水库蓄水需求，对接省人工影响天气作业飞机在西安水源地开展飞机增雨作业 5 架次 12 小时，组织各区县开展 7 次地面人工增雨作业，共发射增雨火箭弹 128 枚，燃烧碘化银烟条 730 根。9 月 26 日至 11 月 10 日，西安大部分地区降雨量在 70～130 mm，黑河金盆水库上游王家河 91.0 mm、陈河 86.1 mm，板房子 101.5 mm；蓝田县李家河水库上游葛牌 129.6 mm。黑河金盆水库水位 10 月 8 日 571.89 m，11 月 7 日 582.02 m，水位上升 10.13 m。

(3)人工增雨(雪)作业助力改善西安空气质量

降雨可以有效降低空气中污染物浓度,主要体现在两个方面,一是雨滴在降落的过程中吸附部分污染物颗粒降落到地面;二是降雨提高了地表湿润度,可以拟制地面扬尘产生。在市政府重污染天气应急预案和治污减霾工作实施方案中,将人工影响天气纳入污染天气应急响应与联防联控措施中。2015 年春、秋季人工增雨作业 19 次,降雨明显多于常年,1—10 月空气质量优良天数 220 天,比 2014 年同期多 44 天。2016 年 10 月下旬的持续阴雨天气中,空气质量全部达到优良。2017 年 8 月 25 日至 9 月 17 日西安空气质量优良天数比常年同期大幅度增加(表 5-1)。

表 5-1　西安市 2016、2017 年 8 月 25 日至 9 月 17 日各级空气质量日数对比

年份	优(d)	良(d)	轻度污染(d)	中度污染(d)
2017 年	3	21	0	0
2016 年	2	15	6	1

(4)人工增雨减轻干旱损失和降低森林火险等级

根据农业抗旱、林业防火与水库蓄水需求,西安市各级人工影响天气作业人员紧抓关键时期,重点区域实施人工增雨(雪)作业。2015 年 3—4 月组织实施人工增雨作业 7 次,增雨效果明显,3 月中旬至 5 月上旬,西安平均降雨量 200.2 mm,比常年同期多 1.5 倍,为 1961 年以来历史同期降水量最多的一年,春季降雨明显偏多,有效缓解了春季旱情,提高了土壤墒情,为夏粮作物稳产高产提供了有利水分条件。2016 年 4 月 13—15 日全市共发射增雨火箭弹 37 枚,燃烧碘化银烟条 120 根,西安地区普降中到大雨,局地暴雨,西安地区出现春季第一场透雨,极大地增加了农田土壤墒情,解除了前期干旱,大大降低了林火风险等级。

5.1.4　2017 年省市协同、实施立体化人工影响天气作业

2017 年夏季西安市持续高温少雨,出现了严重的伏旱;10 月下旬以后,铁腕治霾形势严峻。面对前期严重的高温干旱、水库蓄水不足,以及后期改善空气质量的压力,西安气象部门提早部署、积极与省人工影响天气办公室沟通对接,在西安水源地开展飞机人工增雨作业,并结合地面火箭弹和碘化银燃烧炉,组织实施立体化人工增雨作业,社会—经济—环境—生态等效益显著。

2017 年 8 月 25 日至 9 月 17 日,省人工影响天气办公室驻西安咸阳国际机场的增雨飞机在西安水源地增雨作业 5 架次,累计增雨作业时间 12 小时。市人工影响天气办公室组织周至县、蓝田县在 8 月 25 日、28 日、29 日、30 日,9 月 1—2 日、5 日连续实施了地面人工增雨作业,共发射增雨火箭 42 枚,燃烧增雨碘化银烟条 460 根,效果显著。在自然与人工影响共同作用下,8 月 25 日至 9 月 17 日黑河金盆水库上游平均降雨量 92.9 mm,金盆水库水位由 25 日 08 时的 575.78 m 上涨到 9 月 17 日 591.75 m,库容由 25 日 08 时的 10606 万 m^3 增加到 9 月 17 日 08 时的 16646 万 m^3,水位上升了 15.97 m,库容增加 6040 万 m^3,黑河金盆水库水位已增加到汛限水位(表 5-2)。

10 月下旬以后,为改善西安市空气质量,分别于 10 月 31 日、11 月 9 日、19 日、29 日组织实施人工增雨(雪)作业。人工影响天气作业同时也起到了净化空气的作用。人工影响天气作业可以增大雨强、增加雨量,从而增强雨水对于空气污染物的冲刷作用,使得在人工影响天气

作业的当天或者第二天，空气质量都会有明显的好转。

表 5-2　西安 2017 年 8—12 月水库蓄水、治污减霾人工增雨作业实施情况统计表

日期	地面作业情况	飞机作业情况	增雨作业效果	作业后清洁空气效果
2017 年 8 月 6—7 日	组织鄠邑区、周至县实施人工增雨作业，共发射增雨火箭 16 枚，燃烧增雨碘化银烟条 60 根。		全市普降中到大雨，局地出现暴雨。	8 月 4—7 日 AQI 变化：199（中度污染）→150（轻度污染）→72（良）→47（优） 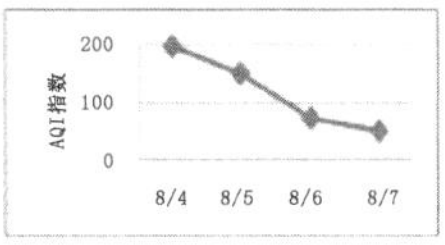

2017 年 8 月 25 日	组织周至县、蓝田县和鄠邑区实施人工增雨作业，在水源地共燃烧碘化银烟条 50 根。	对流性降雨天气过程，不适宜开展飞机增雨作业。	在自然和人工因素共同作用下，周至县、鄠邑区大部分地区出现 4～18 mm 降雨，黑河金盆水库上游平均降雨量 6.6 mm，最大鄠邑区朱雀森林公园 17.9 mm。8 月 26 日 08 时黑河金盆水库水位 576.26 m，库容 10756 万 m^3，水位比 25 日 08 时上升了 0.48 m，库容增加 150 万 m^3。	8 月 24 日至 8 月 25 日 AQI 变化：104（轻度污染）→59（良） 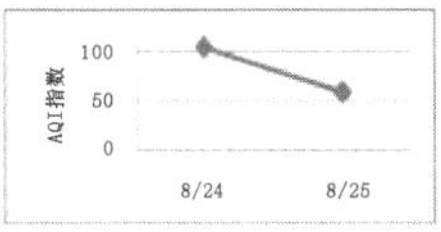
2017 年 8 月 28 日	在水源地周至县、蓝田县共燃烧碘化银烟条 60 根。		在自然和人工因素共同作用下，全市普降小雨；29 日 08 时黑河金盆水库水位 579.67 m，库容 11893 万 m^3，与 28 日 08 时相比，水位上升 1.12 m，库容增加 387 万 m^3。	8 月 27 日至 8 月 29 日 AQI 变化：75（良）→44（优）→35（优）

续表

日期	地面作业情况	飞机作业情况	增雨作业效果	作业后清洁空气效果
2017年8月29日	水源地周至县、蓝田县共发射火箭弹16枚,燃烧碘化银烟条130根。	在西安水源地区域开展飞机增雨作业,增雨作业航线为咸阳市—眉县—太白山—周至市—首阳山—兴平市—终南山—蓝田县—咸阳市,飞行高度5100 m,增雨作业2小时47分。	在自然和人工因素共同影响下,全市普降小到中雨,周至县局地大雨,最大雨量为周至县西骆峪水库34.3 mm。8月30日08时黑河金盆水库水位581.87 m,较29日08时上升2.2 m;库容12680万m^3,较29日08时增加787万m^3;入库流量102 m^3/s。	
2017年8月30日	在周至县和蓝田县等水源地共发射火箭弹10枚,燃烧碘化银烟条70根。	因空域原因取消飞机增雨作业计划。	在自然和人工因素共同作用下,全市普降小到中雨。8月31日08时黑河金盆水库水位583.66 m,库容13346万m^3,与8月25日08时相比,水位上升了7.88 m,库容增加了2740万m^3。	8月29日至8月30日AQI变化:35(优)→44(优) 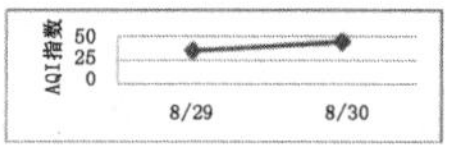
2017年9月2日	燃烧碘化银烟条70根。	阵性降雨天气,不适宜飞机增雨作业。	在自然和人工因素共同作用下,周至县、鄠邑区、长安区、蓝田县出现中雨,其余地区普降小雨。9月3日08时黑河金盆水库水位585.80 m,库容14173万m^3,与2日08时相比,水位上升0.6 m,库容增加234万m^3。李家河水库3日08时水位854.31 m,库容1548万m^3,与2日08时相比,水位上升0.35 m,库容增加30万m^3。	9月1日至9月3日AQI变化:83(良)→65(良)→54(良) 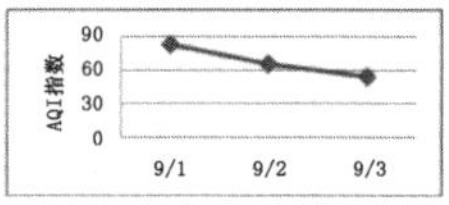

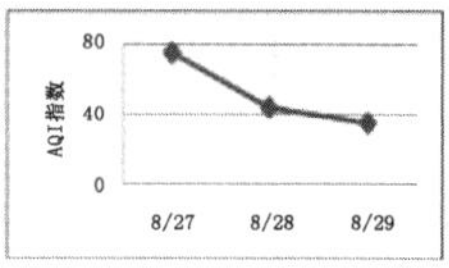

续表

日期	地面作业情况	飞机作业情况	增雨作业效果	作业后清洁空气效果
2017年9月4日		省人工增雨飞机在关中地区增雨作业1架次,增雨作业时间2小时47分,作业航线咸阳市—鄠邑区—周至县—太白县—宝鸡市—千阳县—眉县—乾县—周至县—兴平市—长安区—临潼区—蓝田县—咸阳市,高度5100 m,作业区覆盖宝鸡市东部、咸阳市南部、西安市大部分地区。	在自然和人工因素共同作用下,全市普降小雨,周至县、鄠邑区、蓝田县等沿山区县降雨量3~8 mm,其他区县0~4 mm。9月5日08时黑河金盆水库水位586.63 m,库容14505万m^3,与4日08时相比,水位上升0.39 m,库容增加156万m^3。	9月4日至9月5日AQI变化:60(良)→54(良) 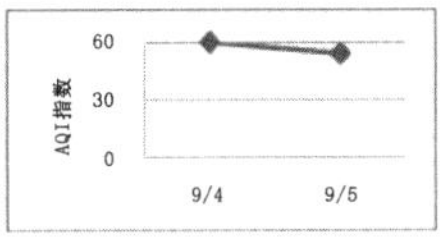 AQI指数 60 30 0 9/4 9/5
2017年9月5日	共发射火箭弹16枚,燃烧碘化银烟条80根。	围绕西安水源地开展飞机增雨作业1架次,飞行航线:咸阳市—鄠邑区—周至县—太白县—宝鸡市—眉县—麟游—周至县—乾县—鄠邑区—长安区—蓝田县—咸阳市,飞行时间2小时30分,飞行高度5100 m。	在自然和人工因素共同作用下,全市普降中雨,降雨量10~30 mm。黑河金盆水库水位586.63 m,库容14505万m^3,与4日相比,水位上升0.39 m,库容增加156万m^3;李家河水库水位854.60 m,库容1573.530万m^3,与4日相比,水位上升0.14 m,库容增加12万m^3。	9月4日至9月5日AQI变化:60(良)→54(良)。 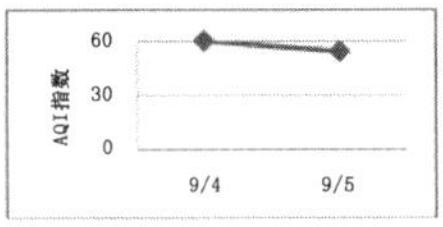 AQI指数 60 30 0 9/4 9/5

续表

日期	地面人影作业情况	飞机人影作业情况	增雨作业效果	人影作业后清洁空气效果
2017年9月9日		省人工增雨飞机在西安水源地增雨作业1架次，增雨作业航线：咸阳市—鄠邑区—周至县—太白县—宝鸡市—眉县—乾县—首阳山—兴平市—鄠邑区—长安区—咸阳市，高度5100 m。	9月10日08时，黑河金盆水库水位589.45 m，库容15662万 m^3，与9日08时相比，水位上升0.5 m，库容增加210万 m^3；李家河水库水位859.1 m，库容2003.189万 m^3，与9日08时相比，水位上升2.27 m，库容增加226万 m^3。	9月9日至9月10日AQI变化：70（良）→54（良） 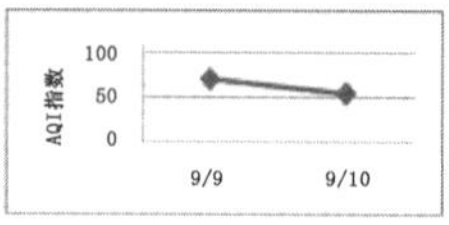
2017年9月16日		针对秦岭北麓黑河流域水源涵养，省人工增雨飞机开展增雨作业1架次，航线：咸阳市—首阳山—乾县—周至县—扶风县—太白县—凤翔县—眉县—咸阳市，高度5100 m，作业飞行共2小时31分钟。	在自然和人工因素共同作用下，全市普降中雨。9月17日08时黑河金盆水库水位591.75 m，库容16646万 m^3，与16日08时相比，水位上升0.25 m，库容增加109万 m^3；李家河水库水位860.74 m，库容2178万 m^3，与16日08时相比，水位上升0.02 m，库容增加2万 m^3。	9月15日至9月17日AQI变化：97（良）→72（良）→72（良） 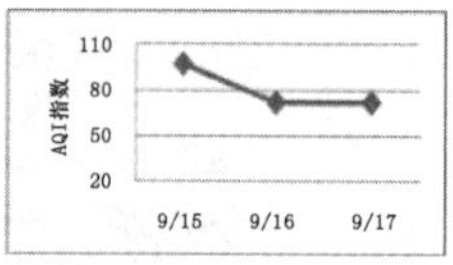
2017年10月31日	全市共发射火箭弹16枚，燃烧碘化银烟条80根。		在自然和人工因素共同作用下，西安地区普降小到中雨，全市大部分地区出现了2～6 mm的降雨，最大降雨量出现在蓝田县玉山镇，为8.0 mm。	10月31日至11月1日AQI变化：84（良）→72（良） 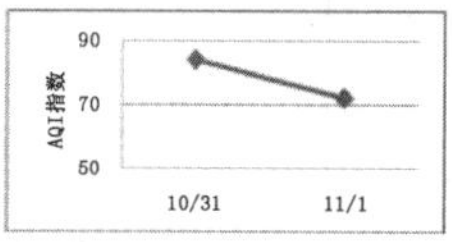
2017年11月9日	全市共燃烧碘化银烟条85根。		在自然和人工因素共同作用下，西安地区普降小雨，局地中雨，全市大部分地区降雨量3～6 mm。	11月8日至11月10日AQI变化：134（轻度污染）→132（轻度污染）→68（良） 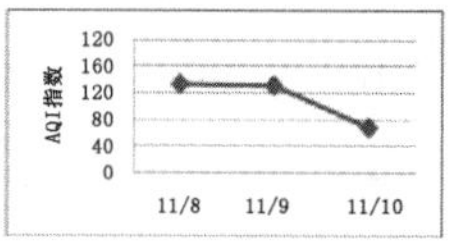
2017年11月19日	全市共燃烧碘化银烟条80根。		在自然和人工因素共同作用下，西安市大部分地区出现小雨，南部山区出现雨夹雪或小雪天气。	11月17日至11月19日AQI变化：291（重度污染）→76（良）→80（良） 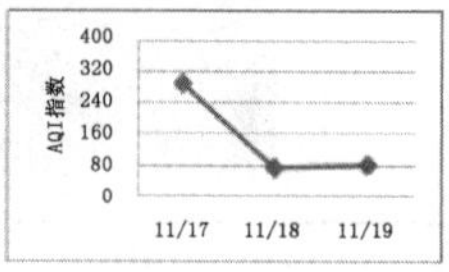

续表

日期	地面作业情况	飞机作业情况	增雨作业效果	作业后清洁空气效果
2017年11月29日	全市共燃烧碘化银烟条60根		在自然和人工因素共同作用下，西安市南部山区部分地方出现小雨或小雪，降水量0.4～1 mm。	

5.1.5　以军民融合协同创新提升气象保障生态文明建设实力

党的十八大以来，习近平总书记每次谈及军民融合，都会强调军民协同创新，建立军民融合创新体系，其重要战略意义可见一斑。积极探索军民融合技术应用合作，提升多种先进技术相结合的重大活动人工影响天气服务能力和基础保障水平。结合西安空域日益繁忙现状，积极发展基于大数据、物联网技术等前沿技术的人影作业科学指挥系统，依托省人影办、西安国家航空产业基地、航天产业基地军方相关企业等技术支持，开展无人机人工影响天气增雨作业大调研，开展无人机人影作业科学试验等；加强人影作业条件监测预报、作业指挥、效果检验和作业装备能力建设；开展"TK-2GPS人影探测火箭系统"科学试验与应用，实现西安上空8 km以下压、温、湿、风常规气象要素剖面观测。

依托军工优势技术资源，提升人影工作的区域统筹能力和安全监管能力，委托军工企业组织作业弹药运输，实现省库到区(县)级弹药集中配送，有效消除弹药存储和运输安全隐患；委托军工企业对全市人影装备进行年检和维护，对全市人影火箭手进行操作技术培训等。未来将加强气象与公安、武警、民航、空军等合作，健全人影工作军民科技信息、安全管理、空域保障等协作机制，为人影作业安全开展和水平提升提供坚强保障。

5.2　西安市大气污染气象条件分析与应对建议

党的十八大以来，以习近平总书记为核心的党中央高度重视生态环保工作。在十九大报告中，习总书记明确指出，要坚持全民共治、源头防治，持续实施大气污染防治行动，打赢蓝天保卫战。生态环境部第一任部长李干杰明确大气防治污染攻坚战要突出三个重点区域：京津翼及周边地区、长三角和汾渭平原等。汾渭平原包括山西省和陕西省的西安等11个地(市)。近年来，西安市委、市政府高度重视大气污染治理工作，将其列为西安环境治理和民生改善的"头号民生工程"，按照标本兼治、突出重点、综合施策的思路，统筹推进压煤、抑尘、减排、禁烧、增绿等工作，大气污染治理工作取得了明显成效，但是受污染源排放量大和大气扩散条件不利的共同影响，西安空气污染依然严重，与广大市民的期盼还有明显的差距。下面从大气污染扩散条件角度分析了西安大气污染的特征和成因，并对兰州、西安大气污染自然背景条件进行了对比分析，为西安大气污染治理提供科学依据。①

① 本小节参考2017年9月罗慧、鲁渊平、赵荣等撰写的《西安大气污染气象条件分析与应对建议》，该报告获2017年度陕西省党政领导干部优秀调研成果一等奖。

5.2.1　西安雾和霾天气特征

(1)2017 年西安市大气污染物较 2016 年同期大幅度减少

据陕西省农业遥感与经济作物气象服务中心最新遥感监测结果(图 5-3),西安市气溶胶

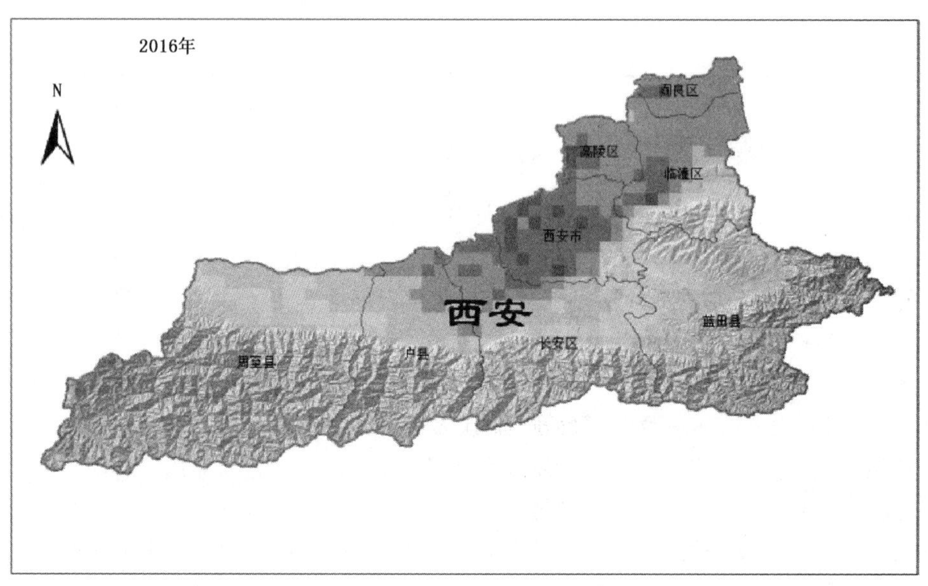

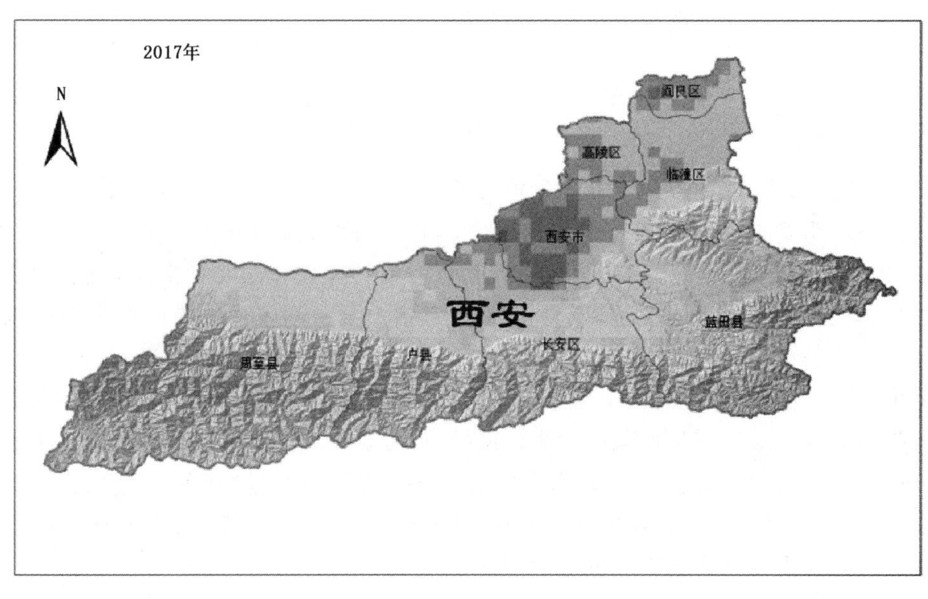

图 5-3　2016 年及 2017 年西安市气溶胶光学厚度分布

光学厚度整体呈现北高南低的分布，2017 年西安市平均气溶胶光学厚度为 0.33，2016 年西安市平均气溶胶光学厚度为 0.35，2017 年较 2016 年下降了 5.71%。其中，南部秦岭山区气溶胶光学厚度值较小，与去年同期相比变化不大；西安市区气溶胶光学厚度整体降低 0.1 左右，但仍然为西安市高值最集中的区域。西安大气污染治理工作取得了明显成效，但是受污染源排放量大和大气扩散条件不利的共同影响，西安空气污染依然严重。

(2)西安雾和霾天气时、空分布特征

根据 1970—2016 年西安雾和霾天气监测资料统计分析，西安雾和霾天气多发时段主要在秋冬季(图略)，即 1—3 月和 10—12 月，4—8 月雾和霾天气相对较少。西安雾和霾天气的高发区域主要位于主城区和长安区一带(图 5-4)，年平均雾和霾天数(雾、轻雾、霾日数的总和)200 天左右。周至县西部最少，年平均雾和霾天数 91.8 天。

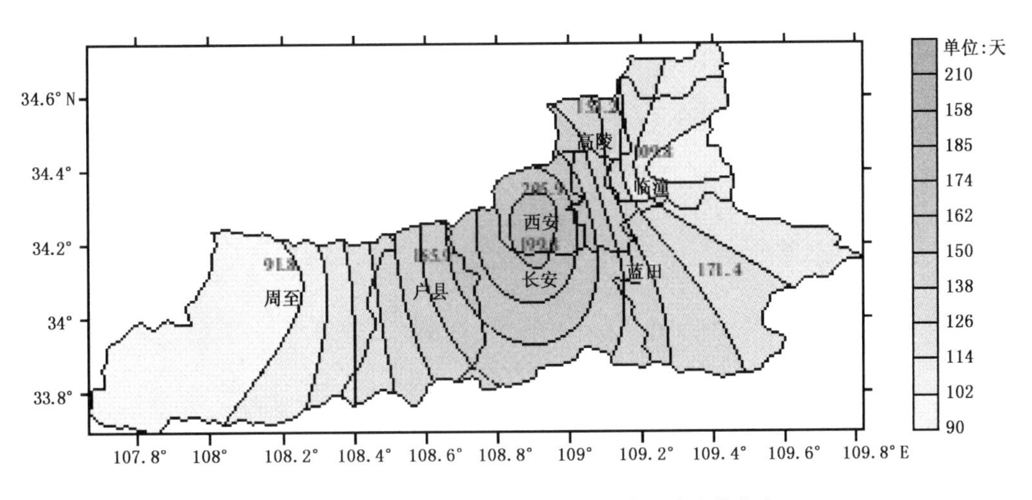

图 5-4　西安市 1970—2016 年年平均雾和霾天数分布

(3)关中地区雾和霾天气的变化趋势

利用卫星遥感监测资料对关中地区大气污染物颗粒进行监测，2001—2010 年西安大气污染总体上呈现升高的趋势(图 5-5)。

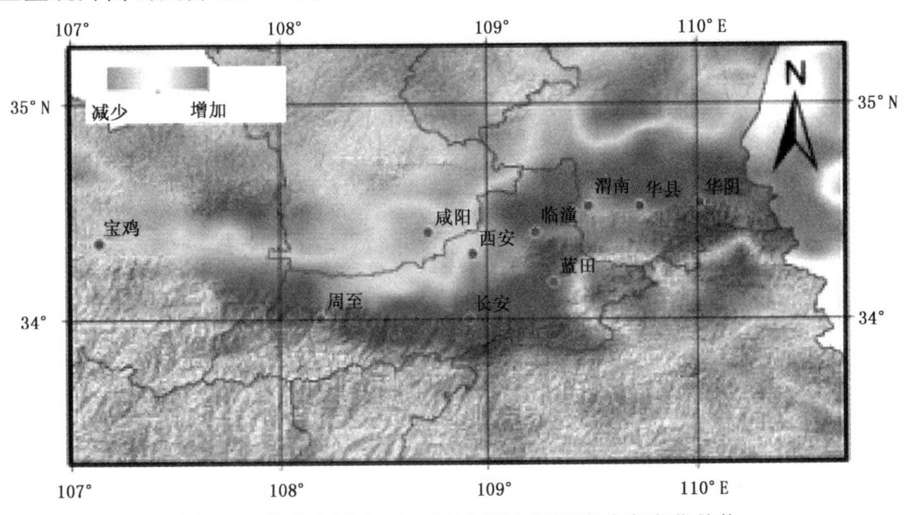

图 5-5　关中地区 2001—2012 年大气污染分布变化趋势

5.2.2　西安雾和霾天气多发的原因分析

气象条件是影响大气污染物扩散的主要因素，当大气环境处于稳定状态时，促使大气中污染物堆积，形成严重的雾和霾天气。

(1)西安周边地区近地面层的主导风向指向城区，造成周边污染物向城区输送堆积

风是影响大气污染物扩散的重要气象条件。通过对西安城区及各区县近地面层常年主导风向研究发现：西安城区及各区县近地面层2000—2014年的常年主导风除蓝田县风向为西北风，方向背离市区外，其余区县主导风向均指向城区。周至县、鄠邑区主导风向均为西风，长安区为东南风，临潼区为东东北风，高陵区为东东北风。对关中主要城市近地面层常年主导风向分析显示：关中主要城市中，渭南市、咸阳市、铜川市均位于西安上风方，常年主导风均吹向西安市区，渭南市主导风向为东东北风，渭南市蒲城县为东北风，渭南市大荔县为东东北风；铜川市主导风向为东北风，咸阳市主导风向为东北风，咸阳市乾县为西北风，咸阳市三原县为东北风(图5-6)。

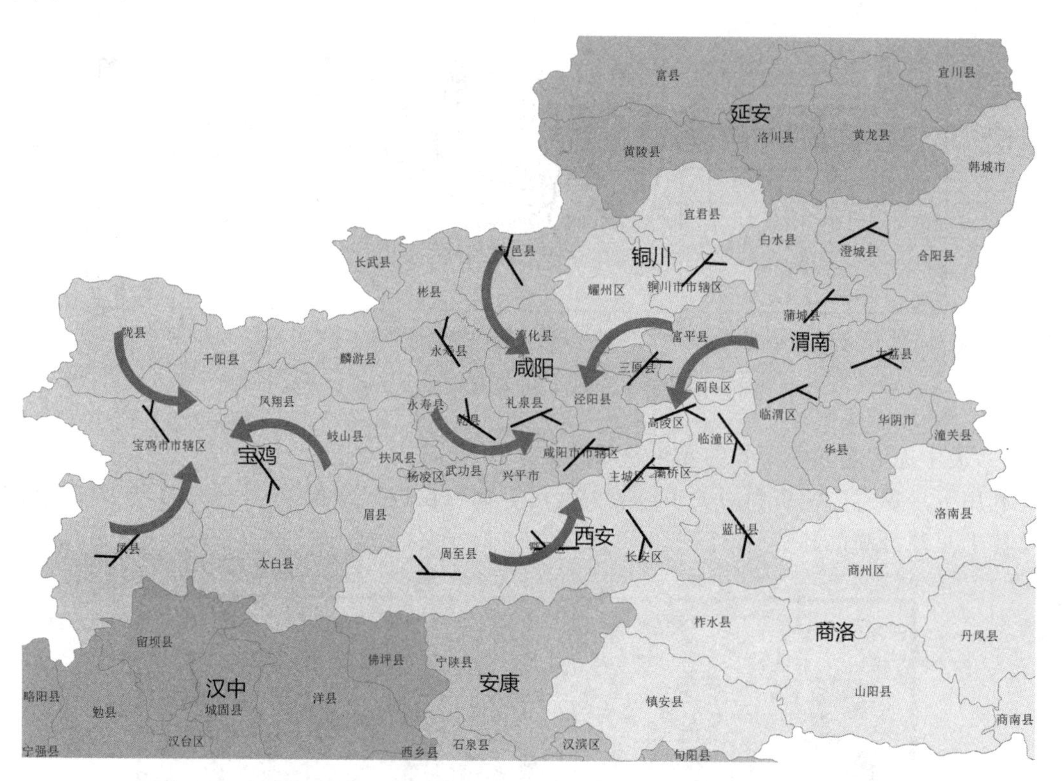

图5-6　西安各区县及周边地市气象观测站10 m高度主导风向示意图

(2)西安近地面层的风速呈减小趋势，大气污染物水平扩散能力减小

近年来随着工业化、城市化的迅速发展，鳞次栉比的高楼大厦产生的阻挡和摩擦作用使风流经城区时明显减弱。据统计，2000年以来，西安市城区平均风速为1.0 m/s，比20世纪90年代减小了0.3 m/s。西安城区静风出现频率为28%，约102天；周至县静风出现频率为48%，约175天；鄠邑区静风出现频率为46%，约168天；长安区静风出现频率为34%，约124天；蓝田县静风出现频率为31%，约113天；临潼区静风出现频率为22%，约80天；高陵区静

风出现频率为18%，约66天。风速减小，静风频率高，不利于大气污染物的扩散稀释，易在城区和近郊区周边积累。

(3)关中地区大气边界层高度下降，大气污染垂直扩散能力减小

边界层高度与大气污染关系密切，边界层高度越高，污染物扩散的空间越大，大气低层水汽和气溶胶向上扩散能力越强。近年来，西安地区秋、冬季边界层高度较低(一般只有550 m左右)，抑制了大气垂直交换，地面污染物堆积，容易形成重污染天气。而夏季边界层高度通常在850 m以上，气溶胶扩散较快，不易形成重污染天气。2000—2012年关中地区大气边界层年平均高度从920 m降低到不足700 m(图略)，使得大气污染物扩散的能力降低。

(4)城市热岛效应加剧大气污染程度

研究表明：城市大气污染与城市热岛效应之间相互影响，一方面城市热岛效应对污染物分布具有重要影响，城市热岛的热力作用，可以通过热岛环流，将郊区的污染物向城区汇集，加重城区大气污染程度。另一方面城市中车辆、供热以及工业等排放出来的大量煤灰、粉尘形成温室气体以及由郊区汇集到城区的污染物在城市上空形成一层屏障，它们吸收长波辐射，使温度升高，从而加重城市热岛效应。近年来西安城市热岛效应强度、面积急剧增大。主城区年平均气温比郊区高1～2 ℃。2013年12月16—25日西安重污染天气过程中，西安周边各区县地面主导风向均指向城区，这说明重污染期间多数时段西安周边区县气流是向城区汇集的。

(5)有效降水可显著降低近地面层污染物

研究表明，有效降水可清除近地面大气中约20%的细粒子和70%的粗粒子，当降雨雪量在5 mm以上时对颗粒物的清除作用明显，且降雨雪量越大、持续时间越长、清除效果越好，中雨(雨量≥10 mm)可清除掉大气柱中35%～50%的气溶胶含量。同时有效降水可提高地面湿润度，地面湿润可以抑制扬尘产生。面向西安大气污染治理、水源地生态涵养、抗旱减灾等方面需求，气象部门开展了常态化人工增雨(雪)作业，有效增加降雨量，改善空气质量。

(6)空气湿度和水汽对霾的影响

近年来，相关科学研究结果表明：空气湿度越大，空气中水汽含量越高，霾会更为严重。中国工程院院士、清华大学环境学院院长贺克斌指出，如果雾霾已从光化学反应转为液相反应的时候，其实靠洒水抑制扬尘并不正确，而只会加重雾霾。[①] 水汽对霾的影响有以下几个方面：一是水汽增加时会促进$PM_{2.5}$中可溶粒子(如硝酸盐粒子、硫酸盐粒子等)的吸湿增长，使得粒子半径增大，质量增加，消光作用变强。二是水汽使得$PM_{2.5}$中不可溶颗粒物外包裹的水膜增大，从而增加了颗粒的重量，导致仪器测出来$PM_{2.5}$的质量浓度数据偏高，这一作用同样也会加剧消光。三是水汽的增加能促进二氧化硫、氮氧化物和铵盐等粒子的化学反应生成二次颗粒物，从而提高$PM_{2.5}$浓度。四是水汽也是具有消光作用的，当湿度比较大的时候，能见度就会比较低。五是水汽对辐射削弱作用也会导致不同高度大气层加热不均，改变温度垂直层结，促进逆温等不利于污染扩散层结生成。

5.2.3 兰州与西安大气污染自然条件对比分析

近年来，兰州市委市政府科学施策治污减霾，突破性地摘掉长期笼罩在城市上空的“黑帽

① 中国新闻网2014年9月25日报道："清华环境学院院长：洒水可能加重雾霾"，http://www.chinanews.com/gn/2014/09－25/6629409.shtml

子”。西安市委市政府提出学习借鉴“兰州模式”，那么两地治霾条件是否一致？摸清家底才能“因地适宜”，取得治理成效。

对比兰州、西安的自然地理等条件，可以发现：第一，兰州自然地理条件与西安类似，均有明显的盆地城市特征，特殊的地貌条件同样造成大气污染物扩散困难。第二，从气象条件对比看，同样具有平均风速小，降水少等不利的气象条件。第三，从污染物来源看，兰州的大气污染属于“自生型”污染，外来输送贡献非常有限。而西安地处关中城市群中心，其城镇化程度高于兰州市及其周边区域，周边的铜川市、宝鸡市、咸阳市、渭南市等中等城市密布，这些城市群的常年主导风向均指向西安城区，使得西安受到外来输入污染物的影响。第四，从城市规模和经济总量对比，2017 年西安市全年实现生产总值 7469.85 亿元，西安机动车保有量已突破 277 万辆，目前人口 1100 多万人；而兰州 2017 年生产总值 2523.54 亿元，机动车保有量 95 万辆，人口 370 多万人。因此，西安污染物排放量远大于兰州。

综合上述因素，西安大气污染治理比兰州更为复杂，铁腕治霾工作任务更重。

5.2.4 西安大气污染治理对策建议

(1)大力发展高科技、高附加值产业，积极推广使用清洁节能新能源、新技术、新工艺，严控“两高”行业新增产能。充分考虑产业发展、资源环境承载能力和生态功能的要求，加强能源结构和产业结构调整，积极发展循环经济，大力推广低碳技术，严格控制高耗能、高污染行业新增产能，打好“减煤、控车、抑尘、治源、禁燃、增绿”治霾组合拳，有针对性地加强减排措施，减少大气污染物排放。有效控制煤炭消费规模，加强散煤治理，促进煤炭集约化利用。推进工业烟气污染深度治理和超低排放控制，淘汰落后产能，降低单位产品能耗。实施轨道和公交都市战略，构建综合交通运输体系，大力推行绿色出行模式等。

(2)加强大气污染防治相关科学研究，建立大气污染防治的系统科技支撑体系。一是加强对大气环境质量的监测、预警和机理研究，适当加密大气污染监测站网，提高重污染天气预报预警的精准度和提前量，为政府对污染源排放实施动态调控和应急响应决策提供支撑。二是建立重污染天气应对的科学支撑平台，多部门联合组建一支重污染过程防控和空气质量保障服务的团队，形成研判—决策—实施—评估—优化的决策支持体系。

(3)加强关中城市群跨区跨部门联防联控联治综合治理。一是加强对关中地区污染源的控制，推进企业节能减排，进一步优化关中地区产业结构与布局。二是以大西安为重点，依托关中城市群规划，在省、市政府的统一领导下，与西安城市上游和周边城市加强“大气污染源”的共同参与、协同发力和联防共治，对大型项目、重点规划开展跨区跨部门联防联控联治。三是探索关中城市群城市规划、土地规划、环境规划“三规合一”的体制机制，科学制定大气污染防治工作方案。

(4)科学规划城市空气加湿和道路洒水作业，有效抑制地面扬尘。鉴于有效降水才可以显著降低近地面层污染物，而空气湿度和一般水汽对霾天的不利影响，建议进一步科学规划城市空气加湿和道路洒水，科学施策。当环保部门监测发布的当日空气质量指数较高时，必须提前综合研判是粗颗粒物污染还是细颗粒物污染。当首要污染物为粗颗粒物(PM_{10}、扬尘、沙尘等)时，按照应对污染天气应急预案做好增湿和洒水工作；当首要污染物为细颗粒物($PM_{2.5}$等)时，建议适当减少增湿和洒水作业。

(5)加强宣传，引导全社会理解和参与大气污染治理。面向社会各界进一步加强宣传和舆论引导，提倡绿色生活方式和低碳生活，推广清洁取暖、清洁烹饪，汇聚推动治污减霾的正能量，形成人人参与、人人尽力、人人享有的良好局面。同时引导公众充分理解雾霾治理是一项系统工程，不可能一蹴而就，而是一项长期艰巨任务，必须持续用力。

5.3 西安市暴雨强度公式计算及其应用

城市积涝灾害主要由短历时暴雨引起，各历时暴雨强度是设计地下管网排水系统的主要参数，合理制定某地区的暴雨强度公式，既能保障排水工程设计安全可靠，又能尽量节约投资(周颖等，2014；宋锟等，2010)。

根据西安市政府安排，使用西安站(57036)1961—2003 年信息化分钟雨量资料和 2004—2012 年自动气象站分钟雨量资料，建立分钟雨量资料数据库，从逐年分钟雨量资料中挑选 5、10、15、20、30、45、60、90、120、150、180 分钟共 11 个降雨历时的前 8 个最大值作为原始数据，采用年多个样法和年最大值法，通过指数分布、耿贝尔分布和 P-Ⅲ分布对降水样本进行曲线拟合，得到 *i-t-P* 三联表，再采用最小二乘法、高斯牛顿法求解暴雨强度分公式和总公式各参数，在此基础上得到年最大值法、年多个样法各 6 套分公式和 6 个总公式，根据误差分析选择最优，确定采用年最大值法中指数分布结合高斯牛顿法(陈正洪等，2007)计算的结果为西安城区暴雨强度总公式。

西安市暴雨强度公式的推求严格依据《室外排水设计规范》(GB50014—2006)(2013 年版)进行。采用了西安市气象局已业务化运行的“暴雨强度计算系统”进行计算，计算过程客观。暴雨强度总、分公式参数误差严格控制在规范要求以内。利用西安市 1961—2012 年共计 52 年的降水资料采用年最大值法得到的新一代暴雨强度总公式，其暴雨强度计算结果在绝大部分重现期与历时下，较以往公式(利用 1961—2008 年共 48 年降水资料采用年多个样法算出的总公式)偏大。

通过对西安城区暴雨强度公式的计算编制，建立了西安暴雨强度公式计算编制系统，包括自记纸、自动气象站分钟雨量资料、暴雨强度公式编制等处理系统、程序，实现对西安市暴雨强度公式的计算编制。2016 年暴雨强度公式编制结果已在西安市城市排涝防洪规划建设中使用。

5.3.1 暴雨强度公式编制背景

2013 年 3 月，国务院办公厅《关于做好城市排水防涝设施建设工作的通知》(国办发〔2013〕23 号)指出，通过综合措施，用十年时间逐步解决城市积涝危害问题，并明确了主要任务和时间节点，包括充分掌握过去十年的城市暴雨积涝灾害、地下管网资料、重新修订暴雨强度公式、及时制订雨污分流规划并最终实现雨污分流，使大中小城市在分别出现 50、30、20 年一遇暴雨的情况下，不得有重大人员伤亡。为了落实该文件要求，住房和城乡建设部和中国气象局联合发文，联合开展暴雨强度公式修订、暴雨风险区划、暴雨积涝预警等工作。

根据中华人民共和国国家规范《室外排水设计规范》(GB50014—2006)(2013 年版)规定，在进行城市排水工程规划设计时，雨水管网的规划设计排水量应用当地的暴雨强度公式进行计算。所谓暴雨强度公式，是能反映一定频率的暴雨在规定时段最不利时程分配的平均强度的计算公式，它对优化城市排水渠道和地下管网规划、预防大面积的积涝灾害有非常重要的作用。因此,合理编制暴雨强度公式是提高城市防洪排涝能力和防灾减灾的现实需要。受西安市市政公用局委托,西安市气象局承担了西安市暴雨强度公式的编制任务。

5.3.2 资料处理及资料样本选取

(1)自记纸降雨量资料处理

利用1991—2003年西安市自记纸降雨量资料,用中国气象局组织编制的“降水自记纸数字化处理系统”进行信息化处理。该系统通过计算机扫描、图像处理、数据处理,将气象站降水自记纸图像(图5-7)进行电子信息化,转换成为逐分钟降水量数据文件(图5-8),并经人工审核或修正后,录入分钟雨量数据库。

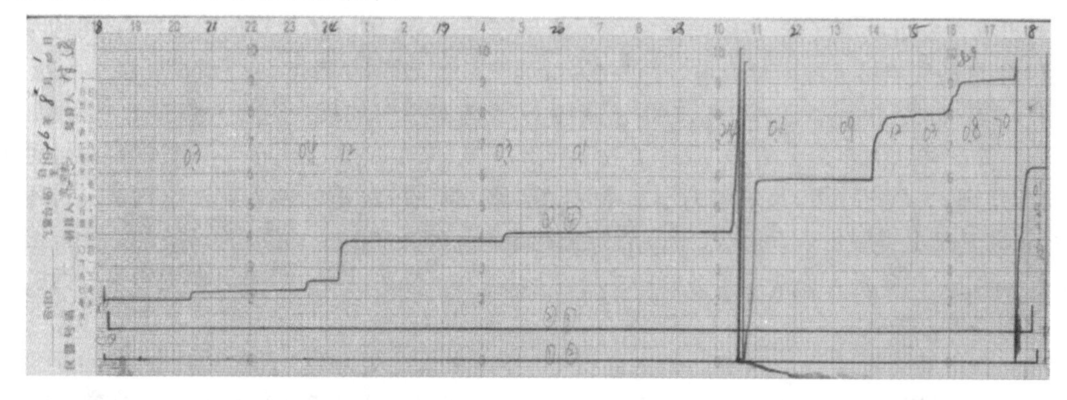

图5-7　西安(57036)降雨量自记纸记录

```
R015703619612003 - 写字板
文件(F) 编辑(E) 查看(V) 插入(I) 格式(O) 帮助(H)
1962 02 05 1 00000 3 2001 2000
1962 02 06 1 00000 3 2001 2000
1962 02 07 1 00000 3 2001 2000
1962 02 08 1 00000 3 2001 2000
1962 02 09 1 00000 3 2001 2000
1962 02 10 1 00000 3 2001 2000
1962 02 11 1 00138 3 2001 2000
1962 02 12 1 00001 3 2001 2000
1962 02 13 1 00051 3 2001 2000
1962 02 14 1 00000 3 2001 2000
1962 02 15 1 00000 3 2001 2000
1962 02 16 1 00000 3 2001 2000
1962 02 17 1 00000 3 2001 2000
1962 02 18 1 00000 3 2001 2000
1962 02 19 1 00000 3 2001 2000
1962 02 20 1 00000 3 2001 2000
1962 02 21 1 00000 3 2001 2000
1962 02 22 1 00000 3 2001 2000
1962 02 23 1 00017 3 2001 2000
1962 02 24 1 00137 3 2001 2000
1962 02 25 1 00100 3 2001 2000
1962 02 26 1 00013 3 2001 2000
1962 02 27 1 00028 3 2001 2000
1962 02 28 1 00000 3 2001 2000
1962 03 01 1 00000 3 2001 2001 2 2002 2000
1962 03 02 1 00000 2 2001 2000
1962 03 03 1 00000 2 2001 2000
1962 03 04 1 00026 2 2001 2032 0 2033 2044 002 002 002 001 001 001 001 000 000 000 001 001 2 2045 0106 0 0107 0108 001 001 2 0109 0430 0 0431 0507 0
1962 03 05 1 00030 2 2001 2041 0 2042 2043 002 001 2 2044 2048 0 2049 2115 001 002 001 001 000 001 000 000 001 001 001 000 000 000 001 000 000 000 0
要“帮助”,请按 F1
```

图5-8　西安(57036)雨量自记纸经“降水自记纸数字化处理系统”信息化处理后的分钟雨量数据文件

(2)自动气象站分钟雨量资料处理

利用2004—2012年西安观测站自动气象站逐分钟降雨量资料,经过人工校验后,录入分钟雨量数据库。建立暴雨强度公式编制分钟雨量资料序列。

(3)雨量样本资料选取

暴雨资料的选样方法有年最大值法、年超大值法、年超定量法与年多个样法等。目前国家标准《室外排水设计规范》(GB50014—2006)(2013年版)推荐使用年最大值法和年多个样法,且首选年最大值法。下面采用该规范建议选择气象部门常用的“年最大值法”为主开展研究，同时也采用“年多个样法”进行了计算，并且进行了对比分析。下文暴雨强度公式的计算，如无特别说明，均采用“年最大值法”进行选样。

年最大值法：从逐年分钟雨量资料中每年挑选5、10、15、20、30、45、60、90、120、150、180分钟共11个降雨历时的最大值作为原始数据。对数据按从大到小的顺序排序。

年多个样法：从逐年分钟雨量资料中挑选5、10、15、20、30、45、60、90、120、150、180分钟共11个降雨历时的前8个最大值作为原始数据样本。对原始数据按从大到小的顺序排序。将排序后的资料从大到小选取资料年数4倍的数据作为年多个样法的统计样本。

5.3.3 暴雨强度公式计算编制

(1)暴雨强度公式推求系统

暴雨强度公式计算系统按功能分为暴雨数据采集、暴雨数据选样、频率曲线拟合及误差分析、暴雨公式参数估计与误差分析、结果输出等5大模块和计算步骤。本书利用“暴雨强度计算系统”实现暴雨强度公式编制的大部分计算工作，该系统已通过中国气象局、住房与建设部联合组织的技术验收，可直接进行资料处理、暴雨强度公式编制拟合、结果输出和精度检验等。

(2)年最大值法暴雨强度公式计算结果

依据《室外排水设计规范》(GB50014—2006)，暴雨强度公式的定义为：

$$i=\frac{A_1\times(1+C\times\lg P)}{(t+b)^n} \tag{5.1}$$

式中，i为降水强度(单位：mm/min)，P为重现期(单位：a)，t为降雨历时(单位：min)，而A_1、b、C、n是与地方暴雨特性有关且需求解的参数：A_1为雨力参数，即重现期为1 a时的1 min设计降雨量(单位：mm)，C为雨力变动参数(无量纲)，b为降雨历时修正参数，即对暴雨强度公式两边求对数后能使曲线化成直线所加的一个时间常数(单位：min)，n为暴雨衰减指数，与重现期有关。

图5-9为根据西安气象站1961—2012年共52年的降水资料画出的不同历时降水强度随重现期的变化曲线。图5-10为在西安气象站52年的降水资料的基础上，利用指数分布曲线拟合出的不同历时降水强度随重现期(1～100 a)的变化曲线。

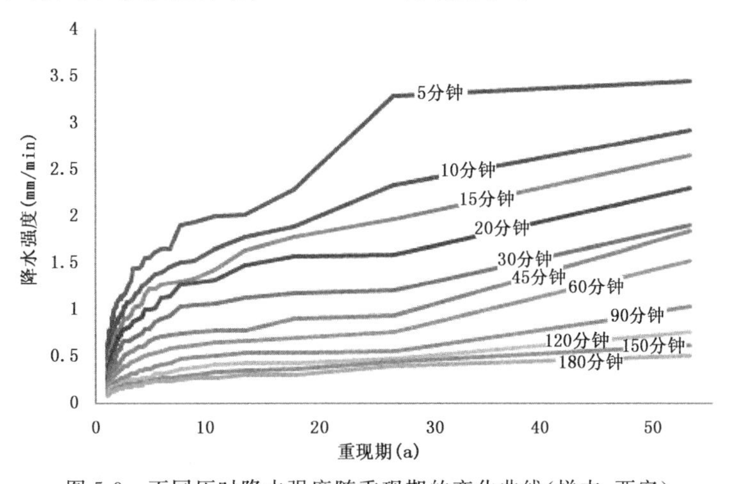

图5-9 不同历时降水强度随重现期的变化曲线(样本，西安)

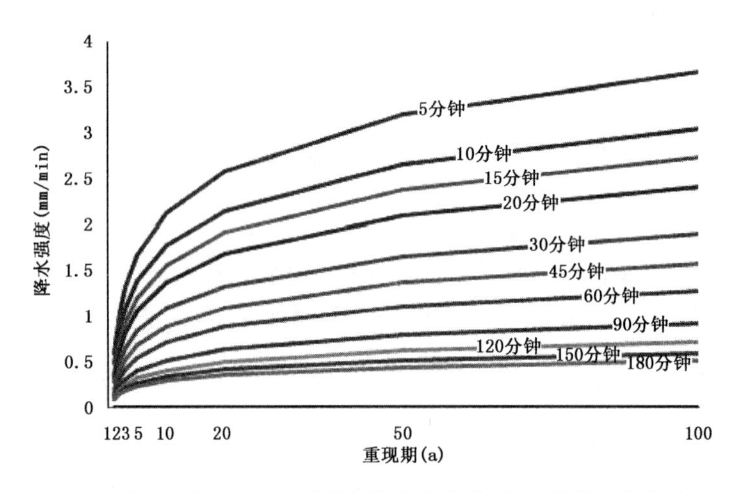

图 5-10 不同历时降水强度随重现期的变化曲线(指数曲线拟合结果,西安)

选择满足精度要求的曲线线型,根据该线型确定的频率分布曲线,可以得出降水强度、降水历时、重现期三者的关系,即 *i-t-P* 三联表。*i-t-P* 三联表中的数据将作为暴雨强度公式参数估算的原始资料。

利用"暴雨强度计算系统",选用 P-Ⅲ型分布、指数分布以及耿贝尔分布曲线对样本资料进行频率调整,其各降水历时下曲线拟合误差进行计算,P-Ⅲ型分布、指数分布拟合效果都比较理想,相较之下,P-Ⅲ分布下的相对均方根误差更小。

再用理论频率分布曲线对降水样本进行曲线拟合得到 *i-t-P* 三联表数据后,分别用最小二乘法、高斯牛顿法计算暴雨强度总、分公式各参数及相应的公式误差。结果如下:

根据计算,指数分布曲线拟合在重现期为 2～20 a 时的绝对均方根误差为 0.017(mm/min),相对均方根误差为 2.026%,达到《室外排水设计规范》(GB50014—2006)(2013 年版)提出的精度要求。指数分布频率曲线拟合结果见图 5-11。

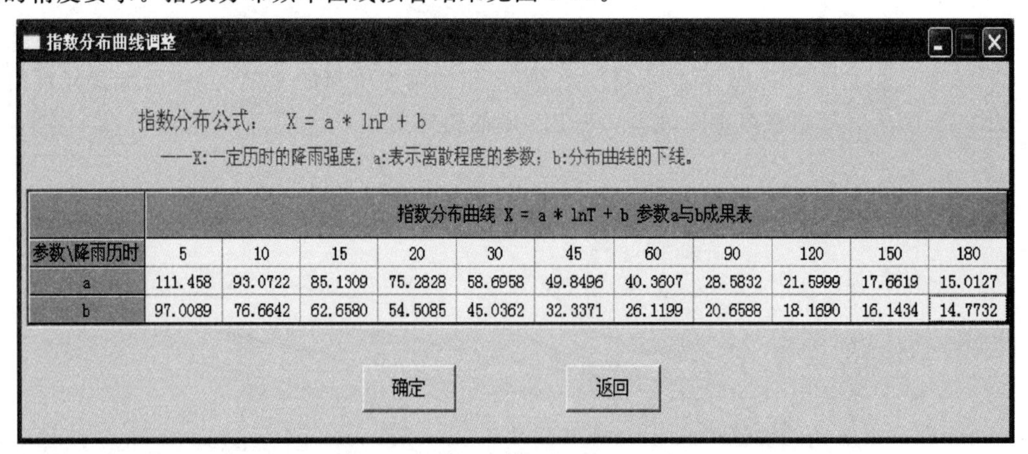
指数分布曲线调整

指数分布公式: X = a * lnP + b

——X:一定历时的降雨强度;a:表示离散程度的参数;b:分布曲线的下线。

	指数分布曲线 X = a * lnT + b 参数a与b成果表										
参数\降雨历时	5	10	15	20	30	45	60	90	120	150	180
a	111.458	93.0722	85.1309	75.2828	58.6958	49.8496	40.3607	28.5832	21.5999	17.6619	15.0127
b	97.0089	76.6642	62.6580	54.5085	45.0362	32.3371	26.1199	20.6588	18.1690	16.1434	14.7732

确定 返回

图 5-11 西安降水样本资料指数分布曲线调整结果

得暴雨强度总公式如下:

$$i = \frac{13.26522 \times (1 + 2.915 \times \lg P)}{(t + 21.933)^{0.974}} \quad (单位:mm/min) \tag{5.2}$$

或

$$q = \frac{2210.87 \times (1 + 2.915 \times \lg P)}{(t + 21.933)^{0.974}} \quad (单位:L/(s \cdot hm^2)) \tag{5.3}$$

计算得分公式如下：

$$i = \frac{A}{(t + b)^n} \quad (单位:mm/min) \tag{5.4}$$

$$q = \frac{167A}{(t + b)^n} \quad (单位:L/(s \cdot hm^2)) \tag{5.5}$$

具体参数见表 5-3。

表 5-3　西安暴雨强度分公式参数一览表

P(a)	单位:mm/min			单位:L/(s·hm²)		
	A	b	n	A	b	n
1	13.265	21.933	0.974	2210.870	21.933	0.974
2	24.905	21.933	0.974	4150.897	21.933	0.974
3	31.714	21.933	0.974	5285.740	21.933	0.974
5	40.293	21.933	0.974	6715.473	21.933	0.974
10	51.933	21.933	0.974	8655.500	21.933	0.974
20	63.573	21.933	0.974	10595.527	21.933	0.974
50	78.961	21.933	0.974	13160.103	21.933	0.974
100	90.601	21.933	0.974	15100.130	21.933	0.974

根据计算，在指数分布曲线拟合结果下，利用高斯牛顿法计算得到的暴雨强度分、总公式效果较好(见表 5-4)：在不同重现期 T(单位为年)下，高斯牛顿法计算得到的暴雨强度公式绝对均方根误差 σ(单位为毫米)和相对均方根误差 f(%)，比耿贝尔分布、P-Ⅲ分布计算所得的偏小。除了在 1 年重现期下的相对误差计算结果偏大外，高斯牛顿法计算的暴雨强度绝对均方根误差(σ)、相对均方根误差(f)均满足《室外排水设计规范》(GB50014—2006)(2013 年版)提出的精度要求。

表 5-4　高斯牛顿法所求暴雨强度总、分公式误差一览表

	重现期 T (a)	1	2	3	5	10	20	50	100	平均	2～20
指数分布	绝对均方根误差 σ (mm)	0.021	0.016	0.014	0.014	0.016	0.022	0.030	0.037	0.023	0.017
	相对均方根误差 f (%)	8.236	3.331	2.319	1.763	1.639	1.757	1.964	2.104	2.365	2.026
耿贝尔分布	绝对均方根误差 σ (mm)	0.059	0.015	0.026	0.034	0.032	0.027	0.036	0.052	0.038	0.028
	相对均方根误差 f (%)	21.114	2.939	3.994	4.281	3.218	2.319	2.527	3.287	4.062	3.353
P-Ⅲ	绝对均方根误差 σ (mm)	0.024	0.024	0.042	0.026	0.022	0.030	0.057	0.085	0.351	0.030
	相对均方根误差 f (%)	7.676	4.876	7.378	3.448	2.340	2.581	4.028	5.337	38.904	3.793

5.3.4 年多个样法暴雨强度公式计算结果

利用年多个样法对西安市降水数据进行选样，然后对样本资料选用指数分布曲线进行拟合以及误差控制，再用高斯牛顿法进行暴雨公式的参数计算，其计算结果如下（表 5-5、表 5-6）：

(1) i-t-P 三联表

表 5-5　西安雨强、历时、重现期(i-t-P)三联表(mm/min)

P(a) \ t(min)	5	10	15	20	30	45	60	90	120	150	180
1	0.953	0.775	0.665	0.586	0.471	0.372	0.305	0.231	0.189	0.167	0.156
2	1.267	1.038	0.901	0.796	0.638	0.505	0.410	0.303	0.244	0.212	0.195
3	1.450	1.192	1.038	0.919	0.735	0.582	0.471	0.346	0.276	0.238	0.219
5	1.682	1.385	1.212	1.075	0.858	0.680	0.548	0.399	0.317	0.271	0.248
10	1.995	1.648	1.447	1.285	1.025	0.812	0.653	0.472	0.371	0.315	0.288
20	2.309	1.911	1.683	1.495	1.191	0.945	0.757	0.545	0.426	0.360	0.327
50	2.724	2.259	1.994	1.774	1.412	1.120	0.896	0.640	0.499	0.419	0.380
100	3.038	2.522	2.229	1.984	1.578	1.253	1.000	0.713	0.554	0.464	0.419

表 5-6　西安雨强、历时、重现期(i-t-P)三联表(L/(s·hm²))

P(a) \ t(min)	5	10	15	20	30	45	60	90	120	150	180
1	158.767	129.117	110.878	97.658	78.539	62.037	50.806	38.470	31.515	27.808	25.944
2	211.100	172.950	150.122	132.725	106.311	84.119	68.253	50.567	40.665	35.259	32.559
3	241.700	198.600	173.078	153.242	122.556	97.037	78.461	57.643	46.018	39.618	36.430
5	280.267	230.900	201.989	179.083	143.022	113.311	91.319	66.557	52.761	45.109	41.306
10	332.567	274.733	241.233	214.158	170.794	135.396	108.767	78.654	61.911	52.559	47.921
20	384.867	318.567	280.467	249.225	198.567	157.478	126.217	90.750	71.061	60.010	54.538
50	454.033	376.517	332.344	295.583	235.278	186.670	149.283	105.839	83.157	69.860	63.284
100	506.367	420.367	371.578	330.650	263.050	208.752	166.731	118.835	92.307	77.310	69.900

(2)总公式(5.6)或者式(5.7)，误差见表 5-7

$$i=\frac{21.960\times(1+1.132\times \lg P)}{(t+20.829)^{0.971}}\quad (单位:mm/min) \tag{5.6}$$

或者

$$q=\frac{3660.027\times(1+1.132\times \lg P)}{(t+20.829)^{0.971}}\quad (单位:L/(s\cdot hm^2)) \tag{5.7}$$

表 5-7　总公式计算误差(高斯牛顿法)

重现期(a)	1	2	3	5	10	20	50	100	平均	2～20 a
绝对均方根误差(mm)	0.014	0.012	0.011	0.011	0.012	0.015	0.020	0.024	0.015	0.012
相对均方根误差(%)	3.242	1.996	1.614	1.372	1.307	1.384	1.544	1.663	1.711	1.503

(3)分公式(5.8)或者(5.9),具体参数见表 5-8

$$i = \frac{A}{(t+b)^n} \quad (\text{单位:mm/min}) \tag{5.8}$$

或

$$q = \frac{167A}{(t+b)^n} \quad (\text{单位:L/(s·hm}^2\text{)}) \tag{5.9}$$

表 5-8　西安(年多个样法)暴雨强度分公式参数一览表

P(a)	i(mm/min)			q(L/s/hm²)		
	A	b	n	A	b	n
1	21.960	20.829	0.971	3660.027	20.829	0.971
2	29.445	20.829	0.971	4907.568	20.829	0.971
3	33.824	20.829	0.971	5637.333	20.829	0.971
5	39.340	20.829	0.971	6556.729	20.829	0.971
10	46.826	20.829	0.971	7804.270	20.829	0.971
20	54.311	20.829	0.971	9051.811	20.829	0.971
50	64.206	20.829	0.971	10700.972	20.829	0.971
100	71.691	20.829	0.971	11948.513	20.829	0.971

由上述计算结果可知,采用年多个样选样方法,利用指数分布进行曲线拟合、高斯牛顿法计算后得到的暴雨强度总、分公式,其暴雨强度绝对均方根误差、相对均方根误差均满足《室外排水设计规范》(GB50014—2006)(2013 年版)对年多个样选样方法提出的精度要求:重现期在 2～20 年时,在一般强度的地方,平均绝对方差不宜大于 0.05 mm/min。在较大强度的地方,平均相对方差不宜大于 5%。

5.3.5　西安暴雨强度计算结果对比

(1)年最大值法与年多个样法计算结果的比较

由表 5-9、5-10,针对西安市的暴雨样本资料,在 1～5 a 重现期,用年多个样法选样计算得到的 i-t-P 三联表雨强结果比用年最大值法要偏大,特别是在重现期为 1 a 时,其偏小程度可以达到 94.9%。但是到了 10 a 以上的重现期,用年多个样法选样计算的 i-t-P 三联表的暴雨强度结果比用年最大值法要普遍偏小,并且随着重现期的增加,这种偏小程度加剧。

表 5-9　西安雨强、历时、重现期(i-t-P)三联表(多个样—最大值)(mm/min)

P(a) \ t(min)	5	10	15	20	30	45	60	90	120	150	180
1	0.372	0.316	0.290	0.260	0.202	0.179	0.148	0.107	0.080	0.070	0.067
2	0.223	0.192	0.172	0.158	0.125	0.104	0.086	0.061	0.046	0.042	0.045
3	0.136	0.120	0.103	0.098	0.080	0.061	0.049	0.034	0.025	0.025	0.031
5	0.027	0.029	0.016	0.023	0.023	0.006	0.003	0.000	0.000	0.004	0.015
10	−0.122	−0.094	−0.102	−0.079	−0.054	−0.069	−0.060	−0.046	−0.035	−0.025	−0.008
20	−0.271	−0.217	−0.220	−0.182	−0.131	−0.143	−0.123	−0.092	−0.070	−0.053	−0.031
50	−0.468	−0.380	−0.375	−0.316	−0.233	−0.241	−0.206	−0.153	−0.116	−0.091	−0.060
100	−0.616	−0.503	−0.493	−0.419	−0.310	−0.316	−0.269	−0.199	−0.151	−0.120	−0.083

表 5-10　西安雨强、历时、重现期(*i-t-P*)三联表((多个样—最大值)/最大值)%

P(a) \ t(min)	5	10	15	20	30	45	60	90	120	150	180
1	64.015	68.743	77.310	79.519	74.747	92.219	94.906	86.598	73.797	72.600	75.966
2	21.368	22.747	23.637	24.654	24.268	26.010	26.420	25.194	22.949	24.463	29.570
3	10.349	11.229	11.042	11.903	12.128	11.627	11.578	10.942	10.051	11.676	16.748
5	1.607	2.168	1.360	2.144	2.729	0.864	0.465	0.045	−0.124	1.414	6.300
10	−5.771	−5.389	−6.559	−5.823	−5.023	−7.784	−8.458	−8.862	−8.645	−7.300	−2.683
20	−10.503	−10.204	−11.540	−10.824	−9.920	−13.145	−13.984	−14.447	−14.085	−12.922	−8.536
50	−14.650	−14.405	−15.841	−15.139	−14.165	−17.729	−18.711	−19.267	−18.843	−17.876	−13.731
100	−16.862	−16.638	−18.117	−17.420	−16.415	−20.135	−21.191	−21.811	−21.378	−20.532	−16.529

(2)西安新、旧暴雨强度公式的比较

西安市利用1961—2008年共48年降水资料采用年多个样法算出的总公式为：

$$i=\frac{16.715(1+1.1658\lg P)}{(t+16.813)^{0.9302}}\quad(单位:mm/min)\qquad(5.10)$$

结合本书利用1961—2012共计52年的降水资料采用年最大值法计算出的新一代西安市暴雨强度总公式：

$$q=\frac{2210.87\times(1+2.915\lg P)}{(t+21.933)^{0.974}}\quad(单位:L/(s\cdot hm^2))\qquad(5.11)$$

为此，我们将上述两公式进行比较。

根据西安市上述两个暴雨强度公式，分别计算其在6个重现期：1、2、3、5、10、20年；9个降水历时：5、10、15、20、30、45、60、90、120分钟下的暴雨强度差值，如表5-11、表5-12所示。

表 5-11　式(5.10)−式(5.11)(mm/min)

P(a) \ t(min)	5	10	15	20	30	45	60	90	120
1	0.414	0.330	0.274	0.235	0.184	0.140	0.113	0.083	0.066
2	0.276	0.206	0.163	0.134	0.099	0.072	0.057	0.041	0.033
3	0.196	0.134	0.098	0.075	0.050	0.033	0.024	0.017	0.014
5	0.095	0.043	0.016	0.001	−0.012	−0.017	−0.017	−0.013	−0.010
10	−0.043	−0.081	−0.096	−0.100	−0.097	−0.084	−0.073	−0.055	−0.043
20	−0.180	−0.205	−0.207	−0.201	−0.181	−0.152	−0.129	−0.096	−0.076

表 5-12　(式(5.10)−式(5.11))/式(5.11)(%)

P(a) \ t(min)	5	10	15	20	30	45	60	90	120
1	77.099	72.534	69.563	67.520	64.990	63.118	62.282	61.827	61.993
2	27.430	24.145	22.008	20.538	18.717	17.370	16.768	16.441	16.560
3	15.278	12.306	10.372	9.042	7.396	6.177	5.633	5.337	5.444
5	5.814	3.086	1.311	0.091	−1.421	−2.539	−3.039	−3.311	−3.212
10	−2.028	−4.553	−6.197	−7.327	−8.726	−9.762	−10.225	−10.476	−10.385
20	−6.998	−9.395	−10.956	−12.028	−13.357	−14.340	−14.779	−15.018	−14.931

由以上分析可见，利用西安市1961—2012年共计52年的降水资料得到的新一代暴雨强度总公式，其雨强计算结果较以往公式普遍偏大，尤其是在长重现期、长历时的情况下，例如重现期20年、历时90分钟时，旧公式比新公式的偏小程度达到了15.02%(表5-12)。

5.3.6　结果与讨论

(1)资料处理成果

本书中利用西安市气象站已信息化处理后的雨量自记纸资料(1961—2004年)、自动气象站分钟降水量资料(2005—2012年)共计52年的分钟降水数据。

(2)西安暴雨强度公式计算结果

在西安分钟降水数据的基础上，采用年最大值法进行资料选样，分别先利用指数分布、耿贝尔分布和P-Ⅲ分布对降水样本进行曲线拟合，得到i-t-P三联表，再采用最小二乘法、高斯牛顿法求解分公式和总公式各参数，在此基础上得到6套分公式和6个总公式，根据误差分析选择最优得到暴雨强度总、分公式。

分公式推求方法：指数分布+高斯牛顿法

分公式结果见式(5.12)和式(5.13)，具体参数见表5-13。

$$i=\frac{A}{(t+b)^n}\quad(\text{单位:mm/min})\tag{5.12}$$

或

$$q=\frac{167A}{(t+b)^n}\quad(\text{单位:L/(s·hm}^2))\tag{5.13}$$

表5-13　西安暴雨强度分公式参数一览表

P(a)	i(mm/min)			q(L/s/hm²)		
	A	b	n	A	b	n
1	13.265	21.933	0.974	2210.870	21.933	0.974
2	24.905	21.933	0.974	4150.897	21.933	0.974
3	31.714	21.933	0.974	5285.740	21.933	0.974
5	40.293	21.933	0.974	6715.473	21.933	0.974
10	51.933	21.933	0.974	8655.500	21.933	0.974
20	63.573	21.933	0.974	10595.527	21.933	0.974
50	78.961	21.933	0.974	13160.103	21.933	0.974
100	90.601	21.933	0.974	15100.130	21.933	0.974

总公式推求方法：指数分布+高斯牛顿法

总公式结果见式(5.14)和式(5.15)：

$$i=\frac{13.26522\times(1+2.915\times\lg P)}{(t+21.933)^{0.974}}\quad(\text{单位:mm/min})\tag{5.14}$$

或者

$$q=\frac{2210.87\times(1+2.915\times\lg P)}{(t+21.933)^{0.974}}\quad(\text{单位:L/(s·hm}^2))\tag{5.15}$$

西安市暴雨强度公式的推求严格依据《室外排水设计规范》(GB50014—2006)(2013年

版)进行。采用了气象部门已业务化运行的“暴雨强度计算系统”进行计算,计算过程客观。暴雨强度总、分公式参数误差严格控制在了规范要求以内。提供了《西安市暴雨强度公式及查算图表》,实用性强,易于操作,建议实际生产中给予采用。

(3)新旧暴雨强度公式的比较

利用西安市1961—2012年共52年的降水资料采用年最大值法得到的新一代暴雨强度总公式,其暴雨强度计算结果在绝大部分重现期与历时下,较以往公式(利用1961—2008年共48年降水资料采用年多个样法算出的总公式)偏大。

(4)建立西安暴雨强度公式计算编制系统

通过对西安城区暴雨强度公式的计算编制,建立了西安暴雨强度公式计算编制系统,包括自记纸、自动站分钟雨量资料、暴雨强度公式编制等处理系统、程序,实现对西安市暴雨强度公式的计算编制。

西安市气象局编制的《西安城区暴雨强度公式编制研究》成果,以及《西安城区暴雨雨型分析》研究成果,已经在“西安市中心市区排水防涝规划”编制中得到应用。

5.4 2013年12月西安市重污染气象条件及影响因素

随着社会经济发展、城市化加快和污染源增多,我国雾/霾和污染天气明显增多(吴兑等,2010;胡亚旦和周自江,2009;廖国莲等,2011)。燃煤、工业、机动车和扬尘等排放源是污染天气直接诱发因素(丁国安等,2005;Schichtel et al.,2001;徐祥德等,2006),不利扩散气象条件是其发展维持的重要因子(唐宜西等,2013;蒲维维等,2011;孙燕等,2010)。层结稳定、静风和逆温等气象条件有利于污染物聚集、气溶胶增长和能见度下降(颜鹏等,2010;吴兑等,2008)。华北污染天气分析表明,特殊地形、本地污染源和外来输送是大气污染重要因子,天气系统尺度和细颗粒物富集趋势决定污染区域性特征。南京污染天气分析表明(童尧青等,2007;孙燕等,2010;毛宇清等,2013),有利的环流形势、边界层特征以及周边污染物输送是霾天气重要成因。吴其重等(2010)基于空气质量多模式系统从气象场和排放源两方面分析了北京奥运会期间PM_{10}大幅减少的主要原因。谢学军等(2010)研究表明,兰州冬季大气污染物浓度具有夜晚低、白天高、峰值在中午的特点,逆温是影响污染的主要因素。司鹏和高润祥(2015)对天津霾天气自动与人工观测进行了对比评估。西安地处关中盆地中部,随着丝绸之路经济带建设,治污减霾与环境气象预报日益重要。1951—2005年,西安霾日数位居全国第五位(吴兑等,2010)。近10年卫星遥感表明,西安是关中主要大气污染区,污染趋势加剧。针对西安周边重污染天气,已有研究多侧重于污染物气候特征与影响因子相关性分析(蔡新玲等,2008;姜雪,2012;胡琳等,2014),资料时空分辨率不高。

本书使用西安市区、长安区(市区正南方向)和临潼区(市区东北方向)共15个环境监测站逐小时资料,结合西安泾河站每日2次的L波段探空雷达、长安区秦岭大气探测基地微波脉冲激光雷达、地面自动站逐小时气象要素观测、1°×1°的NCEP再分析资料等,分析2013年12月18—25日西安持续时间8天之久的严重污染(简称“13.12”重污染)天气特征、气象条件及其影响因素,探讨重污染天气形成机制,以期进一步提高重污染天气预报服务水平。

5.4.1 实况监测

"13·12"重污染天气过程发生之前，关中地区处于秋冬连旱气候背景下，2013年11月22日—12月15日西安连续23天无降水出现，12月上旬平均气温较常年偏高1.6 ℃。同期，2013年12月中下旬，我国中东部地区发生了范围广、持续时间长的重污染天气。西安周边地区从17日午后开始空气质量迅速恶化，出现中度污染，此后连续8天出现严重污染天气，空气污染持续时间之长、程度之大，历史罕见。严重污染天气给居民健康和生活生产带来诸多不利影响，全市各医院呼吸科门诊患者明显增多。

表5-14为2013年12月16—26日西安市区13个环境监测站和7个地面气象自动站观测要素统计结果，其中，16日、26日为轻度污染，17日为中度污染，18—25日连续8天严重污染。严重污染期间，首要污染物 $PM_{2.5}$ 浓度超过400 μg/m^{-3}，日平均能见度小于1.5 km，其中19日全天平均仅0.8 km，日平均风速小于1 m/s，最大风速小于2.0 m/s；日平均相对湿度大于73%，最大相对湿度超过87%；日平均温度比前期偏低2 ℃以上。轻度污染期间，日平均能见度大于4.0 km；日平均风速小于1 m/s，最大风速大于2.0 m/s；日平均相对湿度小于70%，最大相对湿度小于88%。

表5-14 2013年12月16—26日西安环境空气质量和地面气象要素

日期	AQI指数	$PM_{2.5}$浓度(μg/m^3)	日均、最小能见度(km)	日均、最大风速(m/s)	日均、最大相对湿度(%)	日均温度(℃)
16日	107	93	4.2、1.4	0.8、2.0	66、88	3.4
17日	178	180	2.9、1.1	0.8、1.9	75、94	1.3
18日	410	404	1.1、0.7	0.9、1.6	83、90	0.8
19日	499	420	0.8、0.6	0.8、1.6	83、91	−0.3
20日	499	421	1.2、0.9	0.8、1.5	76、91	1.6
21日	450	385	1.3、0.7	0.8、1.9	77、92	0.7
22日	436	421	1.5、1.1	0.7、1.5	73、87	−0.8
23日	500	502	1.1、0.8	0.6、1.2	84、94	−1.1
24日	500	597	1.0、0.7	0.7、1.5	82、93	0.1
25日	500	547	1.4、0.6	0.6、1.6	77、91	1.6
26日	113	135	7.8、2.8	1.0、2.3	50、84	0.5

图5-12为12月15日20:00—26日20:00(北京时，下同)西安市各区县平均能见度和颗粒物 PM_{10}、$PM_{2.5}$ 浓度逐小时变化。17日20:00至25日20:00严重污染期间，能见度明显偏低，各时次均小于2 km；污染物浓度明显偏高，细颗粒物 $PM_{2.5}$ 是 PM_{10} 主要成分，其浓度明显高于粗颗粒物成分(PM_{10} 与 $PM_{2.5}$ 之差，即 $PM_{10}-PM_{2.5}$)，高浓度时段出现在23日20:00—25日20:00。其中，25日12:00 PM_{10} 浓度达到最大值898 μg/m^3，23日19:00 $PM_{2.5}$ 达到最大值650 μg/m^3，分别超过平均浓度365 μg/m^3、277 μg/m^3。总体来看，细颗粒物浓度随时间积累增大趋势明显，尤其在AQI指数突增至500的23日；粗颗粒物成分随时间变化相对平稳、增大趋势不明显。轻度污染期间，细颗粒物和粗颗粒浓度相当，均小于150 μg/m^3。依据霾观测预报等级(中国气象局，2010)，"13·12"西安重污染属于重度霾天气。

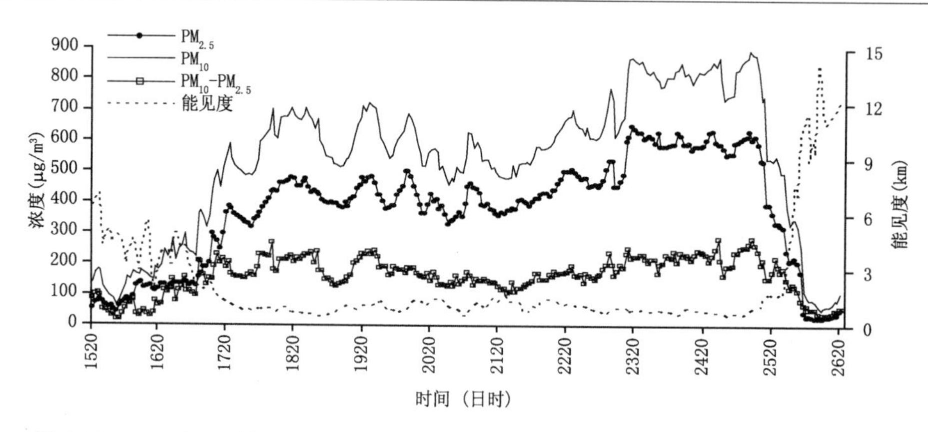

图 5-12　2013 年 12 月 15 日 20:00—26 日 20:00 西安能见度和污染物浓度逐小时变化

5.4.2　天气形势特征

2013 年 12 月 18 日 20:00—25 日 20:00 严重污染天气(图 5-13a)和 26 日 20:00—27 日 20:00 空气质量明显转好之后(图 5-13b)对应 500 hPa 环流形势差异显著。与 2002 年 12 月 9—21 日西安持续重污染过程相似(蔡新玲等,2008),严重污染期间,亚洲大陆中高纬地区呈一槽一脊经向环流型,乌拉尔山至西西伯利亚平原为一长波槽区,中西伯利亚至贝加尔湖、蒙古国至我国西北地区为一暖性长波脊区。陕西省处于长波脊前底部,盛行西北偏西气流,延安上空风速小于 20 m/s。随后,环流形势发生明显调整,西西伯利亚大槽后部出现切断低压、向南不断加深发展,导致巴尔喀什湖至我国新疆新建一高压脊,而中西伯利亚至贝加尔湖以南高压脊明显减弱东移,至此,新建高脊前部河套及以北地区风速增大至 20 m/s 以上,陕西省上空高空锋区加强、西北风加大,延安市上空风速大于 24 m/s。26 日 20:00 以后,西安市空气质量明显转好。

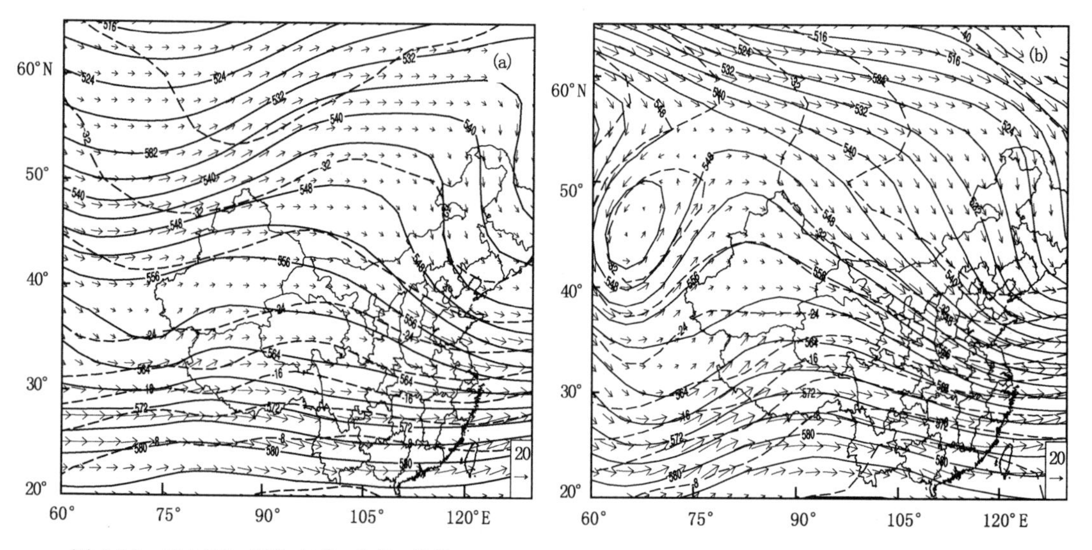

图 5-13　500 hPa 平均高度(实线,单位:dagpm)、温度(虚线,单位:℃)、风场(箭头,单位:m/s).
2013 年 12 月 18 日 20:00—25 日 20:00 (a), 26 日 20:00—27 日 20:00 (b)

海平面气压场上，12月18日20:00—25日20:00严重污染期间，新疆北部到蒙古国为中心1042.5 hPa的冷高压，陕西处于冷高压南部均压场中，西安地面平均风力0.7 m/s。26日20:00—27日20:00空气质量明显转好之后，北方冷高压东移、南压，中心强度增至1047.5 hPa以上，陕西境内气压梯度明显增大，西安地面平均风力大于1.0 m/s。逐3小时地面资料表明，25日08:00，冷锋经过陕北，冷锋后部偏北地区延安风力由4.0 m/s增至8.0 m/s，20:00左右冷锋经过关中中部，西安由静风增至3.0 m/s。

分析12月15日08:00—27日08:00西安上空气象要素时间演变特征。图5-14a可见，严重污染时段，700 hPa以下相对湿度维持60%以上，大部分时段风速小于2 m/s，低层湿度大、风速小，高层为偏西风，各层风向变化较大；严重污染开始与结束时段，低层相对湿度小于50%，整层为一致西北偏西风。15日、21日和25日08:00前后，700 hPa以上整层出现相对湿度大于80%的湿区。图5-14b可见，对应整层相对湿度大值时段，存在明显的西北偏西方向水汽输送，输送路径与夏季偏南方向明显不同。同时，水汽通量散度比夏季偏小1个量级，严重污染时段西安上空为小于1×10^{-8} g/(cm^2·hPa·s)的水汽弱辐散或辐合区，严重污染前后为大于2×10^{-8} g/(cm^2·hPa·s)的较明显的水汽辐散区。图5-14c可见，严重污染之前15—16日，整层为一致上升运动；严重污染期间，500 hPa以下为一致下沉气流，23—24日，700～850 hPa附近下沉运动增至过程最大，中心大于0.8 m/s，对应300 hPa附近出现明显辐合，500 hPa以下一致辐散，有利于下沉运动，近地面污染物进一步积累，同期$PM_{2.5}$浓度迅速增至过程最大；严重污染天气好转时段，伴随地面冷锋经过，西安上空低层垂直上升运动增强，700 hPa以下，25日08:00为小于0.2 hPa/s的下沉运动，20:00转为中心大于−0.7 m/s的显著上升运动，对应低层辐合、高层辐散，上升运动加强、边界层高度和近地层污染物垂直扩散稀释增大，地面污染物浓度迅速下降。

5.4.3 探空资料分析

近地层逆温不利于污染物扩散，按照空间分布常分为贴地逆温和悬浮(脱地)逆温两种(姜大膀等，2001；唐家萍等，2012)。图5-15为西安泾河站L波段探空雷达观测的2013年12月15日08:00—27日08:00近地面逆温位置、强度的时间-高度剖面。可以看出，由于地面辐射冷却等因素，污染前后低层大气普遍存在逆温，但严重污染期间，逆温层位置和强度存在明显差异：19日08:00之前主要为0.5 km高度以下接地逆温，大部分时段逆温强度小于1 ℃/km；19日20:00—20日20:00、22日08:00—25日20:00，对应空气质量指数均大于490，除0.5 km高度以下出现接地逆温外，2～3.2 km或0.7～1.5 km出现悬浮逆温，其中，20日08:00、23日08:00、24日08:00悬浮逆温强度明显大于接地逆温，强度大于1.5 ℃/km，最大达3.0 ℃/km。严重污染期间大部分时段接地逆温强度大于悬浮逆温，二者平均强度分别为1.2、1.0 ℃/km，相比其他地区逆温强度偏大(江琪等，2013)，也大于污染前后接地逆温强度(16日08:00之前72小时和26日08:00之后72小时非污染时段平均为0.8 ℃/km)。接地逆温整体强于悬浮逆温，可能与地面对静稳大气辐射冷却作用明显有关。综上分析，“13·12”重污染期间，包括贴地、悬浮逆温的多层逆温使得大气垂直方向湍流交换受到抑制，污染物不断聚集。

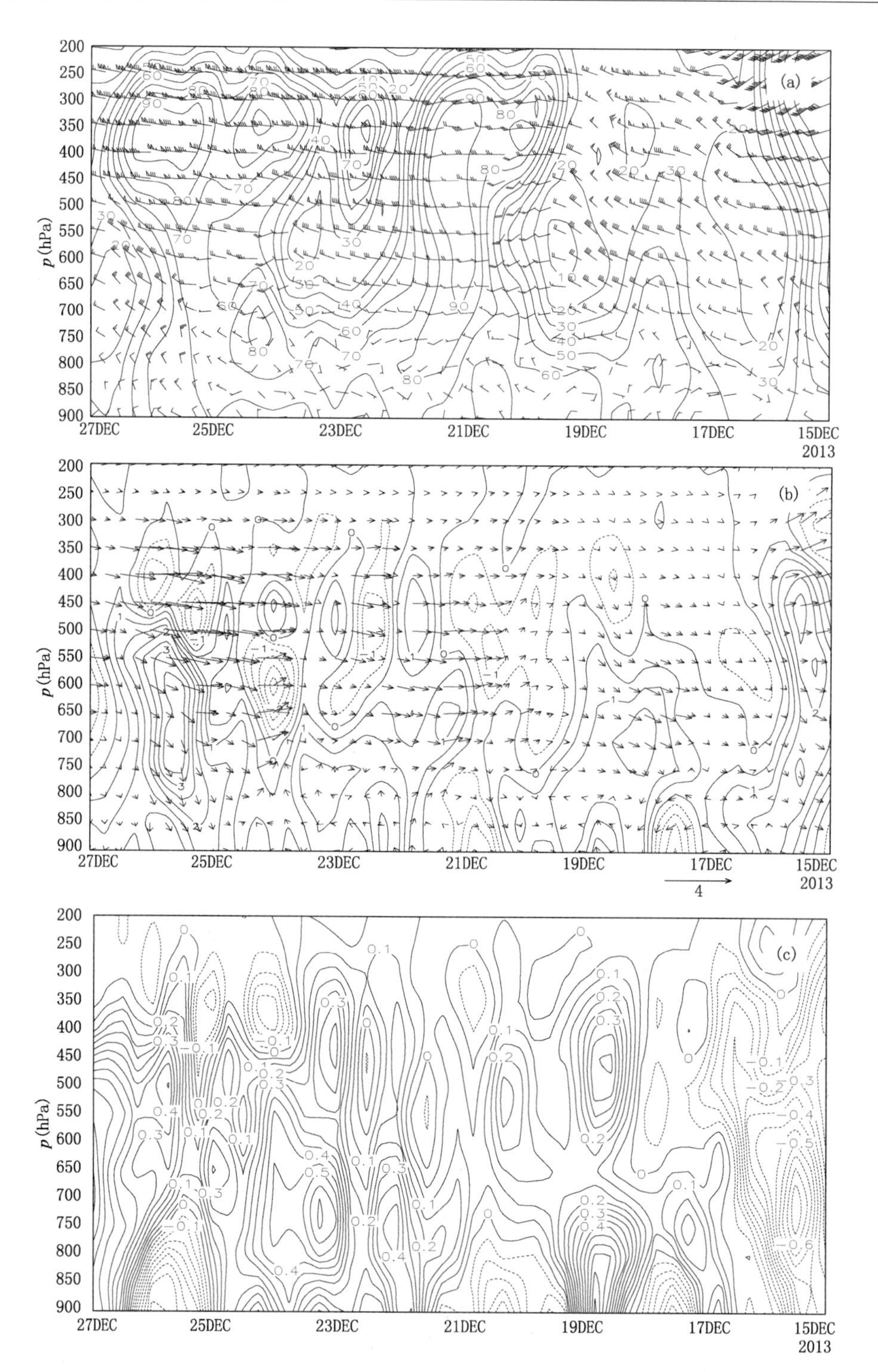

图 5-14　2013 年 12 月 15 日 08:00—27 日 08:00 西安上空水平风场和相对湿度(细线,单位:%)(a),水汽通量(矢量,单位: g/(cm·hPa·s))和散度(细线,单位: 10^{-8} g/(cm^2·hPa·s)) (b),垂直速度(细线,单位: Pa/s) (c) 时间-高度剖面

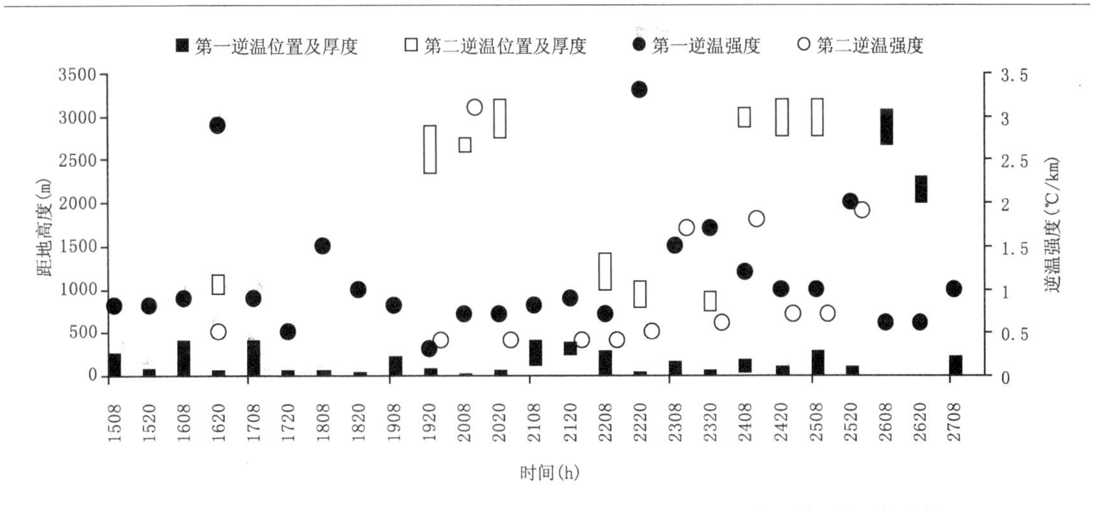

图5-15　2013年12月15日08:00—27日08:00西安上空温度层结时间-高度剖面

分析西安泾河站15日08:00—27日08:00低层相对湿度时间变化(图略)。严重污染期间,3.5 km附近以下,相对湿度呈现湿—干—湿的垂直分布,0.5 km以下和2.0 km附近为一定厚度相对湿度大于70%的湿层,相对湿度随时间增大(25日整层达到最大),0.5～1.5 km高度存在小于55%的干层。严重污染前后(16日和26日),整层相对湿度明显偏小,湿—干—湿的垂直分布特征消失。气溶胶吸湿增长特性和相对湿度呈正相关,相对湿度越接近粒子临界饱和比,气溶胶可溶性粒子越容易吸收水汽而增大,吸湿增长越显著,有利于空气散射作用增强、能见度下降和雾/霾天气出现。同时,低层暖湿气流与特殊地形共同作用也是近地面相对湿度增大、污染物进一步聚集转化的因素。可以看出,"13·12"重污染期间,近地层湿层是地处关中盆地中部西安市周边气溶胶增长和污染物持续累积的重要湿度条件。

大气边界层高度是影响污染物扩散的重要因素,高度较低时,垂直方向扩散能力差,易形成严重污染。通过罗氏法(马金和郑向东,2011)估计边界层高度,逐小时总云量和低云量由逐3小时人工观测资料插值得到,地面粗糙度分别取0.5 m、1.0 m(杜川利等,2014)。结果表明,二种粗糙度条件下边界层高度估值差异不大,对应序列呈显著正相关,拟合系数大于0.9,边界层高度随粗糙度增大而略有增大。图5-16为12月15日08:00—27日08:00西安市区和长安区逐小时计算结果,考虑到西安市区建筑物和长安山地地形因素,粗糙度取1.0 m。可以看出,严重污染期间,西安边界层高度小于0.8 km,最低小于0.2 km,平均0.5 km左右;非污染时段,边界层高度明显上升,最低大于0.2 km,最高大于1.5 km。对比图5-12和图5-16可见,边界层顶越低,近地面污染物越不容易扩散稀释,空气质量越差;随着边界层高度增加,扩散稀释能力增强,空气质量转好。

5.4.4　污染物与地面要素变化特征

微波脉冲激光雷达监测的近地层气溶胶颗粒物高时空分辨率的垂直分布状况为大气污染物、边界层和能见度变化特征精细分析提供了有效手段(李成才等,2004)。分析2013年12月16—26日严重污染天气前后长安秦岭大气探测基地微波脉冲激光雷达观测的归一化相对后向散射的时间-高度剖面(图略)。严重污染期间,污染物主要聚集在0.5 km高度以下的近地层,其浓度随高度降低迅速增大。25日20:00西安偏北地区空气质量开始好转,26日02:00

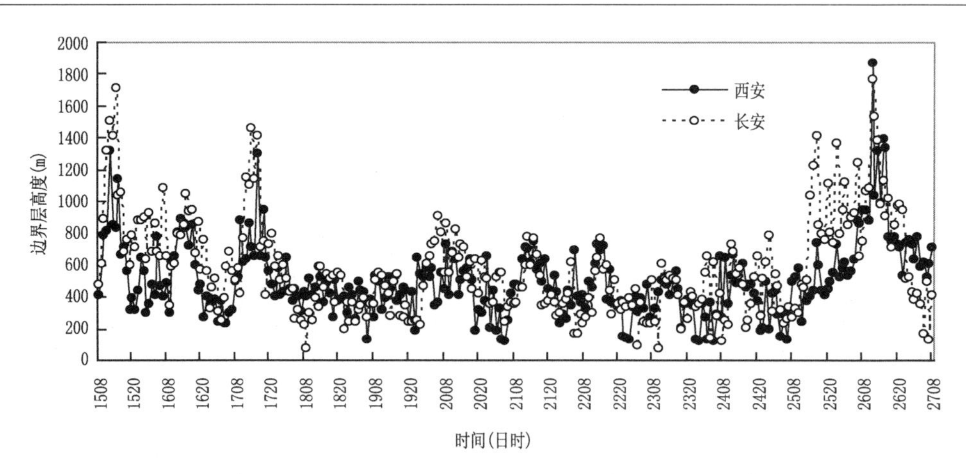

图 5-16　2013 年 12 月 15 日 08:00—27 日 08:00 西安上空边界层高度时间变化

全市明显转好，观测到污染物迅速向上扩散至 2.5 km 附近，0.5 km 以下浓度较前期明显下降，边界层平均高度快速上升至 1 km 附近，近地层污染物垂直方向湍流稀释空间尺度明显增大。同时，激光雷达观测反演的边界层高度和罗氏法计算结果的变化趋势及大值时段一致：18 日至 25 日，大部分时段二者在 0.5 km 附近波动，最低降至 0.3 km 以下，17 日、20 日、25 日，计算和实况观测高度均出现局部峰值。

图 5-17 为 2013 年 12 月 17 日 20:00—25 日 20:00 临潼区、长安区和西安(高新和小寨站)8 天平均的细颗粒物 $PM_{2.5}$ 和粗颗粒物成分(PM_{10} 与 $PM_{2.5}$ 之差，即 $PM_{10}-PM_{2.5}$)逐小时变化。严重污染期间，$PM_{2.5}$ 和 PM_{10} 存在明显日变化特征，每日 13:00 和 22:00 左右为 2 个浓度峰值区，5:00—10:00 为相对平缓的波谷，10:00—13:00 为二者浓度快速上升时段，上升速率分别为 27.9 $\mu g/(m^3 \cdot h)$、34.5 $\mu g/(m^3 \cdot h)$。对比 2002 年 12 月 9—21 日西安持续重污染天气(蔡新玲等，2008)，PM_{10} 日平均浓度最大达 543 $\mu g/m^3$，此次过程 PM_{10} 浓度峰值大于 800 $\mu g/m^3$，明显偏高；相比北京、南京重污染天气(唐宜西等，2013；孙燕等，2010)，此次过程 $PM_{2.5}$ 平均和最大浓度也显著偏大。值得注意的是，“13 · 12”重污染期间，西安 $PM_{2.5}$ 浓度未出现因为午后湍流扩散增强和边界层高度增加等因素引起的下降趋势，反而在 13:00 前后出现峰值。这一现象与兰州冬季污染天气类似(谢学军等，2010)，与东部城市明显不同(丁国安等，2005；李兰等，2007)。进一步分析污染物浓度逐日变化，20—21 日、24—25 日午后均出现 $PM_{2.5}$ 浓度峰值，18—19 日、22—23 日夜间出现峰值，午后未出现典型的浓度低值区，为上升趋势，其中，23 日午后出现次大峰值。比较发现，西安和兰州地形相似，均处于南北山脉之间的东西狭长河谷盆地内，午后污染物浓度出现不降反增的趋势，一方面与白天人类生产活动增加导致细粒子排放明显增多有关，另一方面，可能与盆地地形导致本地污染物难以疏散密切相关。同时，PM_{10} 与 $PM_{2.5}$ 浓度差在中午前后出现峰值，空间上由北向南减小，一定程度说明西安污染物粗颗粒物成分与北部黄土高原影响密切相关。

图 5-18 为 2013 年 12 月 17 日 20:00—25 日 20:00 临潼、长安和西安市区 8 天平均的地面相对湿度和能见度逐小时变化。严重污染期间，相对湿度在每日 08:00 前后均出现极大值，16:00 前后出现极小值，市区和郊区相对湿度变化趋势相同；郊区(临潼、长安)之间湿度差异不大，整体上高出市区 5% 左右，郊区每日 13:00—18:00 相对湿度小于 80%，市区每日 10:00—20:00 相对湿度小于 80%，空气相对郊区干燥，“干岛效应”明显。能见度与相对湿度

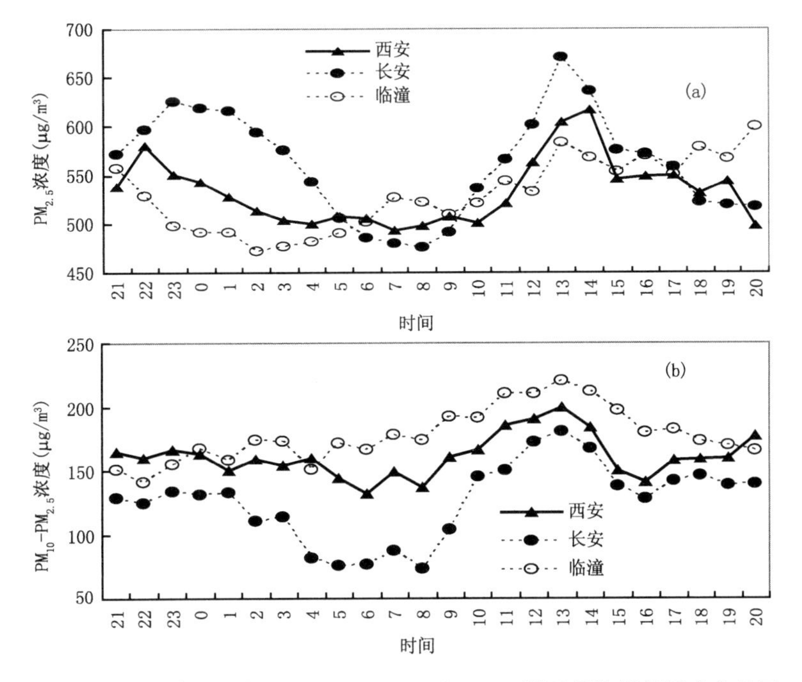

图 5-17　2013 年 12 月 17 日 20:00—25 日 20:00 严重污染期间西安各县区 $PM_{2.5}$(a)、$PM_{10}-PM_{2.5}$(b)浓度的日变化

基本上呈反相位变化，每日 08:00 前后能见度出现波谷，16:00 和 22:00 前后出现波峰，逐时能见度基本小于 2 km，市区能见度整体最小。与相对湿度相比，郊区之间能见度差异相对明显，尤其在 15:00 前后。

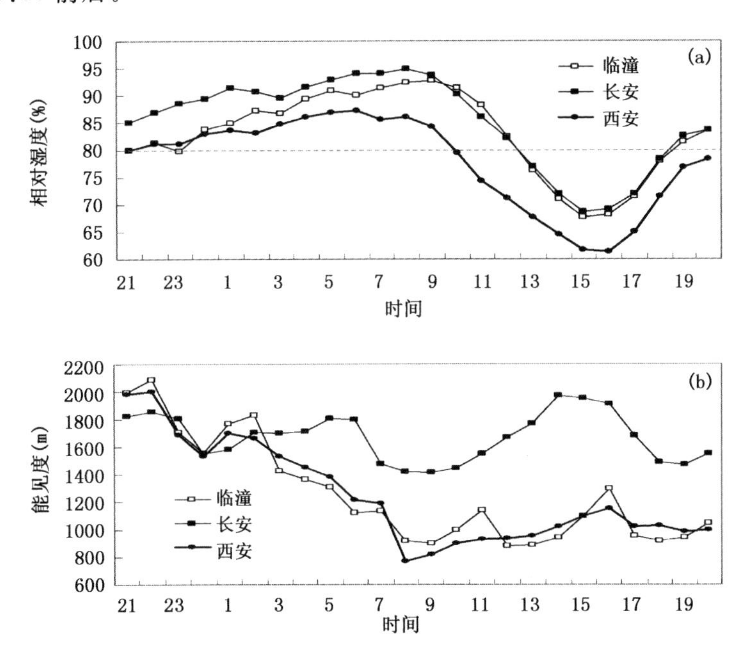

图 5-18　2013 年 12 月 17 日 20:00—25 日 20:00 严重污染期间西安各县区相对湿度(a)和能见度(b)的日变化

一段时间(一般为 1 小时)平均能见度小于 10.0 km,平均相对湿度小于 95%且排除该时段出现降水、沙尘暴、扬沙、浮尘、烟雾、吹雪、雪暴等,定义为霾天气。以相对湿度 80%为界,霾天气分为干霾和湿霾。综合分析市区和郊区地面要素变化可见,“13·12”重污染过程以湿霾天气为主。市区气象条件有利于干霾出现,干霾持续时间近似为郊区 2 倍:市区空气相对干燥,每日 10:00 开始湿度降至 80%以下,湿霾转为干霾,平均至 20:00 结束,持续约 10 小时;郊区空气相对湿润,每日 13:00 开始湿霾转为干霾,平均至 18:00 结束,持续约 5 小时。

图 5-19 为 2013 年 12 月 17 日 20:00—25 日 20:00 临潼、长安和西安市区 8 天平均地面风场逐时变化。严重污染期间,不同区域地面风场均存在明显日变化特征;长安和临潼变化相似,每日 10:00—17:00 出现明显的偏北风(长安为西北风、临潼为东北风),并在 12:00 前后出现全天最大风速,其余时段以偏东偏南风为主;市区风场日变化和县区明显不同之处主要表现在每日 09:00—20:00 大部分时段偏北分量明显,其他时段以偏西偏南风为主。结合地形地貌可见,西安地处秦岭北麓,白天显著偏北风和夜间偏南风与“山谷风”效应密切相关。西安以北区域工业和煤矿污染源多于毗邻秦岭北麓的南部区域,同时,以北区域半干旱地区在古地形之上广泛覆盖了很厚的风成黄土,经长期水蚀作用形成了黄土沟壑等地貌。与西安地形和污染物日变化特征相似的兰州市相关研究表明,山谷中大气污染物浓度变化主要取决于大气逆温和水平风速(张强,2003)。结合“13·12”过程颗粒物浓度日变化可见,午后偏北风显著时段和污染颗粒物增加时段一致,原因之一在于:午后北部地区污染源排放的细颗粒物、黄土浮尘携带的粗颗粒物在偏北风作用下向西安输送加强;傍晚至夜间,来自南部秦岭附近相对干净的空气输送作用较弱,对大气污染物稀释净化效果不明显,导致本地污染物不断积累聚集,重度霾天气发展维持。

图 5-20 为 2013 年 12 月 17 日 20:00—25 日 20:00 严重污染和 10 日 20:00—15 日 20:00、25 日 20:00—28 日 20:00 空气质量轻度污染或良时段西安市区和郊区边界层高度多日平均变化。边界层高度具有明显的日变化特征,每日最大值均出现在 12:00—16:00,20:00—08:00 为平缓的低值区,最大与最小值相差 2 倍以上。轻度污染或良时段,边界层高度明显偏大,最高大于 1.2 km,最低约 0.5 km,平均约 0.8 km,日变化大于 0.6 km。严重污染期间,边界层高度明显下降,最高小于 0.7 km,最低小于 0.2 km,平均约 0.4 km,日变化小于 0.3 km,平均高度仅为轻度污染时段 50%左右;空间分布上,市区和郊区边界层高度差异不大,西安东北方向临潼区相对略小,与偏北偏东地区污染相对严重一致。西安市区 2007—2009 年冬季边界层高度逐日平均最高、最低分别为 0.8 km、0.25 km(杜川利等,2014),此次污染过程最大高度比冬季平均态偏低约 0.2 km。同时,边界层高度与污染物浓度最大峰值时段一致,与典型过程二者之间反位相变化趋势明显不同。

进一步对比严重污染期间 $PM_{2.5}$ 和边界层高度日变化可见,西安边界层高度在午后达到最大,有利于低层污染物垂直扩散,但高度小于 0.7 km,低于北部黄土高原和南部秦岭地形高度,导致西安周边盆地内部近地层污染物很难通过垂直湍流交换等过程输送至大气边界层之上,并随高层气流进一步扩散、稀释,很大程度上导致污染物浓度在午后没有出现伴随边界层高度增大而下降的典型变化趋势。

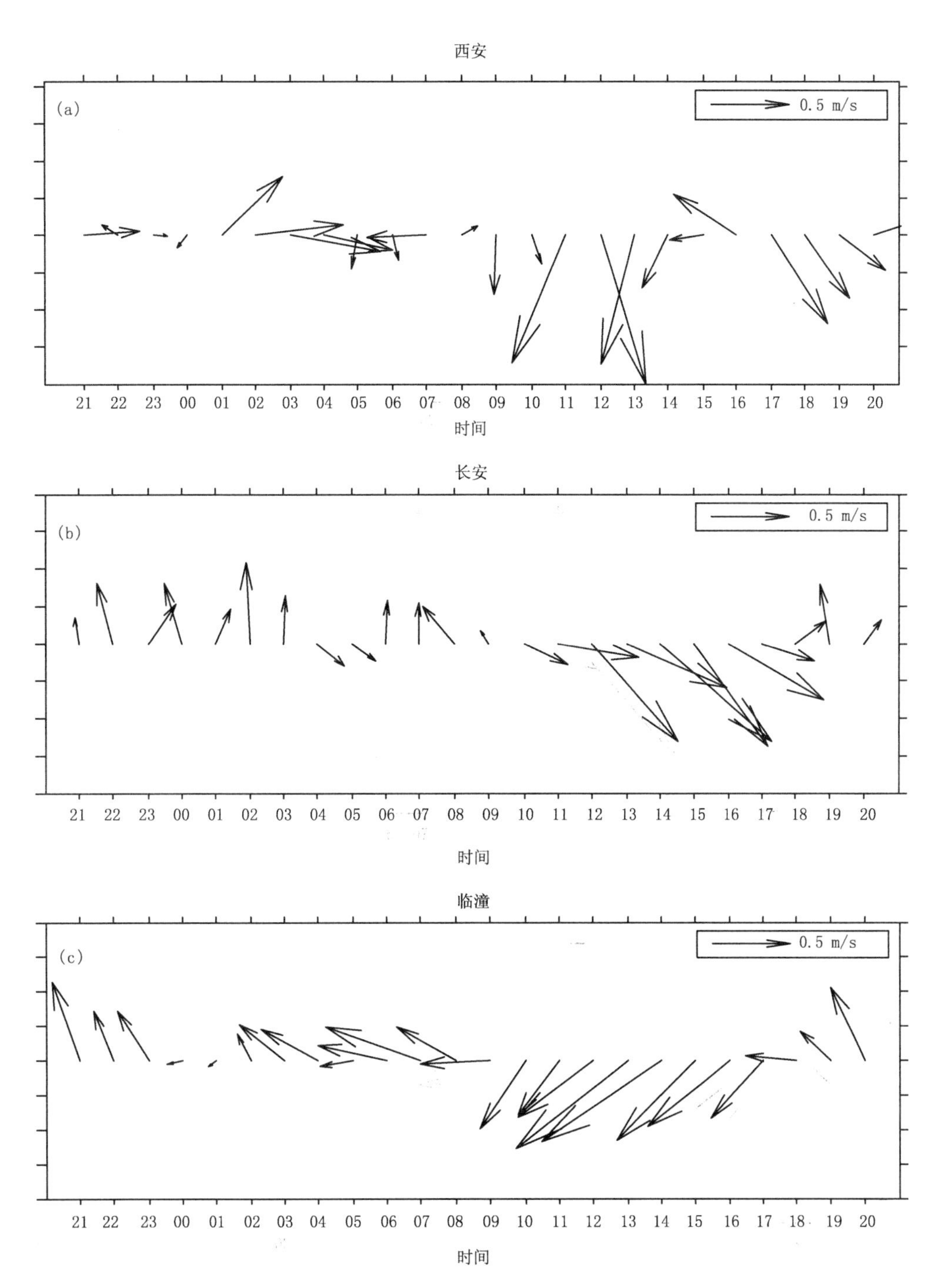

图5-19 2013年12月17日20:00—25日20:00严重污染期间西安市(a)、长安区(b)、临潼区(c)地面风场的日变化

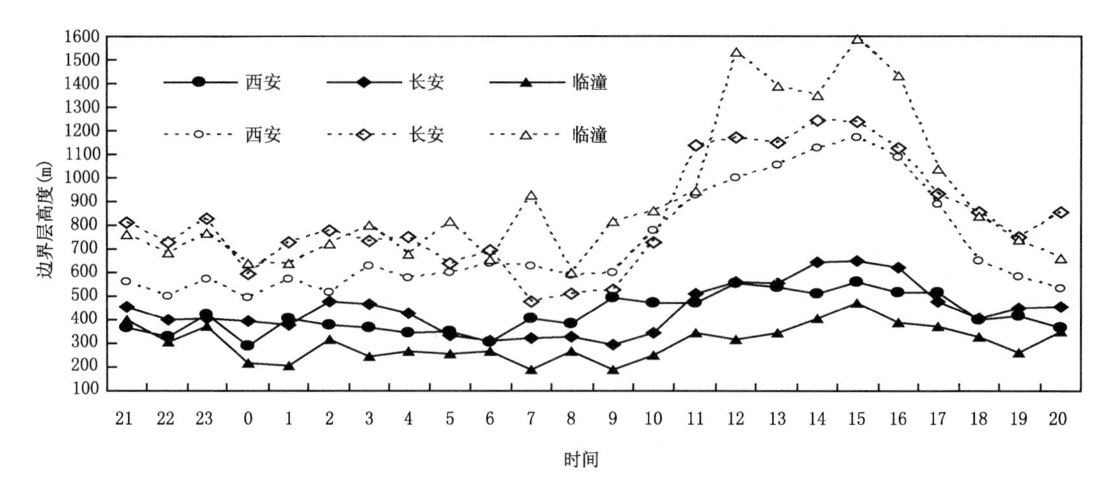

图 5-20 2013 年 12 月 17 日 20:00—25 日 20:00 严重污染期间(实线)和其他时段(虚线)西安各县区边界层高度日变化

5.4.5 小结

利用空气质量监测、L 波段探空、激光雷达、自动气象站和 NCEP 再分析等资料,对比分析了 2013 年 12 月 18—25 日西安严重污染天气过程前后气象条件及影响因素,得到如下结论:

(1)严重污染期间,500 hPa 亚洲大陆中高纬地区呈一槽一脊经向环流型,陕西处于暖脊前部,700 hPa 以下西安相对湿度持续偏大,地面上处于蒙古国冷高压南部均压场中。空气质量转好时,中高纬度环流形势明显变化,陕西上空锋区加强,伴随地面冷锋快速东移、南压,西安低层垂直上升运动加强,边界层高度明显增大,激光雷达探测到 0.5 km 以下污染物显著抬升、扩散。

(2) 严重污染期间,西安日平均能见度小于 1.5 km,边界层高度小于 0.7 km,气象条件与非污染时段差异明显。除 0.5 km 以下出现接地逆温外,2~3.2 km 或 0.7~1.5 km 出现悬浮逆温,3.5 km 以下相对湿度呈湿—干—湿的垂直分布,温湿条件有利于污染物聚集增长。重污染属于以湿霾为主的重度霾天气,郊区每日湿霾持续时间比市区长约 5 h,市区干霾持续时间约为郊区 2 倍。

(3)污染物主要集聚在 0.5 km 以下,细颗粒物浓度远高于粗颗粒物成分,前者随时间增大明显,而后者变化不大。每日 13:00 和 22:00 前后颗粒物浓度出现峰值,5:00—10:00 浓度较低。与东部地区不同,与兰州重污染相似,午后时段颗粒物浓度并未出现随边界层高度增大而减小的趋势,可能与边界层明显偏低、关中盆地地形因素有很大关系。本地地面风场日变化对污染天气有加重效应。

5.5 西安市地温与气温变化分析

世界范围的气象数据表明,工业化以来全球平均温度和海洋温度显著升高,全球气候系统的变暖趋势明显,其中北半球 20 世纪后半叶的平均温度很可能高于过去 500 年中任何一个

50年期的平均温度，并且达到过去1300年中的最高值(IPCC, 2007)。中国也不例外，对300多个气象监测站点半个世纪观测数据的统计分析表明，中国同样经历着明显的气候环境改变，全国大多数地区的变暖趋势显著(丁一汇等，2006；林而达等，2006)。气象记录是研究气候变化的首选资料，但时间局限性较大，只局限于工业化以后气候变化趋势的研究。对于长期的气候变化，国际学术界广泛采用包括钻孔温度在内的古气候代用指标进行研究，并且已经取得了丰硕的成果(Huang et al., 2000; Moberg et al., 2005; National Research Council, 2006)。

地温数据资料可以用于对西安城市气候变化的初步研究和地下渗流的评估。地温分布蕴含着地下深部和地表各种相互作用过程能量交换的信息，其中就包括陆地与大气热量交换的信息(汪集旸和黄少鹏，1988)。地表温度变化的信息随着时间的推移缓慢向地下深处传播，因此地温变化与气候变化和环境变迁有着密不可分的关系，钻孔温度随深度的变化可以反映地区气候的长期变化趋势(Pollack & Huang, 2000；黄少鹏等，1995)。随着全球气候变化研究的深入，钻孔温度记录的气候变化信息正受到越来越多的科学家的重视(IPCC, 2007; 汪集旸, 1992)。

美国著名地球物理和大地构造学家Birch以热传导模型为基础，最早应用地温资料重建了更新世地表温度变化(Birch, 1948)。Lachenbruch和Marshall在美国阿拉斯加北部的永久冻土区采集地温数据，揭示了在过去几十年到一个世纪内该地区经历了2～4 ℃的地表升温效应(Lachenbruch & Marshall, 1986)。近半个世纪以来，区域性地温与气候的研究已经在美国、加拿大、挪威等许多国家展开(Baker & Ruschy, 1993; Bodri & Čermák, 1998; Harris & Chapman, 1997; Mareschal & Beltrami, 1992)。在国际热流委员会(International Heat Flow Commission)的积极倡导和支持下，黄少鹏等建造了全球钻孔温度与气候变化的数据库(Huang et al., 2000; Pollack & Huang, 2000)，分析研究了全球气温异常与地温异常趋势的相关性，揭示了过去五个世纪南、北半球以及各大洲地表温度变化的历史。

最近，随着人们对城市人居环境日益关注，探讨城市化进程对城市地下热环境和城市气候变化的影响，即城市地温与气温变化之间的关系正在成为地热与环境变化交叉领域中新的研究热点。Taniguchi等(2003,2005,2007)对东京、大阪、曼谷、首尔、雅加达、台北等亚洲的若干大城市的地温数据采集分析。黄少鹏等(Huang et al., 2009)以日本大阪为例，分析了大都市地下热环境变化与气温变化的关系。Dědeček等则采用三维时变地热模型，综合分析了捷克和斯洛文尼亚地区气温变化和人类活动对城市地下热环境的影响，并指出有半数的城市变暖效应与人类活动密切相关(Dědeček et al., 2012)。国内对地温变化与气候和环境变化的研究起步较晚，与之相关的报道还不多见(黄少鹏和安芷生，2010)。本书以西安为例，通过对钻孔温度和气象资料的综合分析，在这方面做了初步研究。

5.5.1 研究区概括及数据来源

西安气候属暖温带半湿润大陆性季风气候，冷暖干湿四季分明。地质构造兼跨秦岭地槽褶皱带和华北地台两大单元。由于西安临近黄土高原，浅层主要为黄土盖层并夹杂含中、粗粒砂层，深部主要由厚度不等的粉质砂岩、泥岩及其混合岩交替组成。

理论上，地温随深度的变化主要受控于大地热流和地面温度影响。但实际上，地表和浅层很多其他因素或多或少对地温都会产生不同程度的影响。只有传导型的地温资料才适合于地温-气温相关关系的研究。在大中城市，寻找可供测温的钻孔不容易，获取一个传导型的钻孔

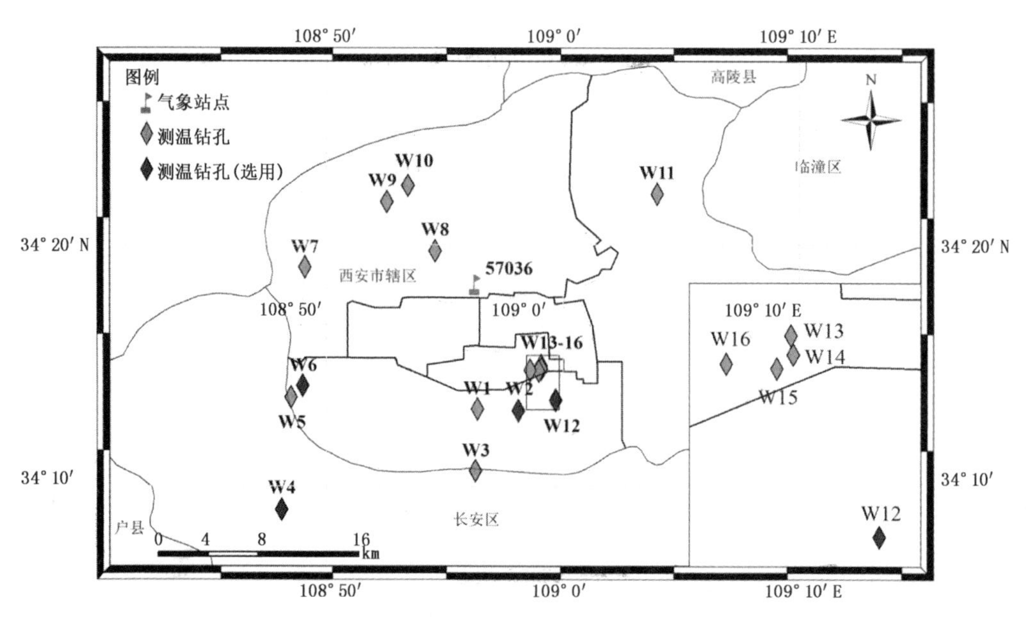

图 5-21　本小节所选取的西安市气象监测站(台站号为 57036)和测温钻孔位置分布

地温剖面更困难,这也是开展相关研究难度很大的主要原因所在。

在有关单位的大力支持下,我们得到允许对西安地区的部分水文钻孔和西安交通大学曲江校区 510 m 科学钻孔进行系统的地温测量,前者采用武汉东方大地勘查应用技术研究所提供的 400 m 深水测温仪,每隔 2 m 采集一次地温数据,测温精度为±0.1 ℃;后者采用日本 COMPACT-TD 测温探头,该探头可以在缓慢下降过程中实现对温度数据每秒连续自动记录,测温精度±0.05 ℃。共获得了 16 个钻孔的温度剖面,测温钻孔的地理位置见图 5-21,详细信息见表 5-15。

表 5-15　西安陕西工程勘察研究院浅层钻孔和曲江科学观察钻孔概况

钻孔	位置	纬度(°N)	经度(°E)	深度(m)
W1	雁塔区西安交通大学财经学院	34°13′11″	108°56′23″	200
W2	雁塔区西安工程技术学校	34°13′08″	108°58′06″	120
W3	长安区三森长安南路 398 号院内	34°10′38″	108°56′19″	200
W4	长安区郭杜镇前锋村七组	34°09′01″	108°48′07″	100
W5	东曹村	34°13′40″	108°48′31″	150
W6	雁塔区鱼化寨街道闵旗寨村	34°14′09″	108°49′01″	120
W7	未央区三桥镇孟家村(石化大道)	34°19′03″	108°49′06″	110
W8	北玉丰村(树林)	34°19′43″	108°54′36″	130
W9	草滩生态产业园西安印刷包装基地	34°21′45″	108°52′37″	120
W10	草滩苗圃	34°22′26″	108°53′29″	140
W11	灞桥区新筑镇麦王村	34°22′05″	109°04′01″	100
W12	西安交通大学曲江校区科学观测	34°13′34″	108°59′42″	510
W13	西安市碑林区交通大学一村	34°14′59″	108°59′04″	140
W14	西安市碑林区交通大学三村	34°14′51″	108°59′05″	150
W15	西安市碑林区交通大学澡堂附近	34°14′45″	108°58′58″	220
W16	西安市碑林区交通大学食堂附近	34°14′47″	108°58′36″	120

为了取得能够反映测温钻孔周围以热传导为主导的地温分布，钻孔必须处于不受人为干扰的状态。此外，钻孔中的空气很不稳定，其温度不能代表岩石的温度，只有当测温探头淹没在与围岩达到温度平衡的地下水中时才能确保测得的温度具有代表性。但是由于西安与国内其他大多数城市一样，地下水是城市日常生活和工农业生产的必要资源，长期处于被过度开发状态，造成地下水水位下降，在16个测温钻孔中，钻孔W1和W11地下水位在30 m以下，浅层温度变化信号严重缺失，不适于本项研究，另外有10个钻孔虽然水位较浅，但明显受附近地下水和其他非传导因素的强烈影响。参照国际上开展城市地下热环境研究对地温资料的常规标准(Huang et al., 2009; Taniguchi et al., 1999; Taniguchi et al., 2007)，从地温测量结果中选取了4个传导型的钻孔测温剖面，用于进一步分析。

本书中西安历史气象温度数据来源于气象部门监测站点的日温度数据，选用西安气象站(57036)历史数据进行分析。西安气象站(108°56′E，34°18′N、399 m)位于西安市北郊南北中轴线上，毗邻西安市北二环，为国家基本气象站，台站建成于1951年，在1995年以前受城市化影响非常小。

5.5.2 研究方法

地面温度是地下温度分布的重要控制因素。恒温层以上地温主要受季节变化影响。恒温层以下，地温受四季气候变化的影响较小，温度相对恒定，由地表温度和深部热流共同控制(Huang et al., 2000)，同时还受地质条件、岩石热物性、地下水、地表覆盖物等因素的影响。理想情况下，如果地表温度保持稳定，地温随深度增大呈线性升高，温度随深度的变化率为地温梯度；如果地表温度不稳定，地下温度随深度的变化将偏离线性(图略)，地表持续降温将降低近地面土壤和岩石的温度，使地温梯度增大，而地表持续升温将加热近地面土壤和岩石，使地温梯度减小甚至出现负值(黄少鹏和安芷生，2010)。

需要指出的是，地面温度变化并不是线性，地层间垂向的渗流作用也会使地温曲线偏离线性。在对流作用的参与下，地层热交换过程将受到热传导和热对流效应的共同作用，使得地温曲线偏离线性。如果渗流方向垂直向下，由于对流换热与热传导方向相反而对其影响范围内地层产生冷却作用，该深度上的温度比没有水流时低，温度-深度曲线呈现下凹趋势；相反，如果渗流方向垂直向上，由于对流换热与热传导方向一致将进一步加热其影响范围内的地层，温度比没有对流时显著升高，温度-深度曲线呈现上凸趋势。在地表温度变化及地下水渗流共同作用下的浅层地温分布则兼备双重特征(Taniguchi et al., 1999)。

一维非稳态热传导-对流模型偏微分方程的一般形式为：

$$\kappa \frac{\partial^2 T}{\partial z^2} - \nu_z c_0 \rho_0 \frac{\partial T}{\partial z} = c\rho \frac{\partial T}{\partial t} \tag{5.16}$$

Taniguchi等(2005,2007)在考虑地下渗流的影响，并假设地表温度从过去某一时刻t开始呈线性变化的基础上，导出地温随深度z的变化规律：

$$T(z,t) = T_0 + T_G(z - Ut) + \left(\frac{b + T_G U}{2U}\right) \times \left[(z + Ut) e^{\frac{Uz}{\kappa}} \mathrm{erfc}\left(\frac{z + Ut}{2\sqrt{\kappa t}}\right) + (Ut - z)\mathrm{erfc}\left(\frac{z - Ut}{2\sqrt{\kappa t}}\right) \right] \tag{5.17}$$

式中，κ为地层岩石的热扩散系数，m^2/s；$U = \nu c_0 \rho_0 / c\rho$，$\nu$垂直方向上达西渗流速度，$c_0\rho_0$和$c\rho$

分别为水及含水层的热容及密度，m/s；T 为任意时刻 t 地层深度 z 处的地层温度，℃；T_0 为地表年平均温度，℃；T_G 为地温梯度，℃/m；b 为地表增温率，℃/a。

在公式(5.17)的基础上，以地温曲线的最佳拟合结果为依据，可以得到地表增温率、相应的增温时间和表层渗流速率，实现由地温变化重建地表温度变化趋势的目的。此外，在线性最小二乘回归分析的基础上，分析气温变化趋势，初步对比分析城市地温变化与气温变化及城市化发展的关系。

5.5.3　地温曲线筛选及初步分析

理论上，浅层地温受地表温度波动影响产生周期性变化，深层地温主要由岩石的热扩散系数及大地热流所决定，因此传导型地温曲线首先在深部应具有良好的线性；其次，钻孔 W1～W11 的地下水位不一致，水位以上部分地温受空气影响显著，温度不稳定，可靠性和实用性有很大的局限性；而水位以下，地下水与地下周围岩土介质通过套管隔开，水热交换相对稳定，地温具有实际意义。因此，最终选取钻孔 W2、W4、W6 和 W12 地温数据重建西安不同地区地表温度的变化。此外，由于浅层地温受地表温度扰动效应显著，随着深度的增加，扰动信号不断衰减，温差减小，通常地下 10～15 m 深处即可达到恒温层，温度波动一般超过 0.1 ℃，但由于不同钻孔地下水位和其上空气柱流动性不同，合理的计算深度可能并不完全相同。因此计算前先可对比多次测量结果，选取测温数据合适的深度范围；同时，由于稳态地温在西安长期升温效应的影响下，升温信号会叠加在稳态地温上，使得浅层地温线性度较差，因此还需选取合适的起始深度以确保稳态地温具有较好线性度。表 5-16 列出了钻孔选取的计算深度范围、最佳回归深度范围和结果。

表 5-16　钻孔数据计算范围和稳态地温

钻孔	W2	W4	W6	W12
地下水位(m)	20	14	32	0
计算深度范围(m)	36～112	22～88	36～120	15～450
回归深度范围(m)	52～112	30～88	44～120	37～450
R^2	0.9955	0.09967	0.9969	0.9997
T_0(℃)	14.98	14.76	13.51	15.04
T_G(℃·m)	0.0332	0.0254	0.0408	0.0337

如图 5-22 所示，钻孔 W2、W4、W6 和 W12 浅层均显示出一定的升温效应，分别存在 0.42 ℃、0.26 ℃、0.29 ℃和 0.73 ℃温度偏差，而深部总体上则具有良好的线性特征，但局部也受到地下渗流作用的影响。如钻孔 W2 在 65～85 m 和 W12 在 70～120 m 的深度范围内，地温曲线明显偏离线性，地温梯度迅速减小，之后随着深度的加深，地温梯度逐步回升，呈现出下凹现象，可以认为是受到地层间垂直向下渗流作用的影响。在一维稳态地下渗流的条件下，地下水垂直对流段内某点的相对温度与相对深度呈线性关系(Lu & Ge, 1996; Taniguchi et al., 2003; 邓孝, 1989)，以此可以计算出钻孔 W2 和 W12 的渗流速率分别为 1.16×10^{-8} m/s 和 2.91×10^{-8} m/s。但由于深度相对较深，对浅层地温异常信号影响可忽略不计；而钻孔 W6 在 50～70 m 的深度范围内也出现下凹现象，但由于地下水位较深，浅层地温异常信号受地表长期升温效应和地下渗流的共同影响，渗流速率可结合公式(5.17)进行计算。

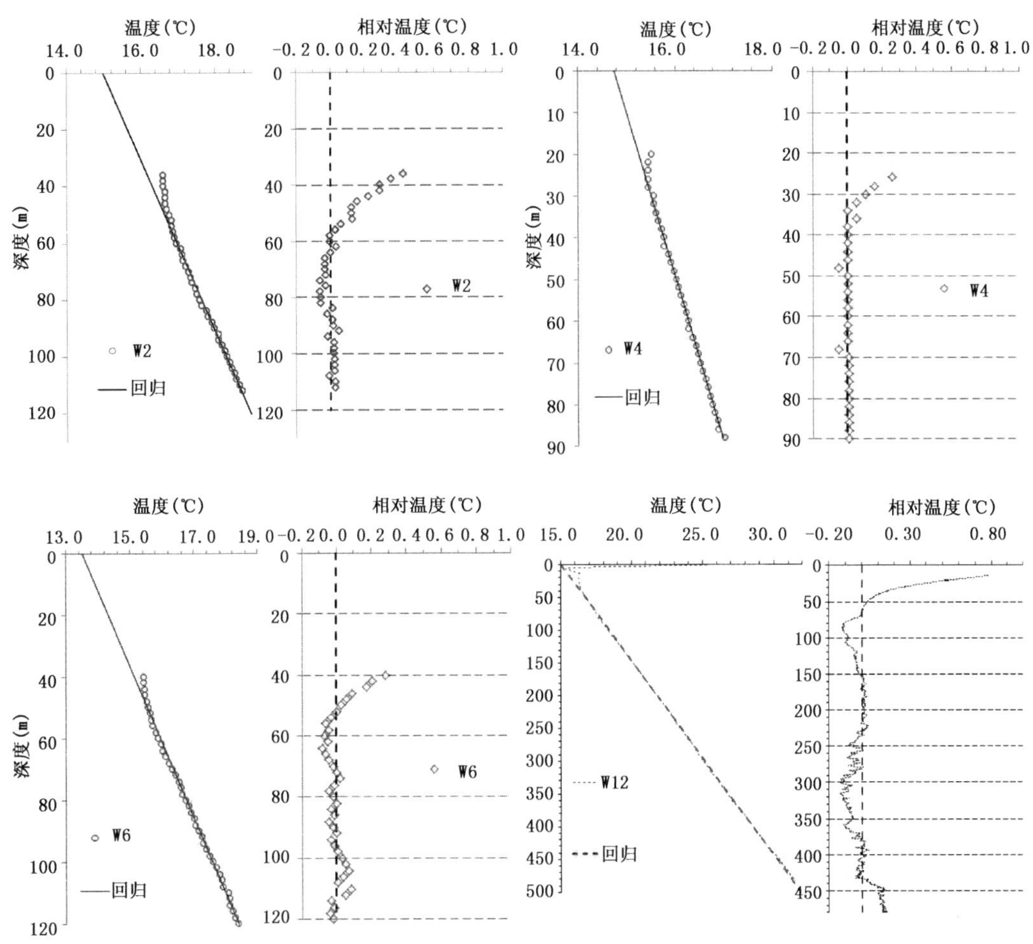

图 5-22　西安钻孔 W2、W4、W6 和 W12 稳态地温回归分析及浅层地温偏差

5.5.4　地温拟合结果及分析

1985 年以后，西安气候变暖趋势开始出现并不断加剧。在线性增温的假设下，对筛选出的西安城郊钻孔地温数据进行拟合分析，以最佳的拟合结果为依据获取西安近年地表温度变化的详细信息，详细拟合参数及拟合结果见表 5-17。

表 5-17　钻孔地温拟合热物性参数及拟合结果

钻孔编号	地质和热物性参数				地温拟合结果			气温增温率(℃/a)
	T_0(℃)	T_G(℃/m)	κ(mm²/s)	$c\rho$(J/(m³·℃))	ν(m/s)	t(a)	b(℃/a)	
W2	14.98	0.0332	5.5×10^{-7}	2.74×10^{6}	2.1×10^{-10}	30	0.12	0.084
W4	14.76	0.0254	6.0×10^{-7}	2.60×10^{6}	2.0×10^{-10}	8	0.25	0.054
W6	13.51	0.0408	6.9×10^{-7}	2.23×10^{6}	1.7×10^{-9}	60	0.03	0.037
W12	15.04	0.0337	4.5×10^{-7}	2.77×10^{6}	2.1×10^{-10}	24	0.09	0.089

图 5-23 展示了钻孔 W2、W4、W6 和 W12 实地采集地温数据与线性增温假设下的拟合地温间的对比结果，最佳拟合对应的气候变暖时间分别为 30 年、8 年、60 年和 24 年，升温幅度则为 3.6 ℃、2.0 ℃、1.8 ℃和 2.16 ℃。由于地温数据采集的深度不尽相同，因此获取的气候变暖的时间尺度有所不同。由拟合结果可以看出，随着近些年西安城市化发展，西安地区地表的总体升温幅度在 2 ℃左右，市区和周边郊区的升温幅度略有差异。其中钻孔 W2 升温幅度最大，这与钻孔 W2 位于市区，离城市商业中心较近，城市建设完备，热岛效应显著密切相关；钻孔 W4 位于乡村，城市化时间短，升温周期短，城市化对其影响较弱，升温幅度较弱；而钻孔

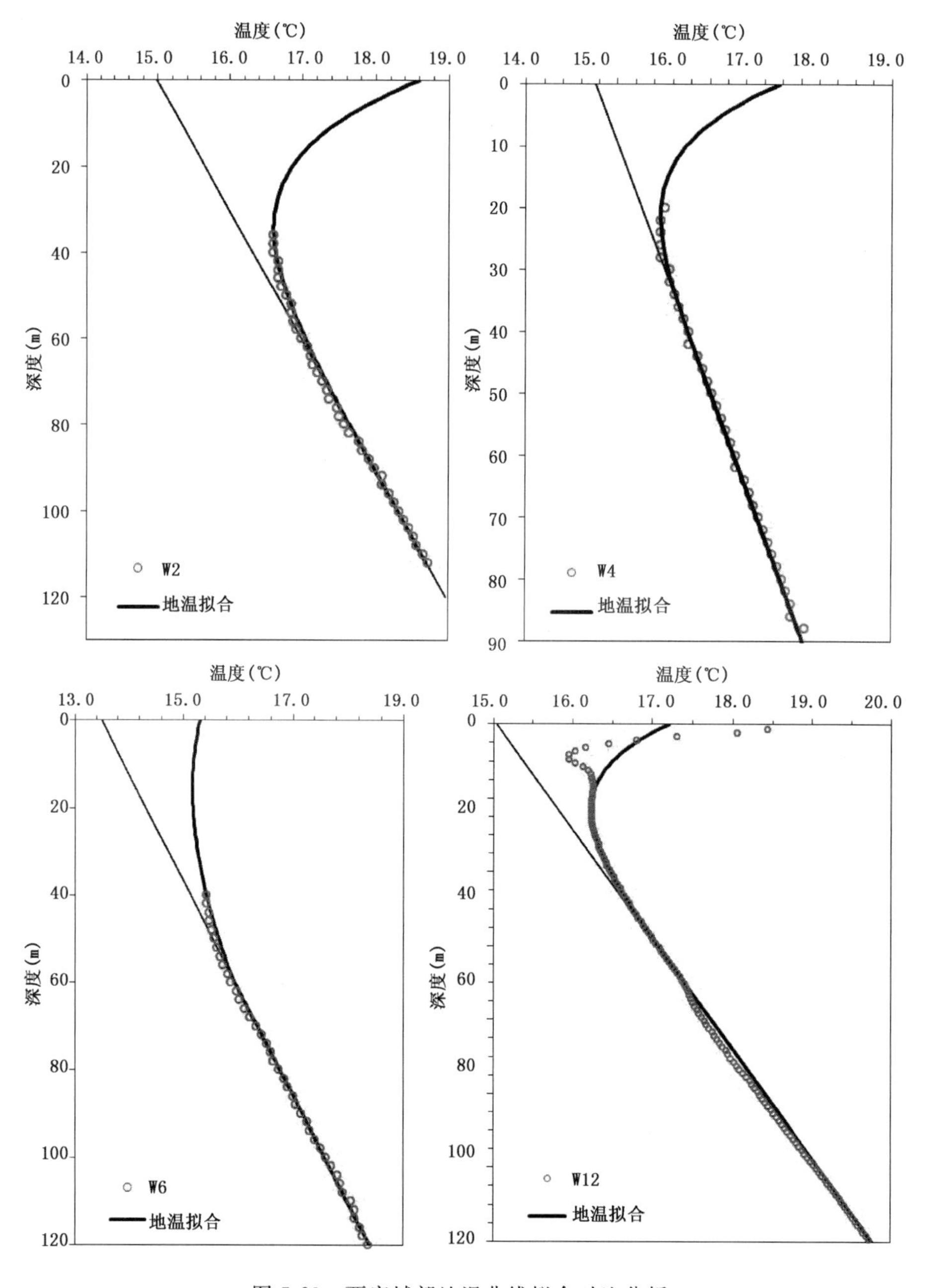

图 5-23　西安城郊地温曲线拟合对比分析

W12 位于城郊接合部，最近十年发展较为迅速，地表植被及周边建筑有了较大变化，但城市化进程远不如市区，处于乡村向城市转变的发展阶段，因此升温幅度介于两者之间。对于钻孔 W6，由于采集的地温数据较深，近些年的气候变化信号缺失，通过拟合只能反映长期的气候趋势。因此，地温数据采集的深度和精确度以及城市化导致地温监测钻孔周边地表覆盖物的变化和人类活动的加剧都会使地温拟合出现一定的差异。

5.5.5　气温变化趋势分析

历史气温变化是气候变化最直接的监测指标。为研究西安在城市化过程中城市气候变化在时间上的趋势性以及阶段性，本书选取西安历史气温日变化数据作为研究依据。在此基础上分析 1951—2010 年气温平均值和年最高、最低气温平均值，并采用回归分析得到西安地区长期的年平均气温、年平均最高气温和年平均最低气温的变化趋势，如图 5-24a 所示。总体上看，随着西安城市的发展，60 年气温呈显著上升趋势，平均气温、最高气温和最低气温增温趋势分别为 0.371 ℃/10 a、0.189 ℃/10 a 和 0.502 ℃/10 a，平均最低气温增温趋势显著高于平均最高气温的增温趋势。

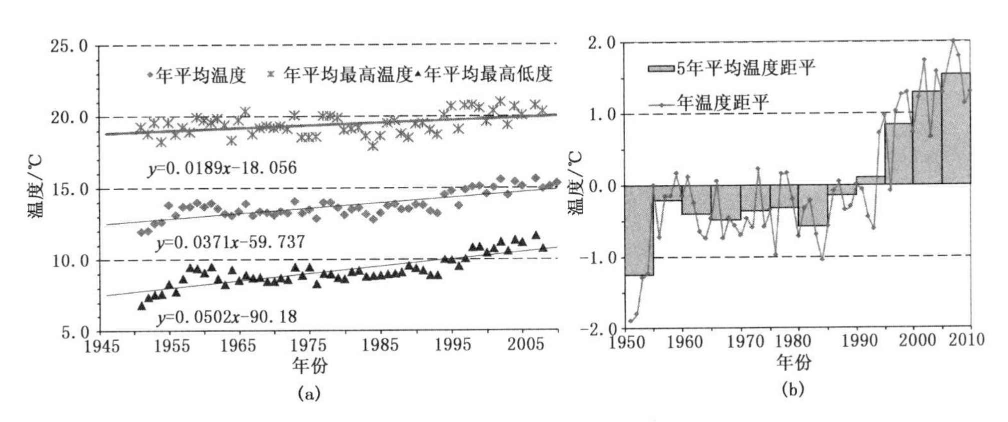

图 5-24　西安气温变化趋势分析(a)西安地区平均气温(◆)、最高气温(✳)和最低气温(▲)序列及变化趋势(b) 5 年平均温度距平(相对于 1951—2010 平均温度)

图 5-24b 给出了 60 年西安市年气温距平及 5 年平均气温距平，以此为依据对比不同时间段的升温信息见表 5-18。结合图 5-24 和表 5-18 可以看出，1951—1954 年西安地区气温短时间内呈快速升温趋势；1955—1984 年升温效应不明显，波动性较强；1985 年以后，气温开始出现缓慢上升；至 1995 年前后出现明显的气温突变现象，升温速率呈现出快速上升趋势。西安气候变暖趋势与全国基本同步，开始于 20 世纪 80 年中后期(丁一汇等，2006)，但据 IPCC 第四次报告指出，最近 100 年(1906—2005 年)的全球温度线性升温率为 0.74 ℃/100 a(IPCC，2007)，而中国近 50 年城市发展迅速，平均气温增温率为 2.2 ℃/100 a(丁一汇等，2006)，平均最高和最低温度增温率分别为 1.27 ℃/100 a 和 3.23 ℃/100 a(Liu et al.，2004)。西安地处中国内陆，增温率高于中国均值，远高于全球均值。由于在全球大尺度上，城市热岛效应对地区气温的影响是可以忽略不计的(Parker，2006)，因此西安地区的升温不仅是全球气候变暖的结果，还应受到城市发展的影响。

表 5-18　西安气温阶段性分析结果

序号	起止时间(年)	平均温度(℃)	升温速率(℃/10 a)
1	1951—1954	12.25	2.48
2	1955—1985	13.43	−0.104
3	1955—1995	13.52	0.062
4	1986—2010	14.53	0.901
5	1996—2010	15.03	0.638
6	1951—2010	13.81	0.371

5.5.6　城市地温与气温变化对比分析

通过拟合得到的西安地区地表升温率与历史气温回归得到的气温升温率进行对比，可以发现钻孔 W2、W6 和 W12 所在地区的地表升温率与气温升温率相近。钻孔 W2 地表升温率高于气温升温率，W6 低于气温升温率，而 W12 最为接近，这与城市化程度 W2>W12>W6 相一致，说明城市气候的变化不仅受城市气温的升高的影响，还与城市化过程中城市地表状态的变化及人类活动密切相关(Dědeček et al.，2012；Taniguchi et al.，2007)。钻孔 W4 地表温度变化与气温变化存在一定的差距，这种现象一方面可能是由于地温曲线拟合是基于地表温度，而通常情况下气温监测器放置于距地面 1.5 m 处，近地面空气流动会产生冷却作用，监测到的空气温度与模型中用的地表温度在本质上存在着固有偏差(Huang et al.，2009)，加之地表覆盖物及植被密度不同的情况下，会强化或弱化地表温度变化，从而导致地温拟合得到的地表增温趋势与空气增温趋势之间存在偏差；另一方面，由于西安历史温度数据仅仅是西安地区气候变化的一个代表，反映了西安地区气温变化的总体趋势，不能详细的反映不同地区、不同小环境中的具体气温变化。此外，人类活动的加剧以及气象监测台站迁移、设备的更新等也会引起两者间的差异。

5.5.7　西安地表温度变化与气温变化和城市化相关性结论

西安地表温度变化与气温变化和城市化程度密切相关。书中通过对地温数据的筛选和拟合以及气温数据的分析，展示了地下渗流对地温的影响，重建了地表温度变化趋势，分析气温变化趋势并将两者进行对比，得到以下结论：

(1)以浅层地温信号准确、深层线性良好为依据，筛选得到西安城郊钻孔 W2、W4、W6 和 W12 的地温数据进行线性分析，得到地表平均温度分别 14.98 ℃、14.76 ℃、13.51 ℃ 和 15.04 ℃，地温梯度为 0.0332 ℃/m、0.0254 ℃/m、0.0408 ℃/m 和 0.0337 ℃/m。钻孔 W2 和 W12 深层地温局部存在地下渗流的影响使地温曲线偏离线性，计算得到渗流速率分别为 1.16×10^{-8} m/s 和 2.91×10^{-8} m/s；钻孔 W2、W4 和 W12 浅层地温异常信号受地下渗流影响较小，渗流速率在 2×10^{-10} m/s 左右，可忽略不计。钻孔 W6 浅层相对较大，速率为 1.7×10^{-9} m/s。

(2)西安城郊地表总体升温幅度在 2 ℃左右，但由于区域城市化程度的不同，市区升温幅度大于郊区，钻孔 W2、W4、W6 和 W12 重建得到的地表升温分别为 3.6 ℃/30 a、2.0 ℃/8 a、1.8 ℃/60 a 和 2.16 ℃/24 a。

(3)1951—2010年西安地区气温呈显著上升趋势，平均气温、最高气温和最低气温增温趋势分别为0.367 ℃/10 a、0.189 ℃/10 a和0.502 ℃/10 a，最低气温升温趋势显著高于西安最高气温的升温趋势。从大的范围看，西安气候变暖受到城市化的影响显著，增温率高于全国均值，远高于全球的平均值。

(4)地表增温率与空气增温率有一定的相似性，但由于地区城市化程度不同，之间存在一定的差距，城市化会显著强化地表升温效应。因此，城市气候的变化不仅受城市气温升高的影响，还与城市化过程中城市地表状态的变化及人类活动密切相关。气温变化和地温拟合结果有较好的一致性，也从侧面反映出地表温度与地上气温变化虽然存在一定的偏差，但具有相似的增温趋势，可以作为气候变化的评价指标。

5.6　西安市2007—2016年酸雨变化特征

酸雨为pH<5.6的大气降水，是因人类活动(或火山爆发等自然灾害)导致区域降水酸化的一种污染现象，对公众健康、工农业生产、生态环境以及全球变化都有重要的影响(赵艳霞和侯青，2008)。酸雨严重危害农作物、森林和草场，降低土壤肥力，侵蚀石质建筑物和金属制品，危害人们的身体健康(张新民等，2010)。大量的文献表明，我国的酸雨日趋严重，酸雨影响面积超过国土面积的29%，酸雨面积居世界第三位(王烈福等，2017；蒲维维等，2010)。随着城市建设和经济的发展，各种化石燃料或生物物质的燃烧量增加，城市硫氧化物和氮氧化物的排放量增加可能造成城市酸雨形势恶化加剧。本书利用西安泾河国家基本气象站2007—2016年酸雨观测资料，统计分析了西安市近十年酸雨的时间变化特征。

5.6.1　站点信息

本小节所用资料为西安泾河国家基本气象站2007—2016年酸雨观测每日资料，泾河站(108°58′E，34°26′N，海拔410.0 m)位于西安市泾河工业园区内，站点地势较周围高，南邻渭河，周围比较空旷。站点在2006年初建时四周无建筑物，近年来，随着地区经济的发展，泾河站周围也有建筑物产生，但整体仍能反映西安市普遍气候特征。泾河站距西安市中心直线距离约为20.0 km。

5.6.2　仪器与资料

10年来台站所用的pH计和电导率仪均为上海仪电科学仪器股份有限公司生产。其中2007—2012年所用仪器pH计型号为PHS—3B，电导率仪型号为DDS—307；2012—2016年所用仪器pH计型号为PHSJ—3F，电导率仪型号为DDSJ—308A。

所用酸雨观测资料为泾河站2007年1月至2016年12月每日酸雨观测资料，酸雨样品的测量标准为日降水量(08—08时)≥1.0 mm，日降水量不足1.0 mm时予以弃样不测。酸雨资料采用中国气象局颁布的酸雨划分标准进行统计，pH<5.6的降水为酸雨，其中4.5≤pH<5.6的降水为弱酸雨，pH<4.5为强酸雨。10年中共取得酸雨测量样本563个，10年间共出现酸雨125次，其中弱酸雨出现113次，强酸雨出现12次。

5.6.3 结果与分析

(1)西安酸雨的月变化特征

统计分析西安市 2007 年 1 月—2016 年 12 月各月酸雨观测资料显示,各月降水 pH 平均值在 6.02～6.57 之间,呈中性状态。由表 5-19 可以看出,降水 pH 值最高值出现在 6 月,最低值出现在 9 月,全年各月变化较为平稳。从酸雨出现日数来看,酸雨日数最多的是 9 月,最少的是 12 月。从各月酸雨极值看,历年最强酸雨出现在 2007 年 3 月 16 日。从酸雨出现强度看,弱酸雨出现频率在 2 月和 11 月较高,分别为 30.8%和 30.6%,5 月和 6 月弱酸雨出现频率较低,分别为 12.3%和 12.5%。强酸雨出现频率 12 月最高,出现频率为 18.2%,11 月次之,1 月、2 月、4—6 月未出现强酸雨。

表 5-19 西安市 2007—2016 年酸雨月统计

月份	pH 平均值	pH 最小值	样本总数(个)	弱酸雨出现频率(%)	强酸雨出现频率(%)
1	6.35	4.50	12	16.7	0.0
2	6.28	4.64	26	30.8	0.0
3	6.33	3.46	35	17.1	2.9
4	6.35	4.80	41	21.9	0.0
5	6.45	4.55	65	12.3	0.0
6	6.57	4.61	48	12.5	0.0
7	6.32	4.35	80	23.8	2.5
8	6.31	3.99	62	14.5	4.8
9	6.02	4.32	87	27.6	2.3
10	6.32	4.09	61	13.1	1.6
11	6.14	4.29	36	30.6	5.6
12	6.23	3.81	10	27.3	18.2

图 5-25 为西安市酸雨 pH 值及频率的月变化情况,从图中可以看出,降水的月平均 pH 值和出现频率有着很好的相关性。5—6 月降水 pH 值较大,酸雨出现频率相对较低。9 月和 11 月、12 月降水 pH 值较低,酸雨出现频率相对较高。

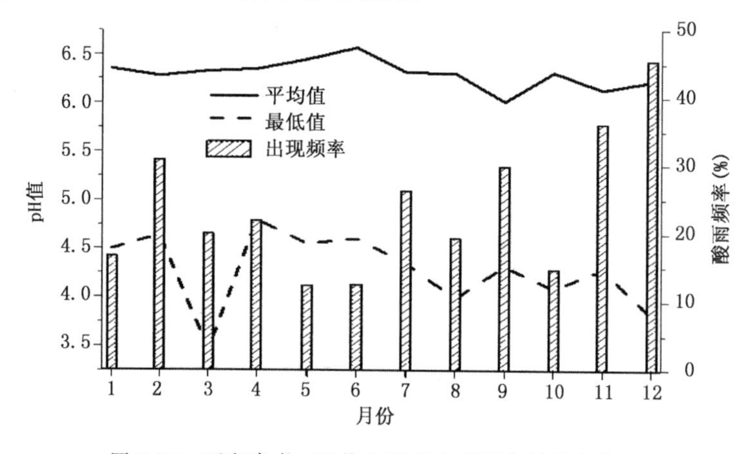

图 5-25 西安降水 pH 值及酸雨出现频率的月变化图

(2)西安酸雨的季节变化特征

西安属典型的北方城市，降水季节变化明显，对冬季(12 月至次年 2 月)、春季(3—5 月)、夏季(6—8 月)、秋季(9—11 月)的酸雨特征进行分析。从表 5-20 中可知，在冬季西安酸雨出现的频率较高，弱酸雨和强酸雨出现的频率分别为 26.5%和 4.1%。其次是秋季，弱酸雨和强酸雨出现的频率分别为 23.4%和 2.7%。春季出现酸雨的频率最低，弱酸雨出现频率为 16.3%，强酸雨出现频率为 0.7%。因每年的冬季为西安市的取暖期，燃料燃烧所排放出的污染物，为酸雨的形成提供了丰富的物源，所以降水中的 pH 值降低，出现酸雨的频率增大。到了春季，气温逐渐升高，酸性废气的排放量减少，不利于酸雨的形成。

表 5-20　西安市 2007—2016 年酸雨季节统计

季节	样本总数(个)	弱酸雨出现频率(%)	强酸雨出现频率(%)
春季(3—5 月)	49	16.3	0.7
夏季(6—8 月)	141	17.9	2.6
秋季(9—11 月)	190	23.4	2.7
冬季(12—2 月)	183	26.5	4.1

(3)酸雨的年际变化特征

2007—2016 年西安市降水的平均 pH 值为 6.31，大于酸雨 pH 值的临界值。图 5-26 为 2007—2016 年西安市降水的平均 pH 值年际变化特征图，从图中可以看出近 10 年来降水的年平均 pH 值均在 5.6 以上，年平均 pH 值最小值为 5.71，最大值为 6.81，说明西安市降水以中性为主。2007—2016 年西安市降水的平均 pH 值年际变化呈波动式缓慢上升趋势，2008—2016 年逐年变化率(较上一年)分别为 4.4%、−1.3%、10.4%、−8.2%、9.7%、−2.9%、4.3%、−0.3%、3.2%，十年中降水的 pH 值上升了 19%。对西安市 2007—2016 年降水的年均 pH 值作线性分析可知，年上升率为 0.11/a。

图 5-27 为 2007—2016 年西安市降水的 pH 值年际变化中最大值、最小值及平均值的特征图，由图中可知，降水 pH 值年最大值在 7.31～9.28，呈微碱性；降水 pH 值最小值在 3.46～5.25，呈酸性到强酸性。

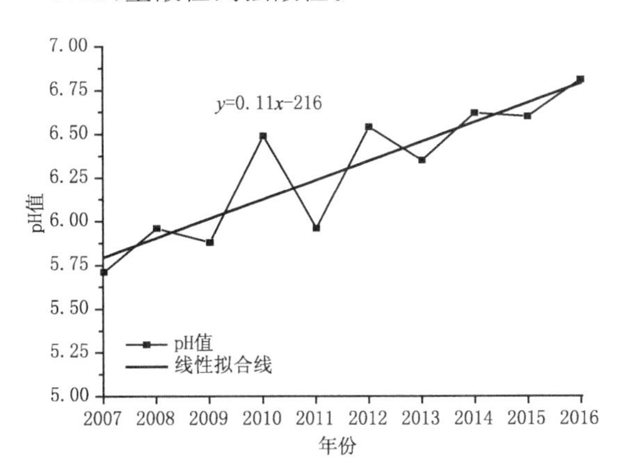

图 5-26　西安市 2007—2016 年降水年均 pH 值年际变化趋势图

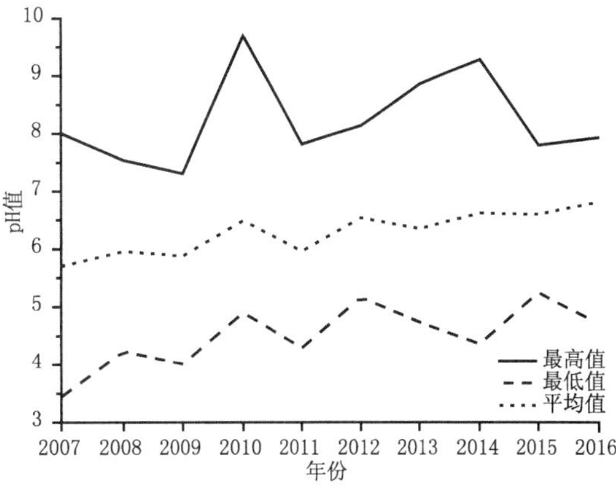

图 5-27　西安市 2007—2016 年降水 pH 值(年最大值、年最小值、年平均值)年际变化

由表 5-21 可看出，西安市从 2007—2016 年酸雨出现频率大致呈下降趋势，在 2007 年弱酸雨出现的频率为 36.8%，强酸雨出现的频率为 12.2%，此年为近十年来西安市出现酸雨频率最大的年份，其次是 2011 年，弱酸雨出现的频率为 36.0%，强酸雨出现频率为 3.3%。2016 年为酸雨出现频率最少的年份，弱酸雨出现频率为 1.8%，无强酸雨出现。2010 年、2012—2013 年、2015—2016 年均无强酸雨出现。

表 5-21　西安市 2007—2016 年酸雨统计

年份	样本总数(个)	弱酸雨出现频率(%)	强酸雨出现频率(%)
2007	57	36.8	12.2
2008	59	28.8	1.7
2009	53	33.9	1.9
2010	65	21.5	0
2011	61	36.0	3.3
2012	46	6.5	0
2013	43	13.9	0
2014	60	11.6	1.7
2015	62	6.4	0
2016	57	1.8	0

5.6.4　西安酸雨近十年变化结论

(1)西安市降水 pH 值各月变化较平稳，呈中性状态，降水月平均 pH 值最高值出现在 6 月，最低值出现在 9 月。9 月和 11 月、12 月酸雨出现频率相对较高，5—6 月酸雨出现频率较低。弱酸雨出现频率 2 月和 11 月较高，5 月和 6 月弱酸雨出现频率较低。强酸雨出现频率 12 月最高，11 月次之，1 月、2 月、4—6 月未出现强酸雨。

(2)因西安冬季取暖燃料所排放的污染物原因，冬季为西安市酸雨和强酸雨出现频率最高的季节，其次是秋季，春季是出现酸雨的频率最低的季节。

(3)2007—2016 年西安市降水的平均 pH 值为 6.31，大于酸雨 pH 值的临界值，各年的年平均 pH 值均在 5.6 以上，说明西安市降水以中性为主。2007—2016 年西安市降水的年均 pH 值呈波动式缓慢上升趋势，年上升率为 0.11/a。酸雨出现频率大致呈下降趋势，2007 年为酸雨出现频率最大的年份，其次是 2011 年，2016 年为酸雨出现频率最小的年份。2010 年、2012—2013 年、2015—2016 年均无强酸雨出现。

第 6 章　应对气候变化
发展资源气象　趋利避害

6.1　西安 1951—2016 年气候变化特征综合分析

20 世纪 90 年代以后，全球升温明显，中国 1906—2005 年的年平均气温上升了 0.78±0.27 ℃，明显高于同期全球平均气温上升幅度（0.5～0.6 ℃）（唐国利等，2009），且我国各区域变暖的速率和时空分布格局总体表现为北方比南方明显，冬季比其他季节明显。王绍武等（2002）和丁一汇等（2001）的研究表明，我国西北地区的气候变化与全球气候变化基本一致。

全球气候变暖，导致降水量出现变化，降水量的变化直接影响生态系统平衡，是气候变化研究的一个重要内容。施雅风等（2002）提出：我国西北气候可能从 20 世纪的暖干向暖湿转型。气温的变化也直接表现在地温的变化上，陆晓波（2006）发现全国年平均地温的年代际变化大致经历了 3 个阶段，地温下降阶段、相对气候冷期和 20 世纪 90 年代后期的升温阶段。

为了揭示在全球气候变暖背景下西安的气候变化特征，利用 1951—2016 年西安气象观测资料，分析了气温、降水、地温的演变趋势及其突变现象。

6.1.1　年变化特征

1951—2016 年西安年平均气温为 13.9 ℃，气候倾向率为 0.37 ℃/10a，以升温趋势为主，目前处于暖期；年平均降水量为 570.4 mm，以缓慢波动下降趋势为主。如图 6-1a 所示，气温分四个变化阶段：20 世纪 50—60 年代，呈缓慢上升趋势；20 世纪 60—70 年代末，呈缓慢下降趋势；20 世纪 80 年代至 21 世纪初，气温显著上升；21 世纪最初 10 年后略有下降。如图 6-1b 所示，年降水量变化整体呈缓慢波动下降趋势，20 世纪 50 年代前期呈增加趋势，20 世纪 50 年

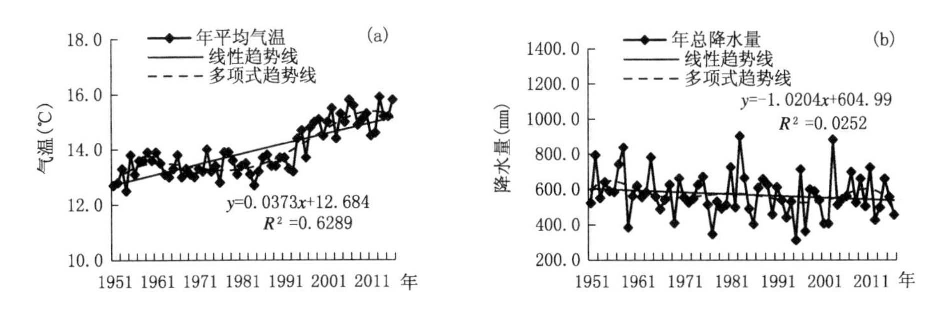

图 6-1　西安 1951—2016 年平均气温（a）和年降水量（b）变化趋势图

代中期到 60 年代末呈减少趋势，20 世纪 70 年代初到 80 年代初呈缓慢增加趋势，20 世纪 80 年代初到 90 年代中期呈缓慢减少趋势，20 世纪 90 年代中期至 21 世纪迅速增加，21 世纪最初 10 年后显著减少。故西安近 66 年气温升高明显、降水缓慢波动下降。

气温的变化直接影响到地温的升降，西安气温的显著升高在很大程度上解释了地温的上升原因。西安各层年平均地温均呈升高趋势，升幅为 0.06～0.70 ℃/10a(通过了 0.05 以上的显著性检验)，0 cm 年平均地温升高最大，其次为 20 cm、50 cm，80 cm 年平均地温升幅最小。

选用 Mann-Kendall 方法对气温、地温(由于地温观测资料时段与气温不同，故地温选取 1981—2016 年数据)做突变检验(图 6-2、图 6-3)：西安年平均气温和地温突变年份分别发生在 1995 年和 1999 年，且均为升温突变，突变时间发生在 20 世纪 90 年代，正处于城市化飞速发展时期，与城市热岛现象密不可分。

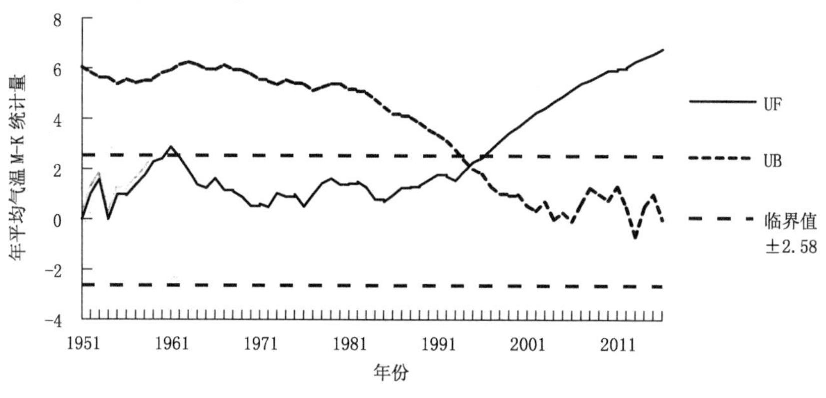

图 6-2　西安年平均气温突变

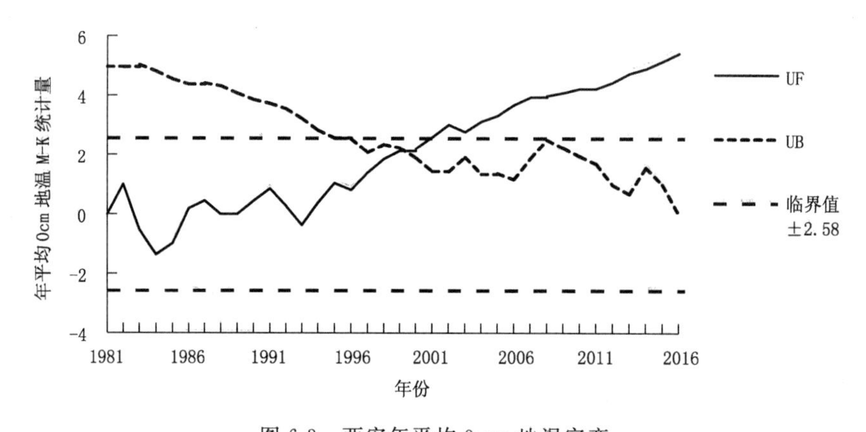

图 6-3　西安年平均 0 cm 地温突变

注：UF——顺序时间计算出来的统计量，UB——逆序时间计算出来的统计量

6.1.2　年代际变化特征

如表 6-1 所示，选用有历史资料以来(1951—2016 年)的年、季平均气温和降水量为历史同期值，计算年、季气温和降水的距平。

近 66 年春季、秋季、冬季和全年的年代际平均气温呈逐年代升温趋势；夏季气温在 20 世纪 60 年代有一小的回升，20 世纪 70 年代和 80 年代有所下降；全年和四季气温 20 世纪 90 年代后迅速升温，且2011年后，春、秋两季温度正距平最大。

近66年的各年代际降水距平进一步证明了降水的波动趋势。20世纪60年代、70年代春季降水为增加趋势，80年代后开始减少，20世纪90年代略有增多，21世纪初降水迅速减少，21世纪10年代略有减少，20世纪50年代夏季降水显著增多，20世纪60年代和70年代迅速减少，20世纪80年代后开始增多，20世纪90年代略有减少，21世纪初增加，21世纪10年代减少；秋季降水在20世纪50年代和90年代呈较强减少趋势，21世纪初为较弱的减少趋势，20世纪60年代及21世纪10年代呈较强增多趋势；冬季降水在20世纪60年代、90年代和21世纪10年代为减少趋势，其余年代际均为增多趋势。

表6-1 西安年、季平均气温(℃)和降水(mm)距平的年代际变化

年代	气温(℃)					降水(mm)				
	春季	夏季	秋季	冬季	全年	春季	夏季	秋季	冬季	全年
1951—1960	−1.09	−0.49	−0.68	−1.00	−0.65	−10.97	65.49	−15.01	4.56	55.54
1961—1970	−0.95	0.04	−0.62	−0.91	−0.64	28.90	−45.64	35.97	−4.10	13.00
1971—1980	−0.79	−0.28	−0.37	−0.40	−0.50	10.71	−50.91	1.02	1.97	−38.27
1981—1990	−0.56	−0.98	−0.21	−0.17	−0.55	−2.30	27.48	6.34	0.58	33.64
1991—2000	0.27	0.26	0.18	0.68	0.31	0.73	−5.78	−33.98	−5.70	−46.18
2001—2010	2.03	0.78	0.94	1.27	1.26	−30.41	25.55	−2.65	7.50	0.02
2011—2016	1.85	1.10	1.27	1.09	1.27	−1.21	−26.98	13.81	−9.63	−22.90

6.1.3 季节变化特征

西安四季平均气温分别为春季14.6 ℃，夏季25.9 ℃，秋季13.7 ℃，冬季1.4 ℃。如表6-2所示，春季和冬季升温明显，夏季和秋季升温较弱，因此西安气候变暖主要表现在春季和冬季，说明春、冬两季对气候变暖的响应比较显著。四季平均降水量分别为春季128.6 mm，夏季233.5 mm，秋季184.2 mm，冬季23.3 mm，春季变率最大，其次为秋季，冬季基本持平，四季降水均有所减少；夏、秋两季降水量占年降水量的比例超过70 %，因此，夏、秋两季降水量的变化主导着年降水量的变化。

西安气候变化表现出明显的“季节不均衡”的特点。春季降水减少幅度最大，不利于林木生长、提高了森林火险等级。

表6-2 1951—2016年西安气温和降水变化的季节差异

季节	平均气温/(℃)	气温变率/(℃/10a)	平均降水量/(mm)	降水变率/(mm/10a)
春季	14.6	0.58	128.6	−4.31
夏季	25.9	0.23	233.5	−2.17
秋季	13.7	0.35	184.2	−3.27
冬季	1.4	0.46	23.3	−0.07

6.1.4 西安气候变化主要结论

(1)西安近66年气温升高明显、降水缓慢波动下降；各层年平均地温呈升高趋势，0 cm地温升温幅度最大，80 cm地温升温幅度最小；年平均气温和地温在20世纪90年代出现升温突变。

(2)西安近 66 年全年及四季气温除夏季在 20 世纪 70—80 年代呈下降趋势外,其余各年代际平均气温均呈上升趋势,20 世纪 90 年代起迅速升温,进入 21 世纪后温度正距平最大;近 66 年的年代际降水距平呈波动趋势。

(3)西安春季和冬季升温明显,气候变暖主要表现在春、冬季;四季降水均有所减少;夏、秋两季降水量占年均降水量的比例超过 70 %,因此夏、秋两季降水量的变化主导着年降水量。

6.2 1961—2012 年秦岭南北温度变化对城市化的响应

结合 DMSP(Defense Mete-orological Satellite Program)/OLS(Operational Lines-can System)数据,将秦岭山脉南北两侧分为 5 个区域,分别计算了每个区域内城市化对温度的影响以及城市化影响的贡献率。结果表明,秦岭北部城市化过程较秦岭南部快,城市化发展的差异,导致了城市化对南北两侧温度影响的不均匀性,秦岭山脉北部温度变化受城市化影响程度明显高于秦岭山脉南部,影响主要以平均温度和最低温度为主,城市化发展的差异加剧了秦岭山脉南北两侧温度变化的非均匀性。

20 世纪 60 年代以来,中国城市化发展迅速,城市人口增长速度加快,工业化水平不断提高,城市化对气候变化的影响引起普遍关注(林学椿和于淑秋,2005;Yang et al., 2011;Kalnay & Cai, 2003)。中国科学家们做了一系列关于城市热岛的研究,结果表明在北京、上海、南京、西安、武汉等地均存在显著的城市热岛效应(初子莹和任国玉,2005;季崇萍等,2006;唐国利和丁一汇,2006;田武文等,2006;朱家其等,2006;Ren et al., 2007;邱新法等,2008;唐国利等,2008;崔林丽等,2009;赵娜等,2011;石涛等,2013)。

城市热岛产生的原因很多,其中城市化是一个重要原因。影响地面气温变化的因素主要有两点:区域气候自身的变化和人类活动的影响。其中人类活动的影响主要表现为温室气体排放和土地利用类型的改变。城市化和土地利用类型改变对温度变化的影响可以通过比较城镇观测数据与乡村观测数据来获得,也可以通过比较地面观测资料与 NCEP/NCAR 再分析资料的差值来估计城市化和土地利用变化对气候变化的影响(Kalnay et al., 2006;Zhou et al., 2004;Zhang et al., 2005)。由于再分析资料中的地表温度不受城市化及土地利用类型变化因素的影响,代表的是由于温室气体的排放和大气环流所引起的大尺度气候变化,因此多采用 OMR(Observation Minus Reanalysis)方法来分析下垫面的改变对温度产生的影响。但是 NCEP 资料在对中国气候变化长期趋势的研究中存在着较大的不确定性(徐影等,2001),因此科研工作者多采用城市站与高山站对比以及城市站和乡村站对比等方法来研究中国区域内城市化对城市温度改变的影响(张爱英等,2010;段春锋等,2012;周雅清和任国玉,2009),结果表明:城市站气温变化受到明显的城市化影响,对于平均气温和最低气温以正影响为主,而对于最高气温则以负影响为主。

秦岭是我国北方干冷空气南下和南方湿暖空气北上的自然屏障,是地理、地质、水文、生态、环境和气候的天然分界线。秦岭特殊的位置和地形形成独特的山地气候,在水源涵养、物种保护、生态景观等方面发挥着重要作用,是我国中部重要的生态安全屏障。随着近年关中地区和汉江沿线快速城市化,秦岭生态环境显得尤为脆弱。李双双(2012)、张立伟(2011)、周琪等(2011)对秦岭地区温度的变化做了初步的研究,主要偏重于温度变化的突变检验等方面,对于城市化对温度变化的影响研究并未涉及。本书旨在通过均一化气象资料深入研究秦岭山脉南北两侧温度变化特征，给出秦岭南北区域内城市化过程及土地利用的变化对温度非均匀分布的影响，为研究秦岭地区气候变化提供一定的科学依据。

6.2.1　研究区域和数据

选取的秦岭山区范围为(31.9°～34.9°N，106°～110°E)，气候资料来源于国家气象信息中心“地面基础气象资料建设”专项“中国国家级地面气象站均一化气温日值数据集(V1.0)”。该数据集采用 RHtest 均一性检验方法对温度进行订正处理，经过了严格的质量控制，对气候资料序列中因台站迁移等多种非自然因素引起的非均一性做了校正，其数据完整性和数据质量较以往发布的版本均有明显提高。对所选站点进行了逐一验证，数据可信度较高，此处仅给出平利站均一化前后的对比结果。平利站(站号：57248，32.4°N，109.33°E，)位于陕西南部，在 1998 年进行迁站，迁站前后最高温度和最低温度变化均出现突变，订正后数据变化较为平缓(图 6-4)。

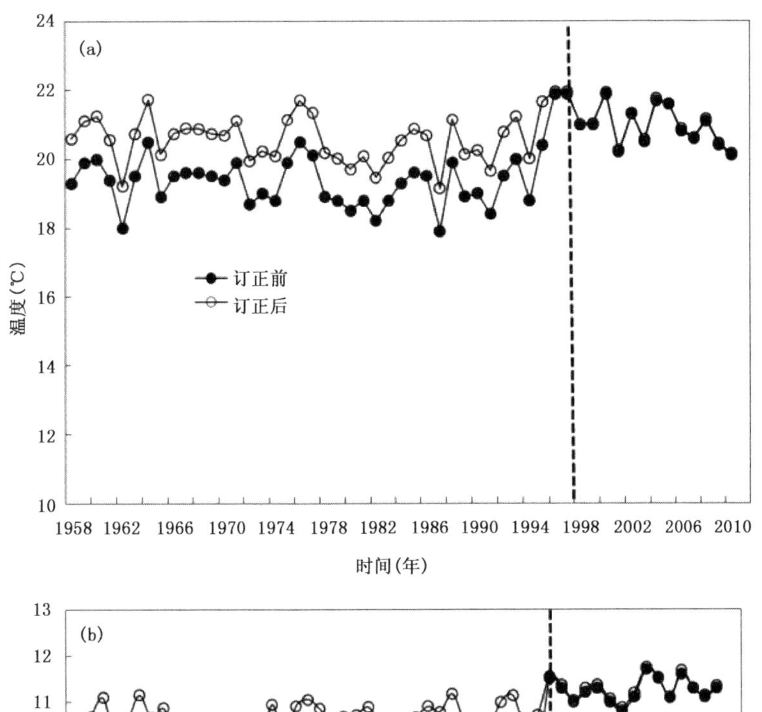

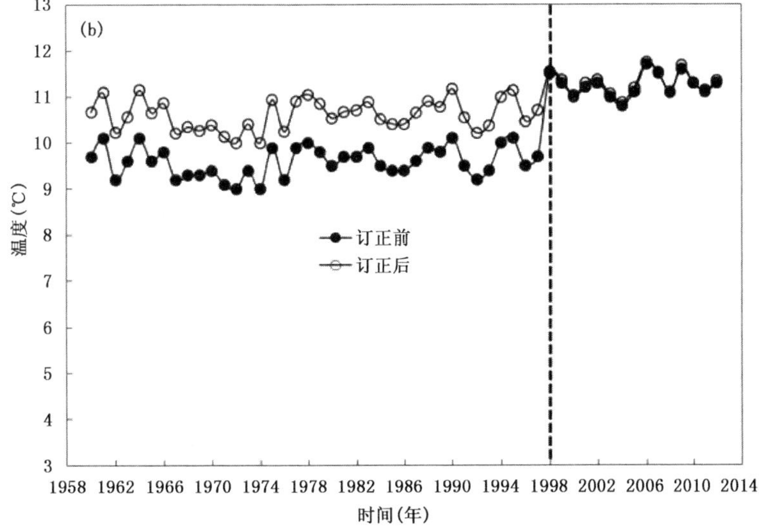

图 6-4　陕西平利气象站最高(a)和最低(b)气温均一化前后数据对比(1998 年迁站)

选取观测资料时长在50年以上(始于1961年前)的陕西境内51个观测站的日平均温、日最高温度和日最低温度资料,站点海拔高度范围285 m(旬阳)~2065 m(华山),其中海拔800 m以上气象站有:宁陕、柞水、佛坪、宁强、洛南、凤县、镇坪、留坝、太白、华山。其中太白和华山为高山站,在做城市化影响分析中不包含二者。

DMSP/OLS夜间稳定灯光数据(Nighttime Lights),来自于美国国家地球物理数据中心(NGDC)2010年发布的第四版数据,主要利用各年的9—11月月光照度在50%以下的多时相OLS数据制成,空间分辨率接近1 km,DN值范围0~63,降噪处理时噪声点时赋值0,数据时间跨度从1992到2012年,涵盖了F10、F12、F14、F15、F16和F18六颗卫星。

6.2.2 城市站点和乡村站点的划分

在城市化对温度影响研究中,乡村背景站的选取至关重要,张爱英等(2010)指出:背景站首先是气温观测资料连续性好,时间序列足够长;其次是迁站次数少;再次是观测站远离城区,观测站区域人口相对较少;最后就是站点空间分布相对均匀,对该区域具有代表性。

在秦岭地区城市和乡村站点的划分上,首先考虑利用人口、建成区面积等社会经济数据划分,由于秦岭南北坡海拔变化大,多数站点偏离城市,划分问题较多。最终参考Yang(2011)等提出的利用DMSP/OLS夜间灯光阈值划分城市和乡村站点的方法。采用DMSP/OLS数据进行划分,前提是要选择DMSP同一颗卫星,但实际观测中DMSP单颗卫星观测的时间序列较短,使用单颗卫星资料划分站点得到的结果代表性较差。因此,使用Elvidge(1997)给出的交叉定标方法,对陕西境内1992—2012年DMSP/OLS的6颗卫星合计20景灯光数据进行了交叉定标,得到了20年连续的灯光序列数据,对该数据逐像元计算倾向率,得到陕西境内近20年灯光的变率分布。

在根据灯光变率进行城市和乡村站点划分时,考虑台站周围某一范围内的地理和人文环境对台站的影响较大,因此取以台站为中心,5 km为半径的区域分别计算了51个气象站点20年灯光指数的变化特征(图6-5a)。结合自然的地理分区以及灯光指数的分布将观测区域分为六个区(图6-5b),秦岭山脉北部三个区,分别为西安区(西安、咸阳、铜川)、渭南区和宝鸡区,秦岭山脉南部三个区:汉中区、商洛区和安康区,在每个区域内将灯光指数变率接近于零值的,定义为所选区域的乡村参考站点,其余站点的算术平均值作为城市站点,每个区选出的站点及所包含的站点个数见表6-3,其中由于商洛区站点较少且处于山区,未对之进行分析。

表6-3 秦岭南北代表气象站选取结果

站点	参考站	区域包含站点数(个)
宝鸡	眉县	7
西安	蓝田	16
渭南	华县	9
汉中	留坝	8
安康	石泉	8

6.2.3 城市化对秦岭南北温度变化的贡献

为了进一步确认秦岭山脉南北两侧温度非均匀变化的原因,参考周雅清(2009)、段春锋等(2012)计算城市化影响和城市化影响贡献率的方法,计算了秦岭地区5个不同的区域城市化

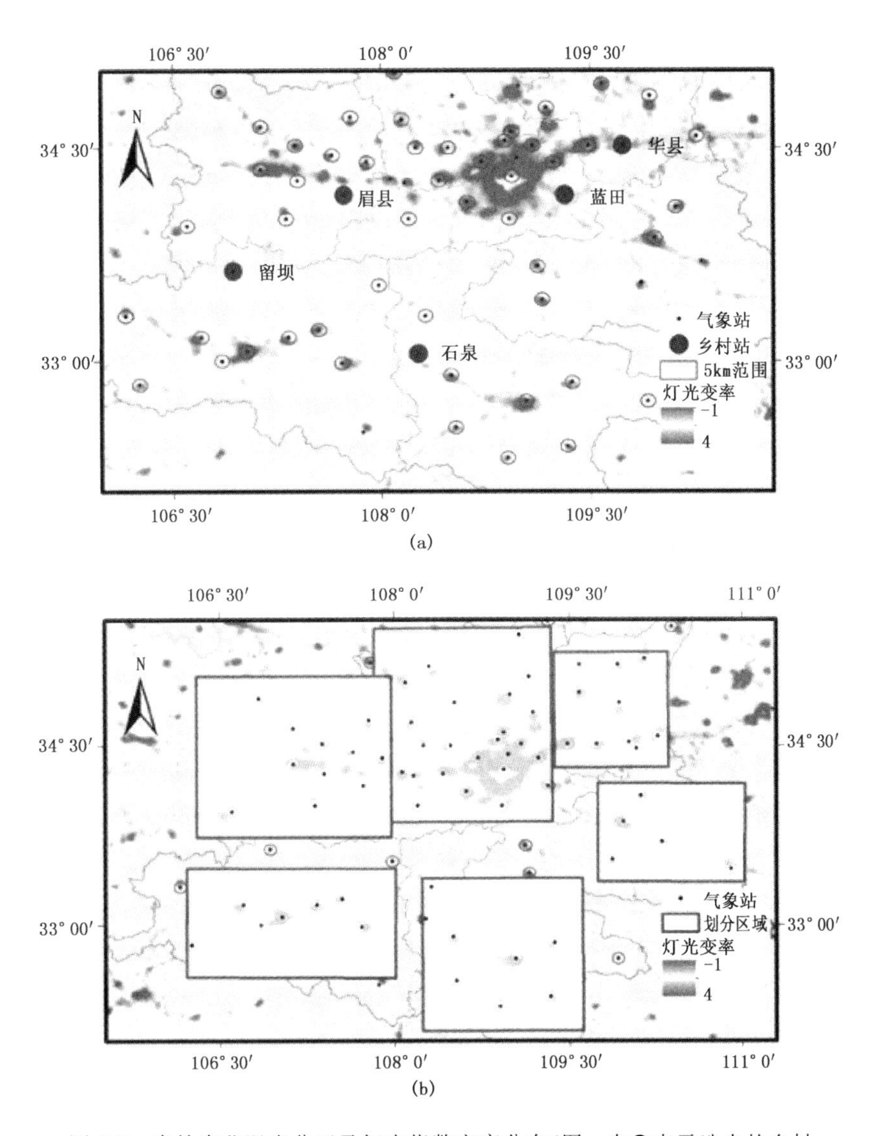

图 6-5　秦岭南北温度分区及灯光指数变率分布(图 a 中●表示选出的乡村对比站点,图 b 方框表示选择区域)

影响和城市化影响贡献率,给出城市化在秦岭地区温度变化中的贡献。

城市化影响的计算:

$$\Delta T_{UR} = \Delta T_U - \Delta T_R \qquad (6.1)$$

式中,ΔT_U 表示所选的城市区域温度变率,ΔT_R 表示气候变化背景场的乡村站气温变率。

城市化影响贡献率,即城市化影响在城市区域气温变化趋势中所占的百分比:

$$E = \Delta T_{UR} / |\Delta T_U| = (\Delta T_U - \Delta T_R) / |\Delta T_U| \qquad (6.2)$$

对于式(6.2),E 的可能变化有 3 种情况:1)当 $\Delta T_U > \Delta T_R$ 时,$E>0$,表明城市化对城市区域内温度变化的影响为升温;2)当 $\Delta T_U = \Delta T_R$ 时,$E=0$,表明城市化对城市区域内温度变化没有影响;3)当 $\Delta T_U < \Delta T_R$ 时,$E<0$,表明城市化对城市区域温度的影响为降温。此处将 $|E|>100\%$ 的情况统一定义为 $|E|=100\%$。

表 6-4 给出了 1961—2012 年秦岭山脉 5 个不同城市区域和相应气候背景站年平均气温、最高、最低气温变化趋势，可知：气候背景站和城市区域站平均气温、最高和最低气温均呈现不同程度的升高趋势，城市区域站最低气温和平均气温的升温幅度明显高于气候背景站，最高气温的增幅城市区域站和气候背景站基本相当，表明秦岭地区平均气温和最低气温的升高与城市化过程有关，而最高气温的升高主要是气候本身变化所致。

表 6-4　1961—2012 年秦岭山脉地区乡村站和城市站年平均气温、最高、最低气温变率(单位：℃/10 a)

乡村站	最低气温	最高气温	年平均气温	城市站	最低气温	最高气温	年平均气温
华县	0.07	0.15	0.05	渭南	0.22	0.18	0.17
蓝田	−0.03	0.18	0.06	西安	0.21	0.20	0.19
眉县	0.11	0.16	0.07	宝鸡	0.27	0.20	0.19
留坝	0.07	0.22	0.06	汉中	0.17	0.18	0.11
石泉	0.13	0.13	0.05	安康	0.11	0.12	0.05

为了进一步明确城市化对秦岭地区气温的影响，根据式(6.1)、(6.2)，分别计算了 5 个不同区域的城市化影响 ΔT_{UR} 和城市化影响的贡献率 E。由图 6-6 知：1)城市化对平均气温的影响除安康外均为正贡献，在秦岭山脉北部较秦岭山脉南部明显，北部平均气温城市化影响为 0.12 ℃/10 a，南部平均气温的城市化影响为 0.02 ℃/10 a，平均气温城市化影响率北部为 68%，南部为 12%，城市化影响加速了秦岭北麓平均气温升高趋势，导致秦岭山脉南北两侧平均气温升高的非均匀性；2)城市化对最低气温的影响在秦岭山脉北麓和南麓均为正贡献，表明城市化的发展加速了最低气温升高的趋势，北部和南部最低气温城市化影响平均值分别为 0.21 ℃/10a 和 0.06 ℃/10a，最低气温城市化影响贡献率分别为 86%和 38%，表明城市化对最低气温升高的影响在秦岭山脉北麓高于秦岭山脉南麓；3)最高气温城市化影响在秦岭山脉北麓和南麓的平均值分别为 0.05 ℃/10 a 和−0.02 ℃/10 a，城市化影响贡献率分别为 29%和−13%，表明城市化对最高气温影响在秦岭山脉北麓为正贡献，即城市化使秦岭山脉北麓城市区域内最高气温升高更明显，而使秦岭山脉南麓城市区域变暖减弱。

分析不同季节城市化贡献(表 6-5)，得到：1)对平均气温，城市化对秦岭山脉北麓的影响四季均为正贡献，冬季最强为 0.17 ℃/10 a，春季次之，夏季最弱仅为 0.09 ℃/10 a，秦岭山脉北侧夏季平均气温变率为负值，而城市化对其为升温效应，表明秦岭山脉北侧夏季平均气温降低应是气候本身的变化所致；城市化对秦岭山脉南麓平均气温变化影响四季均小于北麓，春季和秋季为升温效应，冬季则为降温效应；2)对于最高气温秦岭山脉北麓四季均为升高效应，但幅度较弱，最高为夏季，升温速度为 0.06 ℃/10 a，而对于秦岭山脉南麓，除春季外，其余三个季节城市化对最高气温影响均为降温效应，因此，夏季秦岭北麓城市化削弱了最高气温的降低，南麓城市化则加大了最高气温的降低；3)城市化对秦岭北麓最低气温的影响远高于秦岭南麓，其中北麓春季增温达到 0.24 ℃/10 a，夏秋季最小也达到 0.16 ℃/10 a，而对于秦岭南麓城市化影响仅在春季最大为 0.13 ℃/10 a，其余季节均较小，甚至在冬季的影响为 0。

秦岭山脉两侧的城市化水平也存在着明显的差异，北部的关中盆地城市化发展明显高于南部的陕南地区，已经形成了以西安—咸阳为中心的大型城市群落，快速的城市化发展所造成的城市上空温室气体和大气气溶胶浓度明显高于陕南(王钊等，2013)。这些温室气体和大气气溶胶粒子能够吸收和散射太阳短波和大气长波辐射，而且特殊的地形和气象条件下在春季

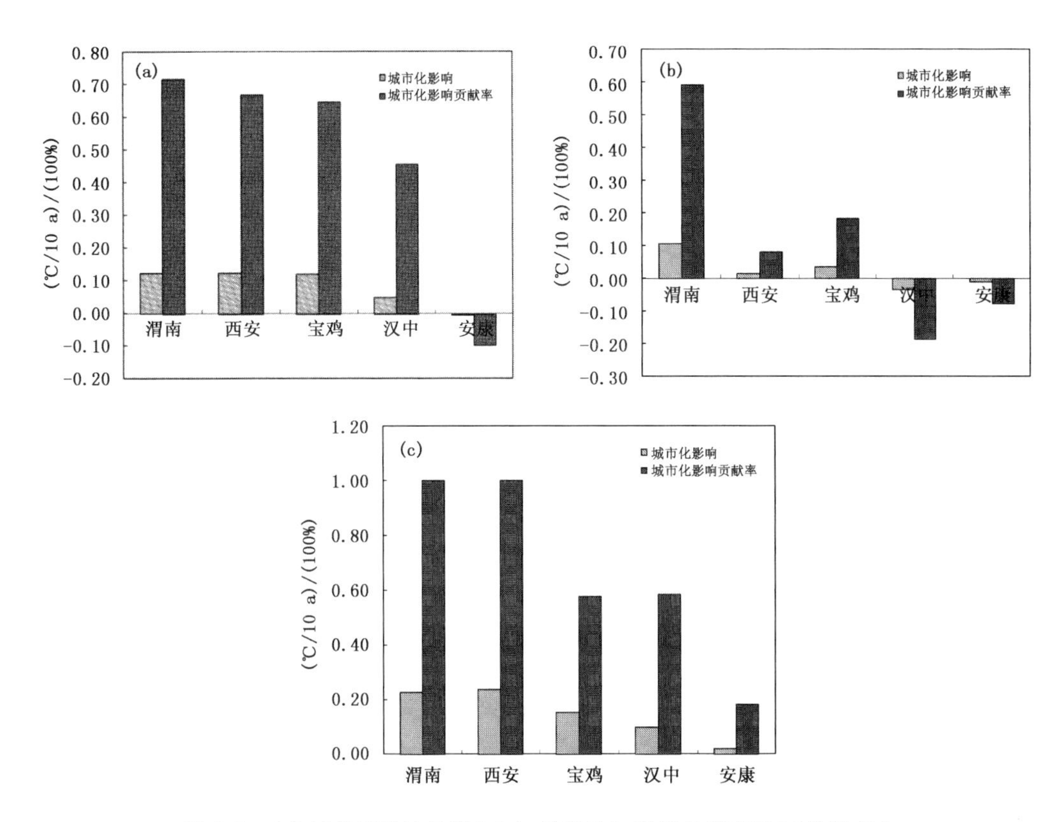

图6-6 5个城市区域站年平均(a)、最高(b)、最低气温变率(c)的城市化影响和城市化影响的贡献率

和冬季会在关中城市群的上空形成较厚的逆温层，阻挡城市热量的扩散，导致关中地区春季和冬季的城市最低气温出现明显的升高。由于温室气体和气溶胶浓度的升高，意味着在白天反射掉太阳直接辐射就更多，从而使得到达地面的太阳直接辐射减弱，同样对白天最高气温升高是不利的(张爱英等，2010)，但秦岭山脉北部关中地区最高气温四季均为弱的正贡献，秦岭山脉南部除春季外，其余均为负贡献，由此，城市化对气温的影响，尤其是城市化所产生的大气气溶胶对气温的影响不仅随着城市化的程度有差异，在不同气候区域也存在着一定的差异。

表6-5 5个城市区域站四季平均、最高、最低气温变化趋势的城市化影响和城市化影响的贡献率

站点	春季					
	平均气温		最高气温		最低气温	
	ΔT_{UR}(℃/10a)	E	ΔT_{UR}(℃/10a)	E	ΔT_{UR}(℃/10a)	E
宝鸡市	0.05	17%	−0.04	−8%	0.05	17%
渭南市	0.17	51%	0.01	2.09%	0.29	95%
西安市	0.18	54%	0.04	9%	0.37	100%
秦岭北麓	0.15	46%	0.03	8%	0.24	71%
汉中市	0.15	85%	0.06	16%	0.22	100%
安康市	0.02	17%	0.00	1%	0.04	43%
秦岭南麓	0.085	51%	0.03	9%	0.13	72%

站点	夏季					
	平均气温		最高气温		最低气温	
	ΔT_{UR}(℃/10a)	E	ΔT_{UR}(℃/10a)	E	ΔT_{UR}(℃/10a)	E
宝鸡市	0.20	100%	0.16	100%	0.25	100%
渭南市	0.05	62%	0.03	24%	0.05	56%
西安市	0.03	65%	−0.02	−32%	0.18	100%
秦岭北麓	0.09	76%	0.06	31%	0.16	85%
汉中市	0.02	100%	−0.07	−100%	0.03	32%
安康市	−0.02	−14%	0.03	21%	−0.02	−100%
秦岭南麓	0	43%	−0.02	−39%	0.005	−34%

站点	秋季					
	平均气温		最高气温		最低气温	
	ΔT_{UR}(℃/10a)	E	ΔT_{UR}(℃/10a)	E	ΔT_{UR}(℃/10a)	E
宝鸡市	0.15	80%	0.06	21%	0.18	85%
渭南市	0.11	66%	0.07	29%	0.11	64 %
西安市	0.09	54%	0.02	10%	0.18	100%
秦岭北麓	0.12	67%	0.05	20%	0.16	83%
安康市	0.01	8%	0.02	12%	0.00	−1%
汉中市	0.02	13%	−0.08	−48%	0.11	59%
秦岭南麓	0.02	11%	−0.03	−18%	0.06	29%

站点	冬季					
	平均气温		最高气温		最低气温	
	ΔT_{UR}(℃/10a)	E	ΔT_{UR}(℃/10a)	E	ΔT_{UR}(℃/10a)	E
宝鸡市	0.12	40%	0.00	0	0.13	35%
渭南市	0.22	71%	0.08	37%	0.26	77%
西安市	0.18	59%	0.03	14%	0.30	93%
秦岭北麓	0.17	57%	0.04	17%	0.23	68%
安康市	−0.03	−19%	−0.07	−82%	−0.07	−30%
汉中市	0.00	−2%	−0.06	−48%	0.07	26%
秦岭南麓	−0.02	−11%	−0.07	−65%	0.00	−2%

6.2.4 秦岭南北温度变化对城市化响应的结论

根据中国气象局提供的1961—2012年陕西省均一化气温数据，结合DMSP/OLS数据对秦岭山脉南北两侧站点进行城市化分区，并对5个区域分别计算了城市化影响和城市化影响贡献率。结果表明：

(1)城市区域站最低气温和平均气温的升温幅度明显高于气候背景站,最高气温的升幅城市区域站和气候背景站基本相当,城市化的影响主要使平均气温和最低气温升高更快,而最高气温的升高主要是气候本身变化所致。

(2)通过计算城市化影响和城市化影响贡献率,得到秦岭山脉北麓城市化对平均气温、最高和最低气温的影响均高于秦岭山脉南麓,城市化的影响加速了秦岭山脉北麓平均气温和最低气温升高的趋势,在春季和冬季更加明显;城市化对秦岭山脉南部最高气温的影响为负贡献,对秦岭北部最高气温升高为正贡献。由此,气候带的差异、地形的差异以及城市化发展的差异,使得城市化对气温的影响在不同的区域呈现出不同的特征。秦岭山脉南北两侧城市化发展的差异,加剧了秦岭山脉南北两侧气温变化的非均匀性。

6.3　渭北工业走廊建设的区域气候可行性分析及建议

6.3.1　渭北工业走廊基本情况

2017年1月,在中国共产党西安市第十三次代表大会上,西安市委明确提出了建设以经济开发区(经开区)为引领、“经开区+高陵组团+临潼组团+航空基地+富阎板块”等区域为依托的工业大走廊,打造“工业增长极”的目标。拟建的渭北工业廊道全长约100 km,涉及西安市经开区、西安阎良航空基地、高陵区、阎良区、临潼区、渭南市富平县等2个开发区、4个行政区(县),面积约1800 km^2。

2012年8月,西安市委市政府启动渭北工业区建设,分设高陵装备工业组团、阎良航空工业组团、临潼现代工业组团,近年来渭北工业区迅速成为全市工业聚集速度快、聚集程度高、充满活力的发展区域。2016年,渭北工业区入区企业达到1460家,其中规模以上企业239家。规模以上工业增加值完成230.29亿元,占全市19.5%,同比增长6.0%。工业固定资产投资完成288.97亿元,占全市30.4%。近年来,经开区形成了商用汽车、装备制造、食品饮料、新材料、新能源、高端装备制造等六大主导产业。高陵组团拥有陕重汽等众多大型企业和工业集群,基本形成汽车制造业、石油和冶金设备制造业、军工装备制造业、医药化工产业和农副产品深加工等五大主导产业。阎良组团是我国唯一、亚洲最大的集飞机设计、生产制造、试飞鉴定和科研教学为一体的重要航空工业基地。临潼组团建立了以高端制造、新能源、新材料为主导的新型工业产业链。

渭北工业区拥有国家级经济技术开发区、航空产业基地,初步形成了汽车、航空、军工等以装备制造和战略性新兴产业为主的工业经济发展格局。渭北工业走廊区位优势显著,生态环境优越,区内公路铁路纵横交错,交通便利通达,是规划布局西安工业产业聚集带的重要区域,也是承载西安工业经济做大做强的重要载体。当前,该区域发展基础良好,各类机遇叠加,特别是“一带一路”战略的实施,有利于强化与沿线国家和地区的经贸合作,具备了加快发展的各类条件。

6.3.2　渭北工业走廊的区域气候背景

围绕渭北工业走廊核心区域,选取泾河气象站(代表经开区)、高陵区气象站和高陵区泾欣苑气象站(代表高陵组团),临潼区气象站和临潼区新市气象站(代表临潼组团)、阎良区气象站和富平县气象站(分别代表航空基地和富阎板块),分析了近年来渭北工业走廊的气候背景(图 6-7)。

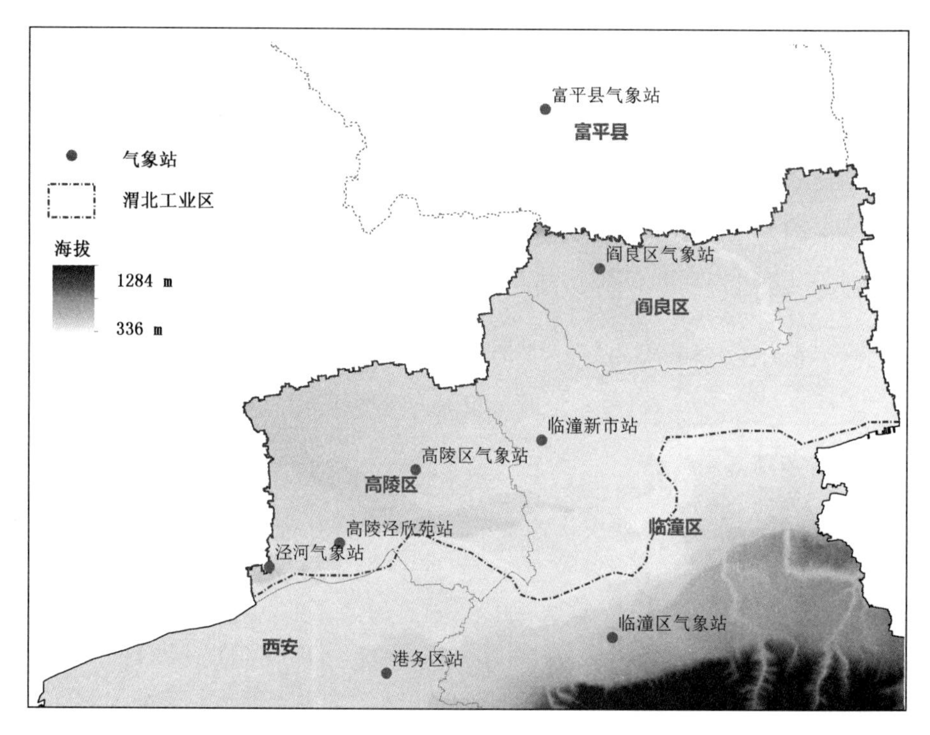

图 6-7　渭北工业走廊 7 个气象站点分布图

同时,考虑选取城区钟楼气象站(代表城墙内老城区)、小寨气象站(代表雁塔区)、西安中学气象站(代表未央区),分析了近年来西安主城区的气候背景。所有风向、风速资料取自国际标准高度 10.5 m 风杆的观测记录,代表了近地面层风向风速变化情况,气压、温度取自国际标准高度 1.5 m 的观测数据。各区县气象站为 2010—2016 年逐日气象观测数据,临潼新市气象站、高陵泾欣苑气象站,城区钟楼气象站、小寨气象站、西安中学气象站、阎良区气象站为 2013—2016 年逐日气象观测数据。

(1)渭北工业走廊和主城区常年主导风向为东东北风

对渭北工业走廊各站风向观测资料进行分析,结果详见表 6-6。渭北工业走廊所选的 7 个气象观测站中,其各月的主导风向大部分为东东北,部分月份为东北或北东北,常年主导风向高陵区、高陵泾欣苑、临潼区、临潼新市、阎良区气象站等均为东东北,泾河气象站为北东北,富平气象站为东北。主城区小寨、西安中学气象站常年主导风向为东东北,钟楼气象站为北西北。

(2)渭北工业走廊和主城区大部分区域平均风速低于 2 m/s

渭北工业走廊所选 7 个气象观测站年平均风速在 0.8～2.4 m/s,其中有 5 站年平均风速小于 2.0 m/s,临潼新市、高陵泾欣苑气象站年平均风速小于 1.0 m/s。城区小寨、西安中学气象站年平均风速 0.6 m/s、0.7 m/s,钟楼气象站 2.0 m/s(图 6-8)。

表 6-6　渭北工业走廊各组团、板块区域常年逐月主导风向及出现频率

时段	经开区		高陵组团				临潼组团				航空基地和富阎板块				西安主城区					
	泾河气象站		高陵区气象站		高陵泾欣苑气象站		临潼区气象站		临潼新市气象站		阎良区气象站		富平县气象站		钟楼气象站		小寨气象站		西安中学气象站	
	主导风向	出现频率(%)	主导风向	出现频率(%)	主导风向	出现频率(%)	主导风向	出现频率(%)	主导风向	出现频率(%)	主导风向	出现频率(%)	主导风向	出现频率(%)	主导风向	出现频率(%)	主导风向	出现频率(%)	主导风向	出现频率(%)
1 月	NNE	17	ENE	18	ENE	15	ENE	14	ENE	25	ENE	18	WNW	8	NNW	16	ENE	20	ENE	20
2 月	NE	19	ENE	23	ENE	21	ENE	17	ENE	23	ENE	25	NE	13	NNW	16	ENE	20	ENE	25
3 月	NE	23	E	17	ENE	23	ENE	18	ENE	27	ENE	29	NE	14	S	14	N	22	ENE	30
4 月	NNE	21	ENE	24	ENE	20	ENE	16	ENE	26	ENE	25	NE	12	S	14	ENE	22	ENE	28
5 月	NE	18	ENE	19	ENE	16	ENE	14	ENE	27	ENE	20	NE	12	S	14	ENE	23	ENE	25
6 月	NE	18	ENE	17	ENE	19	ENE	15	ENE	24	ENE	19	ENE	13	SSE	13	ENE	26	ENE	31
7 月	ENE	29	ENE	25	ENE	25	ENE	16	ENE	28	ENE	24	NE	16	SSE	14	ENE	29	ENE	32
8 月	NE	20	ENE	34	ENE	28	ENE	19	ENE	28	ENE	30	NE	19	NW	13	ENE	31	ENE	36
9 月	NE	24	ENE	32	ENE	23	NE	17	ENE	25	ENE	26	NE	16	NNW	12	ENE	27	ENE	29
10 月	ENE	18	ENE	22	ENE	21	ENE	17	ENE	25	ENE	25	NE	11	S	12	ENE	34	ENE	25
11 月	NNE	19	ENE	23	ENE	15	ENE	18	ENE	26	ENE	21	WNW	9	NNW	12	ENE	22	ENE	21
12 月	NNE	17	ENE	18	N	14	WSW	17	ENE	25	ENE	21	WNW	9	NNW	15	N	19	ENE	20
年均	NNE	20	ENE	23	ENE	14	ENE	17	ENE	26	ENE	24	NE	13	NNW	14	ENE	25	ENE	27

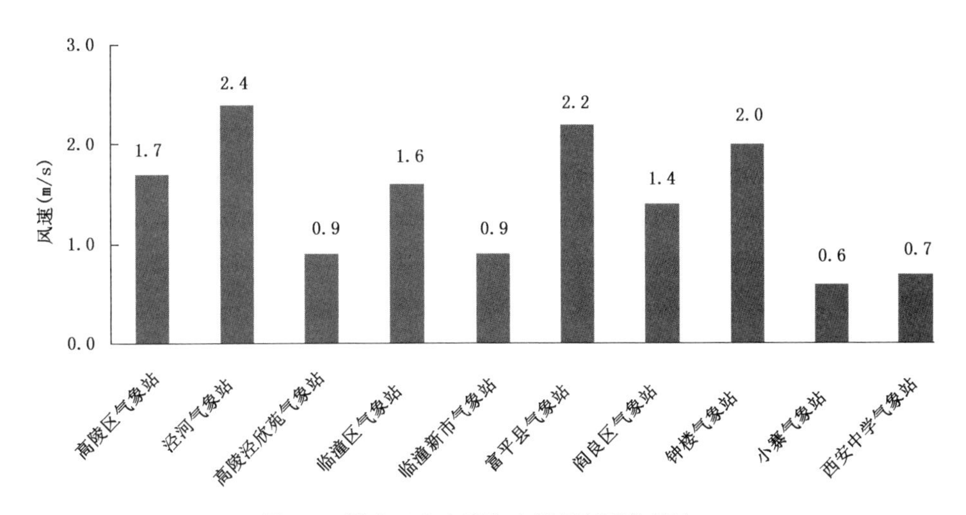

图 6-8　渭北工业走廊和主城区年平均风速

(3)渭北工业走廊年降水量明显少于沿山区县

渭北工业走廊所选 7 个气象观测站年平均降水量 359～602 mm，主城区降雨量 530～560 mm(图 6-9)。渭北工业走廊年平均降雨量明显少于沿山的蓝田县(718.5 mm)、长安区(657.5 mm)等地，大部分区域降雨量也少于主城区。

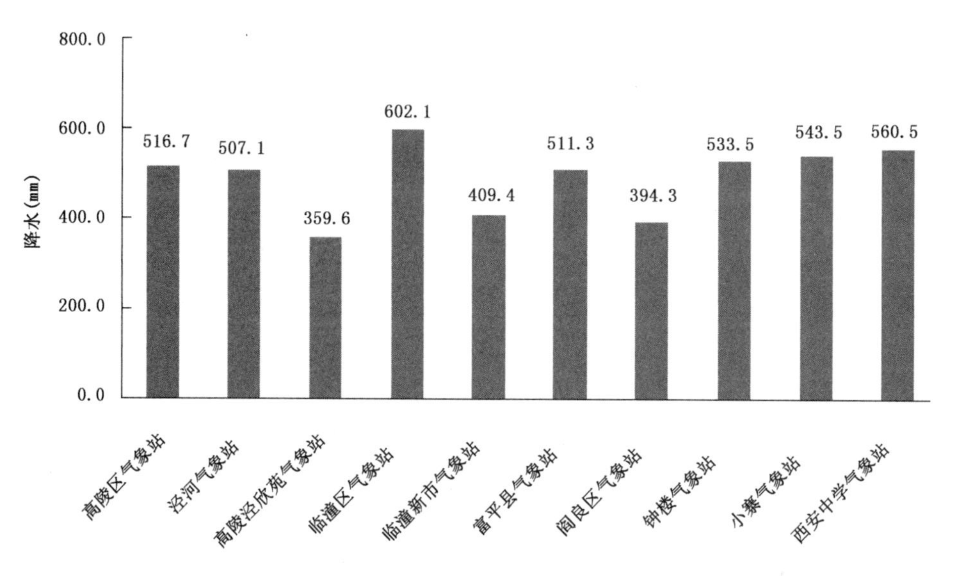

图 6-9　渭北工业走廊和主城区年平均降水量

(4)渭北工业走廊年平均气压与主城区平均气压基本持平

渭北工业走廊所选 7 个气象观测站年平均气压 961.6～980.3 hPa,主城区年平均气压 968.0～972.0 hPa(图 6-10)。气象观测站海拔高度对气压影响较大,海拔高度低,其对应的气压数值就高。

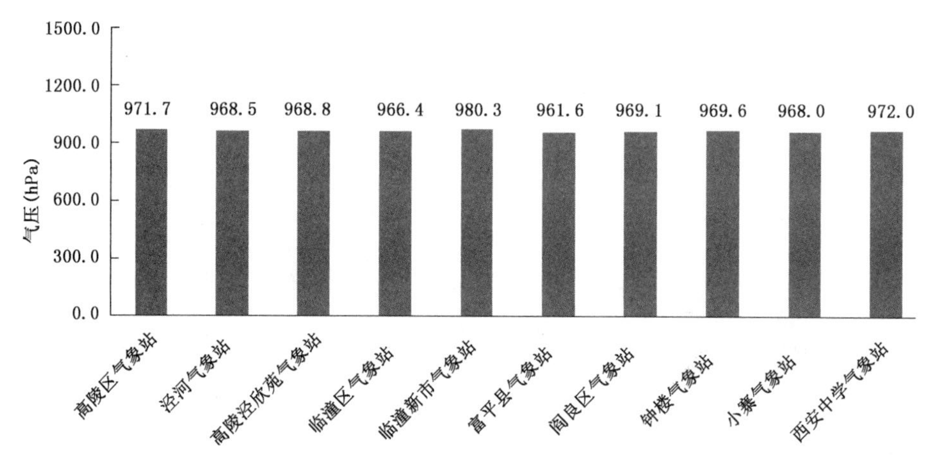

图 6-10　渭北工业走廊和主城区年平均气压

(5)主城区“城市热岛效应”比较明显

渭北工业走廊所选 7 个气象观测站年平均气温 13.0～15.4 ℃(图 6-11),而主城区年平均气温 15.3～17.4 ℃。主城区年平均气温比渭北工业走廊高 1～2 ℃,主城区“城市热岛效应”比较明显。

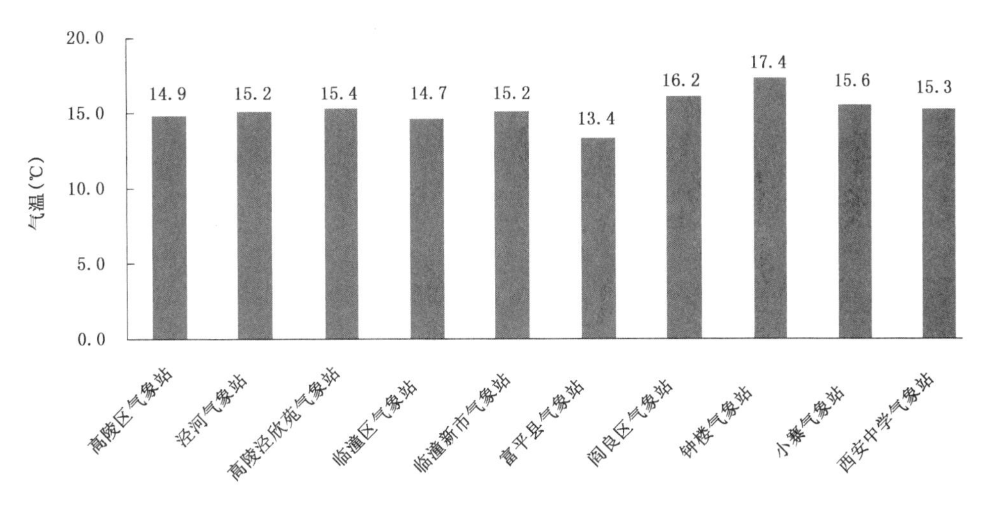

图 6-11 渭北工业走廊和主城区年平均气温

6.3.3 渭北工业走廊建设的区域气候可行性分析

综上分析，渭北工业走廊位于西安主城区的上风方向，常年主导风向指向主城区，受自然地理和气象等因素的综合影响，渭北工业走廊工业废气排放对西安主城区大气质量影响较大。

(1)渭北工业走廊常年主导风向指向主城区，其大气污染物会持续向主城区输送

风是影响大气污染物扩散的重要气象条件。渭北工业走廊的 7 个气象观测站中，高陵区、高陵泾欣苑、临潼区、临潼区新市、阎良区气象站等 5 个观测站常年主导风向为东东北风，泾河气象站常年主导风向为北东北风，富平县气象站常年主导风向为东北风，均指向主城区。渭北工业走廊大气污染物会在近地面层风的引导下向西安主城区输送，并在主城区堆积。

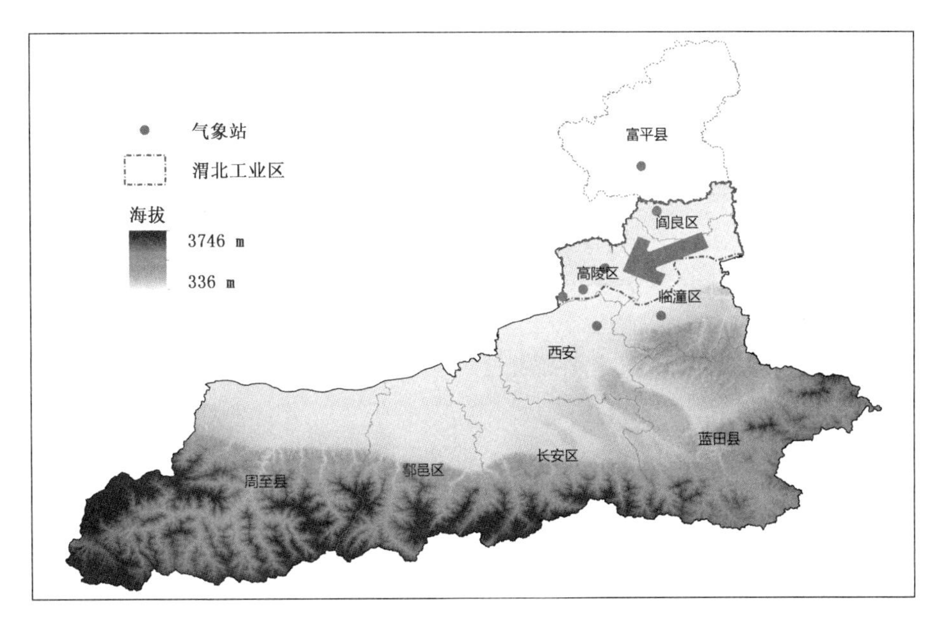

图 6-12 渭北工业走廊主导风向示意图

(2)西安"城市效应"明显,城区与郊区之间通过局地大气环流相互影响

城市气候与郊区相比有"热岛""干岛""湿岛""浑浊岛"和"雨岛"等"五岛"效应①。近年来西安城市热岛效应强度、面积急剧增大。主城区年平均气温比渭北工业走廊高1～2 ℃,主城区城市热岛效应比较明显(图6-13)。城市热岛效应产生的主要原因有以下几个方面:一是城镇化快速发展造成城区建筑物和道路等高蓄热体大幅度增加,地表吸收太阳辐射快,升温快,地表对近地层空气持续加热;二是城区人口密集,工业生产、交通运输以及群众生活消耗大量能源,排放的热量直接加热城区空气;三是城区大气污染物阻碍并吸收地面长波辐射,地表辐射热和人为热源放出的大量热量,被阻挡在近地层,造成近地层气温上升。

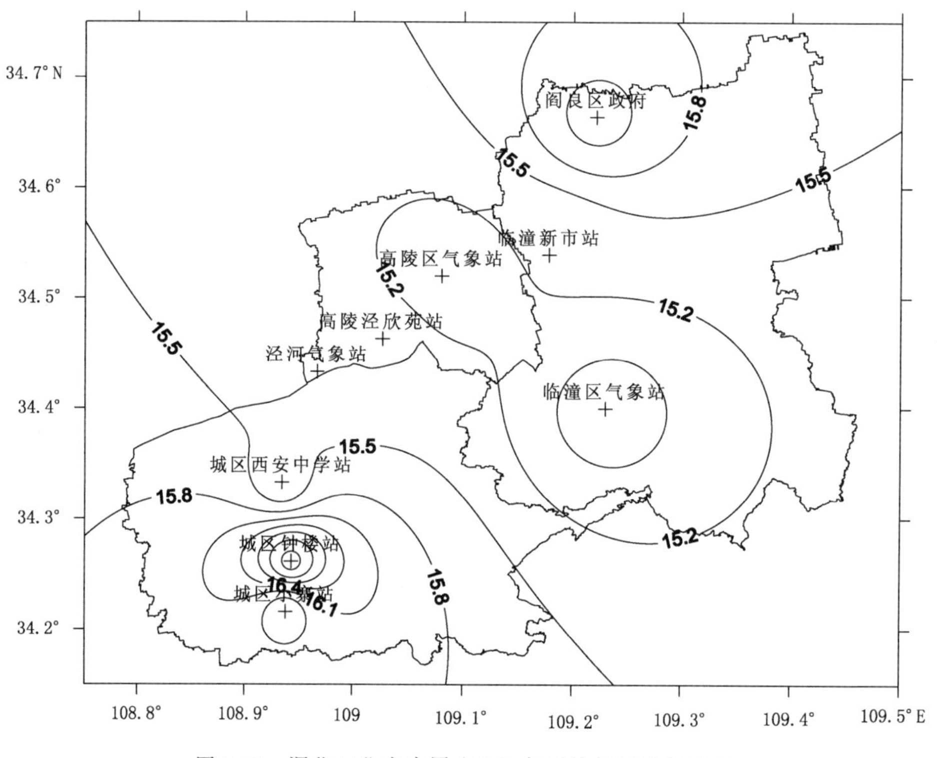

图6-13 渭北工业走廊周边地区年平均气温分布(℃)

研究表明:城市大气污染与城市热岛效应之间相互影响,一方面城市热岛效应对污染物分布具有重要影响,城市热岛的热力作用,可以通过热岛环流,将郊区的污染物向城区汇集,加重城区大气污染程度。另一方面城市中车辆、供热以及工业等排放出来的大量煤灰、粉尘以及温室气体及由郊区汇集到城区的污染物在城市上空形成一层屏障,它们吸收长波辐射,使气温升高,从而加重城市热岛效应。

① "热岛"是指城市气温比郊区高的现象。"干岛"指城市水汽压的平均值比同时期郊区低。"湿岛"指城区平均水汽压高于同时刻的郊区平均水汽压。"雨岛效应"是在有利的降水天气条件下,由于热岛效应影响,助长城区局地气流辐合上升,对流性天气强度大,城区及其下风方向容易出现强降雨现象。"浑浊岛"指由于城市工业生产、交通运输和居民炉灶等排放出的烟尘污染物比郊区多,大气的浑浊度显著大于郊区。

(3)关中“盆地效应”造成西安大气污染物扩散困难

西安位于关中盆地腹地,市区海拔高度400 m左右,南部为平均海拔高度超过2000 m的秦岭山脉阻挡,北部为黄土高原,具有典型的盆地城市特征。受特殊自然地理地形的影响,大气污染物难以向南北两个方向扩散,特别是渭北工业园区地势较低,更容易造成大气污染物堆积。

(4)渭北工业走廊静稳天气出现频率高,易出现重污染天气

根据临潼区、高陵区气象站观测资料统计,临潼区静风(平均风速小于0.5 m/s)出现频率为22%,每年约80天;高陵区静风出现频率为18%,约66天,与关中盆地其他地方类似,均为静稳天气的多发区域。当静风天气出现时,表明大气处于静稳状态,大气水平、垂直运动能力弱,污染物易堆积在近地面层,形成严重的大气污染。

6.3.4 渭北工业走廊建设气候可行性建议

(1)大力发展高科技、高附加值产业,积极推广使用清洁新能源、新技术、新工艺,严控“两高”行业新增产能

充分考虑产业发展、资源环境承载能力和生态功能的要求,在渭北工业走廊积极实施“环境友好企业”计划,鼓励企业实现清洁生产和“零排放”,积极发展循环经济,大力推广低碳技术。从东部产业转移的特点来看,高能耗高污染企业会向西部转移,此类产业虽然能够拉动GDP增长,但给渭北工业走廊环境带来严重破坏,加重西安市城区污染程度。应强化生态建设和环境保护,在渭北工业走廊严格控制高耗能、高污染行业新增产能,严禁新建涉气重污染项目,以形成有利于大气污染物扩散的城市空间布局。

(2)建立入驻渭北工业走廊产业联合评审机制

除对“两高”产业和涉气重污染项目严格限制以外,建议邀请省、市的环保、气象、生态、发改、工信等相关领域的专家及领导,在顶层设计、产业布局、重大项目“入廊”时参与评审、评估,对拟“入廊”产业从资源环境承载能力、大气环境容量负荷、能源使用效率、产能布局、规模效益以及市场条件等多方面进行综合评审论证,根据论证结果决定是否同意入廊,重大项目报党政部门审定。

(3)切实加大治理力度,有序推进重污染企业梯度转移和环保搬迁

在渭北工业走廊对钢铁、石化、化工等企业实施搬迁和改造工作,建立科学有序的退出机制,制定相应的财政、土地、金融等扶持政策,支持高耗能、高污染行业企业退出、转型发展。对于渭北工业走廊暂时不能搬迁的污染企业,要严格执行国家排放标准,加大环保、能耗等方面的处罚力度,确保实现达标排放。同时,要在园区加快建设有利于减少热岛效应的厂区绿地和屋顶绿化。

(4)在“退城入园”选址时考虑发展“飞地经济”

积极探索与周边地市合作建设“飞地型”新型工业园区,充分考虑其对周边水、气资源敏感性和承载力、人居环境、经济社会发展情况的综合影响,考虑所在地的产业定位、区位特点及发展状况,按照错位发展思路,统筹安排人力、资金以及行政资源等,在经济发展方面相互衔接、相互推动,实现资源优势互补。

6.4 西安市主要粮食作物气候适宜性精细化区划

6.4.1 西安市冬小麦气候适宜性精细化区划

冬小麦是西安市主要细粮作物，种植历史悠久，近年来随着先进农业技术的广泛采用，西安市冬小麦单产不断提高，已由20世纪80年代初3450 kg/hm²，提升到2016年的5010 kg/hm²。然而，随着农业产业结构不断调整，在经济林果种植面积不断扩大，冬小麦种植面积逐渐缩小的情况下，有必要及时开展冬小麦精细化气候适宜性区划，为市政府及农业部门保障粮食安全，开展农业产业结构调整提供科学决策依据，为农业技术部门和科技人员开展冬小麦育种、选种、改进农技措施等科研攻关提供数据参考。

(1)气候因子对冬小麦产量的影响效应分析

冬小麦是一种温带长日照作物，适应范围较广(17°～50°N)，从平原到海拔约4000 m的高原均有栽培。西安市基本位于冬小麦优生区，但因特殊地形引起的气候差异亦对冬小麦种植适宜性产生影响。为科学衡量影响冬小麦产量的气候因子，拟对影响西安市冬小麦单产的气候因子进行科学分析，判断其具体影响及程度，从而对其进行精细化分析及区划，以提高冬小麦气候区划的针对性和实用性。

气候产量提取。影响西安市冬小麦单产的因素主要是社会因素(政策、技术水平等)和气候因素，粮食单产随时间的变化可分为长时间尺度呈某种趋势的变化(趋势产量)和短时间尺度偏离该趋势的波动(气候产量)。

$$Y = Y_t + Y_w \tag{6.3}$$

式中，Y为实际单产；Y_t为趋势产量，反映社会因素影响；Y_w为气候产量，反映气候因素影响。

趋势产量方程的建立和模拟。如何从冬小麦单产中求得趋势产量，进而提取气候产量部分，是研究气候因素对冬小麦产量影响的关键所在。目前，一般多用时间序列趋势拟合作为趋势项，如利用线性回归分析法。但粮食单产不可能无止境地增长，随着生产水平的提高，它只能趋近一个限定的量，即当地的最大可能产量Y_u。

本研究采用生物模型logistic曲线模拟冬小麦单产趋势项，建立冬小麦单产的非线性方程。令Y_u为一个时段内最大可能产量的极限值。当时间趋于无穷大时，产量趋近于Y_u。Y_{max}为历史最高单产实测值，d为线性拟合方程中历史拟合的平均误差值，则

$$Y_u = Y_{max} + d \tag{6.4}$$

随着冬小麦单产的逐年提高，趋势产量Y_t逐渐趋于一个常数Y_0，logistic曲线方程：

$$Y_t = Y_u/[1 + e^{(a+bt)}] \tag{6.5}$$

式中，a、b为待定参数。对式(6.5)两边取对数，可得

$$\ln\left(\frac{Y_u}{Y_t} - 1\right) = a + bt \tag{6.6}$$

式中，Y_t可视为冬小麦单产实际值，用最小二乘法求得系数a、b，代入式(6.5)，即可建立趋势产量logistic拟合方程，然后利用(6.3)式可得到相应年份的气候产量。

相对气候产量Y_{wr}

$$Y_{wr} = Y_w/Y_t \tag{6.7}$$

以 $Y_{wr}<-0.1$ 为气象减产年，$Y_{wr}>0.1$ 为气象丰产年，介于两者之间为平年。

西安市冬小麦气候产量的动态变化。根据式(6.4)～(6.6)，计算西安市冬小麦单产趋势产量，结果如表6-7所示，长安区、高陵区、临潼区、蓝田县、鄠邑区和周至县冬小麦单产的极值分别为5266.8 kg/hm²、6935.64 kg/hm²、5110.65 kg/hm²、4815.22 kg/hm²、6094.96 kg/hm²和5143.97 kg/hm²，拟合误差为391.75 kg/hm²、395.64 kg/hm²、280.65 kg/hm²、317.22 kg/hm²、424.96 kg/hm²和313.97 kg/hm²。利用趋势产量计算结果，得到气候产量变化情况。

表6-7 冬小麦趋势产量计算式中参数的计算结果及拟合效果

	Y_{max} (kg/hm²)	Y_u (kg/hm²)	a	b	拟合误差 (kg/hm²)
长安区	4875	5266.75	−0.04	−0.06	391.75
高陵区	6540	6935.64	−0.27	−0.07	395.64
临潼区	4830	5110.65	−0.58	−0.05	280.65
蓝田县	4498	4815.22	0.13	−0.06	317.22
鄠邑区	5670	6094.96	−0.05	−0.07	424.96
周至县	4830	5143.97	−0.17	−0.06	313.97

影响冬小麦气候产量主要气候因子的确定：

1)积分回归原理

研究气候因子本身在不断变化情形下对目标变量的影响，可以采用由Fisher提出的积分回归(Integral regression)方法。积分回归的基本原理是假设农作物气候产量(y)的形成是整个生育期($t=0\sim\tau$)内由于气象条件影响的结果，将影响气候产量的因素如光照、温度和降水等k个气象要素作为自变量X_i，将冬小麦关键生育期分为n个时段，把某个时段、某个气象要素值作为一个变量。则y对X_i的回归方程可以写成：

$$y=c+\sum_{i=1}^{k}\sum_{t=1}^{n}a_{it}X_{it} \tag{6.8}$$

式中，c为常数项；a_{it}为第t个时段第i个气象要素的偏回归系数；X_{it}为第t个时段第i个气象要素值。

假如将a_{it}、X_{it}均看成随时间t变化的函数，将作物整个生育期分成若干个无穷小的时段，则式(6.8)的多元回归方程可用积分回归形式表示：

$$y=c+\sum_{i=1}^{k}\int_{0}^{\tau}a_i(t)X_i(t)\mathrm{d}t \quad i=1,2,\cdots,k \tag{6.9}$$

式中，$X_i(t)$为$t+\Delta t$时刻的第i个气象要素值；$a_i(t)$是$t+\Delta t$时刻的第i个气象要素每变化一个单位时对作物产量的影响效果，称为偏回归系数。$a_i(t)$是时间t的函数，用正交多项式函数将其展开：

$$a_i(t)=\sum a_{ij}\varphi_{ij}(t) \tag{6.10}$$

式中，$\varphi_{ij}(t)$为时间的正交多项式，a_{ij}为回归系数，正交多项式取5次项，$j=0,1,2,3,4,5$。将式(6.10)代入(6.9)式得：

$$y=c+\sum_{i=0}^{k}\int_{0}^{\tau}\{a_{i0}\int\varphi_{i0}(t)X_i(t)+a_{i1}\int\varphi_{i1}(t)X_i(t)+\cdots+\alpha_{i5}\int\varphi_{i5}X_i(t)\}\mathrm{d}t \tag{6.11}$$

若令 $\rho_{ij} = \int_0^{\tau} \varphi_{ij}(t) X_i(t) \mathrm{d}t \quad j = 0,1,2,3,4,5$

在实际计算中，将 ρ_{ij} 化为求和形式，即 $\rho_{ij} = \sum X_i(t)\varphi_{ij}(t)$，$\varphi_{ij}(t)$ 可通过正交多项式表查到。则式(6.8) 写成回归方程为：

$$y = c + \sum_{i=0}^{k} (a_{i0}\rho_{i0} + a_{i1}\rho_{i1} + \cdots + a_{i5}\rho_{i5}) \tag{6.12}$$

由回归方程可以看出，由于气象要素随时间变化不同，每组 ρ_{ij} 值也不会相同，当然 y 值就会不同。$a_i(t)$ 就是第 i 个要素在 t 时段对作物气候产量影响的重要程度，即敏感指数，代表某气象要素每变化一个单位对最终产量的减少值或增加值。

2)气候因子对不同生育期冬小麦气候产量的影响

在冬小麦主要生育期内，平均气温对气候产量的积分回归系数曲线波动较大。不同地区冬小麦对温度敏感的时段有所不同，长安区冬小麦对气温敏感的时段为 2 月下旬至 4 月中旬和 11 月，高陵区为 2 月上旬至 4 月上旬和 11 月上旬至 12 月下旬，临潼区为 2 月下旬至 4 月下旬，蓝田县为 10 月下旬和 4 月上旬至 5 月中旬，鄠邑区为 10 月下旬至 11 月上旬和 3 月中旬至 4 月中旬，周至县为 10 月下旬至 11 月上旬和 3 月下旬至 4 月中旬。以上时段气温偏高将有利于冬小麦产量的形成，例如周至县 10 月下旬气温对产量的正效应达到最大，此时气温每高 1 ℃，产量将增加 60.28 kg/hm^2。

在冬小麦主要生育期内，降水量对气候产量的积分回归系数曲线波动较大且各区县差别较大。长安区冬小麦对降水量敏感的时段为 11 月中旬至 3 月下旬，高陵区为 10 月上旬至 11 月上旬，临潼区为 2 月下旬至 4 月下旬，蓝田县为 11 月上旬至 12 月上旬和 2 月下旬至 4 月下旬，鄠邑区为 10 月下旬至 11 月下旬，周至县为 11 月中旬至 12 月上旬和 5 月下旬。以上时段降水量大将有利于冬小麦产量的形成，例如高陵区 11 月中旬降水对产量的正效应达到最大，此时降水量每多 1 mm，产量将增加 18.15 kg/hm^2。

在冬小麦主要生育期内，各地区日照时数对气候产量的积分回归系数曲线波动基本一致，长安区冬小麦对日照时数敏感的时段为 11 月上旬至 2 月下旬，高陵区为 4 月上旬至 5 月下旬和 11 月上旬至 12 月下旬，临潼区为 11 月中旬至 2 月中旬和 5 月上旬至下旬，蓝田县为 11 月上旬至 12 月下旬和 2 月中旬至 4 月上旬，鄠邑区为 10 月下旬至 12 月下旬和 4 月下旬至 5 月下旬，周至县为 11 月上旬至 3 月中旬和 5 月上旬至下旬。以上时段日照时数多将有利于冬小麦产量的形成，例如鄠邑区 5 月下旬日照对产量的正效应达到最大，此时日照时数每多 1 小时，产量将增加 16.86 kg/hm^2。

(2)冬小麦气候适宜性精细化区划指标及方法

区划指标：在以上分析各地气候因子对冬小麦产量影响效应的基础上，综合冬小麦生物学特性等因素，选择对各地小麦产量影响较大的气候因子作为气候适宜性精细化区划指标。此外，根据陕西省农作物气候适宜性精细化区划技术规定，利用可区划因子与产量相关关系，以产量达到高产水平的 90%、80%和 70%作为最适宜、较适宜和次适宜指标判定依据(见表6-8～表 6-13)。

表 6-8　长安区冬小麦气候适宜性精细化区划指标

	2月下旬～4月中旬平均气温(℃)	11月中旬～3月下旬降水量(mm)	11上旬～2月下旬日照时数(h)
最适宜	≥9.7	≥78.0	≥500.0
适宜	8.5～9.6	56.0～77.9	450.0～499.9
次适宜	≤8.4	≤55.9	≤449.9

表 6-9　高陵区冬小麦气候适宜性精细化区划指标

	11上旬～12月下旬平均气温(℃)	2月上旬～4月上旬平均气温(℃)	10上旬～11月上旬降水量(mm)	4上旬～5月下旬日照时数(h)
适宜Ⅰ	≥4.0	≥7.0	≥66.0	≥420.0
适宜Ⅱ	3.1～3.9	6.1～6.9	40.0～65.9	396.0～419.9
适宜Ⅲ	≤3.0	≤6.0	≤39.9	≤395.9

表 6-10　临潼区冬小麦气候适宜性精细化区划指标

	2月下旬～4月下旬平均气温(℃)	2月下旬～4月下旬降水量(mm)	5月上旬～5月下旬日照时数(h)
最适宜	≥9.5	≥43.7	≥165.9
适宜	9.1～9.4	39.0～43.6	149.5～165.8
次适宜	≤9.0	≤38.9	≤149.4

表 6-11　蓝田县冬小麦气候适宜性精细化区划指标

	4月上旬～5月中旬平均气温(℃)	11月上旬～12月上旬降水量(mm)	2月下旬～4月下旬降水量(mm)	5月中旬～5月下旬日照时数(h)
最适宜	≥14.8	≥10.2	≥53.1	≥107.9
适宜	14.2～14.7	5.8～10.1	43.9～53.0	93.9～107.8
次适宜	≤14.1	≤5.7	≤43.8	≤93.8

表 6-12　鄠邑区冬小麦气候适宜性精细化区划指标

	3月中旬～4月中旬平均气温(℃)	10月下旬～11月下旬降水量(mm)	4月下旬～5月下旬日照时数(h)
最适宜	≥10.7	≥13.9	≥192.1
适宜	10.1～10.6	12.8～13.8	160.9～192.0
次适宜	≤10.0	≤12.7	≤160.8

表 6-13　周至县冬小麦气候适宜性精细化区划指标

	10月下旬～11月上旬平均气温(℃)	11月中旬～12月上旬降水量(mm)	5月下旬降水量(mm)	5月上旬～5月下旬日照时数(h)
最适宜	≥9.9	≥1.9	≥3.0	≥151.8
适宜	9.2～9.8	0.4～1.8	0.5～2.9	142.4～151.7
次适宜	≤9.1	≤0.3	≤0.4	≤142.3

区划方法及区划图制作：在对已有气象要素各类差值方法比较和区划地区现有数据空间分布状况分析的基础上，选择经度、纬度、高程模型对各地区气候要素进行处理。利用GIS技术，在实现区划指标空间化的基础上，建立单因子评价栅格图层；依据各评价因子的权重，采用线性加权求和法，将各评价指标的栅格图进行叠加，得到西安市各区县冬小麦气候适宜性精细化综合区划图。

6.4.2 西安市夏玉米气候适宜性精细化区划方法

夏玉米也是西安市主要粮食作物之一，近30年来西安市夏玉米单产显著提高，由20世纪80年代初1875 kg/hm²，增加到2016年的5835 kg/hm²。随着农业产业结构调整，经济林果种植面积的增加，有必要对西安市夏玉米气候适宜性进行精细化区划，明确夏玉米的适宜区和不适宜区，为保障粮食安全、提高农村产业调整的科学性以提供客观依据。

(1)气候因子对夏玉米产量的影响效应分析

西安地区夏玉米一般在6月上旬至中旬播种，9月下旬至10月上旬收获，生育期95～125天。根据1981—2016年36年气象资料统计：6月中旬至9月下旬多年平均≥10.0 ℃活动积温为2500～2600 ℃·d，绝大部分地区的热量条件可以满足玉米的正常生长。

西安市夏玉米气候产量的动态变化：首先对气候产量进行提取，并建立趋势产量方程，从而对夏玉米的气候产量进行分析。如表6-14所示，长安区、高陵区、临潼区、蓝田县、鄠邑区和周至县夏玉米单产的极值分别为6096.03 kg/hm²、9366.53 kg/hm²、5848.69 kg/hm²、6883.92 kg/hm²、6791.57 kg/hm²和5403.53 kg/hm²，拟合误差为516.03 kg/hm²、753.53 kg/hm²、403.69 kg/hm²、598.92 kg/hm²、416.57 kg/hm²和355.53 kg/hm²。利用趋势产量计算结果，得到气候产量变化情况。

影响夏玉米气候产量主要气候因子的确定：利用积分回归原理，对气候因子对夏玉米不同生育期的气候产量影响进行分析。

表6-14 夏玉米趋势产量计算式中参数的计算结果及拟合效果

	Y_{max}(kg/hm²)	Y_u(kg/hm²)	a	b	拟合误差(kg/hm²)
长安区	5580	6096.03	0.43	−0.07	516.03
高陵区	8613	9366.53	−0.04	−0.07	753.53
临潼区	5445	5848.69	−0.19	−0.06	403.69
蓝田县	6285	6883.92	1.30	−0.09	598.92
鄠邑区	6375	6791.57	0.04	−0.07	416.57
周至县	5048	5403.53	0.18	−0.08	355.53

在夏玉米主要生育期内，平均气温对气候产量的积分回归系数曲线波动较大。不同地区夏玉米对温度敏感的时段有所不同，长安区夏玉米对气温敏感的时段为6月中旬至7月上旬，高陵区为7月上旬至8月中旬和9月，临潼区为6月下旬至7月上旬和9月，蓝田县为6月中旬至7月中旬和9月下旬，鄠邑区为6月下旬至7月中旬和8月下旬至9月上旬，周至县为6月中旬至7月中旬和9月上旬至9月中旬。以上时段气温偏高将有利于夏玉米产量的形成，例如高陵县7月下旬气温对产量的正效应达到最大，此时气温每偏高1 ℃，产量将增加467.5

kg/hm^2。

在夏玉米主要生育期内，降水量对气候产量的积分回归系数曲线波动较大且差别较大。长安区夏玉米对降水量敏感的时段为6月中旬至6月下旬，高陵区为6月下旬至7月下旬，蓝田县为9月中旬，鄠邑区为6月中旬至6月下旬和8月上旬至8月下旬，周至县为6月中旬至6月下旬。以上时段降水量偏大将有利于夏玉米产量的形成，例如周至县6月中旬降水对产量的正效应达到最大，此时降水量每偏多1 mm，产量将增加18.47 kg/hm^2。

在夏玉米主要生育期内，各地区日照时数对气候产量的积分回归系数曲线波动基本一致。长安区夏玉米对日照时数敏感的时段为8月中旬至9月中旬，高陵区为6月中旬至6月下旬和8月中旬至8月下旬，临潼区为6月中旬和7月下旬至8月下旬，蓝田县为8月上旬至9月中旬，鄠邑区为6月中旬和8月，周至县为6月中旬和7月下旬至9月上旬。以上时段日照时数偏多将有利于夏玉米产量的形成，例如鄠邑区6月中旬日照对产量的正效应达到最大，此时日照时数每偏多1小时，产量将增加29.47 kg/hm^2。

(2)夏玉米气候适宜性精细化区划指标及方法

区划指标：在以上分析各地气候因子对夏玉米产量的影响效应的基础上，综合夏玉米生物学特性等因素，选择对各地夏玉米产量影响较大的气候因子作为气候适宜性精细化区划指标。此外，根据陕西省农作物气候适宜性精细化区划技术规定，利用区划因子与产量相关关系，以产量达到高产水平的90%、80%和70%作为最适宜、较适宜和次适宜指标判定依据(见表6-15～表6-20)。

表6-15　长安区夏玉米气候适宜性精细化区划指标

	6月中旬～7月上旬平均气温(℃)	6月中旬～6月下旬降水(mm)	8月中旬～9月中旬日照时数(h)	6月中旬～9月下旬≥10.0活动积温(℃·d)
适宜	≥24.9	≥36.9	≥172.0	≥2565
次适宜	24.3～24.8	9.4～36.8	150.6～171.9	2508～2564
不适宜	≤24.2	≤9.3	≤150.5	≤2507

表6-16　高陵区夏玉米气候适宜性精细化区划指标

	7月上旬～9月中旬平均气温(℃)	6月下旬～7月下旬降水量(mm)	6月中旬～6月下旬日照时数(h)	8月中旬～8月下旬日照时数(h)	6月中旬～9月下旬≥10.0活动积温(℃·d)
适宜Ⅰ	≥24.2	≥74.6	≥131.3	≥113.8	≥2581
适宜Ⅱ	23.7～24.1	60.0～74.5	97.4～131.2	84.9～113.7	2530～2580
适宜Ⅲ	≤23.6	≤59.9	≤97.3	≤84.8	≤2529

表6-17　临潼区夏玉米气候适宜性精细化区划指标

	6月下旬～7月下旬平均气温(℃)	6月中旬日照时数(h)	6月中旬～9月下旬≥10.0活动积温(℃·d)
最适宜	≥25.5	≥46.4	≥2608
适宜	24.9～25.4	32.3～46.3	2542～2607
次适宜	≤24.8	≤32.2	≤2541

表 6-18 蓝田县夏玉米气候适宜性精细化区划指标

	6 月中旬～7 月中旬 平均气温(℃)	8 月上旬～9 月中旬 日照时数(h)	6 月中旬～9 月下旬 ≥10.0 活动积温(℃·d)
最适宜	≥24.8	≥226.2	≥2661
适宜	23.9～24.7	199.5～226.1	2515～2660
次适宜	≤23.8	≤199.4	≤2514

表 6-19 鄠邑区夏玉米气候适宜性精细化区划指标

	6 月下旬～7 月中旬 平均气温(℃)	6 月中旬～6 月下旬 降水(mm)	6 月中旬 日照时数(h)	6 月中旬～9 月下旬 ≥10.0 活动积温(℃·d)
最适宜	≥25.2	≥18.0	≥39.5	≥2608
适宜	24.9～25.1	4.6～17.9	27.5～39.4	2518～2607
次适宜	≤24.8	≤4.5	≤27.4	≤2517

表 6-20 周至县夏玉米气候适宜性精细化区划指标

	6 月中旬～7 月 中旬平均气温(℃)	6 月中旬～7 月 下旬降水(mm)	6 月中旬 日照时数(h)	7 月下旬～9 月 上旬日照时数(h)	6 月中旬～9 月下旬 ≥10.0 活动积温(℃·d)
最适宜	≥25.1	≥94.1	≥31.2	≥210.4	≥2607
适宜	24.1～25.0	68.1～94.0	26.2～31.1	150.1～210.3	2507～2606
次适宜	≤24.0	≤68.0	≤26.1	≤150.0	≤2506

区划方法及区划图制作：在对已有气象要素各类差值方法比较和区划地区现有数据空间分布状况分析的基础上，选择经度、纬度、高程模型对各地区气候要素进行处理。利用 GIS 技术，在实现区划指标空间化的基础上，建立单因子评价栅格图层；依据各评价因子的权重，采用线性加权求和法，将各评价指标的栅格图进行叠加，得到西安市各区县夏玉米气候适宜性精细化综合区划图。

6.4.3 西安市粮食作物气候适宜性精细化区划结果

6.4.3.1 长安区粮食作物气候适宜性精细化区划结果

(1)长安区冬小麦气候适宜性精细化区划结果(图 6-14)

最适宜区。包括王寺、高桥、斗门、马王、郭杜、韦曲、大兆、鸣犊和王曲等 17 个街道办及乡镇。这里冬小麦种植历史悠久，气候温和且灌溉条件优越，是长安区冬小麦的主要种植地区。

适宜区。主要是长安区南部秦岭北麓坡地地区。这里地形复杂，主要以山地为主，虽然气候条件适宜，但受地形条件限制，适宜种植冬小麦地区面积十分有限。

次适宜区。主要是长安区南部秦岭山地地区，包括东大、滦镇、子午、五台、太乙宫、引镇、王莽、杨庄乡等 8 个街道办及乡镇。这里是秦岭山脉中的丘陵地区，冬季越冬期平均气温较低，秋淋时间长、强度大，易推迟小麦播种时间，使小麦苗期生长不壮，对冬小麦产量影响比较明显。

不适宜区。主要是长安区南部秦岭山区。由于秦岭山脉地势高、地形复杂，且温度较低，不利于冬小麦的正常生长，故这里不适宜种植冬小麦。

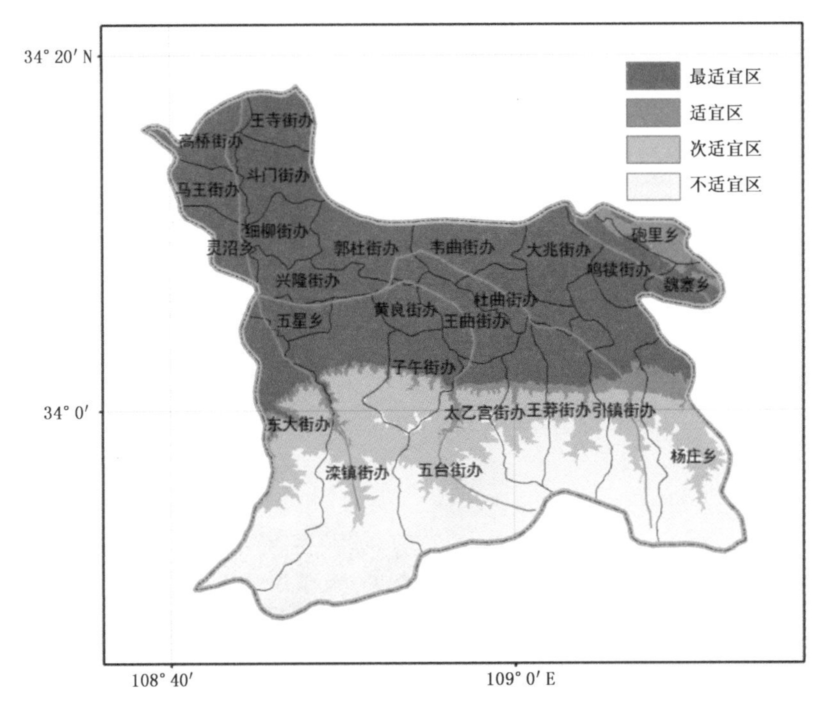

图 6-14　长安区冬小麦气候适宜性精细化区划图

(2)长安区夏玉米气候适宜性精细化区划结果(图 6-15)

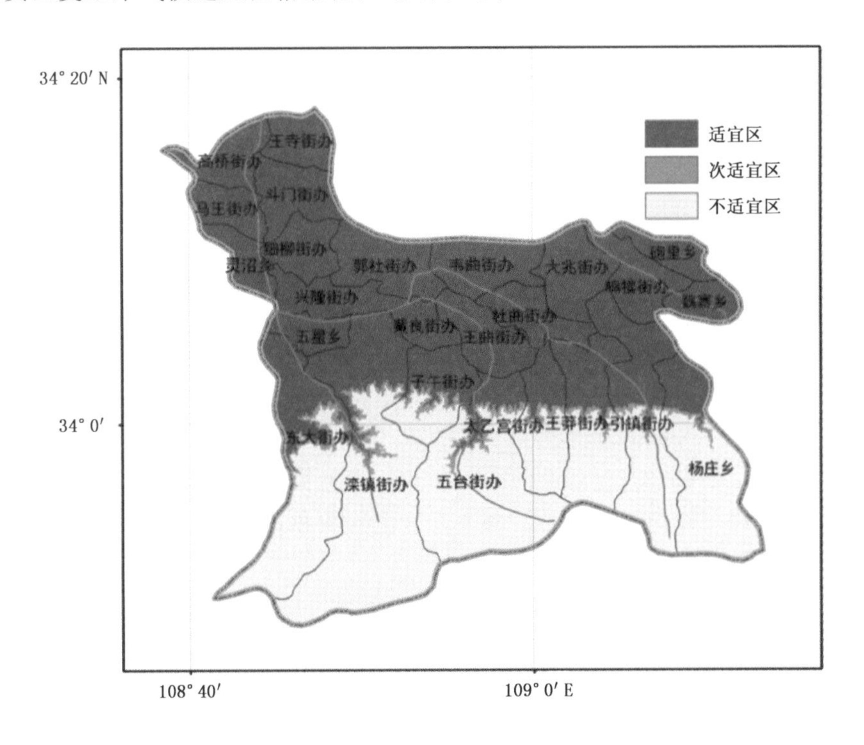

图 6-15　长安区夏玉米气候适宜性精细化区划图

适宜区。包括王寺、高桥、斗门、马王、郭杜、韦曲、大兆、鸣犊等17个街道办和乡镇，以及太乙宫、引镇、王莽、杨庄乡等8个街道办和乡镇的北部地区。这里夏玉米种植历史悠久，气候温和且灌溉条件优越，是长安区夏玉米的重要种植地区。

次适宜区。主要是长安区南部秦岭山地地区，以坡地为主，这里气候条件略差于适宜区，但是受地形条件限制，可供夏玉米种植的地区面积非常小。

不适宜区。主要是长安区南部秦岭山区。由于秦岭山脉地势较高，温度较低，热量条件不能满足夏玉米的正常生长需求，故不适宜种植夏玉米。

6.4.3.2　临潼区粮食作物气候适宜性精细化区划结果

(1)临潼区冬小麦气候适宜性精细化区划结果(图6-16)

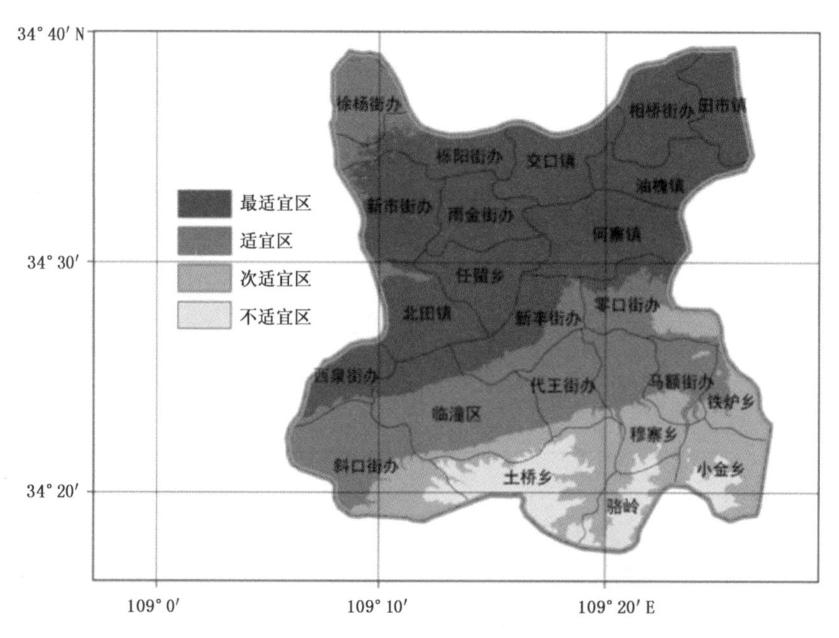

图6-16　临潼区冬小麦气候适宜性精细化区划图

最适宜区。主要是临潼区中北部地区，包括栎阳街道办、交口镇、相桥街道办、田市镇、新市街道办、雨金街道办、何寨镇、油槐镇、北田镇、任留乡、西泉街道办11个街道办及乡镇，以及新丰街道办和零口街道办的北部地区。这里地势平坦、气候温和且灌溉条件优越，有利于冬小麦的稳产、高产，是临潼区最适宜种植冬小麦的地区。

适宜区。主要是临潼区西北部徐杨街道办和新丰街道办和零口街道办的南部地区，以及代王街道办、穆寨乡、马额街道办的北部地区。这里气候和地形略差于中北部地区，但依然是临潼区冬小麦的主要产区。

次适宜区。主要是临潼区南部山区、塬区。包括代王街道办、穆寨乡、马额街道办的南部地区以及土桥乡、骆岭以及小金乡的部分地区。这里是骊山山脉中的丘陵地区，热量资源较低，加之地形不平坦，对冬小麦优质高产构成一定影响。

不适宜区。主要是临潼区南部骊山山区。由于骊山山脉地势高、地形复杂的地理条件，以及温度较低的气候因素，不利于冬小麦的正常生长，故这里不适宜种植冬小麦。

(2)临潼区夏玉米气候适宜性精细化区划结果(图6-17)

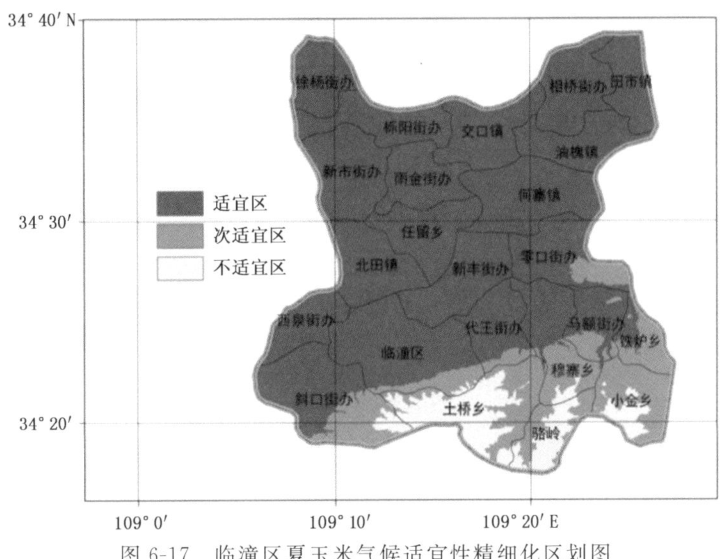

图6-17 临潼区夏玉米气候适宜性精细化区划图

适宜区。主要是临潼区中部及北部地区,包括徐杨街道办、栎阳街道办、交口镇、相桥街道办、田市镇、新市街道办、雨金街道办、油槐镇、北田镇、任留乡、何寨镇、西泉街道办、新丰街道办等13个街道办和乡镇,以及零口街道办、斜口街道办、代王街道办、穆寨乡、马额街道办和铁炉乡的大部分地区。这里夏玉米种植历史悠久,气候温和且灌溉条件优越,是临潼区夏玉米的重要种植地区。

次适宜区。主要是临潼区南部骊山山地,以坡地地形为主,这里气候资料略差于适宜区,地形条件基本满足夏玉米正常生长,不利于夏玉米的稳产、高产和大面积种植。

不适宜区。主要是临潼区南部骊山山地。由于骊山山脉地势较高,温度较低,热量条件不能满足夏玉米的正常生长需求,故这里不适宜种植夏玉米。

6.4.3.3 周至县粮食作物气候适宜性精细化区划结果

(1)周至县冬小麦气候适宜性精细化区划结果(图6-18)

最适宜区。主要是周至县北部地区,包括青化乡、哑柏镇、四屯乡、二曲镇、侯家村乡、广济镇、辛家寨乡、富仁乡、司竹乡、终南镇、尚村镇,共11个乡镇以及竹峪乡、翠峰乡、骆峪乡、马召镇、楼观镇、集贤镇和九峰乡的北部地区。这里地势平坦、气候温和、灌溉条件优越,利于冬小麦的稳产、高产,是周至县内最适宜种植冬小麦的地区。

适宜区。主要是周至县南部秦岭山脉北麓,包括竹峪乡、翠峰乡、骆峪乡、马召镇、楼观镇、集贤镇、九峰乡、陈河乡、厚畛子镇、板房子乡、王家河乡的部分地区。这里气候湿润、地形以丘陵和塬地为主,是周至县冬小麦的主要产区。

次适宜区。主要是周至县南部秦岭山脉北麓相对平坦地区,分散在适宜区边缘。这里热量资源较差,光照较少,对冬小麦优质高产影响较大,属于冬小麦次适宜区。

不适宜区。主要是周至县南部秦岭山区。这里地势高、地形复杂、整地不细的地理条件,以及温度较低的气候因素,不利于冬小麦的正常生长,故不适宜种植冬小麦。

(2)周至县夏玉米气候适宜性精细化区划结果(图6-19)

适宜区。主要是周至县北部地区,包括青化乡、哑柏镇、四屯乡、二曲镇、侯家村乡、广济

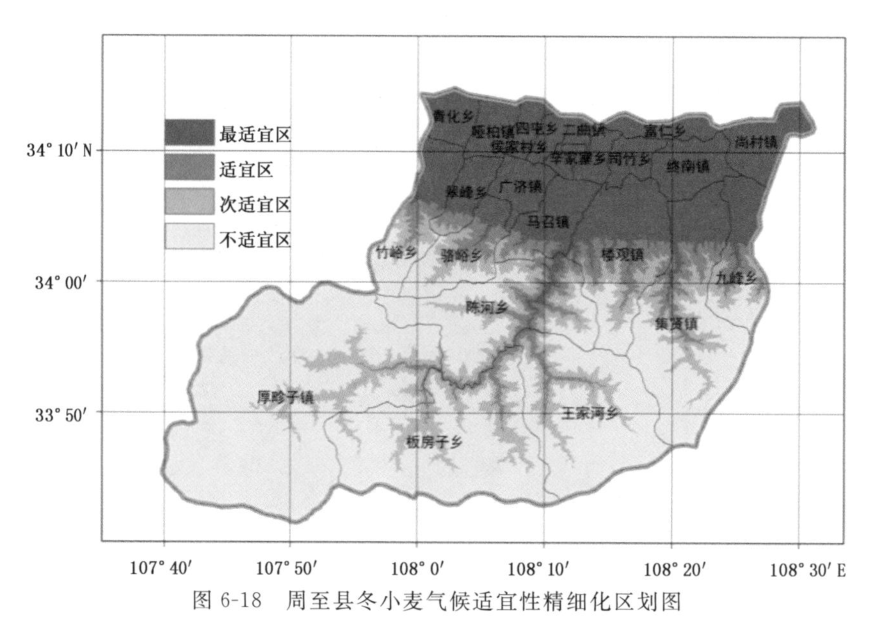

图 6-18　周至县冬小麦气候适宜性精细化区划图

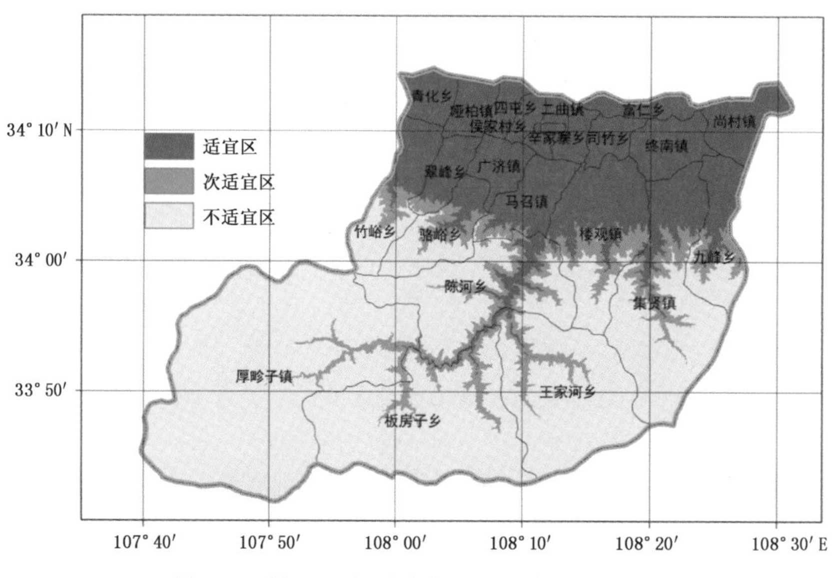

图 6-19　周至县夏玉米气候适宜性精细化区划图

镇、辛家寨乡、富仁乡、司竹乡、终南镇、尚村镇共 11 个乡镇，以及竹峪乡、翠峰乡、骆峪乡、马召镇、楼观镇、集贤镇和九峰乡的北部地区。这里夏玉米种植历史悠久，地势平坦、气候温和且灌溉条件优越，是周至县夏玉米的重要种植地区。

次适宜区。主要是周至县南部秦岭山脉北麓地区，以坡地地形为主，这里气候资料略差于适宜区，地形条件基本满足夏玉米正常生长，但由于面积小，且地形不规整，不利于夏玉米的稳产、高产和大面积种植。

不适宜区。主要是周至县南部秦岭山区。由于地形复杂，温度较低，热量条件不能满足夏玉米的正常生长需求，故这里不适宜种植夏玉米。

6.4.3.4 鄠邑区粮食作物气候适宜性精细化区划结果

(1)鄠邑区冬小麦气候适宜性精细化区划结果(图6-20)

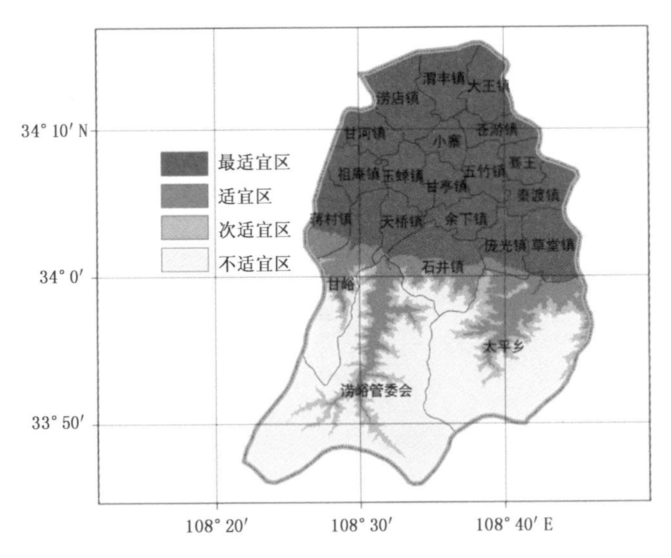

图6-20 鄠邑区冬小麦气候适宜性精细化区划图

最适宜区。主要是鄠邑区中部偏北地区,包括涝店镇、渭丰镇、大王镇、甘河镇、小寨、苍游镇、祖庵镇、玉蝉镇、甘亭镇、五竹镇、骞王、余下镇、庞光镇、天桥镇、草堂镇共15个乡镇,以及蒋村镇、甘峪和石井镇的北部地区。这里地势平坦、气候温和、灌溉条件优越,利于冬小麦的稳产、高产,是鄠邑区内最适宜种植冬小麦的地区。

适宜区。主要是鄠邑区南部秦岭山脉北麓,包括蒋村镇南部,甘峪、石井镇、涝峪管委会和太平乡部分地区。这里气候湿润、地形以丘陵和塬地为主,是鄠邑区冬小麦的主要产区。

次适宜区。主要是鄠邑区南部秦岭山脉北麓相对平坦地区,分散在适宜区边缘。这里热量资源较低,光照较差,对冬小麦优质高产影响较大,属于冬小麦次适宜区。

不适宜区。主要是鄠邑区南部秦岭山区。这里地势高、地形复杂、整地不细的地理条件,以及温度较低的气候因素,不利于冬小麦的正常生长,故不适宜种植冬小麦。

(2)鄠邑区夏玉米气候适宜性精细化区划(图6-21)

适宜区。主要包括鄠邑区中部偏北地区,包括涝店镇、渭丰镇、大王镇、甘河镇、小寨、苍游镇、祖庵镇、玉蝉镇、甘亭镇、五竹镇、骞王、余下镇、庞光镇、天桥镇、草堂镇共15个乡镇,以及蒋村镇、甘峪和石井镇的北部地区。这里夏玉米种植历史悠久,地势平坦,气候温和且灌溉条件优越,是鄠邑区夏玉米的重要种植地区。

次适宜区。主要是鄠邑区南部秦岭山脉北麓地区,以坡地为主,这里气候资源略差于适宜区,地形条件基本满足夏玉米正常生长,但由于面积小,且地形不规整,不利于夏玉米的稳产、高产和大面积种植。

不适宜区。主要是鄠邑区南部秦岭山区。由于地形复杂,温度较低,热量条件不能满足夏玉米的正常生长需求,故这里不适宜种植夏玉米。

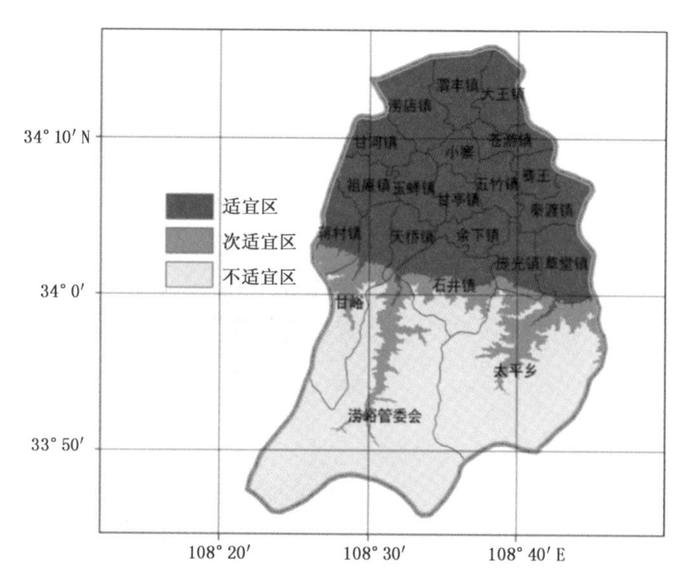

图 6-21　鄠邑区夏玉米气候适宜性精细化区划图

6.4.3.5　高陵区粮食作物气候适宜性精细化区划结果

(1)高陵区冬小麦气候适宜性精细化区划结果(图 6-22)

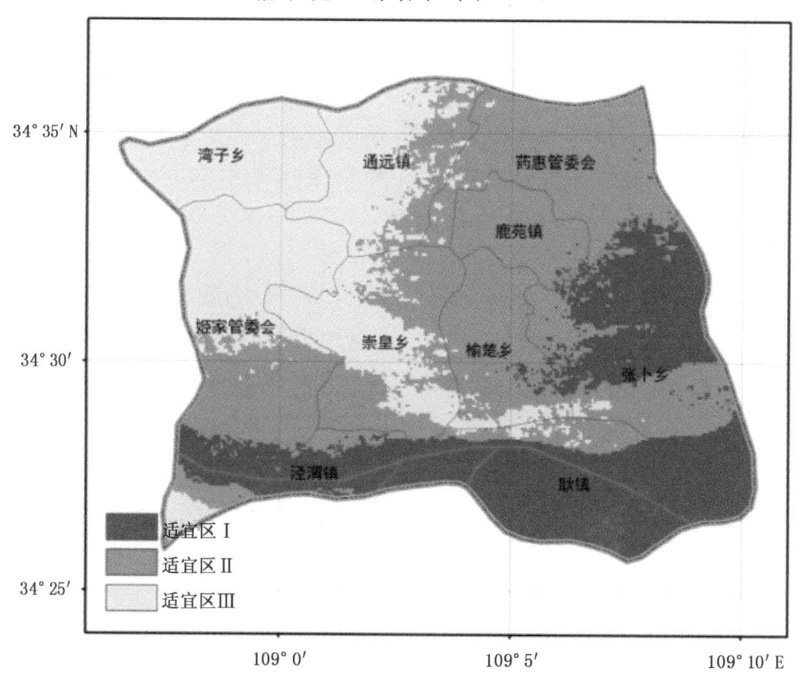

图 6-22　高陵区冬小麦气候适宜性精细化区划图

适宜区Ⅰ。主要是高陵区东部部分及南部沿泾河地区，包括张卜乡东北部、泾渭镇、耿镇。这里地势平坦、土地肥沃、气候温和且灌溉条件优越，是高陵区冬小麦的重要种植区。

适宜区Ⅱ。主要是高陵区泾河以北及东部大部分地区，包括药惠管委会、鹿苑镇、榆楚乡，以及张卜乡、姬家管委会南部和崇皇乡、通远镇的部分地区。这里气候条件适宜，离泾河相对较远，但水利设施完善，有利于冬小麦的稳产、高产。

适宜区Ⅲ。主要是高陵区西北部地区，包括湾子乡，以及姬家管委会北部和崇皇乡、通远镇的部分地区。这里气候条件适宜，但灌溉条件不如高陵区其他地区，故对冬小麦种植有一定影响。

(2)高陵区夏玉米气候适宜性精细化区划结果(图 6-23)

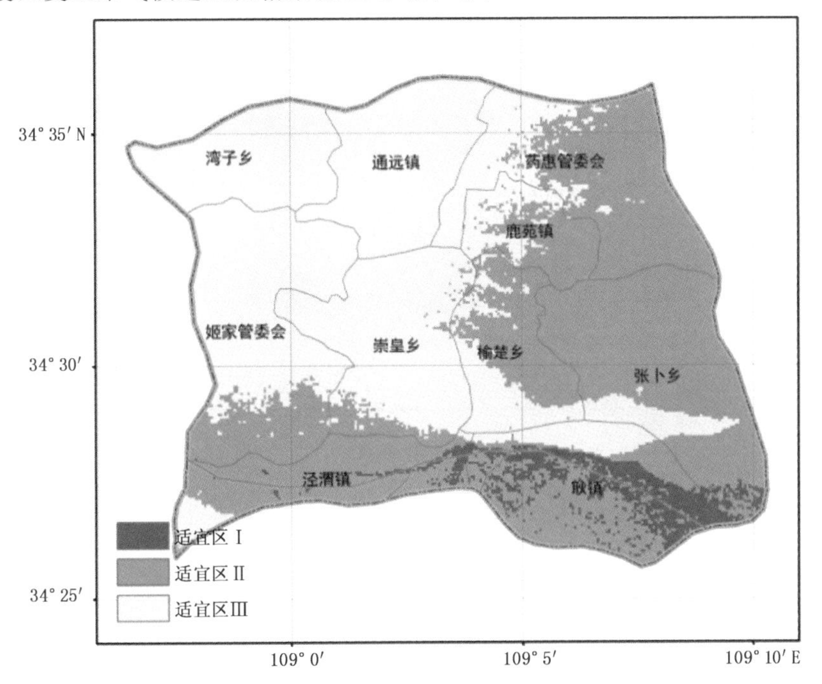

图 6-23 高陵区夏玉米气候适宜性精细化区划图

适宜区Ⅰ。主要是高陵区东南部沿泾河两岸地区，地理分布比较零散。这里气候条件适宜，且紧邻泾河，灌溉条件较好，有利于夏玉米的稳产、高产，是高陵区最适宜种植夏玉米的地区。

适宜区Ⅱ。主要是高陵区东部及南部沿泾河地区，包括泾渭镇和耿镇，以及药惠管委会、鹿苑镇、榆楚乡、张卜乡东部地区。这里地势平坦、土地肥沃、气候温和且灌溉条件优越，是高陵区夏玉米的重要种植地区。

适宜区Ⅲ。主要是高陵区西北部地区，包括湾子乡、通远镇，以及姬家管委会和崇皇乡北部和药惠管委会、鹿苑镇、榆楚乡、张卜乡的东部部分地区。这里气候条件适宜，但灌溉条件不如其他地区，故对夏玉米种植有一定影响。

6.4.3.6 灞桥区粮食作物气候适宜性精细化区划结果

(1)灞桥区冬小麦气候适宜性精细化区划结果(图 6-24)

最适宜区。主要包括灞桥北部新合、新筑、灞桥、十里铺等街道办，洪庆西部、红旗街道办西部等地区。这里是灞桥区平原地区，地势平坦，气候温和，是非常适宜种植冬小麦的地区。

适宜区Ⅰ。主要是洪庆街道办中部、狄寨街道办周边。这里气候适宜、地形以丘陵和塬地为主，也是适宜种植冬小麦的地区。

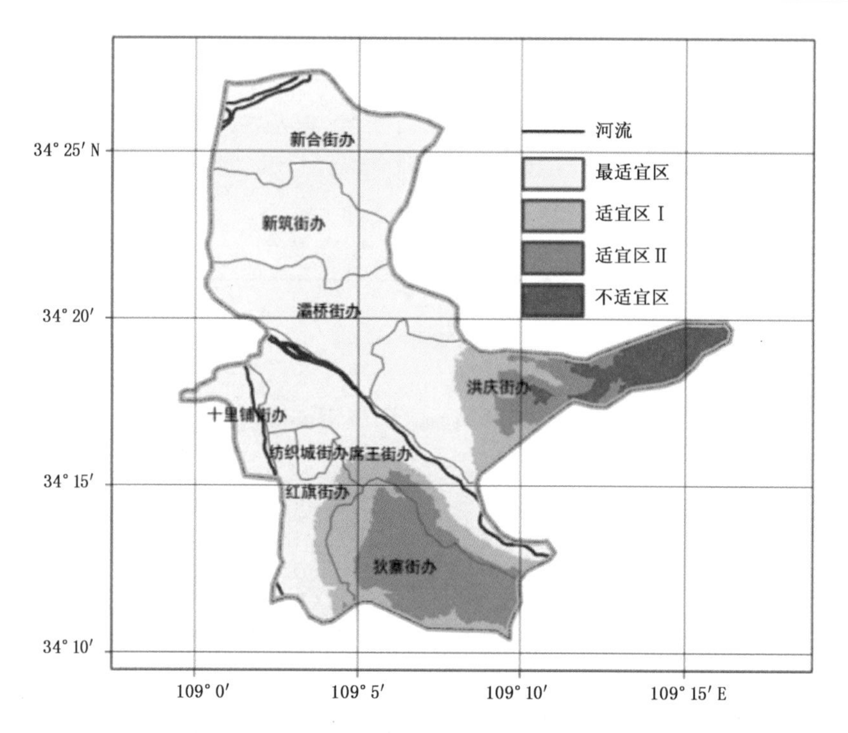

图 6-24　灞桥区冬小麦气候适宜性精细化区划图

适宜区Ⅱ。主要是洪庆街道办中东部、狄寨街道办大部分地区，这里海拔在 750～790 m。其中狄寨街道办属于荅原地形，原面开阔、地势平坦。也是适宜种植冬小麦的地区。

不适宜区。主要是洪庆街道办东部，这里海拔略高，属于山地，有秦岭北麓面积最大的天然淡竹林、西安地区最集中连片的万亩刺槐林等，不适宜种植冬小麦。

(2)灞桥区夏玉米气候适宜性精细化区划结果(图 6-25)

最适宜区。主要包括灞桥北部新合、新筑、灞桥、十里铺等街道办，洪庆西部、红旗街道办西部等地区。这里是灞桥区平原地区，地势平坦，气候温和，是非常适宜种植夏玉米的地区。

适宜区Ⅰ。主要是洪庆街道办中部、狄寨街道办周边。这里气候适宜地形以丘陵和塬地为主，也是适宜种植夏玉米的地区。

适宜区Ⅱ。主要是洪庆街道办中东部、狄寨街道办大部分地区，这里海拔在 750～790 m。其中狄寨街道办属于荅原地形，原面开阔、地势平坦。也是适宜种植夏玉米的地区。

不适宜区。主要是洪庆街道办东部，这里海拔略高，属于山地，有秦岭北麓面积最大的天然淡竹林、西安地区最集中连片的万亩刺槐林等，不适宜种植夏玉米。

6.4.3.7　阎良区粮食作物气候适宜性精细化区划结果

(1)阎良区冬小麦气候适宜性精细化区划结果(图 6-26)

适宜区Ⅰ。主要是阎良区南部及东部大部分地区，包括关山镇、武屯镇、北屯街道。这里地势平坦、土地肥沃、气候温和且灌溉条件优越，是阎良区冬小麦的重要种植地区。

适宜区Ⅱ。主要是阎良区中部及东北部地区，包括关山镇北部、新兴街道办、振兴街道办南部，也是冬小麦的适宜种植区。

适宜区Ⅲ。主要是阎良区西北部地区的振兴街办北部、新兴街办北部地区的黄土台塬地

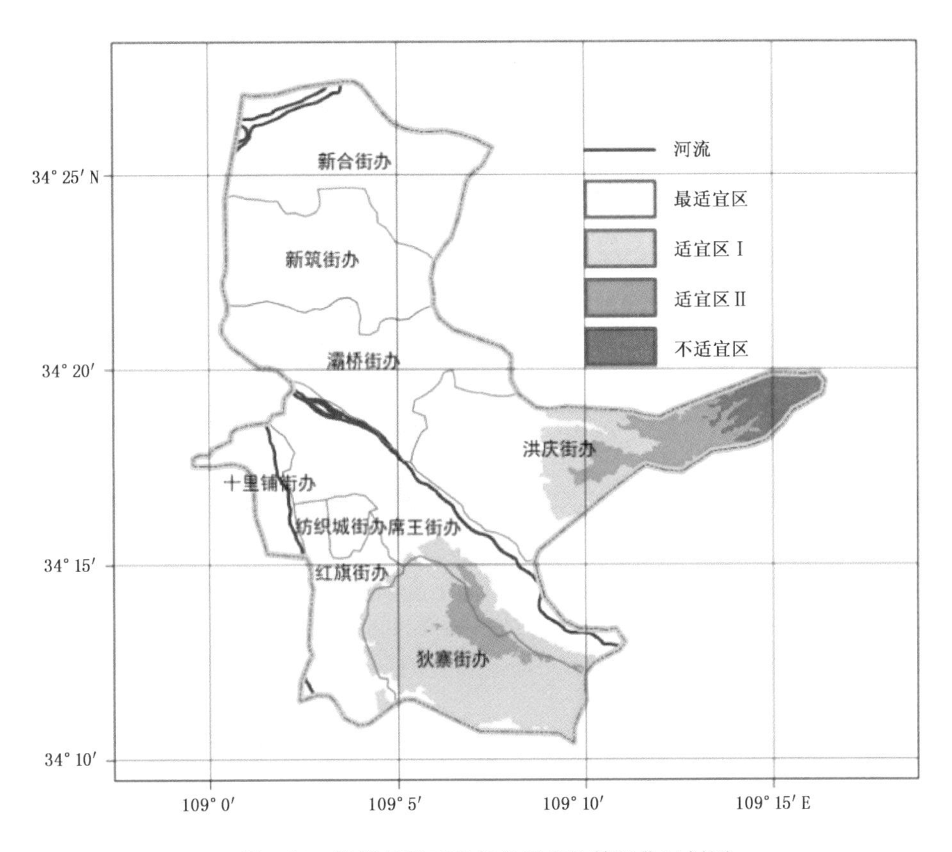

图6-25 灞桥区夏玉米气候适宜性精细化区划图

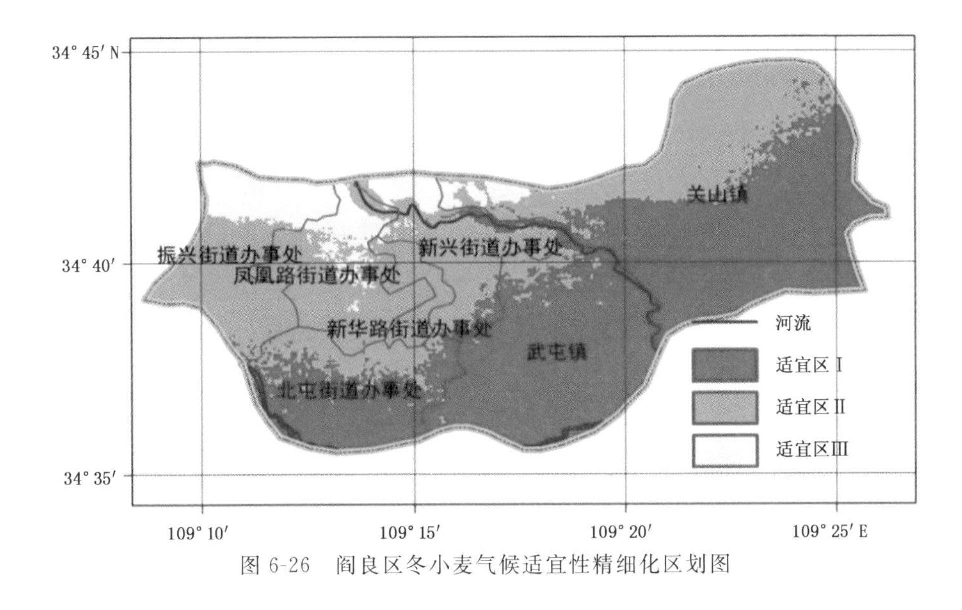

图6-26 阎良区冬小麦气候适宜性精细化区划图

区，属于冬小麦适宜区。

(2)阎良区夏玉米气候适宜性精细化区划结果(图6-27)

适宜区Ⅰ。主要是阎良区南部及东部大部分地区，包括关山镇、武屯镇、北屯街道。这里

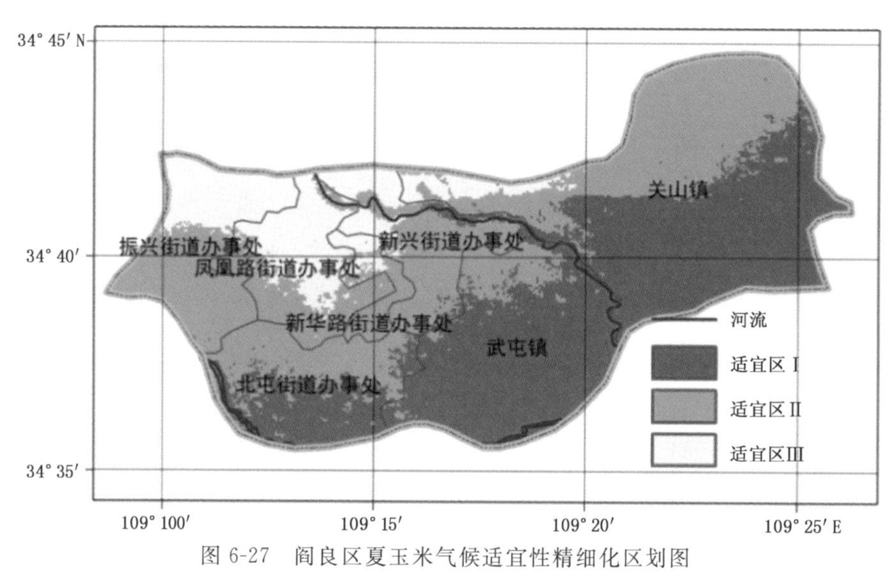

图 6-27　阎良区夏玉米气候适宜性精细化区划图

地势平坦、土地肥沃、气候温和且灌溉条件优越，是阎良区夏玉米的重要种植地区。

适宜区Ⅱ。主要是阎良区中部及东北部地区，包括关山镇北部、新兴街道办、振兴街道办南部，也是夏玉米的适宜种植区。

适宜区Ⅲ。主要是阎良区西北部的凤凰路街道办中北部、新兴街道办北部、振兴街道办北部地区的黄土台塬区，属于夏玉米适宜区。

6.4.3.8　蓝田县粮食作物气候适宜性精细化区划结果

(1)蓝田县冬小麦气候适宜性精细化区划结果(图 6-28)

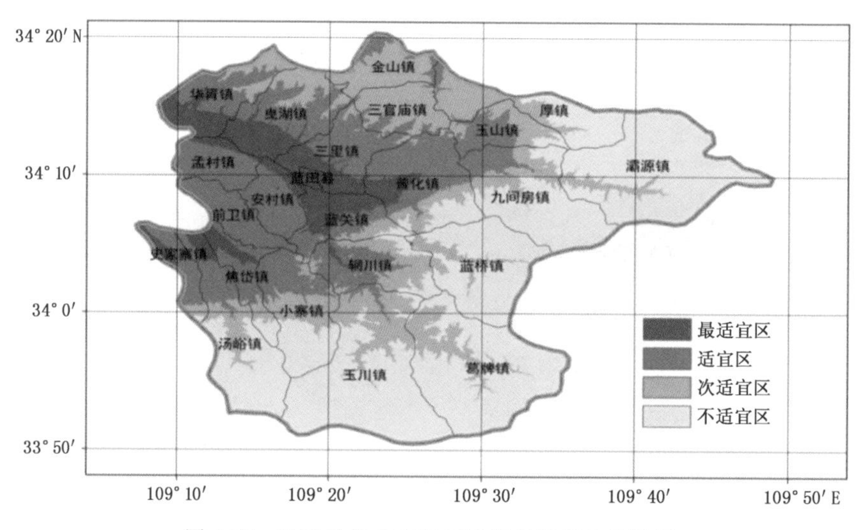

图 6-28　蓝田县冬小麦气候适宜性精细化区划图

最适宜区。主要包括华胥镇、洩湖镇、三里镇西南部，蓝关镇西北部，以及普化镇和焦岱镇的部分地区。这些地区地势相对平坦、气候温和，是蓝田县内少有的非常适宜种植冬小麦的地区。

适宜区。主要是蓝田县西北部地区，包括胥镇、曳湖镇、三里镇、普化镇、玉山镇、焦岱镇、孟村镇、安村镇、前卫镇、辋川镇、小寨镇、史家寨镇和汤峪镇等13个镇。这里气候适宜，地形以丘陵和塬地为主，是蓝田县冬小麦的主要产区。

次适宜区。主要是蓝田县东南部山区、塬区边缘的相对平坦地区。这里热量资源较低，光照条件较差，对冬小麦优质高产影响较大，属于冬小麦次适宜区。

不适宜区。主要是蓝田县东南部山区、塬区。这里地势高、地形复杂且温度较低，不利于冬小麦的正常生长，故不适宜种植冬小麦。

(2)蓝田县夏玉米气候适宜性精细化区划结果(图6-29)

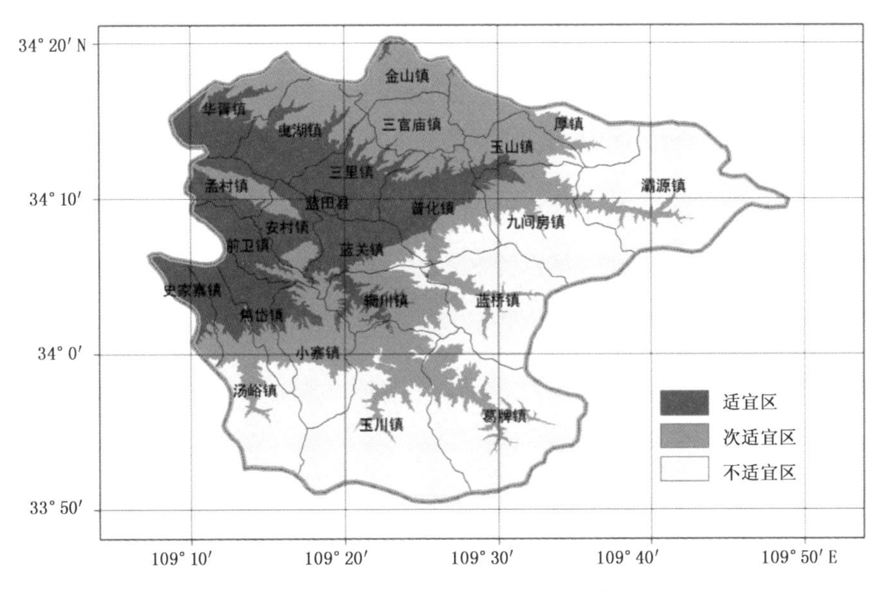

图6-29 蓝田县夏玉米气候适宜性精细化区划图

适宜区。主要包括华胥镇、曳湖镇、三里镇、蓝关镇、普化镇、焦岱镇、安村镇、孟村镇、前卫镇、史家寨镇的大部分地区。这里夏玉米种植历史悠久，气候温和且灌溉条件优越，是蓝田县夏玉米的重要种植地区。

次适宜区。主要是蓝田县中部山地、塬地地区，以坡地和塬地地形为主，地形条件基本满足夏玉米正常生长，但气候资源略差于适宜区，不利于夏玉米的稳产、高产和大面积种植。

不适宜区。主要是蓝田县东部和南部山地和塬地地区。由于地形复杂，温度较低，热量条件不能满足夏玉米的正常生长需求，故这里不适宜种植夏玉米。

6.5 西安市精细化、分区县气象灾害风险区划

气象灾害是制约社会和经济可持续发展的重要因素。暴雨、干旱、高温、大风、冰雹等都是西安市境内主要气象灾害，全球气候变化大背景下一些极端天气、气候事件的发生频率增加，各种气象灾害出现频率增加，因而减轻气象灾害造成的影响和损失是各级政府关心的问题，也是气象部门面临的一项重要任务。

暴雨洪涝灾害对社会生产和人民生活的影响极其广泛，成为危害人民生命财产安全的重

大气象灾害之一，同时暴雨洪涝灾害也对农业、交通运输业、水利、电力、通信、建筑、保险等造成严重影响。干旱灾害通常指淡水总量少，不足以满足人的生存和经济发展需要的气候现象，一般是长期的现象，干旱从古至今都是人类面临的主要自然灾害。即使在科学技术如此发达的今天，它造成的灾难性后果仍然比比皆是。尤其值得注意的是，随着经济发展和人口膨胀，水资源短缺现象日趋严重。高温热浪天气会使人体不能适应环境，超过人体的耐热极限，从而导致疾病发生或加重，甚至死亡。同时，高温还会加剧干旱的发生、发展，影响植物生长发育，使农作物减产；城市中高温热浪还使用水量、用电量急剧上升，造成城市水电供给压力骤增；另外，高温会使人心情烦躁，易引发公共秩序混乱、事故伤亡以及中毒、火灾等次生灾害事件，给人们生产生活带来极大影响。大风的危害主要是其本身给环境造成的机械损伤和破坏，如毁屋拔树、折技损叶、落花落果、沙化土地等，而且大风的吹起物还会对生态环境造成进一步的损伤和破坏，如砸伤人畜、沙埋良田等；大风还可能加重其他气象灾害，大风时形成的高速气流可加快对环境介质的传输，例如加大热量传输，造成人畜体热的迅速耗损，在冬季可加重严寒程度，冻死冻伤人畜；加大水分蒸发，加重干旱危害等。冰雹灾害主要表现在冰雹从高空急速落下，发展和移动速度较快，冲击力大，再加上猛烈的暴风雨，使其摧毁力得到加强，经常让农民猝不及防，直接威胁人畜生命安全，有的还导致地面的人员伤亡。直径较大的冰雹会给正在开花结果的果树、玉米、蔬菜等农作物造成毁灭性的破坏，造成粮田的颗粒无收，直接影响对城市的农产品供应，常使丰收在望的农作物在顷刻之间化为乌有。

因此，科学评估暴雨、干旱、高温、大风、冰雹灾害风险，减轻灾害损失，对提高政府决策的科学性，及时采取正确防灾措施，提高经济和社会效益具有十分重要的意义。近年来，随着社会经济发展和气象灾害及其衍生、次生灾害频发，气象灾害风险区划、风险评估和风险管理工作越来越受到人们的重视，可为政府及相关部门开展气象灾害的防御与治理、资源的开发与利用、减灾规划与措施的制定等工作提供翔实的数据支撑和坚实的科技支撑，从而最大限度地减少灾害造成的损失。为气象防灾减灾规划利用、重大工程建设、生态环境保护与建设和相关法律法规制定等提供科技支撑。

近几年，西安市气象局广泛开展与水利、国土资源、统计等部门的合作，收集 2011—2016 年包括气象数据、灾情数据、社会经济资料、地理信息数据和防灾减灾能力建设等其他相关数据。基于灾损的气象灾害风险区划主要是根据各地过去出现过的各类气象灾害产生的损失的大小，动态更新和计算各地灾害风险度，然后将每类气象灾害分成几个等级，求它们的出现概率，再结合各地的物理暴露敏感性、承灾体易损性和区域防灾减灾能力得到每个气象灾害的风险区划结果。

6.5.1 分灾种、精细化气象灾害风险区划的数据资料

对收集资料进行整理，通过整理和计算人口密度、经济密度、耕地面积比、旱涝保收面积比等数据以及有记录以来的各区(县)各灾种的气象资料，开展气象灾害调查、特点分析、致灾阈值界定等工作。

气象数据：西安市所有气象站 1961—2016 年的日降水量数据、年最大风速、年大风日数、年冰雹日数、年高温日数、年最高气温等。

地质灾害易发区资料：来源为西安市国土资源局。

灾情资料：1984—2016 年西安市以区(县)为单元，长安区和高陵区以乡镇为单元的暴雨

洪涝、大风、冰雹、高温的普查数据(受灾人口、受灾面积、直接经济损失等)。

社会经济资料:以区(县)为单元,长安区和高陵区以乡镇为单元的行政区年末人口(人)、土地面积(km^2)、在岗职工年平均工资(元)、农民年人均纯收入(元)、年末耕地面积(hm^2)、GDP(亿元)、农作物播种面积(hm^2)、大牲畜年末存栏(万头)、财政收入(万元)、财政支出(万元)等数据,来源为2006—2016年《西安市统计年鉴》;以及西安市水利局出版的2006—2016年《西安水利年鉴》,采集有效灌溉面积(hm^2)和旱涝保收面积(hm^2)。

地理信息数据:包括西安市1∶25万数字高程(DEM)、土地利用资料、水系数据和植被数据等。

防灾、减灾能力建设的数据资料:各区(县)土壤田间持水量、各区(县)应急预案指标、气象预警信号发布能力、政府防灾减灾决策与组织实施水平和CSIWS(气象用户满意度测度模型,Customer Satisfaction Index of Weather Service)公众满意度指数(罗慧等,2007)等量化指标,西安市人工影响天气的火箭点数据等。

6.5.2 分灾种、精细化气象灾害风险区划的技术方法及区划因子

高庆华(1991)、黄崇福等(1998)、赵阿兴和马宗晋(1993)从灾害学角度出发,认为自然灾害风险是自然力作用于承灾体的结果,可以表示成灾害危险性、物理暴露敏感性、承灾体易损性和区域防灾减灾能力的函数。根据自然灾害风险的定义,气象灾害风险定义为灾害活动及其对自然环境系统、社会和经济造成的影响和危害的可能性,而不是气象灾害本身。具体而言,是指某一时段内,某一地区气象灾害发生的可能、破坏损失、活动程度及对自然环境系统、社会和经济造成的影响和危害的可能性的大小。

借鉴相关学者研究思路,基于灾损的气象灾害风险区划主要是根据各地过去出现过的各类气象灾害产生的损失的大小,计算各地灾害风险度,然后将每个气象灾害分成几个等级,求它们的出现概率,再结合各地的物理暴露敏感性、承灾体易损性和区域防灾减灾能力得到每种气象灾害的风险区划结果(图6-30)。

6.5.2.1 主要气象灾害危险性

气象灾害危险性指气象灾害异常程度,主要是由气象致灾因子活动规模(强度)和活动频次(概率)决定的。一般致灾因子强度越大,频次越高,气象灾害所造成的破坏损失越严重,气象灾害风险也越大。

(1)西安暴雨灾害

影响暴雨灾害的致灾因子主要包括:暴雨灾害规模、强度、频率、影响范围等。而这些因素变化的程度越大,暴雨灾害对人类社会经济系统造成破坏的可能性也就越大,造成的损失也就越严重,相应地,灾害风险就可能越高。反之,暴雨灾害的风险就越小。

分别统计不同流域的气象站暴雨过程频次和强度作为西安市暴雨洪涝的致灾因子。在ArcGIS中采用自然断点分级法对各区(县)分五级将暴雨灾害危险性进行区划,分别为低危险区、次低危险区、中等危险区、次高危险区和高危险区。

(2)西安干旱灾害

影响干旱灾害的致灾因子主要包括:旱灾规模、强度、频率和影响范围等。而这些因素变化的程度越大,旱灾对人类社会经济系统造成破坏的可能性也就越大,造成的损失也就越严重,相应地,灾害风险就可能越高。反之,旱灾的风险就越小。在灾害研究中,致灾因子的这种性质,通常被描述为危险性,其高低通常可用干旱灾害的变异强度和干旱灾害发生的概率来表

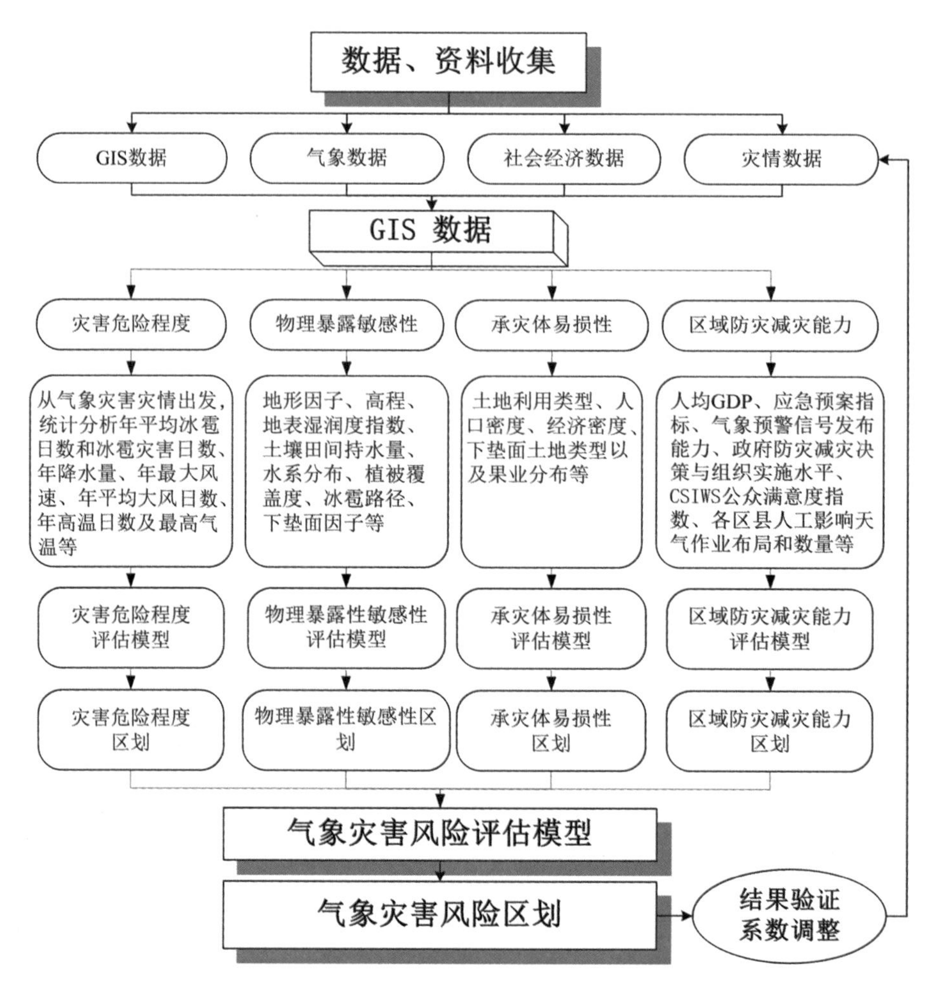

图 6-30　西安市分灾种、精细化气象灾害风险区划技术路径图

达。CI 指数是利用近 30 d 和近 90 d 标准化降水指数，以及近 30 d 相对湿润指数进行综合而得到的气象干旱指数，数值越小，表明干旱越严重，综合气象干旱等级划分见表 6-21。

表 6-21　综合气象干旱等级的划分

等级	类型	*CI* 值	干旱影响程度
1	无旱	$-0.6<CI$	降水正常或较常年偏多，地表湿润，无旱象。
2	轻旱	$-1.2<CI\leqslant-0.6$	降水较常年偏少，地表空气干燥，土壤出现水分轻度不足。
3	中旱	$-1.8<CI\leqslant-1.2$	降水持续较常年偏少，土壤表面干燥，土壤出现水分不足，地表植物叶片白天有萎蔫现象。
4	重旱	$-2.4<CI\leqslant-1.8$	土壤出现水分持续严重不足，土壤出现较厚的干土层，植物萎蔫、叶片干枯，果实脱落；对农作物和生态环境造成较严重影响，对工业生产、人畜饮水产生一定影响。
5	特旱	$CI\leqslant-2.4$	土壤出现水分长时间严重不足，地表植物干枯、死亡；对农作物和生态环境造成严重影响，对工业生产、人畜饮水产生较大影响。

在 ArcGIS 中采用自然断点分级法对各区(县)分五级将干旱灾害危险性进行区划,分别为低危险区、次低危险区、中等危险区、次高危险区和高危险区。

(3)西安高温灾害

影响高温灾害的致灾因子主要包括:高温灾害规模、强度、频率和影响范围等。而这些因素变化的程度越大,高温灾害对人类社会经济系统造成破坏的可能性也就越大,造成的损失也就越严重,相应地,灾害风险就可能越高。反之,高温灾害的风险就越小。其高低通常可用高温灾害的变异强度和高温灾害发生的概率来表达。计算西安市日最高气温≥35 ℃日数(图 6-31)及≥38 ℃日数(图 6-32),并根据各地最高气温计算 30 年一遇最高气温(图 6-33),50 年一遇最高气温(图 6-34)。

以日最高气温≥38 ℃日数为例,西安市年高温日数呈现出以城区为高值的环形分布,城区出现 4 天以上,到了南部山区则少于 1 天。

西安市 50 年一遇极端最高气温高于 43 ℃的地区主要分布在西安城区、高陵、蓝田等地。秦岭山区大部分地区 50 年一遇极端最高气温低于 35 ℃。

综合考虑这两个因子,在 ArcGIS 中采用自然断点分级法分五级将高温灾害危险性进行区划,分别为低危险区、次低危险区、中等危险区、次高危险区和高危险区。

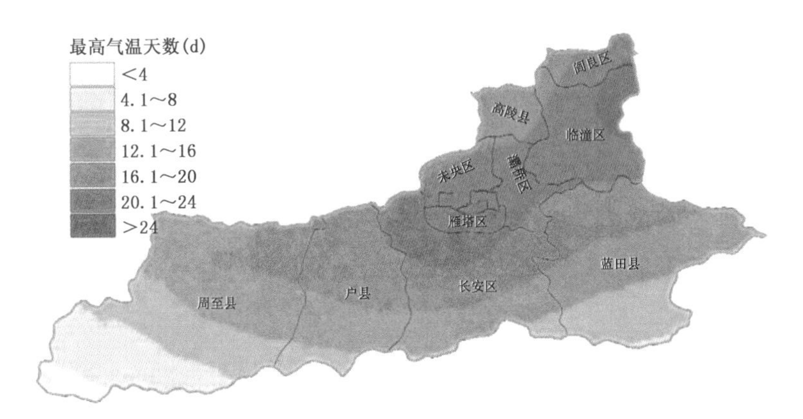

图 6-31　西安市年最高气温≥35 ℃日数(1961—2016 年平均)

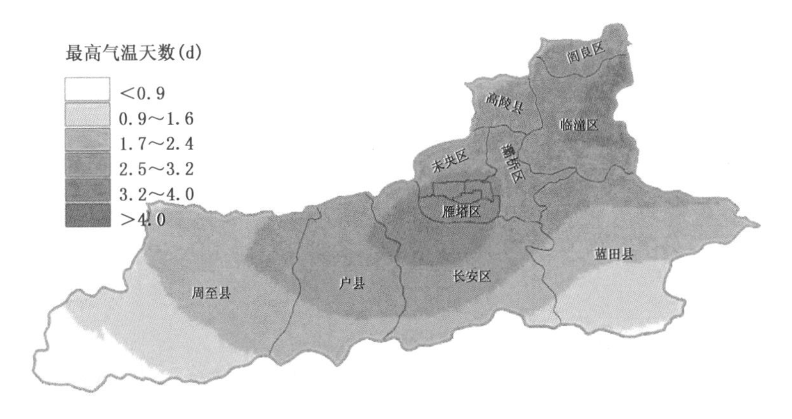

图 6-32　西安市年最高气温≥38 ℃日数(1961—2016 年平均)

图 6-33　西安市 30 年一遇最高气温(1961—2016 年)

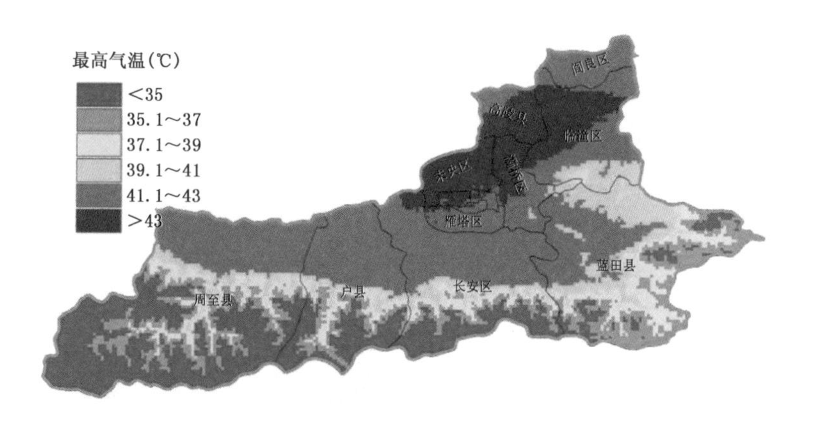

图 6-34　西安市 50 年一遇最高气温(1961—2016 年)

(4)西安大风灾害

影响大风灾害的致灾因子主要包括:大风灾害规模、强度、频率和影响范围等。而这些因素变化的程度越大,大风灾害对人类社会经济系统造成破坏的可能性也就越大,造成的损失也就越严重,相应地,灾害风险就可能越高。反之,大风灾害的风险就越小(图 6-35、图 6-36)。

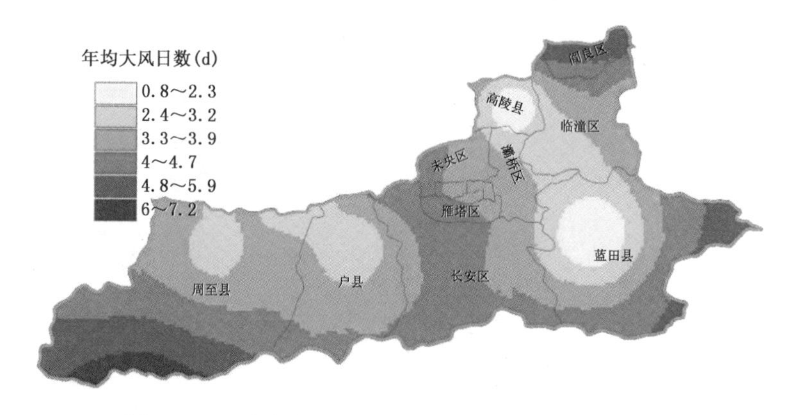

图 6-35　西安市年平均大风日数分布(1961—2016 年)

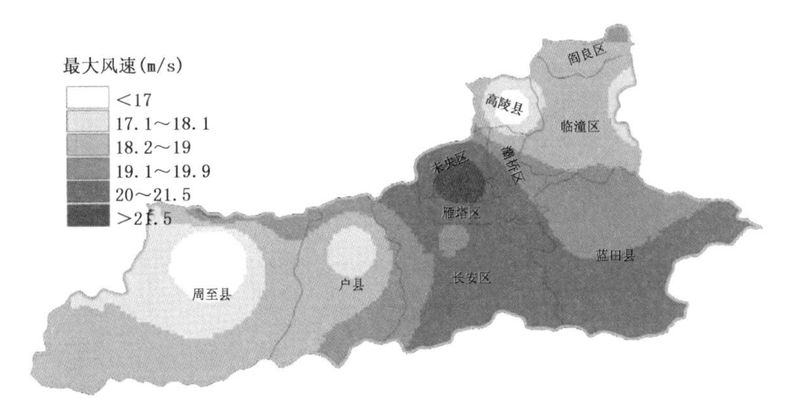

图 6-36 西安市最大风速分布(1961—2016 年)

综合考虑以上两个因子,在 ArcGIS 中采用自然断点分级法分五级将大风灾害危险性进行区划,分别为低危险区、次低危险区、中等危险区、次高危险区和高危险区。

(5)西安冰雹灾害

影响冰雹灾害的致灾因子主要包括:冰雹灾害规模、强度、频率和影响范围等。这些因素变化的程度越大,冰雹灾害对人类社会经济系统造成破坏的可能性也就越大,造成的损失也就越严重,相应地,灾害风险就可能越高。反之,冰雹灾害的风险就越小。

冰雹致灾因子分析包括冰雹灾害气象台站观测的冰雹日数以及灾情数据中的冰雹次数。这是由于冰雹灾害具有局地性的特点,经常降落在测站之外,需要结合 1984—2016 年发生冰雹灾害的数据,计算各个乡镇的雹灾次数,二者等权重分析。西安年冰雹日数一般在 0.5 天以下(图 6-37)。在 ArcGIS 中采用自然断点分级法分五级将冰雹灾害危险性进行区划,分别为低危险区、次低危险区、中等危险区、次高危险区和高危险区。

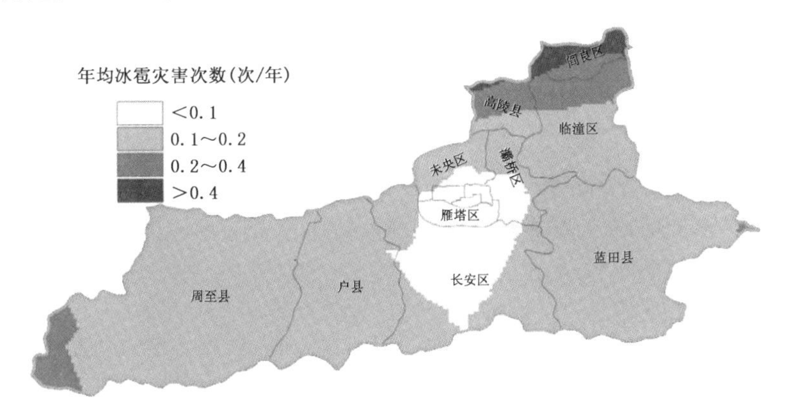

图 6-37 西安市年平均冰雹灾害次数(1961—2016 年)

6.5.2.2 主要气象灾害发生地的自然物理暴露敏感性

自然物理暴露敏感性指受到气象灾害威胁的所在地区外部环境对灾害或损害的敏感程度。在同等强度的灾害情况下,敏感程度越高,气象灾害所造成的破坏损失越严重,气象灾害的风险也越大。自然物理暴露是孕育灾害的温床,是指人类所处的自然地质地理环境(又称为孕灾环境),包括地形地势、海拔高度、山川水系分布和地质地貌等。

(1)西安暴雨灾害

从洪涝形成的背景与机理分析,自然物理暴露敏感性主要考虑西安市地质灾害易发区、地形、水系及植被覆盖度等因子对洪涝灾害形成的综合影响。其中地质灾害易发区包括西安市泥石流、滑坡、崩塌等(图 6-38)。地形主要包括高程和地形变化,地势越低、地形变化越小的平坦地区不利于洪水的排泄,容易形成涝灾。水系主要考虑河网密度和距离水体的远近,河网越密集,距离河流、湖泊、大型水库等越近的地方遭受洪涝灾害的风险越大。植被覆盖度指有植被的面积占土地总面积的百分比,由于植被具有强烈的水土保持功能,因此,一个地方的植被覆盖度越大,可能发生洪涝灾害的风险越小。

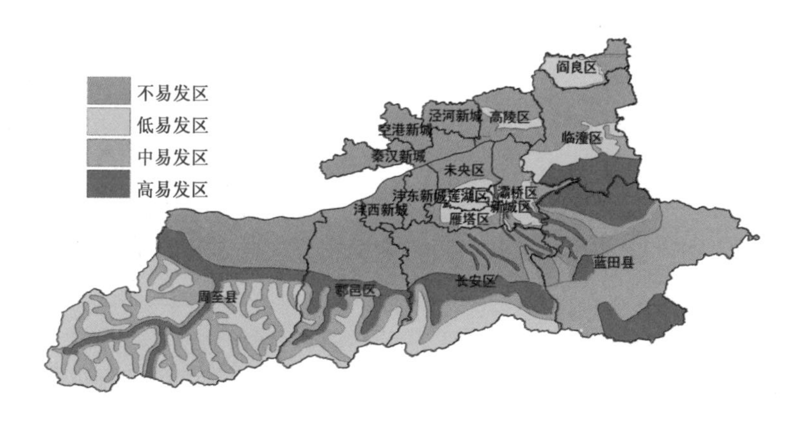

图 6-38　西安市地质灾害易发区

地形起伏变化则采用高程标准差表示,对 GIS 中某一格点,计算其与周围 8 个格点的高程标准差获得,计算地形高程标准差,高程越低、高程标准差越小,影响值越大,表示越有利于形成涝灾。

在 ArcGIS 中采用自然断点分级法对各区县分五级将物理暴露度敏感度进行区划,分别为低敏感区、次低敏感区、中等敏感区、次高敏感区和高敏感区。

(2)西安干旱灾害

影响干旱灾害的自然物理暴露主要有以下几点:地表水文因素(流域、水系、水位变化、地表湿润度指数等)、土壤因素(土壤类型、质地、田间持水量等)、地形地貌(海拔、高差、走向、形态等)和植被状况(植被类型、覆盖度、分布等)。包含因素较多,各因素间关联比较复杂,分析时应综合考虑,采用植被覆盖度、田间持水量和地表湿润度指数三个因子为评价指标。植被覆盖度越大,物理暴露度也越弱;土壤田间持水量越大,物理暴露度越小;地表湿润度指数越大的地区,物理暴露度越弱;三个指标的变化都与旱灾的敏感性成反比。

在 ArcGIS 中采用自然断点分级法分五级将物理暴露度敏感度进行区划,分别为低敏感区、次低敏感区、中等敏感区、次高敏感区和高敏感区。

(3)西安高温灾害

影响高温灾害的自然物理暴露主要包括海拔高度、植被覆盖度等。

在 ArcGIS 中采用自然断点分级法分五级将物理暴露度敏感度进行区划,分别为低敏感区、次低敏感区、中等敏感区、次高敏感区和高敏感区。

(4)西安大风灾害

影响大风灾害的自然物理暴露主要包括海拔高度、植被覆盖度等。

在ArcGIS中采用自然断点分级法分五级将物理暴露度敏感度进行区划，分别为低敏感区、次低敏感区、中等敏感区、次高敏感区和高敏感区。

(5)西安冰雹灾害

影响冰雹灾害的自然物理暴露主要包括地形因子、下垫面因子和冰雹路径等。地形因子中主要考虑高程因素。根据实际灾情数据分析，西安市在海拔1000～1300 m为冰雹高发区，并根据实际情况对高程因子进行影响度赋值；在分析下垫面因子时，将土地利用图进行栅格化处理，并将下垫面分为绿地、水体、半裸地、沼泽、冰川、荒地、沙地7类，分别对每个栅格按0.9、0.7、0.5、0.3、0.1、0.1、0.1赋值，建立下垫面因子图层；根据西安市主要冰雹路径，将冰雹路径投影到与以上2个因子图层相同的坐标上，并对路径进行1 km、5 km、10 km和20 km四级缓冲区分析，得出雹云四级影响范围，进行栅格化处理后，分别按0.9、0.7、0.5和0.3赋予影响度值，建立主要冰雹路径因子图层。

在ArcGIS中采用自然断点分级法分五级将物理暴露度敏感度进行区划，分别为低敏感区、次低敏感区、中等敏感区、次高敏感区和高敏感区。

6.5.2.3　主要气象灾害的承灾体易损性

承灾体易损性指可能受到气象灾害威胁的所有人员和财产的伤害或损失程度，如人员、牲畜、房屋、农作物和城镇生命线等。承灾体是灾害风险作用的对象，是蒙受灾害的实体。潜在气象灾害只有作用于相应的对象(包括生命、财产和社会经济活动安全)时，才可能造成灾害，而存在危险性并不意味着灾害就一定会发生。一个地区人口和财产越集中，易损性越高，可能遭受潜在损失越大，气象灾害风险越大。

(1)西安暴雨灾害

从科学性、合理性、可操作性和易于定量化的原则出发，选取西安市2008—2016年人口密度、人均GDP、在岗职工年平均工资、农民年人均纯收入、易涝面积比、年暴雨日数和暴雨洪涝灾情，构成评价西安市暴雨洪涝灾害易损性指标体系，采用模糊综合评价法对西安市各个区(县)进行暴雨洪涝灾害易损性评价与分析。

最后，在ArcGIS中采用自然断点分级法对各区(县)分五级将承灾体易损性指数进行区划，分别为低易损性区、次低易损性区、中等易损性区、次高易损性区和高易损性区。

(2)西安干旱灾害

对于干旱灾害的承灾体易损性的分析，通过选取西安市人口密度、人均GDP、在岗职工年平均工资、农民年人均纯收入、有效灌溉面积比、地表湿润指数和干旱灾情等七个评价指标，构成西安市干旱气象灾害易损性指标体系，并采用模糊综合评价法对西安市各个区(县)进行干旱气象灾害易损性评价与分析。

在ArcGIS中采用自然断点分级法对各区(县)分五级将承灾体易损性指数进行区划，分别为低易损性区、次低易损性区、中等易损性区、次高易损性区和高易损性区。

(3)西安高温灾害

选取人口密度、人均GDP、植被分布等构成评价西安市高温灾害易损性指标体系，采用模糊综合评价法对西安市各个区(县)进行高温灾害易损性评价与分析。在ArcGIS中采用自然断点分级法分五级将承灾体易损性指数进行区划，分别为低易损性区、次低易损性区、中等易损性区、次高易损性区和高易损性区。

(4)西安大风灾害

从科学性、合理性、可操作性和易于定量化的原则出发，选取人口密度、人均 GDP，构成评价西安市大风灾害易损性指标体系，采用模糊综合评价法对西安市各个区(县)进行大风灾害易损性评价与分析。在 ArcGIS 中采用自然断点分级法分五级将承灾体易损性指数进行区划，分别为低易损性区、次低易损性区、中等易损性区、次高易损性区和高易损性区。

(5)西安冰雹灾害

冰雹对西安市果业、大棚蔬菜等生产造成极大威胁。从科学性、合理性、可操作性和易于定量化的原则出发，选取人口密度、人均 GDP、下垫面土地类型、果业分布等构成评价西安市冰雹灾害易损性指标体系，采用模糊综合评价法进行冰雹灾害易损性评价与分析。在 ArcGIS 中采用自然断点分级法分五级将承灾体易损性指数进行区划，分别为低易损性区、次低易损性区、中等易损性区、次高易损性区和高易损性区。

6.5.2.4 西安分区域防灾减灾能力

区域防灾减灾能力是指受灾区对气象灾害的抵御和恢复程度，包括应急管理能力、减灾投入资源准备等各种用于防御和减轻气象灾害的各种管理对策及措施，包括减灾投入、各种工程和非工程措施、资源准备、管理能力等，表示受灾区在短期和长期内能够从灾害中恢复的程度。防灾减灾能力越高，资源设备先进，管理措施得当，管理能力强，可能遭受的潜在经济损失就越小，灾害的风险也就越小。

防灾减灾措施是人类社会，特别是风险承担者用来应对灾害所采取的方针、政策、技术、方法和行动的总称，一般分为工程性防减灾措施和非工程性防减灾措施两类。非工程性防灾措施包括自然灾害监测预警、政府防灾减灾决策和组织实施水平以及公众的防灾意识和知识等几个方面。

对于区域防灾减灾能力的分析，采用财政支出、旱涝保收面积比和非工程性防减灾措施等，包括应急预案指标、气象预警信号发布能力、政府防灾减灾决策与组织实施水平和 CSIWS(气象服务用户满意度模型)公众满意度指数等多个因子。

根据专家调查问卷，各灾种防灾、减灾的特点，采用不同的因子，建立暴雨、高温、大风、冰雹等气象防灾、减灾能力指数模型，在 ArcGIS 中采用自然断点分级法对各区(县)分五级将防灾、减灾能力进行区划，分别为低防灾减灾能力区、次低防灾减灾能力区、中等防灾减灾能力区、次高防灾减灾能力区和高防灾减灾能力区。

6.5.3 精细化气象灾害风险区划方法

在对灾害危险性、物理暴露敏感性、承灾体易损性、防灾减灾能力等因子进行定量分析评价的基础上，为了反映各区(县)暴雨灾害风险分布的地区差异性，根据风险度指数的大小，将风险区划分为若干个等级。然后根据灾害风险评价指数法求暴雨灾害风险指数，具体计算公式为：

$$FDRI = w_h \times (VH) + w_e \times (VE) + w_s \times (VS) + w_r \times (1 - VR) \tag{6.13}$$

式中，$FDRI$ 为气象灾害风险指数，用于表示风险程度，其值越大，则灾害风险程度越大；VH、VE、VS、VR 为分别表示风险评价模型中归一化的灾害危险性、物理暴露敏感性、承灾体的易损性和防灾减灾能力各评价因子指数；w_h、w_e、w_s、w_r 为各评价因子的权重。针对不同类气象灾害，w_h、w_e、w_s、w_r 取值不同。通过专家问卷调查法(Delphi 法)，经过对调查结果综合分析，确定各个评价因子及指标的权重。西安市暴雨、干旱、高温、大风和冰雹等主要气象灾害的精细化风险区划评估指标权重详见图 6-39～图 6-43。

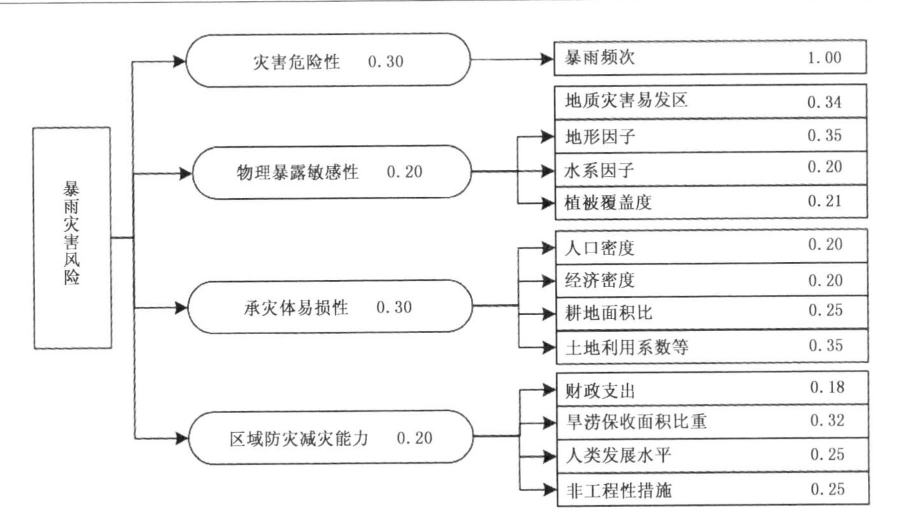

图6-39 西安市精细化暴雨灾害风险区划评估指标权重

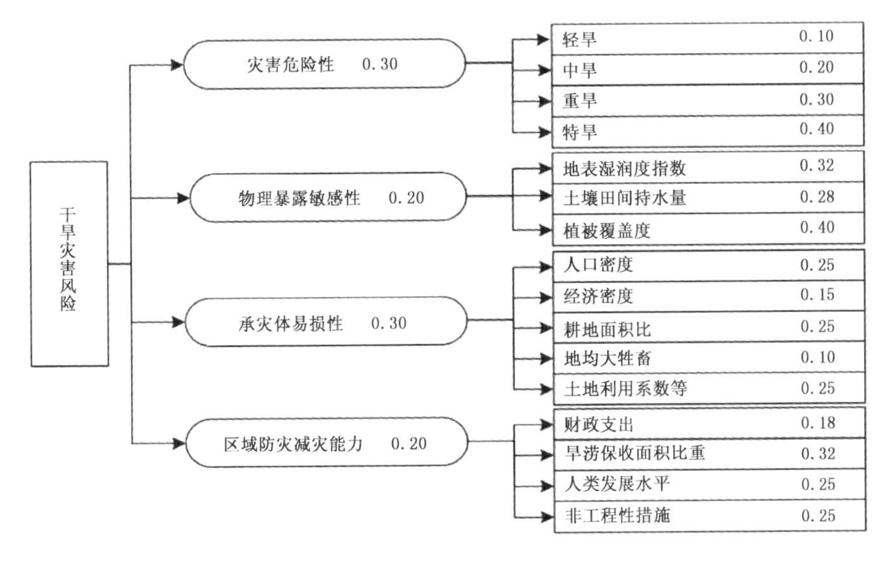

图6-40 西安市精细化干旱灾害风险区划评估指标权重

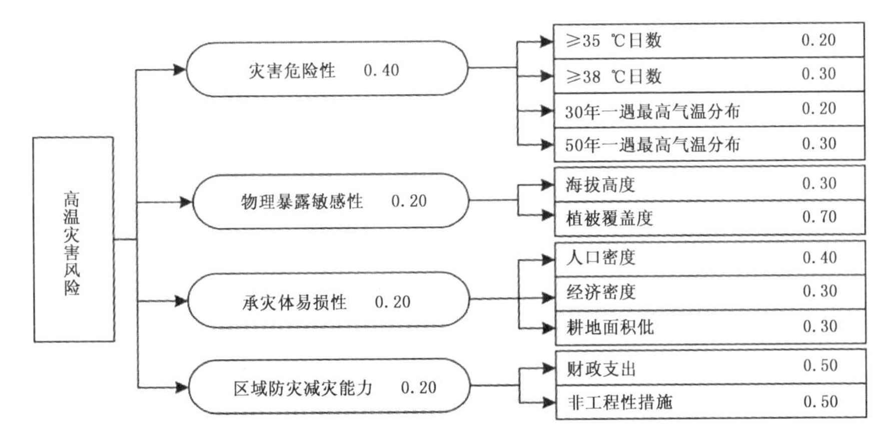

图6-41 西安市精细化高温灾害风险区划评估指标权重

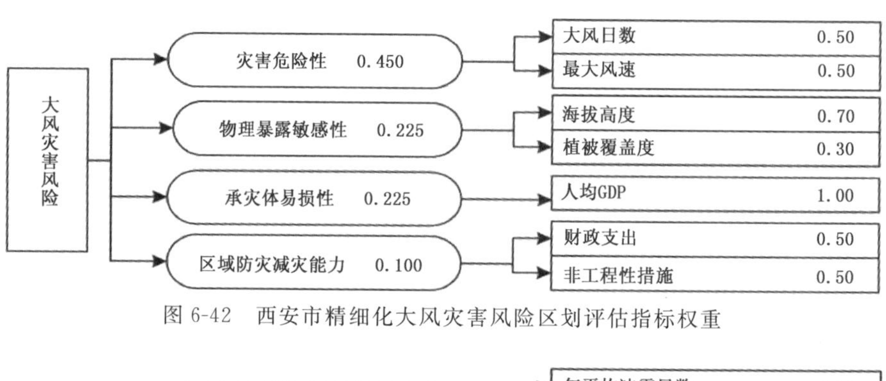

图 6-42　西安市精细化大风灾害风险区划评估指标权重

冰雹灾害风险
灾害危险性 0.40
年平均冰雹日数 0.50
年平均冰雹次数 0.50
物理暴露敏感性 0.20
高程（DEM） 0.30
下垫面因子 0.35
冰雹路径 0.35
承灾体易损性 0.20
土地利用类型 0.40
人口密度 0.30
GDP密度 0.30
区域防灾减灾能力 0.20
火箭人工影响天气作业点分布 0.60
人均GDP 0.20
非工程性措施 0.20

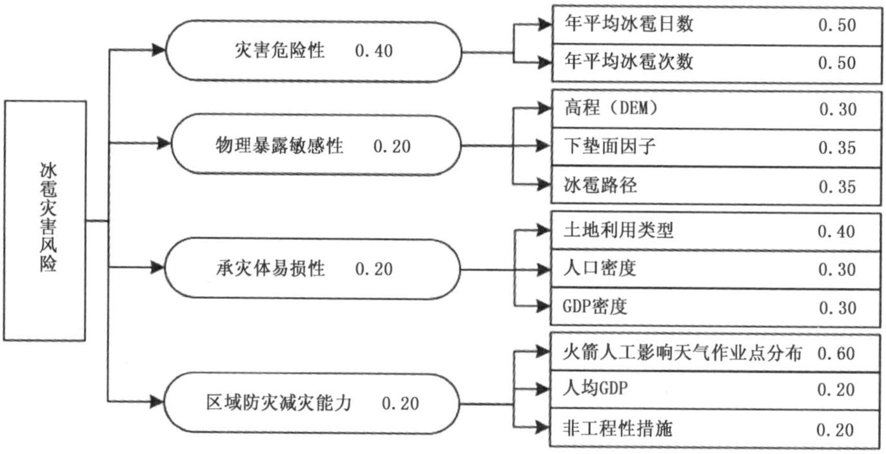

图 6-43　西安市精细化冰雹灾害风险区划评估指标权重

在 ArcGIS 中采用自然断点分级法分五级将暴雨、高温、大风、冰雹等气象灾害风险指数进行区划，分别为低风险区、次低风险区、中等风险区、次高风险区和高风险区。

6.5.4　西安市精细化、分区县气象灾害风险区划结果

6.5.4.1　西安市精细化气象灾害风险区划结果

西安市位于渭河流域中部关中盆地，北临渭河和黄土高原，南邻秦岭。2017 年 1 月 22 日，为了支持大西安建设，陕西省委将西咸新区划归西安管理。西咸新区位于西安市和咸阳市建成区之间，区域范围涉及西安、咸阳两市所辖 7 县(区)23 个乡镇和街道办事处，规划控制面积 882 km^2(图 6-44)。

西安市平原地区属暖温带半湿润大陆性季风气候，冷暖干湿四季分明。冬季寒冷、风小、多雾、少雨雪；春季温暖、干燥、多风、气候多变；夏季炎热多雨，伏旱突出，多雷雨大风；秋季凉爽，气温速降，秋淋明显。年平均气温 13.0～13.7 ℃，最冷 1 月份平均气温 −1.2～0.0 ℃，最热 7 月份平均气温 26.3～26.6 ℃，年极端最低气温 −21.2 ℃(蓝田县 1991 年 12 月 28 日)，年极端最高气温 43.4℃(长安区 1966 年 6 月 19 日)。年降水量 522.4～719.5 mm，由北向南递增。7 月、9 月为两个明显降水高峰月。年日照时数 1646.1～2114.9 h，年主导风向各地有差异，西安市区为东北风，周至县、鄠邑区为西风，高陵区、临潼区为东东北风，长安区为东南风，蓝田县为西北风。气象灾害有干旱、连阴雨、暴雨、洪涝、城市内涝、冰雹、大风、干热风、高温、雷电、沙尘暴、大雾、霾、寒潮、低温冻害。

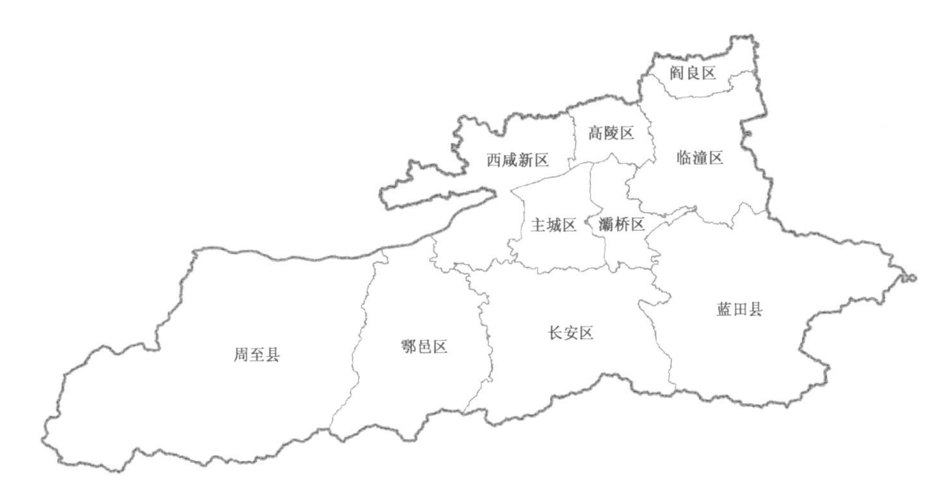

图 6-44　西安市行政区划图

西安市分灾种精细化气象灾害风险区划(图 6-45～图 6-49)显示:秦岭西安段深山区多为暴雨灾害中等及以下风险区,其余地区暴雨灾害风险分布则相对分散,多为暴雨灾害中等风险区;西安未央区、灞桥区、临潼区、高陵区,鄠邑区北部和长安区北部等为高温灾害高风险区域,西安主城区、阎良区、雁塔区、长安区北部为高温灾害次高风险区域,蓝田大部为高温灾害中等风险区域,西安南部山区为高温灾害次低及低风险区域;西安主城区为干旱灾害高风险区域,西安其余区县平原地区为干旱灾害次高及中等风险区域,西安南部山区为次低及低风险区域;西安主城区中北部为大风灾害次高风险区域,西安主城区南部、长安区北部为大风灾害中等风险区域,其余地区为大风灾害次低及低风险区域;临潼、蓝田部分地区为冰雹灾害中等风险区域,其余地区均为冰雹灾害次低及低风险区域。

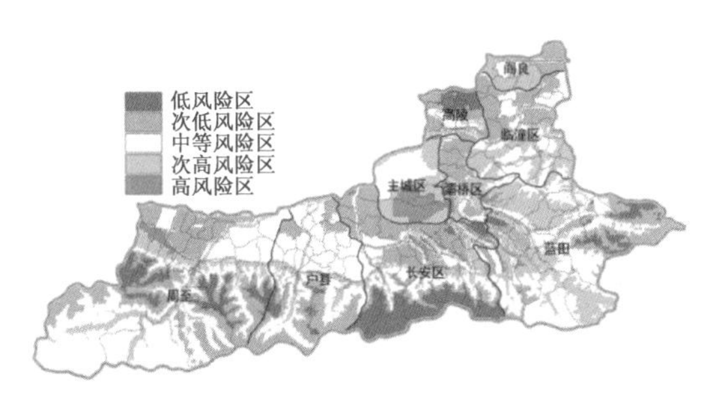

图 6-45　西安市暴雨灾害风险区划

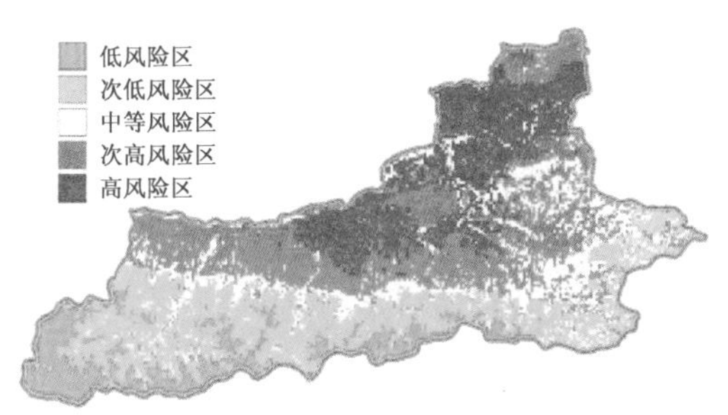

图 6-46　西安市高温灾害风险区划

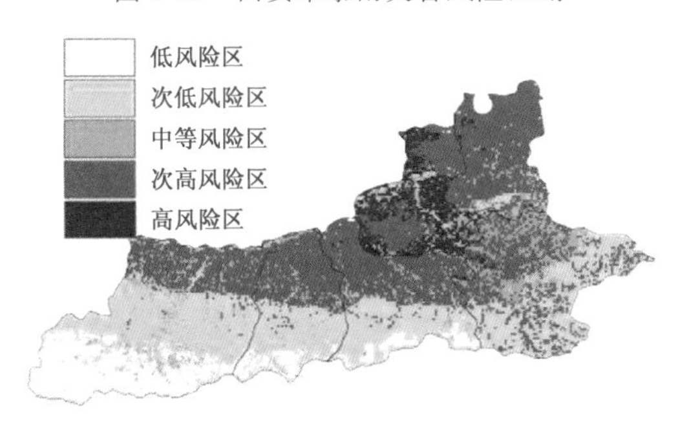

图 6-47　西安市干旱灾害风险区划

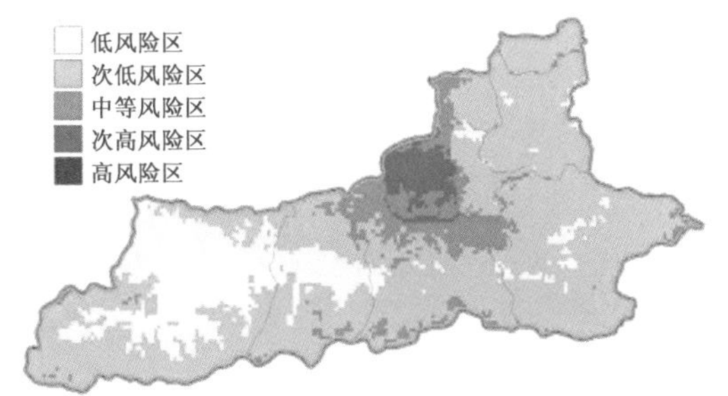

图 6-48　西安市大风灾害风险区划

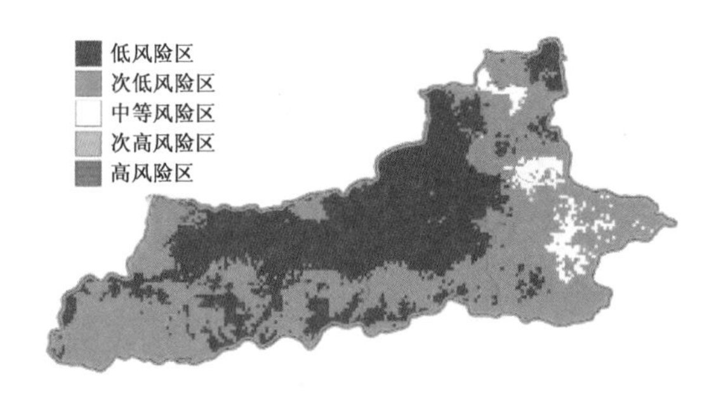

图 6-49　西安市冰雹灾害风险区划

6.5.4.2　长安区精细化气象灾害风险区划结果

陕西省西安市长安区地处关中平原腹地，南依秦岭，从西和南两个方向环拥西安市区，山、川、塬皆俱，总面积 1580 km^2，辖 25 个街道办事处，人口 103 万。长安区位置优越，交通便利，区政府驻地距西安市中心仅 8.7 km。

长安区地势为东原、南山、西部川，地势南高北低，东高西低，南北最长处 55 km，东西最宽处 52 km。南为秦岭山地，北为渭河断陷谷地冲积平原区(包括台塬)，西为渭河冲积平原(含秦岭北麓洪积扇群)，东部为黄土台塬与川道沟壑。区内最高点为秦岭麦秫磊东南(海拔 2886.9 m)，最低点为区境西北角的西江渡(海拔 384.7 m)，高差 2500 多米。长安区境内主要河流有沣河、浐河，均属渭河水系。

长安区属于暖温带半湿润大陆性季风气候区，雨量适中，四季分明，气候温和，秋短春长。一般以 1 月、4 月、7 月、10 月作为冬、春、夏、秋四季的代表月。冬季比较干燥寒冷，春季温暖，夏季炎热多雨，秋季温和湿润。年平均气温 15.5 ℃，降水约 600 mm，湿度 69.6%，无霜期 216 d，日照 1377 h。最冷的 1 月份平均气温－0.9 ℃，最热的 7 月份平均气温 26.8 ℃。雨量主要分布在 7—9 月。雨热同期，有利于农作物生长。年平均降雪日为 13.8 d，初雪日一般在 11 月下旬，终雪日一般在 3 月中旬。受地形影响，长安全年多东南风，年平均风速为 1.3～2.6 m/s。

长安区精细化分灾种气象灾害风险区划(图 6-50～图 6-54)显示：长安区北部为暴雨灾害低风险区，东南部的杨庄乡及沣河、滈河等周边为高风险区，其余地区暴雨灾害风险分布则多

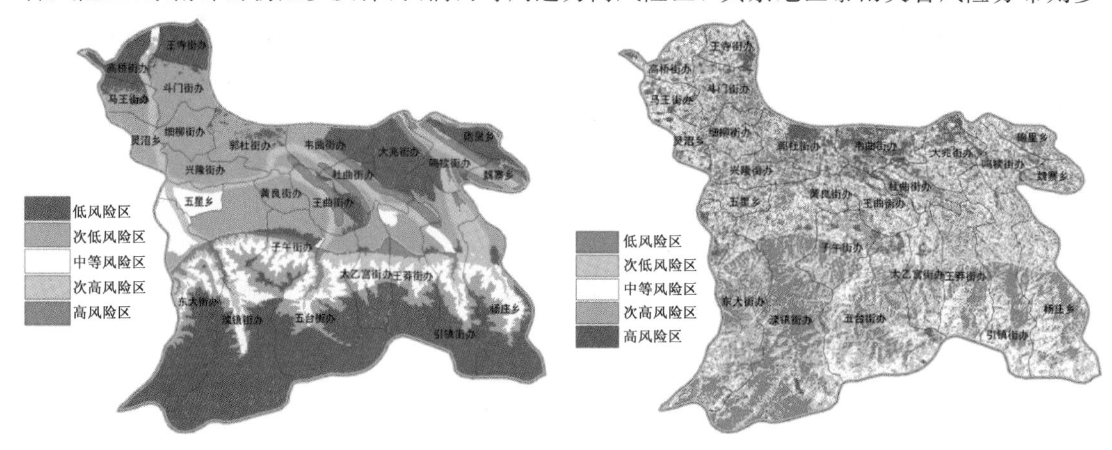

图 6-50　长安区精细化暴雨灾害风险区划图　　　　图 6-51　长安区精细化干旱灾害风险区划图

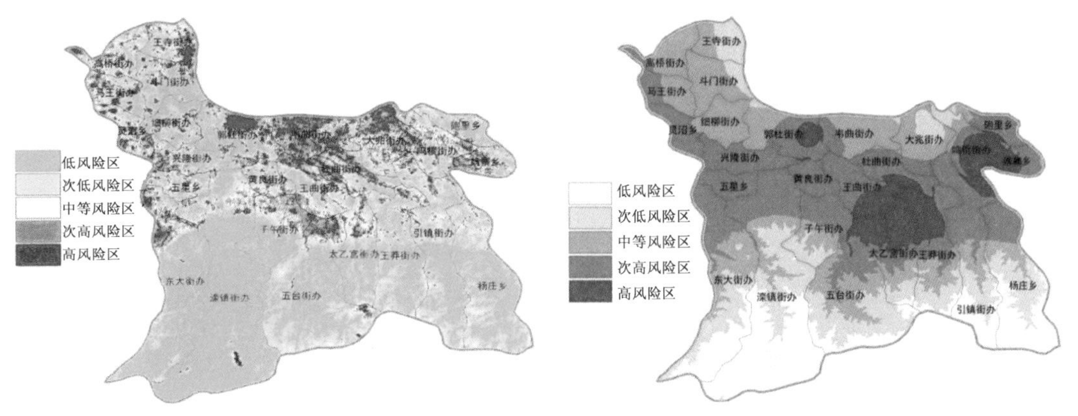

图 6-52　长安区精细化高温灾害风险区划图　　图 6-53　长安区精细化大风灾害风险区划图

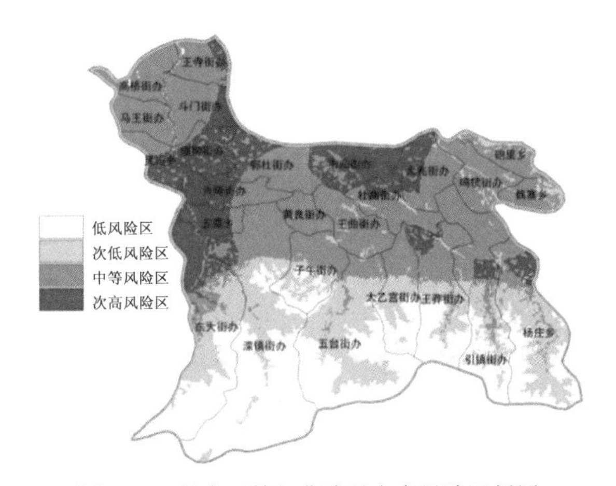

图 6-54　长安区精细化冰雹灾害风险区划图

为次低至次高风险区；长安区北部大部为干旱灾害次高及高风险区，南部秦岭山区及山麓大部为中等、次低及低风险区；长安区北部大部分地区为高温灾害次高及高风险区，南部秦岭山区及山麓大部分地区为中等、次低及低风险区；长安区北部大部分地区为大风灾害低及次低风险区，南部秦岭山区及山麓大部分地区为中等、次高及高风险区；长安区无冰雹灾害次高及高风险区，北部杜曲街道办、王曲镇、鸣犊镇、高桥街道办等为冰雹灾害中等风险区，南部秦岭山区及山麓大部分地区为低风险区，其余地区为次低风险区。

6.5.4.3　临潼区精细化气象灾害风险区划结果

临潼区地处关中平原中部，是古都西安的东大门，南依骊山，东邻渭南高新技术产业开发区，西邻浐灞生态区和新筑国际港务区，北邻阎良国家航空产业基地，地势南高北低，山塬川依次分布，分别占 15%、18%、67%。全区总面积 915 km^2，辖 20 个街道办、3 个乡，总人口 70 多万，其中农业人口 56.2 万。

全区自然条件优越，属大陆性暖温带季风气候，四季冷暖、干湿分明，光、热、水资源丰富。年平均气温 13.5 ℃，无霜期 219 d，年降雨量 591.8 mm，年日照时数 2052.7 h。境内有临河、潼河、零河等 10 余条河流，渭河穿境而过。

临潼区精细化分灾种气象灾害风险区划(图 6-55～图 6-59)显示：临潼南部山区及山麓、

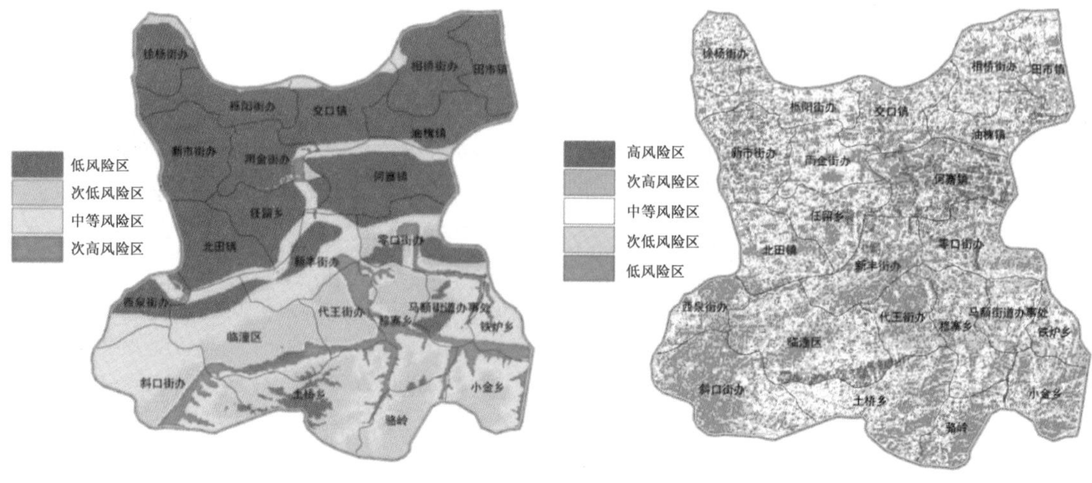

图 6-55　临潼区精细化暴雨灾害风险区划图　　　　图 6-56　临潼区精细化干旱灾害风险区划图

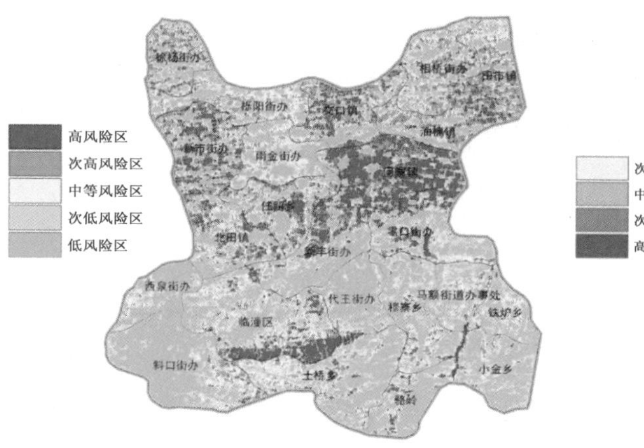

图 6-57　临潼区精细化高温灾害风险区划图

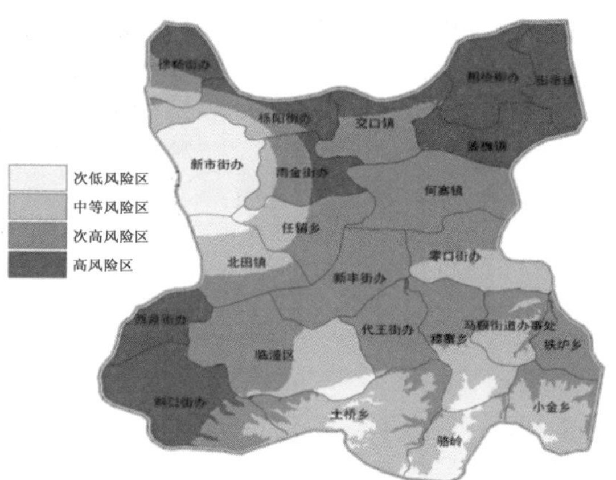

图 6-58　临潼区精细化大风灾害风险区划图

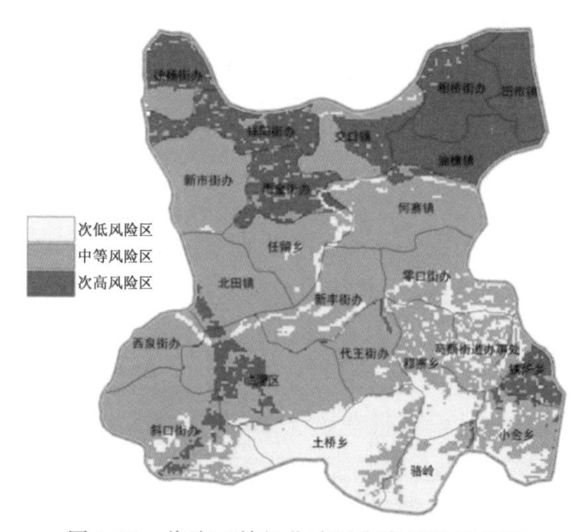

图 6-59　临潼区精细化冰雹灾害风险区划图

境内渭河两岸多为暴雨灾害中等及次高风险区，北部平原地区多为次低及低风险区；临潼南部山区及山麓多为干旱灾害低及次低风险区，中部及北部平原地区多为次高及高风险区；临潼南部山区及山麓多为高温灾害低及次低风险区，中部及北部平原地区多为次高及高风险区；临潼西南及东北部多为大风灾害次高及高风险区，其余地区多为低及次低风险区；临潼北部多为冰雹灾害次高风险区，其余地区多为中等及次低风险区。

6.5.4.4　周至县精细化气象灾害风险区划结果

周至县为西安市辖县，距西安市区 78 km，地理坐标为 107°39′～108°37′E，33°42′～34°14′N。周至县是关中平原著名的大县之一。域内西南高，东北低，山区占 76.4%，为千里秦岭最雄伟且资源丰富的一段。北部是一望无垠的关中平川，土肥水美。南部是重峦叠嶂，具有神奇色彩的秦岭山脉。山、川、塬、滩皆有，呈“七山一水二分田”格局。周至襟山带河，以山重水复而得名，古有“从周至到户县，七十二道河脚不干”之说，足见其河道纵横，水力资源之丰富。自然条件优越，历史悠久，风光秀丽，素有“金周至”之美称。全县总面积 2974 km²，人口 63 万，辖 9 镇 13 乡 377 个行政村。

周至县地势平坦土壤肥沃，属暖温带大陆性气候，年均气温 13.2 ℃，年降水量 674.3 mm，无霜期 225 d。

周至县精细化分灾种气象灾害风险区划（图 6-60～图 6-64）显示：周至秦岭山麓及黑河沿岸多为暴雨灾害次高及高风险区，其余地区则为暴雨灾害低至中等风险区；周至秦岭山麓、黑

图 6-60　周至县精细化暴雨灾害风险区划图

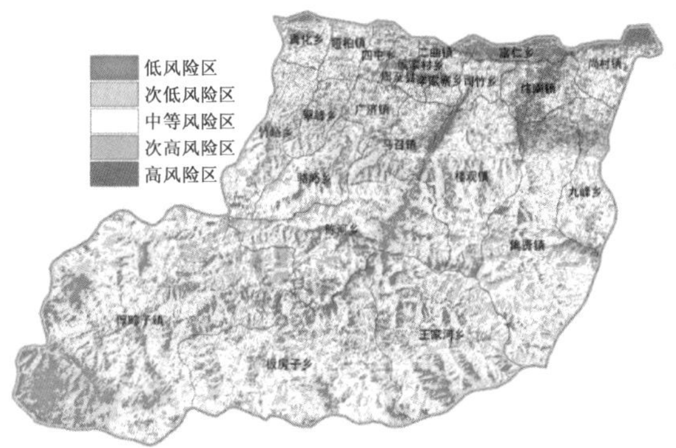

图 6-61　周至县精细化干旱灾害风险区划图

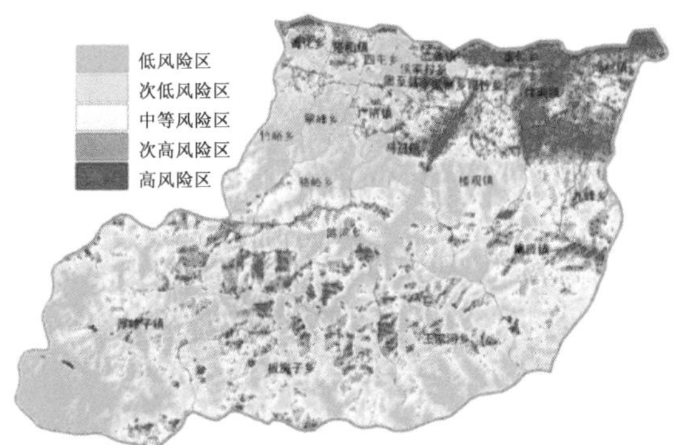

图 6-62　周至县精细化高温灾害风险区划图

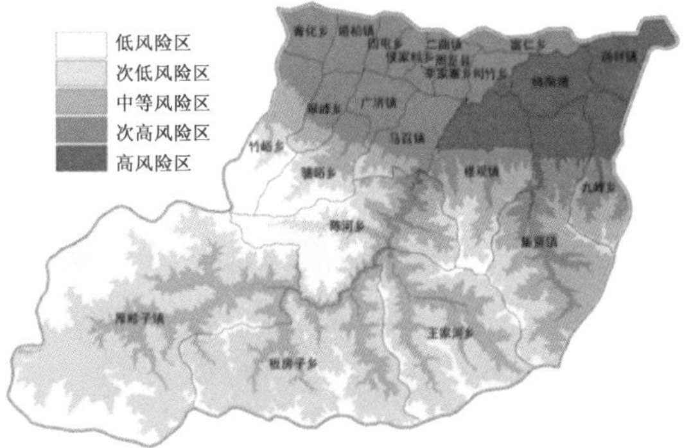

图 6-63　周至县精细化大风灾害风险区划图

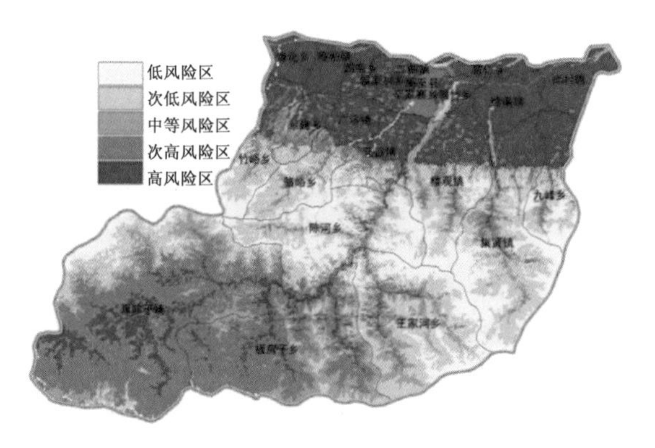

图 6-64　周至县精细化冰雹灾害风险区划图

河沿岸及深山区多为干旱灾害次低及低风险区，其余地区则为干旱灾害高及次高风险区；周至秦岭山麓、黑河沿岸及深山区多为高温灾害次低及低风险区，其余地区则为高温灾害高及次高风险区；周至秦岭山麓、黑河沿岸及北部多为大风灾害次高及高风险区，其余地区则为大风灾害低及次低风险区；周至秦岭山麓、黑河沿岸及北部多为冰雹灾害次高及高风险区，其余地区则为冰雹灾害低及次低风险区。

6.5.4.5　鄠邑区精细化气象灾害风险区划结果

鄠邑区位于西安市境西南部，南与宁陕县以秦岭分水，北同兴平市隔渭河相望，东与长安区以沣水相隔，西与周至县以白马河为界。总面积 1213 km^2，总人口 60 万。

鄠邑区地处关中平原中部，地形为山区、山前坡地及平原区三个不同的自然区域。南部秦岭山区最高海拔 3015.1 m，山脊海拔 680 m，渭河滩地最低点海拔 388 m。主要河流有太平河、檀峪河、涝河、甘河等，均汇入渭河。鄠邑区属暖温带半湿润大陆性季风气候区，四季冷暖干湿分明，无霜期年平均 216 d，光、热、水资源丰富，是适宜农业生产和多种经营的地区。

鄠邑区精细化分灾种气象灾害风险区划(图 6-65～图 6-69)显示：鄠邑区浅山区及山麓为暴雨灾害高及次高风险区，其余地区多为中等、次低及低风险区；鄠邑区浅山区及深山区多为

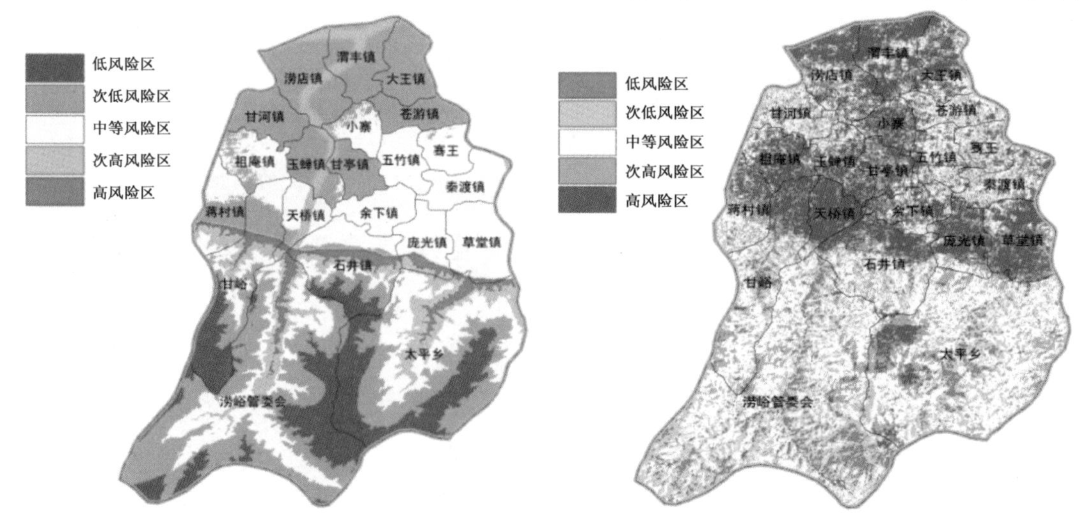

图 6-65　鄠邑区精细化暴雨灾害风险区划图　　图 6-66　鄠邑区精细化干旱灾害风险区划图

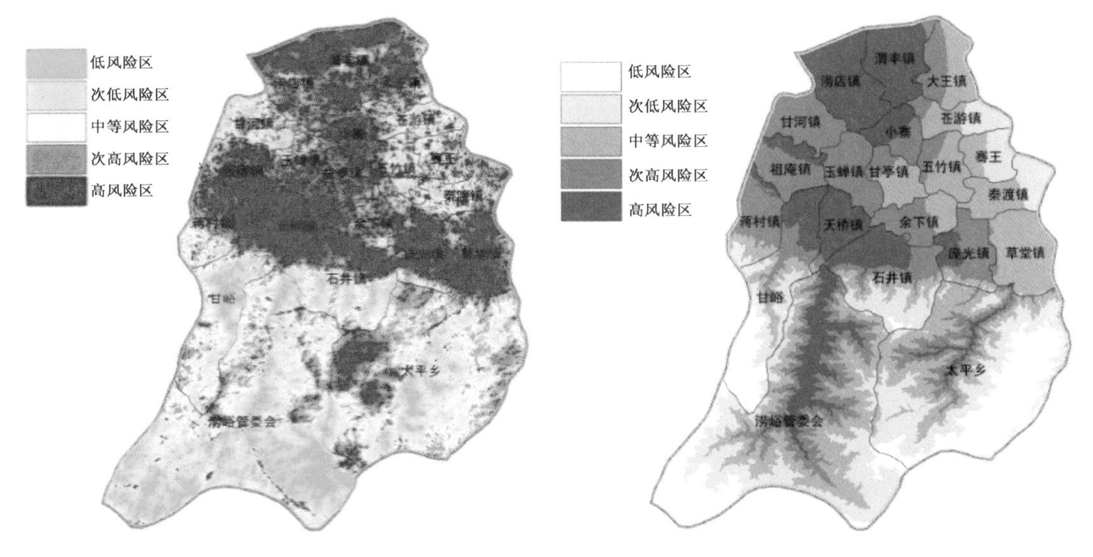

图 6-67 鄠邑区精细化高温灾害风险区划图　　图 6-68 鄠邑区精细化大风灾害风险区划图

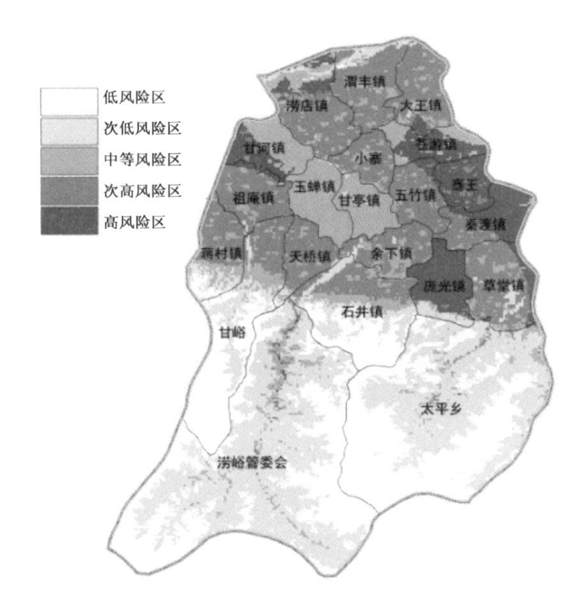

图 6-69 鄠邑区精细化冰雹灾害风险区划图

干旱灾害次低及低风险区,北部大部分地区为次高及高风险区;鄠邑区浅山区及深山区多为高温灾害次低及低风险区,北部大部分地区为次高及高风险区;鄠邑区浅山区及深山区多为大风灾害次低及低风险区,北部大部分地区为次高及高风险区;鄠邑区浅山区及深山区多为冰雹灾害次低及低风险区,北部大部分地区为次高及高风险区。

6.5.4.6 高陵区精细化气象灾害风险区划结果

高陵区位于陕西省关中平原腹地,泾渭河两岸,西安市辖域北部。地跨108°56′16″～109°11′15″E,34°25′0″～34°37′30″N。距西安市钟楼和咸阳国际机场20 km、新市政中心仅7 km。西铜、西禹高速公路横穿南北,境内一马平川。东西长20.55 km,南北宽20.1 km。

高陵区属暖温带半湿润大陆性季风气候。最高气温 41.4℃，最低气温 −20.8℃，年平均气温 13.2℃。无霜期 212 d，年均日照 2247.3 h，年降水 540 mm 左右，是农作物生长的适宜气候。高陵区面积虽然小，但地平土肥，物华天宝，水利化程度高，机械化实力强，古有“黄壤陆海”之称，被誉为八百里秦川的“白菜心”。

高陵区精细化分灾种气象灾害风险区划(附图 6-70～图 6-74)显示：高陵区中部崇皇乡、榆楚乡、张卜乡一线及渭河沿线为暴雨灾害高及次高风险区，其余地区暴雨灾害风险分布则多为低至中等风险区；高陵区泾渭镇和耿镇大部为干旱灾害低及次低风险区外，其余大部为干旱

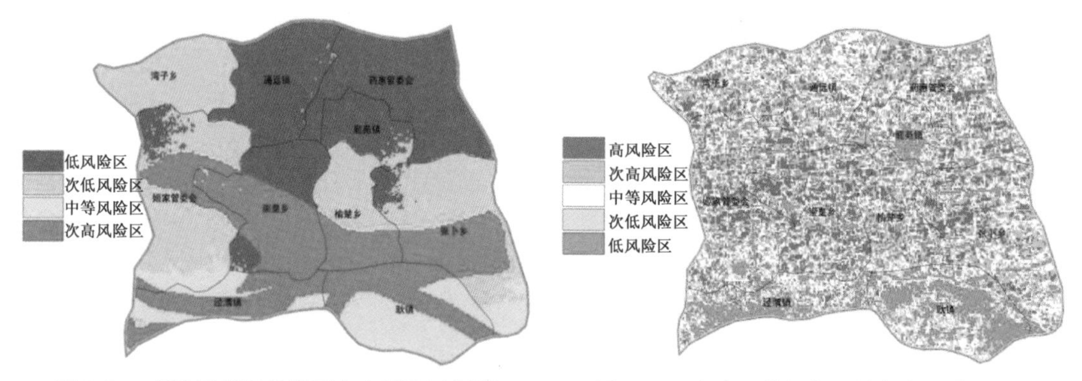

图 6-70　高陵区精细化暴雨灾害风险区划图　　图 6-71　高陵区精细化干旱灾害风险区划图

图 6-72　高陵区精细化高温灾害风险区划图

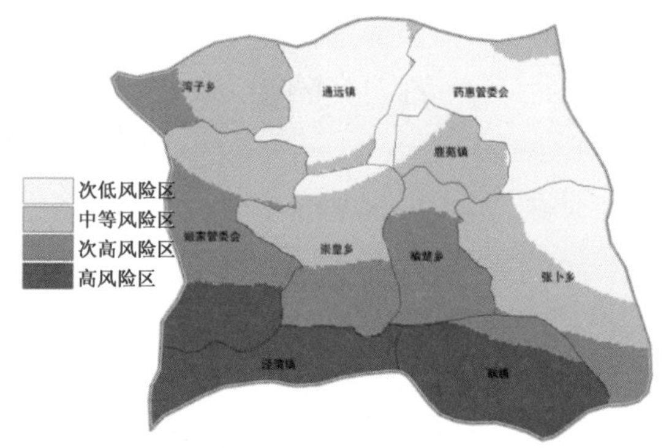

图 6-73　高陵区精细化大风灾害风险区划图

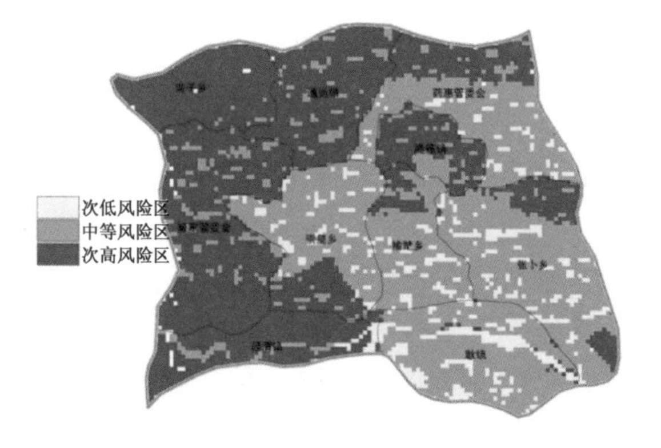

图 6-74　高陵区精细化冰雹灾害风险区划图

灾害次高至高风险区，且分布较为分散；高陵区南部的泾渭镇和耿镇大部为高温灾害低及次低风险区外，其余大部为高温灾害次高至高风险区，且分布较为分散；高陵区耿镇、泾渭镇、姬家管委会、榆楚乡大部为大风灾害次高及高风险区，其余地区则为大风灾害次低至中等风险区；高陵区药惠管委会、湾子乡、鹿苑镇、泾渭镇、姬家管委会、通远镇为冰雹灾害次高及高风险区，其余地区则为冰雹灾害低至中等风险区。

6.5.4.7　灞桥区精细化气象灾害风险区划结果

灞桥区位于陕西省关中平原的东南部，西安市东部。区境南北长 30.8 km，东西宽 26.5 km，总面积 322 km^2。地势东南高，西北低，呈阶梯状倾斜。地形高低悬殊，境内地貌多样，山、川、沟、塬、滩俱全，平原居多。东部属著名的骊山中低山区和洪庆黄土台塬，南部为白鹿塬黄土台塬，北部为灞河、渭河冲积平原。境内最低点在新合街道办南郑村渭河漫滩，海拔 358.24 m，最高点在洪庆街道办粟沟村，海拔 1240.7 m，相对高差 882.4 m。

灞桥区属暖温带半湿润大陆性季风气候，冬寒干燥少雨雪，春暖多变升温快，夏热多雨有伏旱，秋凉气爽阴雨多。年平均气温 13.3 ℃，7 月平均气温 26.5 ℃，1 月平均气温 −1.2 ℃，年均无霜期 208 d。

灞桥区精细化分灾种气象灾害风险区划（图 6-75～图 6-79）显示：灞河、浐河沿岸多为暴雨灾害次高及高风险区，其余地区则为暴雨灾害低至中等风险区；东部洪庆山森林公园、南部白鹿原、北部渭河沿岸等地多为干旱灾害次低及低风险区，其余则为中等至高风险区；东部洪庆山森林公园、南部白鹿原、北部渭河沿岸等地多为高温灾害次低及低风险区，其余则为中等至高风险区；灞桥区中部及北部为大风灾害次高及高风险区，其余地区则为次低至中等风险区；灞桥区冰雹灾害主要为低至中等风险，相对来说无高风险区，东部洪庆山森林公园、南部白鹿塬等地为次低及低风险区。

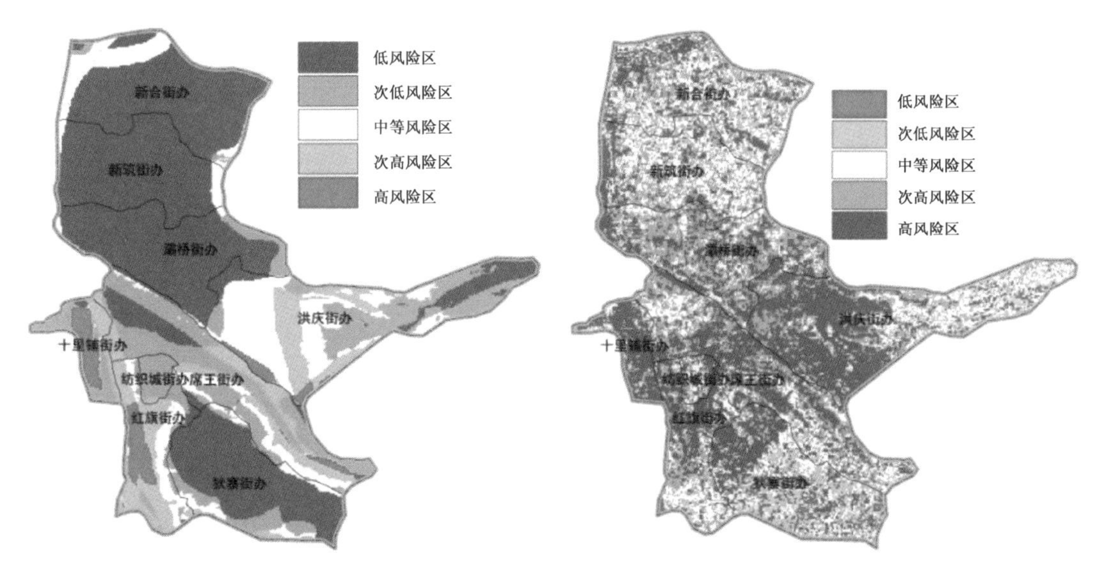

图 6-75　灞桥区精细化暴雨灾害风险区划图　　图 6-76　灞桥区精细化干旱灾害风险区划图

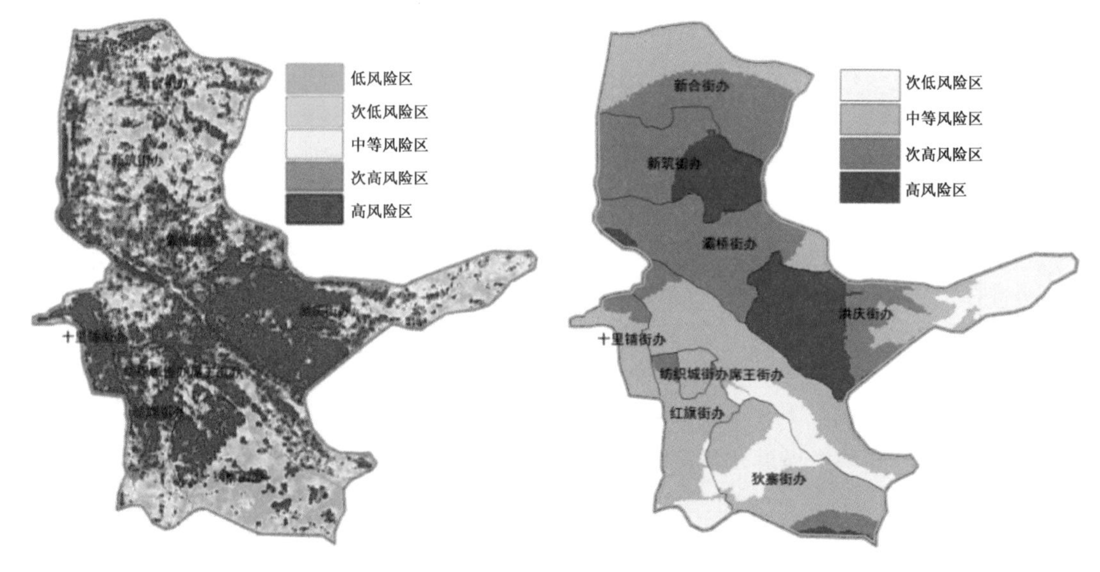

图 6-77　灞桥区精细化高温灾害风险区划图　　图 6-78　灞桥区精细化大风灾害风险区划图

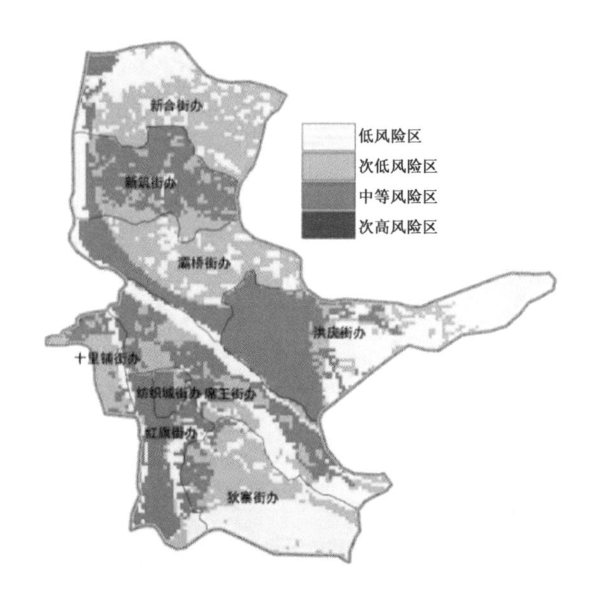

图 6-79　灞桥区精细化冰雹灾害风险区划图

6.5.4.8　阎良区精细化气象灾害风险区划结果

阎良区是西安市辖的远郊区，地处市东北方向的渭河以北，东与渭南市相邻，西与三原县接壤，南以清河为界，与临潼区相望，北倚荆山塬，与富平县毗连。南北宽约 12 km，东西长约 25 km。平面轮廓略呈东西向长方形，形似卧牛，头东尾西。总面积 244.4 km^2。

阎良区位于中纬度内陆地带，南受秦岭山脉影响，属大陆性温带半干旱半湿润气候区。四季干湿冷暖分明，春季温和多风，回暖早，升温快，易出现大风、浮尘、春旱、寒潮降温天气；夏季炎热，气温高、日照足，雨量集中兼伏旱；秋季降温快，较凉爽、湿润，多连阴雨；冬季寒冷、干燥，少雨雪。

阎良区精细化分灾种气象灾害风险区划（图 6-80～图 6-84）显示：阎良区北部部分地区为暴雨灾害次高风险区，其余地区则为暴雨灾害低至中等风险区；阎良区西部偏北为干旱灾害次高及高风险区，其余地区则为干旱灾害低至中等风险区；阎良区西部偏北为高温灾害次高及高风险区，其余地区则为高温灾害低至中等风险区；阎良区中部及北部为大风灾害次高及高风险区，其余地区则为次低至中等风险区；阎良区冰雹灾害主要为中等风险，主城区及北部部分地区为高及次高风险区。

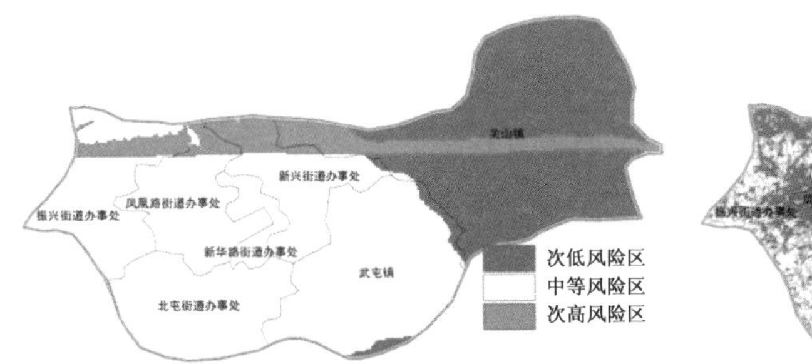

图 6-80 阎良区精细化暴雨灾害风险区划图

图 6-81 阎良区精细化干旱灾害风险区划图

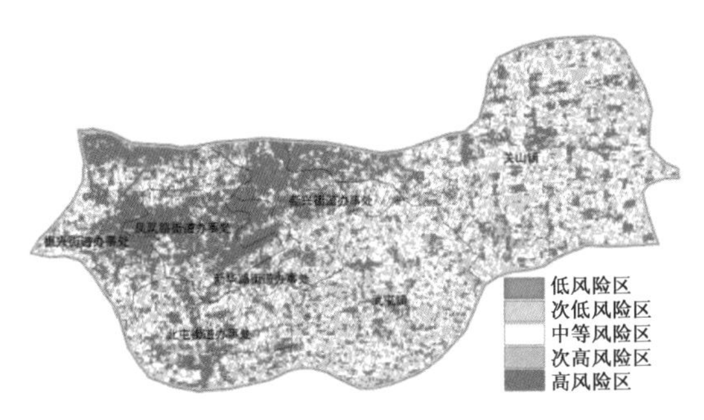

图 6-82 阎良区精细化高温灾害风险区划图

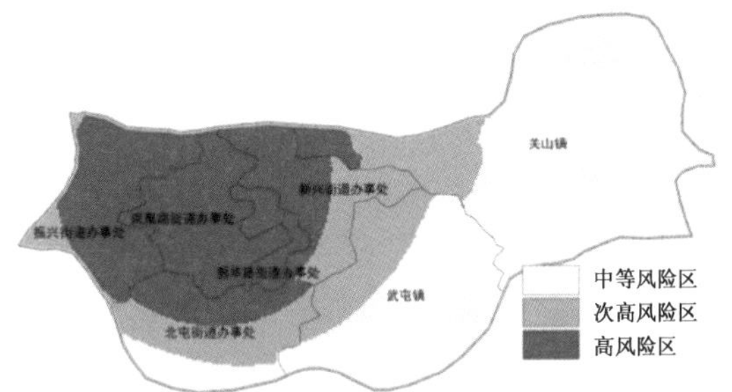

图 6-83 阎良区精细化大风灾害风险区划图

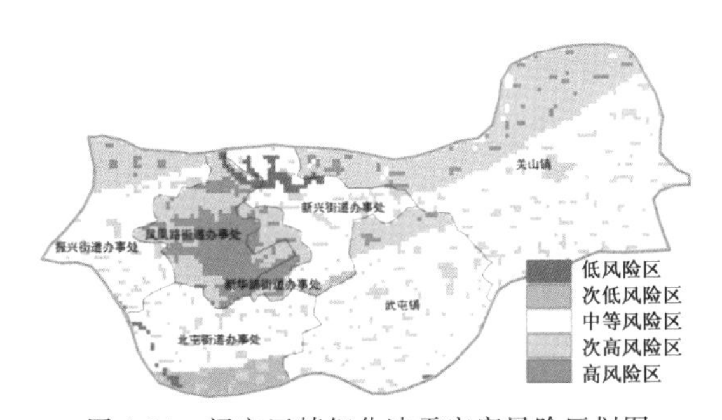

图 6-84 阎良区精细化冰雹灾害风险区划图

6.5.4.9 蓝田县精细化气象灾害风险区划结果

蓝田县位于秦岭北麓，关中平原东南部，是古城西安的东南门户。公元前 379 年始置蓝田县，迄今已有 2390 多年的历史，因境内盛产美玉而得名。县境东西长64 km，南北宽 55 km，总面积 1969 km^2，辖 29 个镇、519 个行政村，县政府驻蓝关镇，总人口 63.7 万。

蓝田县地貌地形复杂，海拔 418～2449 m。南部和东部是秦岭山地，海拔 800～2000 m；中西部蓝川、白鹿塬相间；北部是华胥横岭。河流有辋、灞、焦、汤、青河汇入渭河。蓝田县属暖温带半湿润大陆性季风气候，年均气温 13.1 ℃，年降水量 720 mm。宜林、宜牧、宜粮，农业资源极为丰富。

蓝田县精细化分灾种气象灾害风险区划（图 6-85～图 6-89）显示：蓝田县北部华胥镇、曳湖镇、三里镇、焦岱镇、辋川镇、葛牌镇多为暴雨灾害次高及高风险区，其余地区则为暴雨灾害低及次低风险区；蓝田县中部及南部大部地区为干旱灾害中等、次低及低风险区，其余北部地区则为干旱灾害次高及高风险区；蓝田县中部及南部大部地区为高温灾害中等、次低及低风险区，其余北部地区则为高温灾害次高及高风险区；蓝田县南部大部分地区、西部大部分地区多为大风灾害次高及高风险区，其余中部及东部地区则为大风灾害次低及低风险区；蓝田县中部及北部大部分地区为冰雹灾害次高及高风险区，其余地区则为冰雹灾害低及次低风险区。

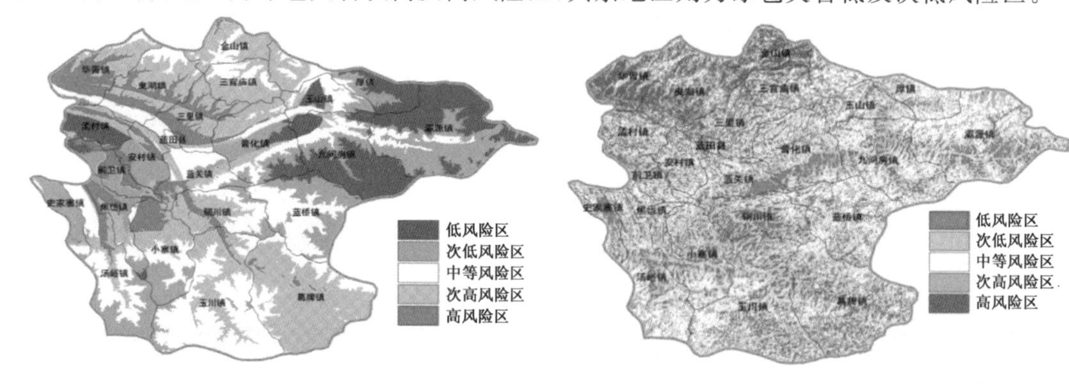

图 6-85　蓝田县精细化暴雨灾害风险区划图

图 6-86　蓝田县精细化干旱灾害风险区划图

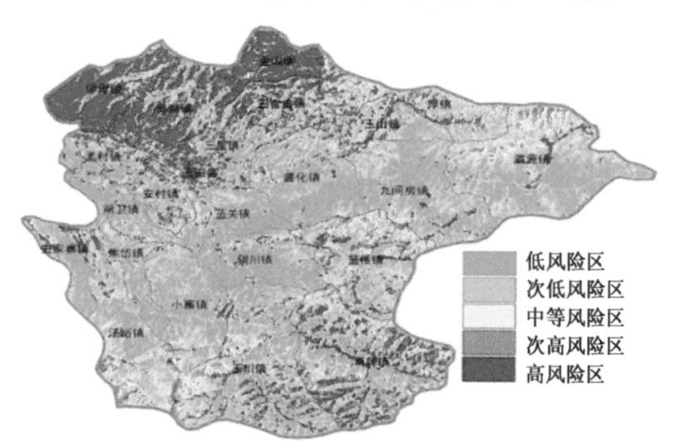

图 6-87　蓝田县精细化高温灾害风险区划图

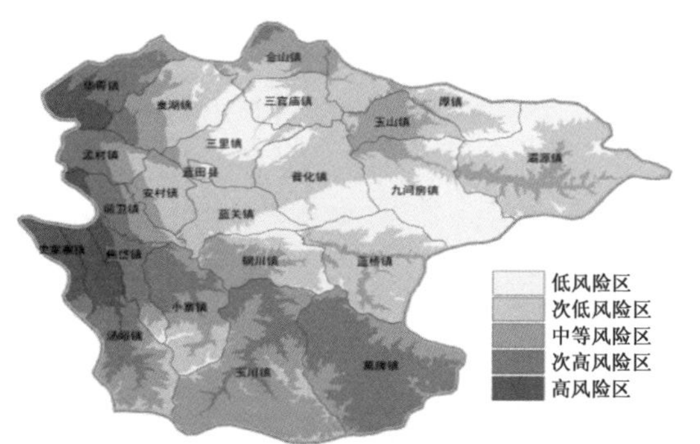

图 6-88　蓝田县精细化大风灾害风险区划图

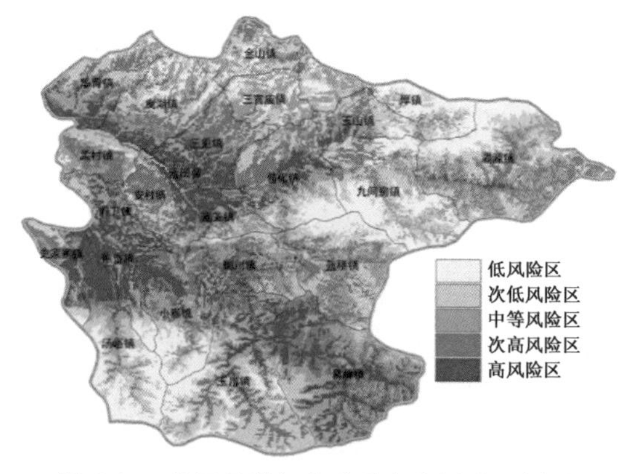

图 6-89　蓝田县精细化冰雹灾害风险区划图

第四篇

丝路气象

第7章　西安气象助力“一带一路”建设

党的十八大以来，以习近平总书记为核心的党中央主动应对全球形势变化，审时度势提出了共建“丝绸之路经济带”及“21世纪海上丝绸之路”的宏伟倡议（简称“一带一路”倡议）。这既是对“和平合作、开放包容、互学互鉴、互利共赢”的丝绸之路精神的历史传承（江然和官秀珠，2015），也是新形势下通过合作共享，保障我国经济社会持续稳定发展和实现伟大中国梦的重大举措。“一带一路”倡议的受益面将是全局性的，不仅能对我国跨市跨区域的经济改革、产业升级创新、资源的有效配置产生强大的推动力，也会促进沿线跨国经济社会繁荣发展（陈鹏飞等，2016）。已有60多个国家和经济体成为这一伟大倡议的支持者、参与者和受益者。党的十九大报告强调，要以“一带一路”建设为重点，坚持引进来和走出去并重，遵循共商共建共享原则，加强创新能力，开放合作，形成陆海内外联动、东西双向互济的开放格局。《中国共产党章程（修正案）》决议将推进“一带一路”建设写入党章。这充分体现了在中国共产党领导下，中国高度重视“一带一路”建设，坚定推进“一带一路”国际合作的决心和信心。

面对“一带一路”倡议的历史机遇和挑战，西安市气象部门发挥独特地域优势，在中国气象局、陕西省气象局及西安市委、市政府的关心支持下，紧紧抓住西安加快建设服务“一带一路”亚欧合作交流国际化大都市的战略机遇，以服务为引领、科技为支撑，努力探索推进丝绸之路经济带气象服务发展。“一带一路”天气预报节目在全国副省级城市首播，成功举办2015年首届“丝绸之路经济带气象服务西安论坛”、顺利升格承办2017欧亚经济论坛“气象分会”，不断提升西安大城市智慧气象预报预警服务一体化平台（XA-WFIS. 新丝路）的支撑能力等，西安气象服务“一带一路”建设系列工程已初见成效。

7.1　西安气象助力“一带一路”建设的政策环境和独特优势

7.1.1　西安气象助力“一带一路”的政策环境

2017年12月，中国气象局为贯彻落实《推动共建丝绸之路经济带和21世纪海上丝绸之路的愿景与行动》（以下简称《愿景与行动》），出台了《气象“一带一路”发展规划（2017—2025年）》（以下简称《规划》），旨在加强与“一带一路”沿线国家在气象领域的交流与合作，充分发挥气象在推进“一带一路”建设中的重要支撑保障作用。该《规划》是气象助力“一带一路”发展的行动纲领和重要依据。它立足气象部门，面向气象行业，在充分吸收《愿景与行动》“政策沟通、设施联通、贸易畅通、资金融通、民心相通”发展思路的基础上，结合气象特点提出了气象事业在“一带一路”建设中的指导思想、基本原则、发展目标和重要任务。其中，五项主要任务如下：

一是加强政策沟通和衔接，完善政府间交流合作机制，健全“一带一路”防灾、减灾合作机制，推动完善新型气象国际合作平台建设，完善“一带一路”气象人才交流培训机制。二是促进资源共享互通，拓展气象站网、技术和数据优势，加强气象监测网络建设，加强与沿线国家气象数据共享，推动“一带一路”气象标准化建设。三是适应沿线国家民生和社会需求，强化面向全球的气象服务，提升气象灾害防御能力，发展面向国际用户的气象服务业务，加强应对气候变化和服务生态文明保障。四是推动科技联合与业务融通，提升气象核心能力，共同实现气象核心业务技术新突破，强化对沿线国家的气候预测与评估能力，提升海洋气象服务与保障能力。五是助力贸易畅通，推动气象产业国际化发展，助力中国企业“走出去”战略，强化国产气象产品技术共享，推动气象服务市场化发展。《规划》指出到2025年，面向“一带一路”建设的综合气象观测体系基本完善，卫星技术得到广泛应用，沿线重点区域观测站网基本建成（张明禄，2018）。

自2015年以来，西安气象助力“一带一路”建设得到西安市党委政府的大力支持。在西安市人民政府和陕西省气象局的大力支持下，2015年9月，西安市气象局在国家级的欧亚经济论坛框架下，成功举办了首届“丝绸之路经济带气象服务西安论坛”；2017年升格为陕西省人民政府和中国气象局主办，西安市气象局成功承办欧亚经济论坛气象分会，首次搭建无国界、跨行业的多层级、多领域、开放式的对话平台。2017年4月，西安市政府正式印发《西安市气象事业发展“十三五”规划（2016—2020年）》，明确提出要构建完善与大西安城市建设、丝绸之路新起点城市功能发挥相适应的城市气象防灾减灾体系。其中“丝路新起点西安气象预警应急与防灾减灾工程”等六大重点工程成功纳入了《西安市国民经济和社会发展第十三个五年规划纲要》和西安市重点专项规划目录。2018年1月，西安市委印发《中共西安市委关于高举习近平新时代中国特色社会主义思想伟大旗帜 加快建设服务“一带一路”亚欧合作交流国际化大都市的决定》（市发〔2018〕2号）明确将气象工作列入其中“要抓好用好‘一带一路’重大战略机遇，全面提升西安的综合实力、创新活力、人文魅力和国际影响力，加快建设服务‘一带一路’亚欧合作交流的国际化大都市”，“积极与‘一带一路’沿线国家在基于中高分辨率气象卫星遥感的基础应用等领域联合开展学术交流和技术攻关”，“制作中、英、俄多语种‘一带一路’天气预报等品牌节目等”。在“一带一路”建设中，西安气象部门迎来了前所未有的机遇和挑战，更是历史赋予的责无旁贷的使命。

7.1.2 西安气象助力“一带一路”的独特优势

首先，“一带一路”沿线自然环境差异大，灾害类型多样、分布广泛、活动频繁、危害严重，主要气象灾害包括暴雨洪涝、台风、暴风雪和低温严寒、高温热浪、干旱、沙尘暴等。亚洲季风性国家和欧美大洋沿岸国家气候变率大，气象灾害重，历史上频繁出现极端性天气气候事件。而且，“一带一路”沿线多数国家和地区经济欠发达，抗灾能力弱，气象灾害是“一带一路”沿线重大基础设施建设与区域可持续发展的重大威胁。“一带一路”沿线城市（图7-1）的交通、经贸、能源、农业、旅游、生态等方面的深入合作与发展都与天气、气候变化、气象保障息息相关。

其次，从历史角度看，西安是中华文明和中国民族重要发祥地，是与雅典、罗马、开罗并称的世界四大文明古都之一，古丝绸之路起点。西安有着3100年的建城史和1100年的建都史，先后有周、秦、汉、唐等13个王朝在这里建都，曾是世界上第一个人口过百万的大都市，承载着中华民族的历史荣耀和厚重记忆。从现实角度看，西安具有承东启西、连接南北的鲜明区位优势，是“一带一路”重要的战略支点，具有独特的战略地位。无论是从国家还是区域维度，丝绸

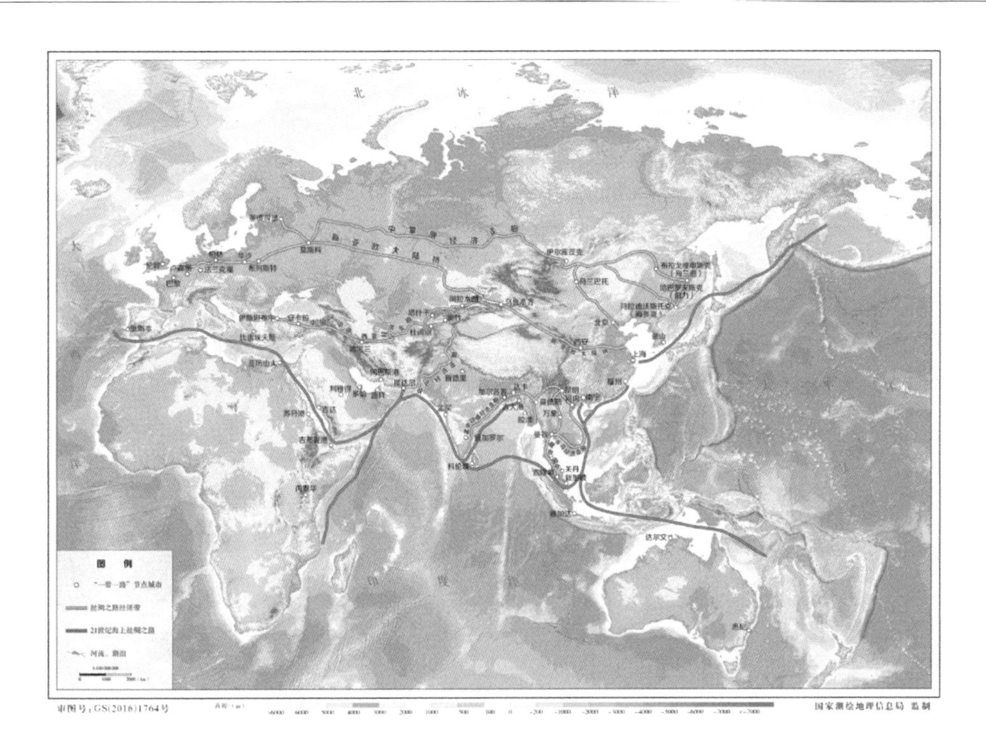

图 7-1　“一带一路”沿线途经国家分布

之路经济带建设都需要西安这样的支点城市引领发展，继续扩大向西开放(图 7-2)。

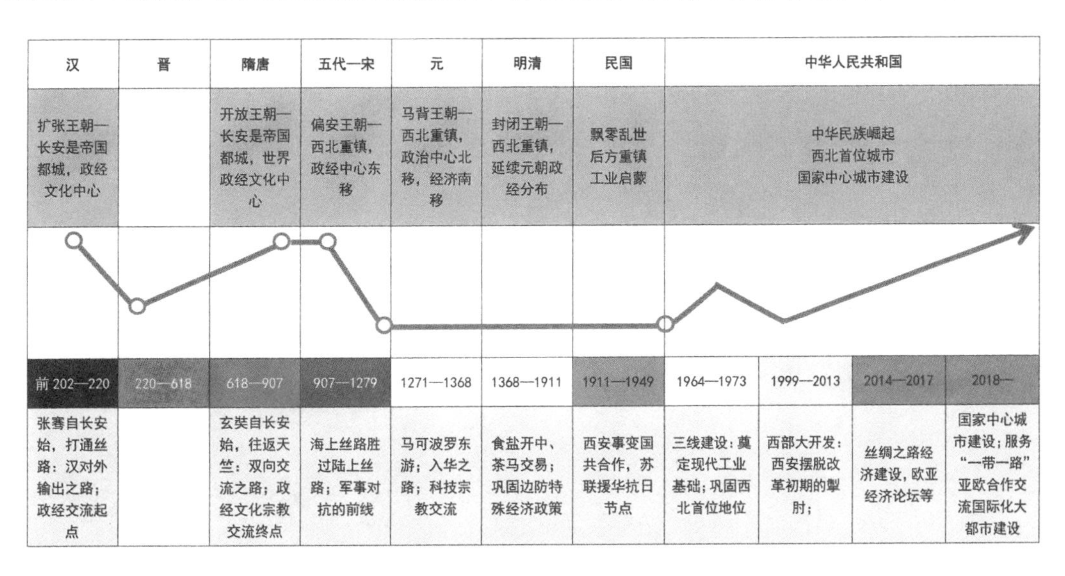

图 7-2　西安发展与向西开放的关系

第三，经过多年不懈努力，2017 年年底，西安市气象局不仅在陕西省率先基本实现气象现代化，在西部所有副省级城市的气象现代化建设中处于领先，在科技支撑、人才支撑、机制创新以及业务服务创新等方面也有积累。特别是在如何为“一带一路”跨区域乃至跨国各行各业提供全面、准确的气象服务方面，发挥自身在丝路沿线城市合作中的历史、地域和区位等优势，积极探索、大胆创新，努力担当“一带一路”气象服务“排头兵”。

7.2　西安气象助力“一带一路”建设系列工程

7.2.1　以气象现代化建设为抓手打造“硬实力”

近年来，西安市气象局以确保率先基本实现气象现代化、实现“追赶超越”为目标，始终坚持政府主导，有部署、有考核、有评估、有保障地推进气象现代化；突出“西安气象智造”，实施科技创新驱动，有力提升西安气象监测预警和应急服务保障水平；优化西安短临预警系统（XA-NEWS），提高短时突发灾害性天气预报预警服务能力；利用市政、国土、交通、旅游等部门资源，强化多部门大数据融合应用，提升智慧气象服务能力；加强位于西安市灞桥区气象局的风云三号和风云四号卫星遥感接收站监测资料应用，开展生态环境卫星遥感监测服务。

在西安市气象现代化建设的有力推动和支撑下，西安气象服务“一带一路”建设的品牌影响力不断提升。2015 年 5 月 12 日，在中国气象局、陕西省气象局大力支持下，西安市气象局与西安市广播电视台合作的“一带一路”电视天气预报节目实现全国副省级城市首播。时任西安市市长董军批示：“市气象局一路一带天气预报节目开播很有特色！望继续努力，为西安的经济、社会发展做出更大的贡献。”西安市气象局自主研发西安大城市智慧气象预报预警服务一体化平台（XA-WFIS. 新丝路）（图 7-3），作为“一带一路”天气预报服务的技术支撑，以西安为起点，提供了从东亚、中亚、西亚到欧洲，涉及 17 个国家，28 个重点城市（表 7-1）的天气实况和预报信息。

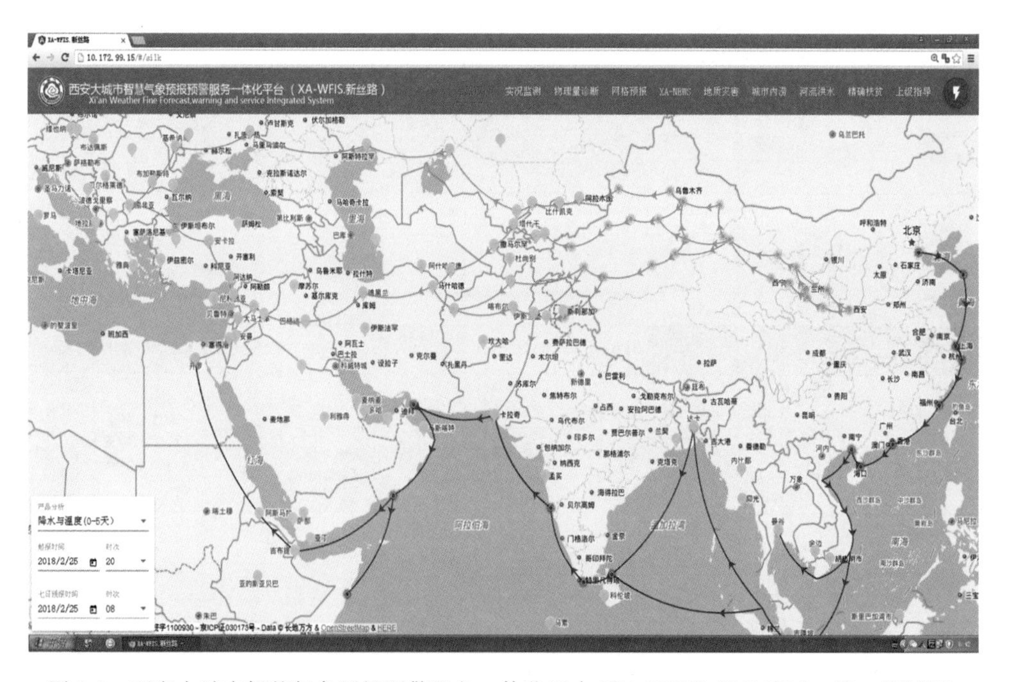

图 7-3　西安大城市智慧气象预报预警服务一体化平台（XA-WFIS. 新丝路）“一带一路”模块

表 7-1　西安“一路一带”电视天气预报节目中城市一览表

“一带”与“一路”	国家	沿线城市
丝绸之路经济带	中国	陕西西安，甘肃兰州、张掖、敦煌，青海西宁，新疆乌鲁木齐、伊宁、喀什、和田
	哈萨克斯坦	阿拉木图
	吉尔吉斯斯坦	比什凯克
	塔吉克斯坦	杜尚别
	巴基斯坦	伊斯兰堡
	阿富汗	喀布尔
	乌兹别克斯坦	塔什干
	土库曼斯坦	阿什哈巴德
	伊朗	德黑兰
	土耳其	安卡拉
	罗马尼亚	布加勒斯特
海上丝绸之路	中国	广东广州、浙江宁波、福建泉州
	泰国	曼谷
	新加坡	新加坡
	孟加拉	达卡
	斯里兰卡	科伦坡
	阿曼	马斯喀特
	埃及	开罗

西安“一带一路”电视天气预报节目每天 2 期分 5 次在西安广播电视台丝路频道（原西安电视台五套）黄金时段首播，并在西安网络电视台、搜狐视频、今日头条、腾讯视频、中国气象局新气象网站、西安气象微博、微信等新媒体同步播出，力图为丝绸之路经济带的商贸、旅游等商业活动、经济发展提供全面、快捷气象服务。该节目播出首月就有 270 余家新闻媒体进行关注报道。2015 年来访的吉尔吉斯斯坦国家文化部部长给予了高度评价，并在其国家天气预报节目中增加了西安城市天气预报播报。截至 2018 年 1 月底该节目已录制 2000 多期。2017 年 7 月，国家广电总局正式批准西安电视台五套升级为以“丝路”命名的专业电视频道——西安广播电视台丝路频道后，节目迎来了更为广阔的平台。

7.2.2　依托国家级欧亚经济论坛打造“软环境”

在中国气象局、陕西省人民政府、陕西省气象局和西安市人民政府的大力支持下，西安市气象局在 2015 欧亚经济论坛框架下，成功举办了首届“丝绸之路经济带气象服务西安论坛”，时隔两年后，又顺利承办了 2017 欧亚经济论坛气象分会，聚八方之智，研讨气象服务国家战略的途径和方法。成功搭建了跨国界、跨行业的多层级、多领域、开放式的对话平台。

7.2.2.1　首届丝绸之路经济带气象服务西安论坛概况和成果

2015 年 9 月 23—26 日，由西安市气象局主办的首届 2015 丝绸之路经济带气象服务西安论坛在西安举行（图 7-4 上图）。西安市副市长卢凯出席论坛并致辞。陕西省气象局局长丁传群在西安市气象局上报论坛总结报告中批示："论坛办得好，达到了预期目的，成果丰硕，创造国内同类活动中举办气象服务分论坛的先河。望总结经验，丰富内涵，再接再厉。"

总的来看，这次论坛呈现以下几个特点：

论坛主题明确，符合新常态下国家战略和中国气象事业发展的要求。首届"丝绸之路经济带气象服务西安论坛"以"新丝路、新气象、新梦想"和"丝绸之路经济带气象服务合作"为主题，围绕丝绸之路经济带沿线经济社会发展以及气象智能网格预报、服务技术方法、专业专项气象服务、信息与资源共享等方面，进行重点交流和讨论，是贯彻落实"一带一路"倡议、做好丝绸之路经济带乃至"一带一路"气象服务保障的积极探索。

党政主导＋纵横联合，共谋丝绸之路经济带沿线经济社会发展气象保障服务工作。西安市副市长出席论坛并致辞，包括西安市政府、西安市政府政策研究室，中国气象局减灾司、预报司、观测司、国家气象中心、公共服务中心、中国气象报社以及西北五省（区）气象台和沿线重要城市气象局、气象台，西北民航管理局气象中心、阎良试飞院气象台等 31 家单位 35 名代表参加论坛，并最终形成了《丝绸之路经济带气象服务西安论坛倡议书》。

强化合作、共享、共赢，推进丝绸之路经济带沿线城市气象事业跨越式发展，服务国家战略。与会的沿线城市气象代表表达了共同努力，共同发展，共同进步，在共识中实现共建，在共建中实现共享，在共享中实现共赢，为服务国家战略、促进区域合作做出积极贡献的愿望，并达成了三项重要共识：传承丝路精神，服务国家战略，建立完善丝绸之路气象服务互联互通合作工作交流机制；以丝路经济带气象服务为引领，创新驱动，加快气象现代化建设的合作与共享；深化沿线城市务实合作，打造新丝路气象服务"升级版"，共同提高丝绸之路经济带气象服务水平和效益（吴越等，2015）。

7.2.2.2　2017 欧亚经济论坛气象分会概况和成果

2017 欧亚经济论坛成功升格、首次增设气象分会，成为 11 个平行分会之一。应陕西省人民政府邀请，中国气象局正式成为 2017 欧亚经济论坛主办单位和组委会成员单位，与陕西省人民政府共同主办此分会（图 7-4 下图）。西安市人民政府、国家气候中心、中国科学院大气物理研究所、陕西省气象局为承办单位，西安市气象局为执行单位。气象分会下设中英"气候科学到服务伙伴计划（CSSP）"第四次科学研讨会、"丝绸之路经济带气象服务第二届西安论坛"两个平行会议。共有国内外气象科学家、院士、西安市政府领导、西安地区相关行业代表以及中国气象局、中西部省市气象部门的代表共 200 多人参加活动。中国气象局副局长沈晓农、于新文，陕西省气象局局长丁传群、西安市人民政府副市长董劲威指导筹备并参加会议。

2017 年 9 月 12—13 日，中英"气候科学支持服务伙伴计划（CSSP）"第四次科学研讨会在西安召开。会议以"发展加强服务所需要的科学，支持有气候抗御性的经济发展，造福社会"为主题，围绕 CSSP 计划在气候系统模式发展、气候监测预测技术研制、气候异常检测归因、年代际气候变化与未来气候变化预估以及优先领域的气候服务等五个重点方向，进行深入的科学交流与研讨。

史蒂芬·贝切尔（Stephen Belcher）指出，经过四年的努力，中英在气候科学领域已经建立起强大的战略合作伙伴关系，推进和加强了双方的科研合作。更为高兴的是，有越来越多的中英青年学者和研究生加入到气候科学项目的研究工作，这为培养下一代中英合作骨干奠定了基础（图 7-5a）。丁一汇院士从华北暴雨看中国北方暴雨发生的基本特征、黄河中游暴雨发生的大尺度和天气尺度条件以及干旱与沙漠地区极端的强对流暴雨三方面进行讲解，并结合实

图 7-4　2015 丝绸之路经济带气象服务西安论坛宣传图(上)
2017 欧亚经济论坛气象分会宣传图(下)

(a)英国气象局首席科学家史蒂芬·贝切尔(Stephen Belcher)开幕式致辞

(b)中国工程院院士丁一汇作《黄河中游大暴雨的研究》报告

图 7-5　中英科学家出席 2017 欧亚经济论坛气象分会

例同与会人员进行了交流(图 7-5b)。其他科学家均有精彩发言。英国气象局模式专家 Sean Milton 表示，为了提高全球气候耦合模式在模拟东亚及青藏高原平均气候特征及气候变率方面的模拟性能，英-中气象开展了以下研究工作：包括全球气候耦合模式发展中的气候系统模式改进、青藏高原地形对气候模式的影响以及气候预测水平发展中的气候预测模型扰动参数的加入和空气质量研究。英国气象局气候服务专家 Chris Hewitt 工作亮点主要包括季节预测的长江流域气候服务评估，通过气候变化模拟分析评估食品安全风险，通过分辨率达 1.5 km 的北京、上海和伦敦城市下垫面 GIS 与冠层等精细化数据对极端低温和高温事件进行降尺度气候变化模拟评估；未来主要是发展中国气候服务框架，包括能源、食品安全、城市环境和空气质量 4 个方面，以及开展气候变化不确定性服务。英国气象局气候监测归因专家 Lizzie Good 指出，通过中国及东南亚地区的数字化观测，及对近年来极端天气事件和气候长期变化趋势进行归因与再分析，利于制定出关于气候相关极端事件的归属问题和该区域长期变化趋势的具体合作方案。

2017 年 9 月 21—22 日，第二届丝绸之路经济带气象服务西安论坛在西安举行。论坛以“丝路＋　西安＋　气象＋”为主题，既有地域特色、行业特色，体现了中国气象部门与时俱进，大力推动“三大战略”气象保障以及气象服务“走出去”战略的发展思路。中国气象局副局长于新文、西安市副市长董劲威出席开幕式并致辞，陕西省气象局局长丁传群主持会议，西安市气象局局长罗慧作主旨发言。

于新文在致辞中表示，从世界气象组织成立开始，气象从来都是无国界的。中国气象一直都是“一带一路”合作共赢理念的先行者。此次举办“丝绸之路经济带气象服务西安论坛”非常有必要，非常有针对性，也非常有效。围绕“一带一路”建设，开展气象合作，是势在必行，也是必由之路。这为“一带一路”沿线国家、地区的气象合作提供了合作的、共赢的机遇。于新文希望国内“一带一路”沿线的各地区、各部门加强合作，为当地的企业、单位参与“一带一路”建设提供更好的服务保障。董劲威在致辞中指出，气象服务事关经济社会发展大局和人民群众生命财产安全，深化丝绸之路经济带沿线气象合作交流，分享气象服务新理念、新举措，推动丝绸之路经济带气象服务工作将在区域发展、造福民生、防灾减灾等方面发挥更积极的作用。丁传群表示，希望本次“丝绸之路经济带气象服务西安论坛”能够围绕“丝路＋　西安＋　气象＋”的主题来思考、拓展，特别是要清晰地认识互联网背景下大数据在气象业务服务工作中的作用，在云数据的基础上实现大计算，推进气象部门的数据备份、智能网格预报和智能化业务与服务。罗慧在主旨发言中回顾了自 2015 年第一届“丝绸之路经济带气象服务西安论坛”发布《丝绸之路经济带气象服务论坛西安倡议书》两年来，丝绸之路经济带沿线城市气象部门在倡议书的框架下积极贯彻国家发展战略，结合当地经济社会发展和市民需求，及时共享丝绸之路经济带气象服务信息，加强与行业部门气象工作的交流，积极探索与沿线国外城市开展多领域的合作，取得了诸多成效。2017“丝绸之路经济带气象服务西安论坛”延续和深化了第一届“丝绸之路经济带气象服务西安论坛”成果，遵循中国气象局战略部署，推进“一带一路”气象保障服务实现跨省区联合，实现城市间气象信息资源共享，使气象服务真正融入“一带一路”经济社会发展。

2017 欧亚经济论坛气象分会论坛最终形成了《第二届“丝绸之路经济带气象服务西安论坛”倡议书》，达成五项共识。即：传承丝路精神，服务战略，共建合作之路；紧跟开放趋势，立足发展，共建共享之路；聚焦社会需求，立足服务，共建品牌之路；着眼未来发展，立足科技，共建创新之路；面向丝路沿线，立足交流，共建丝路经济带国家气象领域合作。

总体来看，2017 欧亚经济论坛气象分会充分体现了中国气象部门主动服务政府、融入地方、融入行业的发展思维，呈现四大亮点：一是搭建无国界对话平台；二是跨界交流，积极融入国家倡议；三是聚焦主题，对标前沿，积极探索发展新模式；四是凝聚共识，共建发展之路①。

7.2.3　国家—省—市气象部门联动、周密部署，确保了 2015、2017 年连续两届欧亚经济论坛气象保障服务圆满成功

一是强化服务意识，以中、英、俄三种语言开展气象保障服务。西安市气象局设计中、英、俄三种语言的《欧亚经济论坛气象服务专报》。针对组委会，及时滚动提供 2015、2017 年欧亚经济论坛专题天气预报、订正预报、精细化天气预报以及旅游气象服务、城市生活指数气象服务，发布《欧亚经济论坛气象服务专报》，智能网格天气预报，旅游气象服务及城市生活指数气象服务。遇有明显降雨、大风或其他灾害性天气时，随时发布预报或预警。针对欧亚论坛各国参会嘉宾，提供多语种气象服务，及时发布“欧亚经济论坛气象服务信息”手机短信，在嘉宾驻地张贴多语种《欧亚经济论坛气象服务专报》。同时，在欧亚经济论坛官方网站开办气象信息专栏，滚动发布中、英、俄三种语言的气象服务产品；在西安气象官网，西安气象微博、微信上滚动发布最新气象服务信息。

二是中央—省—市气象台联合会商研判，天气预报服务保障及时精准。提前一周，西安市气象局即每天与中央气象台、陕西省气象台开展专题天气会商，提前 2 天起加密为每天两次，提前 1 天将天气会商加密为不定时天气会商。为确保开幕式当晚的欢迎中外嘉宾仿古入城式正常进行，西安市气象局跟踪发布逐时智能网格天气预报。在国家、省、市气象部门通力合作下，两次论坛的预报服务与天气实况一致，保障服务工作做到了万无一失。

无论是西安市气象局以确保率先基本实现气象现代化、实现“追赶超越”为目标和抓手，持续增强业务服务“硬支撑”能力的努力实践，还是依托欧亚经济论坛这一国家级重要平台尝试举办气象论坛，探索气象服务国家战略的路径和方法，还是凝聚国家、省、市三级气象部门联动力量开展欧亚经济论坛重大活动保障的实践，都积累了宝贵的经验，对于西安气象未来更好地助力西安“一带一路”新起点建设具有重要意义。

---

①　搜狐网 2017 年 9 月 22 日以“2017 欧亚经济论坛气象分会 · 第二届丝绸之路经济带气象服务西安论坛隆重开幕”特别报道，http://www.sohu.com/a/193528300_545054

第8章　西安气象服务“一带一路”倡议的设想

2017年12月，中国气象局出台的《气象“一带一路”发展规划(2017—2025年)》中指出：到2025年，面向“一带一路”建设的综合气象观测体系基本完善，卫星技术得到广泛应用，沿线重点区域观测站网基本建成。2018年1月，西安市委印发《中共西安市委关于高举习近平新时代中国特色社会主义思想伟大旗帜 加快建设服务“一带一路”亚欧合作交流国际化大都市的决定》(市发〔2018〕2号)，明确将三项气象工作列入其中。在“一带一路”建设中，西安市气象部门迎来了前所未有的机遇和挑战，更是历史赋予的责无旁贷的使命。围绕服务“一带一路”倡议，围绕关中平原城市群预报、预警服务气象现代化建设、业务交流与灾害性天气联防联动发展的需求，需要大力提升“西安气象智造”辐射带动能力，提升服务于“一带一路”的气象预报预警精准度和服务水平，研发基于卫星遥感的气象服务产品和应用产品等。

8.1　围绕服务“一带一路”倡议的气象设想

8.1.1　不断完善西安大城市智慧气象预报预警服务一体化平台(XA-WFIS.新丝路)，提升气象服务保障能力

随着大西安面向亚欧合作交流的国际化大都市建设步伐加快，“XA-WFIS.新丝路”技术水平和应用领域需要进一步升级和扩充，加强GRAPE_MESO等高分辨率细网格数值模式指导产品在“一带一路”沿线节点城市、西安国际港务区气象预报预警服务中的深入应用与检验，提升重大活动预报、预警服务的精准度。依托中央气象台和陕西省气象局，探索开展“一带一路”沿线旅游气象服务、交通气象服务、农业气象服务、能源气象服务、防灾减灾气象服务等，促进气象信息交换和共享。

8.1.2　探索丝路沿线城市气象服务联盟，继续举办好两年一次的欧亚经济论坛框架下“气象分会”，积极筹划2019第二届“一带一路”国际合作高峰论坛气象服务

在两年一届的欧亚经济论坛框架下继续举办“气象分会”，进一步完善丝绸之路气象服务互联互通、合作共赢的工作交流机制，探索气象服务“互相代理”、互相协作、互助研发等机制，共同研判气象服务趋势和挑战，及时共享“丝绸之路经济带气象服务”相关信息。深化沿线城市务实合作，打造新丝路气象服务“升级版”，探索推进具有联盟性质的“丝路经济带电视天气预报”等气象服务品牌，借助更多新媒体平台开展“一带一路”气象服务，不断扩大服务范围和

受众面；以丝路经济带气象服务为引领，创新驱动，加快气象现代化建设的合作与共享；推进服务丝路经济的智慧气象以及防灾减灾、生态环境、生态治理（空气质量、生态涵养、水资源、植被、土壤等）、城市生命线（交通、旅游、安全运行、能源开发）等领域气象服务合作。在共识中实现共建，在共建中实现共享，在共享中实现共赢，为服务国家战略、促进区域合作做出积极贡献。2019 年，第二届“一带一路”国际合作高峰论坛花落西安，西安气象将总结承办 2015、2017 欧亚论坛气象分会的经验和不足，补齐短板，提前积极筹划做好论坛的气象服务。

8.1.3　探索“一带一路”跨国、跨区域沿线城市的交通旅游合作

交通是联系地理空间社会经济活动的纽带，交通条件决定了区域经济合作的深度和广度，而交通又对气象条件非常敏感，因此，做好“一带一路”交通气象服务非常重要。“一带一路”范围涵盖亚洲、欧洲和非洲三大洲，分别有两条陆路和一条海路到达沿线国家。两条陆路，一条经过俄罗斯到达欧洲，一条途径中亚到达欧洲；一条海路，经南中国海、印度洋到达“海上丝绸之路”沿线国家或地区（图 8-1）。

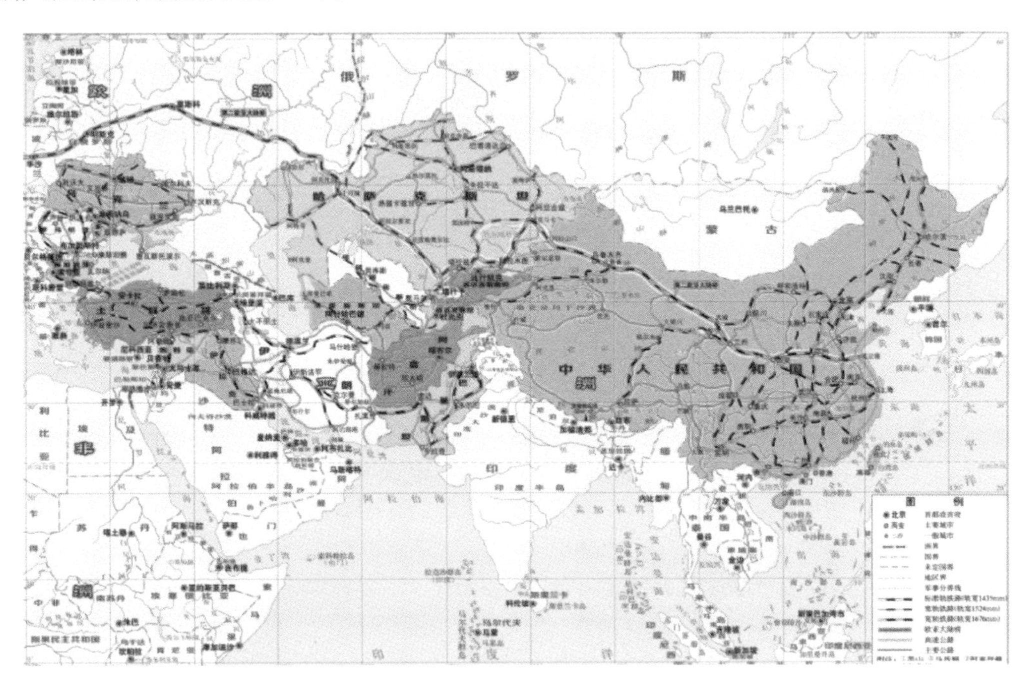

图 8-1　丝绸之路经济带核心区域交通图①

从旅游供给方面讲，现代旅游产品的供给在很大程度上都要依靠现代化的便捷的气象服务，若交通运输受到气象灾害的显著影响，势必影响到旅游产品成本和服务品质；另外，旅游产品供给所包含的基础设施，如水、电、气、通讯、污水处理以及医疗服务等，都很容易受到气象灾害，特别是重大气象灾害的影响。因此，做好“一带一路”交通旅游气象服务非常重要。

“一带一路”沿线自然环境差异大，灾害类型多样、分布广泛、活动频繁、危害严重横跨欧亚非大陆，涵盖 70 多个国家 44 亿人口，约占全球人口的 63%，尽管近 30 年因自然灾害死亡的

① 感谢陕西省测绘地理信息局提供丝绸之路经济带相关地图技术支持！

人数有所减少，但自然灾害经济损失急剧增长，生活在灾难易发地区人口总量上升，导致受灾人口逐年递增。1995—2015 年，全球前十个因气象灾害受灾的国家中，“一带一路”沿线国家占了 7 个，由此可见，“一带一路”沿线国家不仅灾害风险很高，而且是灾害损失很严重的区域（图 8-2）。在中国科学院院士崔鹏看来，其中的跨国、跨境灾害尤其需要关注。面对巨大的跨境灾害威胁，减灾是各国共同的责任，只有协同有效化解跨国、跨境灾害风险，才是“一带一路”沿线国家和地区利益的最大公约数。①

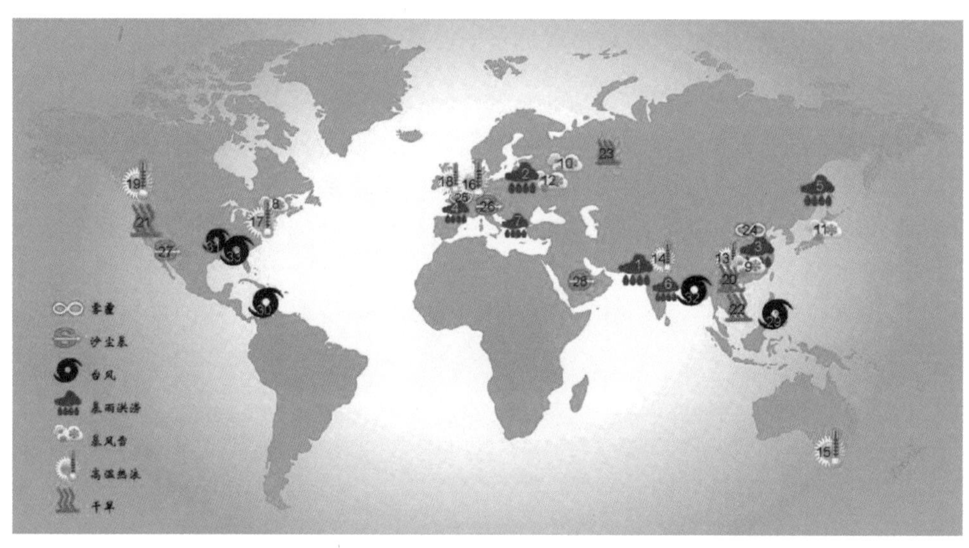

(1)巴基斯坦百年洪涝
(2)中欧“实际性洪水”
(3)1998 年长江流域性大洪水
(4)法国塞纳河洪水
(5)俄罗斯远东百年洪涝
(6)2013 年印度暴雨洪涝
(7)巴尔干半岛百年洪灾
(8)2015 年美国东北部暴风雪
(9)2008 年南方冰冻雨雪
(10)莫斯科初春罕见暴雪
(11)北海道圣诞暴风雪
(12)极端寒流横扫半个欧洲
(13)中国世纪性高温热浪
(14)2015 年春季南亚恐怖高温
(15)墨尔本 160 年最热初秋
(16)西欧夏季笼罩桑拿天
(17)2016 年美国遇夺命热浪
(18)英国难耐持续高温热浪
(19)加拿大高温引发森林大火
(20)西南地区秋冬春百年干旱
(21)美国加州 500 年一遇干旱
(22)2016 年湄公河世纪性干旱
(23)俄罗斯百年干旱森林火灾
(24)2013 年京津冀雾/霾大满贯
(25)2014 年埃菲尔铁塔霾中消失
(26)欧亚多地罕见强沙尘暴
(27)美国凤凰城遭遇强沙尘暴
(28)2012 年初春西亚强沙尘暴
(29)台风“海燕”洗劫菲律宾
(30)飓风“马修”重创加勒比海
(31)美国百年一遇超强龙卷风
(32)孟加拉湾夺命热带风暴
(33)“卡特里娜”灾难性飓风

图 8-2　“一带一路”沿线及其他地区历史上主要极端性天气气候事件

中欧班列是指按照固定车次、线路等条件开行，往来于中国与欧洲及“一带一路”沿线各国的集装箱国际铁路联运班列。自 2013 年西安开通中欧班列以来，已开行 300 多列，仅 2016 年就开行 126 列。中欧班列到达欧洲一般需要 15 天左右，到达西亚约 7 天左右。虽然到达欧洲

① 中国气象报 2018 年 4 月 12 日以“中国科学院院士崔鹏：‘一带一路’沿线跨境灾害不容忽视”为题报道。

距离遥远，所需时间长，但随着“一带一路”战略实施不断深入，沿线国家贸易往来越来越频繁，互联互通的建设不断加快，沿线的高速公路、铁路、高铁项目陆续开工，可以肯定的是，“一带一路”货运班列今后到达西亚、欧洲和非洲将成为常态化。要面向“一带一路”区域经济合作对交通气象服务的需求，积极推进“一带一路”沿线交通旅游气象服务合作，在“中欧班列”运输、海上航运、重大工程建设、旅游市场安全等领域提供气象服务，保障“一带一路”战略的顺利实施。

8.1.4 升级西安“一带一路”电视天气预报节目和视频网站

2018 年贯彻落实西安市委决定（市发〔2018〕2 号）要求，升级优化“一带一路天气预报”品牌电视栏目：

一是适当延长节目时长，丰富预报城市的内容。在电视天气节目中加入更多城市介绍、当地气候以及旅游、人文等信息等内容，对城市预报做更丰富的专业分析和介绍。适当加入气象与行业的分析内容，服务“一带一路”沿线企业。

二是加快推进高清影视设备的应用，升级节目制作模板，形成与“丝路频道”整体风格一致的天气预报节目，更多体现“一带一路”和西安特色元素。

三是扩大节目播出覆盖面。除了通过西安气象官方微博、微信以及视频网站，在西安五套、西安网络电视台、搜狐视频、今日头条、中国气象局新气象网站等同步播出外，进一步扩大“一带一路”气象信息的覆盖面。

8.2 气象＋卫星遥感应用＋互联网＋ 探索“一带一路”跨国跨区域气象服务

“一带一路”沿线国家众多，气候类型复杂多样。中南半岛主要属热带季风气候，马来半岛属热带雨林气候，印度尼西亚属热带雨林气候，菲律宾北部属海洋性热带季风气候、南部属热带雨林气候。南亚大部分地区属热带季风气候，一年分热季、雨季和旱季，全年高温。东亚是世界上季风气候最典型的地区，其特点是夏季炎热多雨，冬季温和湿润，降水的季节变化和年际变化大。西亚主要的气候类型是热带沙漠气候和温带大陆性气候。欧亚大陆腹地，属于典型的温带沙漠、草原大陆性气候；中东欧地区，处在温带气候带，西部部分地区为温带海洋性气候，东部为温带大陆性气候。非洲的气候主要可以分为热带雨林气候、热带草原气候、热带沙漠气候和地中海气候（夏季炎热干燥、冬季温和多雨）四个类型。各国气候差异悬殊，目前还没有一个网站可以查询“一带一路”沿线的天气情况，为此，基于“气象＋卫星遥感应用＋互联网＋”的思路，积极探索“一带一路”跨国跨区域气象服务（图 8-3）。

8.2.1 贯彻落实气象“一带一路”发展规划，找准西安气象发展路径

中国气象局出台的《气象“一带一路”发展规划（2017—2025 年）》，提出了五项主要任务：一是加强政策沟通和衔接，完善政府间交流合作机制，健全“一带一路”防灾减灾合作机制，推动完善新型气象国际合作平台建设，完善“一带一路”气象人才交流培训机制；二是促进资源共享互通，拓展气象站网、技术和数据优势，加强气象监测网络建设，加强与沿线国家气象数据共享，推动“一带一路”气象标准化建设；三是适应沿线国家民生和社会需求，强化面向全球的气象服务，加强应对气候变化和服务生态文明保障；四是推动科技联合与业务融通，提升气象核

图 8-3　丝绸之路经济带核心区域十五国气候

心能力，共同实现气象核心业务技术新突破，强化对沿线国家的气候预测与评估能力，提升海洋气象服务与保障能力；五是助力贸易畅通，推动气象产业国际化发展，助力中国企业“走出去”战略，强化国产气象产品技术共享，推动气象服务市场化发展。

西安作为丝绸之路经济带新起点，内陆型改革开放新高地，建设“丝绸之路经济带”是西安建设国际化大都市的重要历史机遇，是西安未来经济发展的强大引擎。西安气象在“一带一路”沿线的遥感资料资源共享互通应用，“一带一路”气象服务网站建设等满足沿线国家民生和社会需求方面大有可为。

8.2.2　大力推进生态文明建设，加大卫星遥感遥测技术应用力度，服务丝路经济带建设

中国气象局制定了《“十三五”卫星遥感应用专项规划》，未来五年拟在陕西省建设西安市遥感应用分中心和卫星数据灾备中心，负责牵头西北生态遥感监测服务业务，向西北区域用户提供卫星数据支持。加强位于西安市灞桥区气象局的风云三号和风云四号卫星遥感监测技术应用，开展生态环境卫星遥感监测服务。通过构建“共建、共享、共用”的开放合作机制，积极同国家级业务单位联系，引进吸收先进科研成果，运用先进的卫星遥感遥测技术，开展“一带一路”沿线自然保护区、黄土高原、生态脆弱区植被变化监测，针对生态环境变化进行全方位、多角度的动态评估。

图 8-4 为利用 NOAA 系列卫星遥感图制作的 2014 年 7 月“一带一路”沿线植被长势图，图中大片的森林、荒漠地区以及像人类动脉一样的河流分布清晰可见。图 8-5 至图 8-7 为丝绸之路经济带核心区域地势、“一带一路”沿线国家土地覆盖类型图和“一带一路”监测区域土地利用程度指数空间分布图。

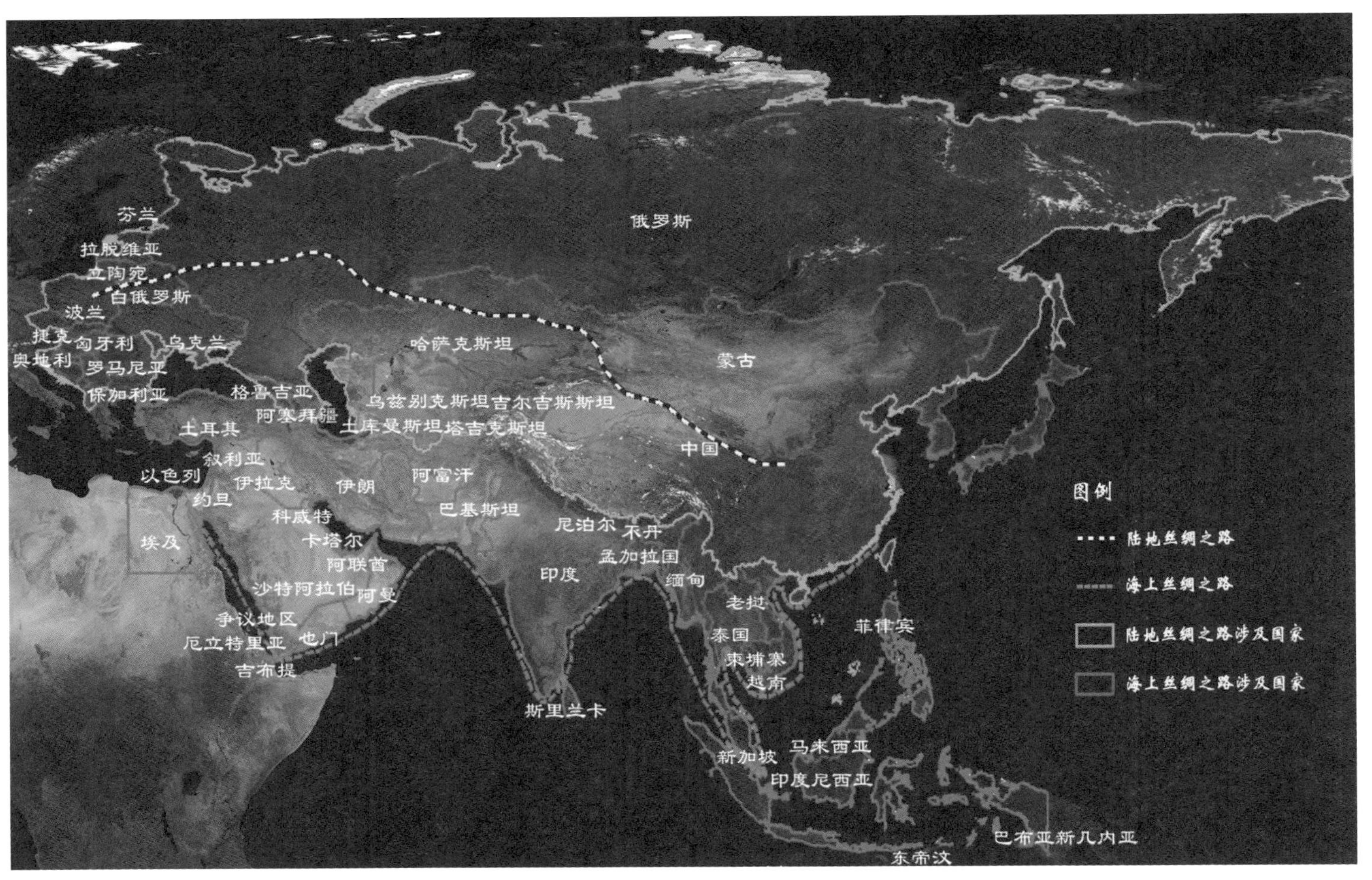

图 8-4　"一带一路"沿线国家遥感影像图①

① 感谢中国气象局国家卫星气象中心唐世浩研究员及其团队提供卫星遥感影像技术支持！

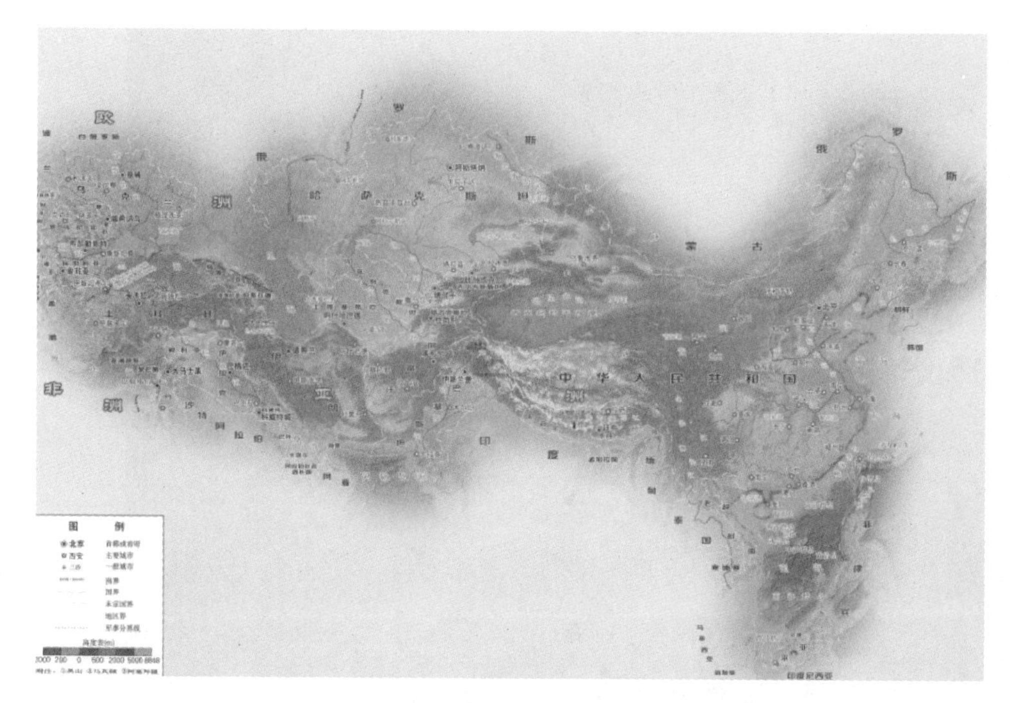

图 8-5　丝绸之路经济带核心区域地势

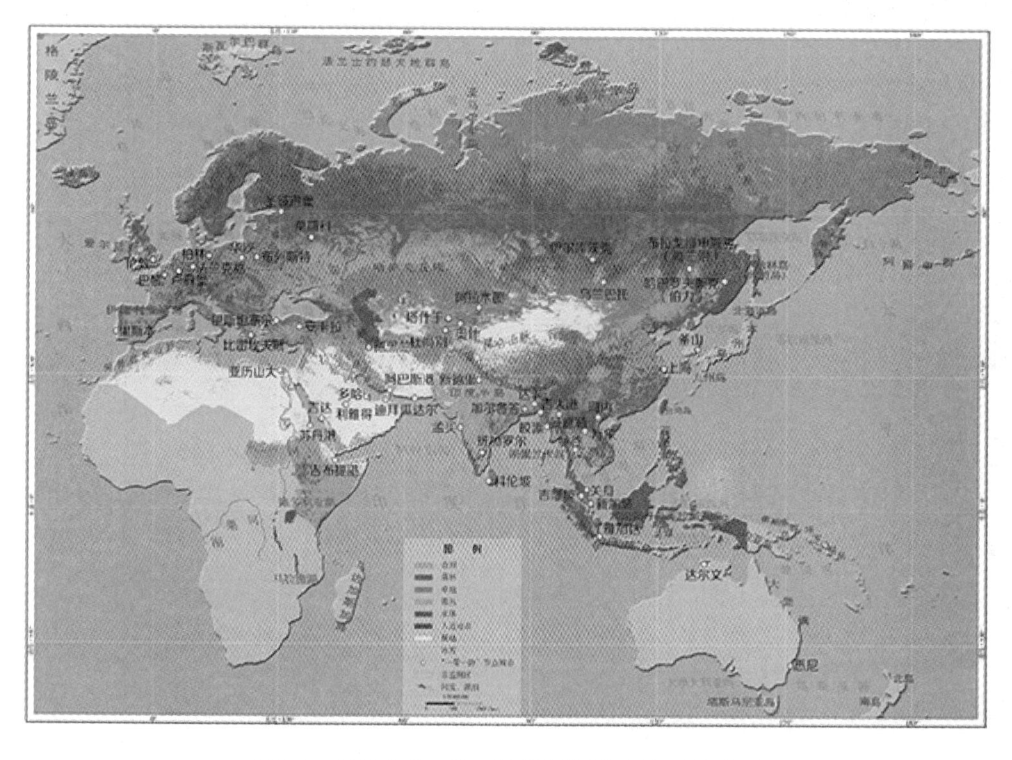

图 8-6　2014 年“一带一路”沿线国家土地覆盖类型

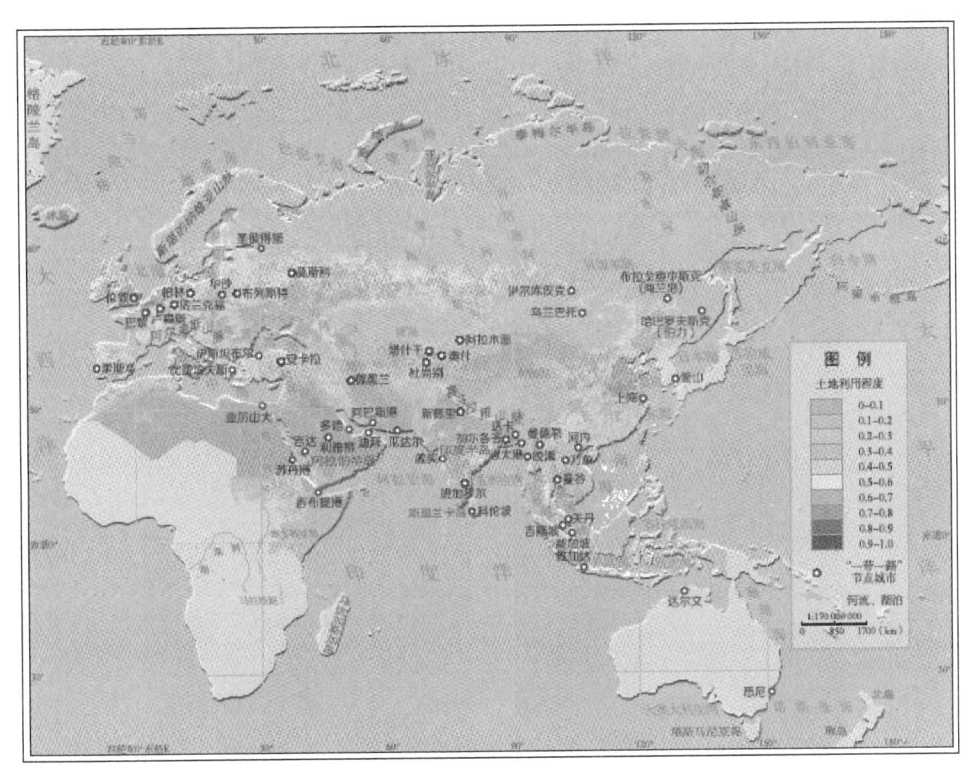

图 8-7　2014 年“一带一路”监测区域土地利用程度指数空间分布

2016 年 6 月 5 日 13 时 45 分(北京时)，利用风云三号气象卫星 B 星资料制作的火情监测图中，监测到蒙古国与我国内蒙古自治区东乌珠穆沁旗交界处有一处火点(图 8-8 左中箭头所指处)，位于 116°22′48″E，46°10′48″N，估算明火区面积约 1.1 hm²(图 8-8 右)。

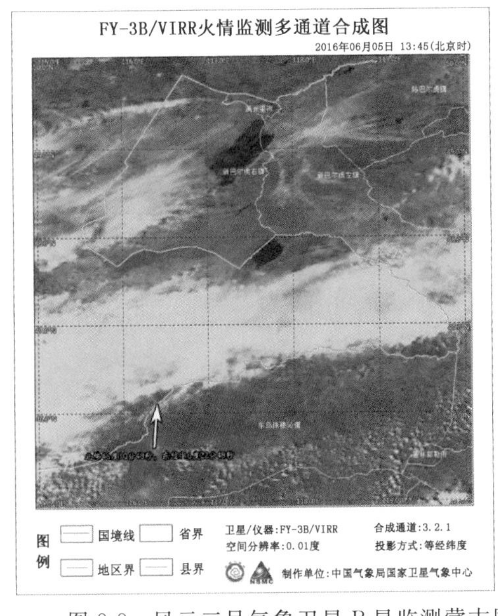

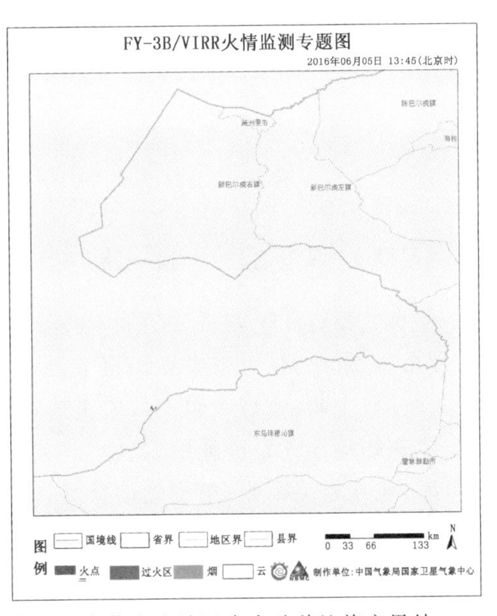

图 8-8　风云三号气象卫星 B 星监测蒙古国与我国内蒙古自治区东乌珠穆沁旗交界处火点多通道合成图(左)和专题图(右)

2015 年 7 月初至 8 月初，气象卫星观测缅甸大部分地区持续为云区覆盖，仅有数日出现较大范围的晴空。利用风云三号气象卫星 B 星 2015 年 8 月 3 日 15:20(北京时)和 7 月 5 日 15:55(北京时)资料(图 8-9)监测到，8 月初，缅甸部分地区的水体范围较 7 月初明显增大(图中箭头所指处)，表明洪涝对当地农业造成严重影响。

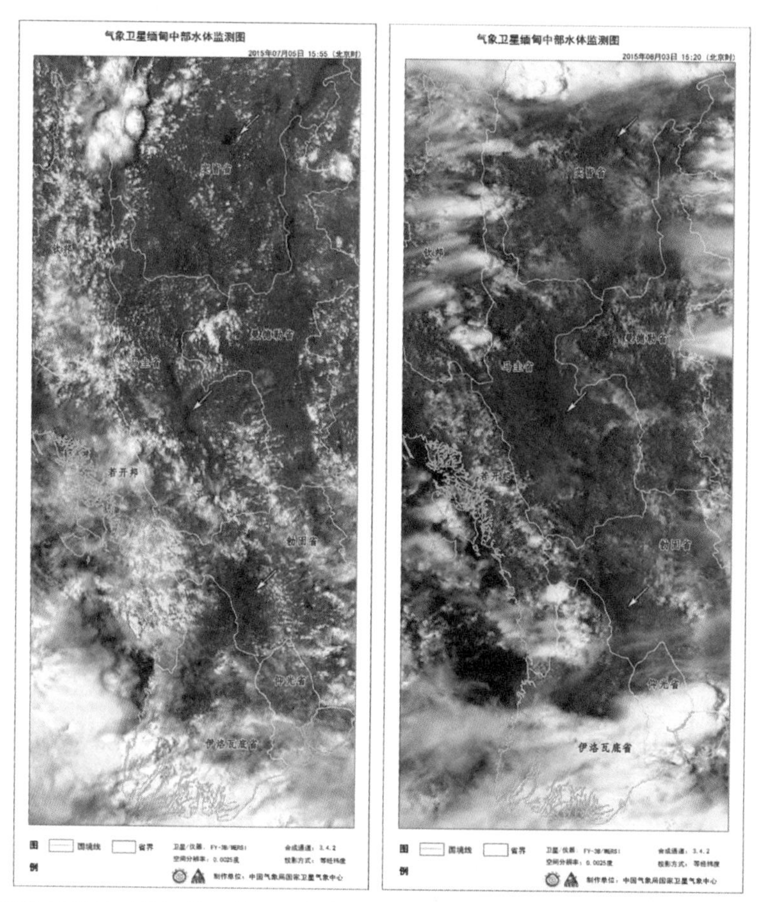

图 8-9　2015 年风云三号气象卫星 B 星缅甸中部水体监测图 7 月 5 日 15:55(北京时，左图)和 8 月 3 日 15:20(北京时，右图)

8.2.3　立足西安，探索建立“一带一路”气象服务网站

依托中央气象台和陕西省气象局，探索建立专题气象服务模块，针对“一带一路”沿线国家和地区，发布“一带一路”天气电视预报节目，探索建立“一带一路”气象服务网站，服务“一带一路”沿线的政府、企业、公众。包括从中央气象台调取 3 大洲、17 个国家、94 个城市气温、降水量、风向、风速等基本气象资料库，国内“一带一路”沿线雷达拼图、卫星云图、自动站区域站等实况资料库；建立相关企业、单位的信息资料库。探索建立基于地理信息系统网站显示模块，自动完成“一带一路”地理信息提取，并以地图导航形式基于 WebGIS 展示“一带一路”沿线国内外主要城市智能网格预报、实况资料(包括卫星云图、自动气象站区域站资料)等，并以排序图、时序图、色斑图等形式实时显示。开展旅游气象服务、交通气象服务、农业气象服务、能源气象服务、防灾减灾气象服务等，促进信息交换和共享。

第五篇

民 生 气 象

第9章　强化西安公共气象服务
大力发展民生气象

9.1　气象灾害影响预报和风险预警研究进展

9.1.1　气象灾害影响预报和风险预警概述

在2011年全国开展气象风险评估试点的基础上，2012年气象风险预警服务业务全面启动。中国气象局在2013年着力推进了气象风险预警服务业务化，进一步修改完善气象风险预警服务业务规范，加快气象风险预警服务业务平台建设和推广。上述成果主要聚焦于中小河流洪水和山洪地质灾害，城市暴雨内涝灾害、高温和雾/霾等高影响气象灾害还没有形成全国统一的影响预报和风险预警。

(1)城市暴雨内涝灾害预警

城市暴雨内涝灾害是指由于暴雨强度大，城市排水不畅引起积水成涝，造成市区严重积水，影响公共安全的气象灾害。灾害造成的连锁反应给居民生活和社会经济活动造成严重损失。如何提升城市内涝灾害风险预警能力已成为气象部门(政府城市管理)重要议题。如何根据城市自身特征，及时有效地监测、预警与评估内涝灾害，建立集约化的内涝业务系统已十分必要。

由于积涝灾害会对城市安全造成严重的威胁，早在20世纪80年代后期，美、英等国的水文气象学家就开始了对城市积涝问题的研究。在城市降水径流模型及城市排水系统的数值计算模型的开发上，最有代表性的是美国城市暴雨雨水管理模型(SWMM)，对城市排水系统有很强的模拟计算功能。模型为动态降雨径流模拟模型，对径流水量水质进行单一事件模拟或者连续模拟。模型将排水流域划分为若干子流域，通过计算子流域中产生的径流以及在管道和明渠中的流速、水深和水质等来估价整个流域径流情况。SWMM曾在美国20多个城市使用，以解决当地排水流域的水量水质问题，并且在加拿大、澳大利亚及欧洲一些国家广泛应用。

我国在20世纪90年代的中后期也开始了城市积涝的研究。谭术魁(1995)和陶家元(1998)对湖北省武汉市的积涝灾害及治理策略进行了研究。迄今为止，我国部分省市都结合当地特点，开发了城市内涝风险预警服务系统。陈波和冯光柳(2008)通过采集武汉市城市地理、河道地形、工程设施、气象监测、防洪调度等基础空间信息，构建了完整的武汉市暴雨内涝数学模型，反映了降雨量分布、产汇流原理、地面流、河道明渠流、堰流等多种工程情况及其相互连接问题，随后选择典型的暴雨个例作为降雨边界条件，代入模型中进行计算，将模型的计算结果和实测结果进行比较，结果表明模型具有良好的适用性。王清川等(2013)结合河北省廊坊市城区地形地貌、市政工程、排水设施现状等，构建了城市积涝模型，结合区域自动气象站实时雨量监测数据、数值预报和预报员主观精细化降水预报，建立了廊坊城市积涝动态预报、预警系统，进而可实时估算、预报城市积水深度、积水时间。模型以 2012 年 7 月 21 日廊坊市特大暴雨引起的城市积涝为例进行了业务试运行，预报积水深度与实况比较接近，预报结果对城市防洪减灾有指导意义。李婷等(2016)以石家庄市为试点，基于暴雨内涝仿真模型，利用自动雨量监测处理、数值天气预报、雷达雨量估算及 GIS、数据库等技术，构建了依托精细化网格预报的河北省城市内涝气象风险监测预警系统，通过对地面产汇流过程的数值模拟，实时监测城区积水的时空分布，并进行内涝灾害过程模拟及风险分析。

(2)高温影响预报

高温是一种危害较大的灾害性天气。近年来，随着全球气候变暖，我国高温灾害性天气出现频率呈上升趋势，给经济和大众身体健康造成巨大影响。世界卫生组织曾预计，到 2020 年全球死于酷热的人数将增加 1 倍，儿童、老年人、体弱者及呼吸系统、心脑血管疾病等慢性病患者则是受极端高温影响的高危人群，当温度高于某一临界温度时，随着温度的升高，心脑血管疾病的发生率和死亡率逐渐升高。但是，高温是可以预防的，要加强气象、环境与医疗的交叉融合，加大高温影响预报系统的研究开发。

国外许多城市都发布高温热浪警报，如美国费城、意大利罗马等地建立了基于气团分类的热浪监测预警系统。国内对高温影响的研究分为阈值确定和影响预报两个层面。在高温影响阈值方面，陈正洪等(2002)研究中暑死亡与气象要素之间的关系，发现 36～37 ℃以上持续极端高温是引发大量中暑死亡的根本原因。张尚印等(2004)研究华北城市危害性高温，将极端气温 38 ℃定为可能引起死亡率升高的警戒温度。此外，杨宏青等(2013)研究高温导致武汉市 1998—2008 年超额死亡的阈值为 35 ℃。在高温影响健康的预报模型方面，主要依赖于数学统计方法。例如，谈建国等(2002)通过天气类型与上海居民死亡率的对比分析，建立了因受热浪侵袭而超额死亡数的回归方程，并在此基础上建立了上海热浪与健康监测预警系统，上海市气象与卫生部门自 2002 年正式对外发布热浪警报。杨宏青等(2013)采用逐步回归法建立定量评估模型，分析极端高温对超额死亡率的影响程度，并进行预报效果检验和典型年回代检验，以便开展高温对健康影响的评估及医疗气象预报，其中 2007 年和 2008 年夏季的评估试验效果较好，表明该模型可用于实际评估业务。尹继福(2011)利用统计学手段和流行病学研究方法，系统研究高温热浪灾害对人体健康的影响，引进和修正舒适度预报指标，分析夏季室外热环境对人体舒适度的影响因子，最终提出大中城市应对高温灾害的对策。

(3)雾/霾影响预报、预警

近年来，我国大气污染问题日益严峻，雾/霾灾害已成为阻碍经济可持续发展、危及民众健康的重要因素之一。雾/霾影响的预报和预警，主要从两方面展开，一方面是气象部门发布的雾/霾污染预报、预警信息，另一方面是雾/霾对健康影响的风险评估。在预报、预警信息发布上，将雾/霾污染分为中度污染、重度污染和严重污染，向社会公众发布的预警信息分别为黄色预警、橙色预警和红色预警。针对雾/霾污染的健康危害，国内外学者展开了不同层面的经济损失评估。例如，Matus 等(2011)研究了空气质量、人口、收入水平与雾/霾污染边际损失的关系以及污染损失占 GDP 比例的变化趋势。穆泉等(2013)计算了 2013 年 1 月全国雾/霾直接经济损失以及健康经济损失的比例。上述研究利用历史资料计算了雾/霾导致的直接健康经济损失，但对健康经济损失的概率分布规律有待深入分析，缺少对不同损失大小的预先风险评估。

雾/霾对健康影响需要预先风险评估，但相关研究成果不多。韩琭(2017)运用主成分分析方法对空气质量、污染物排放等基础指标进行了降维，有效合成了雾/霾灾害风险指数，并对指标有效性进行检验，结果显示该指标对雾/霾灾害风险具有较好的预警作用。为了测度雾/霾未来影响的风险大小，姜绵峰(2017)在使用暴露反映关系函数计算上海市雾/霾健康经济损失及占同年 GDP 比例的基础上，采用 Bootstrap 信息扩散综合模型分析了健康损失在不同风险水平下的超越概率、期望水平和重现周期，并利用多项式拟合预测了未来 5 年的健康损失值以及占 GDP 比例。结果表明，上海地区 5 年内会出现 144 亿元左右的健康损失，预计 2020 年损失值达到 261.85 亿元，需要有效措施控制雾/霾污染的同时，设置预警机制应对潜在的雾/霾污染突发事件。

(4)中小河流洪水气象风险预警

20 世纪中期以来，世界上大多数受洪水灾害威胁的国家，纷纷实施了洪水风险管理战略。我国在 1998 年遭受洪水灾害以后，也开始了从“控制洪水”到“洪水管理”的战略转变。然而，当前我国洪水风险管理措施的实施以及相关技术的研究，大多是针对大江大河及其中下游平原洪泛区的，针对山区小流域洪水风险管理的研究还比较少。中小河流由于防洪标准普遍偏低，其洪灾损失占总洪灾损失的 70%～80%，近年来呈现多发、重发态势。随着经济发展、社会进步和人民生活水平的提高，对准确精细化的暴雨洪涝灾害气象服务提出了更高的要求，尤其是更加先进的定时、定点、定量的暴雨诱发的中小河流洪水气象风险预警服务需求。

从目前研究状况来看，西方发达国家基于高精度 GIS 和 DEM 数据，提取中小河流流域信息，并以动态临界雨量理念为基础，发展面向中小河流山洪的暴雨洪水预警指导业务系统(Flash Flood Guidance，FFG)；面向流域的多源降水集成预报技术已经应用于流域面雨量预报和水文预报中。我国基于动态临界面雨量和集成面雨量预报的中小河流洪水预警服务仍处于研究和起步阶段。中国气象局于 2012 年开始在全国开展暴雨诱发中小河流洪水和山洪地质灾害气象风险预警服务(以下简称“气象风险预警服务”)业务，国家级中小河流洪水风险预警业务的具体服务由中国气象局公共气象服务中心承担。2013 年中国气象局正式启动气象风险预警服务业务，但是全国中小河流的风险普查率还是处于相对较低的阶段，大部分中小河流风险预警服务仍无流域致洪降水临界面雨量阈值。已经开展风险预警服务的部分省份风险临界面雨量阈值采用基于统计分析法和水文模型法的定值确定方法，对于缺资料和无资料地区的中小河流气象风险临界阈值，很难有好的解决方法。

为了解决上述问题，在国家级层面上，包红军(2014)针对国内外中小河流洪水风险预警技术研究进展与国内气象部门对水文资料的缺乏现状，提出国家级中小河流洪水气象风险预警技术，并以此建立国家级中小河流洪水气象风险预警服务客观预报模式。具体技术方法为：将全国中小流域分为有完整气象水文资料流域、无水文资料有气象资料流域、无资料流域进行推求流域中小河流致洪降水动态临界阈值。在区域层面上，张红萍(2013)提出了无资料地区设计暴雨洪水法推求暴雨山洪预警指标的方法，研究并提出了事件驱动的县级山洪监测预警应用系统设计思路，开发了河南省栾川县山洪监测预警应用系统，具有一定的指导意义。格央等(2015)在西藏基于中国气象局推广的气象信息综合分析处理系统(MICAPS)和短时临近预报平台(SWAN)进行二次开发，建立了更适合西藏本地的中小河流洪水和山洪地质灾害气象风险预警系统(图 9-1)，以期最大限度减少洪涝灾害损失。

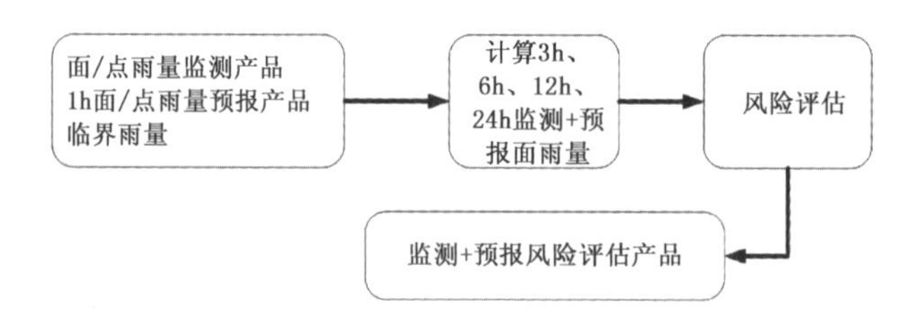

图 9-1 监测＋预报风险预警产品生成流程

9.1.2 建成影响预报和风险预警服务体系

基于上述分析可见，当前仍需进一步加强气象灾害影响预报和风险预警业务体系建设，做好中小河流洪水、城市暴雨内涝、高温热浪、雾/霾等高影响天气的监测、预报、预警及影响评估分析。包括：1)加强天气监测，切实做好灾害性天气分析研判，充分利用气象现代化建设成果，努力提高预报精度，做好气象灾害影响评估分析；2)加强与城市水利、能源、交通等部门的沟通和信息联动，加强气象灾害对电力、交通和人体健康的影响调查和灾情收集，深入开展跨部门的联合预警发布机制，充分发挥预报、预警在防灾减灾救灾工作中的先导作用；3)气象部门继续做好科普宣传和舆论引导，及时、深入做好气象灾害成因解读和宣传，提高社会公众防御气象灾害的意识和能力。

影响预报和风险预警服务是与用户的承载力及决策过程相结合的新型交互式预报服务，包括天气要素预报、影响预报、风险预警和联动响应四个核心业务环节，需要气象部门和服务对象全程参与、相互配合，在天气要素预报、影响预报环节以气象部门为主，在风险预警和联动响应环节就需要以服务对象为主(图 9-2)。

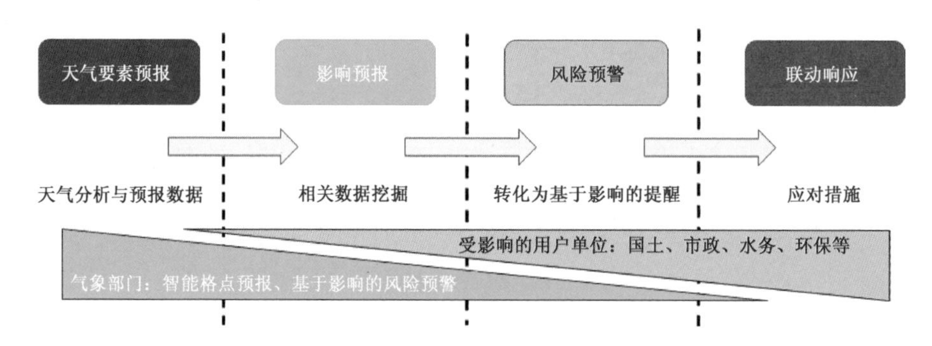

图 9-2 基于风险影响的交互式预报服务

9.2 西安“民生气象”服务品牌效应逐步凸显

9.2.1 西安气象服务标准化体系逐步搭建

(1)西安市人民政府印发西安市标准化＋行动计划。2017 年 8 月西安市人民政府印发西安市“标准化＋”行动计划的通知，其中重大活动气象服务、公共气象服务、人工影响天气、专业专项气象服务等4项气象标准列入该行动计划，初步构成西安气象服务标准体系。西安市气象局主要负责人列入西安市标准化领导小组成员，参与西安市“标准化＋”行动计划的领导推进工作。

(2)制定下发加快气象标准体系建设的实施意见。2016年，西安市人民政府提出“品质西安”建设。“品质西安”建设涵盖了经济、文化、社会、生态等各个领域，力求通过提升经济发展、城市治理、宜居环境、对外开放、人民生活和政府服务等，提升大西安作为国家中心城市的现代化程度。2016年上半年，西安市质量技术监督局、西安市气象局联合下发了《关于进一步加快气象标准体系建设的实施意见》，确定了气象服务标准建设的目标，即到2020年建成具有西安特色的现代化气象服务标准体系，为建设“品质西安”提供有力支撑。

(3)分步骤有序实施。2017—2018年：围绕气象服务基本标准、服务行为标准、服务评价标准和服务监管标准，编制施放气球现场勘验报告编写规范、突发事件预警信息发布管理规范、WR—98型增雨火箭安全操作规范等3～4个标准。2018—2020年：围绕气象服务基本标准、服务行为标准、服务评价标准和服务监管标准，编制突发事件预警信息发布中心建设规范、地面人工增雨作业安全管理规定等5～6个标准。

9.2.2　西安气象服务品牌建设

(1)公众气象、决策气象覆盖广、密度大，主动到位

2015—2017年，西安市气象局市、区(县)共发布各类气象灾害预警信号累计1024次，启动应急响应39次，同时得到市委市政府主要领导批示指示220多次。为进一步做好气象预警信息发布工作，健全突发事件预警信息发布机制，2017年11月20日，西安市机构编制委员会办公室发文《西安市机构编制委员会办公室关于同意加挂西安市气象预警信息发布中心牌子的复函》(市编办函〔2017〕144号)，同意西安市人工影响天气办公室加挂“市气象预警信息发布中心”的牌子。2017年12月，西安市机构编制委员会办公室发文《西安市机构编制委员会办公室关于完善区县气象预警信息发布机构设置的通知》(市编办发〔2017〕188号)，同意各区县加挂气象预警信息发布中心的牌子，实现了西安市气象预警信息发布中心市区(县)全覆盖。以“三化一到位”为引领，扎实推进乡镇(街办)气象职能法定。西安市汤峪镇、草堂镇省级重点示范镇，制定了履行气象职责实施方案，按照“六有”推进标准化进程。2017年度继续建设西安城乡两维度的气象防灾减灾新型监测体系(图9-3)。

(2)西安气象服务影响力不断扩大

“西安气象”微博、微信——西安市气象局官方服务平台是百姓生活的参考，与公众互动的桥梁，为公众提供最新天气预报、预警信息、气象科普等多方面的气象信息(图9-4)。

2011年7月开通西安气象的新浪、腾讯微博。2012年3月西安气象微博业务化，到年底微博粉丝合计近2.6万。

2013年4月开通人民网西安气象微博，实现了新浪、腾讯微博“一键式”发布，提高了效率；丰富西安气象微博的发布内容，并增加图片，扩大信息量，提高关注度和粉丝量，年底粉丝为5.4万人。2013年12月开通西安气象微信公众号。

2014年西安气象微博、微信同时运营，在丰富西安气象微博发布内容的同时，增加图文并茂的微博、微信文章，扩大信息量，提高关注度和粉丝量。2014年6月，西安气象微信公众号通过VIP验证，并开通微网，丰富了气象服务信息，满足年轻人的需求，到2014年底关注人数

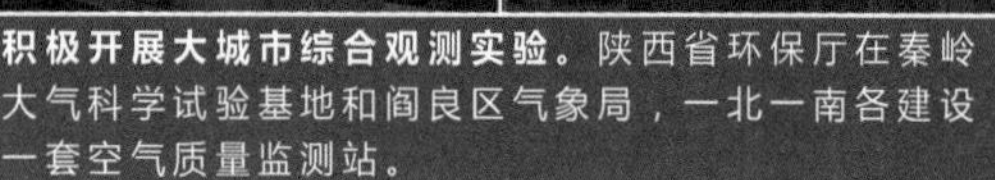

图 9-3　2017 年度西安市城＋乡两维度气象防灾减灾新型监测手段建设

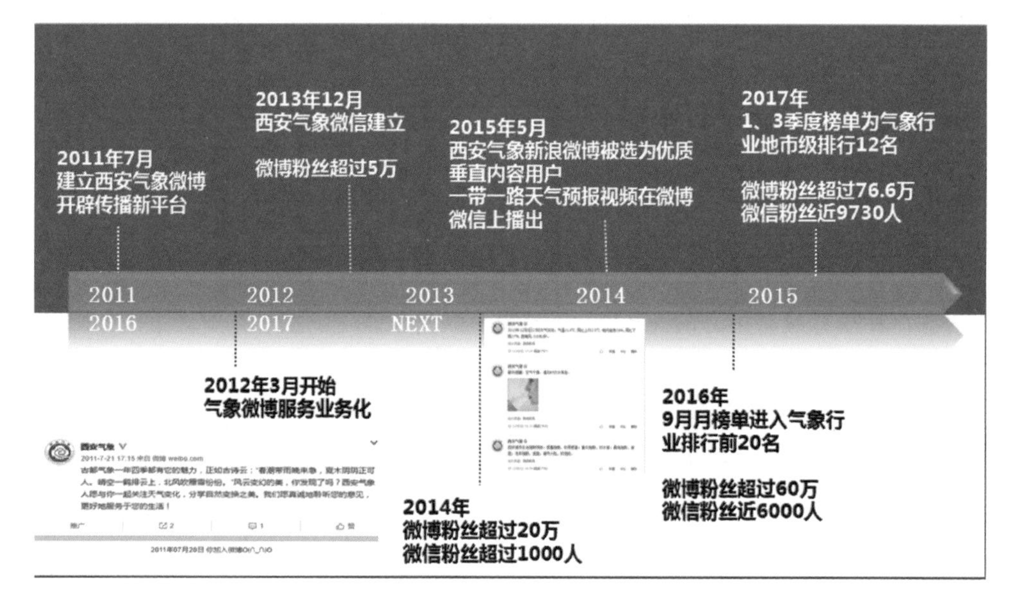

图 9-4　西安气象微博微信发展时间轴

已突破 1000 人。2014 年西安气象新浪、腾讯、人民网粉微博丝数增长迅速，到 2014 年底已突破 20 万人。

2015 年，“西安气象”微博、微信等新媒体被大家接受。小编们积极策划各种活动，提高粉丝量。如增加“一周风云变化”“一带一路天气预报”等专栏，发布内容主题突出、图文并茂、形式新颖，受到大家的喜爱。同时“西安气象”新浪微博被选为优质垂直内容用户，账号进入找人、热门微博等推荐，提升了账号粉丝量和影响力。西安气象新浪微博粉丝为 243134 人，比上年增长 10 万多人。到 2015 年年底西安气象微博粉丝为 35.3 万人，新增粉丝 14 万人；西安气象微信粉丝 2996 人，新增 1800 多人(图 9-5)。

2016 年，在公众服务中西安气象微博、微信优势凸显，粉丝增长迅速，影响力增大。小编们积极策划各种活动，加强与粉丝互动，提高“西安气象”微博粉丝量及影响力。西安气象新浪微博粉丝量增长较快，9 月榜单进入气象行业排行前 20 名。年底“西安气象”新浪微博粉丝为 33.8 万；西安气象微博粉丝合计 60.6 万余人，比去年(35.3 万)增加 25.3 万余人。

“西安气象”微信发布内容主题突出、图文并茂、形式新颖，受到大家的喜爱和关注。“一带一路”天气预报视频节目开播以来，每天利用新媒体的传播优势，在西安气象微博、微信上同步播出，扩大了节目的覆盖面和受众群体，提高了影响力。“西安气象”微信关注用户数为 5940，新增 3244。

2017 年，继续利用西安气象微博、微信进行公众气象服务，积极与粉丝互动，积极策划有奖活动，对各种重大活动的气象服务保障信息进行直播。例如对 2017 欧亚经济论坛气象分会—第二届“丝绸之路经济带气象服务西安论坛”进行了分段直播。“西安气象”微博粉丝 76.6 万，新增 16 万，微信 9730 名(表 9-1)。第三季度，微博在全国气象系统排名第 25 名，地市级第 12 名，副省级排名第 5 名(图 9-6)。

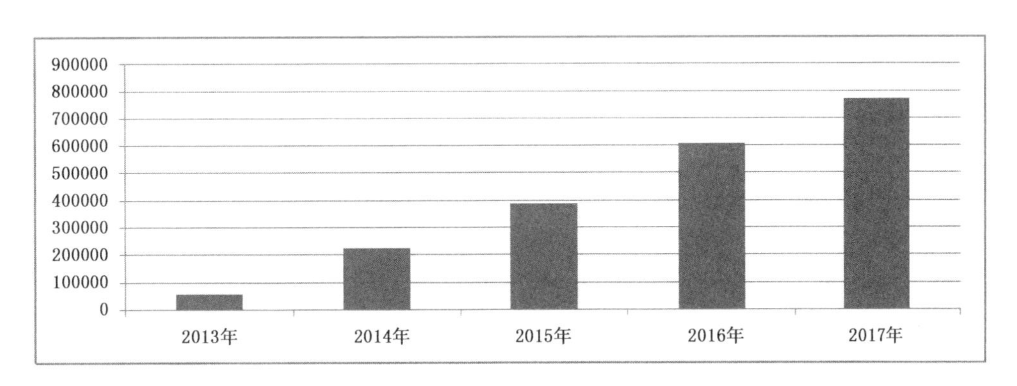

图 9-5　2013—2017 年“西安气象”微博粉丝变化

表 9-1　2013—2017 年“西安气象”微博粉丝变化表

年份	2013 年	2014 年	2015 年	2016 年	2017 年
微博粉丝数	56519	226763	389843	605593	765871
比前一年增长	/	170244	163080	215750	160278

“小编说天气”“早安心语”等微博板块得到网友的喜爱(图 9-7)：

利用“西安气象”的官方微博、微信，增加气象预警信息的覆盖面；进行常态化的气象科普宣传及气象防灾减灾知识宣传，正确引导社会舆论，得到网友的高度关注(图 9-8)。

西安气象微信发布内容主题突出、图文并茂、形式新颖，受到大家的喜爱和关注。同时，开通“西安微天气”服务号，不仅可以及时推送气象预警信息，也可以查看基于地图的智能网格预报(图 9-9～图 9-11)。

微博榜单 人民日报
政务指数 气象系统双微排行榜
——地市及以下　2017年3季度
人民日报 | 人民网舆情监测室 | 微博
中国气象局气象宣传与科普中心

排名	微　博	微信	传播力	服务力	互动力	总　分
1	深圳天气	深圳天气	89.28	93.60	85.48	88.62
2	广州天气	广州天气	85.50	89.79	73.57	81.59
3	南京气象	南京气象	80.42	89.27	62.58	75.05
4	福州气象	福州气象	77.47	88.20	60.99	73.02
5	南昌天气	南昌天气	72.89	92.62	59.45	71.46
6	成都气象	成都气象	75.03	89.48	57.40	70.87
7	郑州市气象局	郑州气象	72.26	81.69	60.03	69.25
8	苏州气象	苏州气象	75.67	80.73	55.32	68.54
9	汕头天气	汕头天气	75.40	71.35	57.63	67.48
10	保定气象	保定天气	72.70	83.47	53.91	67.34
11	惠州天气	惠州天气	72.76	79.27	55.86	67.30
12	西安气象	西安气象	71.54	84.80	51.89	66.33
13	无锡气象	无锡气象局	71.33	86.57	51.20	66.32
14	厦门天气在线	厦门气象	74.25	80.50	50.94	66.18
15	连云港气象	连云港气象	68.72	83.31	53.60	65.59
16	汕尾天气	汕尾天气	71.88	72.68	55.63	65.54
17	东莞天气	东莞天气	75.91	64.25	55.10	65.25
18	大连气象	大连气象	74.26	71.79	50.20	64.14
19	新乡气象	新乡气象	65.28	93.27	48.44	64.14
20	珠海天气	珠海天气	75.92	53.39	57.71	64.13

图 9-6　2017 年第三季度气象双微地市及以下机构排行榜

西安气象 V
2017-2-20 16:53 来自 微博 weibo.com
#小编说天气#昨天午后温暖如春，西安大部分地方的最高气温超过20℃。很多人还回味春天的滋味，不愿相信寒潮来啦真是情况是今天下午截止16:00最高气温仅为8.4℃。不说啦，上图

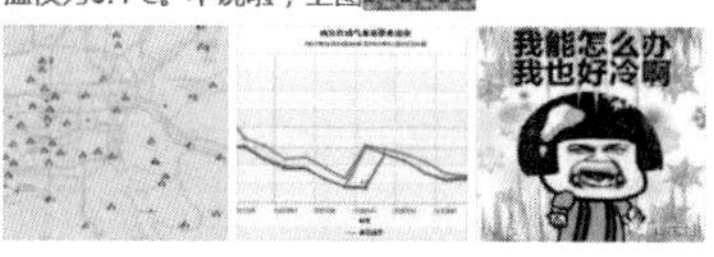

阅读 4.5万　推广　7　3　3

西安气象 V
2017-8-5 08:32 来自 微博 weibo.com
#早安心语#努力归努力，但别忘了抽空停下来享受当下的生活，爱自己平凡的样子。周末愉快哦

阅读 1.7万　推广　5　评论　17

图 9-7　“小编说天气”“早安心语”等微博板块受网友喜爱

西安气象 V

2月27日 11:10 来自 微博 weibo.com

#西安年 最中国# 500架无人机承包西安夜空，元宵节一起约起来！

@西安直播

#西安爆料#【500架无人机承包西安夜空，元宵节一起约起来！】昨日，500架无人机在高新区的空中完美地组成各种璀璨的图案，圆满完成了彩排。元宵节晚上，无人机灯光秀表演将点亮西安高新区的夜空，为市民献上一场华丽的视觉盛宴。你想去看看吗？（@西安发布）#西安直播#

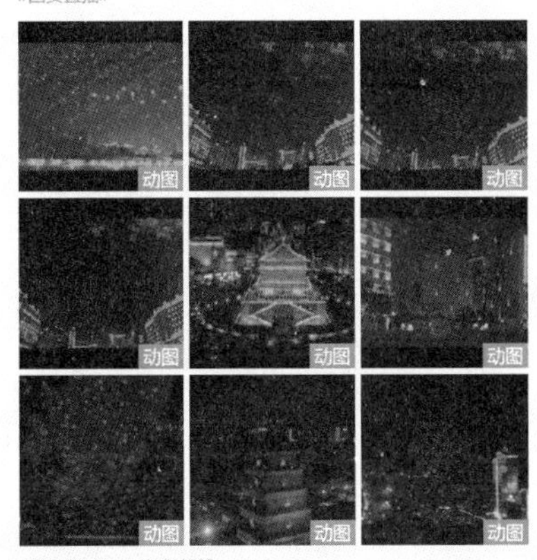

2月27日 10:53 来自 微博 weibo.com　　58　39　57

阅读 3.1万　推广　4　2　2

西安气象 V

3月21日 09:08 来自 微博 weibo.com

#春季防火#春季是人们外出游玩、踏青的季节，不要带火种上山，不要点火野炊，不要乱丢烟头。春季又是一个旅游的好时节，而且又有清明节，人们举家郊游或祭奠先人时又常常在野草较多、树木繁殖的地方，一旦用火不慎就会引起树林火灾。

阅读 5123　推广　转发　1　2

西安气象 V

1月29日 08:33 来自 微博 weibo.com

#道路结冰黄色预警# 西安市气象台2018年1月29日08时30分继续发布道路结冰黄色预警信号：预计未来12小时内雁塔区、碑林区、莲湖区、新城区、未央区、周至县、鄠邑区、长安区、蓝田县、高陵区、临潼区、阎良区、灞桥区、西咸新区将出现对交通有影响的道路结冰，请注意防范。防御指南:1.交通、公安等部门
... 展开全文

阅读 1.2万　推广　3　评论　3

图 9-8　通过微博及时发布气象预报、预警及科普宣传

图 9-9　微信公众号服务

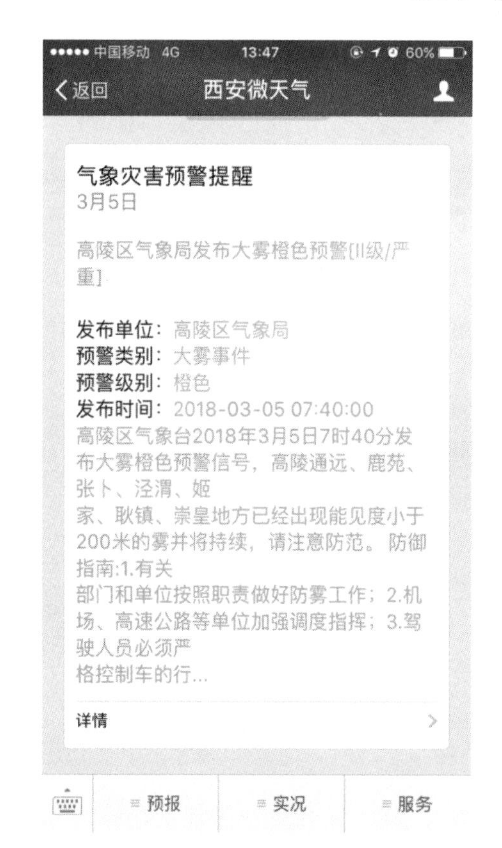

图 9-10　气象预警信息推送

图 9-11　基于地图的智能网格预报

(3)唐妞、秦风小子报天气①

2017年8月起,西安市气象局与陕西动漫产业平台开展合作交流,西安气象微博、微信携手漫画家9月开始推出“唐妞报天气”、秦风小子的“图说节气”,逐渐得到了广大网友的一致好评(图9-12)。

图9-12　“唐妞”(左)和“秦风小子”(右)动漫形象

唐妞:“唐妞”人物形象是由漫画家乔乔以陕西历史博物馆的唐朝仕女俑为原型,糅合了西安十三朝古都的历史文化底蕴,打造出的具有唐朝特色的原创动漫IP角色。不同于市场上其他凭空想象的卡通人物,“唐妞”有深厚的历史文化背景,以历史情感为切入点进入动漫市场是“唐妞”的巨大优势。

利用陕西得天独厚的文化资源以及主创团队精良的动漫设计资源,“唐妞”形象经过一系列推广宣传,受邀参与了2016年央视猴年春晚西安分会场、中国博物馆博览会、香港亚洲授权展、海峡两岸动漫节、丝路文化艺术节等多项展览和活动,同时已推出唐妞公仔、抱枕、团扇、手机壳、冰箱贴、钥匙链等各类衍生品在市面上销售,已授权合作品牌包括陕西历史博物馆、中国网、香格里拉酒店、西部证券、万达广场、九愚茶品等行业产品,在西安乃至全国的文创领域颇具影响,成为目前陕西最有影响力的原创IP形象之一。

目前正在开发制作传统文化和动漫二次元结合的原创系列漫画“唐妞说”,包括《唐妞说丝路日记》《唐妞说长安》《唐妞说日常漫画》《唐妞说二十四节气》《唐妞说百家唐诗》等。

秦风小子:“演义—秦风”是西安唐煌文化以秦兵马俑及先秦文化资料为依据创作的一组动漫形象作品,由五个动漫形象组成,分别代表将军、士兵、文吏、琴女、秦马。

“演义—秦风”系列给秦兵马俑形象注入了当代美术元素,将传统与时尚自然融合,外观上强化特征,细节概括夸张,使得系列形态特点鲜明,生动可爱。整体作品即保有传统文化的严肃性、典型性,同时又具备时尚灵动的娱乐性和流行性。让原汁原味的中华特色拥有国际化的亲和力,传统和流行浑然一体,既时尚大方又能传承先秦文化本色之风。

以这些动漫形象推出的二十四节气、中华传统节日系列CG插画在网络传播以来,广受好评。其中,将军的动漫形象称“秦风小子”。

“唐妞报天气”和“秦风小子图说节气”在西安气象微博、微信成功上线,在推进双方合作共

①　感谢陕西动漫产业平台创业孵化中心、西安桥合动漫科技有限公司和西安唐煌文化艺术创作有限公司提供支持!

赢的同时，更是让西安天气预报有了更多的亮点和看点，粉丝们纷纷表示有特色、有个性、有颜值，在服务万千百姓的同时又增加了趣味性，达到预期的效果(图 9-13)。

图 9-13　“唐妞报天气”和“秦风小子图说节气”截图

9.3 气象因子对西安城市用电量的影响及其预测

近年来,我国电力市场长期存在电力需求与供给不平衡现象,进而导致较大的经济损失。对城市用电量进行科学合理的预测有助于电力系统调控和安全运行,保障电网安全和经济有效性,进而提高电力需求侧管理水平。城市用电量受社会经济发展、气候变化、政策等诸多因素影响,尤其是在气候变化大背景下,气象条件变化对城市用电量影响日益显著。气象条件与用电量二者关系的研究表明,气象因子与用电量存在极显著的关系(Comte et al.,1981;Qian et al.,2004;段海来和千怀遂,2009;杨静等,2009);在所有气象因子中,气温是影响用电量最重要的因子(胡江林等,2002;张小玲和王迎春,2002;钟利华等,2008;李兰,2008;张自银等,2011);夏季气温与用电量成正相关,冬季成负相关(胡江林等,2002;李兰,2008;盛琼等,2011)。科学认识气象因子和用电量关系是进一步开展城市用电量预测的基础。

研究气象条件变化对城市用电量的影响,开展更深入的预测应用研究可以充分发挥气象服务于社会经济发展的社会效益。现有关于城市用电量预测的研究方法可以分为3类,分别是较常见的多元回归模型(郑贤等,2008;杨静等,2010;叶殿秀等,2013)、常规数学模型,如灰色预测模型(王大鹏,2013)和神经网络模型(罗慧等,2005;郭海明等,2006),以及计量经济学模型(吴向阳等,2008;张海东等,2009)。多元回归模型能够充分考虑各种影响因素,却容易因为因子选择不当造成预测值精度不高。常规数理模型短期预测效果较好,但其预测原理过度依赖于数学、物理机理,具有长周期预测和现实应用存在较大局限性。计量经济学模型是数学、统计学以及经济学的有机统一,不仅具有坚实的数理基础做支撑,而且具有非常好的现实解释意义(古扎拉蒂,2009;罗慧等,2012)。

城市用电量变化规律很难用单一数学模型加以描述,任何单一模型的预测精确不可能在所有情况下都较高。与单一预测方法相比,组合预测方法能集合各种预测方法的优点,具有更高的精度(杨大晟等,2013)。以计量经济学模型为基础,引入气象因子建立西安城市用电量预测模型,能较好地克服常规数理模型与现实影响因素结合不紧密的缺点,又能充分发挥自身预测时期长的优点。在此基础上,定量探讨气象条件变化对西安城市用电量的影响,建立西安城市用电量气象业务系统,为当地经济社会发展战略规划提供科学参考。

9.3.1 模型构建与参数估计

(1)数据特征

选取2004—2014年全社会用电量、工业用电量和居民生活用电量的月度数据作为被解释变量。数据来源于西安市电力局,统计分析和建模软件采用SAS9.1。

图9-14a~c分别为2004—2014年西安市三类用电量月度数据。自2004年以来,全社会用电量、工业用电量和居民生活用电量持续上升,特别是2010年以后,三类用电量的变化幅度逐渐增大,表明用电量需求不断增长的背后其不确定性也在增大。图9-14d为2004—2014年三类用电量月平均值。可以发现,用电量波动变化部分包含季节周期性特征。西安市全社会用电量、工业用电量和居民生活用电量都呈现明显的“双峰结构”。7月和12月为用电高峰,4—5月以及9—10月为两个低谷。其中,全社会用电量和城乡居民生活用电量的最高值冬季高于夏季,工业用电量最高值夏季高于冬季。另外,全社会用电量与工业用电量之间存在一致变

化趋势，而居民生活用电量变化要明显滞后。例如，在夏季的 8 月与冬季的 2 月，当居民生活用电量达到“波峰”的时候，全社会用电量和工业用电量处于下降的“波谷”阶段。

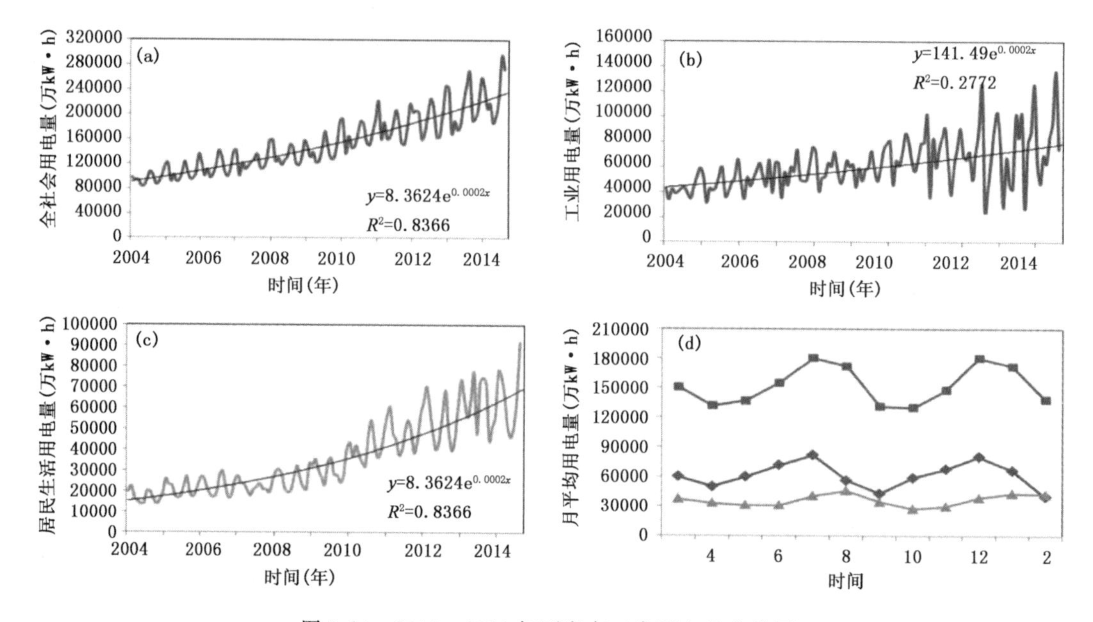

图 9-14　2004—2014 年西安市三类用电量变化图

(a)全社会用电量，(b)工业用电量，(c)居民生活用电量以及(d)月平均用电量变化图

(2)模型的构建

如前分析，由于经济、气候、政策等相关因素影响，西安市用电量具有明显的时间变化趋势、季节周期性波动和随机性波动特征。模型的构建由常数项、时间趋势项、周期性波动项以及随机项组成。

常数项 C 表示满足人们基本生活需求的用电量，不受其他任何因素的影响。时间变化趋势项 t 代表社会经济发展过程中城市规模扩大以及城市人口不断增加对用电量的需求增加。根据图 9-14 可知，三类用电量基本呈指数增长趋势，尤其是全社会用电量与居民生活用电量的指数拟合性较好。

设定月份的虚拟变量 $M_t(t=1,2,4,5\cdots12)$ 表示表示季节内的波动变化，例如 $M_4=1$ 表示 4 月，$M_5=1$ 表示 5 月并以此类推，直到 $M_2=1$ 表示 2 月；当这些虚拟变量均为零时($M_t=0$)表示 3 月。根据虚拟变量设置原则，虚拟变量个数应该比月份数少 1。因此，不设置 3 月份的虚拟变量，虚拟变量的待估参数含义为“与 3 月份相比，其他月份对用电量的影响大小”。除此之外，在诸多气象要素中，气温、降水、湿度及风速四个气象因子对人体舒适度的影响最明显，成为影响电力负荷短期波动的主要因子。根据图 9-15 可以初步判定，用电量与平均温度之间呈显著的正 U 型非线性关系，与平均风速呈负相关关系，与降水量和相对湿度的关系不明显，但与降水量的关系更密切(R^2 值更大)。因此，在模型中分别引入表示温度与用电量之间非线性关系的温度平方项 T^2，月降水量 P，以及月平均风速 W。

模型形式的设定既要考虑人口增长与城市扩张对用用电量的指数效应，又要纳入温度、风速以及降水气象因子的影响，首先将模型数学公式表示如下：

$$E_t = Ae^{\alpha t}P_t^{\lambda}W_t^{\xi}T_t^{2\theta} \tag{9.1}$$

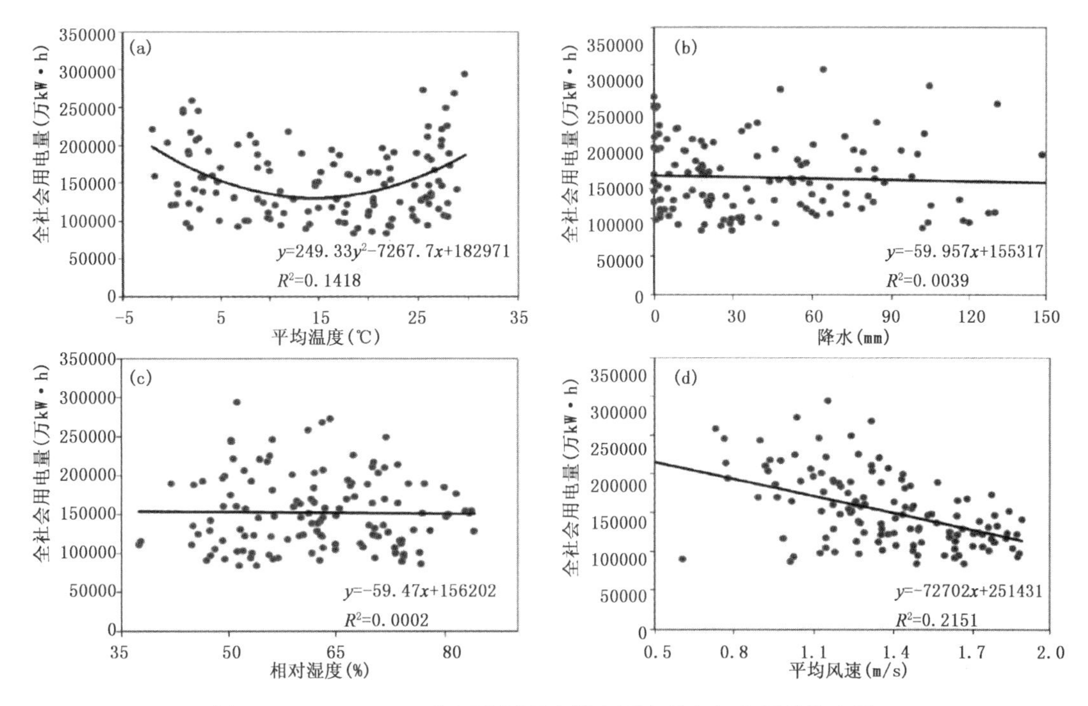

图9-15 2004—2014年西安逐月全社会用电量与气象因子散点图

影响用电量因素之间采用乘积形式而非单纯的加总形式,反映了这些因素对用电量的可能非线性影响。其中 E_t 为用电量,$Ae^{\alpha t}$ 为指数增长项,P_t 为月降水量,W_t 为平均风速,T_t 为平均温度。对公式(9.1)用对数线性化方法展开,然后将温度项分为线性项与平方项,其中温度的线性变化用月份的虚拟变量 M_{it} 表示,平方项表示温度与用电量之间的非线性关系,由此可以得到公式(9.2)。

$$\ln E_t = C + \alpha t + \beta_i \sum M_{it} + \lambda \ln P_t + \xi \ln W_t + 2\theta \ln T_t + (\varepsilon_t + \varphi_1 \varepsilon_{t-1}) \tag{9.2}$$

其中,α,β_i,λ,ξ 以及 θ 是需要估计的模型参数,$(\varepsilon_t + \varphi_1 \varepsilon_{t-1})$ 为随机误差项的AR(1)结构,φ_1 为需要估计的参数,ε_t 为白噪声随机误差项。模型中所有变量取自然对数,以减少异常值的影响,并且双对数形式的模型参数具有明显的经济学含义。为了处理数据存在的自相关问题,模型的随机误差项设定为一阶自回归形式。

(3)模型参数估计与显著性检验

应用SAS建立西安城市用电量与气象因子的对数模型,采用极大似然估计法,对模型进行参数估计及进行显著性检验(表9-2)。三个模型中,时间趋势 t 都具有统计显著性,说明在经济快速发展的大背景下,随着城市建设进程的加快以及城市人口的增长等因素,城市用电量必然会表现出显著上升的趋势。其中,居民生活用电量每月增加1.19%。此外,DW统计量表明,全社会用电量和居民用电量模型的随机误差项具有1阶自相关。

在全社会用电量模型中,季节性差异非常显著,主要表现为春季、秋季用电量显著减少,冬季用电量显著增大。例如,相比于3月,4月和5月全社会用电量将分别减少17.12%和17.47%,9月和10月全社会用电量将分别减少17.33%和17.02%,冬季的12月和1月全社会用电量将分别增加17.70%和16.24%,2月由于春节用电量反而将减少7.31%。气象因子

表 9-2 模型参数估计及显著性检验

解释变量	$\ln(E_S)$		$\ln(E_I)$		$\ln(E_R)$	
	参数	t 统计量	参数	t 统计量	参数	t 统计量
C	11.4165	212.90**	10.5066	62.43**	9.7836	69.46**
t	0.0074	38.73**	0.0049	8.91**	0.0119	19.61**
M_4	−0.1712	−5.14**	−0.1991	−1.56	−0.1641	−2.40**
M_5	−0.1747	−2.94**	−0.0340	−0.15	−0.2931	−2.36**
M_6	−0.1103	−1.24	0.1032	0.31	−0.2945	−1.58
M_7	0.0137	0.14	0.2379	0.65	−0.0583	−0.28
M_8	−0.0244	−0.28	−0.1106	−0.35	0.0082	0.05
M_9	−0.1733	−3.07**	−0.1834	−0.88	−0.1883	−1.56
M_{10}	−0.1702	−5.32**	0.0404	0.35	−0.3529	−4.73**
M_{11}	−0.0264	−1.00	0.1451	1.59	−0.2683	−4.15**
M_{12}	0.1770	6.01**	0.2659	2.54**	0.0343	0.50
M_1	0.1624	5.60**	0.1545	1.48	0.1593	2.47**
M_2	−0.0731	−2.97**	−0.3738	−3.92**	0.1319	2.58**
P	−0.0002	−1.47	−0.0010	−1.84*	0.0002	0.67
W	−0.0097	−0.34	0.1220	1.38	−0.0760	−1.01
T^2	0.0002	1.48	0.0001	0.18	0.0001	0.49
$AR(1)$	−0.2198	−2.16**			−0.4799	−5.28**
回归 R^2	0.97		0.69		0.95	
DW 统计量	1.96		1.92		2.11	
SBC	−305.77		−9.71		−120.36	
AIC	−352.58		−53.76		−167.17	

注：(1)E_S 为全社会用电量，E_I 为工业用电量，E_R 为居民用电量；

(2)DW 值在 2.0 附近，说明模型的残差项不存在 1 阶自相关，AIC 为赤池信息准则，SBC 为施瓦茨准则；

(3)** 和 * 分别表示 t 统计量通过 0.05 和 0.1 的显著性水平。

中，降水和风速对全社会用电量有负面影响，但均不显著；温度和用电量之间表现出正“U”型的非线性关系，即当低于一定温度用电量随温度降低而增加，超过这一温度以后用电量将随温度升高而增加(图 9-15)。

在工业用电量模型中，只有 12 月和 2 月的用电量受季节变化影响显著，冬季 12 月用电量将显著增多 26.59%，2 月用电量显著减少 37.38%。降水对工业用电量有显著影响，当月降水量增加一个单位将使用电量减少 0.1%。风速和温度对工业用电量影响不显著。

在城乡居民用电量模型中，春季的 4 月和 5 月用电量相比于 3 月将显著减少 16.41%和 29.31%；秋季 10 月和 11 月用电量将显著减少 35.29%和 26.83%；冬季居民用电量显著增加，其中 1 月和 2 月居民用电量将显著增加 15.93%和 13.19%。

9.3.2 西安城市用电量气象业务系统

建立的三个用电量模型中，工业用电量模型的回归 R^2 只有 0.69，说明对工业用电量有影响的某些因素没有被考虑进模型之中。例如，企业生产计划的变化、生产成本以及政府政策都构成了影响工业用电量需求的不确定性因素。全社会用电量和居民用电量模型拟合效果较好，R^2 均在 0.95 以上，DW 统计量均在 2 附近，说明模型考虑的因子符合实际，$AR(1)$的设定较好处理了随机误差存在的 1 阶自相关。基于上述考虑，选定受气象因子变化影响显著的全社会用电量模型构建西安城市用电量预测的气象业务系统。

(1)模型验证

模型验证分为两步,一是根据以上模型的参数估算结果,将 2000 年 1 月—2013 年 8 月模型的拟合值与实际值进行对比分析,二是将 2013 年 9 月—2014 年 8 月的数据代入模型进行预测,并将预测值与实际值进行验证比较(图 9-16)。

模型拟合值与实际值的对比发现,全社会用电量的模型不仅能模拟用电的长期变化趋势,还能准确把握用电量的季节和月份变化特征。用模型对 2013 年 9 月—2014 年 8 月的逐月全社会用电量展开预测,与实际值相比绝对误差值为 11686 万 kW · h,相对误差为 5%。可见模型预测能力较强,可以开展未来 1~12 个月的中长期用电量预测。

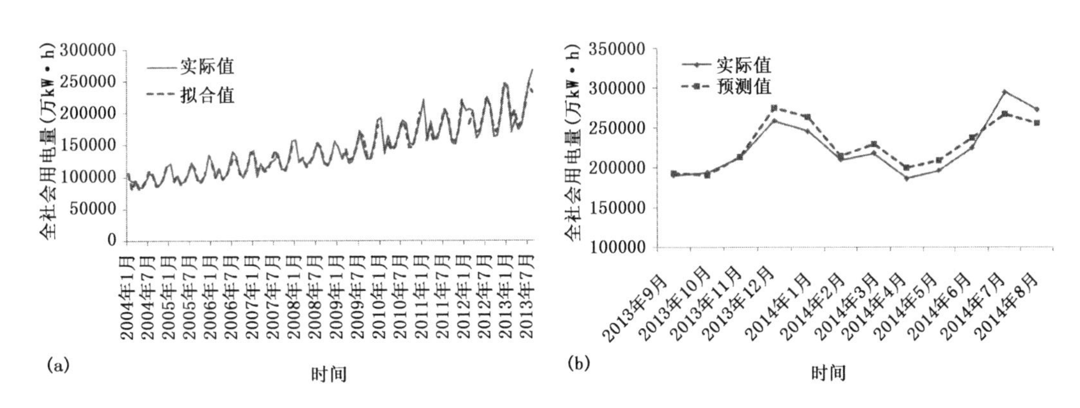

图 9-16 西安城市用电量实际值与拟合值(a)和预测值(b)对比验证

(2)业务系统设计及应用

西安城市用电量气象业务系统在服务器上建立西安城市用电量数据库、气象实时标准数据库、用电量预测与校正检验数据库。西安城市用电量数据库存储城市用电量历史数据及相关参数(图 9-17)。气象实时标准数据库通过对实时气象数据的调取,转化为模型所需要的标准库。用电量预测与校正检验数据库主要存储模型计算的结果,模型所需要的参数,模型检验数据。

西安市电量预测气象业务系统针对全社会用电量开展预测分析,具有较好的政策指示意义。业务系统通过调用相关数据通过对模型的数字化、公式化处理,计算出用电量预测数据,实现用电量预测的业务化。

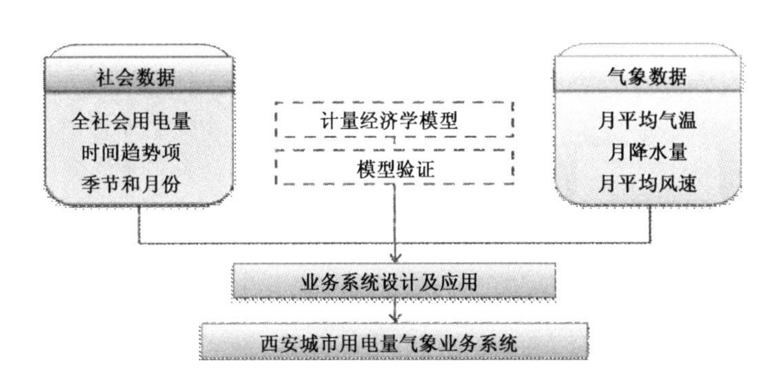

图 9-17 西安市用电量气象业务系统示意图

在业务化过程中使用 ASP. NET＋Access 技术设计业务系统，系统采用 B/S 结构。由于模型中考虑了输入较多的气象因子，在业务化系统设计中既要充分考虑系统的可维护性，又要考虑业务人员每日业务化应用的便利，为减少业务人员的工作量，系统模型中大多数数据都直接从网络中调取，业务人员主要录入气象预测数据和模型检验数据，提高了业务系统的生存性和强健性。

西安城市用电量气象业务系统自投入业务使用后，表现出了较好的应用效果，根据预测系统数据验证，2004 年至 2012 年的预测值与实际值具有非常好的一致性，拟合效果较好（如图 9-18），业务系统预测值与实际用电量的平均相对误差仅为 3.45％，准确率超过 95％。在业务系统数据分析结果中发现全年误差最大的月份为每年 2 月，这个误差主要来源于春节期间用电量剧增所造成的用电量不确定性。业务系统通过对未来 80 个月的用电量预测，预测结果数据的连续性、平滑性较好。据相关数据显示，至 2020 年全社会用电量将比 2012 年翻一翻，业务系统显示 2012 年 12 月用电量为 245649 万 kW · h，2020 年 12 月用电量为 510192 万 kW · h，业务系统预测结果与之基本一致。

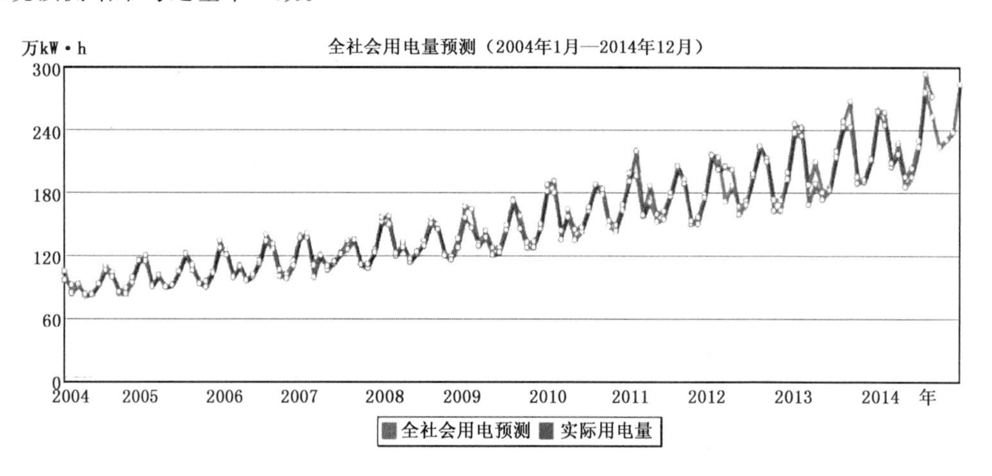

图 9-18　业务系统预测值与实际值对比曲线

9.3.3　结论和讨论

本研究结果能充分反映西安市用电量的变化特点。全社会用电量表现为春季和秋季用电量的显著减少，以及冬季用电量显著增加，但由于 2 月春节的影响，用电量又显著减少。工业用电量只受冬季影响显著，2 月春节放假将使工业用电量显著减少 37.38％。城乡居民用电量也表现为春季、秋季显著减少，冬季显著增多，但在包含有春节的 2 月，用电量需求将增加 13.19％。

三类气象因子对用电量影响不够显著，主要是因为采用的是月度数据，月平均之后的气象数据会掩盖部分对用电量影响显著的天气变化。即使如此，也可以发现，气温与全社会用电量、工业用电量和居民用电量的关系具有较好的一致性，即都表现为正“U”型的非线性关系。

针对全社会用电量建立的模型能准确模拟用电量的季节和月份变化，模型预测值与实际值很接近，能对未来 1～12 个月的用电量展开准确预测，具有良好的预测准确性和实际业务应用前景。

西安市工业用电量的变化，尤其是近年来工业用电量的大幅度波动变化，更多是由工业生产者决定的。市场需求状况、工业企业数量以及生产要素价格都构成了工业用电量的影响因素，也是本书所构建模型不适用于工业用电量预测的主要原因。

西安市用电量需求高峰期主要出现在冬季。在冬季，全社会用电量、工业用电量和居民用电量需求增加显著，应注意保障冬季西安城市用电量的需求；需要注意的是，2月由于春节的因素，全社会用电量和工业用电量大幅度减少，而居民用电量显著增多，电力部门可依据三类用电量对2月份的不同敏感程度，合理调配供电资源。

9.4 西安公众气象指数与健康气象预报服务系统

为了提高西安气象的公众服务能力，2013年8月，西安市气象局与湖北省气象服务中心合作，共同研发建设西安公众气象指数与健康气象预报服务系统，并已经投入业务应用。

9.4.1 西安公众气象指数的技术路线

收集文献和调研学习。收集环境与生活气象指数论文以及近年的城市气象会议文集，并到先进省、市学习生活和环境气象指数预报方法、指标、服务用语，对这些方法、因子、指标和服务用语进行系统性的整理、验证、修正和确认，以适应本地的情况。

公众气象指数的遴选。建立科学合理的公众气象指数预报初选方法库，先将国内外公认的环境气象预报方法确定下来，对未公认的则通过试验结果决定取舍，建立标准的预报方法库及其预报因子库，力求在等级划分上有所创新，如争取将大多数气象指数划分为五级，1级为最优，5级为最劣，让老百姓看得懂、记得住，并建立通俗易懂的等级名库。指数的遴选、增补，坚持继承与发展创新相结合、新颖与实用相结合为原则。

公众气象指数软件系统设计。所有的开发环境、底层支撑软件、数据库管理系统、Web服务器等都基于Windows平台构建。

9.4.2 西安公众气象指数的技术方案

增补适用于西安本地的公众气象指数。根据需求调研，将环境与生活气象指数分为保健气象指数、居家气象指数、出行气象指数、环境气象指数、饮食气象指数等几大类，将原系统设计的指数进行扩充、增补、归类、完善。比如：根据市民对城市环境气象指数服务的需求，相应增加指数内容。随着城市私家车辆的不断增加，公众对交通气象指数、洗车指数较为关注。增加交通气象指数，提醒广大司机朋友在不利天气条件下出行时，要关注能见度是否良好，雨雪天气导致刹车距离延长，是否容易发生交通事故等，减少由于不利天气状况而造成的人员及财产损失。增加洗车指数，根据过去12小时和未来48小时有无雨雪天气，路面是否有积雪和泥水，是否容易使汽车溅上泥水，是否有沙尘暴等天气，给广大爱车族提供是否适宜洗车的建议。

完善相关因子库和指标库。完善西安公众气象指数预报因子库、预报方法库、指标库、等级名库，完成对现有指数及新增指数的等级划分、计算公式的确定。编制实用、人性化的服务用语库。编制公众气象指数预报系统软件，建立公众气象指数预报系统。

设计开发系统。该系统具有较好的自动收报、资料和数据的自动处理、方便快捷的预报输入、多种形式的产品输出、帮助等主要功能。系统界面标准、友好、操作简便、可视性强，系统维护方便，可扩充性强。主要内容：资料收集和数据处理部分。自动采集基本气象要素及部分客观预报产品，并进行资料预处理，形成基本要素数据库。预报过程的人机交互过程。通过建立对话框，实现常规天气预报要素的输入及某些实况要素的增补、订正。通过必要的人机交互可确保数据的真实、可靠、准确。产品输出部分。既可将预报指数以文本形式输出，也可以 GIS 图形形式显示。GIS 图形按照标准分级方法和各级别颜色（以中国气象局发布的气象预报服务产品色标标准为依据），生成按颜色分级的等值线、面分布图。为便于推广，对每个指数均有详细介绍及等级划分标准，具有很好的学习功能。

9.4.3 西安公众气象指数资料种类

数值模式资料：将中尺度 WRF 数值模式输出的未来 72 小时逐时气象要素的预报值插值到相应的站点。实况气象资料：计算站点邻近自动站逐时实况数据。包括温度、湿度、气压、雨量、风向、风速资料。预报资料：中国气象局下发的 168 小时指导预报、陕西秦智智慧网格格点预报和西安市气象台 WRF 中尺度数值预报资料。

9.4.4 西安公众气象指数及其取值

每类公众气象指数根据其特点，从逐时值中选取平均值或最大值作为日指数预报值，具体见表 9-3。通过引入西安市气象台的 WRF 预报资料，并结合西安本地实况，对各个指数进行了微调，初步研发出了“西安公众气象指数与健康气象预报服务系统”，通过运行检验后，结合实际情况进一步动态调整参数。日常通过西安气象微博、微信、电子显示屏、气象服务网页等手段，及时发布公众指数预报，开展面向社会公众的气象服务。

表 9-3 西安公众气象指数及其取值说明

分类	序号	指数名称	每日气象指数取值说明	时段	级数	等级描述(1～5 级)
保健气象	1	紫外线指数	10—14 时逐时值最大	全年	5	最弱，弱，中等，强，很强
	2	人体舒适度	08—08 时逐时值平均	全年	5	舒适，较舒适，不太舒适，不舒适，极不舒适
	3	炎（闷）热指数	08—08 时逐时值最大	5—10 月	5	舒适，微热，较热，很热，炎热
	4	中暑指数	08—08 时逐时值最大	5—10 月	5	不会中暑，不易中暑，可能中暑，易中暑，极易中暑
	5	空气干燥度指数	08—08 时逐时值平均	全年	5	潮湿，湿，干湿适宜，干燥，极干燥
	6	着衣指数	08—08 时逐时值平均	全年	8	夏装 1～4，春秋装 5～6，晚春初冬装 7，冬装 8
	7	感冒指数	08—08 时逐时值最大	全年	4	少发，较易发，易发，极易发

续表

分类	序号	指数名称	每日气象指数取值说明	时段	级数	等级描述(1～5 级)
居家气象	8	晾晒指数	08—20 时逐时值最大	全年	5	极适宜,适宜,基本适宜,不太适宜,不适宜
	9	霉变指数	08—08 时逐时值平均	全年	5	不会霉变,不易霉变,可能霉变,易霉变,极易霉变
	10	空调开机指数	08—08 时逐时值平均	全年	5	不需开机,极少开机,间断开机,持续开机,全天开机
出行气象	11	洗车指数	08—08 时逐时值最大	全年	5	优,较好,一般,较差,差
	12	雨伞指数	08—08 时逐时值最大	全年	5	不必带伞,可不带伞,考虑带伞,最好带伞,一定带伞
	13	旅游气象条件指数	08—20 时逐时值平均	全年	5	极适宜,适宜,基本适宜,不太适宜,不适宜
	14	登山指数	08—20 时逐时值平均	全年	5	极适宜,适宜,基本适宜,不太适宜,不适宜
	15	晨练指数	05—10 时逐时值平均	全年	5	极适宜,适宜,基本适宜,不太适宜,不适宜
	16	游泳气象指数	08—20 时逐时值平均	全年	5	极适宜,适宜,基本适宜,不太适宜,不适宜
	17	商场客流量气象指数	08—20 时逐时值平均	全年	5	较少,少,一般,较多,多
	18	交通(事故)气象指数	08—08 时逐时值最大	全年	5	少,较少,一般,较多,最多
环境气象	19	空气污染气象条件指数	08—08 时逐时值平均	全年	5	优,较好,一般,较差,差
	20	城市火险气象等级	08—08 时逐时值最大	全年	5	低,较低,中等,高,极高
	21	森林火险气象等级	08—08 时逐时值最大	全年	5	极低,低,中等,高,极高
饮食气象	22	饮料、啤酒气象指数	08—20 时逐时值平均	全年	5	差,较差,一般,较好,优

9.4.5 西安公众气象指数截图(图 9-19)

图 9-19　西安公众气象指数与健康气象预报服务系统及服务截图

9.5 搭载组织部门农村党员干部远程系统平台　实现西安城乡气象信息全覆盖

农村和农业易受气象灾害影响，每年暴雨洪涝、连阴雨、干旱、冰雹、雷电等气象灾害均造成巨大损失。陕西省农村自然和地理差异大，是气象灾害防御的薄弱地区，农业仍然是最易受天气、气候影响的脆弱行业，农民仍然是最需要防灾减灾气象信息服务的群体。随着公众对气象信息需求的不断增强，气象信息快速发布传播机制还不完善，特别是在农村地区存在"最后一公里"的问题。

中央和陕西省高度重视农村气象防灾减灾体系建设。2010 年中央一号文件对气象部门提出了健全农业气象服务体系和农村气象灾害防御体系，充分发挥气象服务"三农"的重要作用，切实提高农村气象防灾减灾能力，不断促进农民增收致富的要求。2010 年 9 月，陕西省政府出台了《关于进一步加强农业气象服务体系和农村气象灾害防御体系建设的意见》，明确要求各地市结合实际制定本地实施意见和工作方案。开展气象信息"进村、入户"工作，及时传递气象灾害监测预警信息和气象为农服务信息，使农村党员干部和农民群众及时掌握各类气象信息，增强为"三农"服务的意识和能力，是对气象工作的新要求。

9.5.1 "农村党员干部现代远程教育平台"点多面广，为气象信息传播提供了优质平台

"全国农村党员干部现代远程教育"工作是中共中央组织部开展的一项旨在"让党员干部受教育，使人民群众得实惠"，用信息化带动农业产业化和农村现代化的重要工作，对促进当地经济的发展，增强防灾减灾意识，减轻或避免因灾损失，切实提高农民的生产生活质量，均等的享受公共服务具有积极作用。"农村党员干部现代远程教育系统"是此项工作的一项重要内容。

陕西省委组织部在中央的统一部署下，不断完善平台建设，截至 2017 年，已建成 1 个省级平台，10 个市平台，107 个县区平台和近 3 万个接收站点。其中，西安市已经建成终端站点 3626 个（表 9-4），实现"村村通网络、村村有平台、村村有负责人"的格局。

表 9-4　西安市委组织部已经建成远程教育平台终端接收站点（合计 3626 个）

序号	县（市、区）	小计（个）	序号	县（市、区）	小计（个）
1	周至县	412	9	碑林区	102
2	灞桥区	254	10	未央区	77
3	沣渭新区	117	11	雁塔区	171
4	蓝田县	545	12	高陵区	102
5	鄠邑区（2017 升格为区）	539	13	新城区	82
6	莲湖区	127	14	阎良区	95
7	长安区	568	15	市远程办	2
8	临潼区	329	16	中小学	104

9.5.2 借力"农村党员干部现代远程教育平台"，推进西安气象信息城乡全覆盖

2011 年以来，搭载"农村党员干部现代远程教育系统"平台，西安气象服务信息得以广泛

传播,有效解决了“最后一公里”问题,加强了对农村基层干部气象防灾减灾知识培训,对于减轻气象灾害危害,保障农村群众生命财产安全发挥了重要作用。陕西省委和西安市委组织部门对气象信息在远程平台上的传播高度重视,安排专人与气象部门保持常态联系,还主动参与方案和流程的设计(图 9-20),在很短的时间内完成了调试并投入运行。依托组织部门的“先锋网”和“西安市基层气象防灾减灾远程平台”网站(图 9-21),实现了“农村党员干部现代远程教育系统”中气象信息发布的信息查询、信息管理以及统计分析。

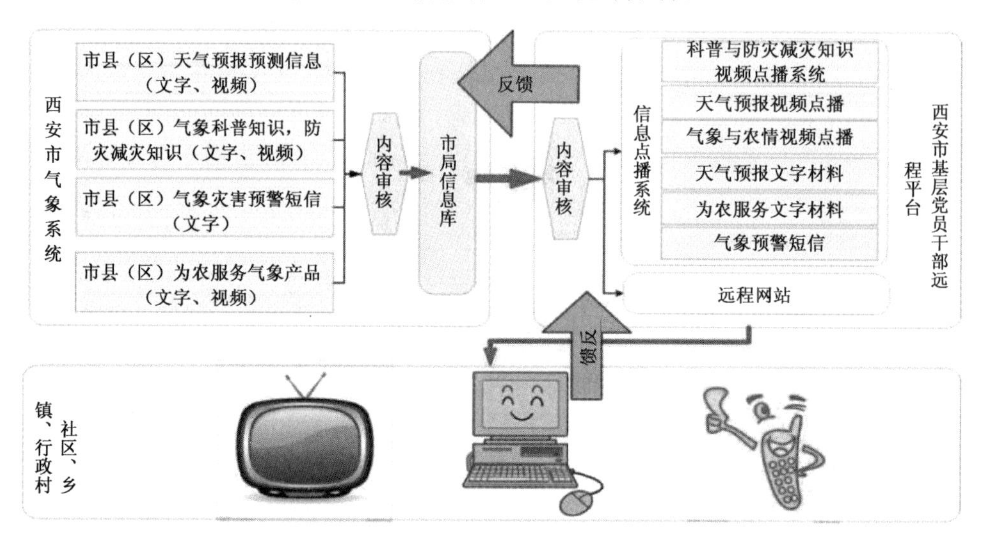

图 9-20　西安气象+市委远程教育系统平台运行流程

图 9-21　西安气象+市委远程教育系统平台界面(左),西安市基层气象防灾减灾远程平台网站(右)

9.5.3　7 年合作效益凸显,气象信息点播率稳居平台首位

7 年来,西安市气象局秉承让“人民群众得实惠”的服务宗旨,第一时间将气象预报预警、气象科普知识等传递到西安市各个乡村,所提供的天气预报视频解决了农忙期间农民收看不到电视播放的天气预报的问题,备受欢迎(图 9-22)。据统计,气象信息的点播量及点播率一直位居前列,连续 7 年点播率均稳中有升,也充分说明了气象信息和服务在农村的受欢迎程度。

7年来，累计发布天气预报近6500余条，为农服务产品4500余份(条)，气象防灾减灾科普作品、气象信息员培训视频等100余件。与此同时，也定期、不定期开展气象防灾减灾救灾知识培训，传播气象趋利避害避险科普知识。

图9-22 西安气象通过远程教育平台发布暴雨蓝色预警信号(左)和高温橙色预警信号(右)截图

9.6 发展精准扶贫脱贫的西安民生气象

党的十九大报告中，习近平总书记对扶贫攻坚提出了新思想、新目标和新征程，提出坚决打赢脱贫攻坚战，确保到2020年我国现行标准下农村贫困人口实现脱贫，贫困县全部摘帽，解决区域性整体贫困，做到脱真贫、真脱贫；做出了让贫困人口和贫困地区同全国一道进入全面小康社会的庄严承诺。

9.6.1 气候贫困与精准扶贫

气候贫困，是指由于全球气候变化带来的影响及产生的灾害所导致的贫穷或使得贫穷加剧的现象。气候变化将直接或间接加剧贫困。直接的影响是极端天气气候事件对农业、人民的生命财产、生计、基础设施等造成的损失，将体现在气象灾害发生的频次增加，强度增大，不仅对灾害发生时期的生产活动产生严重的后果，而且会对自然环境和基础设施的造成损坏，给灾后恢复和发展带来严重的影响。间接影响来自于对经济增长和社会发展的长期影响。发展中国家和人口最容易受到气候变化的威胁，因为他们的农业和生活更依赖于自然降水，对水资源变化和自然灾害的适应力更脆弱，适应气候变化的财政、技术和制度的支撑能力也较弱。

在脱贫攻坚战中，应对和适应极端天气造成的气候贫困成为新挑战。西安市贫困地区多处于山区，干旱、暴雨、雷电、冰雹等气象灾害多发重发，灾害破坏力大，致灾性强。健全贫困地区气象灾害预警信息发布网络，扩大气象预警信息覆盖面，能够有效提高贫困地区应对暴雨洪涝、山洪地质灾害等应急避险、防灾减灾能力。

西安市气象局高度重视扶贫攻坚工作，2017年初按照市委市政府“八查八访”和扶贫对象核实及数据清理工作要求，市气象局驻村第一书记和驻村工作队人员逐户走访，按时按要求完成民情大数据地图信息的采集和绘制。西安市气象局定点扶贫村位于西安市蓝田县玉山镇的河东村，距县城约25 km。全村4个村民小组，分处两个自然村，共有254户，1029人。其中约52户常年不在家，约510人外出务工。有耕地820亩[①]，已有600多亩流转。主要农作物为小麦、油菜、水稻、玉米。2017年初选贫困户9户15人。

9.6.2 依托项目带动，圆满完成2017年度扶贫攻坚任务

2017年每周都有一名市气象局领导带队赴河东村督导扶贫攻坚工作，指导村里强化集体产业发展，协调落实基础设施建设项目。

(1)针对产业发展乏力等问题，以新农村建设项目谋脱贫

2017年度先后争取落实新农村建设项目资金51万元：落实市水务局资金23万元，修建河堤路0.5 km，加固河床长28 m，彻底解决村民出行不便和安全问题。落实市建委资金21.6万元，完成道路硬化2700 m^2，实现了村道路全部硬化和相连贯通。通过“合作社＋幸福院＋贫困户”的方式，解决贫困户“两不愁，三保障”问题，修建幸福院，现阶段已逐步规范运行，解决了村里五保户和部分贫困户的吃饭问题。西安市气象局自筹资金6.4万元，支持河东村“一事一议”太阳能路灯项目落地，全村共安装100个路灯，实现了村容村貌的进一步美化、亮化，受到村民的一致好评。

(2)加强西安气象科技扶贫力度，提升防灾减灾能力

采用极具乡土气息的陕西鄠邑农民画风格，在河东村村委会大院里，绘制完成了“气象防灾减灾科普和党建文化墙”，成为一道远近闻名的亮丽“风景”。市气象局自筹资金15.3万元，为河东村安装了6要素自动站、气象预警显示屏等气象设备，使气象预报、预警信息第一时间向村民发布，减灾避险。为村两座水塔安装防雷设施，保障村民正常供水，进一步提升河东村气象灾害防御能力。

(3)抓党建、激发内生动力，形成脱贫攻坚合力

整合驻村工作队、第一书记、包村干部、村干部等四支队伍力量，成立河东村临时党支部，每周召开临时党支部会议，安排部署河东村脱贫攻坚工作，发挥临时党支部协调督导作用，将党的领导贯彻于扶贫攻坚始终；组织党员填写党员承诺书，建立党员同贫困户的联系；健全完善党支部职责、“三会一课”、党员议事制度等12项制度。通过进一步解放党员干部的思想，提升发展集体经济的内生动力。积极联系县脱贫攻坚指挥部、县扶贫办、县文化局承办的助推脱贫攻坚文艺演出。

(4)加强产业扶贫调研，打造“父亲的水稻”农产品品牌

积极对接扶贫先进县村，组织带领河东村两委会成员及党员赴陕西蓝田县董岭村学习“三变”改革、赴陕西省富平县学习调研富平柿饼电商产业发展，强化致富引导。打造“父亲的水稻”农产品[②]，利用地域优势，打造具有地方特色的农产品旅游观光示范点，为游客提供了田园生活和农家耕作的休闲度假景观。

9.6.3 西安气象服务政策性农业保险助力脱贫攻坚

2015年以来，西安市气象局加强与市金融办、财政局、农林委联合开展政策性农业保险工

---

① 1亩＝$\frac{1}{15}$$hm^2$。

② 玉山镇国民经济和社会发展第十三个五年规划，2016—10—18，蓝田县人民政府网。

作，先后开展了小麦、玉米大田作物以及高陵区、阎良区设施蔬菜和蓝田县核桃、周至县猕猴桃、鄠邑区葡萄、临潼区石榴等经济林果政策性农业保险工作。

（1）强化组织指导，健全乡镇气象工作站运行机制

组织农业气象技术人员，参与农业保险试点工作方案编写，指导科学设置具体保险条款，进一步提升农业生产风险保障能力。市气象局与市政府金融办、人保西安分公司三部门联合下发了《关于进一步加强“三农”保险气象服务和灾害防御体系建设工作的通知》，在涉农区县124个乡镇依托三农保险办公室成立了乡镇气象工作站，设立了气象协理员，共同开展三农保险气象服务工作。为进一步规范工作站建设，每个工作站配发了气象预警大喇叭，向气象信息员发送气象预警信息，制作工作站标示牌及工作制度牌等。

（2）强化技术支撑，协助开展涉农受灾作物现场调查理赔

近几年通过中央财政“三农”专项建设，加密大田作物气象监测站、日光温室小气候监测站的建设，实时获取灾害点就近站点监测信息，组织农业气象专家小组开展农情监测分析研究，强化了气象灾害等级鉴定技术支撑。气象技术人员积极参与灾害现场勘察、气象灾害等级鉴定和理赔相关工作。

（3）开展果品气候品质认证工作，强化为农气象服务工作

为促进西安市特色果业发挥品牌优势，发展精品果业，经与市农委果业处沟通，遴选了以葡萄、石榴、猕猴桃、柿子为主要特色的果品种类，开展了位于临潼区、鄠邑区、灞桥区等的9个企业的果品气候品质认证。强化关键农时、农事活动气象服务工作，开展专题农业气象服务，精心制作春耕春播、三夏、秋收秋播等关键时段专题农业气象预报，面向设施农业以及猕猴桃、葡萄、石榴等果业生产需求，开展作物生产全过程、系列特色的农业气象服务。

（4）多渠道多元化开展气象服务，组织开展常态化人工增雨作业。

充分利用省委组织部远程教育平台、气象工作站，开展面向种养殖大户的“直通式”气象服务，及时将各类气象服务信息传送到农村，使广大农民及时应用气象预报、预警信息安排农业生产活动，提前做好农业气象灾害的防御工作。针对农业生产需求，抓住一切有利气象条件，组织实施常态化人工增雨抗旱作业，有效增加降水，为缓解干旱、改善农田水土涵养、保障农业稳产增收和降低森林火险等级积极作为。

9.6.4　西安气象2018年度助力精准脱贫计划

（1）强化贫困地区科技服务引领，促进贫困地区气候资源开发。一是强化气象科技服务在脱贫攻坚中的引领作用，建立健全区县农业气象服务支撑系统，开展农用天气预报、病虫害气象预报，集成贫困镇村主要作物种植结构图、农业气象指标、周年服务方案、“直通式”服务对象等信息，科学引导和精准扶持贫困户优化种植结构，推进粮食规模化种植、标准化生产、产业化经营，提升农业生产效益，促进农民增收脱贫。二是促进贫困地区气候资源开发。合理开发利用贫困地区气候资源，对转变经济发展方式、推进贫困地区脱贫攻坚具有重要意义。市县扶贫、气象部门要联合分析贫困地区的农业气候资源特点、气象灾害风险，开展贫困地区生态气候资源评估，为农业种植结构调整、生态保护建设提供针对性建议，降低产业扶贫中的气象风险。

（2）西安市气象局组织气象扶贫团队、驻村工作队、第一书记等相关人员对“三变”（“资源变资产、资金变股金、农民变股东”）改革进行集体学习、深入思考和实践应用。一是协助蓝田

县玉山镇河东村制定针对性支持政策，高标准规划好产业发展，加大新型经营主体扶持力度，引导群众“抱团”发展，形成集体与农民利益共同体。二是因地制宜，与金融办、保险公司、镇村等一道积极推进应对极端气象灾害的政策性农业保险，提升应对自然灾害的能力。三是做好各项气象保障服务，助力“三变”改革，逐步发挥出气象科技在脱贫攻坚过程中“趋利避害、减灾增收”的助推作用。

(3)西安市—县气象、扶贫部门积极联合加强贫困地区气象灾害预警信息发布网络建设，重点加强农村预警大喇叭建设，完善卫星移动通信、北斗卫星等适合偏远山区的预警信息发布网络，确保气象预警信息“进山区、进农村、进贫困户”。将县级突发事件预警信息发布系统打造成贫困地区应急信息发布平台、防灾减灾应急指挥平台。推广手机短信、手机 APP 等信息发布方式，建立气象预警信息进村入户再传播机制，通过驻村扶贫干部、气象灾害防御责任人、气象信息员等，进一步提高气象预警信息覆盖面和传播及时率。

(4)积极寻求气象部门在政策性农业保险中的支撑作用和信息优势，继续做好葡萄、猕猴桃、石榴等果品气候品质认证，开展阎良甜瓜、灞桥樱桃等果品气候品质认证，尝试开展政策性保险指数气象服务等。积极促进建立各方参与的有效利益衔接机制。加强宣传和交流，促进了解与合作。加强科研技术支撑，为保险制定和理赔提供科学依据。

第 10 章　西安率先基本实现气象现代化进程监测第三方评估

西安作为我国西部经济社会发展的重要城市之一，气象综合实力逐年提高，在综合观测布局、预报平台搭建、气象科技创新、气象公共服务等方面取得了显著成效，为率先实现气象现代化打下了坚实基础（乔丽等，2013）。作为陕西省率先基本实现气象现代化试点，西安市气象局积极构建气象现代化进程监测评价指标体系，及时跟踪评估西安市气象现代化发展水平和建设成效，相关工作得到西安市委、市政府高度肯定和支持（马楠，2014；秦佩，2012；徐丽娜，2015）。

为贯彻落实《西安市人民政府关于加快推进西安市率先基本实现气象现代化的意见》（市政发〔2012〕99 号）和《西安市人民政府办公厅关于进一步加快气象现代化工作的通知》（市政办函〔2015〕205 号）等文件精神，加强西安气象现代化工作的科学管理和动态评估，2013—2017 年，西安市政府研究室、西安市发展研究中心、西安市气象局、西安市统计局四家单位，连续 5 年联合开展了西安气象现代化进程监测和动态评估。用政府主导的第三方权威数据量化跟踪气象现代化进程，引导各相关单位明实情、找差距、求实效，并通过《西安统计信息》《统计调查研究》等向社会权威公布监测结果（详见图 10-1），向各级政府汇报成绩和差距，评估和督促气象现代化工作落实。

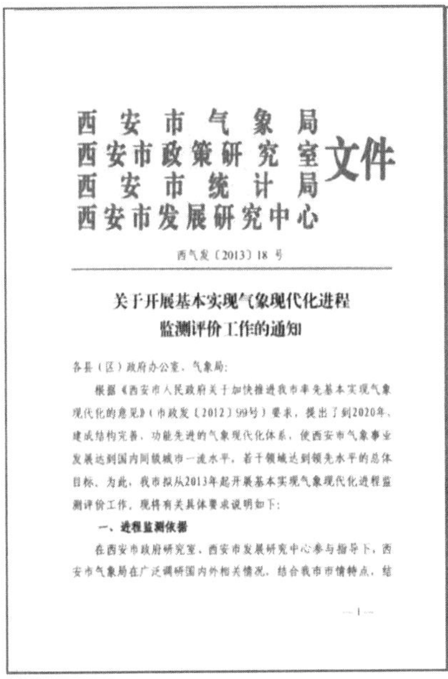

西安市气象局
西安市政策研究室
西安市统计局
西安市发展研究中心
文件

西气发〔2013〕18 号

关于开展基本实现气象现代化进程监测评价工作的通知

各县（区）政府办公室、气象局：

根据《西安市人民政府关于加快推进我市率先基本实现气象现代化的意见》（市政发〔2012〕99号）要求，提出了到2020年，建成结构完善、功能先进的气象现代化体系，使西安市气象事业发展达到国内同级城市一流水平，若干领域达到领先水平的总体目标。为此，我市拟从2013年起开展基本实现气象现代化进程监测评价工作，现将有关具体要求说明如下：

一、进程监测依据

在西安市政府研究室、西安市发展研究中心参与指导下，西安市气象局在广泛调研国内外相关情况，结合我市市情特点，结

—1—

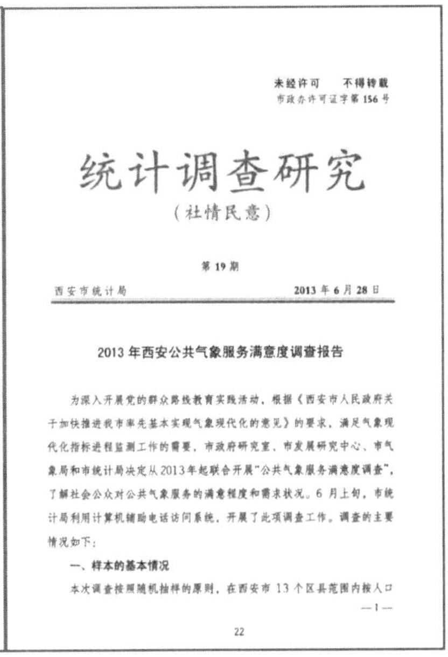

未经许可　不得转载
市政办许可证字第 156 号

统计调查研究
（社情民意）

第 19 期

西安市统计局　2013 年 6 月 28 日

2013 年西安公共气象服务满意度调查报告

为深入开展党的群众路线教育实践活动，根据《西安市人民政府关于加快推进我市率先基本实现气象现代化的意见》的要求，满足气象现代化指标进程监测工作的需要，市政府研究室、市发展研究中心、市气象局和市统计局决定从 2013 年起联合开展"公共气象服务满意度调查"，了解社会公众对公共气象服务的满意程度和需求状况。6 月上旬，市统计局利用计算机辅助电话访问系统，开展了此项调查工作。调查的主要情况如下：

一、样本的基本情况

本次调查按照随机抽样的原则，在西安市 13 个区县范围内按人口

—1—

22

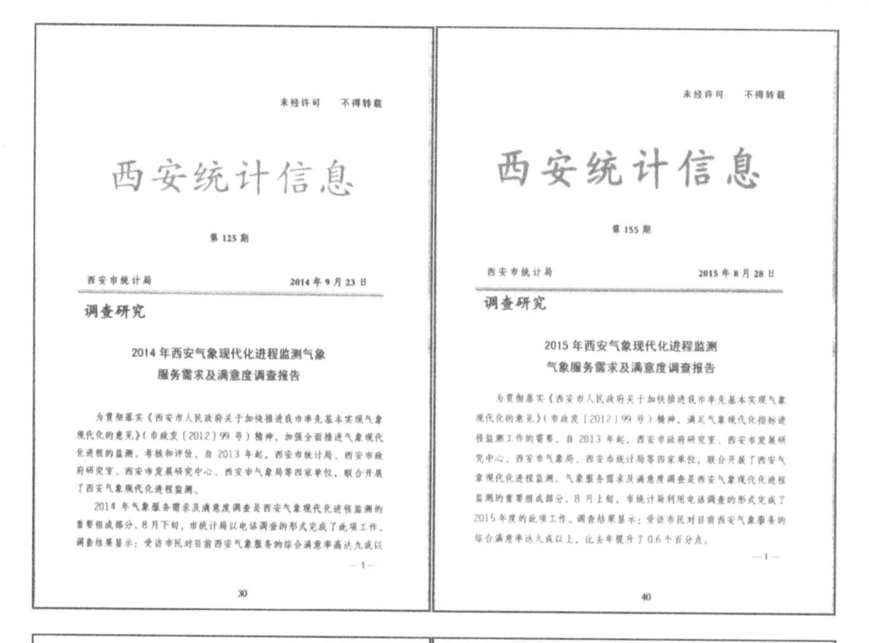

未经许可　不得转载

西安统计信息

第125期

西安市统计局　2014年9月23日

调查研究

2014年西安气象现代化进程监测气象服务需求及满意度调查报告

为贯彻落实《西安市人民政府关于加快推进我市率先基本实现气象现代化的意见》（市政发〔2012〕99号）精神，加强全面推进气象现代化进程的监测、考核和评价，自2013年起，西安市统计局、西安市政府研究室、西安市发展研究中心、西安市气象局等四家单位，联合开展了西安气象现代化进程监测。

2014年气象服务需求及满意度调查是西安气象现代化进程监测的重要组成部分，8月下旬，市统计局以电话调查的形式完成了此项工作。调查结果显示：受访市民对目前西安气象服务的综合满意率高达九成以

—1—

30

未经许可　不得转载

西安统计信息

第155期

西安市统计局　2015年8月28日

调查研究

2015年西安气象现代化进程监测气象服务需求及满意度调查报告

为贯彻落实《西安市人民政府关于加快推进我市率先基本实现气象现代化的意见》（市政发〔2012〕99号）精神，满足气象现代化指标进程监测工作的需要，自2013年起，西安市政府研究室、西安市发展研究中心、西安市气象局、西安市统计局等四家单位，联合开展了西安气象现代化进程监测。气象服务需求及满意度调查是西安气象现代化进程监测的重要组成部分，8月上旬，市统计局利用电话调查的形式完成了2015年度的此项工作。调查结果显示：受访市民对目前西安气象服务的综合满意率达九成以上，比去年提升了0.6个百分点。

—1—

40

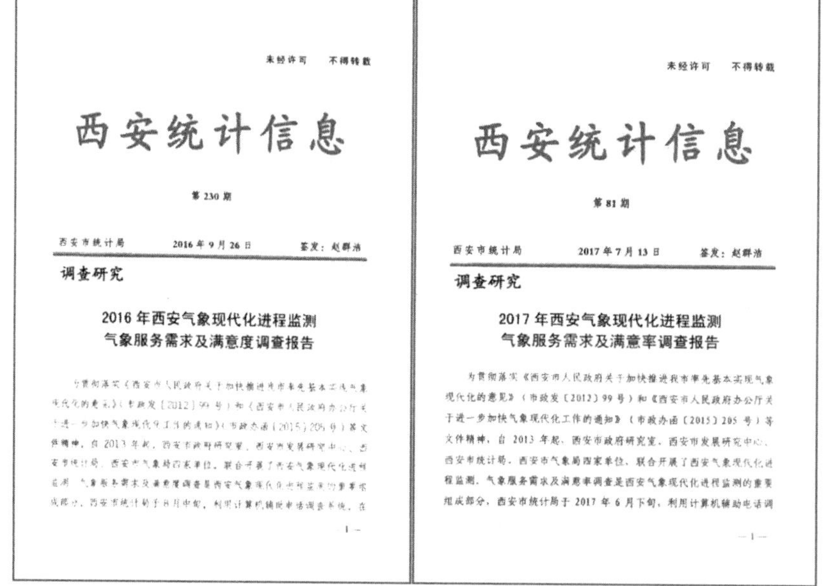

未经许可　不得转载

西安统计信息

第230期

西安市统计局　2016年9月26日　签发：赵群浩

调查研究

2016年西安气象现代化进程监测气象服务需求及满意度调查报告

为贯彻落实《西安市人民政府关于加快推进我市率先基本实现气象现代化的意见》（市政发〔2012〕99号）和《西安市人民政府办公厅关于进一步加快气象现代化工作的通知》（市政办函〔2015〕205号）等文件精神，自2013年起，西安市政府研究室、西安市发展研究中心、西安市统计局、西安市气象局四家单位，联合开展了西安气象现代化进程监测。气象服务需求及满意度调查是西安气象现代化进程监测的重要组成部分，西安市统计局于8月中旬，利用计算机辅助电话调查系统，在

—1—

未经许可　不得转载

西安统计信息

第81期

西安市统计局　2017年7月13日　签发：赵群浩

调查研究

2017年西安气象现代化进程监测气象服务需求及满意率调查报告

为贯彻落实《西安市人民政府关于加快推进我市率先基本实现气象现代化的意见》（市政发〔2012〕99号）和《西安市人民政府办公厅关于进一步加快气象现代化工作的通知》（市政办函〔2015〕205号）等文件精神，自2013年起，西安市政府研究室、西安市发展研究中心、西安市统计局、西安市气象局四家单位，联合开展了西安气象现代化进程监测。气象服务需求及满意率调查是西安气象现代化进程监测的重要组成部分，西安市统计局于2017年6月下旬，利用计算机辅助电话调

—1—

图10-1　2013—2017年率先基本实现西安气象现代化进程监测报告权威发布

10.1　2013—2017年率先基本实现气象现代化主要调查评估

气象服务需求及满意度调查是西安气象现代化进程监测的重要组成部分，西安市统计局利用计算机辅助电话访问系统（Computer-Assisted Telephone Interviewing System，CATI）连续5年进行调查，具有客观、公正、真实、快捷的特点。调查样本由计算机随机抽取，覆盖全市13个区县，每年抽查样本数千个，获得有效样本超过全市总人口的万分之一；调查过程同步录音，并由专人进行过程监控和事后抽查，保证调查数据的可靠、准确。从调查样本的结构看，基

本涵盖了西安市社会公众的各个层面，具有较为充分的代表性。连续5年的调查结果显示：受访市民对西安气象服务的综合满意率均达九成以上，且“很满意”的受访市民占比呈更为明显的提高趋势。

10.1.1　西安气象服务需求及变化分析

(1)中短期天气预报是受访市民最关注的预报信息

连续5年的调查结果显示，对未来1～3天天气预报信息更为关注的受访市民最多，说明中短期天气预报始终是市民关注的重点。此外市民还较为关注的有：空气质量预报信息、未来3～5天预报信息、未来0～6小时预警信息等。

(2)暴雨积涝和高温热浪是受访市民最关注的气象灾害信息

连续5年的调查结果显示，暴雨洪涝和高温热浪是最受受访市民关注的气象灾害种类，说明这两种气象灾害是西安市最为频发也是影响面最大的灾害。市民关注的气象灾害信息还有连阴雨、雷电、冰雹、沙尘暴、干旱、低温霜冻、寒潮和雾/霾等，说明西安市受到气象灾害影响的种类非常多，除了台风以外，几乎各类气象灾害均有发生。市民对雾/霾的关注度并没有随环保意识的增强而同步提高，说明西安市铁腕治霾的成效得到了广泛认可。

(3)受访市民获取天气预报信息的渠道越来越多

连续5年的调查结果显示，智能手机的普遍使用使得受访者获取气象信息的渠道向与手机应用有关的渠道上集中的趋势越来越明显。手机、网络和电视在市民获取天气预报的渠道中排名靠前。此外，广播、报纸、电子显示屏、12121气象服务热线、农村大喇叭和其他渠道也是广大市民，特别是农村市民获取天气预报的重要渠道。

(4)满足市民出行需要仍应作为气象服务重点

连续5年的调查结果显示，受访市民关注天气预报的最主要目的首先是出行需要，其次是安排工作、健康需要、穿衣需要和接送孩子等，连续5年没有明显变化。

(5)七成以上市民了解气象灾害预警信号

连续5年的调查结果显示，了解气象灾害预警信号的受访市民占比已经超过七成。但是其中表示非常了解的市民仍然较少，多数只是比较了解。同时，还有两成多的受访市民表示不了解，说明气象防灾减灾科普工作仍然任重道远。

(6)超六成受访市民知道气象风险预警信息

连续5年的调查结果显示，知晓气象部门还发布气象风险预警信息(选项包括山洪地质灾害、森林火险等)的受访市民占比虽逐年提升，但仍不足七成。可见，相对于天气预报，受访市民对气象次生、衍生风险预警信息的了解尚有欠缺。

10.1.2　气象服务工作的评价及满意率分析

(1)气象预报、预警的及时性大幅度提高

连续5年的调查结果显示，能及时收到气象部门预报、预警信息的受访市民占比呈明显提升趋势，超过八成的市民能够较及时地收到气象预报、预警信息。

(2)气象服务对社会公众生活和工作的影响很大

连续5年的调查结果显示，气象信息服务对生活和工作很有帮助和比较有帮助的占比之和超过九成，表明社会公众对气象服务的作用高度认可，也是市民最为关心的公共服务内容。

(3)受访市民充分认可西安气象服务能力

在西安气象服务能力选项的调查中,2013—2017 年受访市民表示气象服务能满足和基本能满足自己的日常需求的占比稳中有升,逐年分别为 87.6%,93.8%,97.2%,95.0%和 96.5%。连续 5 年的调查结果显示西安气象服务能力已经得到市民的充分认可。

(4)西安气象服务满意率达到非常高的水平

连续 5 年的调查结果显示,老百姓对西安气象服务的满意率稳中攀升,逐年分别为 94.9%,97.3%,97.9%,95.1%和 97.7%,除 2013 年外均超过 95%,达到非常高的满意率。

10.1.3 西安市民对气象服务工作的意见和建议分析

通过 2013—2017 年连续 5 年的调查,收集到受访市民对改进气象服务工作方面的众多意见和建议。六到八成多的受访市民对天气预报的准确率提出了更高的要求。此外,受访市民还对气象科普宣传、避免过于专业术语表述、气象预警传播及时性、预报预警信息的发布渠道等提出了更高要求。总之,进一步提高天气预报预警的准确率和气象服务的时效性,仍是西安气象现代化建设的重点和气象服务工作的核心任务。

10.2 西安分区县气象服务满意度评估

连续 5 年的调查显示,西安各区县气象服务满意率总体呈上升趋势,提升趋势最为明显的是 2013 年新建气象局的阎良区,建局后满意率至少提升了一成,近 2 年更是保持在 100%的水平,说明阎良区气象局的设立,确实为提升阎良区气象防灾、减灾水平发挥了明显作用。此外,农业占比较大的蓝田县和鄠邑区也保持了非常高的满意率,说明相对于其他各类气象服务,气象为农服务的发展和水平认可度较高。其他各区县满意率也都保持在九成以上(表 10-1)。

表 10-1 2013—2017 西安各区县气象服务满意率(%)

	2013 年度	2014 年度	2015 年度	2016 年度	2017 年度
新城区	98.4	100	96.7	98.4	100
碑林区	95.0	98.4	98.3	96.7	93.4
莲湖区	97.2	97.2	98.6	98.6	95.8
雁塔区	93.4	95	97.5	92.5	97.5
未央区	92.5	92.8	98.8	93.8	97.5
灞桥区	96.7	96.8	95	96.7	98.4
阎良区	86.7	96.7	97	100	100
临潼区	95.4	98.4	96.8	96.8	100
长安区	98.0	99	99	94.2	95.8
鄠邑区	96.7	100	100	91.7	96.7
周至县	95.0	96.8	96.7	93.2	100
高陵区	87.5	95	97.5	92.7	97.5
蓝田县	94.0	100	100	96.2	100

10.3　2017 年西安气象现代化进程监测　气象服务需求及满意率调查

2017 年是西安率先基本实现气象现代化的决胜年，气象服务需求及满意度调查更是当年西安气象现代化进程监测的重要组成部分。为确保各项气象现代化指标年底圆满完成，西安市—区县两级政府印发推进气象现代化工作文件 10 余份，市气象局与 8 个区(县)政府(当地设有气象机构)均签署气象现代化合作协议，8 个区(县)气象局结合区(县)域经济特点，确立当地气象现代化的“典型标签”。2017 年西安市气象局成功举办了 4 期气象现代化“追赶超越”擂台赛，以此为载体，比担当、比智慧、比努力，追赶超越力促西安率先基本实现气象现代化。

西安市统计局、西安市政策研究室联合于 2017 年 6 月下旬，利用计算机辅助电话调查 CATI 系统，在全市范围内开展了 2017 年度的气象服务需求及满意度访问调查，调查结果显示：“对目前气象服务表示很满意”和“表示气象服务对生活和工作很有帮助”的受访市民占比分别较 2016 年提升 6.7 和 6.6 个百分点，是变化最大的两个指标；受访市民对气象灾害预警的了解略有降低，对气象预报、预警及时性的感受与去年基本持平，对气象服务的总体满意率有进一步提高，96.5%的受访市民认为气象服务能够满足需求。

10.3.1　2017 年度进程监测调查样本的基本情况

2017 年度西安气象现代化调查样本 852 个，覆盖全市 13 个区县(表 10-2)。访问对象为居住在西安市、年龄 14～70 周岁的城乡居民，从调查样本的类别构成看，基本涵盖了全市公众的主要层面(表 10-3)。

表 10-2　西安市各区县参与进程监测的样本量分布

西安市各区县	样本量(个)	西安市各区县	样本量(个)
新城区	60	临潼区	61
碑林区	61	长安区	95
莲湖区	71	高陵区	40
灞桥区	62	蓝田县	51
未央区	80	周至县	61
雁塔区	119	鄠邑区	60
阎良区	31	合 计	852

表 10-3　西安市参与进程监测的调查样本的类别特征

类别	特征	比重(%)
性别	男	57.5
	女	42.5
年龄	14～25 岁	12.4
	26～60 岁	79.6
	61～70 岁	8.0

续表

类别	特征	比重(%)
职业（身份）	行政、事业单位人员(含军人、医生、教师等)	15.9
	企业人员(含公司职员)	23.7
	农民(含农民工)	20.1
	离退休人员	7.6
	下岗或无业人员	5.2
	个体户或自由职业者	20.5
	在校学生	5.5
	其他	1.5

10.3.2　2017年度进程监测调查的主要结果

(1)西安市民对气象信息与服务工作的关注及需求情况

受访市民获取西安天气预报信息的渠道。通过手机应用软件获取天气预报信息的受访市民比例最高,占比为54.9%,其次是电脑网络以54.3%占比排在第二位,通过微博、微信等以44.4%排在第三,智能手机的普遍使用使得受访者获取信息渠道集中在与手机应用有关的渠道上。其他依次是手机短信(38.2%)、广播(35.9%)、电视(10.0%)、12121气象服务热线(8.8%)、报纸(8.5%)、电子显示屏(7.8%)、农村大喇叭(3.2%)等(图10-2)。

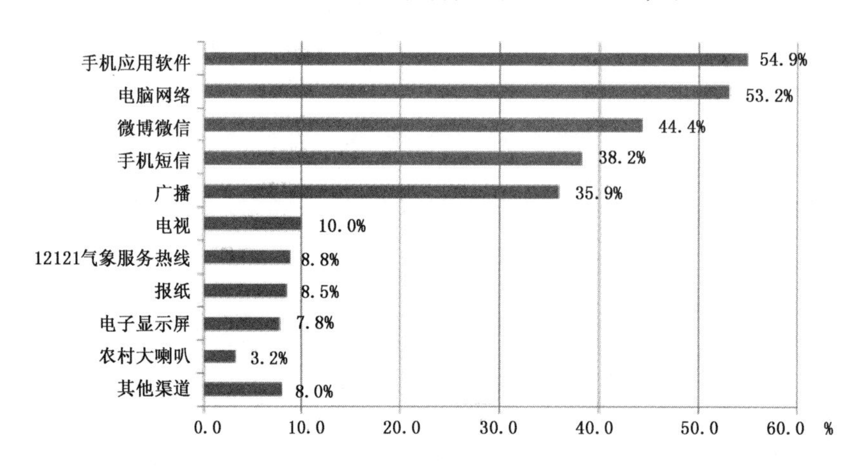

图10-2　受访市民获取西安天气预报信息的渠道

受访市民对西安气象预报信息的关注情况。受访市民对气象预报信息关注比例最多的仍是未来1～3天预报,关注率为68.8%。其次为空气质量预报(44.1%),3～5天预报(39.2%)排在第三位。受访市民对不同类别气象预报信息的关注情况详见图10-3。

受访市民对气象灾害信息的关注情况。受访市民比较关注的气象灾害信息中(图10-4),选择高温热浪和暴雨洪涝的受访市民比较多,占比分别为57.8%和54.6%;其他依次为连阴雨、沙尘暴、雷电、干旱,受访市民的占比分别为44.4%、40.1%、33.7%、31.3%。

受访市民关注天气预报的主要目的与需求。在受访市民关注天气预报的主要目的与需求

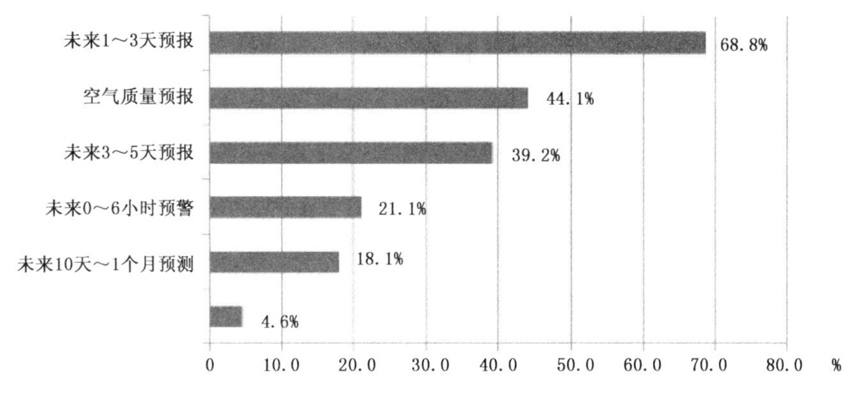

图 10-3　受访市民对气象预报信息类别的关注率

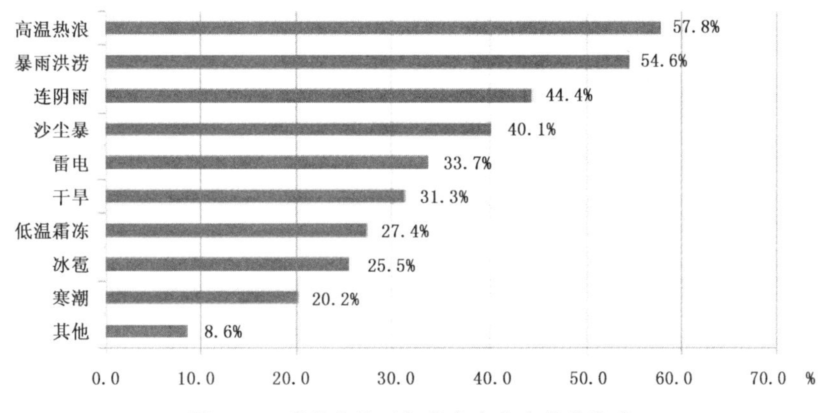

图 10-4　受访市民对气象灾害信息的关注率

中(图 10-5),出行需要占比最高,为 45.9%,其次是安排工作,占比为 21.6%;而健康需要、为接送孩子参考、穿衣需要占比相对较低,分别为 8.2%、8.2%、7.5%;另有 8.6%的受访市民选择了其他。

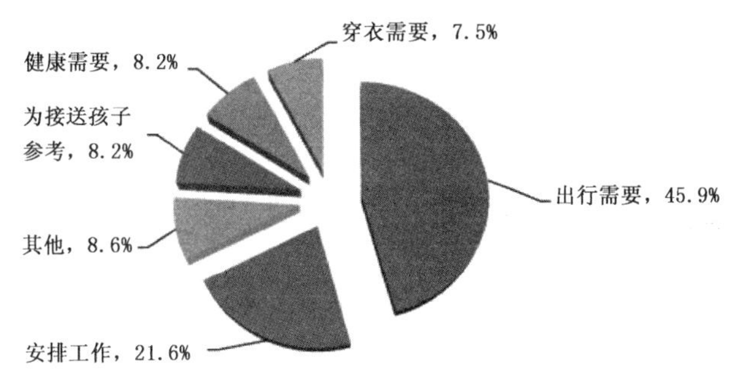

图 10-5　受访市民关注天气预报的主要目的

受访市民对于气象灾害、风险预警等基本常识的认知情况。受访市民对于气象灾害预警信号含义的了解程度(图 10-6),表示非常了解的受访居民占比为 8.9%,表示比较了解的占比为 68.7%,本年度两者之和的占比为 77.6%较 2016 年降低了 2.4 个百分点;不了解的占比为 22.4%。说明面向社会科普气象灾害预警及防范指南,是一项需要持续加强、久久为功的工作。

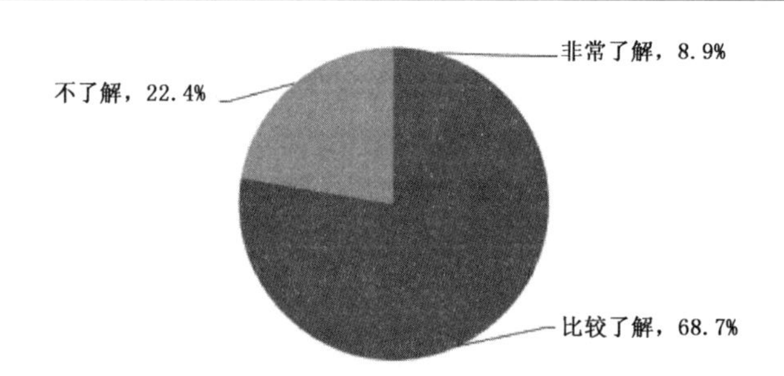

图 10-6 受访市民对气象灾害预警信号含义的了解程度

受访市民对气象风险预警信息的知晓率(图 10-7)。关于气象部门还会发布山洪地质灾害、森林火险等气象风险预警信息，表示知道的受访市民占比为 66.9%，较 2016 年下降 1.4 个百分点；不知道的占比为 33.1%。这说明我们一方面要继续提升西安气象常规精细化要素和灾害性天气预报服务水平，另一方面也要加强山洪、森林火险等气象次生和衍生灾害风险预警技术与服务的覆盖面。

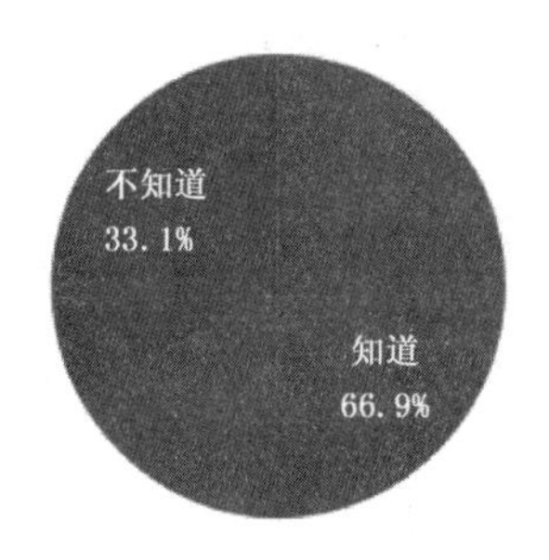

图 10-7 受访市民对气象风险预警信息的知晓率

(2)西安市民对目前气象服务工作的评价及感受

受访市民对气象预报、预警信息及时性的感受(图 10-8)。表示气象部门的预报、预警信息非常及时的受访市民占比为 20.5%，较 2016 年提高了 5.1 个百分点；表示比较及时的占比为 57.0%，两者之和的占比为 77.5%，较 2016 年略有提升；表示不及时的占比为 17.4%，较去年下降 2.3 个百分点；另有 5.1%的受访者表示不清楚。

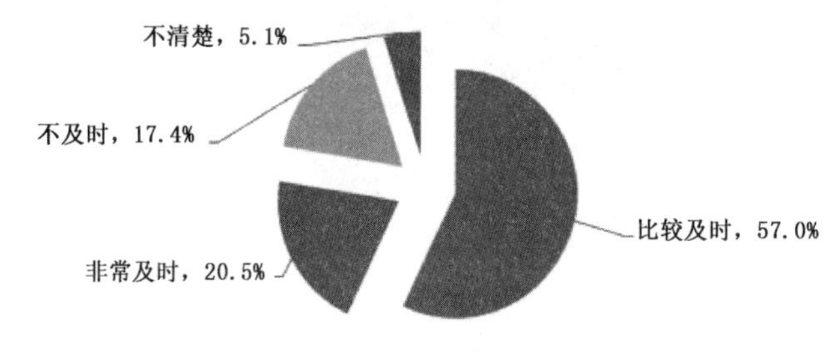

图 10-8 受访市民对气象预报预警信息及时性的感受

气象服务对受访市民生活和工作的影响(图 10-9)。表示气象服务对生活和工作很有帮助的受访市民占比为 43.8%，较 2016 年提升 6.6 个百分点；表示比较有帮助的占比为 52.9%，两者之和达 96.7%，比 2016 年增加了 2.1 个百分点；表示没有帮助的占比为 3.1%，较 2016 年下降 1.6 个百分点；说不清的占比为 0.2%。

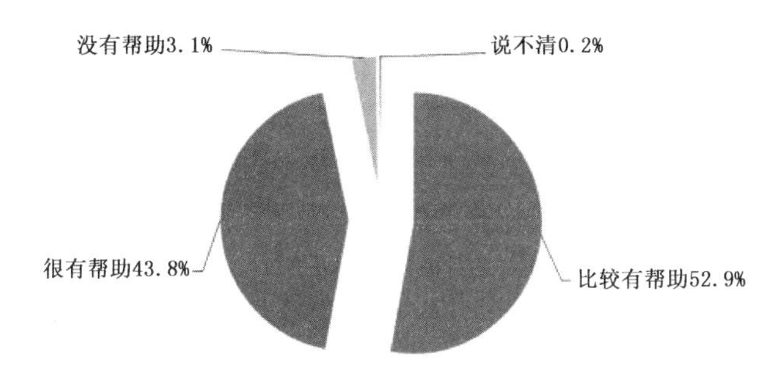

图 10-9　西安气象服务对受访市民生活和工作的影响

九成多受访市民认为气象服务能满足需求(图 10-10)。其中,认为目前的气象服务能满足日常需求的受访市民占比有 46.4%,认为基本能满足的占比有 50.1%,两者之和的占比达 96.5%,比 2016 年提高 1.5 个百分点;认为不能满足的占比有 3.2%,认为不好说的占 0.3%。

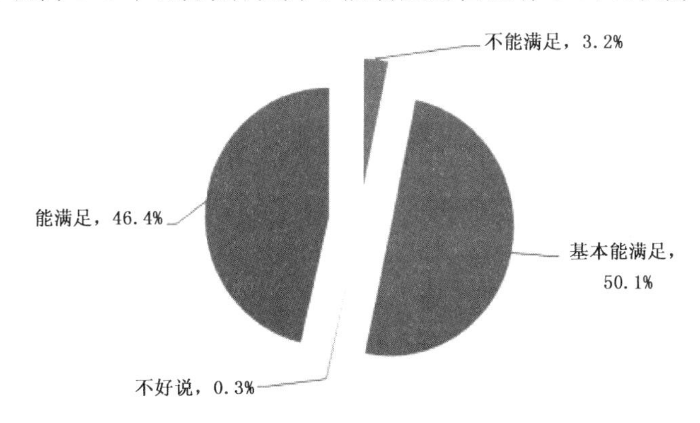

图 10-10　受访市民对气象服务的满足率

受访市民对气象服务的总体评价(图 10-11)。对目前气象服务表示很满意的受访市民占比为 19.5%,较 2016 年提高 6.7 个百分点;表示满意的占比为 46.6%,表示基本满意的占比为 31.6%,三者之和即满意率为 97.7%,比 2016 年提升了 2.6 个百分点;表示不满意的占比为 2.0%,较 2016 年下降 2.3 个百分点;表示说不清的占比为 0.3%。

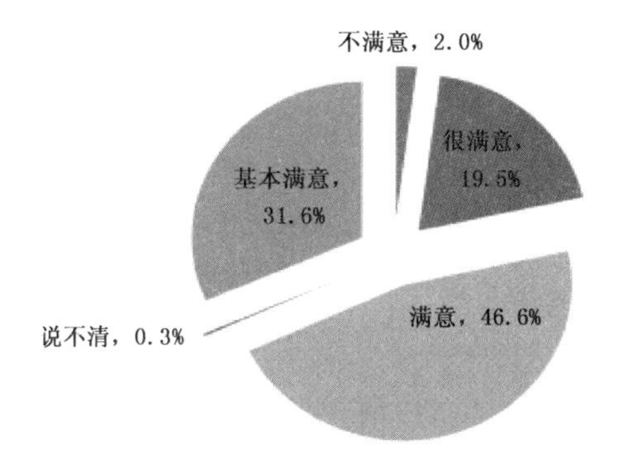

图 10-11　受访市民对气象服务的总体评价

西安市分区县的公共气象服务满意率情况见表 10-4。

表 10-4　2017 年度参与进程监测评估的西安市分区县公共气象服务满意率情况

西安各区县	满意百分比(%)			满意率(%)	不满意(%)	说不清(%)
	很满意	满意	基本满意			
阎良区	22.6	58.1	19.3	100.0		
新城区	20.0	35.0	45.0	100.0		
临潼区	29.5	52.5	18.0	100.0		
蓝田县	25.5	47.1	27.4	100.0		
周至县	21.3	39.4	39.3	100.0		
灞桥区	22.6	51.6	24.2	98.4	1.6	
未央区	16.3	43.7	37.5	97.5		2.5
高陵区	30.0	37.5	30.0	97.5	2.5	
雁塔区	12.6	43.7	41.2	97.5	2.5	
鄠邑区	20.0	45.0	31.7	96.7	3.3	
莲湖区	8.5	53.5	33.8	95.8	4.2	
长安区	23.2	51.5	21.1	95.8	3.2	1.0
碑林区	14.8	49.1	29.5	93.4	6.6	

(3)受访市民对气象服务工作的主要意见和建议

77.5%的受访市民对改进气象服务工作的意见建议是提高预报准确率;其次是专业术语表达要通俗易懂,占比为 47.9%;发布途径和渠道再多一些排在第三位,占比为 45.8%(图 10-12)。

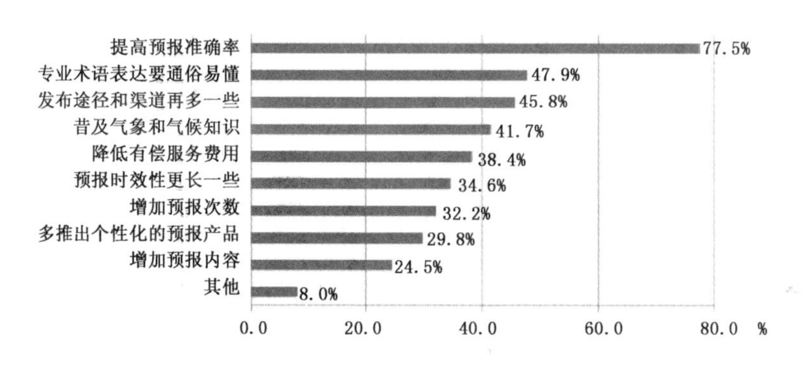

图 10-12　西安受访市民对气象服务工作的主要意见和建议

基于第三方评估结果可见,在认真分析西安气象事业发展现状及面临的形势和机遇基础上,结合西安社会经济发展需求,构建的西安气象现代化进程监测评价指标体系,符合西安气象事业发展实际,将进一步引领西安气象现代化发展方向,并作为评价和衡量气象现代化发展水平和建设成效的重要指标。

第 11 章　打造西安气象大讲堂品牌
推进科学普及　建设学习型组织

习近平总书记在全国科技创新大会、两院院士大会、中国科协第九次全国代表大会上，强调科技创新、科学普及是实现创新发展的两翼，要把科学普及放在与科技创新同等重要的位置。没有全民科学素养普遍提高，就难以建立起宏大的高素质创新大军，难以实现科技成果快速转化。

围绕西安气象部门的科学普及，围绕提高干部职工的科学素养、创新气象复合型人才培养机制，建设学习型组织、学习型单位和学习型个人，自 2012 年起，西安市气象局结合全面深化气象改革、率先基本实现气象现代化工作，结合气象事业发展、业务、科研、服务和管理工作，持之以恒坚持以西安气象大讲堂系列讲座为载体，搭建普及科学知识、法律知识、党建知识，宣讲习近平新时代中国特色社会主义思想、传播社会主义核心价值观的新平台，截至 2018 年 3 月已举办 84 期（详见表 11-1）。西安气象大讲堂连获荣誉：2014 年首获西安市直机关党建活动优秀载体，2016 年又获西安市直机关精神文明建设优秀创新案例，2017 年再获西安市直机关党组织助推追赶超越优秀服务品牌。

前来西安气象大讲堂授课的老师，既有政府学者官员、部队军事专家、高校科研学者、社会有识之士、气象系统精英，也有动漫 IP 高手、民间“草根”专家、新型“职业农民”等。系列大讲堂内容涉猎广泛，涵盖党的十九大辅导学习、党建和党风廉政建设、依法行政与社会管理、历史文化建设与反思、经济社会发展、农林牧水生态、大数据云计算新进展、气象科技创新与进步等多个领域。

西安气象大讲堂引领了分享智慧心得、积极向上的学习风尚，已经成为骨干技术人员和干部队伍开阔视野、碰撞思想、拓宽知识、开放沟通、学习交流和弘扬正气的平台，锻造西安“气象铁军”队伍的平台，凝聚正能量和弘扬优秀文化的平台。特别是在举办大讲堂的过程中，进一步了解了政府的需求、老百姓的意愿、跨部门专业用户的特点，使西安气象社会管理工作更具有方向性，使公共气象服务更具有针对性，使科研工作更具有前瞻性，促进了气象工作的科学、健康、可持续发展。

表 11-1　西安气象大讲堂 84 期一览表（截至 2018 年 3 月）

第 1 讲		主　讲　人：和红星。教授、博士生导师；西安市人民政府副秘书长；西安市秦岭办主任；中国城市规划学会常务理事；全国市长培训中心特聘教授。 主讲题目：感恩秦岭——“送你一个长安” 主讲内容：西安城市规划演变史和未来发展趋势，以及秦岭生态保护与气象的密切联系。 时　　间：2012 年 3 月

续表

第 2 讲		主 讲 人:黄少鹏。博士、西安交通大学特聘教授、博士生导师;西安交通大学地热与环境变化研究室主任;国际地震与地球物理联合会热流委员会副主席。 主讲题目:地温与气候变化 主讲内容:从历史的地下温度记录、陆地与大气热环流相互作用、气候变暖和都市化作用下的城市热环境等方面介绍了地温与气候变化方面的密切关系。 时　　间:2012 年 3 月
第 3 讲		主 讲 人:肖争光。西安市人民政府副秘书长。 主讲题目:西安——我们的家园 主讲内容:介绍西安经济社会发展的“四次规划、四次建设高潮”,重点讲述气象部门在西安经济社会发展中发挥了重大作用,已成为西安发展的一个不可缺少的重要组成部分。 时　　间:2012 年 4 月
第 4 讲		主 讲 人:高学浩。中国气象局气象干部培训学院常务副院长。 主讲题目:建设学习型组织,推进气象文化发展 主讲内容:从学习型组织建设方面阐述了推进气象文化发展的重要意义、实践目的和如何才能发展气象文化。 时　　间:2012 年 4 月
第 5 讲		主 讲 人:罗慧。博士、正研高工;陕西省气象局党组成员,西安市气象局党组书记、局长;西安交通大学、南京信息工程大学兼职教授。 主讲题目:坚持调查研究,实现领导方式创新 主讲内容:1. 中央领导与调查研究;2. 科学领导方法的含义和领导方式创新的思路;3. 提高领导干部驾驭改革开放和现代化建设的本领;4. 及时、准确地理解中央精神、把握好当前形势、扎实做好当前各项工作。 时　　间:2012 年 4 月

续表

<table>
<tr>
<td>第 6 讲</td>
<td>
</td>
<td>主 讲 人:张忠堂。中共西安市委副秘书长,西安市统筹办主任(兼)。
主讲题目:坚持科学发展、推进城乡统筹,为西安国际化大都市建设增光添彩
主讲内容:分析了我国城乡发展的基本形态,从城乡统筹发展的含义、历史、实践和推进城乡统筹发展的策略等方面诠释了统筹城乡发展的必要性和重要意义。并指出,目前气象服务工作惠及经济社会发展的各领域,为助推统筹城乡发展,解决“三农”问题起到了积极的作用。
时　　间:2012 年 5 月</td>
</tr>
<tr>
<td>第 7 讲</td>
<td>
</td>
<td>主 讲 人:宋昌斌。陕西省人民政府法制办主任。
主讲题目:谈谈依法行政
主讲内容:从为什么要依法行政、什么是依法行政、如何推进依法行政三个方面阐述了怎样真正做到依法行政和推进行政执法的“四化”建设。
时　　间:2012 年 5 月</td>
</tr>
<tr>
<td>第 8 讲</td>
<td>
</td>
<td>主 讲 人:白正谊。西安市人民政府法制办主任;高级律师、首届西安市十佳律师。
主讲题目:程序、秩序与国际化大都市
主讲内容:阐述了西安在努力打造具有历史文化特色的国际化大都市建设过程中需要发挥好程序、秩序的担当桥梁和保障作用。气象部门作为公益性部门,要注重程序和秩序的运行,要加大对气象法律法规的执行力度。
时　　间:2012 年 6 月</td>
</tr>
<tr>
<td>第 9 讲</td>
<td>
</td>
<td>主 讲 人:王劲松。研究员、博士生导师;国家卫星气象中心副主任;国家空间天气监测预警中心主任。
主讲题目:太阳风暴与空间天气——从 2012 谈起
主讲内容:以玛雅传说的 2012 世界末日引出“太阳风暴”的说法,阐述太阳风暴影响地球的三种途径以及空间天气学科的产生,并介绍了这门新兴科学的未来发展趋势。
时　　间:2012 年 6 月</td>
</tr>
</table>

续表

第 10 讲		主 讲 人：俞小鼎，教授，中国气象局气象干部培训学院科技培训部主任。 郑亦农，西安市渭河城市段建设管理处总工程师。 蒋　涛，西安市环保局大气污染控制处处长。 主讲题目：雷暴生成、发展与衰减的若干问题；水库防汛知识；西安市大气污染控制。 主讲内容：1. 从环境条件等方面讲解了雷暴的生成，发展和衰减的若干问题，并对 2008 年 8 月 10 日天津滨海新区飑线生成与衰减的个例进行了解读。 2. 以防汛和水库运行的个例，介绍了西安市水库的概况，水库基本知识，水库特征水位与库容等。 3. 从理论知识、实践经验和具体案例讲解了大气污染和污染控制工作，空气质量治理与气象工作密不可分。 时　　间：2012 年 7 月
第 11 讲		主 讲 人：谢振乾，西安市地震局党组书记、局长。 张海斌，陕西大瑞律师事务所律师。 主讲题目：地震与防震减灾；行政复议法知识讲座。 主讲内容：1. 从地震及其危害、地震的分类、防震减灾等方面介绍了有关地震知识以及地震与气象之间的关系。 2. 介绍了行政复议法立法的目的、基本原则、受案范围以及复议的程序，并讲解了抽象行政行为和具体行政行为等行政法的基本理论和概念。 时　　间：2012 年 8 月
第 12 讲	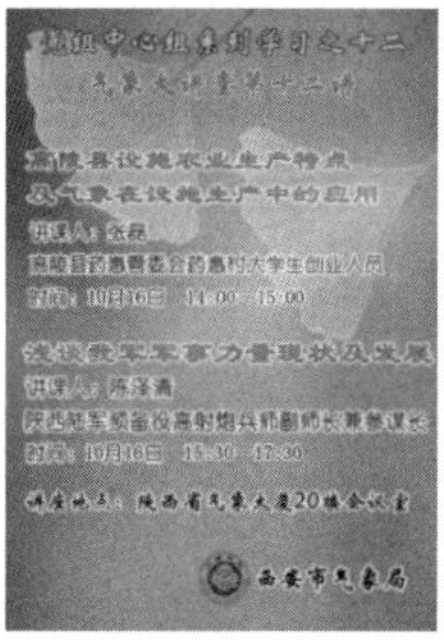	主 讲 人：陈泽清，陕西陆军预备役高射炮兵师副师长兼参谋长。 张　磊，高陵县药惠管委会药惠村大学生创业人员。 主讲题目：浅谈我军军事力量现状及发展；高陵设施农业生产特点及气象在设施农业生产中的应用。 主讲内容：1. 就我国国防建设以及我国周边的国际形势等进行了国防安全教育。 2. 从农药种类、蔬菜生长气候条件以及蔬菜销售渠道等方面阐述了当代设施农业生产与气象工作的密切关系。 时　　间：2012 年 10 月
第 13 讲		主 讲 人：岳东峰。党建专家，陕西省有突出贡献专家；陕西省委党校教授、硕士研究生导师组组长；陕西省党的建设研究会副秘书长。 主讲题目：中国共产党决定性阶段的政治宣言和行动纲领 主讲内容：围绕深刻理解和把握党的十八大报告的历史地位、重要意义，对科学发展观的新定位新要求、坚定不移走中国特色社会主义道路、建成小康社会的目标及战略部署、全面提高党的建设科学化水平等方面做了全面解读。 时　　间：2012 年 12 月

续表

第 14 讲	 	主 讲 人：庞江平。教授；西安市委讲师团团长，西安市委党的十八大精神宣讲团副团长；陕西省科学社会主义学会副秘书长。 主讲题目：夺取全面建设小康社会新胜利的行动纲领 主讲内容：介绍了学习十八大报告需要着力把握的几个问题；十八大报告提出的重要举措和新思想新观点新论断以及如何用十八大精神指导西安加快国际化大都市建设。 时　　间：2013 年 1 月
第 15 讲	 	主 讲 人：曹军骥。二级研究员；中国科学院地球环境研究所所长；2009 年度国家基金委杰出青年。 主讲题目：我国大气 $PM_{2.5}$ 污染现状及控制对策 主讲内容：介绍了 $PM_{2.5}$ 的基本概念及其环境、健康与气候的效应。着重对我国，特别是西安市 $PM_{2.5}$ 污染及研究现状进行了详细讲述，并结合典型污染事件，对 $PM_{2.5}$ 污染的预报预警进行了指导。 时　　间：2013 年 2 月
第 16 讲	 	主 讲 人：夏仁朝。西安市人大常委会咨询员。 主讲题目：西安市城市供水水源建设问题思考 主讲内容：对城市水源危机的危害和建立城市供水水源应急预案的必要性和可行性进行了探讨，并以西安市为例，对城市水源遭受突发性污染和遭遇枯水期两种情形予以分析，提出水源地建设的必要性和水源污染应急预案等客观问题。 时　　间：2013 年 3 月
第 17 讲	 	主 讲 人：陈新安，西安市应急专家组组长。 马俊超，西安市地震局应急救援处主任科员。 主讲题目：地震应急知识讲座 主讲内容：运用现实生活中的大量案例，理论联系实际，讲解了应急知识与技能、预防措施和应急避险方法、政府部门如何做好应急管理工作等内容。 时　　间：2013 年 5 月

续表

第 18 讲		主 讲 人:吴其重。博士;北京师范大学讲师。 主讲题目:北京空气质量预报模拟及西安空气质量预报应用 主讲内容:介绍了多模式系统框架、高性能平台的建立、排放系统的建立和模拟效果验证等空气质量预报最新研究。 时　　间:2013 年 5 月
第 19 讲		主 讲 人:雷英杰。西安市发展和改革委员会主任。 主讲题目:建设国际化大都市,共创幸福美丽西安 主讲内容:围绕西安经济社会发展情况、西安发展面临的宏观环境和判断、今后一段时期发展思路、西安的前景展望等几个主题讲解了西安近十年的 GDP 增长趋势和国际与国内经济形势。并指出,气象服务在城市发展中的作用越来越明显,加快大城市气象业务服务功能建设,在城市规划、城市居民生活、城市防灾减灾等方面大有作为。 时　　间:2013 年 6 月
第 20 讲		主 讲 人:安兴琴。博士后;中国气象科学研究院研究员。 主讲题目:空气质量 WRF-CMAQ 模式介绍及在西安的业务应用 主讲内容:讲解了空气质量模型的发展历程、各个模块的功能与应用以及空气质量模式在西安气象业务上的研发与应用,特别是针对排放源模式做了重点讲解。 时　　间:2013 年 7 月
第 21 讲		主 讲 人:陈泽清。陕西陆军预备役高射炮兵师副师长兼参谋长。 主讲题目:浅谈当前国际环境下我国面临的安全威胁 主讲内容:介绍了伴随着中国经济发展,周边的安全形势愈加严峻,主要阐述了国际最新形势、亚太周边的威胁、当下的钓鱼岛问题以及台湾地区的不稳定因素。 时　　间:2013 年 7 月

续表

<table>
<tr>
<td>第 22 讲</td>
<td></td>
<td>主　讲　人：陈正洪。正研高工；湖北省气象服务中心副主任；湖北省气象能源技术开发中心副主任；中国地质大学教授、硕士生导师。
主讲题目：气候可行性论证的技术原理、方法及在城市规划中的应用
主讲内容：从城市应对气候变化方面所面临的形势、挑战及存在的问题等方面阐述城市规划、建设发展中气候可行性论证的必要性和重要性。
时　　间：2013 年 8 月</td>
</tr>
<tr>
<td>第 23 讲</td>
<td></td>
<td>主　讲　人：韩隽。教授；西北大学新闻传播学院副院长；陕西省新闻发言人基地教学负责人和专家组成员。
主讲题目：新媒体背景下的舆论格局和组织机构的媒体关系
主讲内容：围绕当前国内外的舆论格局以及气象部门如何加强新闻传播、展现宣传亮点，引用近年来国内外新闻媒体中出现的事件，介绍了微博、微信、网络等新媒体、全媒体的突出特征、规律以及媒体变化的态势。对气象部门应如何善解媒体、善待媒体和善用媒体以及应对新闻媒体、处置突发公共事件和引导社会舆论等方面给予了指导。
时　　间：2013 年 8 月</td>
</tr>
<tr>
<td>第 24 讲</td>
<td></td>
<td>主　讲　人：庞江平。教授；西安市委讲师团团长；陕西省科学社会主义学会副秘书长。
主讲题目：学习新党章，做一名合格的共产党员
主讲内容：从修改党章的重要意义及党章修改的基本原则着手，提出了党章修改实现了“三个”与时俱进，对十八大通过的新党章所修改的部分进行解读。并对如何做一名合格党员、坚持党的群众路线，切实加强作风建设的问题予以了指导。
时　　间：2013 年 8 月</td>
</tr>
<tr>
<td>第 25 讲</td>
<td></td>
<td>主　讲　人：田武文，陕西省气候中心正研级高工。
董自鹏，陕西省气象科学研究所，博士。
主讲题目：气候预测业务现状、问题及应对策略；气溶胶观测与分析。
主讲内容：1. 介绍气候预测业务现状、面临的问题、应对策略讨论以及 2013 年春旱、解除春旱预报试验等研究。
2. 介绍气溶胶观测的方法和手段、气溶胶观测中遇到的问题、决定气溶胶光学厚度和波长指数空间分布的因素、MODIS 资料的提取-ENVI 等。
时　　间：2013 年 9 月</td>
</tr>
</table>

续表

第 26 讲		主 讲 人：戴克勤。西安市直机关工委党总支副书记。 主讲题目：机关党的组织建设工作实务 主讲内容：从党内选举、党员管理、党组织类型、党内活动、怎样当好党支部书记、发展党员的工作程序等方面详细介绍了党组织建设的基本知识。 时　　间：2013 年 12 月
第 27 讲		主 讲 人：钟卫国。中共陕西省委理论宣讲团特聘教授；中共西安市委十八届三中全会精神宣讲团特聘专家。 主讲题目：全面深化改革的总设计，中华民族复兴的路线图 主讲内容：介绍了十八届三中全会《决定》的历史意义、主要内容与精神实质，以及如何发挥经济体制改革的牵引作用促进经济持续健康发展。 时　　间：2014 年 1 月
第 28 讲		主 讲 人：余兴。陕西省气象科学研究所所长。 主讲题目：陕西大气污染与雾/霾特征及其演变 主讲内容：从大气污染、特殊地形污染堆积作用、低层环流促使污染堆积、风速减小、湿度增加、边界层降低、不易扩散等方面阐述了形成雾/霾的主要因素和相互关系，并提出了相应的对策建议。 时　　间：2014 年 1 月
第 29 讲		主 讲 人：雷恒池。研究员；中国科学院大气物理研究所云降水物理与强风暴实验室主任。 主讲题目：人工增雨工作的关键问题 主讲内容：讲述了人工影响天气简史；人工增雨关键科学问题、人工增雨效果检验，并对人工影响天气业务发展提出了建议。 时　　间：2014 年 2 月

续表

第 30 讲		主　讲　人:纪俭。农艺研究员、教授;西安市葡萄研究所所长;中国农学会葡萄分会理事;“户太 8 号”葡萄选育之父。 主讲题目:农业与气象——气象伴我 50 年 主讲内容:结合 50 年在气象与农业、气象与果业、气象与红酒研发等方面的研究历程,重点讲述在葡萄培育过程中运用气象知识的经验和如何通过气象实现农业增产增收。 时　　间:2014 年 3 月
第 31 讲		主　讲　人:李肇娥。教授级高级城市规划师;西咸新区管委会副主任兼总规划师;陕西省妇女联合会副主席。 主讲题目:将西咸新区建成丝绸之路经济带重要支点的思考与实践 主讲内容:我国传统城镇化模式及其利弊;新型城镇化的几大要点;西咸新区的建设背景;西咸新区创新城市发展方式的思考与实践。 时　　间:2014 年 3 月
第 32 讲		主　讲　人:耿涛。教授级高工;西安市市政公用局副局长,兼任西安市市政设施管理局局长。 主讲题目:城市排水与国际大都市建设 主讲内容:城市排水的重要性和其深远意义;国外发达国家的城市排水系统;西安市的排水现状和对策;城市排水与气象。 时　　间:2014 年 3 月
第 33 讲	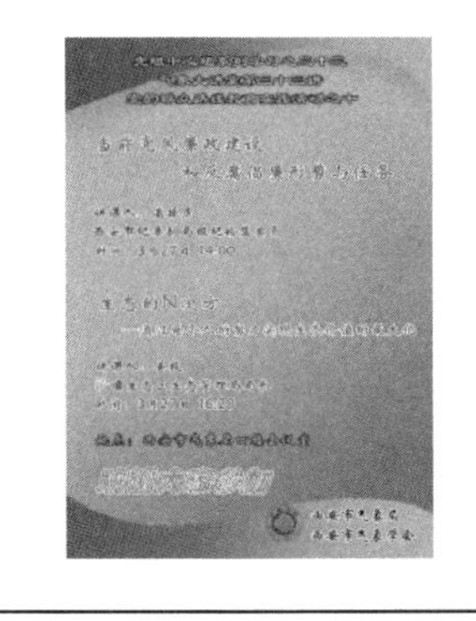	主　讲　人:高振虎,西安市纪委副局级纪检监察员。 姜　毅,浐灞生态管理局局长。 主讲题目:当前党风廉政建设和反腐倡廉形势与任务;生态的 N 次方。 主讲内容:1. 从当前反腐倡廉建设面临的“四大危害”、“四大考验”的严峻形势入题,重点结合近年来的典型案例,对与会党员干部进行案例警示教育和岗位廉政教育。 2. 从生态文明的定义入题,结合十七大、十八大关于大力推进生态文明,建设美丽中国的总部署,讲述生态文明建设的重要性。 时　　间:2014 年 3 月

续表

第 34 讲	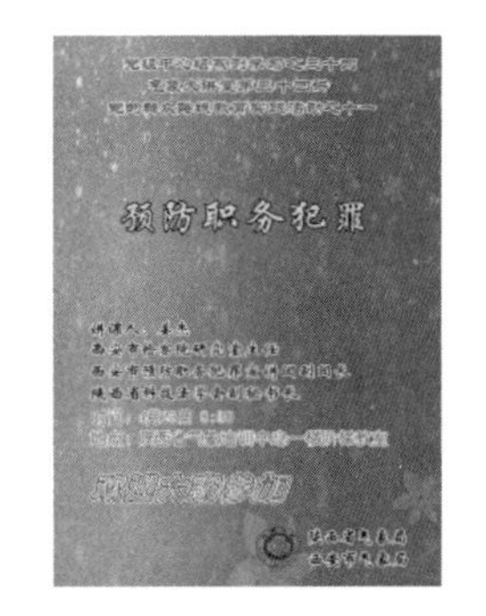	主 讲 人:姜杰。西安市检察院研究室主任;西安市预防职务犯罪宣讲团副团长;陕西省科技法学会副秘书长。 主讲题目:预防职务犯罪 主讲内容:介绍了当前国家机关工作人员职务犯罪的现状及其特点,重点阐述了预防职务犯罪的注意事项。结合具体案例深入浅出地剖析了产生职务犯罪的心理过程,并详细讲解了典型职务犯罪的法律规章。 时　　间:2014 年 4 月
第 35 讲		主 讲 人:吴春。大明宫管委会文物旅游局局长;国家文物局专家组成员。 主讲题目:盛世王朝的背影 主讲内容:以大明宫的兴建、扩建、繁荣和衰败为主线,讲述了唐朝这个盛世王朝由建立到兴盛再到衰亡的历史。从长安城的地理环境入题,以古代长安城、大明宫的历史建设为框架,阐述近年来遗址保护和大明宫遗址公园的建设规划。 时　　间:2014 年 5 月
第 36 讲		主 讲 人:顾兆林,西安交通大学人居环境与建筑工程学院常务副院长。 徐卫民,西北大学文化遗产学院博士生导师。 主讲题目:$PM_{2.5}$减排与城市人居环境;“秦亡于奢”之警戒。 主讲内容:1. $PM_{2.5}$源排放特征、环境与健康效应及控制措施。 2. 从秦国的崛起、秦亡于奢、前车之鉴三个方面,对秦王朝兴亡历史教训及其当代启示进行了深刻剖析和解读。 时　　间:2014 年 5 月
第 37 讲		主 讲 人:沈茂才,秦岭国家植物园园长;陕西省秦岭植物研究院院长。 白水成,西安市大气探测中心主任助理。 主讲题目:国家秦岭植物园建设;雷达技术应用与发展 主讲内容:1. 围绕秦岭国家植物园建设的意义、战略定位、规划与建设、秦岭国家植物园主要特色、工作进展情况等方面阐述了秦岭国家植物园与气象的紧密联系。 2. 讲述了陕西气象雷达网现状、各种类气象雷达的分布、型号特点和未来天气雷达发展方向,以及雷达资料在气象上的应用。 时　　间:2014 年 6 月

续表

第 38 讲		主 讲 人:毛宪阳,浪潮集团陕西分公司副总经理兼首席技术官。 谭　松,浪潮集团气象行业部副总经理。 于子玉,中国电子西安产业园发展有限公司云服务部。 主讲内容:1.讲述了云计算所引发的产业变革、发展趋势,以及大数据应用。 2.讲述了气象行业环境分析、浪潮超算系统与应用创新、气象行业方案与案例分享。 3.以云计算在气象上的应用为重点,提出西安市气象局云计算应用规划。 时　　间:2014 年 6 月
第 39 讲		主 讲 人:陈泽清。陕西陆军预备役高射炮兵师副师长、参谋长。 主讲题目:2013 年我国国防和军事力量新发展及 2014 年我国面临的主要安全威胁 主讲内容:围绕国家安全讲解了 2014 年我国面临的主要安全威胁,就保护海外资源和战略通道、维护政治稳定和社会稳定、应对周边热点的安全挑战等问题做了解读。 时　　间:2014 年 6 月
第 40 讲		主 讲 人:西安市社会主义核心价值观宣讲团。 张贵生,西安市农委副主任。 主讲内容:1. 5 位来自各行各业的宣讲团成员用朴实的语言、真挚的情感和鲜活的事例深深感召身边人自觉践行社会主义核心价值观。 2. 以农业与气象紧密的关系入题,分别介绍了西安市农业的基本情况、西安市发展都市型现代农业的规划和做法。 时　　间:2014 年 8 月
第 41 讲	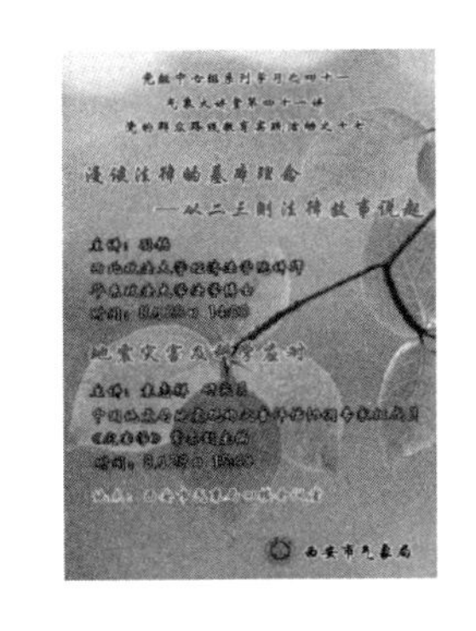	主 讲 人:孙　栋,西北政法大学经济法学院讲师。 袁志祥,中国地震局地震现场灾害评估协调专家组成员。 主讲题目:漫谈法律的基本理论——从二三则法律故事说起;地震灾害及科学应对 主讲内容:1.从权力的由来、法治的标准、公权与私权、秩序与自由等方面以法理学、法哲学角度系统阐释了法律的概念和我国法治建设和民主化进程。 2.以青海玉树、四川雅安芦山、甘肃岷县、云南昭通鲁甸等国内地震以及海地、智利等国外地震事例阐述了地震预防及地震发生时的自救、互救、避险等知识。 时　　间:2014 年 8 月

续表

第 42 讲		主　讲　人:安兴琴,博士后,中国气象科学研究院研究员。 吴其重,博士,北京师范大学副教授。 主讲题目:排放源控制方案的模式评估;北京 PM_{10} 模拟预报的最新成果。 主讲内容:以北京的重污染天气为例,分别介绍了利用模式评估不同程度减排方案效益的研究和模式区域设置对 PM_{10} 模拟预报效果影响的研究。 时　　间:2014 年 9 月
第 43 讲		主　讲　人:张海东。中国气象局机关党委党建工作处调研员;中国党建研究会研究员。 主讲题目:信仰、使命、梦想 主讲内容:重温了中华民族古今以来的苦难历史,讲述了革命战争时期优秀共产党员浴血奋战、捐躯为国的革命事迹、毛泽东主席的历史功勋以及中华人民共和国成立以来为新中国建设做出巨大贡献的革命先烈和科学家等。 时　　间:2014 年 9 月
第 44 讲		主　讲　人:张　勇,富景天策(北京)气象科技有限公司总经理。 邓凤东,陕西省气象局信息中心主任。 主讲题目:互联网背景下气象服务的实践与探索;云计算下的信息中心向数据中心的演进。 主讲内容:1. 就非公益性气象服务、互联网的发展为气象服务带来的根本影响、国内气象服务的成效、国内气象服务存在的问题等方面进行了详细阐述。 2. 从云计算与大数据、云时代下的气象数据中心建设、集约化数据环境、气象云总体框架几个方面进行了解读。 时　　间:2014 年 11 月
第 45 讲		主　讲　人:马春莉,中国气象局审计室主任。 "六五"普法国家中高级干部学法讲师团。 主讲题目:资金管理理论与实践;领导干部法制思维和法治方式。 主讲内容:1. 从预算管理、国库集中收付制度、政府采购制度、资产管理相关要求四个方面进行了详细的讲解。 2. 观看"六五"普法国家中高级干部学法讲师团讲解的《领导干部法制思维和法治方式》专题视频讲座。 时　　间:2014 年 12 月

续表

第 46 讲		主 讲 人：祝列克。陕西省人民政府副省长。 主题题目：继续增强气象在现代农业发展中的服务保障能力 主讲内容：围绕近年来陕西省农业农村发展情况和面临的困难、新农村建设问题及继续增强气象在现代农业发展中的服务保障能力四个方面进行了详细讲解。同时要求气象部门要继续做好农业农村气象服务保障工作，为各级政府制定农业发展战略、进行农业结构调整、组织农业防灾减灾等重大决策提供优质的农业气象服务，为农民提供最直接、最需要的专业气象保障服务。 时　　间：2014 年 12 月
第 47 讲		主 讲 人：董金年。西安市预防职务犯罪宣讲团副团长；西安市检察院高级检察官。 主题题目：珍爱自我，远离职务犯罪 主讲内容：从正确认识当前国际、国内的反腐形势，正确认识周围的人，正确认识自己三个方面，结合职务犯罪典型案例，引经据典、深入浅出地阐述了当前职务犯罪带来的危害。警示党员领导干部正确认识形势和自己，叩问人生价值所在，增强法制观念和廉洁从政意识，进一步筑牢思想道德防线，廉洁奉公，远离犯罪。 时　　间：2015 年 2 月
第 48 讲		主 讲 人：余兴，陕西省气象科研所所长。 孙娴，陕西省气候中心副主任。 主题题目：秦岭基地观测研究；以“低碳试点”为突破口探索省级应对气候变化服务。 主讲内容：1. 通过建设秦岭大气科学试验基地，讲解了基本观测、特种大气观测、大气探测设备测试、环境气象研究等功能建设和应用。 2. 围绕陕西作为应对气候变化和低碳试点省，讲述了通过启动碳排放监测，开展低碳产品、低碳行业试点，探索陕西绿色低碳发展的经验和模式。 时　　间：2015 年 2 月
第 49 讲		主 讲 人：强晓安。西安市发展与改革委员会主任；西安市建设丝绸之路经济带办公室主任。 主题题目：新丝路、新起点、新辉煌 主讲内容：围绕丝绸之路经济带建设发展基本情况、今后一段时期的发展思路、前景展望等几个方面讲解了丝绸之路经济带发展在西安城市发展中的重要作用。并指出气象影响着城市的社会经济发展，与丝绸之路经济带建设息息相关，希望城市发展与气象服务工作有效结合，强力发展，为全力推动丝绸之路经济带建设保驾护航。 时　　间：2015 年 3 月

续表

第 50 讲	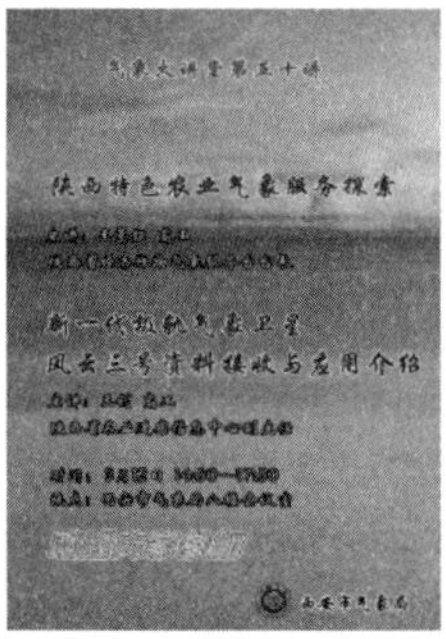	主 讲 人:王景红,陕西省经济作物气象服务台台长。 王　钊,陕西省农业遥感信息中心副主任。 主题题目:陕西特色农业气象服务探索;新一代极轨气象卫星风云三号资料接收与应用介绍。 主讲内容:1.以陕西作为水果大省的省情引出探索农业气象服务的经验做法,重点是依靠科技能力的提升,创新服务模式,提升气象为农业服务的科技含量,丰富服务内容,满足地方需求。 2.对风云气象卫星发展现状、新一代极轨气象卫星、数据应用和陕西省风云卫星接收站进行讲解。 时　　间:2015 年 3 月
第 51 讲	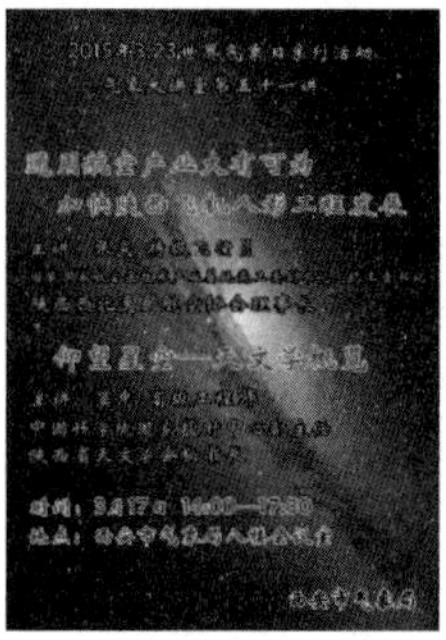	主 讲 人:张炎,特级飞行员;阎良国家航空高技术产业基地党工委副书记、纪工委书记。 窦忠,中国科学院国家授时中心副主任。 主题题目:通用航空产业大有可为,加快陕西飞机人影工程发展;仰望星空——天文学概览。 主讲内容:1.通用航空基本概念及现状;通用航空产业面临的战略机遇;西安航空基地概况及通航产业现状;通用航空在人工影响天气工作中的作用与建议。 2.阐述了从古至今天文学的发展历程,讲解了探索地外文明的方法,并阐述了气象学与天文学之间的密切关系。 时　　间:2015 年 3 月
第 52 讲		主 讲 人:毛节泰。北京大学物理学院大气科学系教授;中国气象学会大气物理与人工影响天气委员会主任。 主题题目:雾/霾的观测研究 主讲内容:从形成雾和霾的粒子、雾和霾观测研究中引出了霾的基本问题,针对 $PM_{2.5}$浓度超标,对 $PM_{2.5}$来源、观测做了详细说明,提出雾/霾预报中应该注意的关键问题。 时　　间:2015 年 4 月
第 53 讲		主 讲 人:岳东峰。中共陕西省委党校教授。 主题题目:党员干部要做守护党的纪律模范 主讲内容:从党的组织纪律是党内组织生活的全部规则、党的组织纪律是党和事业发展的重要保障、党员要以高度的责任感和自觉性守护党的组织纪律三个方面,解读了党的纪律、党的组织纪律的内涵及其基本内容,指出严明党的组织纪律的重要性。 时　　间:2015 年 4 月

续表

第 54 讲		主 讲 人:严一宁。中国播音主持委员会常务理事;西安市有突出贡献专家。 主题题目:语言艺术的分享 主讲内容:阐述读书在培养语言和表达沟通能力中的重要性,形象生动地阐释了气象节目如何做的问题,并强调天气预报节目需要多样化和创新。 时　　间:2015 年 5 月
第 55 讲	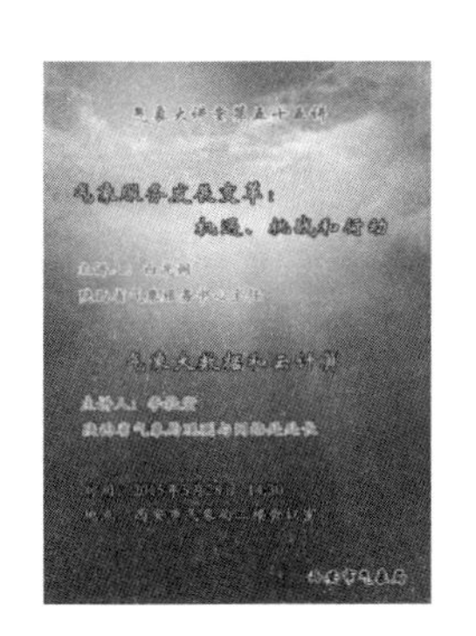	主 讲 人:白光弼,陕西省气象服务中心主任。 李社宏,陕西省气象局观测与网络处处长。 主题题目:气象服务发展变革:机遇、挑战和行动;气象大数据和云计算。 主讲内容:1. 阐述了当下如何适应国家改革,探索推进气象服务体制改革,通过技术创新提升气象服务能力,增强核心竞争力,激发市场活力,规避发展风险。 2. 介绍了云计算和大数据的技术特点、系统架构、数据资源整合等技术内容,并结合业界成功范例对云计算和大数据技术在气象部门的应用进行了展望。 时　　间:2015 年 5 月
第 56 讲	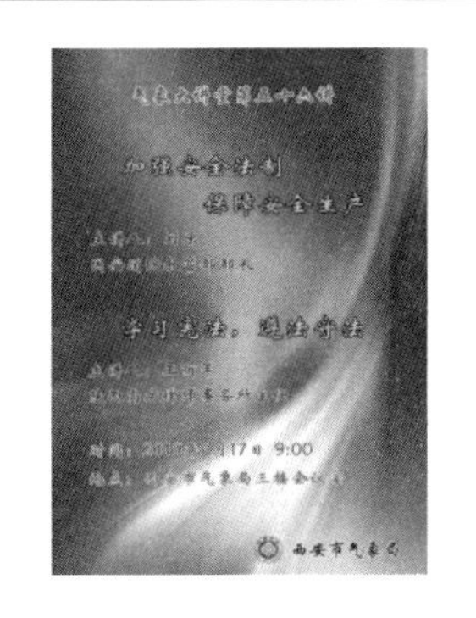	主 讲 人:刘　乐,国安消防教管部部长。 王丽萍,陕西尚文律师事务所主任。 主题题目:加强安全法制,保障安全生产;学习宪法,遵法守法。 主讲内容:1. 从近年来全国各地出现的火灾、交通事故等安全生产事故来阐述加强安全法制、保障安全生产的重要性和必要性。 2. 从宪法与法律的关系、新中国宪法的历史、宪法的基本原则、宪法在建设社会主义法治国家中的作用等方面,讲解了如何运行好、遵守好宪法。 时　　间:2015 年 6 月
第 57 讲		主 讲 人:李辉。陕西省紧急救援协会咸阳分会负责人;民政部紧急救援职业资格认证骨干师资;中国红十字总会高级救护培训骨干师资。 主题题目:应急救援管理务实培训 主讲内容:以 8 月 3 日长安王莽小峪山洪灾害为引,讲授灾害应急救援的基本原则和任务,阐述了应急救援预案管理的重要性以及应急救援行动如何开展才能最快、最有效地降低对经济和人民生命财产安全的威胁,并介绍了日常生活中如何规避安全风险。 时　　间:2015 年 8 月

续表

第 58 讲		主　讲　人:夏泽民。西安市委宣传部副部长;西安报业传媒集团(西安日报社)党委书记、董事长兼社长。 主题题目:三严三实专题教育讲座 主讲内容:从深刻认识开展“三严三实”的重要意义、深刻领会“三严三实”的丰富内涵、坚持从严要求,深入查摆问题等方面阐释了“三严三实”活动的精髓,并从七个方面介绍了如何在工作中贯彻落实“三严三实”具体要求,从而提高工作质量和服务能力。 时　　间:2015 年 8 月
第 59 讲		主　讲　人:陈泽清。陕西陆军预备役高射炮兵师副师长兼参谋长。 主题题目:浅谈我军军事力量现状及发展 主讲内容:从当前的国际形势、国际战略环境、中国与相邻国家之间的关系等方面讲述了加快国防建设的重要性和紧迫性,强调了强大的国防后备力量是维护和平的重要威慑力。 时　　间:2015 年 8 月
第 60 讲		主　讲　人:冉茂农,国家卫星气象中心研究员;星地通公司总经理。 张效信,国家卫星气象中心博士,研究员;美国 NCAR/HAO 研究员。 主题题目:卫星云图模拟在天气预报中的应用;空间天气业务进展。 主讲内容:1. 阐述了气象卫星在丰富我国遥感信息源,提高卫星遥感监测时效,提升全国卫星遥感业务能力等方面的重要作用。 2. 从空间天气背景、空间天气与人类活动、中国空间天气与空间天气业务、国际关注空间天气等方面阐述了空间天气灾害及其对人类活动的影响。 时　　间:2015 年 10 月
第 61 讲		主　讲　人:刘晓芬。西安市委党校党史党建教研室副主任、副教授;陕西省政协理论与实践研究会理事;西安报业传媒集团特聘专家。 主题题目:守纪律、讲规矩,把党规党法铭刻于心 主讲内容:从中央为何修订《准则》和《条例》、《准则》和《条例》的具体内容、如何深入学习贯彻《准则》和《条例》等方面讲述了党员领导干部要充分发挥表率作用,带头践行廉洁自律规范,带头维护纪律的严肃性和权威性,自觉在廉洁自律上追求高标准,在严守党纪上远离违纪红线。 时　　间:2016 年 1 月

续表

第 62 讲		主　讲　人:贾宇。西北政法大学校长;教授、法学博士、博士生导师。 主题题目:全面依法治国与领导干部的法治思维和法治方式 主讲内容:围绕领导干部的法治思维与法治方式的养成,法治思维法治方式的基本要求,如何运用法治思维、法治方式推动改革、化解矛盾推进工作等方面做了讲解。 时　　间:2016 年 1 月
第 63 讲		主　讲　人:冯志进。西安市委党校科研处处长、副教授;中共西安市委理论讲师团兼职教授;西安报业传媒集团特聘专家。 主题题目:习近平总书记系列重要讲话读本简要解读 主讲内容:介绍了 2016 年版《习近平总书记系列重要讲话读本》的结构体系,对其中的重要内容进行了剖析,重点解读了"四个全面"战略布局,最后以"学而信、学而用、学而行"讲述了如何贯彻落实好习近平总书记讲话精神,扎实做好本职工作。 时　　间:2016 年 6 月
第 64 讲		主　讲　人:王维国,国家气象中心气象服务室主任、正研级高工。 王莉萍,国家气象中心气象服务室高工。 主题题目:谈谈决策气象服务;降雨过程综合强度评估方法及应用研究。 主讲内容:1. 通过围绕重点、关注热点,实施全程无缝隙决策气象服务,特别是加强重大社会事件的决策气象工作等方面阐述了如何做好决策气象服务。 2. 通过降水过程综合强度等级划分评估模型功能介绍,阐述了降雨过程综合强度评估方法的研究和应用。 时　　间:2016 年 6 月
第 65 讲		主　讲　人:夏泽民。西安市委宣传部副部长;西安报业传媒集团(西安日报社)党委书记、董事长兼社长。 主题题目:解读习总书记七一讲话 主讲内容:从中国共产党为中华民族作出了伟大贡献、坚持不忘初心、继续前进,面向未来、面对挑战必须牢牢把握八个方面的工作、经受考验,交出新的更加优异的答卷等方面对习近平总书记"七一"讲话进行了解读,道明了共产党员要不忘初心、继续前进,以先进模范为榜样,坚定共产党人理想信念。 时　　间:2016 年 7 月

续表

第 66 讲		主 讲 人:陈泽清。陕西陆军预备役高射炮兵师副师长兼参谋长。 主题题目:当前我国周边安全威胁和国际国内反恐维稳形势 主讲内容:详细介绍了我国在日益错综复杂的国际形势下,周边安全矛盾存在的突出问题以及国际国内的反恐形势,阐述了如何抓住机遇开展面向“一带一路”的睦邻多边外交合作,不断加强反恐维稳、维护国家安全,实现“中国梦”。 时　　间:2016 年 7 月
第 67 讲		主 讲 人:潘进军。中国气象局公共气象服务中心副主任、正研。 主题题目:公服中心发展与改革的探索与实践 主讲内容:介绍了当前气象服务面临的形势、国外气象服务发展情况以及现阶段气象服务改革与发展的探索与思考。 时　　间:2016 年 11 月
第 68 讲		主 讲 人:冯涛。中共西安市委副秘书长;中共西安市委政策研究室主任。 主讲题目:聚焦“三六九” 振兴大西安 主讲内容:阐述了西安市第十三次党代会报告内容,分析解读了今后五年工作的总体思路、奋斗目标和战略核心。 时　　间:2017 年 2 月
第 69 讲	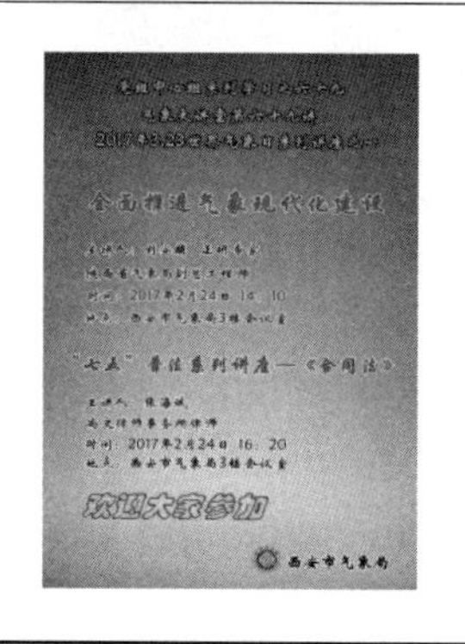	主 讲 人:刘安麟,正研专家;陕西省气象局副总工程师。 张海斌,尚文律师事务所律师。 主讲题目:全面推进气象现代化建设;“七五”普法系列讲座——《合同法》。 主讲内容:1. 对陕西省气象现代化指标体系进行了介绍,对西安市气象局 2017 年如何在全省率先基本实现气象现代化给予了指导和建议。 2. 对合同法的概念、基本原则及具体要求作了深入浅出的讲解。 时　　间:2017 年 2 月

续表

第 70 讲		主　讲　人：朱志祥，陕西省信息化工程研究院院长。 郭江峰，陕西省气象局观测处副处长。 主讲题目：从信息本质看大数据发展；现代信息技术及气象大数据应用探讨。 主讲内容：1. 从信息的本质特征、信息化若干重要属性、大数据时代背景以及大数据的特征、基本构成等方面阐述了大数据的内涵、价值和作用等。 2. 介绍了大数据技术及其在气象领域中的应用、现代信息技术及气象大数据应用以及气象信息化的概念及推进的意义。 时　　间：2017 年 3 月
第 71 讲		主　讲　人：高荣。陕西省气象局局长助理；国家气候中心气候服务室主任。 主讲题目：高度重视气候安全，提高气象灾害风险管理能力 主讲内容：从气候变化角度，分析了气候变化对国家水资源安全、粮食安全、生态安全、能源安全的影响，介绍了气候安全理念、气象灾害风险管理工作。 时　　间：2017 年 3 月
第 72 讲		主　讲　人：刘宇斌。西咸新区党工委委员；沣西新城党委书记、管委会主任。 主讲题目：西咸新区沣西新城创新城市发展方式的思考和探索 主讲内容：从西咸新区争当中国新型城镇化的范例、沣西新城在创新发展上的思考与实践、应对气候变化西咸在行动、海绵城市建设探索与实践等方面进行了介绍。 时　　间：2017 年 3 月
第 73 讲	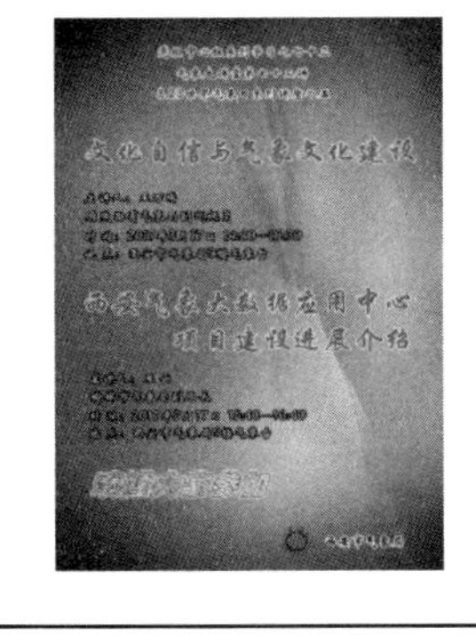	主　讲　人：王万瑞，原陕西省气象局副巡视员。 王　云，榆林市气象局副局长。 主讲题目：文化自信与气象文化建设；西安气象大数据应用中心项目建设进展介绍。 主讲内容：1. 以文化的定义开篇，分别从气象文化的概念、气象文化的构成、气象文化的作用、气象文化的综合表现等方面诠释了气象文化建设的内涵和重要性。 2. 介绍了西安气象大数据应用中心项目建设情况。 时　　间：2017 年 3 月

续表

第 74 讲		主 讲 人：鲍贻勇。陕西省文明办专职副主任。 主讲题目：怎样做好当下精神文明建设工作 主讲内容：从“围绕一个目的、把握两个适应、体现三个特点、突出四项重点、处理五种关系”五个方面，详细阐述了精神文明建设工作的重大意义、实践路径及操作方法。 时　　间：2017 年 4 月
第 75 讲	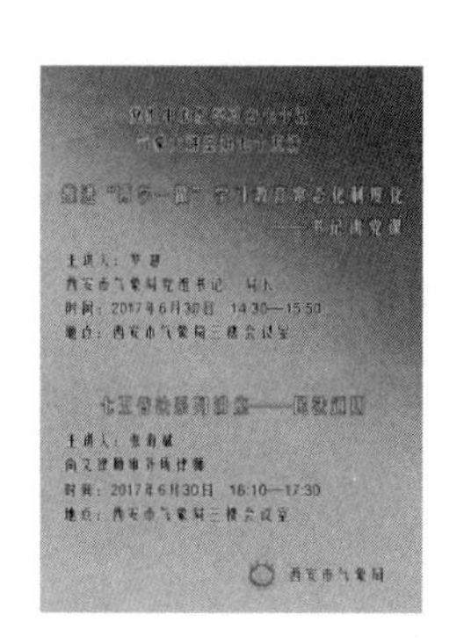	主 讲 人：罗　慧，陕西省气象局党组成员；西安市气象局党组书记、局长。 张海斌，陕西尚文律师事务所主任。 主讲题目：推进“两学一做”学习教育常态化制度化；“七五”普法系列讲座——民法总则。 主讲内容：1. 围绕如何推进“两学一做”常态化制度化、习近平为党的好干部画“标准像”、贯彻落实永康书记的五种情怀、努力打造追赶超越西安气象“铁军”等四个方面作了一堂专题“讲党课”。 2. 围绕如何理解民法、如何认识民法典的体系性、《民法总则》相对现行《民法通则》的变化等三个方面对《民法总则》进行了讲解。 时　　间：2017 年 6 月
第 76 讲		主 讲 人：李东平。陕西省委、省政府决策咨询委员会委员。 主讲题目：一带一路——大国崛起的两翼 主讲内容：以“一带一路”的历史演变、地理环境开篇，阐述了“一带一路”战略的背景、内涵、定位、构架、意义、面临考验等问题，并重点分析了“一带一路”的国内和国际意义。 时　　间：2017 年 8 月
第 77 讲	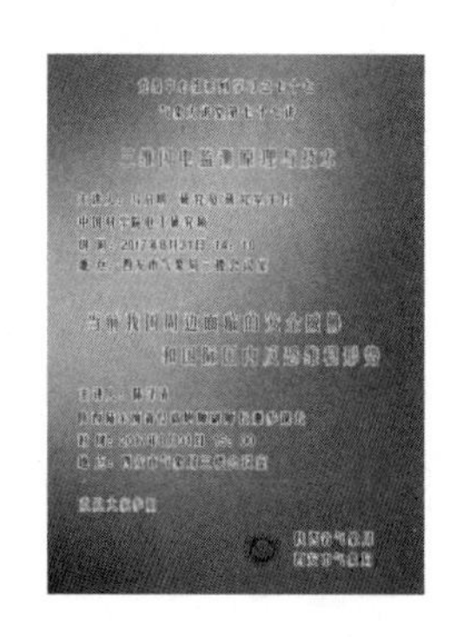	主 讲 人：马启明，中国科学院电工研究所研究员、研究室主任。 陈泽清，陕西陆军预备役高炮师副师长兼参谋长。 主讲题目：三维闪电监测原理与技术；当前我国周边面临的安全威胁和国际国内反恐维稳形势。 主讲内容：1. 对雷电形成的原理、雷电监测原理、世界各地雷电监测技术发展状况、三维闪电定位优势以及雷电监测检验和分析预警应用等方面进行了详细讲解。 2. 结合国内外最新军事科技进展，国际局势正在发生的深刻变化和国际形势中明显增加的不稳定、不确定因素，从国家安全角度，有针对性的逐一分析了我国周边面临的安全威胁和国际国内反恐维稳形势。 时　　间：2017 年 8 月

续表

第 78 讲		主　讲　人:冯涛。中共西安市委副秘书长;中共西安市委政策研究室主任。 主讲题目:时间告诉你答案! 西安嬗变正当时 主讲内容:以西安发展定位切题,回顾了 2017 年西安的创新发展、快速变化。讲述了西安新故事背后的深刻内涵,分享了大西安嬗变正当时的精彩话题。 时　　间:2017 年 12 月
第 79 讲		主　讲　人:李茜。中共西安市委党校科学社会主义教研部副主任、副教授。 主讲题目:文化自信与中华民族伟大复兴 主讲内容:围绕如何坚持文化自信、如何提升传播能力、讲好西安故事等问题,列举古今中外的经典事例,进行了生动讲解。 时　　间:2017 年 12 月
第 80 讲		主　讲　人:李东平。陕西省委、省政府决策咨询委员会委员。 主讲题目:文风当随时代——谈新时期文稿写作的几个要点 主讲内容:通过自身多年的工作经历以“十要十不要”详细介绍了新时代文稿写作的特点,对如何写好公文进行了细致阐述。 时　　间:2017 年 12 月
第 81 讲		主　讲　人:桂维民。陕西省政府参事;陕西省政府应急管理专家组组长;国际应急管理学会中国委员会副主席。 主讲题目:打好重大风险防范的攻坚战 主讲内容:深刻解读了十九大提出的“要坚决打好防范化解重大风险、精准脱贫、污染防治的攻坚战”的背景、内涵、定位、意义、面临的考验等问题,着重从政治、金融、网络、生产、生态、食品、卫生、社会、自然等九个方面宏观阐述了当前所面临的重大风险问题和如何提高维护公共安全和社会稳定的预见性、自觉性和主动性。 时　　间:2018 年 2 月

续表

第 82 讲		主 讲 人：乔乔，西安桥合动漫科技有限公司创始人，职业插画师/漫画人，原创动漫 IP“唐妞”作者。 蒋冰，中国 CBBA 健身指导员讲师。 主讲题目：唐妞给你说长安；运动与健康。 主讲内容：1. 从“唐妞”的创作背景、名字由来等，介绍了具有唐朝特色又符合当代人审美的原创动漫 IP 角色的诞生和营销。与市气象局公益合作“唐妞报天气”，以动漫＋气象，让西安民生气象变得活泼生动。 2. 从长期伏案工作、缺乏锻炼造成慢性病的危害谈起，逐一从运动对健康的积极意义、如何进行健康管理、科学的健身方式等内容，鼓励干部职工增强自我保健意识，养成健康的生活习惯，快乐工作、健康生活。 时　　间：2018 年 3 月
第 83 讲		主 讲 人：侯精明，西安理工大学水利水电学院教授，国家“千人计划”青年人才。 刘贵华，陕西省气象科研所副所长，研究员。 主讲题目：基于 GPU 加速计算技术的高效高精度城市内涝模拟方法；卫星反演云物理特征及 FY4 新一代卫星初步应用。 主讲内容：1. 介绍了应用 GAST 模型，基于 GPU 加速计算技术，模拟水文、水动力过程和西咸新区海绵城市实践个例。与西安市气象局开展强强合作，研发的“西安城市暴雨内涝风险预报预警系统”获西安市科学技术二等奖，通过进一步优化数值模式，提升了西安城市内涝风险预警能力。 2. 从极轨卫星开发应用、卫星多光谱综合分析方法、风云四号静止卫星的初步开发、风云四号产品在预报预警和人影的应用探讨等方面，介绍和讨论气象卫星遥感资料的应用。 时　　间：2018 年 3 月
第 84 讲		主 讲 人：燕东渭，陕西省气象信息中心副主任，高级工程师。 李进，西安市高陵区稞青农业合作社总经理，高级农艺师。 主讲题目：后气象大数据时代；发展现代农业致力乡村振兴。 主讲内容：1. 介绍了在大数据时代，气象服务如何不断创新、拓宽领域，从最基础的天气预报到现有的气候预测、气候可行性论证、公共气象服务、气象防灾减灾等，介绍并讨论大数据技术在气象领域的应用。 2. 2018 年 3 月西安首届农民节在西安高陵区举办，点燃了西安农民振兴家乡、振兴农业的热情。作为一名“职业农民”，用鲜活的实例介绍了近年来极端天气气候对高陵农业生产和经营的影响以及气象服务对绿色农业生产的重要保障作用。 时　　间：2018 年 3 月

参考文献

包红军，2014. 国家级中小河流洪水气象风险预警技术及业务应用[C]//公共气象服务委员会、水文气象学委员会、中国气象局公共气象服务中心、水利部水文局. 第31届中国气象学会年会S10第四届气象服务发展论坛——提高水文气象防灾减灾水平,推动气象服务社会化发展：10.

毕宝贵，刘月巍，李泽椿，2006. 秦岭大巴山地形对陕南强降水的影响研究[J]. 高原气象，**25**(3)：485-494.

蔡新玲，王繁强，吴素良，2007. 陕北黄土高原近42年气候变化分析[J]. 气象科技，**35**(1)：45-48.

蔡新玲，王繁强，姜创业，等，2008. 西安城市PM_{10}污染特征及持续重污染过程分析[J]. 气象科技，**36**(6)：697-700.

陈波，冯光柳，2008. 武汉城市强降水内涝仿真模拟系统研制[J]. 暴雨灾害，**27**(4)：330-333.

陈隆勋，朱玉琴，王文，等，1998. 中国近45年来气候变化的研究[J]. 气象学报，**56**(3)：257-271.

陈隆勋，周秀骥，李维亮，等，2004. 中国近80年来气候变化特征及形成机制[J]. 气象学报，**62**(5)：634-646.

陈鹏飞，朱玉洁，姜海如，2016. 海南气象服务"一带一路"战略的实践与思考[J]. 阅江学刊，(4)：35-43.

陈渭民，2012. 卫星气象学[M]. 北京：气象出版社：278.

陈文海，柳艳香，马国柱，2002. 中国1951—1997年气候变化趋势的季节特征[J]. 高原气象，**21**(3)：251-257.

陈正洪，王祖承，杨宏青，等，2002. 城市暑热危险度统计预报模型[J]. 气象科技，**30**(2)：98-101.

陈正洪，王海军，张小丽，2007. 深圳市新一代暴雨强度公式的研制[J]. 自然灾害学报，**6**(3)：29-34.

谌芸，施能，2003. 我国秋季降水、温度的时空分布特征及气候变化[J]. 南京气象学院学报，**26**(5)：622-630.

初子莹，任国玉，2005. 北京地区城市热岛强度变化对区域温度序列的影响[J]. 气象学报，**63**(4)：534-540

崔林丽，史军，周伟东，2009. 上海极端气温变化特征及其对城市化的响应[J]. 地理科学，**29**(1)：93-97.

邓孝. 1989. 地下水垂直运动的地温场效应与实例剖析[J]. 地质科学，(1)：77-81.

丁国安，陈尊裕，高志球，等，2005. 北京城区低层大气PM_{10}和$PM_{2.5}$垂直结构及其动力特征[J]. 中国科学:地球科学，**35**(S1)：31-44.

丁一汇，王守荣，2001. 中国西北地区气候与生态环境概论[M]. 北京：气象出版社：77-154.

丁一汇，任国玉，石广玉，等，2006. 气候变化国家评估报告(Ⅰ):中国气候变化的历史和未来趋势[J]. 气候变化研究进展，**2**(1)：3-8.

杜川利，唐晓，李星敏，等，2014. 城市边界层高度变化特征与颗粒物浓度影响分析[J]. 高原气象，**33**(5)：1383-1392.

杜继稳，2010. 降雨型地质灾害预报预警——以黄土高原和秦巴山区为例[M]. 北京：科学出版社：8-17.

段春锋，缪启龙，曹雯，等，2012. 以高山站为背景研究城市化对气温变化趋势的影响[J]. 大气科学，**36**(4)：811-822.

段海来，千怀遂，2009. 广州市城市电力消费对气候变化的响应[J]. 应用气象学报，**20**(1)：80-87.

高红燕，王丹，芦山，等，2015. 西安市高温闷热天气的气候特征及其环流形势[J]. 干旱区地理，**38**(5)：21-28.

高庆华，1991. 关于建立自然灾害评估系统的总体构思[J]. 灾害学，**6**(3)：14-18.

高守亭，冉令坤，李小凡，2015. 大气中尺度动力学基础及暴雨动力预报方法[M]. 北京：气象出版社：104-109，134-136.

格央，次旦巴桑，次仁朗杰，等，2015. 西藏中小河流洪水和山洪地质灾害气象风险预警系统[J]. 西藏科技，(4)：64-67.

古扎拉蒂·N·达摩达尔，2009. 计量经济学基础[M]. 北京：中国人民大学出版社：116-117.

郭大梅，许新田，刘勇，等，2008. 陕西中南部一次突发性大暴雨过程分析[J]. 气象，**34**(9)：40-46.

郭海明，李文科，王宪富，等，2006. 神经网络在电力系统负荷预测中的应用[J]. 气象，**32**(S1)：135-137.

郭虎，季崇萍，张琳娜，等，2006. 北京地区 2004 年 7 月 10 日局地暴雨过程中的波动分析[J]. 大气科学，**30**(4)：703-709.

韩琭. 2017. 雾霾灾害风险指数的构建与测度[J]. 统计与决策，(2)：28-32.

韩宁，苗春生，2012. 近 6 年陕甘宁三省 5—9 月短时强降水统计特征[J]. 应用气象学报，**23**(6)：691-700.

侯建忠，王川，鲁渊平，等，2006. 台风活动与陕西极端暴雨的相关特征分析[J]. 热带气象学报，**22**(2)：203-208.

胡江林，陈正洪，洪斌，等，2002. 华中电网日负荷与气象因子的关系[J]. 气象，**28**(3)：14-18.

胡琳，苏静，陈建文，等，2014. 西安地区霾天气特征及影响因素分析[J]. 干旱区资源与环境，**28**(7)：41-44.

胡亚旦，周自江，2009. 中国霾天气的气候特征分析[J]. 气象，**35**(7)：73-265.

黄崇福，刘新立，周国贤，等，1998. 以历史灾情资料为依据的农业自然灾害风险评估方法[J]. 自然灾害学报，**7**(2)：1-9.

黄少鹏，Pollack H N，沈伯瑜，等，1995. 从钻孔温度看气候变化——方法介绍及实例[J]. 第四纪研究，(3)：213-222.

黄少鹏，安芷生，2010. 长期地温监测在地球科学研究中的重要意义[J]. 地球环境学报，**1**(1)：1-7.

季崇萍，刘伟东，轩春怡，2006. 北京城市化进程对城市热岛的影响研究[J]. 地球物理学报，**49**(1)：69-77.

江琪，银燕，秦彦硕，等，2013. 黄山地区气溶胶吸湿增长特性数值模拟研究[J]. 气象科学，**33**(3)：237-245.

江然，官秀珠，2015. “一带一路”战略下深化海峡两岸气象科技交流与合作的探讨[J]. 海峡科学，(9)：31-33.

姜大膀，王式功，郎咸梅，等，2001. 兰州市区低空大气温度层结特征及其与空气污染的关系[J]. 兰州大学学报(自然科学版)，**37**(4)：133-139.

姜绵峰，叶春明，盛真真，等，2017. 上海市雾霾健康经济损失风险评估[J]. 生态科学，**36**(3)：90-97.

姜雪，2012. 西安市空气污染物浓度统计特征及其气象影响研究[D]. 西安：长安大学.

鞠永茂，王汉杰，钟中，等，2008. 一次梅雨锋暴雨云物理特征的数值模拟研究[J]. 气象学报，**66**(3)：381-395.

李成才，刘启汉，毛节泰，等，2004. 利用 MODIS 卫星和激光雷达遥感资料研究香港地区的一次大气气溶胶污染[J]. 应用气象学报，**15**(6)：641-650.

李兰，魏红明，魏静，等，2007. 武汉市 PM_{10} 污染日变化及其高污染时段特征[J]. 环境科学与技术，**30**(1)：56-60.

李兰，陈正洪，洪国平，2008. 武汉市周年逐日电力指标对气温的非线性响应[J]. 气象，**34**(5)：26-30.

李平，解以杨，李英华，等，2013. C 波段雷达反射率资料的同化与数值模拟[J]. 气象科技，**41**(3)：506-515.

李式高，1999. 陕西省干旱灾害年鉴(1949—1995)[M]. 西安：西安地图出版社.

李双双，延军平，万佳，2012. 全球气候变化下秦岭南北气温变化特征[J]. 地理科学，**32**(7)：853-858.

李婷，2016. 河北省城市内涝仿真模拟预警系统的研制——以石家庄为例[C]//中国气象学会. 第33届中国气象学会年会 S9 水文气象灾害预报预警：8.

梁生俊，马晓华，2012. 西北地区东部两次典型大暴雨个例对比分析[J]. 气象，**38**(7)：804-813.

廖国莲，曾鹏，郑凤琴，等，2011. 1960—2009年广西霾日时空变化特征[J]. 应用气象学报，**22**(6)：732-739.

林而达，许吟隆，蒋金荷，等，2006. 气候变化国家评估报告(Ⅱ)：气候变化的影响与适应[J]. 气候变化研究进展，**2**(2)：51-56.

林学椿，于淑秋，2005. 北京地区气温的年代际变化和热岛效应[J]. 地球物理学报，**48**(1)：39-45.

刘冀彦，毛龙江，牛涛，等，2013. 地形对2011年9月华西致灾暴雨强迫作用的数值模拟研究[J]. 气象，**39**(8)：975-987.

刘勇，薛春芳，2007. "6.29"西安突发性特大短时暴雨过程分析[J]. 陕西气象，(1)：1-4.

陆晓波，徐海明，2006. 中国近50年地温的变化特征[J]. 南京气象学院学报，**29**(5)：706-712.

罗慧，巢清尘，李奇，等，2005. 气象要素在电力负荷预测中的应用[J]. 气象，**31**(6)：15-18.

罗慧，谢璞，俞小鼎. 2007. 奥运气象服务社会经济效益评估个例分析[J]. 气象，**33**(3)：89-94.

罗慧，刘杰，巩在武，等，2012. 西安世园会客流影响及预测的气象计量经济分析[J]. 气象，**38**(11)：1408-1416.

罗慧，2017. 防风险强基础，补短板，积极应对极端天气气候[J]. 新华社〈陕西领导专供〉，(32)：31-33.

骆丽楠，李洪权，张喜亮，等，2012. 湖州城市暴雨内涝预警预报系统研制[J]. 浙江气象，**33**(1)：31-35.

马金，郑向东，2011. 边界层高度的经验计算及与探空观测对比分析[J]. 应用气象学报，**22**(5)：567-576.

马楠，2014. 开放式合作 融入式发展[N]. 中国气象报，2014-02-21(002).

毛宇清，李聪，沈澄，等，2013. 两次秸秆焚烧污染过程的气象条件对比分析[J]. 气象，**39**(11)：1473-1480.

慕建利，李泽椿，谌芸，等，2014. 一次陕西关中强暴雨中尺度系统特征分析[J]. 高原气象，**33**(1)：148-161.

穆泉，张世秋，2013. 2013年1月中国大面积雾霾事件直接社会经济损失评估[J]. 中国环境科学，**3**(11)：2087-2094.

牛淑贞，张一平，梁俊平，等，2016. 郑州市两次短时强降水过程的环境条件和中尺度特征对比[J]. 暴雨灾害，**35**(2)：138-147.

蒲维维，张小玲，徐敬，等，2010. 北京地区酸雨特征及影响因素[J]. 应用气象学报，**21**(4)：464-472.

蒲维维，赵秀娟，张小玲，2011. 北京地区夏末秋初气象条件对 $PM_{2.5}$ 污染的影响[J]. 应用气象学报，**22**(6)：717-723.

《气候变化国家评估报告》编写委员会，2007. 气候变化国家评估报告[M]. 北京：科学出版社.

乔丽，罗慧，陈征，等，2013. 西安气象现代化进程监测评价指标体系研究及应用[J]. 陕西气象，(5)：43-47.

秦佩，2012. 西安市政府出台意见加快推进气象现代化建设[N]. 中国气象报，2012-11-13(002).

邱新法，顾丽华，曾燕，等，2008. 南京城市热岛效应研究[J]. 气候与环境研究，**13**(6)：807-814.

《陕西历史自然灾害简要纪实》编委会，2002. 陕西历史自然灾害简要纪实[M]. 北京：气象出版社.

《陕西灾害性天气气候图集》编委会，2009. 陕西灾害性天气气候图集[M]. 西安：陕西科学技术出版社.

盛琼，朱晓东，骆丽楠，等，2011. 湖州市用电需求特性及其与气象条件的关系[J]. 大气科学学报，**34**(1)：122-127.

施雅风，沈永平，胡汝骥，2002. 西北气候由暖干向暖湿转型的信号、影响和前景初步探讨[J]. 冰川冻土，**24**(2)：219- 226.

石涛，杨元建，马菊，等，2013. 基于的安徽省代表城市热岛效应时空特征应用气象学报，**24**(4)：484-494.

寿绍文，励申申，寿亦萱，等，2012. 中尺度大气动力学[M]. 北京：气象出版社：73-74.
司鹏，高润祥，2015. 天津雾和霾自动观测与人工观测的对比分析[J]. 应用气象学报，**26**(5)：240-246.
宋锟，刘满，范跃华，2010. 关于城市排涝调蓄计算合理性的探讨[J]. 中国农村水利水电，(10)：125-127.
孙继松，何娜，王国荣，等，2012. "7.21"北京大暴雨系统的结构演变特征及成因初探[J]. 暴雨灾害，**31**(3)：218-225.
孙继松，戴建华，何立富，等，2014. 强对流天气预报的基本原理与技术方法[M]. 北京：气象出版社：704-82.
孙燕，张备，严文莲，等，2010. 南京及周边地区一次严重烟霾天气的分析[J]. 高原气象，**29**(3)：794-800.
谈建国，殷鹤宝，林松柏，2002. 上海热浪与健康监测预警系统[J]. 应用气象学报，**13**(3)：356-363.
谭术魁，伍维周，1995. 武汉市渍涝灾害及治理策略研究[J]. 湖北大学学报，**17**(2)：220-226.
唐国利，丁一汇，2006. 近 44 年南京温度变化的特征及其可能原因的分析[J]. 大气科学，**30**(1)：56-68.
唐国利，任国玉，周江兴，2008. 西南地区城市热岛强度变化对地面气温序列影响[J]. 应用气象学报，**17**：722-730.
唐国利，丁一汇，王绍武，等，2009. 中国近百年温度曲线的对比分析[J]. 气候变化研究进展，**5**(2)：71-78.
唐家萍，谭桂容，谭畅，2012. 基于 L 波段雷达探空资料的重庆市区低空逆温特征分析[J]. 气象科技，**40**(5)：789-793.
唐宜西，张小玲，熊亚军，等，2013. 北京一次持续霾天气过程气象特征分析[J]. 气象与环境学报，**29**(5)：12-19.
陶家元，李新民，1998. 武汉市渍涝灾害防治的战略研究[J]. 华中师范大学学报，**32**(2)：223-228.
陶祖钰，周小刚，郑永光，2012. 从涡度、位涡、到平流层干侵入——位涡问题的缘起、应用及其歧途[J]. 气象，**38**(1)：28-40.
田武文，黄祖英，胡春娟，2006. 西安市气候变暖与城市热岛效应问题研究[J]. 应用气象学报，**17**(4)：438-443.
童尧青，银燕，钱凌，等，2007. 南京地区霾天气特征分析[J]. 中国环境科学，**27**(5)：584-588.
汪集旸，黄少鹏，1988. 中国大陆地区大地热流数据汇编[J]. 地质科学，(2)：196-204.
汪集旸，1992. 根据地温资料推断气候变化——当代理论地热研究的一个前沿课题[J]. 第四纪研究，(1)：36-39.
王大鹏，2013. 灰色预测模型及中长期电力负荷预测应用研究[D]. 武汉：华中科技大学.
王烈福，宋玲玲，蔡玉琴，等，2017. 长江源酸雨变化特征及来源分析[J]. 高原气象，**36**(5)：1386-1393.
王清川，寿绍文，张绍恢，等，2013. 河北省廊坊市城市积涝动态预报预警系统研制[J]. 干旱气象，**31**(3)：609-615.
王绍武，董光荣，2002. 中国西部环境评估[C]//秦大河(总主编). 中国西部环境特征及其演变：第一卷. 北京：科学出版社：71-145.
王文，刘佳，蔡晓军，2011. 重力波对青藏高原东侧一次暴雨过程的影响[J]. 大气科学学报，**34**(6)：738-747.
王钊，彭艳，车慧正，等，2013. 近 10 年关中盆地 MODIS 气溶胶的时空变化特征[J]. 高原气象，**32**(1)：234-242.
吴兑，廖国莲，邓雪娇，等，2008. 珠江三角洲霾天气的近地层输送条件研究[J]. 应用气象学报，**19**(1)：1-8.
吴兑，吴晓京，李菲，等，2010. 1951—2005 年中国大陆霾的时空变化[J]. 气象学报，**68**(5)：680-688.
吴其重，王自发，徐文帅，等，2010. 多模式模拟评估奥运赛事期间可吸入颗粒物减排效果[J]. 环境科学学报，**30**(9)：1739-1748.
吴向阳，张海东，2008. 北京市气温对电力负荷影响的计量经济分析[J]. 应用气象学报，**19**(5)：531-538.
吴越，宋诗睿，徐丽娜，2015. 首届丝绸之路经济带气象服务西安论坛召开达成跨区域联合服务倡议书[N].

中国气象报，2015-09-23.

武麦凤，肖湘卉，曹玲玲，等，2013. 两次台风远距离暴雨过程的对比分析[J]. 暴雨灾害，**32**(1)：32-37.

武麦凤，曹玲玲，马耀荣，等，2015. 西北涡与登陆台风相互作用个例的诊断分析[J]. 暴雨灾害，**34**(4)：309-315.

谢学军，李杰，王自发，2010. 兰州城区冬季大气污染日变化的数值模拟[J]. 气候与环境研究，**15**(5)：695-703.

徐丽娜，2015. 气象工作将纳入系统推进全面创新改革试验[N]. 中国气象报，2015-11-03(002).

徐祥德，丁国安，卞林根，等，2006. 北京城市大气环境污染机理与调控原理[J]. 应用气象学报，**17**(6)：815-827.

徐影，丁一汇，赵宗慈，2001. 美国 NCEP/NCAR 近 50 年全球再分析资料在我国气候变化研究中可信度的初步分析[J]. 应用气象学报，**12**(3)：337-347.

薛纪善，2006. 新世纪初我国数值天气预报的科技创新研究[J]. 应用气象学报，**17**(5)：601-610.

颜鹏，刘桂清，周秀骥，等，2010. 上甸子秋冬季雾霾期间气溶胶光学特性[J]. 应用气象学报，**21**(3)：257-265.

杨辰，王强，顾宇丹，2017. 上海市城市暴雨内涝评估建模及模拟研究[J]. 气象，**43**(7)：879-886.

杨大晟，李涛，吴大军，等，2013. 全社会用电量的优选组合预测法[J]. 电气应用，**32**(32)：81-84.

杨宏青，陈正洪，谢森，等，2013. 夏季极端高温对武汉市人口超额死亡率的定量评估[J]. 气象与环境学报，**29**(5)：140-143.

杨静，郝毅，陈冬梅，等，2009. 新疆农业区电力负荷与天气的关系[J]. 气象，**35**(1)：114-118.

杨静，陈冬梅，周庆亮，等，2010. T213 预报产品在电力负荷预测中的应用[J]. 气象，**36**(3)：123-127.

杨晓霞，吴炜，姜鹏，等，2013. 山东省三次暖切变线极强降水的对比分析[J]. 气象，**39**(12)：1550-1560.

叶殿秀，张培群，赵珊珊，等，2013. 北京夏季日最大电力负荷预报模型建立方法探讨[J]. 气候与环境研究，**18**(6)：804-810.

尹继福，2011. 夏季室外热环境对人体健康的影响及其评估技术研究[D]. 南京：南京信息工程大学.

尹志聪，郭文利，李乃杰，等，2015. 北京城市内涝积水的数值模拟[J]. 气象，**41**(9)：1111-1118.

俞小鼎，姚秀萍，熊廷南，等，2006. 多普勒天气雷达原理与业务应用[M]. 北京：气象出版社：160-182.

张爱英，任国玉，周江兴，等，2010. 中国地面气温变化趋势中的城市化影响偏差[J]. 气象学报，**68**(6)：957-966.

张海东，孙照渤，郑艳，等，2009. 温度变化对南京城市电力负荷的影响[J]. 大气科学学报，**32**(4)：536-542.

张弘，梁生俊，侯建忠，2006. 西安市两次突发性暴雨成因分析[J]. 气象，**32**(5)：80-86.

张红萍，2013. 山区小流域洪水风险评估与预警技术研究[D]. 北京：中国水利水电科学研究院.

张家诚. 1982. 气候变化对中国农业生产的影响初探[J]. 地理研究，**1**(2)：8-15.

张立伟，宋春英，延军平，2011. 秦岭南北年极端气温的时空变化趋势研究[J]. 地理科学，**31**(8)：1007-1011.

张明禄，2018. 气象"一带一路"发展规划出台明确陆海气象支撑保障目标 基本建成重点区域观测站网[N]. 中国气象报，2018-01-09.

张强，2003. 兰州大气污染浓度与局地气候环境因子的关系[J]. 兰州大学学报(自然科学版)，**39**(1)：99-106.

张尚印，王守荣，张永山，等，2004. 我国东部主要城市夏季高温气候特征及预测[J]. 热带气象学报，**20**(6)：750-760.

张小玲，王迎春，2002. 北京夏季用电量与气象条件的关系及预报[J]. 气象，**28**(2)：17-21.

张新民，柴发合，王淑兰，等，2010. 中国酸雨研究现状[J]. 环境科学研究，**23**(5)：527-532.

张雅斌，乔娟，屈丽玮，等，2016a. 西安“8.3”大暴雨的环境条件与中尺度特征分析[J]. 暴雨灾害，**35**(5)：427-436.

张雅斌，马晓华，冉令坤，等，2016b. 关中地区两次初夏区域性暴雨过程特征分析[J]. 高原气象，**35**(3)：708-725.

张雅斌，马晓华，薛谌彬，等，2017. “0812”关中盛夏突发性暴雨中尺度特征分析[J]. 热带气象学报，**33**(2)：187-200.

张自银，马京津，雷杨娜，2011. 北京市夏季电力负荷逐日变率与气象因子关系[J]. 应用气象学报，**22**(6)：760-765.

赵阿兴，马宗晋，1993. 自然灾害损失评估指标体系的研究[J]. 自然灾害学报，**2**(3)：1-7.

赵娜，刘树华，虞海燕，2011. 近 48 年城市化发展对北京区域气候的影响分析[J]. 大气科学，**35**(2)：373-385.

赵艳霞，侯青，2008. 1993—2006 年中国区域酸雨变化特征及成因分析[J]. 气象学报，**66**(6)：1032-1042.

郑为忠，余志豪，黄菲，1999. 梅雨锋暴雨个例的中尺度数值模拟研究(I)—中尺度双雨带[J]. 南京大学学报(自然科学版)，**35**(3)：346-353.

郑贤，唐伍斌，贝宇，等，2008. 桂林电网日负荷与气象因素的关系及其预测[J]. 气象，**34**(10)：96-101.

中国气象局，2010. 霾的观测和预报等级：QX/T113-2010[S].

钟利华，李勇，叶殿秀，等，2008. 综合气象因素对广西电力负荷的影响[J]. 气象，**34**(5)：31-37.

周旗，卞娟娟，郑景云，2011. 秦岭南北 1951—2009 年的气温与热量资源变化[J]. 地理学报，**66**(9)：1211-1218.

周雅清，任国玉，2009. 城市化对华北地区最高、最低气温和日较差变化趋势的影响[J]. 高原气象，**28**(5)：1158-1166.

周颖，周玉文，赵见，等，2014. 长历时暴雨强度公式的推求[J]. 河北工业科技，**31**(5)：378-383.

朱家其，汤绪，江灏，2006. 上海市城区气温变化及城市热岛[J]. 高原气象，**25**(6)：1154-1160.

朱乾根，林锦瑞，寿绍文，等，2007. 天气学原理和方法[M]. 北京：气象出版社：704-82.

Baker D G, Ruschy D L, 1993. The recent warming in eastern Minnesota shown by ground temperatures[J]. Geophysical Research Letters, **20**(5): 371-374.

Birch A F, 1948. The effects of Pleistocene climatic variations upon geothermal gradients[J]. American Journal of Science, **246**(12): 729-760.

Bodri L, Čermák V, 1998. Last 250 years climate reconstruction inferred from geothermal measurements in the Czech Republic[J]. Tectonophysics, **291**(1-4): 251-261.

Comte D M, Warren H E, 1981. Modeling the impact of summer temperatures on national electricity consumption[J]. Journal of Applied Meteorology, **20**(12): 1415-1419.

Dědeček P, Šafanda J, Rajver D, 2012. Detection and quantification of local anthropogenic and regional climatic transient signals in temperature logs from Czechia and Slovenia[J]. Climatic Change, **113**(3-4): 787-801.

Elvidge C D, Baugh K E, Hobson V H, et al, 1997. Satellite inventory of human settlements using nocturnal radiation emission: A contribution for the global toolchest[J]. Global Change Biology, **3**: 387-791.

Harris R N, Chapman D S, 1997. Borehole temperatures and a baseline for 20th-Century global warming estimates[J]. Science, **275**(5306): 1618-1621.

Huang S, Pollack H N, Shen P Y, 2000. Temperature trends over the past five centuries reconstructed from borehole temperatures[J]. Nature, **403**(6771): 756-758.

Huang S, Taniguchi M, Yamano M, et al, 2009. Detecting urbanization effects on surface and subsurface thermal environment—a case study of Osaka[J]. Science of the Total Environment, **407**(9): 3142-3152.

IPCC, 2007. Climate Change 2007: The Physical Science Basis[R]. New York: Cambridge University Press: 996.

Kalnay E, Cai M, Li H, et al, 2006. Estimation of the impact of land-surface forcings on temperature trends in eastern United States[J]. Journal of Geophysical Research Atmospheres, **111**(D06): 106.

Kalnay E, Cai M, 2003. Impact of urbanization and land-use change on climate[J]. Nature, **423**: 528-531.

Lachenbruch A H, Marshall B V, 1986. Changing climate: geothermal evidence from permafrost in the Alaskan Arctic[J]. Science, **234**(4777): 689-696.

Liu B, Xu M, Henderson M, et al, 2004. Taking China's temperature: daily range, warming trends, and regional variations, 1955 - 2000[J]. Journal of Climate, **17**(22): 4453-4462.

Lu N, Ge S, 1996. Effect of horizontal heat and fluid flow on the vertical temperature distribution in a semiconfining layer[J]. Water Resources Research, **32**(5): 1449-1453.

Maiello I, Ferretti R, Gentile S, et al, 2014. Impact of radar data assimilation for the simulation of a heavy rainfall case in central Italy using WRF - 3DVAR[J]. Atmospheric Measurement Techniques, **7**(9): 2919-2935.

Mareschal J-C, Beltrami H, 1992. Evidence for recent warming from perturbed geothermal gradients: examples from eastern Canada[J]. Climate Dynamics, **6**(3-4): 135-143.

Matus K, Nam K, Selin N E, et al, 2011. Health damages from air pollution in China[J]. Global Environmental Change, **22**(1): 55-66.

Moberg A, Sonechkin D M, Holmgren K, et al, 2005. Highly variable Northern Hemisphere temperatures reconstructed from low- and high-resolution proxy data[J]. Nature, **433**(7026): 613-617.

National Research Council, 2006. Report of the committee on surface temperature reconstructions for the last 2000 years [R]. Washington: The National Academies Press.

Parker D E, 2006. A demonstration that large-scale warming is not urban [J]. Journal of Climate, **19**(12): 2882.

Pollack H N, Huang S, 2000. Climate reconstruction from subsurface temperatures[J]. Annual Review of Earth & Planetary Sciences, **28**(1):339-365.

Qian H S, Yuan S Q, Sun J L, et al, 2004. Relationships between energy consumption and climate change in China[J]. Journal of Geographical Sciences ,**14**(1): 87-93.

Ren G Y, Chu Z Y, Chen Z H, et al, 2007. Implications of temporal change in urban heat island intensity observed at Beijing and Wuhan stations[J]. Geophysical Research Letters, **34**(5): 89-103.

Schichtel B A, Husar R B, Falker S R, et al, 2001. Haze trends over the United States 1980-1995[J]. Atmospheric Environment, **35**(30): 5205-5210.

Taniguchi M, Williamson D R, Peck A J, 1999. Disturbances of temperature-depth profiles due to surface climate change and subsurface water flow: 2. An effect of step increase in surface temperature caused by forest clearing in southwest western Australia[J]. Water Resources Research, **35**(5): 1519-1529.

Taniguchi M, Turner J V, Smith A J, 2003. Evaluations of groundwater discharge rates from subsurface temperature in Cockburn Sound, Western Australia[J]. Biogeochemistry, **66**(1): 111-124.

Taniguchi M, Uemura T, Sakura Y, 2005. Effects of urbanization and groundwater flow on subsurface temperature in three megacities in Japan[J]. Journal of Geophysics and Engineering, **2**(4): 320.

Taniguchi M, Uemura T, Jagoon K, 2007. Combined effects of urbanization and global warming on subsurface temperature in four Asian cities[J]. Vadose Zone Journal, **6**(3): 591-596.

Yang X C, Hou Y L, Chen B D, 2011. Observed surface warming induced by urbanization in East China[J]. Journal of Geophysical Research, **116**(D14). doi:10.1029/2010JD015452.

Zhang J Y, Dong W J, Wu L Y, et al, 2005. Impact of land use changes on surface warming in China[J]. Advances in Atmospheric Sciences, **22**(3): 343-348.

Zhou L M, Dickinson R E, Tian Y H, et al, 2004. Evidence for a significant urbanization effect on climate in China[J]. Proceedings of the National Academy of Sciences of the United States of America, **101**(26): 9540-9544.

后　记

2012 年，西安提出建设具有历史文化特色的国际化大都市。2017 年，西咸新区划归西安市政府代管(元月)、首届全球西商大会成功举办(8 月)、首届全球硬科技大会成功举办(11 月)。2018 年，“西安年 · 最中国”城市营销巨大成功(2 月)、“西安首届农民节”成功举办(3 月)等里程碑式事件……从“五星级”的“店小二”式为人民服务，从“烟头革命”、“厕所革命”、“行政效能革命”三大革命提质增效改革，西安市各级各部门工作作风发生巨变。小二精神、三大革命、四项举措、五星服务、六出奇计、七头并进、八方借势、民生九难、永康十问、破题开局、千载难逢、万箭齐发……都在深切影响并鞭策西安这座千年古城迈上“破题开局”、革故鼎新和“追赶超越”的快车道，从而拉开了打造亚欧合作交流国际化大都市的帷幕。从某种意义上讲，2017 这一年，是大西安建设的元年，是这座悠久古城嬗变的新起点。2018 年则是大西安建设国家中心城市的加速年、奋进年，自此进入了追赶超越建设国际化大都市的关键时期。

西安市气象局紧抓难得历史机遇，秉持“融入式发展、开放式合作”的气象＋＋发展战略，积极探索建设西安气象＋＋“海棠图”机制(详见附图)，建立党委领导、政府主导、部门主体、社会参与、媒体助力、覆盖城乡的多元化西安气象灾害防御和公共气象服务新机制。先后与 50 余家政府部门、科研院校、主流媒体、军工企业、社团企业等，探索“跨界”合作和军民融合发展。随着西安气象＋＋战略合作的部门、院所和社团等的不断拓展，用“图”“说话”的“花瓣”不断扩大，最终形成的图形酷似一朵盛开的“海棠花”，故取名西安气象＋＋“海棠图”机制。跨部门、多元化、常态化的务实深入合作，浇灌了西安气象＋＋“海棠花”美丽绽放，实现了大西安社会—生态—经济—环境效益共赢。

2018 年 1 月，《关中平原城市群发展规划》指出，关中平原在国家现代化建设大局和全方位开放格局中具有独特战略地位。2018 年 2 月，大西安成功跃入国家中心城市行列。可见，在全国发展大格局中，西安将担当更大的使命、承担更大的任务、发挥更大的作用。西安市委印发《中共西安市委关于高举习近平新时代中国特色社会主义思想伟大旗帜加快建设服务“一带一路”亚欧合作交流国际化大都市的决定》(市发〔2018〕2 号)，正式吹响了服务“一带一路”、建设亚欧合作交流国际化大都市的号角。如何放宽视野、放大格局，精准把握建设大西安国家中心城市的新形势新要求，跑出“西安气象铁军”的加速度，提升综合实力，助力“追赶超越”，这是我们西安气象人的新课题，更是新使命。

我相信，本次全方位的总结、梳理和评估所形成的理论积淀和宝贵经验，给了我们扬帆再起航的高度和勇气。我们将不忘初心，砥砺前行，继续学习贯彻落实党的十九大精神，以“五大发展理念”为引领，对标“追赶超越”定位和“五个扎实”要求，着力做好西安气象服务供给侧改革；我们将不断强化为民服务意识，当好气象“店小二”，为社会各界提供“五星级”气象服务，建设让老百姓更加满意的西安气象现代化；我们将按照陕西省气象局党组“满足需求，注重技术，惠及民生，富有特色”的要求，继续建好富有西安特色、经得起各类“大风大雨”考验的西安气象现代化，将气象创新成果深度融合服务于大西安经济社会大格局之中，为国家中心城市和“聚焦‘三六九’、振兴大西安”建设努力做出新贡献。

罗　慧

于农历戊戌年气象日

2018 年 3 月 23 日